野生動物の看護学

中垣 和英 訳

文永堂出版

Practical Wildlife Care

Second Edition

Les Stocker MBE HonAssocRCVS

© Les Stocker 2000, 2005

Editorial Offices:
Blackwell Publishing Ltd, 9600 Garsington Road, Oxford OX4 2DQ, UK
　Tel: +44 (0)1865 776868
Blackwell Publishing Professional, 2121 State Avenue, Ames, Iowa 50014-8300, USA
　Tel: +1 515 292 0140
Blackwell Publishing Asia, 550 Swanston Street, Carlton, Victoria 3053, Australia
　Tel: +61 (0)3 8359 1011

The right of the Author to be identified as the Author of this Work has been asserted in accordance with the Copyright, Designs and Patents Act 1988.

All rights reserved. No part of this publication may be reproduced, stored in a retrieval system, or transmitted, in any form or by any means, electronic, mechanical, photocopying, recording or otherwise, except as permitted by the UK Copyright, Designs and Patents Act 1988, without the prior permission of the publisher.

First published 2000
Reprinted 2001 (twice), 2002, 2003, 2004
Second edition published 2005

Library of Congress
Cataloging-in-Publication Data
Stocker, Les.
　Practical wildlife care / Les Stocker. – 2nd ed.
　　p. cm.
　Includes bibliographical references and index.
　ISBN-13: 978-1-4051-2749-3 (pbk. : alk. paper)
　ISBN-10: 1-4051-2749-X (pbk. : alk. paper)
　1. Wildlife rehabilitation.　2. Wildlife rescue.　3. Wildlife diseases–Treatment.　4. First aid for animals.　I. Title.
SF996.45.S755 2005
639.9′6–dc22

2004026967

ISBN-13 978-1-4051-2749-3
ISBN-10 1-4051-2749-X

A catalogue record for this title is available from the British Library

Set in 9.5 on 11.5 pt Times Ten
by SNP Best-set Typesetter Ltd, Hong Kong
Printed and bound in India
by Replika Press Pvt, Ltd, Kundli

The publisher's policy is to use permanent paper from mills that operate a sustainable forestry policy, and which has been manufactured from pulp processed using acid-free and elementary chlorine-free practices. Furthermore, the publisher ensures that the text paper and cover board used have met acceptable environmental accreditation standards.

For further information on Blackwell Publishing, visit our website:
www.blackwellpublishing.com

著者・翻訳者

■ 著　者

Les Stocker

■ 翻訳者

中垣　和英

日本獣医生命科学大学 野生動物学教室 准教授

目　　　次

1　最初の指令 ………………………………………………………… 1
2　最初の対応 ………………………………………………………… 14
3　輸液療法／パートⅠ：基本事項 ………………………………… 26
4　輸液療法／パートⅡ：投与の仕方 ……………………………… 35
5　創傷管理／パートⅠ：創傷の生物学 …………………………… 44
6　創傷管理／パートⅡ：創傷の治療 ……………………………… 52
7　骨折の生物学と応急処置 ………………………………………… 63
8　骨折の管理 ………………………………………………………… 70
9　野生鳥類の病気 …………………………………………………… 91
10　野生哺乳類の病気 ………………………………………………… 102
11　庭を訪れる鳥（庭の鳥） ………………………………………… 113
12　ハ　　　ト ………………………………………………………… 125
13　狩　猟　鳥 ………………………………………………………… 134
14　カ ラ ス 類 ………………………………………………………… 137
15　水鳥－カモ類 ……………………………………………………… 142
16　水鳥－ハクチョウ類 ……………………………………………… 150
17　ガンと他の水鳥 …………………………………………………… 159
18　猛　禽　類 ………………………………………………………… 167
19　海　　　鳥 ………………………………………………………… 180
20　親からはぐれた鳥を人の手で飼養する ………………………… 193
21　小型哺乳類 ………………………………………………………… 204
22　ハリネズミ ………………………………………………………… 212
23　カイウサギとノウサギ …………………………………………… 229
24　アカギツネ ………………………………………………………… 238
25　ア ナ グ マ ………………………………………………………… 247
26　他のイタチ科の動物 ……………………………………………… 260
27　シ　　　カ ………………………………………………………… 270

28	コウモリ	286
29	他の哺乳類	299
30	親からはぐれた野生哺乳類を育てる	307
31	爬虫類と両生類	325

付録1	コウモリ保護トラストのコウモリ取扱いのためのガイドライン	336
付録2	英国ダイバーズ海洋生物救援（BDMLR）による鯨類の座礁に対応するためのガイドライン	338
付録3	「野生生物と田園保護法1981」付表4の鳥類（2004年3月現在）	339
付録4	空気銃の使用と所有に関する法律	341
付録5	中央獣医学研究所へのコウモリサンプルに同封する記録用紙（推奨版）	343
付録6	厳選されたリハビリテーションのための必需品と納入業者（英国の）	344
付録7	野生動物リハビリテーションに役立つ住所録（英国の）	345
付録8	油汚染カワウソのリハビリテーション法	346

参考書籍と推薦書籍 ……………………………………………………………… 351

日本語索引 ………………………………………………………………………… 357
外国語索引 ………………………………………………………………………… 367

初版への前書き

　本質的な矛盾が今日の野生動物リハビリテーションを悩ましています．ほとんどの野生動物リハビリテータは獣医学を十分に理解していませんし，獣医師は野生動物の経験がほとんどありません．英国の傷病野生動物の看護とリハビリテーションについて記述されている文献の中には参考になる資料が散在していますが，熱心なリハビリテータや専門の獣医師などに使いやすい形で，この問題を包括的に扱った報告は，今までに出版されたことがありませんでした．『Practical Wildlife Care』の中で，Les Stocker 氏は長い間掛かって，この問題を解決しようとして来ました．

　おそらく，Les Stocker 氏は最も有名で，最も経験豊かな英国の野生動物リハビリテータです．そして，彼の見事なリーダシップのもと，The Wildlife Hospital Trust（もっと親しみやすい名前，St. Tiggywinkles で知られています）が庭の小屋からヨーロッパで最大の野生動物専門の病院に育ちました．このことはそれ自体が偉業であると思いますが，Les さんは，他の人を頼みにすることなく，リハビリテーションのテクニックを開発してきましたが，そのことは自らに課した使命の半分でしかないと常々考えていました．『Practical Wildlife Care』の執筆によって，世界中に彼の長い経験の恩恵を提供することができました．Les さんは英国の野生動物治療にたくさんの経験があるので，提供される情報や記載しているテクニックの多くが，広域の野生動物に適用できます．

　本書を通じて，リハビリテータと獣医師の親密なパートナーシップを築くことが促されます．すなわち，お互いに信頼する姿勢が The Wildlife Hospital Trust を大いに発展させたので，さらにフィールドでの進歩がなされるには，獣医師やリハビリテータなどの誰かが，そのパートナーシップをかなり発展させなくてはなりません．『Practical Wildlife Care』は，興味をもったアマチュアの気持ちをそらさないように，ほとんど形式張らないスタイルで書かれていますが，医学的に詳しい内容を含んでいるので獣医師と意思疎通ができるようになるでしょう．この本は，その必須の協力関係の成長を確実に促し，パートナー間の絶え間がない討論を刺激するでしょう．

　この本『Practical Wildlife Care』はリハビリの過程のそれぞれの段階へと読者を導いて，英国のリハビリテータが扱う可能性が高いすべてのグループの動物について，不可欠な獣医学的情報を提供します．この本は，かなり包括的な本にしようと努力しているので，それぞれ方々の専門性に求められる詳細な情報を満たすことはないのは明らかです．

　それぞれの種に適したリハビリテーションについて学べば学ぶほど，間違いなく，もっと多くの専門書を必要とするでしょう．英国のリハビリテータと獣医師は長い間，実践に則し，常識的なマニュアルに飢えていましたので，多くの人が傷病野生動物に直面するとき，最初に知識を求める場として，この本を用いるだろうと思います．

Dr John Lewis
International Zoo Veterinary Group

第 2 版への前書き

『Practical Wildlife Care』の初版を出版したことが，Les Stocker 氏のもう 1 つの偉業でした．彼の人生の多くが，英国や世界中の傷病野生動物の治療の基準を向上させることを専門に行ってきました．そして，『Practical Wildlife Care』に，20 年以上の野生動物リハビリテーションの比類ない専門的知識を要約しました．それは傷病野生動物の治療のすべての局面を扱う，本当に最初の包括的なマニュアルでした．そして，そうしたマニュアルとして急速に動物看護師や動物看護の学生や野生動物リハビリテータの主要な情報源になりましたが，英国の野生動物が直面している圧力はいつも変化していて，新しい問題が起こり，知識のレベルが向上します．5 年目に第 2 版が必要となったのは，『Practical Wildlife Care』の価値の証しです．

Les さんがたくさんの情報を収集しましたが，私たちにはまだ野生動物リハビリテーションについて学ぶことがたくさんあります．特に，私たちはリリースの後，どれほどの数の動物が生き残っているのかほとんど分からないので，キー・ゴールは生き残るチャンスが高くなるように万全な準備をして，野生に動物を返すことでしたが，それぞれの治療法がリリース後の生き残りにどう影響するのか，今までにほとんど調査されてきませんでした．知識と基準の両方を改善しようとするLes さんの全体的なエトスの一部として，リリースした傷病野生動物の生残率を知るために様々な人々と調査しました．そして，これらの研究を共同で行うことが，大きい喜びでした．

野生動物リハビリテータの直面している大きいジレンマの 1 つは，特定の手順が野生動物に適切であるかどうか決めようとする場面です．家畜として適切なことも，野生動物にはまったく適切でないかもしれません．『Practical Wildlife Care』の第 2 版は，このような決断に直面している人のために，第 1 版よりもっと欠くことのできない情報源になることが分かるでしょう．

Stephen Harris
Professor of Environmental Sciences
University of Bristol

初版序文

　野生動物を含めて，あらゆる動物の全般的な看護と治療は通常獣医師に委ねられるのですが，今発見されたたくさんの傷病野生動物を管理するためには，動物看護師や訓練を積んだリハビリテータのサポートがきわめて重要です．

　ほとんどすべての傷病野生動物は，人間や人間が作った環境との衝突が直接原因となっています．真に人の関与しない傷病野生動物はまれなことです．しかし，これらの動物も救護されるのを求めるので，私たちの生まれつきの慈悲心から事件が起こります．

　傷病野生動物のすべてが外傷の犠牲者であって，ある程度のショックに苦しんでいます．野生動物の生理学の知識と，起こる可能性のある代謝の変化を理解することで，誰にでも応急処置や救命処置の技術を身につけることができるでしょう．その技術は，絶え間なく進歩する獣医外科学からの恩恵を受けて，動物を生き続けさせるでしょう．この本の目的は，動物看護師やリハビリテータが獣医師の手助けをする支援サービスを世の中に広げることです．

　この本は，私が英国特有の野生動物を取り扱った20年間の経験の成果です．私は，特に診断や処方と外科的処置のために，常に獣医師と緊密に連携してきました．

　私の使命は動物を救護し，生命を維持させ，そしてその動物達を応急手当し，状態を安定化させることです．獣医師の指揮の元，傷病野生動物の多くは，リハビリテーションとリリース前の看護と支援以外何も必要ありませんが，一方，ある動物は外科医の診断や薬物療法や手術さえ必要とするものもあります．しかし，これらの専門領域の治療が終わると，動物はそのリハビリとリリースのためにもう一度私の看護に戻されます．

　この本は野生動物看護の特殊な点を取り扱い，野生動物看護の重要な専門領域，言い換えると救護や応急手当，リハビリテーション，リリースを網羅しています．病気の診断は常に獣医師の領域ですが，私が接してきた病気は，獣医師がごく日常的に治療している，とてもよくみかける病気です．苦痛を取り除くためと最適な長期治療をするために，選択することができる単純な安定化手技も含まれています．

　傷病野生動物の治療のために利用可能な製品が他にもあるかもしれませんが，私が言及したものはThe Wildlife Hospital Trust（St. Tiggywinkles）が看護した何千という動物に適していると分ったものです．ただし，この本を書いていたときには，これらの医学的知識は正しかったのですが，読者は常に変わっていないか確かめましょう．私も発行者もこの本から得られた知識から生じる問題に対して責任をとることができません．

　この20年間で，看護や病気，あるいは傷ついた野生動物の治療は世界中に受け入れられるようになりました．今，世界中で，莫大な数の動物看護のほとんどが，獣医師の指示のもとで，看護師とリハビリテータによって行われています．

　St. Tiggywinklesの初期の発展の時，様々な動物をサポートする局面で，Millpledge製薬のGary, Derek Carthew両氏の手助けとアドバイスに感謝します．ほぼ20年間，そして今でもGaryとGraham Cheslyn-Curtis氏らとMillpledge製薬

に支援いただいています．特に，動物看護師と学生がもっと私の経験に近づけるようにと，この本のカラー写真への後援に感謝します．

　もし私たちみんなが一緒に働き，自分の責任を果たせば，野生動物の看護はとても忙しい動物病院業務の邪魔にはならないでしょう．そして，もっとたくさんの傷病野生動物は重要な応急手当や専門的処置やリハビリテーションが受けられて，今までよりもっと多く生き残り，野生に返せるでしょう．私はそう信じています．

Les Stocker MBE
Aylesbury 2000

第2版序文

『Practical Wildlife Care』の初版は，網の目から漏れてしまったかもしれない，ずっと多くの傷病野生動物に命綱を投げ続けながら，多くの獣医臨床家やリハビリテータによって受け取られ，手垢だらけになっています．その時点でこの本はすべての英国の野生生物のフィールドで定着したように思われました…しかし，毎年我々が野生動物を扱ううえで，いくつかの外傷や傷ましい局面に遭遇し続けています．

誰が，口蹄疫が田園地域を襲ったひどい年を忘れることができるでしょうか．多くはありませんでしたが，特にハリネズミの移動が制限されることを知りました．環境的に安全な宇宙服姿ではありましたが，リハビリテータや動物看護師は，いつものように往診をして，刺だらけの患者を治療する方法を見つけました．

英国のコウモリが突然狂犬病の容疑者になりましたが，この場合は，無防備な人，誰もがコウモリを扱わなくても済むように，私達自身がワクチン接種を受けて，口蹄疫のときと同じように，訪問してコウモリを集める際のバリアーを廻らす方法を見出しました．

野生動物の看護とリハビリテーションの仕事はほとんどマンツーマン方式であり，しばしば数値成果信奉の自然保護論者からは，時間の浪費とあざ笑われています．けれども，家スズメ（*Passer testicus*）とムクドリ（*Sturnus vulgaris*），この英国で最もよく知られた2種の鳥が，すでに保護の必要がある鳥としてレッド・リストにあげられていることが明らかにされました(Gregory et al., 2002)．ウタツグミ（*Turdus philomelos*）やヒバリ（*Alauda arvensis*）の数は，この25年に亘って劇的に減少してしまったので，すでに絶滅に向かう危うい局面にあります．現在，野生動物を看護する人によって救われた，かつては我々にとって最も普通であった鳥，スズメやツグミやヒバリの1羽1羽が，種の保存に決定的な役割を演じます．

その通りで，アカトビやノスリ，カワウソ，ケナガイタチのすべてがきっと田園で再び見られるとき，時代は，時には良い方にさえ変わっていきます．また新顔もいます．すなわち，それは，無知な流行で飼われているエキゾチックペット達で，専門家であるリハビリテータと獣医師は，傷つき看護を必要とするたくさんのヘビ，ワラビー，セキセイインコ，あえて言うなら，おまけにイノシシの手当をするように依頼されます．

英国は，これらの動物が自由に動き回る良い場所であり得ることを証明していますので，私は，積極的な姿勢と，馬小屋の戸のように閉ざされたドアを通り抜けることを前提として，やがて，私たちが一緒に，田園地域にスズメやムクドリ，ツグミを1羽ずつ帰すべきである，ということになるでしょう．そう私は確信しています．

Les Stocker MBE HonAssocRCVS
Haddenham 2005

謝　　辞

　看護を必要としている野生動物の範囲と多種多様さは，『Practical Wildlife Care』第 1 版（2000）から変化したと思われます．そして，獣医師の診療がすべての新しい挑戦に直面する確実な方法です．

　もう一度，国際動物園獣医師協会の John Lewis 博士が私のために貴重な時間を割き，再度私の原稿を見て，有益なコメントとアドバイスをいただいたことに感謝いたします．さらに，私がめったに見ない動物，カワウソの経験談を使うことを許してくださった，彼と Rosemary Green 氏に感謝しなくてはなりません．

　この第 2 版のイラストは Crystal Powell 氏が描き，息吹を吹き込みました．私は看護師である彼女の聴診の才能と同様に，鉛筆画の才能を賞賛します．

　コンピュータに原稿を打ち込むことは複雑で，私には向いていないようです．そこで，私の手書きの原稿をコンピュータに入れることを Louise Sims 氏と Chris Carthy 氏にお願いしました．ありがとう．

　この 2 年間，ブリストル大学の Stephen Harris 教授と緊密に研究をしました．私は，並ぶ者がいない彼の英国の哺乳類の知識を得られたこと，第 2 版の前書きを書くことを快諾して頂いたことに深謝いたします．

　初版のように，ハクチョウの治療についての情報を公開したいと考えたとき，これを許可してくださったハクチョウサンクチュアリーの Mel Beeson 氏に感謝します．そして，座礁海哺乳動物の救護法の英国ダイバーズ海洋生物救援団体の，常に恐れを知らないダイバー Alan Knight 氏と Mark Stevens 氏，スコットランドヤマネコの研究の Andrew Kitchener 博士，ノウサギの病気の研究の Katherine Whitwell 博士，イノシシの知識を分担する Martin Goulding 氏に感謝します．

　アナグマの人工巣穴のデザインの使用に対して Naylor 工業社の Liz Hudston 氏，「コウモリと狂犬病へのアドバイス」（付録 1）の使用に対して自然保護委員会の Kirsty Meadows 氏，そして，顎の皮弁を記述する許可に対して雑誌『Veterinary Times』の Tamzin Thornton 氏にも感謝したいと思います．

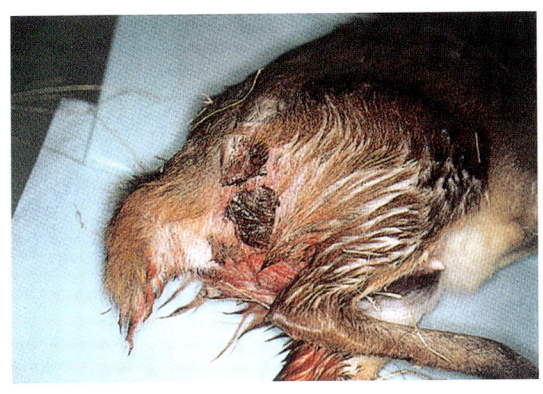

写真1 普段はおとなしい家庭犬によって，このシカは攻撃されました．これは刷り込みをされた動物が直面しなければならない脅威の1つです．

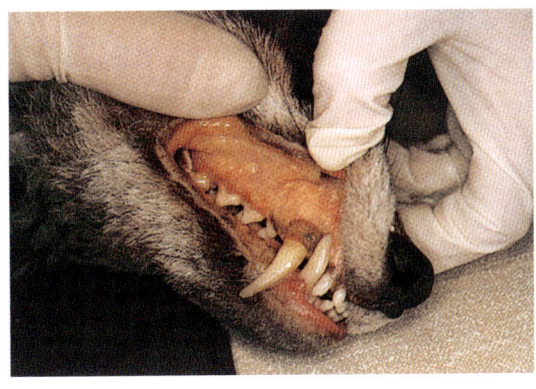

写真2 キツネの粘膜は黄疸によって染まっています．

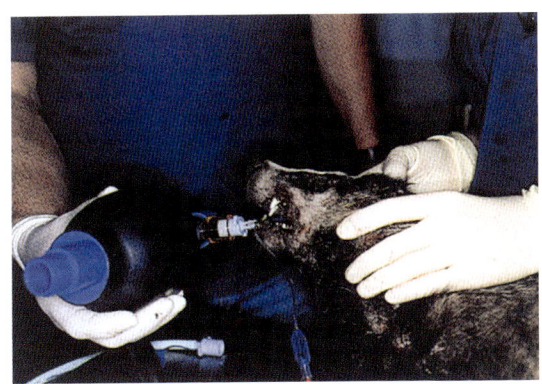

写真3 アンビュ・バッグを使って傷病野生動物に効果的な人工呼吸をすることができます．

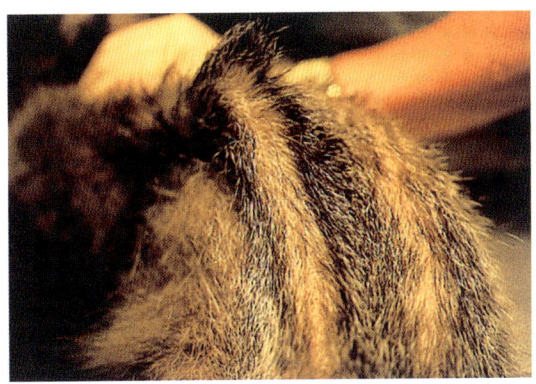

写真4 皮膚をつねったときにできるテント状効果は動物が脱水状態であるということを示します．

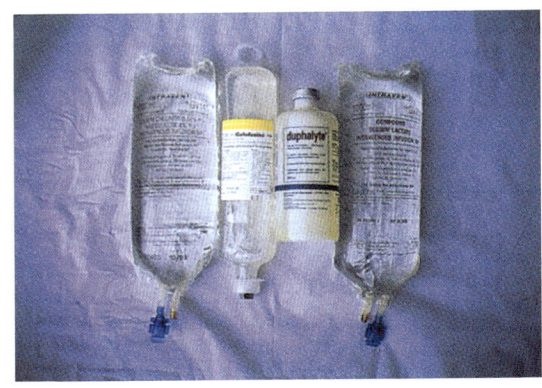

写真5 傷病野生動物に適した全身輸液の選択．

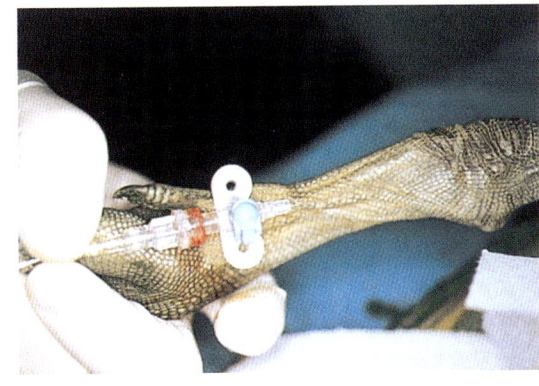

写真6 白鳥の内側脛骨静脈．

写真7 尺骨の髄内輸液するために留置された脊髄針．

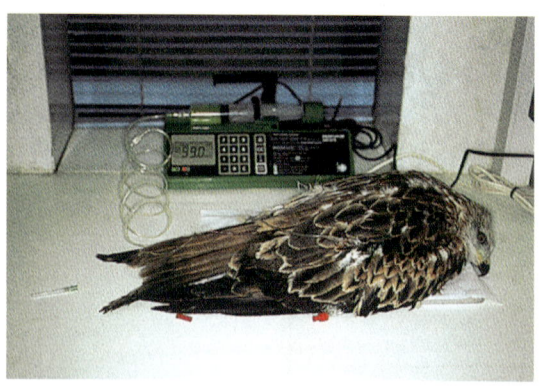

写真8 シリンジ・ポンプを使って，鳥に髄内輸液を正確に注入することができます．

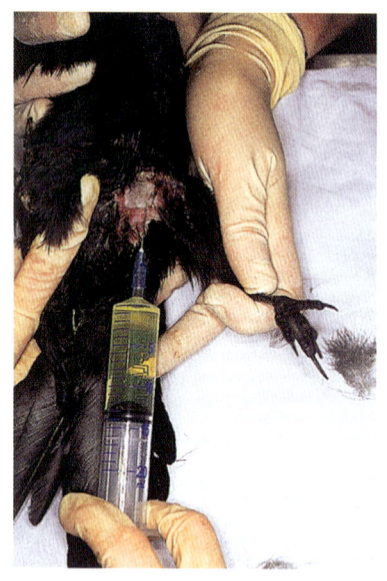

写真9 コクマルガラスの脚の付け根の内股の皮下輸液．

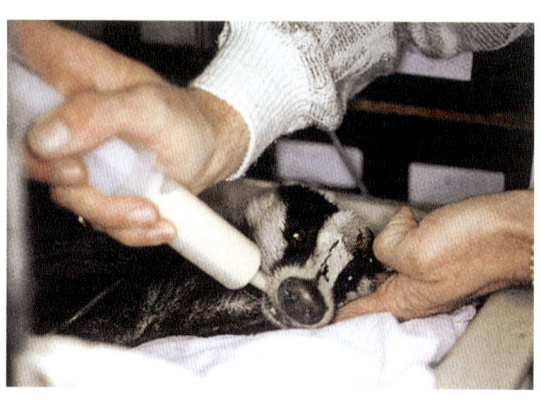

写真10 衰弱したアナグマは流動食を強制給餌します．

写真11 ヤマカガシに皮下輸液して，再水和しましょう．

写真12 焦げた毛や刺は，ハリネズミのよくみられるけがです．

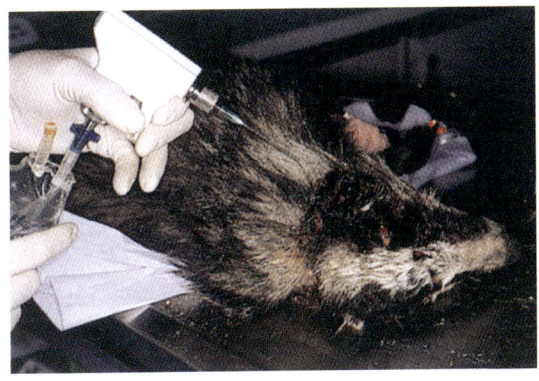
写真13 汚染創を創傷洗浄器で安全に清潔にします．

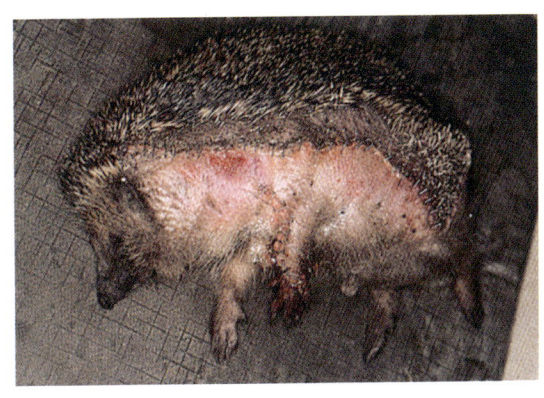
写真14 大きな皮膚裂傷をもっていたハリネズミを手術用ステイプラー針で縫合しました．

写真15 このハリネズミにはハエの卵がみられます．

写真16 鳥の翼の骨折を体包帯法で固定します．

写真17 人工下嘴を付けて3カ月目の雌のマガモ．

写真18 白鳥のくちばしの周りに絡まった釣り糸によって生じた創傷．縫合で，創傷が開くのを止めました．

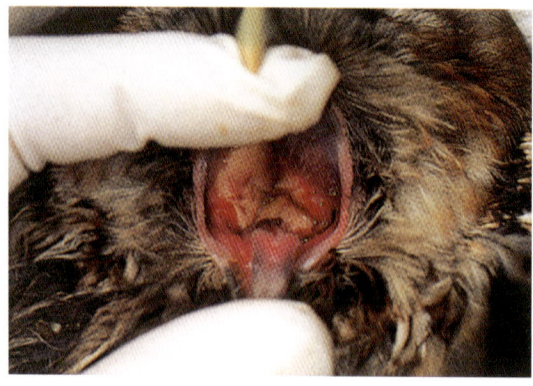

写真19 トリコモナス症の典型的病変．今回はモリフクロウの病変．

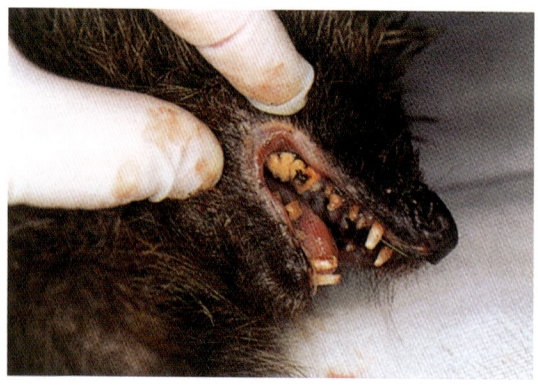

写真20 ハリネズミは慢性的歯石形成を患います．

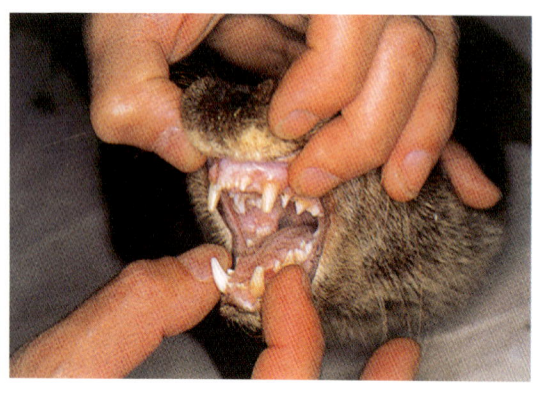

写真21 カワウソの犬歯は折れることがあります．

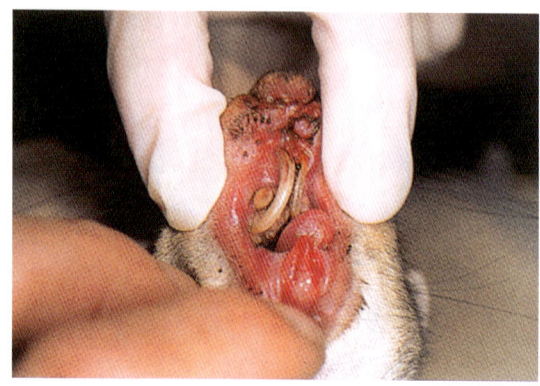

写真22 不整咬合はやがて飢餓を招くでしょう．この傷病獣はハイイロリスです．

写真23 クロウタドリが嘴の破損で発見されますが，時には修復可能です．

写真24 ダラリとぶら下がった翼は，副子を必要とする骨折を意味します．

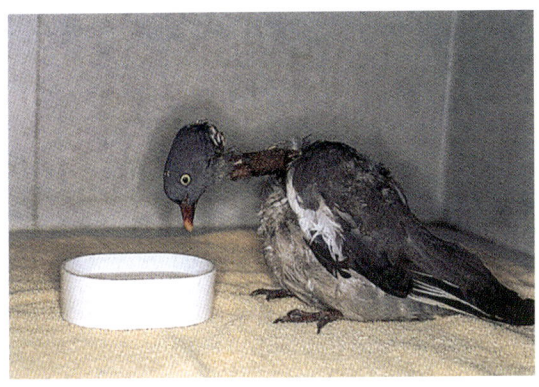

写真 25 頸部創傷を大きく縫合した後．モリバトは非常に頑強な鳥です．

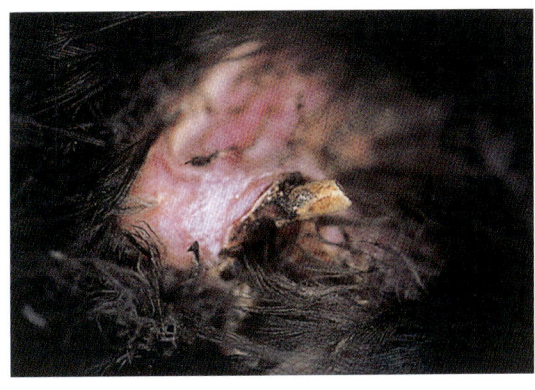

写真 26 傷病カラスが露出し，壊死した骨折片をもっています．

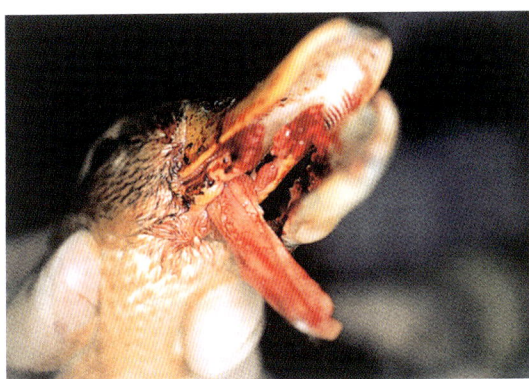

写真 27a

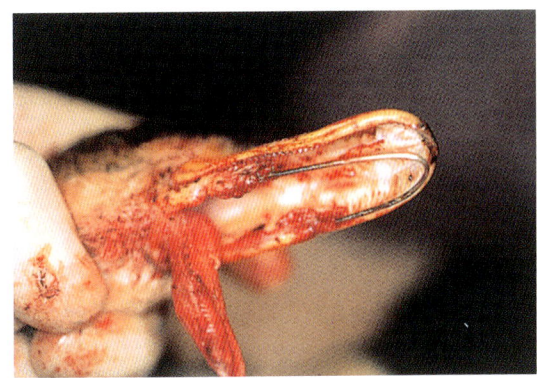

写真 27b

写真 27 カモに人工の下嘴を固定する PKP 法（写真 17 も参照）．(a) 下顎はちょうど嘴合わせ目の前で破損しています．(b) 足場にキルシュナー鋼線を使います．(c) 軟部組織と皮膚へ義嘴を縫合することで行程を完了します．

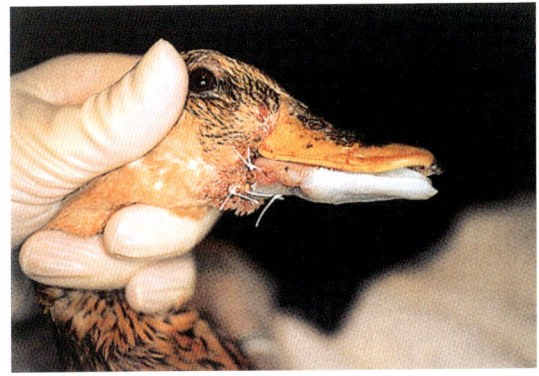

写真 27c

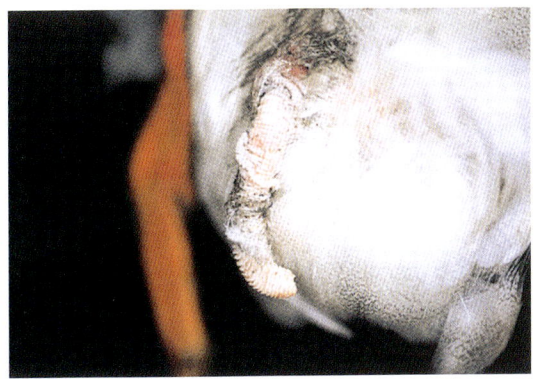

写真 28 逸脱したペニスを持った雄マガモ．

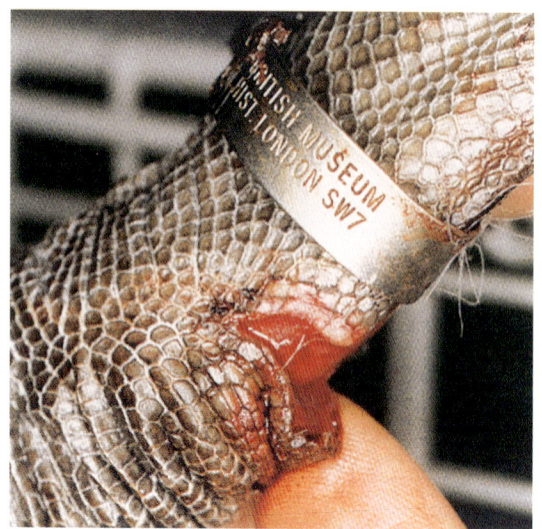

写真 29 　金属の足輪が飛節に滑り上がった様子．

写真 30 　サギの嘴は危険な武器です．

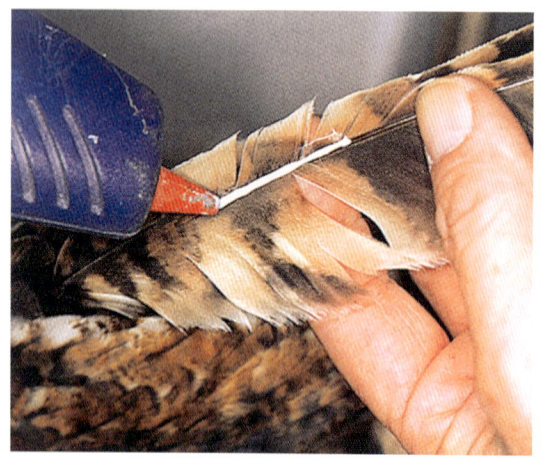

写真 31 　モリフクロウの折れ曲がった羽毛を加熱のりでのり付けします．

写真 32 　洗浄した鳥を頭上に加温ランプ（この写真では見えない）がある回復室に入れます．

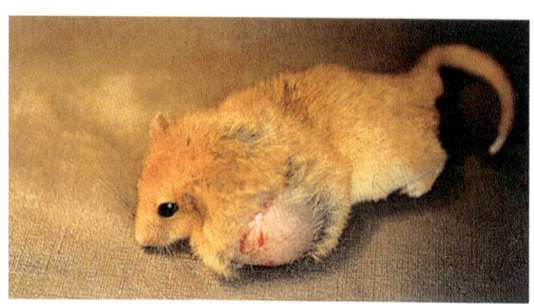

写真 33 　ヨーロッパヤマネが膿瘍をもっています．

写真 34 　風船症候群のハリネズミが膨れています．

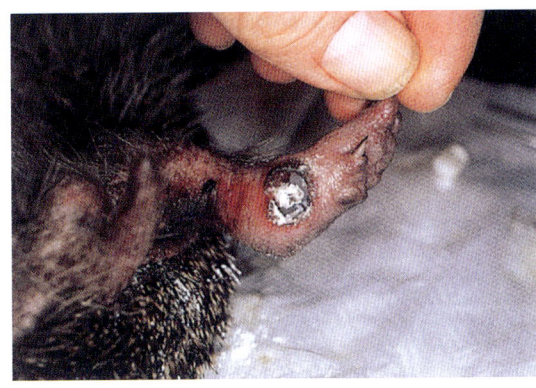

写真 35 足粉砕病がハリネズミでよくみられるもう1つの現象です．

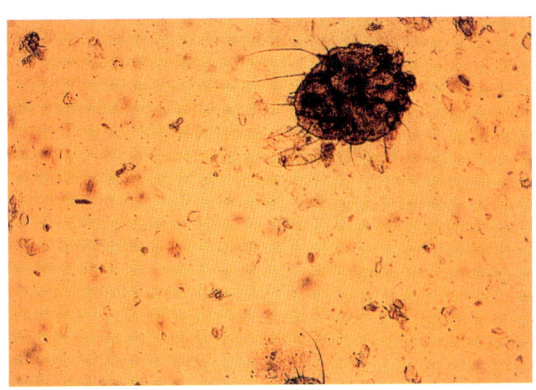

写真 36 顕微鏡下のヒゼンダニ *Sarcoptes scabiei*.

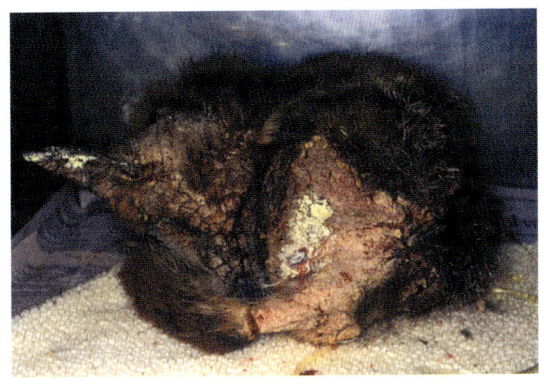

写真 37 治療しないなら，やがてキツネは疥癬で死ぬでしょう．

写真 38 犬伝染性肝炎（ICH）は特有の"ブルーアイ"の後遺症を残すかもしれません（写真：J.C.M. Lewis）．

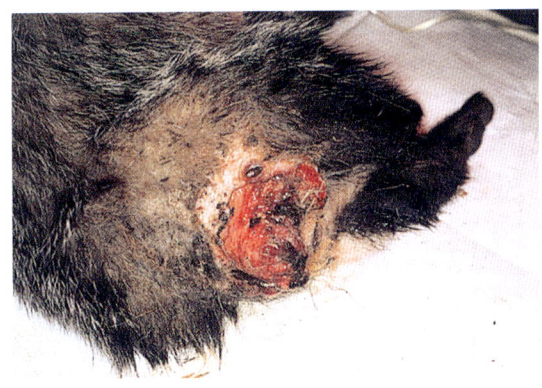

写真 39 アナグマはおしりの部分に典型的な咬み傷を負わせます．

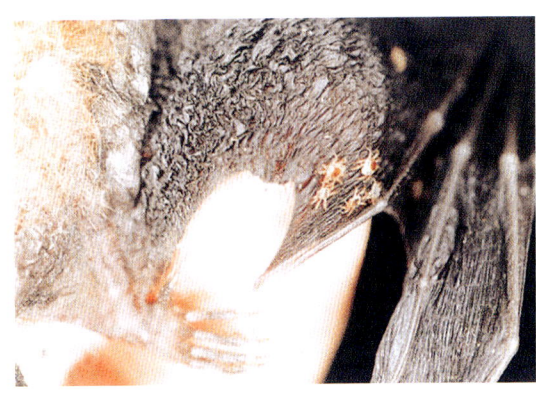

写真 40 多くのコウモリがダニに感染しています．

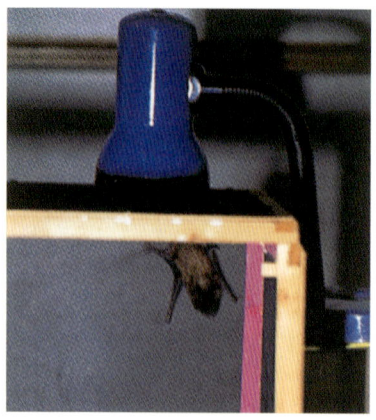

写真 41　頭上に熱源がある蝶の飼育ケージ．傷病コウモリのための理想的な住居になります．

写真 42　モグラ達の色は様々ですが，まったく同じ種です．

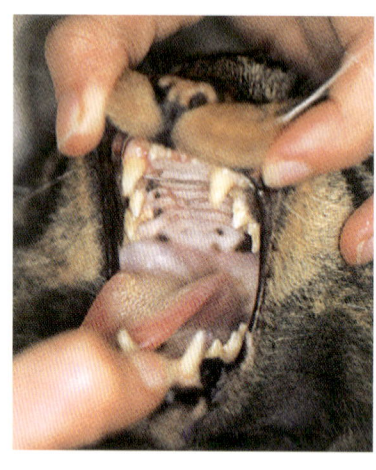

写真 43　すべての哺乳動物のように，山猫も顎の損傷後は歯の補修手術をしましょう．

写真 44　空気で膨らんだカエルは，注射針，注射器と3方活栓で，空気を吸引しましょう．

写真 45　庭の事故で，裂傷を負ったカエルは縫合しましょう．

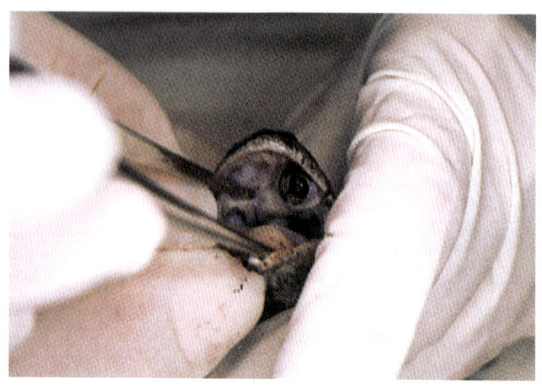

写真 46　カエルは，時々障害を克服することがあります．

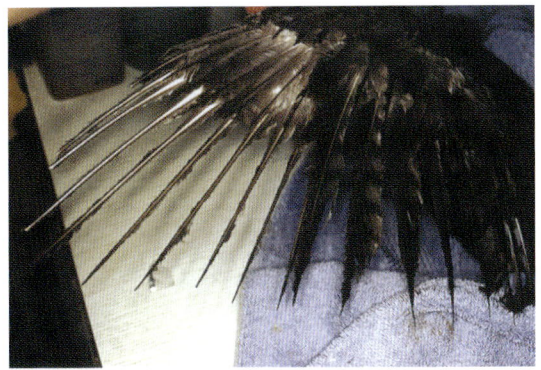

写真47 このノスリのように大きい鳥が電線で火傷を負います．

写真48 慢性の趾瘤症のある野生ノスリ．

写真49 そのトビの家族のナワバリへのリリース．

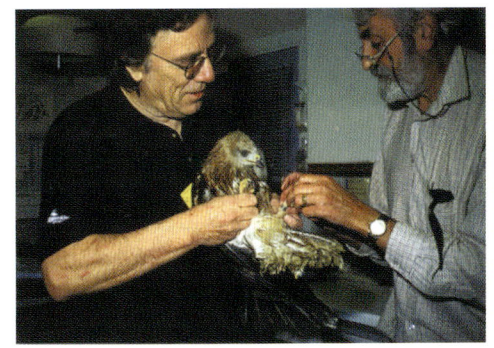

写真50 「野生生物と田園保護法1981」付表4の鳥への足輪はDEFRA検査官によって付けられなければなりません．

写真51 独特のひどい翼骨折を示すユリカモメ．

写真52 陸に激突し，発見されたヒメウミスズメ．

写真 53 これら親からはぐれたハイタカは，肉や骨や羽毛で人工飼養しますが，ビタミン補給もしなければなりません．

写真 54 カイツブリの赤ん坊には冷たいシラスにAquavit（IZVG）を加えて，給餌しなければいけません．

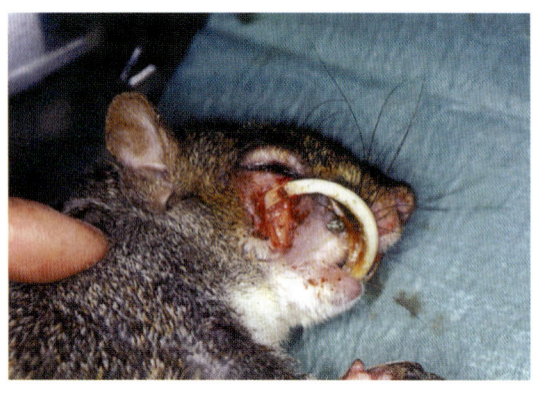

写真 55a

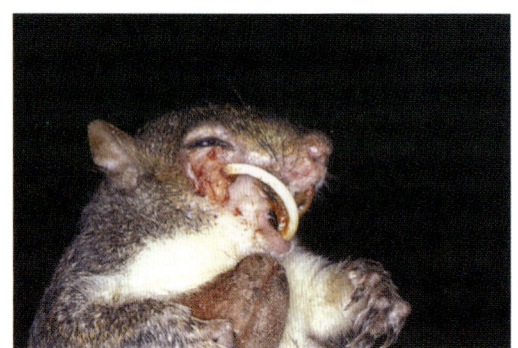

写真 55b

写真 55a & b 切歯が頭部へ伸びてしまったハイイロリスの不整咬合．

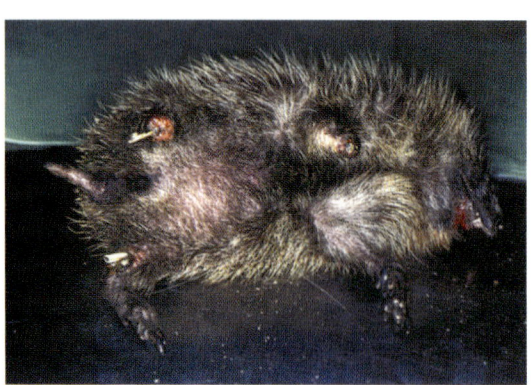

写真 56 脚を 2 本なくしたハリネズミは安楽死しましょう．

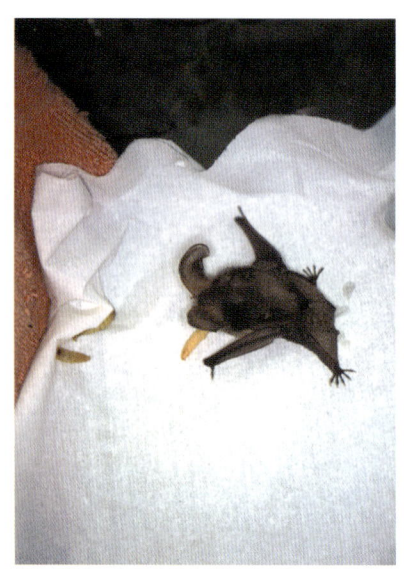

写真 57 水槽内でウサギコウモリに給餌をしています．

1 最初の指令

　野生動物とは，哺乳動物，鳥類，爬虫類，両生類，魚類，あるいは無脊椎動物のことです．全部なじみ深い動物のように思えます．それらは，獣医診療でみられる動物とほとんど同じ仲間です．そして，同じような終焉があります．野生の傷病動物は伴侶動物や家畜と類似した体の構造をしていますが，看護と治療はまったく異なった戦略が要求されます（Stocker, 1995）．その戦略は，すでに忙しすぎる獣医臨床で，特に要求されているものです．傷病野生動物リハビリテーションをうまく行うためには，専門化され，要求を満たすだけの時間や設備を準備することが大変重要です．

　もちろん，野生動物は臨床獣医学の初歩的な理論から恩恵を被り，以下のような標準的動物看護学や標準的な動物の世話の仕方の基本的訓練が与えられれば，うまくいくでしょう．

- 動物と取り扱う人，両方のしっかりした衛生管理の方法．
- 処方薬の慎重な臨床上での使用と薬瓶や注射針，注射器，ほか消耗品の無菌的使用法．
- 殺菌した調理器具や機械，清潔なケージや寝床の使用法．
- 医療廃棄物，特に刃物や死体などの適切な廃棄方法．
- 健康管理や安全規約の遵守．
- 健康を害する危険物管理簿の周知と維持管理．
- 動物がいるところでの，喫煙や飲食の禁止．

　これらの習慣はかねてから備えられているべきです．この標準的業務規定は，それぞれの傷病野生動物に要求される診療を組み立てるためのしっかりした基礎を提供します．もっと詳しい運用規定を初めは煩わしく，時間の浪費のように思えるかもしれませんが，もっとたくさんの動物をリリースできるまでに回復させたり，成長させれば，野生動物のためになるでしょうし，間接的には取り扱う人のためになるでしょう．

　この実際の運用すべてが The Wildlife Hospital Trust（St. Tiggywinkles）自体の業務規定の一部分であり，他のセンターではそれほど厳密にこれに固執しません．しかし，よく管理された病院や堅実な成功率のためには，業務規定が不可欠であることが分かっています．「やること，やらないこと」のリストのようなものを無理に作らなくても，この運用規定が標準的方法とうまく結びつき，適当なときに，野生動物施設でのスタンダードとなります．

　野生動物診療の基本的原則で始めてみると，これら運用の実際のいくつかは，獣医診療や他の動物センターにおいてはそぐわないように見えるに違いありません．しかし，もしあなたが野生動物に必要な専門的なものを提供することができなければ，試しに看護してみようとしてはいけません．

　以下に述べる推奨される野生動物診療の実際は，可能な限り，リリースのため飼育下にいる間の全領域について触れます．

（1）野生動物と家畜とを決して一緒にしてはいけない

　野生動物を家畜から隔離することは，多くの動物病院や動物の世話をする施設に莫大な負担を

強いますが，破滅的結果の末に，このことがなされることもあります．動物病院と連携した野生動物の設備は，最新病院設備である必要はありません．それは野生動物だけが収容される小さい部屋であったり，地下室だったりすることもあります．世界中の多くの野生動物救護センターは，庭の小屋や，移動キャビンカーなどで行われています．それらがなければ，野生動物リハビリテーションは，今のような大きな進歩をなしとげられなかったでしょう．

野生動物と家畜を一緒にすることを避ける十分な理由があります．考えなしに野生動物救護センターへ伴侶動物を入れたために，感染症が広がって，その後大変だった施設を著者は知っています．

病　　気

前に述べた，破滅的結果とは，犬を連れた人の訪問を許した救護センターで，犬パルボウイルスにかかって 30 頭以上のアナグマが死んだことです．パルボウイルスが犬から，あるいは訪問客の汚染した履物から直接に罹ったかどうかは記録されていませんが，そのことで，潜在的危険があることを誰もが気づきました．

数種の野生動物は，家畜にみられる一般的な病気の多くに感受性がありますが，野生動物は予防接種を受けていません．いろいろな所へ連れて行く伴侶動物のほとんどには，よく知られている病気に対するワクチンを打つべきです．しかし，もし，しなかったらどうなるでしょうか．生ワクチンを打ったとしたらどうなるでしょうか．ウイルスを排出していないでしょうか．感染した動物との接触で，野生動物が死んでしまう病気を引き起こすことがあります．ワクチン接種した伴侶動物によって周辺へ排出されたウイルスが野生動物に影響を与えているかどうか，誰にも分かりませんが，厳密な制限下の診療施設や救護施設でも感染の可能性は無限に広がっています．

家畜から感染する多くの疾患が，野生動物で認められています．それらは以下の病気です．

- アナグマのパルボウイルス．キツネにも感染します．
- キツネの犬ジステンパー
- キツネのイヌ伝染性肝炎
- スコットランドヤマネコのネコ白血病
- ハトのパラミクソウイルス
- ウサギのウイルス性出血性疾患
- イタチ科のアリューシャン病の感染の可能性

一般的に，酌量できる状況がなければ，野生動物に型どおりにワクチンをうつことは賢明とはいえません．したがって，たくさんの家畜の病気に暴露されたことがない，野生動物自身の免疫システムを信頼しなければなりません．どんな病気も，素早く，避け難い経過を経て，ついには不運にも病気にかかってしまった野生動物は，すべて死んでしまうということになります．野生動物と家畜を分けておくことは，私たちがその偶発事故を防ぐためにでき得る，最低限の用心であるといえます．

ストレス

野生動物を危険な順に分類すると，リストのトップは人なのです．野生動物が収容されたとき，人の存在は動物にとっては極度のストレスとなることでしょう．したがって，他にも天敵の臭いがしたり，声が聞こえたり，天敵が見える距離に連れて行かれたなら，そのストレスのレベルは，コントロールができなくなってしまうことでしょう．これにケージの中での制限を加えると，動物は急速に内部恒常性のメカニズムをコントロールできなくなってしまいます．動物はそれに相応してパニックになり，逃げようとする中で，自分自身を傷つけることになります．敵の可能性となる動物の近くのケージに入れられるだけでも，動物が難なく死んでしまうことがあります．傷病野生動物を収容したときに，著者が目撃したいくつかの出来事には，動物が乗り越えなければならないストレスを明確に浮き彫りにしています．

- 犬でいっぱいの犬小屋に野生のシカを入れました．最初の場所で，シカが自分を傷つけたことのある動物（オオカミ）に似た動物の臭い

を感じ，吠え声を聞き，姿を見たときの恐怖は，まるで追いかけられたときのように，絶大なものであったに違いありません．
- 猫に傷つけられたクロウタドリ（common blackbird あるいは garden blackbird）を猫でいっぱいの猫舎に入れます．小鳥は，ストレスからすぐに死んでしまうことは有名です．
- キツネは，傷病野生動物の中で最も神経質なことは明らかですが，よく犬でいっぱいの犬舎にも入れられます．
- なおそのうえ，忙しいセンターでは，そこで飼育されている動物は皆，最大の敵である人間の行列に曝されるという，絶え間ないストレスがあちこちに存在します．

ストレスは，人では20世紀病といわれています．傷病野生動物が囚われの身となってもっとたくさんのストレスに遭遇する前ですら，野生下でストレスに曝されているといえます．

騒　　音

どんな治療施設で働いても，やかましいバンとかガンという音を聞かないでいることはできません．それらのほとんどは以下のように避けがたいものです．
- 鍋やフライパンのステンレス蓋を静かに開けることができません．
- バリカンのブーンという音や掃除機のピューンという音．
- オートクレーブのシューという音．
- 静かに閉めようとするステンレス・ケージのドアのバンという音．
- 絶え間ない電話の呼び出しベル．

どの騒音も，診療施設の密室に慣れない野生動物にとっては銃声のようであるに違いありません．閉鎖環境の中，病気あるいはストレス，騒音に立ちむかうことは難しいでしょうが，不可能ではないにしても別棟でのささやかな平和と静けさが，わずかですが，傷病野生動物が回復するために必要な助けとなります．

慣　　れ

家畜のそばで野生動物を飼うもう1つの危険性は，野生動物が家畜に慣れてしまい，本来もっている恐怖心が薄れてしまうことです．野生動物がリリースされたとき，なじみ深い家畜の仲間を捜し出し，敵と出会ってしまう結果になるのです（カラー写真1）．

同じように，親からはぐれた野生動物は，伴侶動物の親によって絶対に育てられるべきではないし，伴侶動物と一緒に育てられるべきではありません．その野生動物がリリースされたとき，同じ危険がその親からはぐれた動物につきまとうことになるでしょう．

（2）光　周　性

野生動物は極めて習慣の強い生物です．すなわち，昼行性の動物は，日中に活動するし，夜行性の動物は，夜間に活動します．私たちが世話をするとき，彼らは電灯の付いた明るい部屋に移されますが，すでに混乱状態の動物にはこの明るい照明が一層のストレスとなります．

作業する人にとって，検査や処置，動物を清潔にするためにも明るい光は必要ですが，この必須の検査が終われば，昼間や夜を経験できるように，直ちに照明のスイッチを切るべきです．昼間も，夜でもブラインドを閉じてはいけません．野生動物には夜明けの徐々に明るくなる光，あるいは夕闇の暗さが必要です．自然光は，未知の捕らわれた世界の中で自分自身がどういう状態なのかを分からせます．それはなじみ深いものなのです．

愛鳥家は制光器付きのスイッチを取り付け，彼らの鳥は突発的な点灯や消灯の影響を受けないようにしています．これも，わずかながら傷病野生動物がくつろぎ，回復を早める助けになるかもしれないのです．

（3）白　　衣

白衣がどうして白なのかという答えは分かりません．よく洗濯されているならば，確かに，どん

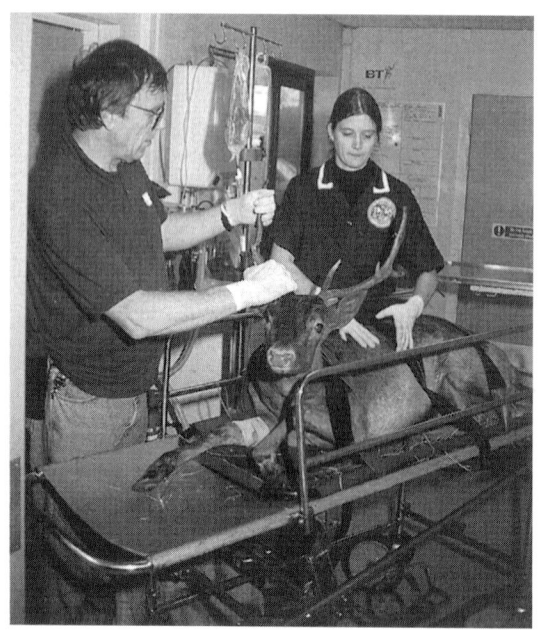

図1-1 緑や青の作業着は白よりも自然に近い．

な白衣も衛生的ではあります．世話をうける野生動物は，白衣を着た人を，ぼんやり光っている白い物体が突然に現れ，接近しながら自分を捕まえるというふうに認識するだけです．動物がすでにストレスがない状態ならば，この白衣はまったくなくても済ますことができそうです．

緑色や紺色の作業着と反対に，強く警戒心を抱かせる作業着など存在しないので，見学者には様々の色がある作業着が品良く見えるでしょう（図1-1）．鳥は色のイメージによって容易にストレスを感じます．緑や青は，白より自然に近い色なので，鳥が反応する警戒色の黒や赤，黄色よりもっと容易に受け入れられます．

（4）カルテ（記録）

傷病野生動物のカルテは，家畜のものよりも重要です．

この情報は動物の治療にとっても，医用データベースにとっても，英国の野生動物専門の生物学者や動物学者にも有用な資料を生み出すことになるでしょう．

動物が保護されたときの重要なカルテ情報が，その治療と将来に直接的に関係することがあります．治療計画と同様に，以下のような情報をカルテに書き込んでください（図1-2）．

- その動物を発見したすべての人の名前，住所，電話番号．これはもっと情報が欲しい場合やその動物をリリースする適切な場所に関する助けが必要な場合に，重要です．
- 救護の状況は，獣医師の診断の助けとなることがあります．例えば，窓に激突したことが明確ですが，外傷のない鳥は，頭部損傷を受けている可能性があります．
- 加えられたすべての治療．傷病野生動物に携わっている人は，すでに自分自身で応急治療や薬の投与をしていることがあります．それが適切でない薬だったり，有害な餌だったり，共通するものでは，吸引性（誤嚥性）肺炎を引き起こす水，ブランデー，暖かいミルクやハーブ治療薬の投与もあります．
- 動物がどこで発見されたかを詳しく知ることは重要なことです．
- もし，ハクチョウのようにナワバリをもち，雌雄や兄弟の結びつきの強い種であれば，その伴侶はいないでしょうか？頼りにし合う兄弟が残されていないでしょうか？
- ひとたび動物が持ち込まれたならば，その動物の経過，与えられたすべての薬あるいは実施された生検，そして加えられた処置と滞在期間中の最終結果などを記載した，分かりやすい記録を最終的に保管しなければなりません．

最後に，英国の傷病野生動物に関連した価値ある文献にも欠けたところがあるので，この情報すべてがデータベースに入力され，あらゆる所見が公表されるべきです．

（5）取扱者の安全

保護されたどの野生動物も，恐れおののいて，威嚇してくるでしょう．その動物はどうにかして逃げようとしますし，もし力があれば，攻撃し，咬みつき，引搔かき，蹴り，さらには，鳴き叫びます．取扱者に大きな脅威を与えることがない動

年月日 / /	NO	ST TIGGYWINKLES	RECORD		I.D.	
氏名 住所： 〒番号			救護の状況			
			種			
毎日の治療			萌芽	性別	年齢	体重
			状態			
			検査室番号		結果	
日/時	体重	食欲	D	尿	糞	治療	備考

□もし St. Tiggywinkles からの郵便物を受け取りたくない場合は，このチェックボックスに印をしてください．
私は St. Tiggywinkles が取り扱っている動物を返さないことに同意します．名前＿＿＿＿＿＿＿＿＿＿＿＿＿＿＿

図 1-2 治療やデータベース入力のために重要な情報を含む記録用紙（カルテ）．

物のスズメやマウスでも，痛い咬傷を与えることができるのです．その一方，傷病野生動物が大きな外傷を負うことがあります．野生動物を適切に取り扱えば，咬まれ，傷を負わされることはないでしょう．正しい予防策をとり，動物に集中し，昏睡状態の動物でさえ突然飛びかかり，咬みつくものだという心がまえでいれば，どんな災難も防げるでしょう．危険性のある動物には以下のようなものがあります．

- アナグマ，カワウソ，キツネ，アザラシは非常に強力な顎をもっていて，機会があれば咬みつきます．彼らの反応は人よりとても速いので，十分に気を付けてください（図1-3）．
- シカの場合はもっと予想できます．シカはとても力があり，蹴り，頭づきをくらわし，角を使います．ダマジカの雄のような小型のシカを拘束するためにも，2人は必要です．ホエジカやキバノロのような小さいシカは牙で泥をはね掛けようとします．
- 猛禽類やカラス類，特に猛禽は，かみそりのように鋭い爪で武装された足で攻撃します．
- 猛禽類はカラスやカモメように咬みます．
- サギ類や海鳥のいくつかの種のように先の鋭い嘴をもった鳥は，人の顔の光った部分（眼

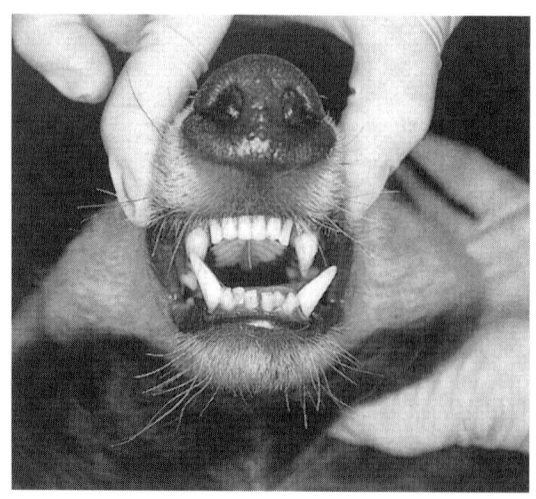

図 1-3 アナグマは強力な顎をもっていて，チャンスがあれば咬みつくでしょう．

を突っつきます．必ず最初に，頭を押さえてください．
- リスは最も危険かもしれません．非常に素早くて，強く咬みます．さらに，後ろ足の長い爪で引っ掻きます．
- スコットランドヤマネコはさらに強くて攻撃的で，凶暴な家猫のようです．
- 唯一英国産の毒ヘビはマムシの仲間，ヨーロッパクサリヘビです．滅多にこれらを救う機会はありませんが，治療する場合には，最大の注意を払って行ってください．ペット店から逃げ出した外国産ヘビで，名前が分からないヘビについての問合せがあることがあります．無毒の外国産のヘビはひどく咬むものであり，有毒かもしれないものとして，見なれないヘビを扱ってください．
- イノシシは現在南の国々で見られます．これらはとても危険です．経験ある動物園の職員ならうまく扱えます．

（6）ワクチン接種

ワクチン接種は伴侶動物ばかりでなく，動物を取り扱う人すべてに対し重要です．不幸にも，動物を取り扱う人が遭遇するすべての人獣共通感染症に対するワクチンは手に入りません．しかし，以下の病気に曝される場合，ワクチン接種はすべての人に大いに役立ちます．

破 傷 風

破傷風は開放創から感染する細菌 Clostridium tetani の毒素によって引き起こされ，死ぬ可能性があります．動物を取り扱う人すべてに，破傷風のワクチン接種を確実に実施すべきです．初回免疫から 10 年目に追加免疫が必要ですが，動物の看護のように高い危険性を伴う職業では，5 年間隔で接種した方がよいでしょう．

狂 犬 病

英国では問題はありませんが，最近英国南部のドーベントンコウモリに狂犬病の報告がありました．家畜を取り扱う人は狂犬病の動物に遭遇する機会がありえます．野生動物を取り扱う人は狂犬病が家畜から野生動物に感染する可能性のあることを知っておくべきです．ちなみに，普段コウモリを取り扱う人は，付録 1 のガイドラインを参考にしてください．

（7）手　　　袋

獣医診療ではあまり使われませんが，傷病野生動物を取り扱うとき，使い捨てラテックス手袋は人獣共通感染症に対し優れた防護効果を提供します．このグローブは安いうえに非常に重要です．

野生動物に通常影響を与える危険物質に対する防御が必要とされています．特に，重油や有機溶媒，酸，ペンキに塗られた鳥やハリネズミ，他の小さい哺乳動物を見受けます．

処置をしている間も，薬が皮膚を通して吸収されることがあります．ラテックスゴム手袋は，これを防御します．ある薬に感作されていると，例えばペニシリン・アレルギーをもっているならば，特別の予防措置を取らなければなりません．

（8）バリア看護

施設に収容された野生動物の大多数は外傷の犠

性者でしょうが，病気によって弱った野生動物もいることでしょう．病気はしばしばある動物から他の動物に感染することがあります．しかし，大部分は施設での毎日の日常清掃や消毒によって制御された状態が続きます．人と同様に動物を深刻な脅威にさらすいくつかの病気があります（人獣共通感染症）．主要な人への脅威となる病気のいくつかを「(9) 人獣共通感染症」の項（下記）で強調して述べましたが，**バリア看護法**によって安全管理が保たれます．本質的に，ほとんどの人獣共通感染症に感染するすべての危険はバリア看護の手袋，マスクと防護衣の使用によって軽減することができます．

病気の動物を襲っている微生物は以下の通り，いろいろな方法で広がることができます．
- 動物と取扱者の間の直接接触によって
- 動物の体液との接触を通して．尿，唾液，ミルク，精液，胎水など
- 咬傷によって
- 動物による呼気のエアゾールによって
- 汚染した床敷きやケージから
- 感染した死体の不正な処分から

これらの可能性がある感染源に対処する試みとして，以下の方法に固執しなければなりません．
- 感染動物の任に当たる1人か2人の熟練者は，最初，すべての感染していないの動物を扱い，そして最後に感染動物を扱います．
- 感染動物は暖かい隔離部屋で飼育します．
- 警告を表示しましょう．
- 感染区域に入る人すべてが，適切な消毒薬の入った消毒槽で履き物を消毒します．
- 餌入れを消毒します．寝床は医療廃棄物として捨て，他の動物のためにリサイクルしてはいけません．
- バリア看護を適所に配置した後，獣医師に確定診断と処方を頼みます．

(9) 人獣共通感染症

傷病野生動物の看護をしたい人は，誰もが歓迎される協力者です．人獣共通感染症という嫌な情報によって，看護の意欲が低下するということはなく，正しい情報はより多くのアドバイスと同様に看護の成功を助けることになります．

人獣共通感染症は動物から取り扱う人に感染する危険な病気だということです．人に感染するとき「不快感」から「致死的」までの広範囲の症状を示します．しかし，正しい予防処置と業務規定および衛生管理規定によって，人獣共通感染症は問題ではないでしょう．

レプトスピラ症（人のワイル病）

迅速な治療を施さなければ，この病気で人が死ぬ可能性があります．レプトスピラは野生動物の中ではドブネズミ *Rattus norvegicus* の体の中に潜み，今では英国伝染病のなかで高い割合を占め，英国の運河の多くを汚染していると報告されています．

野生動物，特にドブネズミを餌にするキツネのような動物は，この病気に感受性があります．正常な衛生状態では感染症の伝搬を除外できますが，レプトスピラ症に感染した動物は粘膜が典型的な黄色になります．動物がレプトスピラ陽性かどうかを臨床検査で確かめます．感染の可能性のある動物すべてを隔離し，バリア看護をしましょう．たくさんのキツネが黄染した典型的な粘膜を示しますが，少数の割合がレプトスピラ症であることに留意してください．粘膜黄染を示す病気のほとんどは，人には伝染しない犬伝染性肝炎か，特に，交通事故後内出血によるものと思われます（カラー写真2）．

ライム病

この病気は，スピロヘータ *Borrelia burgdorferi* によって引き起こされる人の病気で，増加しつつあると思われます．ライム病は動物，特にシカからマダニによって伝搬します．もし炎症反応を引き起こした人の体表にマダニを見つけたら，一般開業医は咬み痕を参考にして，広域スペクトルの抗生物質を処方するでしょう．ライム病は，治療をしなければ死ぬこともありますし，関節炎を引

き起こすこともあります．

マダニの多くは殺虫剤が効かないので，人に咬み付いたすべてのマダニを手で取らなければなりません．リハビリテータの持ち物キットの必需品は "O' Tom"，北米では "Tick-Twister" マダニ抜き器でしょう．これらは，口吻を取り残して，感染症を引き起こすことなく，マダニを簡単に取り除けます．マダニ抜きがなければ，麻酔用エーテルをしみこませた綿花でマダニを軽くたたきます．麻酔されれば，完全に，そして清潔に抜き取ることができるはずです．

動物の体から落ちたすべてのマダニを確実に殺してください．そうしないと，あちこち動き回って人によじ登ってきます．咬まれても，必ずしも咬まれた感覚を感じません．

白癬菌症

白癬菌症は伴侶動物から感染することがあり，ウッド灯下で蛍光を発します．しかし，ハリネズミで発見された白癬菌症は蛍光を発しないので，しばしば誤診されます．この原因菌は *Trichophyton erinacei* であり，人にも感染します（Stocker, 1987）．通常，この病気は手や指にできた痒い丘疹から始まります．急速に広がるので，医師に診てもらってください．

結　核

たくさんの感染症の中で，結核は慢性進行性の病気です．そして，3つのグループに分けられる *Mycobacterium* 属の細菌によって引き起こされます．すなわち，反芻獣やアナグマに感染する *M. bivis*，鳥，主にハトに感染する *M. avium* それに，人の *M. tuberculosis* です．人はこの3つに感受性があるので，獣医師は，動物，特に病気のハトが *Mycobacterium* に感染しているかもしれないと，助言することでしょう．

鳩　鵠　病

鳩鵠病はオウム病のオウム以外の鳥のための呼び名です．様々なクラミジア株によって引き起こされます．クラミジアはリケッチアに似た生命体です．野生動物の救護では，眼や鼻に分泌物のあるハトのすべてを保護すべきです．特に，この病気の症状を示す鳥，ハト愛好家が使う言葉でいえば，「one-eye cold（片眼だけの風邪）」に注意してください．念入りに，すべてのハトに注意してください．必ず明るくて，風通しの良い場所で飼育してください．開口呼吸のような呼吸器症状のある鳥は皆，隔離し，バリア看護し，診断や治療指針を立てるために獣医師に診てもらってください．

疥　癬

特に，疥癬は，伝染性の病気に罹った動物を扱っている人に最も影響を及ぼしそうです．この病気はダニ，*Sarcoptes scabiei* によって起こり，最も可能性のある犠牲者のキツネではアイバメクチンやドラメクチンによって，このダニをコントロールすることができます．しかし，ダニは，人に伝搬されることがあり，その侵襲は「疥癬」として知られています．時間と共に，体中に広がるので，感染初期から，医師の治療が必要です．

よく似た重度の皮膚過敏状態を引き起こすのは疥癬へのアレルギー反応で，感染した動物に触って48時間以内に，ぱっと燃え上がるように感じるほどです．このアレルギーは疥癬に遭遇したときに共通して起こるもう1つの影響ですが，感染の可能性のある動物を扱うとき，感染を抑制するための衣類，外科の手袋，エプロン，マスクと帽子を身に付けることによって，疥癬のときと同じように防ぐことができます．通常，このアレルギーは，およそ過敏な状態が3週続き，皮膚軟膏を塗ることで治ります（Stocker, 1994b）．

著者は，20年あまりの間，確かな人の疥癬の1症例だけを見たことがあります．そして，それは医師の治療に反応しました．ある著者のコメントとは正反対ですが，注目すべき点は疥癬はハリネズミでみられる可能性が高くないということです．

西ナイルウイルス

野鳥で発見される西ナイルウイルス（WNV）は蚊の吸血によって伝搬します．これまでの数年にわたってこの病気が米国で流行しています．この病気は野鳥や同時に多くの人を襲い，しばしば致命的です．2002年の終わりまでに，すでに270人以上が死亡し，3,600人以上の感染例が確認されています（www.NewScientist.com ニュースサービス，2003年7月23日）．米国のリハビリテータはこの病気をよく認識していて，特に最もよく感染している鳥，カラス類，フクロウ類，タカ類を取り扱うとき，特別の注意を払うように助言されています（Dr. Erica A. Miller DVM, 私信）．

疑わしい症例に対する予防処置（症状は第9章を参照，p.100～101）とは，鳥を他の鳥から隔離すること，もし取り扱うなら，手袋とガウン，エプロンを身につけなければならないということです．著者はさらにマスクの使用を追加予防処置として推薦したいです．その鳥に使用した洗濯物，給餌具，食器は他の器具と別にして，洗浄，殺菌しましょう．

最終的に，疑わしい症例を剖検するなら，呼吸する場所の換気を増加させ，二重の手袋とマスクを身につけることによって，更なる予防処置をとりましょう（Dr. Erica A. Miller, 私信）．

まだこの病気は英国で記録されていません．多くの留鳥がWNVに対する抗体をもっているのが示されましたが，記録された鳥すべては健康でした．英国では，西ナイルウイルスが米国で広がったように，爆発的発生をしないかもしれないということですが，もしそれが発生し，非常に可能性がありそうなら，取り扱っている野鳥は疑いのある症例としてすべて予防処置をとることが肝要です．

愛鳥家肺炎

これは鳥を飼っている人々によって経験された様々な呼吸器の状態の一般名称です．特に，愛鳥家やハト愛好家の間で，数年間，この名前でよく知られていました．この影響は重大で，鳥を飼うのを辞めなければならないようになるくらいです．

通常の予防法の方が，罹ってから治療するよりましなので，もし鳥を飼育するなら，以下の点を行ってください．

- いつも換気の良い部屋か，小屋で鳥を飼いましょう．
- 掃除のとき，特に乾いた糞を掃除するときにはマスクをしてください．
- 呼吸器の初期症状のうちに，医師に診てもらって，鳥を飼っていることを話してください．

ほかの人獣共通感染症

その他にも，動物から罹ることがある人獣共通感染症があります．狂犬病を含む，それら人獣共通感染症のほとんどが，標準的獣医病院管理規定に入れられます．全般的に，清潔で衛生的に働くことは，きっと感染を予防することでしょう．以下の病気については獣医師に話を聞き，それらを熟知するために勉強してください．

- 狂犬病
- サルモネラ症
- 回虫症
- パスツレラ症
- カンピロバクター症

最後に，話をしている人獣共通感染症に感染してしまう危険があまりにも大きいので，口-口の蘇生あるいは口-鼻の蘇生に決して頼らないことが肝要です．

（10）動　　　物

野生の動物は，明らかに伴侶動物とは違います．野生動物にはそれぞれの種で，違った治療法が必要ですが，全般的に見れば，傷病野生動物の看護や世話は，直接手を下し，安心していられるようなペットの診療とは大きく違います．

凝視

野生下で，自分以外の動物にじっと見つめられると，その動物は恐怖を感じます．この恐怖は，獲物を捉えようと動き出す前に集中し，にらみつけている天敵に対する反応と同じです．

野生動物は，私たちが直視するのを脅しととることがあるので，常時傷病野生動物に視線を浴びせかけないで，目を逸らしてください．危険な動物を扱うことに集中しているときには，凝視することになる場合もあり，十分な注意が必要です．

視線

野生動物は人が近くにいるときはいつもストレスを感じています．視線を浴びることと相まって，人は恐怖の対象であるに違いありません．絶え間なく人の視線が浴びせかけられていたら，どうだろうかと想像してください．生きることが1つの長い苦痛でしょう．また，常時困惑しているような患者では，治るのが遅くなるだろうし，最悪の場合，人からの視線を避けるために暴れて，さらに外傷を負ってしまうことがあるかもしれません．

飼育下で看護をしている間は，野生動物を公衆の面前に曝すべきではありません．

鳥の症例では，頭頂より高いケージに鳥を収容することが著者の経験から有益でした．

大騒ぎ

伴侶動物は優しい一言を添えて，撫でて励ませば，すばらしい効き目がありますが，野生動物は触れられると恐怖を感じ，犬や猫が捉えるように，ありきたりのこととは思いません．触ってもだめだし，撫でても，軽くたたくような動作も，毛繕いもいけません．それが日課だとしても，触ってはいけないのです．野生動物に近づくのなら，静かに近づいてください．動物を鎮めなくとも，近づくときは，動物をびっくりさせないように，あなたがそこにいることを知らせておくことが必要です．

刷り込み

幼若な哺乳類や鳥類に恒常的に話しかけたり，触らないことが絶対に必要です．親のいない幼獣を養育するときには，ある程度の量の接触がなければならないことは明らかですが，重要な離乳期に近づいたなら，その動物が人とのあらゆる接触を断つように努めなければなりません．もしこのことを実行しなければ，その動物は恒久的に人を刷り込み，決して自分自身の種との相互関係を結ぶことがなくなります．

刷り込みを防ぐ方法は動物の発達のそれぞれのステージで，違った人を使うことです．離乳前の授乳を保母が行いますが，それからは動物を同種の幼若な仲間に入れ，二度と触らないことです．

ペット

刷り込まれた動物はリリースするのに適してはいません．飼育下に置かれると，野生の本能で，気が休まらない状態が続くでしょう．野生動物は，犬や猫のように家庭生活に慣れることはないようです．ペット業者は野生動物もペットにできるといいますが，よいペットにはなれません．その動物が咬まない，爪を立てない，攻撃もしないと確信がもてるはずがないのです（あなたはその動物に気を許せないでしょう）．そして，夜行性の動物だとしたら，9時〜5時の普通の生活は絶対に望めないでしょう．

最初から野生へ復帰させられるように，ひたすら努力してください．もしわずかでもリリースできないようなら，同種の個体と暮らせる避難所のようなものを捜すことを考えてください．それもなければ，真剣に安楽死を考えるべきです．

(11) 安楽死

安楽死の問題はいつも論争を引き起こします．1つには，ちょうど「眠らせる」とか，「黙らせる」とか，「苦痛からの解放」のように，それが人の権限下にあるからです．これらの決まり文句すべてが1つの意味，殺すことです．安楽死が

簡単に軌道を逸するといけないので，動物の生命を奪ってしまうことであることを心に留めておくべきです．

問題は，安楽死が絶えず乱用され，動物が殺されていることです．なぜならば，動物を治療するのに必要な時間や努力を惜しむ人がいるからです．動物はたくさんのものをもってはいません．彼らが唯一もっているものが命であり，その1つのものを維持するために，歯や爪と戦います．もし動物の世話をしているなら，その命を継続するチャンスをそれぞれの患者に与えることが，私たちの義務です．

「決して安楽死に頼ってはならない」ということではありません．もちろん，時には必須です．心構えとして，「ほかの人道的な方法はないだろうか」ということです．もしないとするなら，そのときには安楽死が唯一の道です．バックアップのある優れた安楽死の指針は，少なくとも経験あるスタッフ2人が提示された安楽死について検討しなければならないというものです．すなわち，動物が殺される前に，安楽死させるかどうかを審議するということです．

安楽死候補

ほとんどの場合は至極明確であり，同じような例に従うように思われます．ガイドラインが作成されているので，不必要に長引かすことなく傷病野生動物を殺すことができます．

明確な場合の基準は以下の通りです．
- 重度の脊髄傷害と脊椎脱臼
- 2本以上の脚の喪失
- 盲目の鳥
- 脚をなくしたハクチョウ，ガン，カモ
- リリースできないほとんどの雄のシカ
- 障害を負ったオシドリ（オシドリは決して飼育環境下に慣れません）
- 1本足の猛禽類

それほど明白ではありませんが，さらに安楽死候補になり得るのは以下の動物です．
- 受け入れ難いレベルの痛みに苦しまなければならない動物．
- たとえ回復し，飼育されたとしても，決して良い生活環境で生きられない動物．
- 家畜のために発達した獣医学の技術の恩恵を被ることができず，野生には不適当な動物．
- 利用可能な適切な設備もなく，長期間の厳重な監禁を必要とする動物．

コンサルテーション

安楽死した方が良いのかどうか，もし疑問があるなら，その症例を同僚と議論する間，安楽死を中断します．

安楽死の方法

安楽死は，不必要な苦痛に終止符を打つ目的で行われるので，動物を殺すという行動には，苦痛を伴ってはいけません．このことを確実にするために，動物に苦痛を与えないような方法を用いるべきです．

使用する推奨薬はペントバルビツール・ナトリウムです．これは使用規制のある薬なので，獣医師の指示下で入手し，鍵のかかる棚に保管し，使用毎に使用簿に記録を取らなければなりません．好ましい注射法は急速な静脈注射です．したがって，静脈点滴を受けているなら，簡単に投薬できます．

多くの動物や鳥は静脈注射をするには小さすぎます．心腔内あるいは腹腔内注射はとても苦痛なので，小さい動物には，注射をする前に深麻酔を施すべきです．

両生類は，麻酔量としている25〜1,000g/lより高濃度のトリカインメシル酸（MS222, Thomson and Joseph）に長時間浸けて，安楽死することができます．

血清バンク

その診断の一環として，獣医師は検査の補助のための血液サンプルを採るでしょう．使用しなかったすべての血清をVacutainer®に入れて凍結保存しましょう．もし罹患しているのと同種に他の病気が発生すれば，これらの血清サンプルが利

廃　棄　物

刃物や注射器などすべては,医療廃棄物として,安全に廃棄されなければなりません．死体も医療廃棄物として,焼却所に送らなければなりません．

(12) 死 後 剖 検

なぜ傷病野生動物が死んだのかは，ほとんどの場合分かっていますが，たまには理由が分からないものもあります．救護に携わっている人は，自分自身の至らなさを責め，看護士やリハビリテータは失敗ばかりしていると考えて，この仕事を辞めてしまうことがあります．保護された野生動物はどうであれ，死からそう遠くないところにいるのです．その薄らいでゆく生命を救うという行為は，勝負に勝つということに等しいことです．やれることをすべてやったとしても，傷病野生動物の多くは死んでいきます．

しかし，過誤があったとしても，自然死以外の死の原因が分からなければ，どんな風にして過ちが正されるでしょうか．死んだ動物のすべてを剖

肉眼剖検所見

種：
名前：　　　　　　　　　　　　　　　日付
歯	性	年齢	体重

外景：　　正常 / 疥癬 / 白癬 / 浮腫
腸管：　　正常 / ガス様 / 出血 / 寄生虫
胃　：　　正常 / ガス様 / 出血 / 寄生虫
脾臓：　　正常 / 損傷 / 腫大
肝臓：　　正常 / 斑形成 / 退色 ＿＿＿＿＿ / 腫大
胆囊：　　正常 / 腫大
腎　：　　正常 / 退色 ＿＿＿＿＿＿＿＿＿
膀胱：　　正常 / 腫大
肺　：　　正常 / 退色 / 膿様 / 血様
　肺の寄生虫　　生 / 死
心臓：　　正常 / 腫大

図 1-4　肉眼剖検記録は重要なデータを提供する．

検すべきです．獣医師がすべての剖検を行うことはできないでしょうが，特に複雑な症例には助言を与えることができます．衛生学と解剖学の知識をもった人は誰でも，肉眼検査を行って，動物の死んだ理由に対する解答を得ることができる場合もあります．ほとんどの症例の肉眼所見は，とても解決できない，不治の病をもっていたことを示します．さらに，死後剖検は，英国野生動物のデータを増やす病理学的情報をもたらすことでしょう．

獣医師に診せたすべての動物は，死後剖検のため必要とされるまで適切に保存しましょう．死後，可能な限りすぐに動物を急速に冷やしましょう．それから，ビニール袋に入れ冷蔵庫に保存しましょう．もし検死が24時間以上遅れるようなら，死体を凍結しましょう．凍結は組織に損傷を与え，微生物の同定に影響を与えることがありますが，特に外傷の犠牲者の場合，貴重な情報がまだたくさん得られます．

標準的な剖検手順

- 剖検を行うために特に設けられた健康と安全の規定の厳しい遵守（獣医師は適切な実践的規定を示すことができるでしょう）．
- 施設の臨床センターから離れた場所で行う．
- 剖検のみに用いられる器具の準備．
- 術者の手術用ゴム手袋，エプロン，マスクを準備．
- 決まった手順に沿った標準的剖検記録（図1-4）．
- 採材用ビンとホルマリン生食．
- 医療廃棄処理に用いる死体を入れるビニール袋．

将来の参考資料とデータベースに備えて，あらゆる情報や関連する組織を保存しましょう．

死後剖検は，重要な情報を提供するばかりか，世話をする人の「わたしは十分に看護しなかったのでは」という，そのつらい感覚から抜け出させますし，野生動物についての知識をも広げます．

要　　　約

これらすべての最初の指令が採用され，数年の年月を経て，野生生物リハビリテータによって試されてきました．ごく小さい施設でも，この指令を採用することができ，コウモリの狂犬病や西ナイルウイルスの可能性のような，新しい課題に遭遇することに適応できます．獣医師の指示や支援のもとに施設を立ち上げることが不可欠であり，その手伝いをする獣医師は，いろいろな人が関与する前でも，野生動物が最高の看護を受けているのかを正しく評価することでしょう．

2 最初の対応

　傷病野生動物のほとんどは，何らかの形で傷を負った犠牲者です．彼らは伴侶動物や家畜では一般にみられないような，重度の感染性外傷やショックを示します．しかし，野生動物には，これら外傷に対処することのできる，強靭な力があるように見え，加療する機会や適切な保護療法が与えられればすぐに回復します．

　それでも，傷病野生動物が診療台に乗るまで生きていなければ，どんなに優れた看護や治療も無意味なものです．最初に傷病野生動物すべてに行わなければならないことは，診療施設へ動物を運ぶまで，すべての生命維持機構に問題がないことを確認することです．

　診療台に動物を乗せるということは，事故の現場からある距離を輸送し，受付けに持ち込まれた段ボール箱から傷病野生動物を単純に取り出すまでを意味します．取り出すときに動物が生きているように，もっと高度の応急手当を施すまでは生存させ続けることが，極めて重要です．

　どんな状況でも助けられるように，野生動物のための応急手当セットを手元に準備しておきましょう．応急手当セットには，傷病野生動物で起き得る不慮の事故のすべてをカバーする薬や器具を入れておいてください（表2-1）．

生のバイタルサイン

　バイタルサイン（生きているという徴候）とは，生命の存在と安定性を示す臨床症状のことです．傷病野生動物を救護し，看護する者は皆，バイタルサインとその元となる生理現象についての実践的知識がなくてはいけません．健康な動物のバイタルサインとは健やかな徴候ということです．

　体は細胞で作られ，そのすべては細胞代謝で燃料となる酸素と栄養物の豊富な供給に依存しています．代謝老廃物，たとえば二酸化炭素や乳酸は体に有毒とならないように，細胞周囲の環境から除去されなければなりません．

　循環系あるいは心血管系，心臓や血管そして心血管を流れる血液は体のすべての細胞に酸素や栄養物を分配し，老廃物を運び出す役割をします．酸素や栄養物と排泄せねばならない老廃物は細い毛細血管網の血管壁を通してのみ，交換されます．この正常な微小循環機能が，体の中のあらゆる臓器や組織の生存のために極めて重要です．

　呼吸は，酸素を体中に分配するために，肺内に，鳥類や爬虫類では気嚢内へ取り入れ，肺毛細血管内の赤血球に酸素を受け渡すための仕組みです．同時に，呼気時に，老廃二酸化炭素が血液から放出され，排泄されます．両生類は皮膚を通して酸素を取り入れることができる補助的な能力をもっています．

　ある動物のバイタルサインというときには，心血管機能と呼吸器機能の状態を示す情報のことを指すので，重要な生命維持機能の状況を示すことになります．心血管系や呼吸器系を損なうと，生命を危うくすることになります．

　生命のバイタルサインには以下の項目が含まれます．

（1）心拍数
（2）脈数と強さ

表 2-1　傷病野生動物に適した応急手当セットの中身

聴診器
カフ付き気管内挿管チューブ（ET）
K-Y 潤滑ジェリー（Johnson & Johnson）
喉頭鏡
使い捨てゴム手袋
2 インチ幅布包帯
動脈鉗子　2 本
スペース・ブランケット
Traumastem™ 止血剤（Millpledge）
救急法の手引き
アンビュバッグ蘇生器
鳥のための様々な種類のカフなし小気管内挿管チューブ
カフ付き気管内挿管チューブのための 10ml 注射筒（鳥以外）
滅菌綿棒
2 インチ幅自着包帯
IntraSite® Gel 被覆材（Smith & Nephew）
ハサミ
大玉綿球
体温計
暑い間――薬や輸液バッグを入れるためのクーラー・ボックス

(3) 呼吸の特徴と呼吸数，呼吸音
(4) 粘膜の色
(5) 毛細血管再充填時間（2 秒以内が正常）
(6) 深部体温

　多くの場合，不可逆的であるバイタルサイン不全に陥ってから，それを復帰させようとするより，上述のバイタルサインをモニターして，適宜対処する方がはるかに無難です．これらのモニターの方法は，血液の酸素を運ぶ能力と，細胞の代謝を維持するための血液運搬における循環系の有効性を評価することに向けます．

　動物を取り扱い，輸送するとき，これらのバイタルサインの継続モニターや問題あるサインに変化が生じたときに適切な行動がとれることが，多くの不必要な死をくい止めることになります．

（1）心 拍 数

　心臓が機能しない限り，生命維持メカニズムのどれも働きません．心不全とは単純に心臓から血液が有効に拍出されないことを意味します．それは，心臓が止まってしまっても（心停止），心臓の部分部分が協調して拍動しなくなる機能異常（心室細動）があっても起きます．

　もし心臓が拍動しているなら，獣医師は心拍数を尋ねるでしょう．これは脈拍数と同じではありませんが，一致することもあります．心拍数は，聴診器を使い心臓の上の胸壁で数えてください．時計を使いながら，15 秒間の心拍数を数え，4 倍してください．これが 1 分間の心拍数です（BPM）．

　この情報で，獣医師は硫酸アトロピンなどを処方することになります．

（2）脈拍数と強さ

　脈は動脈の周りで，心臓の押し出した血液によって生じます．脈は，動脈が皮膚を通して触れることができる場所で数え，評価します．もし心臓が正常に機能していれば，脈拍数は心拍数と一致します．

　脈拍数をとる動物で共通する 3 つの部位は

- 尾根部で触れることができる尾底動脈．
- 内股の後部，大腿骨の近位 3 分の 1 を大腿骨と平行に通過する大腿動脈．
- 上腕骨の遠位 3 分の 1 を横切るように位置する上腕動脈．

　応急処置の前に，犬や猫でこれらのポイントを確認し，精通することは良いことです．

　脈拍数とその性状は，心臓がどんな状態で動脈に隈なく血液を送っているのかを示します．

- 脈拍の強さは，心臓から血液が押し出される圧の強さを示します．
- 末梢部分の脈拍は，血液が末梢の毛細血管網を循環しているかどうかを示します．
- 脈拍は，規則的拍動が心臓の拍動と違うかどうかを示します．
- 獣医師の指導のもと，改善策を施しながらの脈拍のモニターは，心臓が弱っていっている警告を与えます．脈拍は生命の最も重要な症状の 1 つです．

心拍数でやったように，時計を見ながら，15秒間の脈拍数を数えて，4倍することによって1分間の脈拍数を計算することができます．

（3）呼吸の特徴，呼吸数，呼吸音

心臓が脈を打ち，循環が機能しているとしても，呼吸がなければ，肺の毛細血管を通して酸素交換，老廃二酸化炭素の排泄はありません．

動物が息をしているバイタルサインは，胸部の規則的な上下運動です．これは鳥類や爬虫類ではいつも明確とは限りません．これら動物の呼吸の性状は，口を見ることと，気管の入り口である声門の開閉の観察によって評価することができます（図2-1）．吸うときと吐くときの呼吸音は，口の中や気管の中の血液や粘液の存在を示すことがあります．

口の中の粘膜の色も微小循環の酸素の存在をよく示します（「（4）粘膜の色」を参照）．呼吸器系の切迫した機能不全は，以下のようなことからよく認めることがあります．

- 呼吸数が性状の50％以下まで低下する．
- 呼吸の深さがだんだん深くなる．
- 粘膜が蒼白あるいは青い．

（4）粘膜の色

粘液を分泌する膜，あるいは粘膜は体の構造を裏打ちしている湿った組織層です．粘膜は毛細血管循環によって密に灌流され，その状態をみることができます．明るいピンクの正常な健康色の粘膜は，循環によって酸素がうまく供給されていることと，呼吸がうまくいっていることを示すもう1つのバイタルサインです．この微小循環の変化は，しばしば粘膜の色の変化によって知ることができます．

（5）毛細血管再充填時間

歯肉は粘膜の一部で，それ自体，外から見える毛細血管微小循環をもっています．

親指で歯肉を圧迫すると，毛細血管は見えなくなり，歯肉は蒼白になります．親指の圧迫を外して，どれくらい経って毛細血管が血液で満たされ，粘膜の色が戻ることができるかを判断することによって，毛細血管再充填時間（CRT）を評価できます．

動物の正常のCRTは1〜2秒です．この値を超える場合は，その微小循環が基準値以下であるというバイタルサインも示しています．

（6）深部体温

動物の細胞代謝は，細胞内の一連の非常に複合的な化学反応に依存しています．これらの反応は限られた温度域でだけで起きることができます．大抵は直腸にいれた温度計によって，動物の深部体温が健康かどうかを表しています．

しかし各種の動物にはそれぞれに正常な深部体温がありますので，治療前に考慮しなければなりません（表2-2）．

死の徴候

もし動物がすでに死んでいれば，バイタルサ

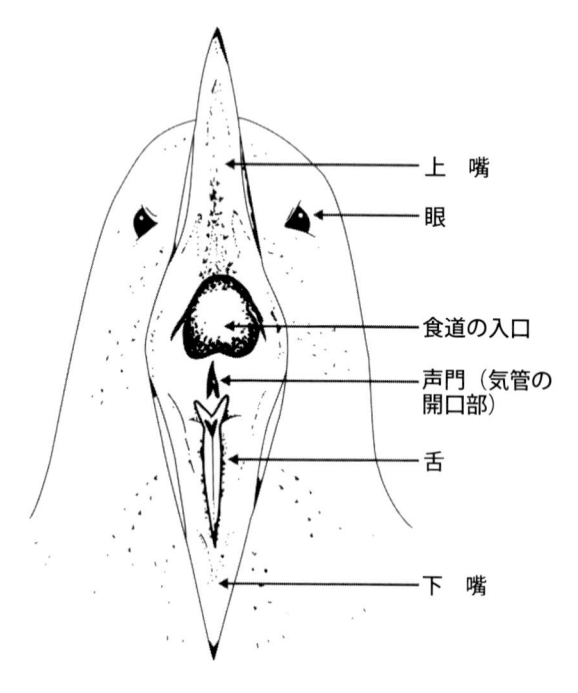

図2-1 鳥の口の中の気管の開口部である声門を示している．

上 嘴
眼
食道の入口
声門（気管の開口部）
舌
下 嘴

表2-2 英国野生動物の体温

動物	体温
アナグマ	37.8〜38.5
コウモリ	外気温によって様々
鳥類一般	40
バンドウイルカ	37
ドブネズミ	37.2〜37.8
クジラ	36〜37.5
シカ	38〜39
フェレット	37.8〜40.0
キツネ	37.8〜39
ハイイロリス	37.4〜38.5
ハリネズミ	34〜37（6℃で冬眠）
ハツカネズミ	36.1〜36.7
ミンク	37.5
カワウソ	38
小鳥（スズメ目）	40〜41
ハト	40〜41
ウサギ	38〜39.6
海鳥	39〜41
アザラシ	36〜38

インをモニターしようとすることは無意味です．ちょうどモニターするための生の徴候があるように，死の徴候もあります．

(1) 心拍の欠如
(2) 瞳孔散大
(3) 死戦戦慄
(4) 息をしない
(5) 反射の消失
(6) 死後硬直がある場合もありますし，ない場合もあります．
(7) そして，もっとも死亡したといえる症状．それは，通常はすべすべで，湿り気のある角膜の正面がどんよりして，張りがなくなることです．

応急処置

生のバイタルサインは動物の健康状態を示します．しかし，問題が起こり，生の徴候が本来あるべきものでない場合には，応急手当のABCDである基本理論に従うことが重要です．これらは以下にあげるものです．

A — Airway 気道
B — Breathing 呼吸
C — Circulation 循環
D — Drugs 薬

気　道

- 肺への空気の通過を妨げていないかをチェックする．
- 血液の塊，異物，粘液，吐物など，どんな物も口の中から取り除く．
- 気管の入口を塞いでいないことを確認する．
- 舌が引っぱられて，気管の入口を塞いでいないか確認する．
- 確実に気道を維持するため，頭と頸を前方へ伸ばす．

気道確保に問題があるようならば，気管チューブを気管に挿入してください（図2-2）．チューブ，それ自体が妨げとなっていないか，よれていないか確認してください．

特に鳥では，仰向けに保定すると，竜骨の部分で呼吸していることがすぐに分かるでしょう．

呼　吸

動物が息をしているかどうかチェックしてくだ

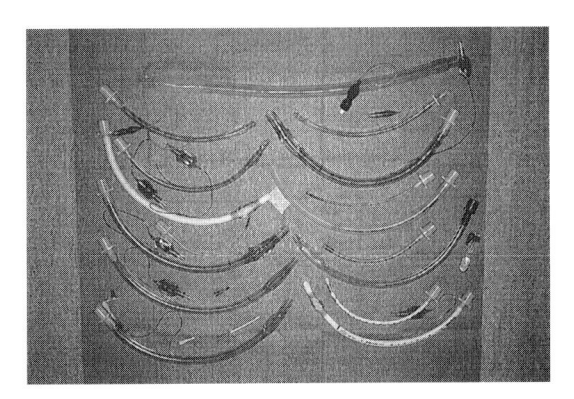

図2-2 野生動物の応急処置にはあらゆる大きさの気管チューブが必要です．

さい．呼吸不全の症状は下記のようにして分かります．

- 1分以上呼吸がみられない．
- 粘膜が蒼白ないし青い．
- 息を吸おうと，激しく，頻繁に起こる引きつけを起こす．

もし息をしていないようなら，人工呼吸をしてください．

人工呼吸
胸部圧迫
肺の内外への空気の流れを確保するために，胸壁を間歇的に圧迫してみるといいでしょうが，これは2分以上続けても，まったく役に立ちません．

口-口式人工呼吸法
口-口式人工呼吸法は，人獣共通感染症の危険を避けるために，野生動物には実用的ではないと勧告されています．

アンビュバッグ
1つはどの応急手当セットにも準備するか，動物保護センターで持っておくべきです．アンビュバッグを気管内チューブに接続して，単純にバッグから空気を肺に直接送り込み，老廃二酸化炭素を除去することができます．1秒間に2息というアンビュバッグの短い規則的圧縮で，呼吸機能が保たれるでしょう（カラー写真3）．

アンビュバッグの唯一の欠点は，肺あるいは気嚢への空気の過剰付加による損傷を，特に，受けやすい鳥類や爬虫類，両生類には使うべきでないということです．

気管内チューブを動物に付けることができる市販の人工呼吸器は多数あります．これらは間欠的陽圧換気（IPPV）を供給するために使うことができ，長時間，特に外科手術中，一部の種には必要なこともあります．

鍼
鼻唇溝（nasal philtrum，上唇中央にある縦溝）を滅菌した注射針で刺すと，呼吸反応を刺激することができます（図2-3）．そこは，鼻孔あるいは鼻鏡のすぐ下です．

図2-3 鼻唇溝の鍼のツボを刺激するため，皮下注射針（25G）を使って，動物が呼吸するのを助けてあげます．

薬
動物の呼吸を促そうとして人工呼吸をしている間に，呼吸刺激剤である塩酸ドキシプラム（Dopram V, Willow Francis Veterinary）を舌下に2～3滴投与するとよいです．この効果は比較的短く，10分毎に，あるいは効果が出るまで，繰り返し投与しましょう．

注射用ドキシプラムは1～2mg/kgを静脈内投与します．

循環
聴診器で胸部を聴診するか，脈を取ってください．もし脈が取れなかったり，正常でないならば，様々な状態が考えられます．

心停止
心臓を始終モニターすることがきわめて重要で

す．正常な動物の左胸部，時には右胸を触ってみると，非常にゆっくりだとしても，心拍動に触れることができるはずです．聴診器あるいは，新しい電気増幅した食道聴診器での聴取は，かすかな心拍でも，もちろん心拍がないのも，探し出そうとする助けとなります．

もし心不全が起きると，3分以上の脳の酸素不足から，元に戻らない脳障害を引き起こします．時間は根本要素なので，外からの心臓マッサージ，つまり心臓の場所を間歇的に圧迫すれば，脳やほかの臓器の血液循環を維持させる助けとなるでしょう．頭を低くすることは脳への血流を助けるでしょう．しかし，心蘇生のための圧迫によって，胸部損傷を起こす可能性があることを心にとどめておかなければなりません．それは，肋骨骨折を起こし，さらなる損傷を招く可能性があるということです．心マッサージに加えて，もし利用可能なら，人工呼吸と酸素吸入によって呼吸器系を維持し，回復させるべきです．

獣医師の厳しい指導のもと，アドレナリンの投与が可能で，アドレナリンは再び心臓を拍動させるように刺激するかもしれません．アドレナリンは3～4分毎に0.01mg/kgを静脈内投与するか，最後の手段として，心臓腔内に注射できます．これを簡単にすると，アドレナリンは10kg当たり1mlで，1/10,000量です．アドレナリン投与前，心臓が実際に不全状態にあることが重要です．

心臓が反応したとしても，その効果は一時的かもしれないので，患者を綿密にモニターして，心臓が衰えていく気配がないか斟酌を加え，獣医師に報告しなければなりません．

心停止に伴って，呼吸不全もあることがあります．蘇生をしようとするとき，心臓への刺激と人工呼吸の両方を同時に行わなければなりません．呼吸不全は通常心不全より先に起きますが，心不全では，心停止のため，蘇生の準備をするチャンスはほとんどありません．

心肺の両臓器系に機能不全があると，蘇生の試みが成功する可能性がほとんどありません．しかし，もし呼吸不全だけで，呼吸の再会がうまくいったら，再び機能不全となりそうな，あらゆる症状を綿密にモニターしなければなりません．

心室細動あるいは頻脈

心室細動（VF）は，心室における電気的活動が無秩序になってしまい，実際に血液を押し出せなくなってしまいます．

ある鳥で，特にオシドリ，クジャク，ある種の小鳥では心臓が競争を始めたように感じます．急激な拍動は単純に細動ということができますが，厳密には心室細動の患者ではありません．鳥の心拍数が増加すると，心停止を引き起こすことがあります．鳥の命を救いたかったら，鳥を素早く，緊急に，暗くて暖かい環境下に置くことです．例えば，段ボール箱の中や，タオルの下などに置き，不要な接触をしないことです．それでも，鳥が回復する見込みはまずないようです．

薬

いろいろな種類の特効薬は，命が危ないような場面に有益です．通常の応急処置のための薬と獣医師の処方が必要な薬の両方とも，常時手の届くところに置いておかなければならないことになっています．なるべくなら，それらの薬を一緒にして，ほかの薬とは別に，緊急時にすぐにそれらの薬が使える場所である救命救急コンテナや「救急箱」，「救急ワゴン」に保管しておくべきです（表2-3）．

ショック

傷病野生動物のすべてが多少の脱水があり，幾分かのショックに苦しんでいます．ショックは，一般的に外傷によってもたらされ，重度の脱水，出血，下痢，あるいは嘔吐によっても助長されることがあります．

ショックは精神的状態ではありません．ショックは血液によって組織に適当な物質浸透作用を供給する微小循環不全のことです（基本的には毛細血管網である）．細胞から酸素と栄養物の供給を奪い，二酸化炭素や乳酸のような老廃物が除かれなくなります．局所的細胞死が起こり，やがて動物の死に繋がります．獣医師によって，様々な種

表 2-3 応急処置法と投与量の注意書きの手軽な参考資料

救 急 処 置

A，B，C，D に従いなさい

A － Airway　気　道
B － Breathing　呼　吸
C － Circulation　循　環
D － Drug　薬　物

アドレナリン
単に 1：10,000 量の計算法を使いなさい．

10 倍の水を混ぜて注射液とするので，最終濃度の 1,000 倍溶液になります．例えば 2ml 注射器＝ 0.2ml のアドレナリンに 2ml の水を加える．
投与量は 1ml/10kg

獣医師の指示がないかぎり，心停止の場合のみに使いなさい．

Dopram V 注射液（Fort Dodge Animal Health）
0.1ml/kg の IV 注射を 15 分間隔で繰り返す．

Dopram V 点滴薬（Fort Dodge Animal Health）
舌下に 2～3 滴経口投与．10 分間隔で繰り返す．
獣医師の指示がないかぎり，呼吸停止の場合に使いなさい．

硫酸アトロピン
静脈内投与　0.1mg/kg

St Tiggywinkles
The Wildlife Hospital Trust

類のショックが診断されていますが，その中で臨床的にとても重要なショックは，失血，あるいは血漿，水分だけや電解質の喪失による乏血性（容量の減少）ショックです．獣医師の治療がなければ，ショックに苦しんでいる動物すべては，この「循環血液減少性ショック」に苦しんでいることが当然と考えておいて，治療を考える方が安全です．

ショックの臨床症状は以下の通りです．
・粘膜蒼白
・毛細血管再充填時間（CRT）が 2 秒より長くなります
・低体温と冷たい四肢
・意識の低下
・弱くて，速い脈拍
・心拍数の増加
・呼吸数の増加
・筋肉の弛緩

ショックは複雑な状態で，様々な方法で対処する必要があります．特に，輸液療法を行うことが必須です．この効果と使い方は第 3 章でもっと詳しく述べることにします．

低 体 温 症

低体温は動物の深部体温が正常以下に下がってしまうことです．外気温が，動物の低体温に影響することがあります．動物が濡れ，寒冷環境下におかれると，特に低体温症に陥りやすく，どうにかすると衰弱することもあります．

治療には暖かい輸液か，自動車のヒーターやヘアードライヤーの送風ヒーター，あるいは綿密にモニターした動物の上部に設置した赤色ランプに

よる保温を必要とします（第3章参照）．正常体温位の湯に浸けることは，その後完全に乾燥しさえすれば，特に有効です．

ヒートパッドとの接触による加温は動物の体の一部分のみを暖めることになり，やけどや組織損傷の原因になることがあります．低体温症を治療するためには，動物の周囲全体を暖めてください．

熱中症

熱中症とは低体温症の逆です．外気温によって悪化することもあります．熱中症は，過剰の熱に曝されるか，体の熱が異常に生産された結果のいずれかによって，体温が異常に上昇することにより起こります．臨床症状は，頻脈，呼吸頻回，あえぎ，さらに極度の衰弱，ふるえと虚脱です．体温を下げるための応急処置をしなければ，痙攣が起こり，そして死に至ることがあります．

治療法は動物を日陰に置くこと，あるいは冷水浴，濡れタオルで包む，氷バックで動物を包むなどが必要です．換気量の増加は，動物が呼吸数の増加やあえぐような呼吸によって，動物それ自身の熱の一部を放散するのを可能にするでしょう．冷水浣腸は，例えば，飲み口のついたスポーツ飲料ボトルから直接浣腸をすると，熱を下げるのに大いに助けとなることがあります．

出血

正常な心拍動や規則的な呼吸だったとしても，傷病野生動物は出血による危険があります．小さな引っ掻き傷だろうが，生命に危険のある大きな傷だろうが，ほとんどの傷病野生動物は出血に苦しめられます．それはすぐに分かる外部出血であることもありますし，高度な診断技術や外科手術なしには分からない内部出血であることもあります．

外部出血は体の表面で血液が認められることをいいます．これは開放創からのこともありますし，体の中で出血し，口や耳，鼻，腸管，尿路から漏れ出てきた血液であることもあります．内出血は簡単には認めることができず，重度の打撲あるいは脾蔵，肝蔵，肺のような内部臓器の損傷の結果起きます．

事故の場面で，あるいは最初に傷病野生動物を見たとき，どこから出血しているのかに注目してください．さらに，どれくらいの失血があったか判断するようにしてください．どんな動物も出血に対する自己防衛能を備えていますし，手当をする前に，どんな出血も止まってしまっているでしょう．

止血機構が命を救うのに十分でないこともありますが，動物は止血する4つの自然防御機構を備えています．

(1) *血液凝固*：出血をとめる自然の方法は損傷部位，すなわち出血点で血液が固まることです．もし毛細血管からの出血のように，流血がそれほど多くなければ，おそらく何の手当の必要もなく血液が固まるでしょう．血管が太く，血圧の高い動脈であると，応急止血なしには出血点で血液は固まりません．

(2) *血管収縮*：本来，動脈は伸縮性がある壁をもっていて，横に破れたとき，収縮し，血液凝固形成を促進して傷口を塞ごうとします．裂傷の方が，何か鋭いものによってまっすぐに切られた血管より，止血することができます．

(3) *血圧低下*：出血があると，血液が排出されるのに十分な圧力がなくなるまで，血圧はもっと低くなります．この圧が下がった時点で，障害を受けた血管の出血点に凝血が形成されます．

(4) バックプレッシャー：体腔内で出血があるところでは，体腔内が血液で満たされ，体腔内の圧と出血圧が等しくなり，出血は止まり，もう一度，凝血が形成されます．

ワルファリンやほかの殺鼠剤を摂取した動物は，血液凝固系が障害されます．とてもたくさんの小出血を生じますので，障害された動物を救うのは不可能に近いでしょう．しかし，1〜2mg/kgのビタミンK（Konakion®, Roche）の注射を6時間毎に行うことで，血液凝固形成を促進するでしょう．

健康と安全

　動物を動かすために近づいたときには，これらの自然の止血のプロセスによって，どんな出血も止まっているかもしれません．この時点で，血に染まった所は動物の血によるのか，傷病野生動物を助けようとした人が咬まれたことによってできたのかを見極めるのは価値あることです．経験豊かな人は，特にアナグマ，キツネ，カワウソ，アザラシあるいはリスにすら咬まれたりはしないでしょう．しかし，良きサマリア人（聖書ルカ 10.25 から，行きずりの心優しい人，法律違反をするのはいけないことだが，弱い者を助けたりするために法律を破ることは，例外的に Good Samaritan rule として認められている）が咬まれて，大出血してしまうのはよくあることです．人に感染する危険な病気があるので，もしこのような状況が起きるなら，手術用手袋が必須です．動物が輸送されてくる前に，すべての救護班が狂犬病と破傷風の予防注射を受け，救護中に咬まれた人は地域の病院で治療を受けましょう．

　経験豊かな人は咬まれませんし，咬まれることによるばかりでなく，動物の体液からも感染することを知っているに違いありません．特に，動物の尿はレプトスピラ感染の通常の媒体となり，人では死ぬ可能性のあるワイル病の原因となります．

反動性出血

　希望としては，この自然のプロセスが，まだ出てくる血液を凝固によって止めるように効果を発揮することです．不幸なことですが，救急処置をした人の努力の結果，かなりの凝血を剥がしてしまい，再び出血し始めることがあります．

　この反動性出血が起き得る 3 つの原因があります．そして，すべては不可避です．
（1）動物を拾い上げたり，動物を入れ物から動かすだけで，凝血塊が剥がれてしまい，再び出血し始めることがあります．
（2）動物を持ち上げるとき，動物が暴れ，心拍数が増加し，凝血塊が剥がれてしまう位の血圧上昇を起こすことがあります．
（3）静脈内輸液療法を行うと，循環血液量が上昇して，形成された血の塊が剥がれてしまうことがあります．しかし，次の章で説明するように，ショックが傷病野生動物の死因で最も可能性があるので，輸液療法は，ほかの起き得る状態よりも優先されねばなりません．

外 出 血

　これらの例から，応急処置をする人が内出血をうまく処理するために，ほとんどやることがないのを知るのは簡単です．外傷から溢れ出る外出血はアクセスしやすい位置にあり，動物が獣医師の元に到着するまで，あるいは診てもらえるまで，応急処置をする人に生命を脅かす出血を治療する機会が与えられます．

　哺乳類より遙かにたくさんの鳥類が傷病野生動物として発見されています．というのは，血圧が哺乳類より高い傾向にあり，小鳥では全血量の 10％よりわずかに多い量の失血でも致死的になることです．この量は，近所の猫による，わずか 1〜2 滴の出血に相当します．

　外出血には 3 段階があります．

Class I　軽度の出血，例えば 10〜15％．バイタルサインに変化のあるものは，ほとんどないでしょう．
臨床症状：動物はきびきびしています．
　　　　　粘膜はピンク．
　　　　　毛細血管再充填時間は 2 秒以内．
　　　　　脈圧は正常に見えます．

Class II　中程度の出血により，生のバイタルサインの変化も明らかになります．
臨床症状：動物はきびきびし，神経質になります
　　　　　粘膜は薄桃色．
　　　　　毛細血管再充填時間は 2 秒．
　　　　　脈圧はわずかに弱い．

Class III　重度あるいは生命に危険のある失血により，例えば循環血液量の 30％を失う場合．
臨床症状は明確で，次のものが含まれます．

動物は抑うつあるいは虚脱状態．
粘膜は蒼白あるいは真っ白．
毛細血管再充填時間は2秒以上．
脈圧は弱いか脈拍を認めません．

応急処置をする人は，内出血している動物に対し，どうすることもできない感じがするかもしれません．輸液療法と手術台へ送る迅速さはひょっとすると，動物の生命を救う可能性のある唯一の方法かもしれません．それでも，応急処置をする人は，外傷からの出血を止めるのに非常に効果的な働きができます．

出血場所を見つけ，出血の型に注意する必要があります．傷口からの出血は，動脈出血，静脈出血，毛細血管出血，あるいは通常には3つの混合のいずれかです．

- *動脈出血—太い動脈からの出血*：動脈出血は，通常心拍と一致する脈拍の強い圧力で血液が噴き出ているのが見られるでしょう．動脈血は鮮紅色で，かなりの距離でもポンプ（心臓）で送り出されます．動脈出血は最も重大なタイプの出血で，すぐにでも止血しなければたくさんの失血を招きます．

- *静脈出血*：暗赤色で，わずかに低い圧力で外傷からじわりと出てくる傾向があります．しかし，たまには脈を打って出てくることがあっても，動脈出血の力強さはありません．大きい傷では，心臓から遠い傷口側から血液が出て来ているのを見ることができます．強い圧力でなくても，大規模な静脈出血は結果として，大きな血液損失を招きます．

- *毛細血管出血*：体全体は微小循環である毛管血管が詰まっていて，その血管はほんのわずかな外傷によっても破綻します．毛細血管が健康な血管ならば，出血後の血液凝固はもっと簡単に起きて，どんな出血もわずかな量です．

- *混合型出血*：1種類以上の血管からの混合型出血の問題点は，出血の源を見つけるのが難しいことと，どの応急処置法を使ったら良いか決めるのが難しいことです．事実上，すべての外傷は，不運なことに，すべての出血源からの混合型出血を示します．

出血の処置

どのような方法を始めるにせよ，まず一般的処置法として IntraSite® Gel（Smith & Nephew）で傷口を覆うことは良い考えです．このことにより，すべての傷で避けがたい細菌感染を抑制する助けとなりますし，さらにゲルは傷口に埃が入らないようにします．

直接指圧迫

どんな道具や材料も必要としないで，清潔な手術用手袋をはめた指を使い，多くの外傷，特に静脈や毛細血管からの出血を止められます．5本の指を，外傷の両側の損傷を受けていない皮膚に置きます．それから，損傷を受けていない部分の皮膚をはさみ，同時に血管を効果的に閉じます．創内に異物がないならば，外傷のすぐ横をいっしょに圧迫したままにしておきます．

この直接の指圧迫は，静脈内で血液が凝固する5分の間，そのままにする必要があります．5分が経つまで，圧迫を緩めてはいけません．あるいは，反対に形成された凝血が剥がれてしまったら，もう一度最初からやり直してください．

出血が止まってしまえば，反動性出血を防ぐために圧迫パッドと圧迫包帯を用いてください．直接の指圧迫も効果的ですが，実際には圧迫パッドと圧迫包帯の使用はより実用的で，より効果的です．

止血帯と包帯

指での直接圧迫で止血できず，出血し続けている外傷も，圧迫パッドか，パッドと包帯で止血できるかもしれません．この方法では，滅菌ガーゼスワブのパッドを，外傷を完全に押さえ付けるために使います．それで自着包帯（Co-Flex®, Millpledge Veterinary）を，パッドと外傷をきつく包むために使います（図2-4）．外傷からさらに出血するなら，古いパッドの上にもう1つパッドを加え，さらに包んでください．おそらく，古いパッドを除くと凝血も除去してしまうので，古いパッドを除いてはいけません．動物を獣医師に

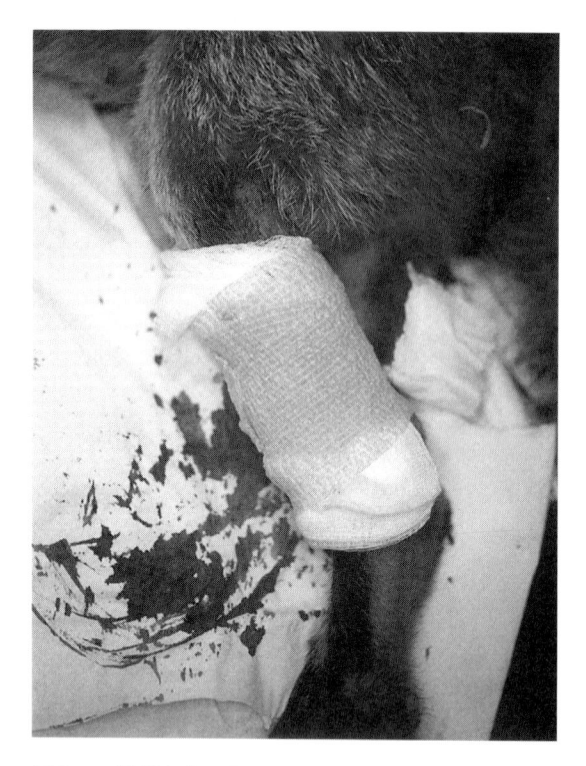

図 2-4 幹部出血のキツネの脚に当てた圧迫包帯.

診せるまで，パッドと包帯はそのままにしておきましょう．

リングパッド

外傷には，よく異物が埋まっていることがあります．これらの状況では，真っ直ぐに圧力の加わる圧力パッドの使用は，損傷を受けた組織にもっと深く，この汚物を押し込んでしまいます．リングパッドは，圧迫パッドと同じ原理を使いますが，外傷周縁の健康な周囲に置いて，完全に傷口を取り囲む巻いたタオルと包帯で作ります．それから，圧迫包帯を，ちょうど血液の流れを止めるぐらいの圧力で，そのリングの上に用います．

動脈鉗子と結紮

静脈や動脈のような主要な血管のどこかに損傷が与えられたら，それを体幹から切り離すのが可能でしょうし，損傷を与えられた血管を確認することが極めて重要です．皮膚に存在する多くの神経に修復できないダメージを与えてしまうので，外傷のまわりを動脈鉗子でむやみに止血するのは危険です．

破綻部が明確につきとめられれば，血管を締めつけて，血流を閉じることができますが，大きな動脈を閉じることについて，過剰に心配しないことです．血管が効果的に閉じられてしまえば，周囲の血管はゆっくり拡張して，そして血液が途絶えた向こう側領域に血液供給を再開します．最終的に，新しい血管も，変化に対処するために形成されるかもしれません．動物を獣医師に診せるまで，締めつけられた血管を適当な縫合糸でくくるか，あるいは，鉗子はそのままにして置いた方がよいでしょう．

圧 迫 点

時々，外傷部の血液の流出のために，破綻している血管，通常動脈を確認することができません．手足やしっぽの外傷では，問題部と心臓の間の圧迫点の動脈を指で圧迫するのを可能にします．

圧迫点はすべての動物で同じで，犬や猫では脈拍を感じることによって分かります．

- 上腕動脈は，遠位上腕骨上ではっきり感じる脈拍によって，上腕の内側を走っているのが分かります．このポイントの上の圧迫で，肘以下のいかなる動脈出血も速度を落とします．
- 大腿動脈は大腿尾側内部で，大腿骨と平行に走るように，大腿動脈の脈拍を感じることができます．ここでの圧迫は，後膝関節以下のどんな動脈出血も遅くします．
- 尾正中動脈は，しっぽの下側面に沿って通過します．しっぽ基部の下の圧迫は，しっぽの先の部分で，いずれの動脈出血も遅くします．

駆 血 帯

15分以上そのままにして置くと，駆血帯がすべての血管を塞いで，それより遠位の組織に損傷を与え，組織に壊死を引き起こすので非常に危険です．しかし，手足の切断を必要とするぐらい大きな損傷だと分かっているならば，駆血帯を使うことができます．平らな素材か，ベルトを使うべきです．紐や他の薄いどんな素材も，体にくい込んで，もっとひどいダメージを引き起こします．

駆血帯は，外傷の心臓に近い部位で，健康な皮膚に付けることができます．駆血帯は15分毎に

緩め，もとの駆血帯の位置の下の組織を回復させながら，外傷により近い位置に動かさねばなりません．

駆血帯は外傷を負っている可能性のある場所は避けましょう．圧迫パッドや包帯は駆血帯と同じくらい効果的で，はるかに安全なのですから．

止血剤

「Traumastem 止血剤」と呼ばれる Millpledge Pharmaceuticals 社の製品は，短時間の指の圧迫や圧迫包帯と併せて，小動脈出血や静脈出血を止めるために使われることがあります．

ほかの出血部位

鼻

衄血あるいは鼻出血は頭部損傷を受けた動物でよくみられます．鼻の骨の損傷があるかもしれません．冷やした圧迫包帯が助けとなりますが，出血部位にアクセスできないので，それを止めるための本当の治療法はありません．

衄血によって，その動物が鼻孔から呼吸することができるかを確認すること，もしそれが可能でなければ，動物の口の中に障害物がないのかを確かめることが重要です．

指の爪

鳥類と哺乳動物は，事故で損傷を受けた爪や鉤爪からおびただしく出血します．通常，あまり重大でなく，Traumastem 止血剤（Millpledge Veterinary）を使って止めることができます．

針状羽毛または含血羽毛（blood feather）

換羽期に新しい羽毛が生えるとき，これらの羽毛はたくさん血液供給を受けています．針状羽毛の1つが損傷を受けると，特に小さい鳥にとっては，生命を脅かされるような大失血になることがあります．動脈鉗子で羽毛を締めつけるか，引き抜いて，出血を止めましょう．

すべての傷病野生動物に，これらすべての応急処置を施せば，事故の現場か，医療施設のいずれかで，次の重要な段階の輸液療法の開始まで生き永らえる可能性が高いでしょう．

3
輸液療法
パートⅠ：基本事項

トリアージ

　看病のために持ち込まれた，おびただしい数の傷病野生動物は何らかの傷を負った犠牲者です．多くの場合，傷病野生動物の目立った外傷は注意をひくものですが，もはや回復しない段階にまで野生動物を連れて行ってしまうような，真に生命を脅かす状態は目に見えないものです．外傷治療をしようとする前に，精神的ダメージ，ショック，脱水のような，あまり目立たない状態に対処しなければなりません．

　最初にすることは，傷病野生動物に必要な処置を素早く，正しく決めることです．このことは「トリアージ」という名称で知られています．トリアージの原則は，治療のための優先順序の区分分類に傷病野生動物を振り分けることです．通常，傷病野生動物ではどんなときでも動物1匹だけが対象になりますが，多様なトリアージ基準に照らし合わせて利用できる手段を当てはめます．それにより，特に，症例毎に獣医師を訪れたりしないですみます．経験豊かな看護師やリハビリテータは即座にトリアージすることができ，生命が危ないときだけ獣医師に頼む判断ができます．それ以外の場合は，先に決めたプログラムにあてはめます．

　すべての傷病野生動物は，ある時点で治療と検査が必要です．しかし，最初は優先順序が高い順に，以下のように分類します．

(1) 生命に危険がなく，ただ通常の応急処置だけが必要な場合．例えば，親からはぐれた雛．
(2) 外傷があるが，生命の危険がない状態．獣医師がこの動物に全面的に触れられるようにするための応急処置，安定化，疼痛の緩和，そして，X線撮影が必要かもしれません．安楽死の可能性のある動物もこの分類に入ります．
(3) 生命の危機に瀕した状態．救命救急が要求され，即座に獣医師を呼ぶ必要があります．

　重油流失事故のような，一度に2匹以上の傷病野生動物があるときにも，このトリアージのガイドラインを用いることができます（第19章を参照）．

　特に伴侶動物では，それほどたくさんはショックに遭遇しません．しかし，それぞれの傷病野生動物は多少なりとショックや脱水に苦しんでいると考えておく方が安全です．そして，そのショックや脱水の程度から，リハビリテーションが成功するチャンスがあるかを判断しましょう．

体の中での水分の分布

　動物の体は，おとなで50〜60％が水であるという位，大量の体液でできています（図3-1）．高齢動物は50〜55％に体液量が減少しているのに対して，幼若な動物は70〜80％と高い水分含有量をもっています．さらに，脂肪は他の組織より含水量が少ないので，太った動物は比較的水分量が少ないです．

　体液の2/3は，組織細胞の中にあります（これは体重の40％に等しい）．これを細胞内液（ICF）と呼んでいます．残りの1/3は細胞の外にあり，細胞外液（ECF）と呼ばれます（体重の20％に等しい）．

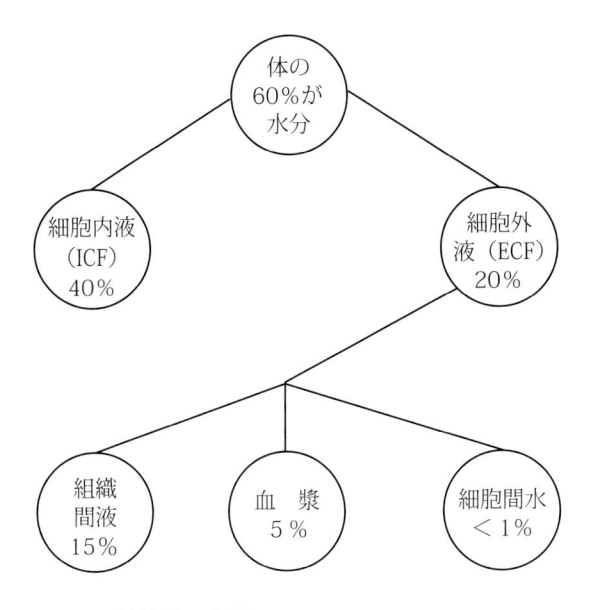

図 3-1 体液量の内訳.

表 3-1 必然的水分喪失を補充するのに，体重に基づいた要求水分摂取量

動物の体重	1日のおおよその水分摂取量
1kg	100ml/kg
10kg	50ml/kg
100kg	30ml/kg

およそ50ml/kgの水分を摂取しなければなりません．小さめの動物（特に鳥）は，これよりもたくさんの水分が必要です．例えば，体の大きさに応じて，日に66〜132ml/kgの範囲になります．最も小さい動物の方が体重当たり最も多い量を必要とします（表3-1参照）．

哺乳動物が回復するのに，補う必要のある必然的水分喪失量も，動物の大きさに従って変化します．

飲水は，水を摂取する最も良い方法です．しかし，数種の鳥や哺乳動物は滅多に水を飲みません．それでも，彼らの水の摂取は，食物から得られます．それは肉や野菜に含まれていたり，数種のフィンチ類がうまくやっているように，乾燥した種や木の実の水分含有量を代謝することです．

ECFはさらに以下のように分けられます．
(1) 5％が血管内に血漿として入っています．
(2) 15％は，細胞間液として細胞と細胞の間の空間にあります．
(3) 多くても1％が胃腸の分泌液や脳脊髄液のような様々な物質処理のための通過液です．

体は知らず知らずの内に常時ECFの水分を失います．この必然的な水喪失は，4つの生理機能を支えるために不可欠です．その水分の喪失は以下から生じます．
(1) *呼　吸*：空気が鼻道と呼吸器系を通り抜けるときに，呼気は水分をもつので，呼吸により気道から．
(2) *排　尿*：代謝は水和の変化を調節したり，老廃物排出のための水の有効性を調節する排尿のとき，腎臓から．
(3) *消化の課程*：糞の中の消化管から，あるいは下痢や嘔吐で大量の体液を喪失します．
(4) *皮膚からの喪失*：周囲の状態に依存しながら，皮膚や足の裏の汗腺から，発汗によって水分を失います．鳥は口を開いて，喉の食道部を振動させることによって熱を発散させます．

動物がこの失った水分を補うには，1日平均に

脱　　水

体の大きさに相応して，飲水ができないよりも餌が摂れない動物の方がはるかに長い期間生存します．ある期間，餌を食べられなかったり，水分摂取をしなかった動物は，体重10kgの場合で，日に約50ml/kgの水分を失っています．脱水状態のとき，腎臓は水分の喪失を減少させるために尿を濃縮しますが，呼吸や皮膚や消化管からの水分の喪失は減少させることができません．だから，重度の下痢症や嘔吐で起こる水分損失が生命を脅かすのと同じように，水分摂取の減少は，簡単に動物の生命が脅かされるような状態に陥らせるということです．体重当たりの水分損失の割合ということで簡単にいうと，15〜25％の損失で，一般的には致命的で回復ができなくなってしまいます（表3-2，表3-3，カラー写真4）．

たくさんの傷病野生動物，特に親をなくした動物はある程度脱水しています．これは，ある期間，飲み食いしなかったり，真夏の天候から身を守られないで，横たわっていたことによります．保護された野鳥は皆，5％の脱水があると考えることができる位です．10〜15％のように脱水がとても顕著な場合を除いて，脱水が生命を脅かすものでないようです．しかし，捕獲や触られることによるストレスが付加され，傷病野生動物を死の限界にまで強く押してしまうかもしれません．

どんな程度の脱水でも，手遅れになる前に，傷病野生動物は正確な量の輸液を受けることが，大変重要なことです．過剰量の輸液，特にそれが非経口的である場合は，ある動物では肺水腫を引き起こすことがあります．反対に，あまりに少ない量の輸液では脱水を是正しません．表3-2と表3-3の指標を使って，動物の脱水の程度を評価し，体重（すべての傷病野生動物は到着時に体重を量るべきです）（図3-2）を加味してください．PCV（血球容積率）のような検査を必要としないで，輸液に必要な量を推定することができます．また，PCVは獣医師によって診断されなければ，どちらにしろ間違った判断をするかもしれません．

体重百分比から，推定不足水分量を計算してください．これに，1日平均50ml/kgまたは，鳥では60〜132ml/kgの維持量を体の大きさに応じて加えてください．このプロトコールは，1日の維持量に不足分を加えるといった方法ですが，2〜3日をかけて不足分を補うための方法です（例3-1）．もし不足水分量を計算することが不確実であり，さらに獣医師のアドバイスが得られなければ，維持量だけを与えてください．

体液分布の種々の調節機構がこれらの喪失分を補正してしまうでしょうから，わずかな体液不足や失血した動物は，実際にはショックに陥ることはないでしょう．最初に，この調節が微小循環を維持します．しかし，動物がショックになりかかっていて，起こりつつあるショックを止めるために

表3-2 鳥における脱水の推定

臨床症状	推定脱水率
明らかな変化はないが，障害を受けたすべての鳥は体液不足があると考える	≦5％
皮膚は特に竜骨部（胸の骨）でピッタリしているように見える．皮膚を引っ張ると，一時的にテント様になる．眼光は鈍く見える．口の中が乾燥し，いつものようには湿っていない．	5〜10％
口がとても乾燥している．足先，翼先が冷たい．皮膚を引っ張ると，テント状になり元に戻らない（カラー写真4）．心拍数が増え，鳥は見た目にも病気に見え，落ち着かない．そして元気がない．鳥は臨死状態．動かない．ショック時，体が冷たく感じる．	10〜15％

表3-3 哺乳類における脱水の推定

臨床症状	推定脱水率
明らかな脱水の変化はないが，体液喪失の症状があり，そして傷病獣すべてがある程度の不足があると考える．	≦4％
皮膚はぴんと張っている．口は乾燥，眼の乾燥が始まる．口の粘膜は乾燥して，赤い．皮膚はさらにピンと張っている．眼が落ちくぼみ始める．尿が濃縮され，量が減少．	5〜7％
脈は非常に弱い．動物はとても冷たい．眼が陥没．動物は大抵が昏睡状態．皮膚はテント状になったまま（カラー写真4）．粘膜は蒼白．生命の危険がある．	8〜10％

図3-2 来院時にすべての傷病野生動物の体重を量りましょう．

モリフクロウの体重は，脱水状態で400gである．この脱水は体重の10％と推測される．
受傷前の体重は420gと仮定すると，
不足体液量：10%×420 = 42ml
採用したプロトコールは，日に60ml/kgの維持量と上の不足量をこのフクロウに3日間与える，不足を補正する方法．
このフクロウは以下の輸液を受ける

1日目	不足量の1/2	21ml
	維持量	25ml
		46ml
2日目	不足量の1/4	11ml
	維持量	25ml
		36ml
3日目	不足量の1/4	10ml
	維持量	25ml
		35ml
4日目	維持量のみ	25ml

1日のなかで，これらの量をさらに少量に分割する．

例3-1 脱水とショック状態で来院したモリフクロウ（Strix aluco）の必要輸液量の計算．

は，損失分を補いましょう．

したがって，どんな傷病野生動物もある程度の脱水に苦しんでいると考えてください．脱水はショックに等しいもので，その判定は患者が苦しんでいるショックの強さを予想するものです．一般的に回復を助けると考えられている副腎皮質ホルモンの使用は，輸液療法に逆効果になります（図3-3）．

骨折やほかの体内の損傷を調べるためのX線撮影は，動物が安定するまで，24時間待ったほうがよいでしょう．脊椎骨折のように緊急のX線撮影は例外の1つです．イソフルレンの短時間麻酔が，満足できる画像を得る唯一の方法であると思います．ほかには，ジアゼパムのような鎮静剤を慎重に使用することで，X線撮影や輸液カテーテルの挿入をしやすいように，動物を安全に鎮静することができます．

浸 透 圧

特別の輸液の投与は，多くの動物が生命を脅かすようなショックの危機にうち勝つ助けとなるでしょう．事実，飲水はあらゆる損失を回復する助けとなり，飲水を始めた動物は，自分自身の水分含量を維持することができるようになります．

細胞内と細胞外に分けたコンパートメントには，異なった含有量の電解質（*溶質*）が溶けています．両方のコンパートメントの中の溶質濃度は，溶液の浸透圧によって，平衡関係を保っています．*浸透現象*と呼ばれる作用が，水のつりあいを維持するために，1つのコンパートメントから，他のコンパートメントへ水が流れるのを可能にしています．

それぞれの液体がそれぞれの浸透圧で働きますが，物差しとして血漿の浸透圧を使うなら，これらの液体は血漿と同じ浸透圧で働き，等張であるといいます．血漿より高い浸透圧で働く液体を*高浸透圧*と呼び，より低い浸透圧で働く液体を*低浸透圧*といいます．

輸液をするとき，高浸透圧でないことを確かめなければなりません．そうでないと，生命を維持する体液の働きを，細胞外液の方へ引っ張ってしまうかもしれないのです．通常，もし獣医師の指示がなければ，脱水やショックの動物には等張か，低浸透の輸液を与えましょう．ブドウ糖のような高浸透輸液を必要とすることもありますが，その使用についての助言も獣医師に任せるべきです（図3-3）．

体液の補正

体液の補正は経口，静脈内，皮下，腹腔内を含むたくさんの投与ルートから与えることができます．ちなみに，骨髄腔内投与ルートはほとんどの小鳥や他の動物にふさわしいルートです．

いかなる状況にも適合させるためのそれぞれに合わせた輸液が手に入ります．しかし，野生動物の応急手当で，正に脱水と飢餓の可能性だけを解決するためには，たくさんある輸液の内，いくつかだけが必要でしょう．それは，経口使用のための低張液か，非経腸使用のための等張液だけです．

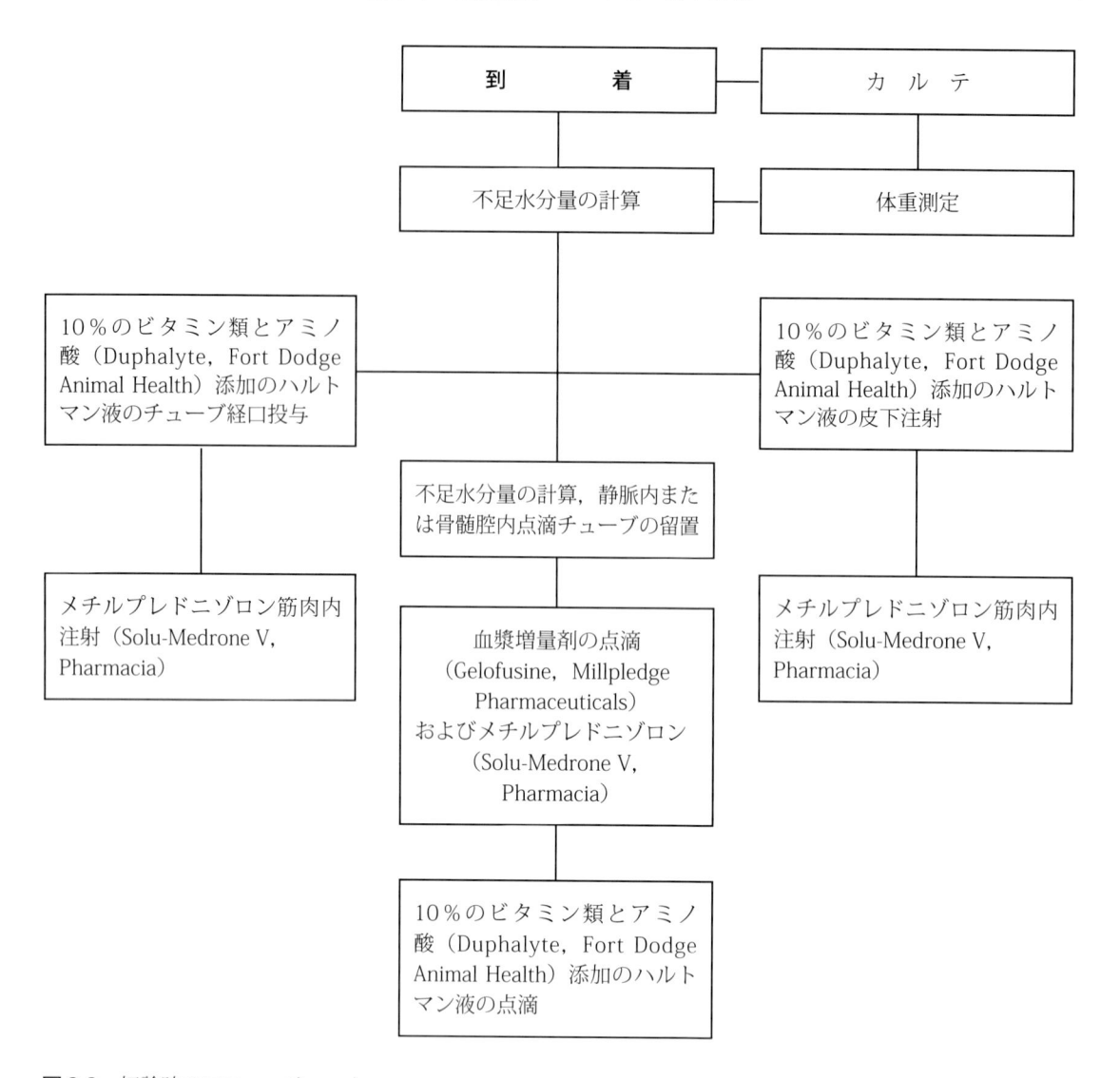

```
┌─────────────────┐     ┌─────────────┐
│   到    着      │─────│  カ ル テ    │
└────────┬────────┘     └─────────────┘
         │
┌────────┴────────┐     ┌─────────────┐
│ 不足水分量の計算  │     │  体重測定    │
└────────┬────────┘     └─────────────┘
```

図3-3 初診時のフロー・チャート.

(フローチャート内の項目)

- 10％のビタミン類とアミノ酸（Duphalyte, Fort Dodge Animal Health）添加のハルトマン液のチューブ経口投与
- メチルプレドニゾロン筋肉内注射（Solu-Medrone V, Pharmacia）
- 不足水分量の計算，静脈内または骨髄腔内点滴チューブの留置
- 血漿増量剤の点滴（Gelofusine, Millpledge Pharmaceuticals）およびメチルプレドニゾロン（Solu-Medrone V, Pharmacia）
- 10％のビタミン類とアミノ酸（Duphalyte, Fort Dodge Animal Health）添加のハルトマン液の点滴
- 10％のビタミン類とアミノ酸（Duphalyte, Fort Dodge Animal Health）添加のハルトマン液の皮下注射
- メチルプレドニゾロン筋肉内注射（Solu-Medrone V, Pharmacia）

経口再水和塩

人用の経口再水和塩には多くの銘柄があり，薬局で売っています．それらは，動物の使用にも完璧に適していて，そのうえ，動物医領域で使う同等品よりも味が良いようです．同様に，動物に使用するための種々の銘柄の市販品もあります．通常，動物病院を通して手に入れることができる Lectade（Pfizer）は，1パイント（約500ml，正確には568ml）だけを作るための包装が手に入ります．これは溶かして24時間後には捨てなければならないものなので，無駄がありません．

以下の処方を使うことによって，あなた自身が経口再水和塩の同等品を調合することが可能です．

- 7g　塩化ナトリウム
- 5g　重炭酸ナトリウム
- 3g　塩化カリウム
- 40g　ブドウ糖
- 水2リットル

溶液は全部溶かして，24時間後には捨ててください．

入手可能な物が何もなく，動物が重度の脱水をしていないならば，経口輸液は有効です．動物が安定した後で，自分自身で水を飲んだり，食べたりする前，経口輸液は維持輸液として有用です．これらは，特に胃腸が働いていないかもしれないショック状態の動物では，主要部分の体液不足を是正するのに必ずしも効果的であるというわけではないでしょう．胃腸が働いている場合には概して，経口輸液は皮下輸液よりもっと良く吸収されます．

国際再水和液（IRF）

どんな物も容易に手に入らないならば，下の処方は優れた「間に合せ」の方法です．大抵，台所の棚で見付けられる物から作ることができます．これは低浸透で，経口的にのみ与えることができます．国際再水和液（international rehydration fluid：IRF）は以下を混ぜることによって作ることができます：

- 砂　糖　　　　大さじ1杯
- 食　塩　　　　茶匙1杯
- 水　　　　　　1リットル

これは，作製後24時間で捨ててください．

全身性輸液療法

あらゆる輸液補助剤の主な目的は，循環血液量を増やすことです．輸液製剤はコロイドあるいは晶質のいずれかです．血漿ボリューム増量剤である*コロイド*は晶質よりわずかに長い間血流に留まるので，初期の循環血液量の増量を維持するために重要です．*晶質*は血漿増量剤と同じようには役立ちませんが，使うことはできますので，経口輸液は別として，ほかの輸液製剤は，差し当たって必ずしも必要はありませんが，獣医師の指示下で使うべき処方薬です．それらは注射によって，あるいは点滴バッグからの静脈カテーテルを通して与えます（カラー写真5）．あらゆる場合に，輸液針の刺し口が細菌や感染の絶好の侵入門戸となるので，無菌的に使用しましょう．

傷病野生動物には，あらゆる応急手当の状況に対処するため，わずかな数の製剤だけが必要です．これらには，

- 乳酸ナトリウム製剤
- アミノ酸とビタミンの製剤
- 糖加リンゲル
- 血漿増量剤

これらは，皮下，静脈内，骨髄腔内，腹腔内投与のいずれかで使用されます．腹腔内ルートとは，体腔内へ直接入れることを意味します．この方法は応急手当の状況においては無益であり，「獣医師法1966」によって規定された診療で，獣医師だけが行えます．

血漿増量剤

ショックの場合，静脈内留置針が入れられれば，コロイド血漿増量剤が最初の輸液です．それらは皮下に投与してはいけません．最初の投与のとき，不足体液量の約12分の1を補います．重度の出血の症状がある場合，標準的点滴量は通常の2倍の10ml/kgです．輸液製剤は室温で保存されていますので，必要なら，温水浴槽で暖めてください．電子レンジをかけてはいけません．

適切な血漿増量剤の製品はGelofusine®（Millpledge Veterinary）です．

副腎皮質ホルモン

ショックと戦うために，血漿増量剤と併用しながら，大量の副腎皮質ホルモンを推奨します．副腎皮質ホルモンは直接点滴チューブから投与するか，それができなければ，筋肉内注射によって投与します．

しかし，ショック状態では，動物の末梢循環が閉塞状態にあり，薬の吸収が障害されるでしょうから，筋肉内投与はゆっくりしか効かないか，効きめがないかもしれません．この状況で選択される薬は，20〜50mg/kgのコハク酸メチルプレドニゾロンナトリウム（Solu-Medrone V，Pharmacia & Upjohn）です．これを日に4〜5回繰り返し投与することができます．

乳酸ナトリウム製剤

血漿増量剤が馴染んだらすぐに，塩類溶液の乳酸ナトリウム製剤を使います．普通，その液はハルトマン液として知られていて，小さい分子からなる組成物が細胞外液（それが加えられた場所）から間質液へ自由に通過します．その製剤は特に下痢で失った水と電解質を補います．

傷病野生動物にとってもう1つの恩恵は，ハルトマン液がショックの後に起こる代謝性アシドーシスにうち勝つための，緩衝能のある重炭酸塩を含んでいることです．代謝性アシドーシスでは血液のpHの値が障害されます．pHの大きな変化は，動物の元気がなくなり，最終的に死を招くことを示します．代謝性アシドーシスと，その反対の代謝性アルカローシスの診断は容易ではなく，厳密には獣医師の領域です．この2つの内，より起きやすいアシドーシスに対抗する処方は重炭酸塩です．どのくらい酸性の状態かということが診断される前であろうと，ハルトマン溶液の重炭酸塩の量は，アシドーシスの可能性のある症例においてある程度の緩衝作用を提供します．

アミノ酸とビタミン

ハルトマン液が，食塩や重炭酸塩のような必須の塩類を全部含んでいても，Duphalyte（Fort Dodge Animal Health）に入っているアミノ酸やビタミンB群は含まれていません．10％の割合でハルトマン液に混ぜると，ハルトマン液の乳酸よりも低代謝で利用できる酢酸ナトリウム三水酸塩化合物のような添加物を提供します．この輸液は，肝臓以外の組織，例えば筋によって利用されることが可能になります．脱水と飢餓が激しい，重篤な状態の鳥類や爬虫類症例では，希釈することなく使うことがあります．

糖加リンゲル液

糖加リンゲル液はハルトマン液と同様に，もう1つの等張性非経腸点滴です．中身は0.18％食塩水と4％ブドウ糖液です．10％にDuphalyte（Fort Dodge Animal Health）を加えた糖加リンゲル液は，単純な水分損失回復のため，さらに安定すれば維持させるため有効です．

液体栄養

動物が安定状態になり，脱水が解消され，ショックから回復した直後は，何らかの栄養物を摂らなければ，回復が遅いし，回復しないかもしれません．ご存知のように，飼育下の野生動物は神経質です．動物が飢餓状態になりかかっていたとしても，動物の多くは食べることを拒絶します．さらに，輸液が生命を維持したとしても，動物の状態は悪くなります．複雑な栄養物処理機構をもつシカのような動物の胃腸は機能を停止していることもあります．

液体栄養物を与えようとする前に，動物が普段食べている種類の食物を与えてみることが重要です．例えば，多くのコブハクチョウ（*Cygnus olor*）が，湖や池で通行人によってパンを与えられて大きくなるので，保護されたハクチョウは，パン以外の餌を無視しても，水面に白いパン片を浮かせると，平らげてしまうでしょう（図3-4）．

野生で特別の餌を食べますので，来院時に餌と認識できるような食べ物を与えましょう．つまり，

・フクロウ類やハヤブサ類は暗い色のマウスだ

図 3-4 ハクチョウはよく水面に浮いたパンだけを食べるものもいます．

けが餌だと分かるでしょう．
- タカ類は死んだ小鳥だけ食べるでしょう．
- サギ類やカワセミのような魚食の鳥は新鮮な魚〔冷凍魚には Aquavits（IZVG）のようなビタミン添加が必要〕が必要です．
- カエル類やヒキガエル類は生きた昆虫を食べさせなければなりません．
- スローワームは小さいナメクジを食べるでしょう．
- ヘビの安全のためばかりでなく，人道的な理由で，生きているネズミを与えることができませんが，紐で引っ張って動かすと，死んでいるマウスに誘惑されるかもしれません．

慎重に栄養物について考えてください．動物を同定して，その自然の餌が何からなるかを本で調べてください．そして，自分自身で食べ始めて欲しいので，もしできるならば，その餌を真似するように努めてください．時々，飼育下で食べている同じ種で，おとなしい個体が，食べない個体の食欲を促すことがあります．このすべてが失敗ならば，液体栄養物や強制給餌が必然的答えとなります．

鳥類のための経口栄養剤

鳥は，保護されてすぐには，自分で物を食べない典型的動物です．鳥の多くが，激しい削痩状態を起こし，治療のために連れてこられます．水和が正常に戻りつつあれば，24 時間後，経口的に人工栄養物を与えることが重要です．特に鳥はチューブ給餌（gavage）といわれる治療のための理想的候補者です．チューブ給餌について説明すると，胃チューブを食道あるいはそ囊に入れ，液状化した食物を直接注入します．鳥のための経口栄養法に使うたくさんの製品が手に入ります．特に Complan（Crook Healthcare）や Ensure（Abbott Laboratories）は両方共に人用の液体栄養物で，薬局で手に入ります．

しかし，特に鳥にチューブ給餌をするために調整された製品があります．Vetafarm Europe の製品，Poly-Aid は，食べ始めるまで，鳥の必要とする栄養素すべてを供給します．

非経腸栄養法

経腸栄養法は，本当のところ哺乳動物のために選択可能な物ではありません．

何年もの間，人間は静脈内点滴によって栄養補給される恩恵を受けてきました．常にそれは，輸液バッグと輸液セットによる太い静脈への連続的な点滴と同時に，集中看護やモニターを含む複雑な方法でした．今では B Braun Medical 社が，以前のシステムからもっと融通性があり，用途の広い Nutriflex Lipid Peri を販売しています．

入り口が別々の 3 のコンパートメントをもつ無菌瓶に入った Nutriflex Lipid Peri（B Braun Medical）は，頸静脈や外側サフェナ静脈のような末梢静脈から簡単に投与でき，すべての栄養素を供給する完全合成栄養物です．The Wildlife Hospital Trust（St. Tiggywinkles）では急激に状態が悪くなったシカや特に口や顎に問題のある動

図 3-5　大きな動物は静脈内点滴によって投与された栄養の恩恵を得ることができます．

物を回復させるのに，上手に使っています（図3-5）．

これらの輸液製剤のすべては，傷病野生動物のために利用可能であり，野生動物を取り扱う人なら誰でも，自分の薬の保管庫に入れています．野生動物は伴侶動物とまったく異なっていて，しばしば助けるための革新的方法が必要です．長年にわたって，多くの野生動物リハビリテータが使い勝手のよい輸液製品を管理するテクニックを完成させる働きをしました．次の章は，傷病野生動物に輸液療法をするために発展したシステムを特に述べることにします．

4
輸液療法
パートⅡ：投与の仕方

鳥における輸液投与法

経口再水和化（チューブ給餌）

　経口投与は，輸液と液体栄養物を全サイズの鳥に与えるための比較的非侵襲的な方法です．世界の至る所で，動物医療の設備がなくても行うことができるので，この方法は鳥を再水和するのに望ましい方法です．

　この方法には2人が必要です．1人が鳥の頸をまっすぐ伸ばして保定している間，もう1人が注射器を付け，潤滑剤を塗った先の丸い柔らかいゴムチューブを鳥の喉に差し入れます．水溶性潤滑剤（K-Y® Lubricating Jelly, Johnson & Johnson）の使用は，鳥に影響を与えないでしょう．チューブを鳥の気管や呼吸器系への入口である声門の近くを通過させて，力を加えないで，食道内に滑らせるように入れます（図4-1）．

　すべての鳥がそ嚢をもっている訳ではありませんが，そ嚢内に入ると抵抗があります．無理に押さないで，チューブを，ちょうど鳥の竜骨の上端の左の方へひねってください（Stocker, 1991b）．食道は前胃，筋胃に続いています．挿入する前に，このポイントまでの長さを見積もって，チューブにマークを付けてください．実際に，筋胃は鳥のちょうど左側で，胸骨の下に位置します（図4-2）．

　チューブに注射器を接続してください（1～50mlの注射器）．そして最初の注入で，鳥に空気だけを押し込まないために，この両方を液体栄養物で一杯に満たします．

経口輸液量

　鳥の消化器系には，体重kg当たり25mlを与えることができます．この計算で，鳥への1回の経口栄養物の量を計算します．この注入法は，静脈内輸液や骨髄腔内輸液のような過剰注入の恐れはほとんどありません．

　液を39℃に暖めて，口にチューブを付けた注射器に吸います．液が食道内へ入ったチューブを通るとき，液が逆流しないか鳥の喉に注目することが，とても重要です．このことは，過剰の液が与えられた場合，過剰部分を吸い上げるための注射器への回収が必須であるという意味です．

　チューブを引き抜くまで，注射器とチューブを切り離してはいけません．それぞれを接続しておけば，注射器とチューブは過剰の液が中に留まったままでしょう．それを切り離すと，液が鳥の声門や気管内に流れ込むかもしれません．

　このチューブ給与は，応急手当の輸液投与，輸液維持量の投与，流動栄養物の投与に使うことができます．しかし，この方法は静脈内輸液ほど有効ではありません．静脈内輸液を行えるようにするために，輸液とディスポーザブル製品を取り扱う範囲が，即座に使える非経腸ルートでの輸液注入法の準備になります（表4-1）．

静脈内輸液

　静脈内輸液は，実際には大きい鳥だけに相応しいのですが，経口輸液よりも効果的です．静脈内輸液は，応急手当てを行う人による緊急用の血漿

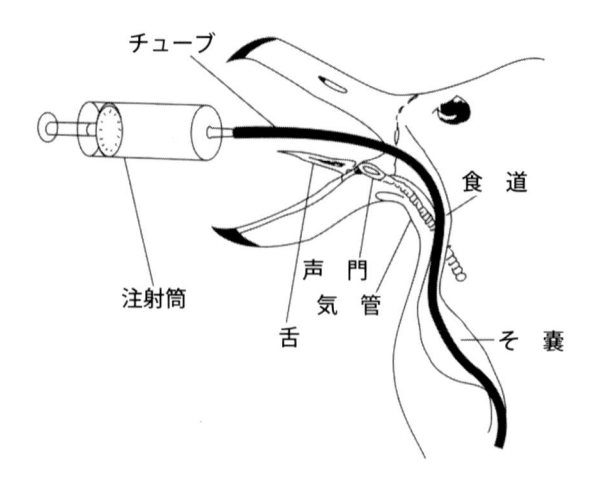

図 4-1 チューブ給餌用チューブは声門を通り抜ける必要があります．

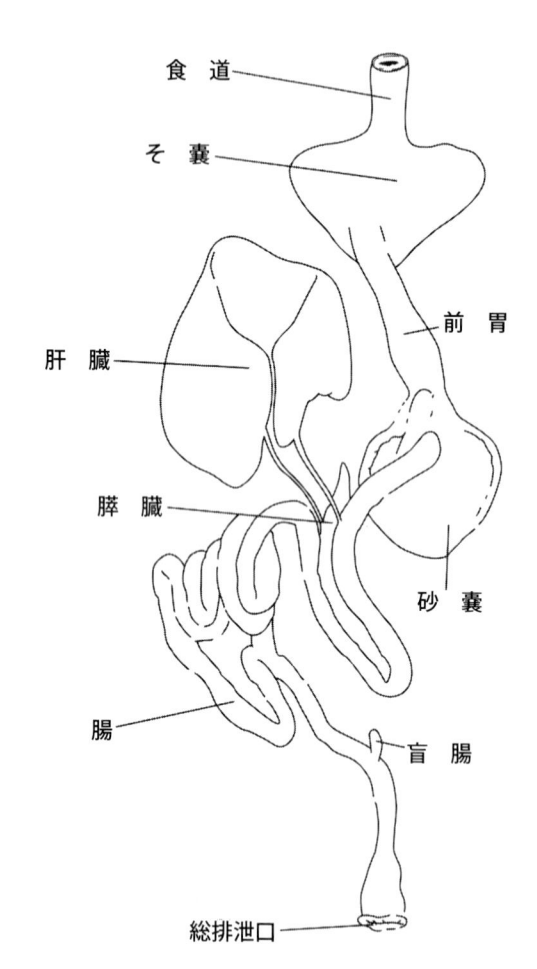

図 4-2 そ嚢をもつ鳥の消化管．

表 4-1 すぐに手に入る緊急輸液投与のための輸液と消耗品

無菌液のバッグ
ハルトマン液
糖加リンゲル液
血漿増量剤
Duphalyte（Fort Dodge Animal Health）
輸液ポンプを設置するための付属セット
落下型栄養注入にための付属セット
針付きカニューレ
20G × 32mm
22G × 25mm
18G × 51mm
22G，25G，27G 翼状カテーテル
注射のためのヘパリン溶液（100ml 滅菌水中に 5,000 単位，1：50,000）
Vetbond™（3M）外科用接着剤
2.5cm 幅石膏包帯
アルコールと外科用綿棒
滅菌綿棒
Solu-Medrone（Pharmacia），500mg と 125mg
ジアゼパム　10mg バイアル
No.11 メスの替え刃（ホエジカに使うため）
止血帯としての動脈鉗子と伸縮包帯
20G と 18G の Cookes 式骨髄腔内カニューレ挿入器
入手可能なら 20G × 40mm とそれより小さい脊髄針
25G × 16mm の皮下針

　増量投与や応急薬が，有効に身体中に届くことを可能にします．小さくて留置針を入れることができない小鳥の場合には，もっと実用的な骨髄腔内輸液で同じ効果が得られます．

　静脈が確保できるならば，特に，ハクチョウ，ガン，サギ類，大型の猛禽あるいはカラスでは，静脈内輸液療法を用いることできます．選ばれる静脈は内側脛骨静脈で，両脚の内側を走っています（カラー写真6）．これらの静脈は翼の大きな尺骨皮静脈よりももっと血管の周りのサポートが多く，カニューレーションによるダメージが少ないように思えます．翼状針付き輸液セットは，簡単に挿入できて，外科用接着剤（Vetbond™，3M）

で固定できるので理想的です．翼状針のサイズは鳥の大きさによりますが，23G，25G，27G位がハクチョウからサギまでに適しています．鳥の血液は簡単に凝固して，詰まってしまうので，挿入前にヘパリンで処置する必要があります．

大抵の静脈内輸液は，操作するのに重力に頼ります．これらのカテーテルのあるものでは微小サイズなので，輸液ポンプかシリンジポンプを使うことによって，かなり確実で，さらに正確な輸液が保証されます．

大きめの留置針は上腕骨下方を横切る尺骨皮静脈内輸液をするのに使うことができます．尺骨皮静脈は22Gの留置針を留置することができる大きめの静脈ですが，カテーテルを固定するための足が安定していなければ，この静脈はとても可動的で，脆弱であることも分かっています．

すべての侵入的方法に関しては，カテーテルの周辺や器具の1つ1つは無菌的でなければなりません．

鳥のための静脈内輸液量

野鳥は，哺乳類にとてもマッチする持続的輸液よりも，間歇的静脈投与の方が奏功するように思えます．哺乳動物には，正確な液量を与えることが絶対に重要です．過剰量の輸液は，循環器系の加重負担を簡単に引き起こしますし，重大な問題の原因になります．再水和を行おうとするとき，すべての鳥は正確な体重測定を行い，不足体液量と維持量を計算し，10ml/kgを超えないように，数回に分けて投与しなければなりません（例4-1）．

輸液ポンプやシリンジポンプを使えば，与えられる点滴の正しい投与量や2分とか3分とかいった正確な時間，投与することが円滑になります（カラー写真8）．輸液前にすべての液を39℃に暖め，その温度に保温してください．輸液セットを流れている液は，急速に冷えるでしょう．温水のボウルで輸液セットを温めて流せば，液温度を希望温度近くに保つでしょう．

骨髄腔内カテーテルによる輸液療法

小鳥に静脈カテーテルを入れることが可能で

モリフクロウ（Strix aluco）推定10%脱水
受傷前の推定体重　420g
治療初日の計算

50%不足液量	21ml
維持量	25ml
最初の24時間以内に投与する液量	46ml
10ml/kgの最大量で計算すると	= 4.2ml
したがって，	= 46.2ml
(a) 24時間以内に4.2mlの11回	= 25.2ml
または	= 21.0ml
(b) 2時間毎に4.2mlを6回	46.2ml
2時間毎に3.5mlを6回	

これらの輸液量は骨髄腔内輸液にも適用可能である

例4-1　脱水したモリフクロウに投与する輸液量の計算．

あっても，実際にはとても難しく，常に静脈の断裂や破断を引き起こします．輸液のために，より安定的で，手堅く，やりやすいルートというのは，四肢の何れかの骨髄腔を経由することです．鳥の骨は高度に血管が分布していて，静脈と同じくらい輸液を受け入れることができます（Ritchie et al., 1990）．簡単に確保できる骨なら，選ぶ骨は両翼の尺骨，あるいは両脚の脛骨足根骨です．

刺入は各々の骨の近位端の真ん中に脊髄針か，細い皮下針を髄内腔に届くまで穏やかに押し込みます．1本か2本の羽を引き抜いて，この部位を消毒します．

一方の手で近位端を固定して，骨の中心に針を回転させていくと，突然抵抗がなくなり，髄腔に入ったことを示します．もし針が外れ，骨に入っているようなら，骨を固定している手で触知できますし，挿し直すことができます．ヘパリン溶液を通さないと，針内に血液が逆流し，凝血することがあります．

細い皮下針，例えば30G，27G，25G，23Gの針は，刺入時に骨片が詰まることがあります．針を完璧にきれいにするために，注射器で吸引すれば，少量の滅菌溶液か，ヘパリン溶液で注射器内に詰まりが吸引されます．

ハト以上の大きさの鳥では脊髄針のカニューレを骨に入れることが可能です．脊髄針には留置の間詰まりを防ぐ留置針スタイレットを付けます．このスタイレットは輸液するためには抜き去りますが，この部位が詰まらないように保つために差し戻すことが可能です．多くの動物種には20Gあるいは22G×40mmの脊髄針が適しています（カラー写真7）．小鳥のための皮下針を有効に保つためには，ルアー・ストッパーで塞ぐことがよいです．この針をVetbond™（3M）で適切な部位に接着固定することができますが，48時間後には外さなければなりません．刺入部位の周囲を抗菌剤軟膏やクリームで覆い，5cmの滅菌綿でスリットを入れたカバーを作れば，その敏感な部位の感染を防ぐ助けになります．

脚の脛骨足根骨よりむしろ翼の尺骨を使う利点は，その部位での留置カニューレが鳥の動きにとってわずかにしか邪魔にならないということだと思います．

鳥の骨髄内輸液は，絶対に上腕骨や大腿骨のような含気骨を使ってはいけません．

鳥の皮下輸液

静脈内や骨髄腔内輸液が鳥の治療法として選択されますが，皮下輸液（皮膚の下）は病状が安定した鳥や脱水が重度でない鳥の維持管理に有効です．重度のショックを起こした鳥では末梢血流が止まっていますので，皮下輸液が有効かは疑わしいです．しかし，5～7%以下の脱水と思われる鳥や親からはぐれた鳥に食欲を出させるのに皮下輸液は適しています．

ハルトマン液のような単純な塩類輸液に10% Duphalyte（Fort Dodge Animal Health）を加えた輸液なら皮下に投与してください．鳥の皮膚は硬くはないので，一度に投与できる最大量を10ml/kgまでとしてください．そして，1カ所より，数カ所に注入した方がよいです．

すべての侵入的輸液投与では，投与部位は予め消毒しなければなりませんし，実際の輸液には滅菌した器具と液を使用せねばなりません．これらを39℃に暖めましょう．翼，水掻き，胸骨の部位を注入部位として使用しますが，容量に幾分限度があります．比較的よい部位は両太腿付け根の内側で，その部位は皮膚が緩く，脚と体に隣接しています（カラー写真9）．よく使われる他の部位は，骨盤と癒合仙骨の背部です．致死的となる，気嚢系の拡張した部位に入れてしまう危険があるので，鳥では決してそれ以外の場所に輸液をしてはいけません．過剰に引っ張られた皮膚が壊死を起こすことがあるので，1カ所に過剰な量を入れてはいけません．液を注入し，針を抜いた後，注射部位の皮膚をつまむと，液が漏れるのを防ぎます．

皮下輸液の吸収を促進するためにヒアルロニダーゼ（Hyalase, CP Pharmacueticals）が使えます（Eatwell, 2003）．150IU/mlの濃度で，鳥の皮下輸液に使用する輸液バッグに1ml加えてください（Lightfoot, 2001）．

哺乳動物の輸液投与

経口再水和法

哺乳動物のチューブ給与による経口水和は実際には一選択肢になりません．理由の1つは，哺乳動物が歯をもっているので，チューブを食いちぎってしまうことです．さらに鳥と違って，気管の開口部を見るのが非常に難しく，気管にうっかりチューブが入ってしまうと，投与された液が肺に入ってしまい，動物を殺しかねないことです．

傷病野生哺乳動物に利用できる唯一の経口栄養は新生子に哺乳瓶で哺乳することか，協力的な哺乳動物の口の中に経口再水和塩類液をゆっくりと滴下してやることぐらいです．この2つの方法の場合，動物がうまく飲み込めるのを確認することが必須です．

もし動物に合った給水器を与えておけば，自分自身で飲める動物には自ら飲む水分の供給以外，さらに与える必要はないでしょう．

経口流動食は，身体的障害によって手が離せなくなった成獣にも有益でしょう（カラー写真10）．特に，Ensure（Abbott Laboratories）や

Complam (Crookes Healthcare) は栄養を供給することでしょう．障害の軽い動物ならボウルから流動食を食べることができるはずです．

哺乳動物や鳥に，決して以下の液体を与えてはいけません．
- ブランデー ｝抑制剤
- ウイスキー
- 牛乳とパン ｝動物によっては乳糖を消化できません
- そのままのミルク
- 血液　　　　コウモリは血液を飲みません

これらを与えることは「たわいのない言い伝え（迷信）」として，忘れてしまってください．

静脈内輸液

静脈内輸液は哺乳動物で最適の輸液療法のルートです．救護のために連れてこられるほとんどの英国の哺乳動物は，無理なく，気楽に利用しやすい大きさの静脈系をもっています．静脈輸液療法に適さない動物の中で，ハリネズミはちょうどできる動物とできない動物の境にありますので，それより小さい動物では皮下輸液に頼っています．ハリネズミ，それ自身は骨髄腔内輸液療法に適した数少ない哺乳動物の1つです．

他の哺乳類，例えばアナグマ，キツネ，シカ，カワウソ，ヤマネコ，大型のイタチ類は静脈内応急手当を行うことができます．これらの動物すべてが抱えている問題は，それらが野生であり，昏睡状態でなければ協力的ではなく，咬んだり，蹴ったりするだろうということです．ジアゼパムのような鎮静剤はこれらの動物に使用するのに安全です．1mg/kgの割合で投与すると，静脈輸液ラインをセットし，維持させるのに十分なくらい，おとなしくなるでしょう．

きびきび動いているか，あるいはそうでなくても，肉食動物すべてが潜在的に危険です．動物を保定している間に，口輪を掛ける方がもっと安全です．しかし，鼻や口内に出血があったり，嘔吐があるように思われたら，そのときには口輪をはずさなければならないことを承知しておきましょう．これらの動物は，咬まれないようにしようと用心しても，はるかに上手に咬みます．始終集中してください．そして，決して誰も咬まれないようにしてください．

橈側皮静脈は，後肢の外側サフェナ静脈と同じくらい利用しやすく，静脈内輸液に適した静脈です．もしそれら以外の静脈を使うのが難しい場合は，もちろん頸静脈を選択します．一般的に，けがをしている脚に静脈ラインを装着してはいけません．

静脈ラインは留置針に連結し，絆創膏で脚に固定します．活発な動物が見る影もなくラインをよじらせてしまうか，穴をあけてしまうまで，一瞬のことでしょう．エリザベスカラーは，壊し屋の野生動物に適切であるとは思えません．

哺乳類の静脈内輸液量

哺乳動物，特により活発な動物は長時間静脈ラインを有効に保てません．この理由から，例えば，最初の1時間に非常に多くの液体を流し，動物が維持管理点滴だけになったとき，その動物が輸液をストップするまで放っておけばよいでしょう．実際は，重度のショックの症例では最初に維持量の40倍の輸液を与えます．

すべての大きめの傷病野生哺乳動物はショックに打ち勝つための完全な治療を受けさせてください．これは血漿増量剤，副腎皮質ホルモン，塩類輸液を使うということです．維持輸液は，循環系の働きによって，1日あたり平均50ml/kgで行うことができます（例4-2）．

過剰量の輸液は血液循環の負荷を引き起こすことがあり，その結果，肺水腫になってしまいます．したがって，静脈内輸液すべてで，動物とその状態を綿密にモニターすることが肝要です（表4-2）．

骨髄腔内カニューレ装着

鳥類と同様の方法で，骨髄腔内輸液が小型哺乳動物に輸液をする適切な方法でしょう（Otto et al., 1989）．例えば，ハリネズミ（*Erinaceus europeaus*）はもっとも頻繁に救護される野生哺乳類で，応急処置を必要とし，これらの多くが脱水，瘰痩，ショック状態に陥っています．ハリネズミ

アナグマ（Meles meles）が罠に掛かっているところを発見された．体重は7.6kg，7～10％の脱水があると思われる．

橈側皮静脈に20G×32mmの留置針カテーテル使った点滴セットを装着した．

理想推定体重8.5kgの10％の不足水分量を計算した	＝ 850ml
24時間の維持量は	＝ 425ml
2日以上をかけて不足分を補正する	
したがって，最初の24時間にアナグマが受けるのは維持量＋不足量の50％	＝ 850ml
輸液ポンプで1mlを15滴とし，点滴セットでは1秒当たり3滴の滴下速度	
アナグマには，最初の30分に40倍の維持量，360mlを与え，安静，23.5時間以内に490mlだけ注入すればよい	
しかし，2日目にも，まだ回復させるための不足分の50％が残っているので，維持量の割合で注入することは，最初の24時間の安静のために利点がある	
初日の安静のために，アナグマには1時間当たり18mlでほぼ425mlを，輸液ポンプを使って与えればよい	＝ 423ml
輸液ポンプや1mlを15滴で点滴できるセットがなければ，1分当たり4滴に調整すればよい	＝ 384ml
初日の不足分と残りの輸液量は過剰注入を避けるためである	

例4-2 傷病アナグマを安定化するために必要な輸液量の計算

の刺の下の大腿骨に簡単に到達できるので，そこが骨髄腔内カニューレ装着の理想的部位です．

しかし，哺乳動物の骨は鳥の骨に比べると遙かに硬く注射針を通しません．このため，どんな形の針を挿入するにも，機械的補助を必要とします．Cook Veterinary Products社は現在，骨髄腔内カニューレ誘導器を販売しています．基本的には，骨髄腔内カニューレを小ハンドルに装着したスタイレットに取り付けます．このハンドルが骨内にカテーテルをねじ込むための足がかりを与えます．スタイレットは骨屑によるカテーテルの目詰まりを防ぎます．一度骨に挿入されれば，ハンドルとスタイレットを単に抜くだけです．

大腿骨の近位端にカテーテルを装着するために，最初剃毛し，消毒します．リドカインやアメソカインのような局所麻酔剤を使って，その部位を麻酔してください．坐骨神経を巻き込むのを避けるために，大腿骨の転子窩に向けて，骨髄腔内カニューレ誘導器を差し込みます．最初ゆっくりと，ハンドルの部分でカニューレを回転させてください．骨に刺入座ができたら，わずかに圧と回転を加え，針を先に進めます．針が骨を貫通し，髄腔内にはいると，抵抗がなくなります．指で針をはじくと，針が適切に挿入しているのが分かります．つまり，針は安定しているということです．もし入っていなければ，針がふらつきます．定位置に入ったら，注射器で優しく吸引をしてください．それから，針をヘパリン溶液で洗い流してください．縫合によるか外科用接着剤を使って，針を定位置に固定します．

輸液は鳥と同じ投与量です．すなわち，最大1時間あたり10ml/kgです．一方，輸液ポンプやシリンジポンプはkg当たりの標準的投与量で，持続的な点滴を容易にするでしょう．

皮下輸液

静脈内輸液が脱水やショックを切り抜ける一番の近道ではありますが，特に小型の動物のカニューレ装着のための道具が，常時入手可能とは限りません．これらの状況において，小動物，マウス，トガリネズミ，ハタネズミ，ヤマネ，コウモリでは，皮下輸液が唯一の答えです．10％に

表 4-2 輸液維持量の計算表

輸液療法−維持比
1日当たり50ml/kg, 15滴1mlの標準の点滴セット

体重 (kg)	1日の摂取量 (ml)	時間当たり (ml)	1分の滴数 (滴数)	滴下間隔 (秒)
0.5	25	1	−	240
1	50	2	−	120
2	100	4	1	60
3	150	6	2	40
4	200	8	2	30
5	250	10	3	24
6	300	12	3	20
7	350	14	4	18
8	400	16	4	15
9	450	19	5	13
10	500	21	6	12
11	550	23	6	11
12	600	25	7	10
13	650	27	7	9
14	700	29	8	8
15	750	31	8	8
16	800	33	9	7
17	850	35	9	7
18	900	37	10	7
19	950	39	10	6
20	1000	42	11	6
21	1050	44	11	6
22	1100	46	12	5
23	1150	48	12	5
24	1200	50	13	5
25	1250	52	13	5
26	1300	54	14	5
27	1350	56	14	5
28	1400	58	15	5
29	1450	60	15	4
30	1500	62	16	4
31	1550	65	17	4
32	1600	67	17	4
33	1650	69	18	4
34	1700	71	18	4
35	1750	73	19	4
36	1800	75	19	4
37	1850	77	20	4
38	1900	79	20	3
39	1950	81	21	3
40	2000	83	21	3
45	2250	94	24	3
50	2500	104	26	3

不足分を加える　2日以上で3〜5倍の維持量
ショック　30〜60分間で40倍の維持量〔血漿増量剤としてのGelofusine（Millpledge Veterinary）投与〕

表 4-3　皮下輸液のための注射針のサイズ

針のサイズ	動物
22G	リス，ウサギ
23G	ハリネズミ，モグラ，イタチ
25G	ミズハタネズミ
27G	マウス，ハタネズミ，コウモリ，ヤマネ

Duphalyte（Fort Dodge Animal Health）を添加したハルトマン液を温めて，動物の背の皮膚の下に注射します．1カ所に大量の輸液をすると，皮膚が引っ張られ，壊死脱落を引き起こすことがあるので，1カ所よりはたくさんの場所に注射しましょう．ヒヤルロニダーゼは皮下輸液の吸収を助けるでしょう（「鳥における輸液投与法」を参照）．

投与量は体重の約10％相当量です．たとえば，400gのハリネズミには40mlの液を投与しましょう．皮下針が細ければ細いほど，動物のためにはより良いようです（表4-3）．

爬虫類と両生類の輸液療法

人々は英国産の爬虫類や両生類を保護することが重要であることに気づき始めました．その結果，過去にはけがをしたヘビやヒキガエルは当然殺さなければならないと考えられていましたが，保護される例が増えています．

これら冷血動物が治療のために持ち込まれるのが徐々に多くなり，それらを助けるためのより優れた技術が開発されつつあります．輸液療法は温血動物で重要であるのとほとんど同じくらい，これら冷血動物にも必要なものです．

爬虫類のための輸液投与

ヘ　ビ　類

ヘビ類，特にヨーロッパヤマカガシ（*Natrix natrix*）がけがをして発見され，連れて来られています．連れて来られたとき，典型的な脱水の症状，特にテント状の皮膚に皺ができる症状がみられます．

体重の約10％の再水和を，胃カテーテルを

通して経口的に行います．カテーテルは体長の約1/3まで挿入します．これは経口輸液ではありますが，10％Duphalyte（Fort Dodge Animal Health）を添加したハルトマン液を使ってください．

体重の10％の皮下輸液を体長の半分ぐらいの部位の外側静脈洞内に行うことができます（カラー写真11）．

もう1つの一般的な英国産ヘビであるヨーロッパクサリヘビ（*Vipera berus*）も看護を受けるこ

表4-4 静脈内輸液療法のチェックリスト注意書き

St Tiggywinkles
The wildlife Hospital Trust

応急静脈内輸液療法

全部の静脈内点滴（i/v）は体温まで暖める

カテーテル
ハクチョウ類，サギ類	24G × 16mm
キツネ，アナグマ，小型のシカ	20G × 32mm
大型のシカ	20G × 32mm，18G × 51mm
ホエジカ	20G × 32mm

血漿増量剤
Gelofusine® (Millpledge Veterinary)	10ml/kg（重度の出血に20ml/kgを使用）

重度のショックと心血管虚脱
メチルプレドニゾロン（Solu-Medrone, Pharmacia）	50mg/kg
または	
デキサメサゾン−ゆっくり注入	0.1mg/kg

液
原発性の水分喪失，嘔吐，下痢	ハルトマン液
長期の水分喪失，脱水	0.18％食塩加4％ブドウ糖液

〔上両方には10％にDuphalyte（Fort Dodge Animal Health）を加える〕
〔滴下速度は別の表を参照（例えば，表4-2）〕

鎮静剤
ジアゼパム	1mg/kg（筋注可能）

抗生物質
静脈内：	エンロフロキサシン	5mg/kg
	メトロニダゾール	40mg/kg
皮下：	アモキシシリン	40mg/kg（種により異なる）

鎮痛剤
ブプレノルフィン（Temgesic, Schering-Plough Animal Health）	0.012mg/kg
フルニキシン（Finadyne, Schering-Plough Animal Health）	1mg/kg
カープロフェン（Rimadyl, Pfizer）	4mg/kg

毒血症治療（感染が認められるもの）
フルニキシン（Finadyne, Schering-Plough Animal Health）	1mg/kg

利尿剤（肺水腫のため）
フルセミド	2.5mg/kg

とがあるかもしれません．外見上ヨーロッパヤマカガシとは似ていないクサリヘビは有毒で，現在非常にまれです．このヘビは傷ついて見つかる可能性がほとんどないヨーロッパナメラ（Coronella austriaca）を圧迫しています．

トカゲ類

ヘビ以外の英国在来の爬虫類はトカゲ類です．スローワーム（Auguis fragilis）がそのトカゲ類に含まれます．よく猫に捕まえられます．そして，体重の10％の皮下輸液が有効です．

テラピンガメやリクガメ

テラピンガメやリクガメは英国原産の爬虫類ではありません．飼育下から抜け出した物で，治療のため，獣医師に診せてください．

両生類のための輸液投与

一般的な両生類の在来種はトノサマガエル（Rana temporaria），ヒキガエル（Bufo bufo），イモリ（Triturus spp.）です．トノサマガエルやヒキガエルはよく庭や道路で傷を負います．体重の10％の皮下輸液が，脱水とショックを治療するための最良の方法です．

輸液投与に関連した方法

抗生物質

動物がショック状態にあるとき，腸粘膜の毛細循環に障害が起きることがあります．このことは，腸管腔内から血液循環へ細菌が入ってくることを意味します．このため，脱水あるいはショックの治療を受けている動物には，広域スペクトルの抗生物質を与えなければなりません．私たちが使っている抗生物質は，標準的な投与量の持続性アモキシシリン注射です．皮下に注射をします．獣医師なら他の抗生物質，エンロフロキサシンのような静脈内に投与できる抗生物質も処方できるでしょう．

鎮痛剤

もし必要なら，動物に鎮痛剤を用います．この薬は静脈内輸液を通して，静脈内に投与することが可能です．カープロフェンやフルニキシンはブプロノルフィンよりの持続効果がありますが，それぞれの症例に対し，獣医師の処方が必要です．

利尿剤

循環器への過剰な輸液，あるいは外傷から胸部聴診で肺水腫の症状があれば，すぐに治療行為を行うために，獣医師の指示を仰がねばなりません．

酸　　素（O_2）

頭部損傷や脳震盪の動物にマスクで100％酸素治療を与えることができれば，やらないより良いことが分かっています．

要　　約

輸液療法はすべての傷病野生動物に推奨されます．適切に行ってください．そうすれば輸液が多くの命を救うでしょう．秘訣は次のとおりです．

- 静脈内輸液療法のすべての用具のチェックリストを整備してください（表4-4）．
- 迷信のような民間療法を捨て，常時正しい輸液療法を使ってください．
- 静脈内や骨髄腔内投与には滅菌した器具機材のみを使ってください．
- 刺入部位はすべて無菌的に清潔に保ってください．
- 刺入部位に問題が起きるかどうか，すべての動物をモニターしてください．
- もし肺水腫が明らかになったら，呼吸応答をモニターしてください．
- 使用後は，医療廃棄物入れにすべて破棄してください．獣医師が医療廃棄物についてアドバイスできます．

5
創傷管理
パートⅠ：創傷の生物学

創傷の種類

　傷病野生動物とのつき合いの中でたくさんの数の外傷，たくさんの種類の外傷に遭遇しますが，あらゆる条件の，どんな種類の外傷も覚悟しなければなりません．これらの創傷の多くは通常の動物医療では滅多にみられません．この創傷の過酷さにもかかわらず，優れた創傷管理法が，傷病野生動物のほとんどを十分に回復させ，確実に野生に復帰させます．

　基本的には，すべての外部創傷は類似した治癒過程を通るので，どんな治療も防御能を手助けすることが重要で，それ以上の損傷を与えてはいけません．

　創傷は，外傷や外科手術によって起こるあらゆる組織の破壊あるいは分断と定義されるでしょう．明らかに，野生動物の看護と治療は，最初だけは外傷による創傷を処置することが必要です．手術創については獣医師によって制定された外科看護プログラムの一部であって，この本の範疇外です．

　看護対象となる野生動物の重要な創傷は，皮膚や体表面に近い粘膜の破壊がある開放創です．閉鎖創は覆われた体の中にあり，ある動物では圧縮包帯の使用が効果があるものの，閉鎖創は，実際には獣医師の領域です．

　創傷の2つの種類の相違は，以下にあげるものです．

閉鎖創

・体表からの検査で必ずしも認知できません．
・腫れとあざという打撲と血腫がみられます．
・創傷は，例えば肝破裂のように内部臓器も含まれます．
・直接処置したり，止血するのが難しいです．
・外科手術だけが，創傷に直接手を下せる方法です．

開放創

・通常にみられます．
・失血を評価できます．
・失血をコントロールできます．
・通常手術なしに治療できます．

すべての開放創をさらに分類すると，
・清潔創．
・準清潔創．
・汚染創．
・感染性創（不潔創）．

清潔創

　清潔創は唯一，手術の際，外科医が無菌的に皮膚を切開する場所に生じます．もし手術が清潔でない組織や物に及ぶ場合には，この清潔創も汚染することになるかもしれません．清潔創の2つのタイプは決して手術以外には遭遇しない物です．

汚染創

　汚染創は，概ね清潔な物によって負った創傷です．刺創や複雑骨折の傷は清潔に見えるかもしれ

ません．しかし，すでに，汚物や細菌が無防備の外傷に侵入していることでしょう．創傷中で細菌が定着するのに4～6時間かかるといわれています．これが正しいなら，この「黄金期」は感染の危険度がより低い状態で，傷を清潔にして，閉じることを可能にします．

感染創あるいは不潔創

傷病野生動物に共通してみられる創傷の種類は，感染性あるいは不潔な創傷です．多くの場合，野生動物の創傷では，細菌がしっかりと入り込み，体の自然防御メカニズムとの戦いが生じてから，数日になっているでしょう．この自然防御能は小さな創傷に対処することができるかもしれませんが，大きな創傷でみられる感染は，必然的に動物を死に追いやることでしょう．

創内での感染や不潔物の存在は以下のような理由から治癒を妨げます．

・創内の汚物は白血球や抗体の防御機能を抑制します．
・感染は血液の供給にダメージを与え，全身に投与された抗生物質を局所に運ぶ妨げになります．
・感染は治癒機転の炎症期を長引かせます．
・感染は創傷を塞ぐのに必要なコラーゲンを消化してしまう酵素を産生します．
・感染は血液の供給を減少させます．
・白血球や細菌を含む滲出や壊死組織は創縁を解離させます．

創傷管理の主な目的は，最終的に創傷が閉じて，自然だろうが，人工的だろうが，それ以上の感染を防ぐことができるように，創傷を清潔にすることです．完全に清潔になっていない新鮮創を閉じてしまうことは，細菌に増殖するための安全な隠れ家を単に提供することになるでしょう．創傷は，死んだ白血球，貪食された汚物や細菌の集まった滲出物のために治ることができません．閉じてしまったこのタイプの汚染創は，やがて膿瘍になるので，治癒機転の開始が起こる前に，膿瘍は完全に清潔にする必要があります．

治癒の形態

図5-1に分類したような，2つのタイプの治癒機転があります．
・一次癒合
・二次癒合（肉芽形成）

一次癒合による治癒機転

2つに分断された組織で，清潔で感染していない組織が合わさったとき，このタイプの治癒機転が生じます．生活反応のある癒合形成をするとき，毛細血管が，一側から他方まで侵入するでしょう．この種の治癒機転は，通常縫合された手術創でみられます．時には，傷病野生動物が準清潔の創傷を負うことがあります．その創傷は，清浄化し，縫合することによく反応し，創縁が密着する傷なら，一次癒合によって治るでしょう．

二次癒合－肉芽形成による治癒

傷病野生動物にみられるほとんどの創傷は，あまりにもひどい軟部組織損傷から創縁が密着しないので，これらの創傷は一次癒合によって治ることができません．感染がある創傷も，感染がない創傷も，内部から外に向かっての肉芽形成によって治る必要があります（図5-1b）．創傷はすべて，身体組織が損傷を受ける瞬間から身体内の自然治

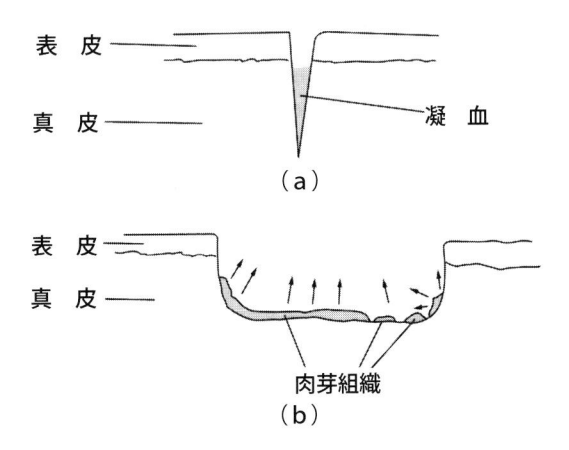

図5-1 創傷治癒の経過．
(a) 一次癒合，(b) 肉芽形成．

癒機転を開始させます．その治癒機転は4つの段階を踏みますが，傷を清潔にし，最終的に閉じる方向に進行します．
(1) 炎症期
(2) 肉芽形成期
(3) 再上皮化期
(4) 成熟期

(1) 炎　症　期

　傷を負うと即座に，損傷部位への血流が増加し，さらに出血しますが，一方では，血流量の増加が蛋白や白血球に富んだ液体を届けることになります．初期出血は創傷内の汚物を洗い流す役割があります．初期の損傷によって引き起こされる炎症や細胞からの化学物質の放出が血液凝固を促進させ，損傷を受けた血管を閉じるように働きます．血管透過性の亢進は抗菌物質や白血球を創傷部に集めます．

　炎症は発赤，発熱，腫脹が特徴ですが，それらは血流量の増加，毛細血管の透過性の亢進による間質液から放出された体液が原因です．強い炎症反応と共に，創傷部位への血液の流入が循環血液量をもっと減少させることがあり，ショック状態の動物をとても危険な状態にします．

　このステージでは，様々な白血球（好中球とマクロファージ）は細菌や異物，創面清掃期の壊死組織を貪食し始めます．死んだ白血球，および貪食された汚物や細菌の滲出の結果が野生哺乳動物の創傷に共通してみられる膿です．膿には嫌悪感がありますが，白血球が病原体や細菌を破壊し，哺乳動物では，膿のもつ流動性が，それらの病原体を傷から洗い流し去ることができるので，膿の形成は不可欠なのです．

　不運にも，滲出物はそれ自身が治癒過程への刺激です．膿の存在がもっとたくさんの死んだ白血球を持続的に作りだし，治癒の開始からの次の治癒期である肉芽形成を，今度は妨げます．さらに，このとき炎症が消退しないように，生体防御のために血液供給の増加がもたらされます．このことも肉芽形成を始める妨げとなっています．

(2) 肉芽形成期

　創傷が感染組織や滲出物から開放されれば，おそらく治療3〜4日後には結合組織細胞である線維芽細胞が創傷に遊走し，創傷を満たすマトリクスを形成します．それから，創傷周辺の毛細血管はそのマトリックス内に伸びてきて，治癒過程に必須のおびただしい血液供給をします．やがて，線維芽細胞は密着し始め，創縁を一緒に引っ張ります．

　豊富な血液供給を伴った，この肉芽組織はピンク色を呈していて，感染に非常に強いです．線維芽細胞および血液毛細管のマトリックスを形成すると，創傷の最終段階の閉塞基底を作り上げるため，この組織は健全で安定な基礎を作り，その上に繊細な皮膜組織を形成することができます．

　肉芽組織にはとてもたくさん血液が供給されるので，もし損傷を受けると，大出血することになるでしょう．創傷の清拭を行うときに，洗浄を推奨したいのは，このことがあるからです（第6章参照）．

(3) 再上皮化期

　傷つきやすい上皮細胞が，肉芽組織床の上に一層の細胞層を形成するために，創傷の周縁部から中に向かって遊走します．これはとても壊れやすく，保護されなければなりません．しかし，保護用被覆材で上皮層が傷つくのを防ぎさえすれば，治癒のこのステージに感染が起きる危険性はほとんどありません．

(4) 成　熟　期

　いったん，上皮の第1層目ができあがれば，より多くの細胞がゆっくりと増加し，層を厚くするでしょう．この過程は非常にゆっくりで，創傷をそれ相当に保護させるために数週かかるかもしれません．このことが起きている間に，肉芽組織に供給している大多数の毛細管は消失するでしょう．最終的に，新しい上皮は瘢痕ということになるのですが，これは，創傷を負う以前の本来の皮膚組織と同じくらい強くはならないし，柔軟でもありません．

　これらの創傷治療の4段階を管理することに

よって，それぞれの過程のための理想的条件を達成することができます．この創傷管理は治癒期間を加速し，動物を特に早期にリリースすることができるでしょう．

瘢痕形成

受傷時，自然作用で治癒過程を即座に始めようとします．適切な管理が治癒機転を助け，短縮でき，強い瘢痕になるので，この機転を理解することが非常に重要です．治癒機転で，真っ直ぐな手術創や切り傷を除いて，すべての創傷が瘢痕を残すでしょう．瘢痕形成は，動物がリリースされる前に考慮しなければならない問題の原因になるかもしれません．

典型的瘢痕形成の問題は以下の通りです．
・保護や断熱効果のある羽や毛の損失
・引きつり．例えば，瞼の引きつり
・角膜実質の瘢痕
・ペニス尖端や包皮尖端のような小さな開口部の瘢痕形成

創傷の種類

すべての解放創は，一次癒合で治ることはなく，完治する前に前述した経過を取らねばなりません．傷病野生動物で出会った，それぞれのタイプの創傷のすべてを同定し，それに応じて管理することが有益です．

すべての開放創は以下のカテゴリーに分類することができます（図5-2）．
・単純な切創
・剥離した切創
・単純な裂創
・剥離した裂創
・刺　創
・擦過創
・火　傷

単純な切創

単純な切傷は手術用メスのような鋭利な刃物によってできます．野生では，シカや他の動物

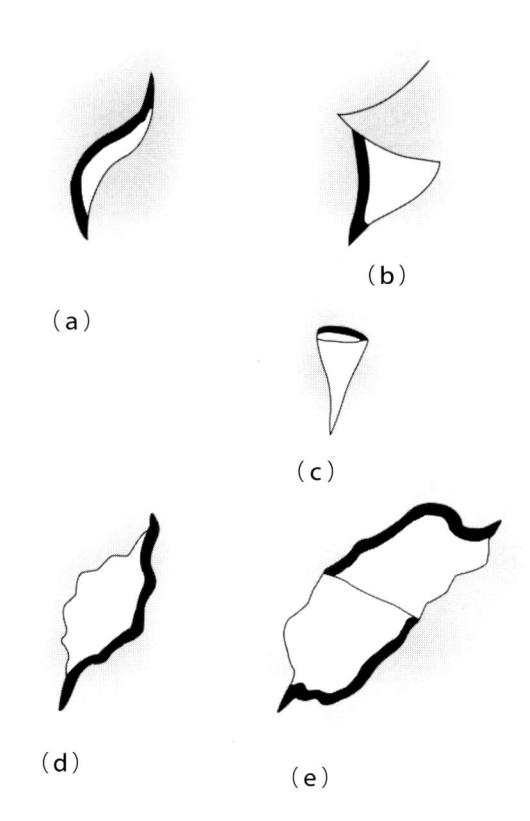

図5-2　創傷の型.
(a) 単純な切創，(b) 剥離した切創，(c) 刺創，(d) 単純な裂創，(e) 剥離した裂創.

の場合に，ガラス，缶，有刺鉄線によって，その傷が引き起こされます．ホエジカ（*Muntiacus reevesi*）およびキバノロ（*Hydropotes inermis*）は，鋭利なカミソリのような牙をもっていますが，その牙は特殊化した犬歯です．発情期の戦いでは，雄は自分の対戦相手をその牙で斬りつけようとします．シカの皮膚は非常に頑丈なのですが，時には一撃で単純な切傷を負うことがあります．切傷は鋭利な物によって引き起こされるので，損傷を受けた血管は皆，清潔な状態で切断されて，大量に出血することでしょう．小さな切創は閉じたままかもしれません．やがて，凝血によって，血流が止まります．大きな切創は傷口が開いていて，もっと永続的な治療の準備ができるまで，傷口を閉じるための応急処置が必要でしょう．傷を与えた物からの汚染がなければ，理屈のうえからはこ

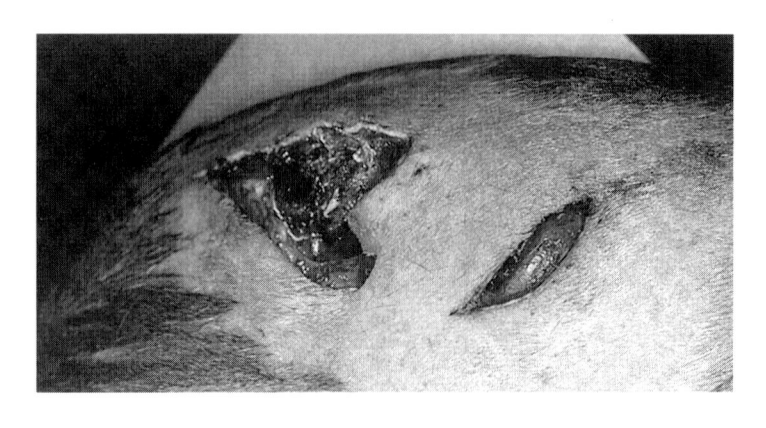

図 5-3 単純な切創と剥離した裂創をもつ傷病ホエジカ.

れらの切創は土や砂のような周辺にある汚物がない状態のままです.

その状態の切創は，傷を負った直後に収容される最近の傷病野生動物でのみ，見ることができます（図 5-3）. 受傷後 4～6 時間の「黄金期」内であれば，創傷は清潔で，傷口が合わさっていることでしょう. そのため，その創傷は一次癒合によって治るはずです.

剥離した切創

剥離創は皮弁がその下の組織から引きはがされた所ですが，皮弁の一方はまだ付いています. 皮弁は多くの場合三角形で，それが生じた所から，欠損部へ戻すことができます.

創傷が新鮮で感染していない場合，皮弁を徹底的に清潔にして，清潔になった欠陥部へ戻し，縫合することができます. ほとんどの場合，創傷の辺縁は一次癒合によって治るでしょうが，時々皮弁が壊死して，切除しなければならないこともあります. 残った皮弁を欠損部に戻したとき，残っている欠損は裂創として扱われなければならないでしょう.

単純な裂創

単純な裂創は決して単純でなく，傷病野生動物で最も恒常的にみられる創傷です. それらは普通，広範囲で，創縁がぼろぼろに裂け，傷を閉じるのが難しいです. それらはあまり深くありませんが，創傷が開いている間，開放部にくっついてしまう周辺の汚物や細菌を引きつけます. 血管の収縮，それ自体で止血するので，出血はあまりありません. それらは広域に生じることがあり，特に激しいスリ傷と痛みを伴います（図 5-4）.

この種の外傷の原因はたくさんあります. 最もよく起きるのは，交通事故，他の動物による攻撃，フェンスに衝突したり，体の一部が引っかかってしまうことです.

時々傷を受けた直後の傷病野生動物が保護されますが，それでも，通常はたくさんの汚物や細菌が創傷部にいるので，早期に傷を塞ぎ，治癒させることができません. 一次癒合によって治るというのは論外ですが，創傷の完璧な清浄化と抗生物質の全身投与が，傷の閉鎖の早期の処置を円滑にするかもしれません. しかし，汚物や細菌を完全に取り除くというのは不可能です. したがって，感染が起こり，縫合全部を取り去らねばならないような，創傷の崩壊を引き起こすことがあるでしょう.

最終的に，感染が確実に成立し，体全体に広がって，もはや我慢することができないというぎりぎりの所で，ほとんどの傷病野生動物は裂創に耐え続けていることでしょう. 耐えられなくなったときとは，その動物の防御能が落ち，発見され，保護されるときです. そのときまでに，どんな創傷も，たくさんの滲出物（多量の膿）や重度の壊死組織，そして，通常，ウジに膿や壊死組織でない所を食われたり，あるいは，しばしば動物が自分自身を傷つけたような，肉眼で見える感染をする

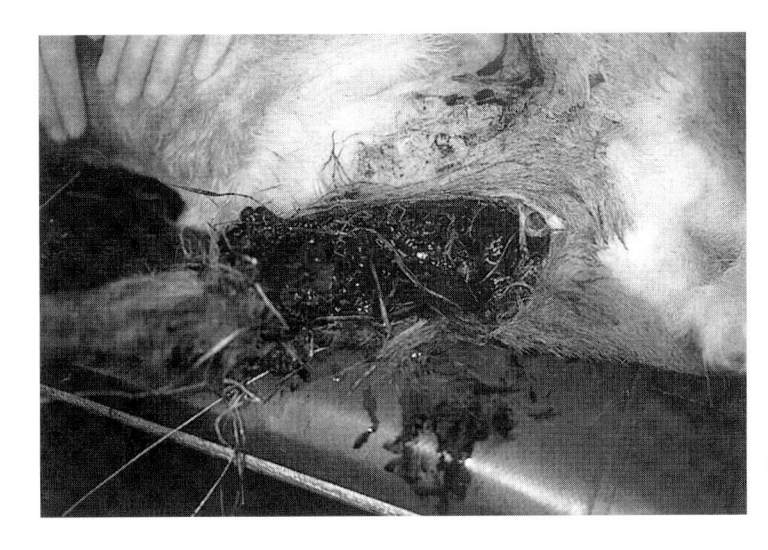

図 5-4　ホエジカにおける典型的な裂創.

でしょう．これらの創傷は重傷のように見え，しばしば，ひどい臭いがしますが，適切な清拭と管理によって，それらを完璧に治療できます．野生動物のほとんどの創傷がこの状態と似たようなものですから，すべての治療施設はこれらの創傷に対処するために，準備を怠らないことが必要です．

剥離した裂創

剥離した切創とまるで同じように，剥離した裂創も，基底組織から引きはがされた皮弁からできています．試みとしては，創傷をきれいにし，所定の位置に戻してから皮弁を縫合することでしょう（図 5-5）．

しかし，剥離した裂創は，ほとんどの裂創と同じように汚染していて，そのうえすでに感染していることでしょう．大抵の症例では，皮弁は回復の見込みがないくらい壊死しているので，健康な組織から切除しましょう．創傷の基部は，単純な裂創として治療すればよいと思います．その部分は肉芽形成によって治るように促します．

刺　　創

傷病野生動物はよく，傷が見つけづらい刺創に苦しんでいます．刺創は通常直径は小さいのですが，深いものです．銃創は体を貫いて，反対側に存在します．

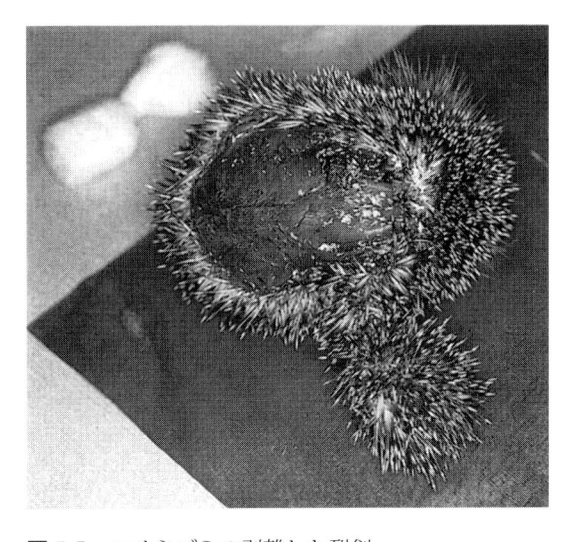

図 5-5　ハリネズミの剥離した裂創.

動物の受傷の状況が，見つけづらい刺創がある手がかりをくれます．例えば，下の出来事のどれもが，おそらく刺創になります．そして，それを見つける必要があります．

・*銃　創*：もし動物が撃たれたという報告があり，毛の中や羽の中を捜索すれば，銃創をみつけるでしょう．X線撮影すれば，弾がまだ体の中にあるかどうか分かります．もしなければ，侵入した創傷の反対側に，出口の創傷があることでしょう．

・*咬　傷*：時々，動物の攻撃による受傷が報告

されていますが，よく傷病野生動物の体毛や羽に血液斑がみられます．咬傷は通常攻撃者の犬歯が皮膚に刺入した場所に対になって存在します．これらの反対側は，通常対側の犬歯によるさらに2つの刺創があるでしょう．
- *鈎爪による創傷*：同様に，猛禽によって攻撃を受けた哺乳動物も鳥類も，つかまれた部位に鈎爪による刺創が生じるでしょう．親指のの鈎爪はもっとも深く入りますが，反対の3本の鈎爪も皮膚を貫くでしょう．猛禽が両足で動物を攻撃すると，少なくても8個の刺創が生じるでしょう．
- *突き刺し傷*：不運な傷病野生動物が，刺創の原因となる鋭利な物によって，強く突き刺されると，刺し傷は容易に見つかります．野生動物では，この鋭い物とは釣り針であったり，フェンスや巣材のワイヤーであったりすることでしょう．

それらの原因が何であれ，刺創は比較的小さくて深いものです．刺創は汚染創ですが，早期に見つけ，清浄化すれば，急速に回復するでしょう．刺創が起きたときの問題は，傷の開口部が小さいために，滲出物が排泄できず，膿瘍を形成してしまうことです．

擦過創

すり傷は，皮膚に完全には穴が開きませんが，外層が剥ぎ取られてしまった傷のことです．これらは，動物が交通事故で引きずられたときに，見られます．擦過傷が生じる衝撃的な状況のため，擦過創は通常挫滅と痛みを伴います．

擦過創はひどく汚染されていますが，上皮層がまだそのままのときは，清浄化後に急速に治るでしょう．

火 傷

最後の創傷は，火傷によって引き起こされた創傷です．これらは重症で，大量の体液の損失と，続いて起こるショックの原因となります．野生動物に被害を及ぼす火傷は以下に示したような事故が原因です．
- 焚き火による乾燥した熱．
- 過剰な冷却による凍傷．
- 様々な原因物質による化学火傷．
- 動物が横になった状態のままで，太陽に曝されて，動くことができないで起きる日焼け．
- 電気柵や電線がしばしば野生動物に火傷を負わせます（カラー写真47）．

火傷は次のように分類できそうです．
- 皮膚あるいは下層組織に届いていない表在性火創（1度と2度の火傷）．これらはとても痛いです．
- 3～6度の火傷は，皮膚を貫通，または破壊し，そして下層組織にも及んでいます．皮膚の神経末端のほとんどは破壊されるでしょうから，3～6度の火傷は常時痛みがあるものではありません．

さらに，火傷の程度を分類するのに受傷体表面積を示すことが必要です．例えば，40％火傷は，その割合を考えると，動物の体の一側全部が冒されていることを意味するのです．

火傷の裏告が取れなければ，すぐには火創とは分からないでしょう．証拠となる症状が現れるのに，さらに数日かかるかもしれません．火傷の可能性を示す，よい指標は次の通りです．
- 創傷治癒の炎症期に血管が拡張するとき，発赤と炎症の部位から放射する熱．
- 損傷部位の組織は炎症で腫脹しますが，組織液が毛細血管から組織に浸透する場所で，湿った状態になることもあります．
- 表在性火傷では痛みが明らかでしょうが，多くの野生動物はどんな不快感も隠すことでしょう．
- 焦げた体毛，羽，あるいは刺（ハリネズミ）（カラー写真12）．
- 受傷時に体毛が焼けてしまうと，2, 3日後に毛が抜け落ちることがあります．これは，毛包がダメージを被ったためです．
- 火傷は，体表の組織の活力を奪い，数日の後障害を受けた皮膚は乾き，黒くなり，最終的

に剥げ落ち，創傷の真下の皮膚の顆粒層の部分が露出します．

化学火傷

通常，野生動物が危険な物質との接触が原因で見つかる化学火傷の存在が知られています．動物が自分自身を清潔にしようとして，化学物質を呑み込んでしまうこともあるので，傷病野生動物の受入れ時に化学物質の特性を勉強することは重要なことです．この場合には，火傷と同様に中毒のための処理を必要とするでしょう．

さらに，化学物質が動物を取り扱う者に有毒である場合には，危険物取扱いのガイドラインに従うことが重要です．グローブは常に着用してください．Veterinary Poisons Information Service（付録7）は，化学火傷や化学物質を呑み込んだときの治療法のアドバイスをくれるでしょう．

6
創傷管理
パートⅡ：創傷の治療

　野生動物が保護された瞬間から，外傷の治療または管理を始めててください．まずは，さらに汚染しないように，このカバーの下をIntraSite™ Gel（Smith & Nephew）やK-Y® Lubricating Jelly（Johnson & Johnson）で覆えばさらに汚染するのを防ぐための保護となり，この被覆材は施設に到着するとすぐに，水で簡単に除去することができます．実際に，IntraSite™ Gel（Smith & Nephew）を24時間あるいは12時間でも創傷に置けば，細菌汚染のかなりの減少がみられます（N. Mills，私信）．

　動物が保護されたときに複雑骨折がすぐに分かるかもしれませんし，毛皮や羽毛に覆い隠されている小さい穴がある程度かもしれません．この小さい穴は骨破片が刺さってできたものです．複雑骨折は傷病野生動物に共通ですが，露出した骨が生き続けているならば普通，治療可能です．現在入手可能なパラフィン-チュール創傷被覆材（Grassolind®，Millpledge Pharmaceuticals）のような創傷被覆材で複雑骨折を覆えば，次の治療方針が決まるまで，露出部位を保湿し続けることでしょう．パラフィン-チュールを非粘着性のドレッシングによって被覆し，自着包帯（Co-Flex, Millpledge Pharmaceuticals）で止めます．

　治療施設では，傷病野生動物外傷の治療法は手順どおりに行ってください．そして，手に入る様々な製品や，あらゆるタイプの創傷に対処するために必要な創傷被覆材を準備しておいてください．日常の作業は，以下のように，定まった手順で治療しましょう：

- ショック ― 他の治療をしようとする前に優先すべきは，ショックと脱水の治療です．
- 骨　折 ― 動物の不安を和らげ，動物が動いて，もっと損傷がひどくなるのを防ぐために，どんな骨折も一時的に固定しなければなりません．
- 火　傷 ― 火傷は痛みが強く，体液の損失の原因になり，細菌の侵入にとって理想的です．このステージの治療は，治療している動物をさらに安定し続けながら，ショックと疼痛を克服する手助けをすることでしょう．
- *清潔創*あるいは*汚染創* ― 動物が安定し，快適となり，疼痛がなくなれば，創傷の清拭だけを考えればよいのです．
- *ハエ創傷症* ― このステージでハエのウジや卵を除去すれば，健康な組織をさらに傷つけるのを防ぎます．
- *感染創* ― 見た目が悪く，悪臭が漂う感染創は，保護されるよりずっと前から動物に存在していたのでしょう．感染創を清拭しないで放っておいても，これ以上感染創の病原性に大きな違いを生じない場合もあるし，放っておくことによって，来院のショックから回復するのに時間が長くかかるということになるかもしれません．しかし，24時間以上で細菌は流血中に広がり，毒血症が始まることもあるので，傷病野生動物が安定したら，直ちに清拭しましょう．

火傷の治療

ショックや骨折への最初の対処法は，他の章でもっと詳しく扱います．火傷は応急手当の優先段階別で，正に緊急と位置づける必要があると同時に，その後の治療には獣医師を投入する必要があります．

乾性の火傷

火傷と判断されれば，処置法は以下の通りです．
- できる限り早く患部を冷やしてください．
  - 患部に冷たい流水をかけることで，鎮痛効果があり，冷やした組織の細胞が死ぬことをくい止めます．流水での冷却は高体温の危険も回避するでしょう．
  - 患部に冷たい水をかけることは，コールドパックのように痛い部分へ圧迫痛をほとんど与えないので，優れています．
  - 冷たく湿ったタオルで患部をつつむことも，痛みや腫脹を抑えるでしょう．
- 同時に，直接の加熱ではなく，毛布かスペースブランケットでくるむことによって暖をとって，動物を休息させなければなりません．
- 皮膚表面のあらゆる細菌が熱によって殺されてしまうので，火傷は最初無菌状態です．患部に置かれた滅菌非粘着創傷被覆材やパラフィンチュールによって創傷を保護し，包帯で少量の滅菌吸収性創傷被覆材をしっかり締めれば，これから起こり得る汚染を止めるでしょう．患部を冷やすためには，冷たくて，湿ったタオルで覆えばよいのです．
- 最後に，獣医師を呼ぶことができるまで，全体をポリシーン中に包み込んで，創傷を湿った状態にして置きましょう．

普通はどんな軟膏類も塗ってはいけませんが，サルファジアジン銀の軟膏（Flamazine®，Smith & Nephew）や Hypercal（Nelsons）は痛みや感染を防止することから，ぜひ塗ってください．

凍傷

非常に過酷な気象条件の動物は凍瘡や重度の凍傷になることがあります．これは水鳥や猛禽にみられます．

凍瘡は英国の比較的温和な地域ではほとんど発生しません．しかし，もし凍瘡が生じた場合，Preparation H™（Whitehall Laboratories）は，既存の方法と同じくらい有効です（Plunkett, 1993）．Preparation H™ というのは，サメの肝臓油とイースト抽出物が入った人の痔の治療薬です．患部に擦り込むと，血液の流れを増やして，縮こまった組織が再び活力を取り戻すことを助けるようです．

さらに，
- 患部に温湿布をしてください．
- 患部を温水に浸してください．
- 患部を摩擦してはいけません．患部を静かに乾燥させて，綿製の包帯をしてください．
- 圧迫包帯を施してはいけません．
- 副腎皮質ホルモンを塗ってはいけません．広域スペクトルの抗生物質と鎮痛薬を塗ってください．
- 死んだと思われる組織も回復することがあるので，最初から切断してはいけません．

化学火傷

すべての傷病野生鳥獣を取り扱う場合，手術用ラテックスの手袋をすべきですが，化学汚染がある場合には工業用のゴム手袋が化学火傷からあなたを守るでしょう．

なるべくなら，取り扱う前に，関連化学物質の危険物取扱い規定の書類を参考にしてください．Veterinary Poisons Information Service（付録 7）は，特定の化学物質による今までの発生例のアドバイスをすることができます．

もし動物に化学火傷があるなら，大量の水で患部を丁寧に洗いましょう．化学物質を同定しましょう．もし分かれば，
- アルカリ物質，苛性ソーダのようなものなら，

等量の酢と水の溶液で洗い落としてください.
・酸性物質は,濃い重曹水や洗濯ソーダで洗浄できます.

さらに,口の中の火傷や呑み込んでいないかをチェックしてください.

化学火傷は強く毒性がある物質によって引き起こされるので,普通創傷は深くありませんが,ひどいものです.

日焼け

特にクジラ類が浜に座礁する場合にみられます.現在これらの状況を取り扱うためのガイドラインがあります.そのガイドラインを付録2に示しました.

日焼けが起こるほかの場合は,毛が生えていなかったり,羽が生えていない若い動物が炎天下に横たわっているのが発見されるような場合です.Flamazine(Smith & Nephew)や火傷用塗り薬(Ointment for Burns, Nelsons)のような火傷ための標準的治療法が,日焼けした傷病野生動物にも有効であることを示しています(A.C. Creswell, 私信).

清潔創あるいは汚染創の処置

ちょうど救護センターには独自の運用方法があるように,創傷管理と治療法の手順ももっておくべきです.実施順にいうと,

(1) 動物が来院前につけられた創傷被覆材すべての除去.
(2) この処置の結果起こる出血をコントロールしてください.
(3) 最適の抗生物質治療法を見つけるために,この時点で,細菌培養や感受性試験のためのサンプルをとってください.
(4) ワイヤーやガラス,散弾の弾など,あらゆる原因物を除去してください.
(5) 特に動物の毛刈りをしたり,清拭するときに,細かい汚物が入るのを防ぐため,創傷をIntraSite™ Gel(Smith & Nephew)やK-Y® Lubricating Jelly(Johnson & Johnson)で覆ってください.
(6) 創傷の周辺部の毛刈りをするか,鳥の場合には羽を抜きます.
(7) 創傷の周辺部は皮膚洗浄剤や消毒薬で清潔にします.
(8) 創傷それ自身を清拭します.
(9) 創傷を被覆するか.
(10) 縫合して閉じます.

創傷被覆材の除去

希望として,動物が持ち込まれる前に創傷の上に置いた創傷被覆材は,IntraSite™ Gel や K-Y® Lubricating Jelly を基にしたものであってほしいものです.さらにダメージを与えないように,素直に上に持ち上げてください.もし貼った場所で創傷被覆材が乾いてしまったら,温水や生食に浸す必要があります.

出　血

創傷被覆材を取り除くと,形成された凝血をも取り除かれてしまうことがあります.その結果起こるあらゆる出血に止血が必要ならば,24時間適所に置くことができるKaltostat(Conva Tech Ltd)のような止血創傷被覆材の無菌パッドで止血できます.創傷に合うように切ってください.このタイプのアルギン酸カルシウム創傷被覆材は挫滅壊死組織の除去を助け,たくさんの創傷部のたくさんの汚物を吸い取り,一緒に引き剥がすことができます.

感受性試験

徹底的に清拭する前に,最も適切な抗生物質治療を決めるための細菌培養と感受性試験を行う手はずを整えると,役に立ちます.

大きな汚物の除去

創傷内の大量の汚物はすぐにでも清潔な鉗子で簡単に取り除くことができます.下部組織中に深く突き刺さっている棒や長いとげのような物体がある場合には,それをちょうど良い長さに短く切

りましょう．そしてそのままにして，獣医師に取り除いてもらってください．これは，取り除くことが深部組織での出血を促すような例なので，おそらく外科手術を必要とするでしょう．

銃創を負った動物では，すべての弾を回収できるとは限りません．弾が体の中に入ったとき，創傷部に体毛や羽を引きずり込んでいることがあります．放置すると，常に刺激や感染源になるでしょうが，特に腹腔内や胸腔内の場合のように，いつも容易に手の届くところにあるとは限りません．このような状況で，弾がその動物の生活や行動の妨げにならないと，獣医師が判断する限りは，弾はその場所に残すことも可能です．

創傷の保護

IntraSite™ Gel（Smith & Nephew）やK-Y® Lubricating Jelly（Johnson & Johnson）で創傷を覆えば，傷口の周りを清拭するときに体毛や羽が傷口に入るのを防ぐばかりか，使われた消毒液や洗浄液が傷口に流れ込むのも止めます．

この処置が創傷を保湿し続け，良好で，早期の治癒のために必須です．

創傷部の整備

創傷，それ自体に対する処置を行う前に，創傷周囲を徹底して前処理をすべきです．

哺乳類の創傷周囲の皮膚にはバリカンをかけ，鳥類には羽毛を引き抜き，そして，ハリネズミには曲がったはさみで刺を刈り込む必要があります．剃毛することが刺激になったり，さらなる問題を引き起こすようなら，哺乳動物の剃毛をしようと思ってはいけません．

鳥の羽毛を引き抜くことは鳥の創傷を前処理するのに，容認された方法です．引き抜かれれば，羽毛は新しく生えることによって元に戻るでしょうが，羽毛を切断すると，数カ月先かもしれない次の換羽まで元に戻らないでしょう．一言忠告として，羽毛を引き抜くことは，鳥に苦痛を与えるように思えます．したがって，これを考慮に入れて，迅速で，正確に行い，かつ最小限の羽毛だけ抜いてください．大きな鳥の初列風切羽は骨膜に堅くしっかりと固定されているので，引き抜くことは非常に難しいかもしれません．

創傷周辺の清拭

被毛や羽毛を綺麗にしたら，創傷の周囲の皮膚を，希釈した皮膚に適切な消毒液で清拭してください（表6-1を参照）．

不可欠ではありませんが，これらの清浄剤の製品のどれでも傷自体に入ることを避けた方がよいでしょう．ある殺菌剤や消毒液は，傷の中の細胞に有毒なことがあります．

創傷の清拭

この段階の創傷は，まだ被覆材のゲルや傷を受けたときの小さな汚物や細菌でいっぱいです．創傷の底の部分では，白血球が異物や細菌を食べるように，滲出物が形成されています．それらの真下，そこは，血液供給やたくさんの血球が豊富に供給される本来の組織の創傷の基部に当たります．異物を清拭する場合，どんな正常な組織や健康な細胞も損傷を与えないことが大切です．

綿球あるいは脱脂綿による創傷の物理的清拭は健康な組織を損傷し，創傷へもっと汚物を押し込

表 6-1 皮膚清浄剤の推奨希釈因子

一般名	商品名	皮膚清浄剤の推奨希釈率
クロールヘキシジングルコン酸	Hibiscrub（Coopers Pitman-Moore）	1：1000
セトリマイド溶液	Savlon（Coopers Pitman-Moore）	1：1
トリクロサン	MediScrub（Medichem International）	1：1

むことになるでしょう．さらに，綿球や脱脂綿の緩やかな綿の繊維は，それら自身が積み重なる汚物として，くっついてしまうでしょう．

　傷に障るような物や被覆材として使用されたゲルを除くのに最も安全な方法は，食塩水による洗浄，すなわち勢いよく洗い流すことです．殺菌剤や消毒剤は必要ではありません．とにかく，これら薬剤には細胞毒性があるものもあります．0.05％以下のクロールヘキシジングルコン酸に明確な細胞毒性がないとはいえ，創傷周囲の健康な細胞を壊してしまうかもしれません．

　最初，汚染された創傷中の異物の大部分をただの水で洗い流すことができます．しかし，水は等張でないので，浸透圧を変化させ，健康で脆弱な細胞への障害を引き起こすでしょう．

　上で述べたように，圧倒的に創傷の洗浄に使用するもっとも安全な液は，滅菌生理食塩水です．そして，患者に注入することから体に残ってしまうハルトマン液や糖加生理食塩液のような，等張液も適切です．もし何もなければ，茶さじ1杯の食塩を1リットルの湯冷ましに加えた液を作ればよいでしょう．

　1インチ平方当たりに対して，この液を9〜25ポンド吹きかけると，被覆材のゲルや汚物，細菌をはがしてしまうでしょう．60mlか35mlの注射器に18Gの皮下注射針を取り付けたもので，この圧を達成できます．同様に，19Gの針をつけた30mlの注射器でも同じ効果を生むでしょう．

　もっと簡単に洗浄させるために，Kruuse社から入手可能な創傷洗浄システムがあります．それは，輸液バッグを繋ぐことができ，正しい圧力で1リットルまでの洗浄を提供します（カラー写真13）．さらに，市場では，歯科用衛生器具として売られているノズル付きの小さな電気ポンプが，ウジがわいた創傷に有用です．この機械には洗浄液を入れる小さなタンクがあり，ノズルから創傷へ，ジェット水流を波動的に注入します．

　洗浄のためのもう1つの補助は化学的創傷洗浄剤の利用です．リンゴ酸，安息香酸，サルチル酸の混合液（Dermisol® Multicleanse Solution, Pfizer Animal Health）は，下部の健康な組織を損なうことなく，創傷から壊死組織を除去するのを促進するでしょう．この使用は特に，創傷を被覆できない動物や取り扱うのが危険な動物で役立ちます．Dermisolは，アナグマ，カウソ，シカの創傷の治療によく使われています．それは，これらの動物が他の方法で治療するために近づくことができないからです．

創傷の被覆

　すべての創傷を被覆する目的は，創傷を湿潤な状態に保つことであり，すべての壊死組織も体に備わった自然現象か，さらなる洗浄の過程かで，簡単に除くことができます．

1次被覆材

　治療の最初の2，3日は，創傷清拭や汚物の清浄化の期間です．この期間中，どんな被覆材も有効でしょう．なぜなら，創傷の清浄化が早ければ早いほど，治癒はより速やかに始まるからです．

　この創傷清拭期間に使うのに相応しい創傷被覆材に下記のものがあります．

- ハイドロゲル
  - IntraSite™ Gel（Smith & Nephew）— 封ができるチューブに入っている便利な親水ゲル
  - Vigilon（Seton Healthcare）— 半浸透のポリウレタン網の支持膜上のゲル
  - BioDress® Wound Dressing（BK Veterinary）— 支持膜上の親水ゲル
- ハイドロコロイド
  - Comfeel（Coloplast）— 水性コロイドを染みこませた柔らかな弾性のパッドまたは創傷に直接用いるペースト
  - Lyofoam®（Seton Healthcare）— 創傷に充填する発泡ポリウレタン被覆材

　創傷清拭を助けるため，これらの基礎被覆材は創傷を保護し，創傷の湿度を保つことでしょう．被覆材は毎日か，1日置きに交換が必要で，健康な組織を傷つけることなく，創傷を清潔にするでしょう．

湿布は被覆材の代わりとなるもので，リント綿球に生食を染みこませて傷の中に置き，そこで乾燥させます．壊死部や組織物が付着するようになり，湿布を引っ張って，取り外すと，壊死組織など多くのものが一緒に外れてきます．不運にも，湿布の使用は，滲出物の下にある健康な組織を絶えず損傷します．

たくさんの本が創傷に直接抗生物質を投与するようにと書いています．一般に，局所投与した抗生物質は最初の数時間は有効かもしれませんが，その後は無意味です．標的抗生物質の全身投与が，有効である唯一の治療法です．

様々な創傷管理法の厳格な運用規定をもちましょう．特に，以下は創傷治療で禁忌であるいくつかの実例です．

- どんな種類の粉剤も使うべきではありません．
- 特に書いていなければ，殺菌剤や消毒薬は創傷部の健康な細胞に毒性があります．
- 清拭するためのプロビディンヨード剤は，汚物によって活性が下がるので，無効です．
- 創傷は，消毒綿や綿でごしごし擦ってはいけません．

第2相目の被覆材

創傷が清潔で，感染がなくなり，肉芽が上がり始めたらすぐに，これらの被覆材を用います．ピンク色の肉芽組織が創傷の端の周辺や創底を横切るようにはしっているのを見ることでしょう．線維芽細胞がすでに創口を収縮させているかもしれません．

ずっと親水ゲルまたは親水コロイド被覆材を使用していれば，組織成長に適切な環境を提供すると同時に，肉芽組織を保護するでしょう．現在，創傷に感染がなくても，肉芽組織はまだ非常に脆弱なので，これらの被覆材を交換するとき，注意深く治療しなければならないことを覚えておいてください．

最終の被覆材の期間

第2相の被覆材は，薄く，脆弱な細胞層，つまり上皮が肉芽組織を横切るように形成し始めるまで，定期的に交換します．それからの被覆材は，弱い上皮再形成を保護するためのものです．

適した被覆材は以下のとおりです．

- Allevyn™（Smith & Nephew）—親水ポリウレタン製被覆材
- Tegaderm（3M）—ポリウレタン製半浸透膜
- OpSite™ Flexi-grid（Smith & Nephew）—ポリウレタン製半浸透膜
- Melolin（Smith & Nephew）—低粘着性被覆材
- Rondopad®（Millpledge Veterinary）—低粘着性被覆材
- Co-Flex（Millpledge Veterinary）—定位置に被覆材を固定するための自着包帯

一般的に，すべての創傷は湿った環境が有利です．だからといって，被覆材を外から水で湿らしてはいけません．そうでないと，外からの水が創傷へ細菌を運んでしまいます．定期的に被覆材を取り替えましょう．

創傷管理における銀製剤の使用

サルファ剤と混合した銀イオンや銀の使用は火傷の治療ばかりでなく，慢性の感染創あるいは重度の汚染創の治療にも非常に有効であることが示されています．

銀イオンの作用は150種以上の微生物の発育を抑制することで，創傷治癒を遅らせる炎症を引き起こさせないことにも有効です（Mills, 2003）．

以下の2つの製剤が入手可能です．

(1) Acticoat（Smith & Nephew）—微細なナノ結晶形の銀が創傷内に銀イオンを持続的に放出します．
(2) Flamazine®（Smith & Nephew）—重量％で1％サルファジアジン銀親水性クリームは火傷に使うことができます．

創傷の人為的閉鎖

清潔な切創は可能な限り早く，なるべくなら来院時に清拭し，閉じてください．治療するために，両創面が接触した状態が維持されなければなりません．創傷の健康な辺縁を切り取った後，あるい

は鳥では羽を抜いた後，創傷は粘着創傷被覆材かバタフライ・テープで創口を閉じた状態にすることができます．もしうまく創縁をくっついた状態に保たせるのなら，非粘着包帯も用いることができます．これは，創傷が一次治癒機転で早く治ることが目的です．時に，動物が創傷被覆材を嫌がるようなら，この方法で創傷を閉じた状態に保つことは不可能でしょう．この場合，縫合か外科用ステイプラーが唯一の解決策です．

外科用ステイプラーは，隣り合った創面をうまく形成するのに，とても迅速で有効なので，普及しつつあります（カラー写真14）．

外科用は，針が装填されていて，すぐに使えるものや，自分で針を装填しなければならないものがあります．おおよそ10日後に，針は針除去機で取り除かなければなりません．取り忘れがないように，使った針の数を記録しておくことが大切です．

縫合法は，獣医師や動物看護師の縫合修得コースで最もよく学ばれる方法の1つです．縫合が創傷を閉じる唯一の方法のこともありますし，筋肉のような下層組織の損傷の修復や下層組織の逸脱を修復する唯一の方法でしょう（図6-1）．スエージ加工した縫合針による縫合は，特にもろい鳥の皮膚に用いられているように，わずかな損傷しか引き起こさないので，その縫合針を使うことは望ましいことです．

・生きている組織だけに針を通して縫合すること．
・縫合糸を強く締めすぎないこと，さもないと壊死組織になります．創面の接触部分がちょうど接するくらいにしてください．
・縫合と創縁の間をかなり広く間隔を取ること．
・適切な縫合間隔をとること．例えば，小さな創傷では1cm．
・治癒のためにもっとも適切な接触面を得るには，マットレス縫合を用いること（図6-2）．

人為的に閉じた切創および清潔な裂傷すべてが，一次治癒機転で治ります．これら切創とたまたま遭遇する，縫合に適した肉芽性創傷を除いて，

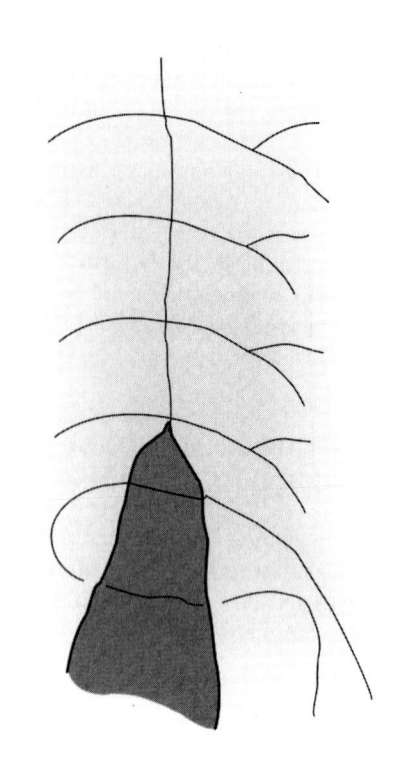

図6-1 単純な結節縫合．

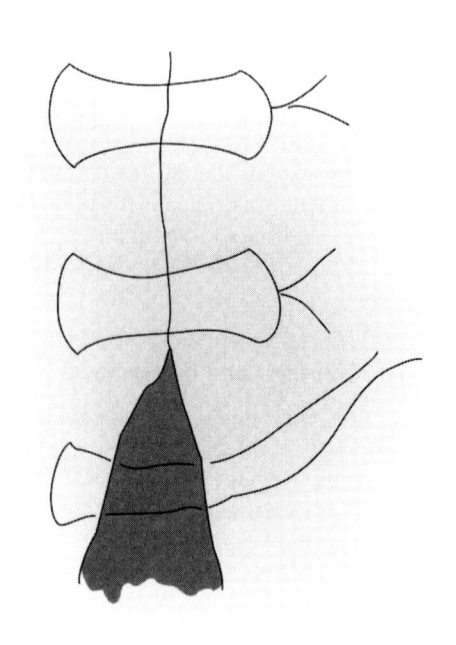

図6-2 マットレス縫合．

他の創傷は，肉芽形成や上皮再成で創口が閉じるまでに，治癒の全行程を経る必要があります．

傷病野生動物にみられる例外的創傷の治療

今までに述べた創傷同様に，傷病野生動物がそれら以外の創傷で本当に苦しんでいて，ここで述べるべきだと思います．と言うのも，それらの創傷が家畜ではみられず，野生動物に共通して起きるからです．

ハエによって起こる創傷

温暖な時期，外傷を受けた傷病野生動物はどの個体も創傷に侵入するハエに攻撃される危険があります．さらに，一般的に知られている見方に反して，ハエは，体に何らかの汚れがある健康な動物も襲うことがあります．例えば，ハエは，ハリネズミが穴から出てきたその日の内に，体についたノミの糞にたかるでしょう．同様に，ウサギも肛門や生殖器の周辺を攻撃されることがあります．体の後四半部に下痢や糞の汚染が付いた動物は特にその危険があります．実際に，暖かい時期に連れてこられた傷病動物すべて，特にハリネズミはハエがたかっていないか，体全体の検査をしてください．

ハエの卵は白い，小さな米粒に似ています．卵はすぐに小さなウジへ孵化し，直ちに壊死組織や健康な組織を攻撃し始めることでしょう．ハエの卵は，ごわごわした食器洗いのブラシで掻き落とすことができますし，鉗子で塊をつまんで取ることもできます．湿気のある部分すべてに，特に注意してください．例えば，肛門および外陰部のまわり，耳の中，眼の中，口の中，各脚の下です．

取り除けなかった，孵化可能な卵すべてに対処するため，ハエが卵を産み付けた動物にアイバメクチン（Ivomec®牛用注射液，Merial Animal Health）か，ドラメクチン（Dectomax®牛・羊用注射液，Pfizer Animal Health）の治療を始めることは価値があります（Stocker, 1992）．カメ類には使用してはいけません．

創傷の中や体中のあらゆる天然口開口部にウジがいる場合，これらを駆除することが重要です．さもないと，それらは動物を殺すでしょう．

人の医学で，無菌の少数のウジは傷を清潔にするために使用されていますが，傷病野生動物ではあまりにもたくさんウジが集っているため，壊死組織だけを食べ尽くすよう，制限することができません．壊死の組織が手に入らないときには，ウジは，喜び勇んで健康な組織をむさぼり食うでしょう．同時に，莫大な数のウジは，組織にしみ通る多くの有毒な老廃物や毒素すら生産します．

ウジは鉗子でつまみ取ることができますが，もしたくさん感染があるようなら，口腔衛生機 Water Pik（Teledyn）のような電気ポンプで創傷を洗浄するときに，ウジも洗い流します．幾分時間がかかりますが，ヘアー・ドライヤーでウジの寄生した創傷を乾燥することが有効でしょう．

必要なときには，アイバメクチンと普通の水 1：9 で希釈することで，局所投与用殺蛆薬を作ることができます．少量だけ使ってください．また，その混合液は不安定なので，混ぜたらすぐに使用してください．

前に述べたように，清掃で除けなかったあちこちにいるウジを駆除するために，アイバメクチンかドラメクチンの投与を始めてください．さらに，本当にウジが毒素を作ると思われるので，フルニキシン（Finadyne®犬用注射薬，Schering-Plough Animal Health）のような非ステロイド抗炎症剤が内毒素性ショックに対処する助けとなるでしょう．

紐による創傷

傷病野生動物では，紐による創傷がよく起こります．この創傷は，その辺に転がっている紐，釣り糸，網，そして不運にもまだ合法的であるスネアー（罠），特にダマジカ（図6-3）やホエジカ（図6-4）はフェンスによって引き起こされます．どういう訳か，野生のハト，ホシムクドリ（Sturnus vulgaris）やスズメ（Passer domesticus）では脚や足の周りに絡まった細い髪の毛によって起こります．

図 6-3 後肢が引っかかったダマジカ.

図 6-4 フェンスに捕まった雄のホエジカ.

　そのような危険物に捕まってしまった動物は，自由になろうともがく中で，絡まりをだんだんきつく締めてしまうでしょう．時には，絡まりがあまりにきつくなるので，綺麗な切断面を残して，狭窄部より下の脚が脱落します．切断後，通常，1脚や足指の欠損でも，上手に生きていくことができます．紐が皮膚や組織を実際に切り離さなくても，下部組織に圧力を加え，圧迫壊死によって皮膚や創傷の細胞を死なせることになります．

　狭窄を取り除くとすぐに，狭窄線に続いて，壊死性，感染性創傷に煩わされます．創傷が脚にあるのであれば，他の感染性創傷と同様に，一連の被覆処置法で，その創傷を扱うことができます．しかし，その創傷が頸や体躯の周囲にあるならば，被覆材は実用的ではありません．紐による創傷をIntraSite™ Gel（Smith & Nephew）やDermisol Multicleanse Solution（Pfizer）の普通の創傷被覆材で治療しましょう．

　これらの創傷の原因となる紐の油断できない性質は氷山のほんの一角でしかありません．たくさ

んの動物が絡まった紐による拘束，特にスネアーから，一見けがをすることなく逃れたように見えます．しかし，紐が絡まった皮膚下の細胞構築には，すでに重大なダメージが引き起こされていることがあります．2～3日後，これらの組織に影響を与える圧迫壊死が，紐の狭窄線に沿って開放性，感染性創傷として認められるでしょう．1頭のアナグマをけがすることなくスネアーから解き放しましたが，1週間以内にそのアナグマの身体を圧迫壊死部が体を2分してしまい，死んでしまいました．このことが，なぜ罠や絡まった紐から助けた動物を少なくても1週間は，狭窄線をモニターするために飼育下に置かなければならないかという理由です．

逸　　脱

　体壁に穴が開いてしまい，腹腔臓器が外から見える所での腸管の逸脱は，どんな動物の生命をも脅かします．その状態は，猫に捕まった庭に来る鳥でよく見かけますが，哺乳動物ではあまり一般的ではありません．もし診てもらえる獣医師がいれば，すぐに診せてください．診せることができないか，あるいは治療が遅れるようなら，動物の命を救うために応急処置が必要です（表6-2）．

　治療は，応急処置と救命の両方の主な手順の1つです．それでも，動物は死ぬかもしれませんが，もし何もしなければ，確実に死ぬことでしょう．

眼の創傷

　野生動物は，交通事故時によく眼への障害を被ります．眼の障害の評価と治療は，獣医師なしで診療してはいけない専門的な医療行為です．

　眼球脱には，K-Y Lubricating Jelly（Johnson & Johnson）で眼を覆えば，獣医師が引き継ぐことができるようになるまで，ずっと保湿します．

膿　　瘍

　汚物や細菌を取り除いてしまう前に創傷が閉じてしまうと，表在性膿瘍を形成します．貪食細胞の滲出物である膿で創傷がいっぱいになると，それと分かります．膿瘍はおそらく痛いでしょうし，膨れあがります．閉鎖性膿瘍は11号のメスの刃での切開による開放部を必要とするものもあれば，自壊することもあります．このステージで，

表6-2　逸脱腹腔臓器を取り扱うための救急法

St Tiggywinkles
The Wildlife Hospital Trust

腸逸脱の応急処置法

専門家でなくてもできる方法

(1) 静脈点滴をしてください．
(2) 暖かい滅菌生理食塩水で露出した臓器を洗ってください．
(3) せいぜいできることといえば，腸の裂傷を清浄にして，露出した臓器を暖かい生理食塩水に浸しながら，4/0のVicryl糸（Ethicon）で腹壁を縫合することぐらいです．
(4) 露出した臓器を体腔内に優しく押し戻してください．
(5) それから，腹筋壁の裂傷を突き止め，Vicryl糸（Ethicon）で縫合閉鎖してください．
(6) 次に，皮膚の裂傷治療をし，この損傷部を毛刈りし，清拭してから縫合または，外科用ステイプラーで創傷を閉じてください．
(7) 成熟した動物にはエンロフロキサシンのような，広域スペクトルの抗生剤を与えてください．
(8) 可能な限り迅速に，その動物を獣医師に診せてください．

切開はハサミでの鈍性剝離による排膿口を広げるのに役立ちます．

創傷は，滲出物が存在している間は，決して治らないでしょう．ですから，膿を絞り出し，残りの膿瘍も食塩水か Dermisol Multicleanse Solution (Pfizer) による洗浄によって，洗い流した方が良いです．化膿創は肉芽形成によって治癒することが必要です．したがって，獣医師は，創傷がもっと自由に排膿できるように，覆っている皮膚の一部を切除することを決断するかもしれません．

滲出物の細菌培養および感受性試験を行った方がいいのですが，時々膿には菌がいないことがあり，その場合抗生物質の必要性を認めません．嫌気性細菌に対し有効な抗生物質で抗生物質治療を進めましょう．注射用メトロニダゾールがすべての嫌気性菌を制御するでしょう．

複雑骨折による創傷は傷病野生動物ではとても一般的で，膿瘍を引き起こすことがあります．様々な骨折を取り扱うのにはそれぞれの方法があるのに対し（第7章を参照），この創傷それ自体は，他の創傷と同じように治療可能です．

鳥類の創傷

傷病野鳥の創傷は，哺乳類のものとは違った振る舞いをします．始めに，創傷は出血し，痂ができ，汚染しますが，鳥類の血液は哺乳類のものより，もっともっと早く凝血しますし，鳥類の体温の高いことが感染に対し，より強くしています．

鳥類の痛みレセプターの分布は哺乳類とは違うという理論もあります．したがって，翼や脚の骨折でも，飛ぼうとしたり，歩こうとすることを止めないので，事故によって負った最初の外傷よりも，さらに多くの軟部組織のダメージを引き起こします．

感染に対し，より抵抗性があると同時に，創傷がきれいになった後，おそらく縫合後には，鳥類は急速にその汚物や汚染の下部に肉芽形成を起こします．白血球と細菌の戦いは，しばしば哺乳類でみられるような滲出物を形成しません．実際に，鳥類の膿は通常固形か，半固形です．

鳥の創傷が肉芽形成を始めたときの乾酪壊死と呼ぶ過程は，死んだ組織や汚物を固形物の中に集めます．そして，その固形物はそのままピンセットで取り除くことができます．下の肉芽組織は明らかに創傷を塞いでしまっていて，これからの清拭は必要ありません．上皮再形成の量が減り，創内が満たされるまで，2～3日毎に，この乾酪壊死組織を取り除きます．

鳥類の創傷はほとんど臭いませんが，たまに細菌感染が起こり，特にひどい臭いがすることがあります．その細菌は特別にたちが悪いように思え，急速に軟部組織全体を破壊して，典型的な，臭く液体状の残留物を残します．いったん感染が起きてしまったならば，治療が有効と思えない位，非常に急速に進むように思えます．残留物を清浄化するだけなら壊死組織はそのまま残りますので，感染が翼にあるなら断翼を必要とします．

7
骨折の生物学と応急処置

　骨折とは，骨の連続性の完全あるいは不完全な断列と定義されます．骨断片の位置の変位が必ずしも明らかだとは限りません．骨折の原因が明らかでないのが常ですが，傷病野生動物は衝突，外傷，捕食動物による受傷，それに銃創のため，特によく骨折します．

　ほとんどの野生動物に当てはまることですが，そう簡単には捕まらないはずのおとなの野鳥や哺乳動物を捕らえることできるなら，それは多くの場合，四肢（翼）に1カ所以上の骨折があります．そして，その骨折が，動物を捕獲できるくらい，機能できなくしています．特に，四肢の骨，骨盤，背骨および顎の骨折がないか，傷病野生動物を徹底的に調べましょう．

　多くの場合，動物看護師や野生生物リハビリテータが，最初に動物を診て，骨の損傷があるかもしれないと考える最初の人です．獣医師が動物を診察し，X線写真を撮り，治療方針を決めることができるようになるまで，リハビリテータや動物看護師は骨折の管理をする責任があります．

　骨折が疑われる動物は，移動する前，治療を受けさせるまで，骨折を一時的に固定しなければなりません．固定法は以下のことを確かにします．
・さらに起き得る骨折部の位置のズレをなくす
・疼痛を軽減する
・さらに解放創に起こる汚染をなくす
・さらに起こる軟部組織のダメージをなくす

　単純骨折でさえ固定できるためには，哺乳動物，鳥類，そして主な爬虫類および両生類の骨格の構造について，多少理解していることが重要です（図7-1）．重大な骨折とは，普通四肢の「長骨」や顎の骨折です．その長骨骨折には，上腕骨，橈骨・尺骨，大腿骨，脛骨・腓骨（鳥の脛足根骨）の骨折が含まれます．深部組織の骨に骨折があり，それが簡単に分からないかもしれません．これらのことから，X線写真で骨盤および背骨の骨折を確認するまで，すべての傷病野生動物を注意深く扱ってください．

　非常に有用な助けは，よく救護される動物の骨格標本です（図7-2）．

　すべての疑わしい長骨の骨折を記述する際に，以下の用語によって，特定の骨の部位を指し示すことができます．
・*近位の* ― ある骨の身体に最も近い部分
・*遠位の* ― ある骨の身体から最も遠い部分
・*軸央部の* ― おおよそ長骨の中心にある骨折

　X線写真を撮った後にさらに詳しい位置を示すことができます．これらは次のとおりです．
・*骨端軟骨の* ― 未成熟な動物の成長板に至る骨折
・*骨幹を含む* ― 骨幹，または軸央の骨折
・*骨端の* ― 骨端の骨折
・*関節丘の* ― 関節丘が含まれる骨端の骨折

　さらに，X線写真は背骨，骨盤，肩，肋骨および頭骨の骨折の徴候を示し，鳥の烏啄骨などの骨折を明確にするでしょう．

　さらに次のように骨折を分類します．
・*単純骨折* ― 1本の骨全体でただ1カ所の骨折だけがあると思われる場合
・*粉砕骨折* ― 3個以上の骨の破片がある場合

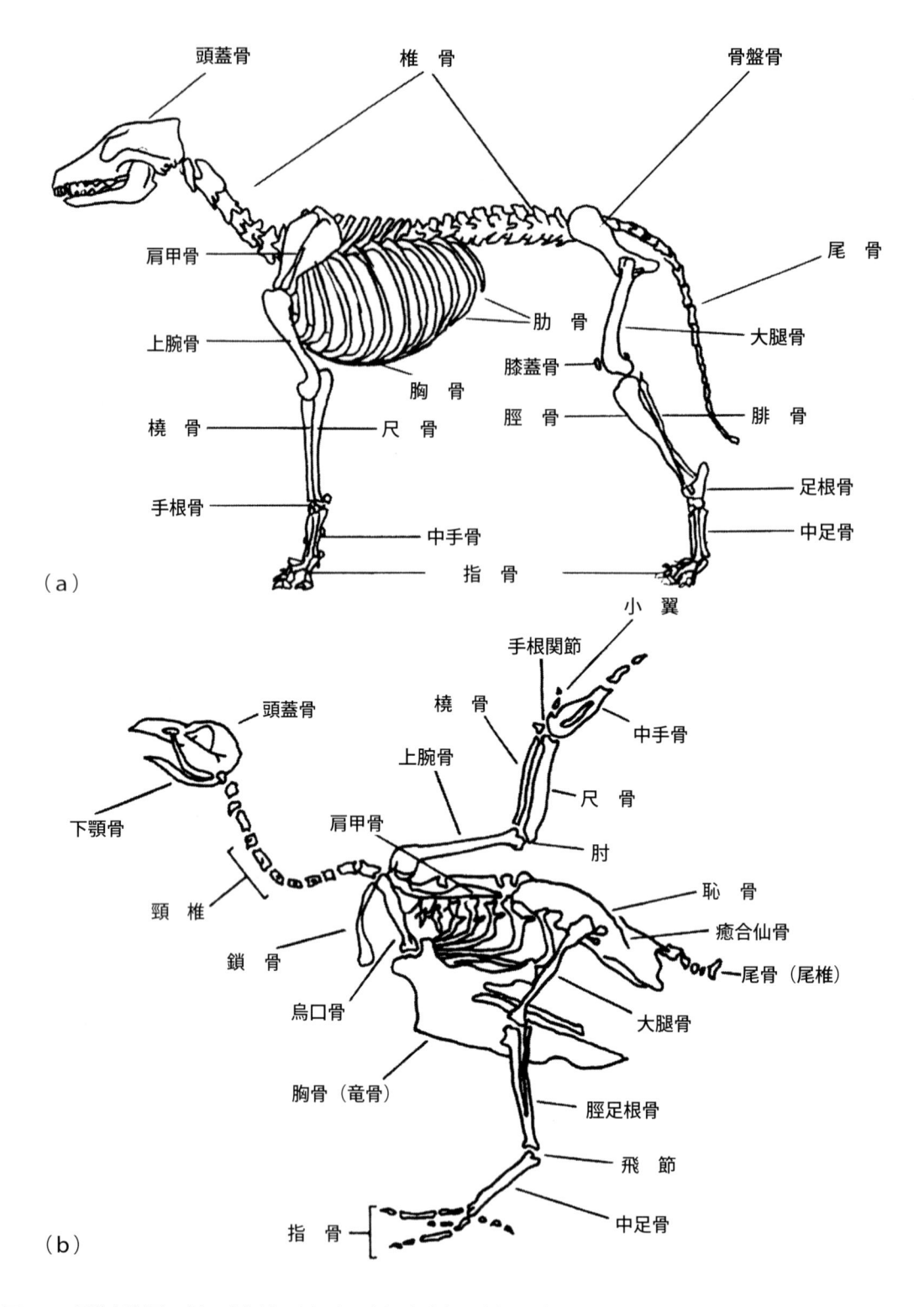

図 7-1 骨格解剖図:(a) 哺乳類,(b) 鳥,(c) 爬虫類,(d) 両生類.

(c)

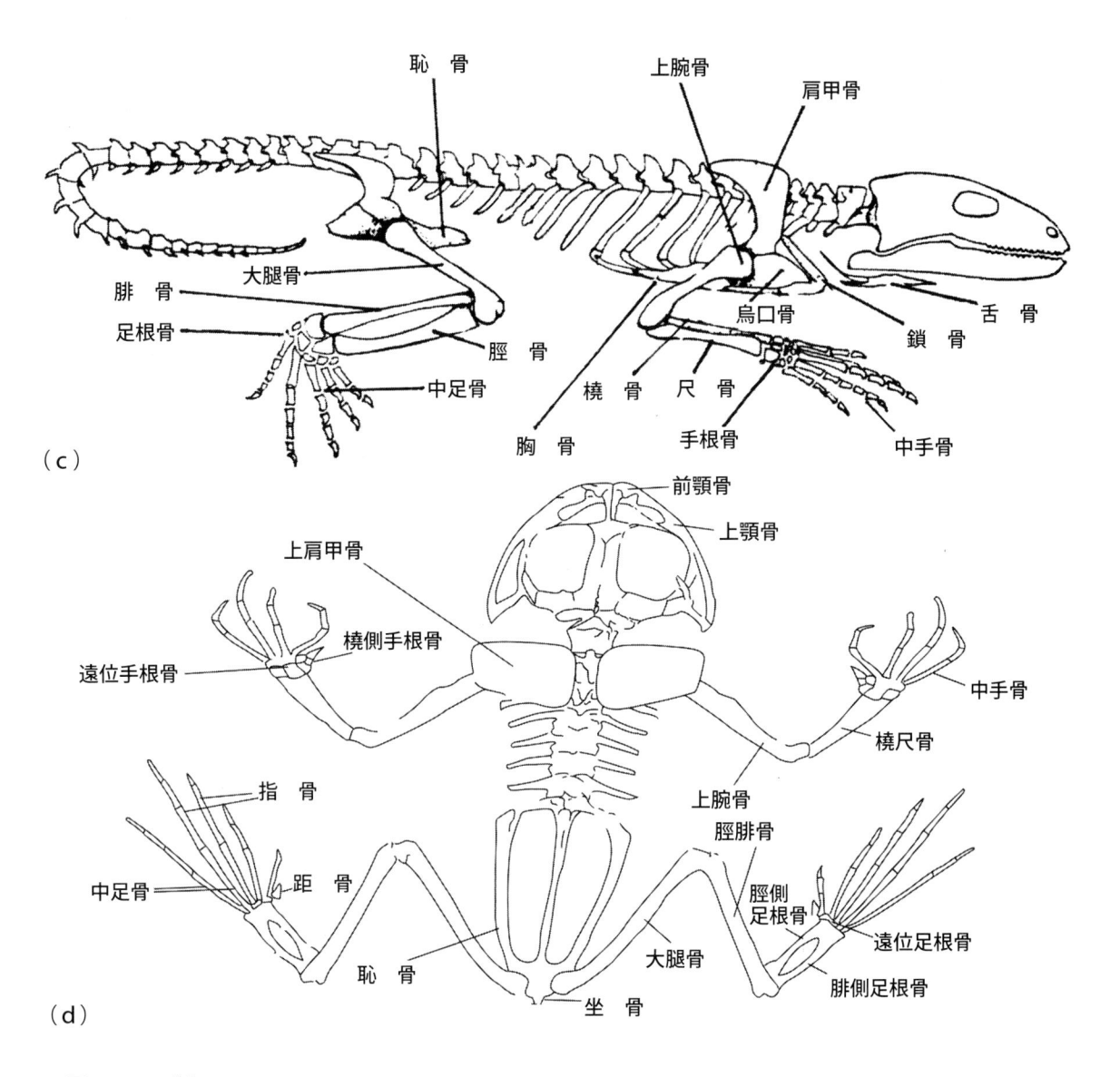

(d)

図7-1 つづき

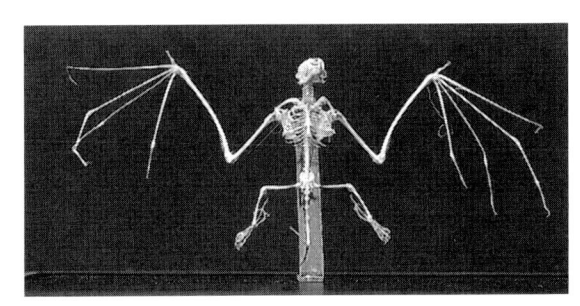

図7-2 これはアブラコウモリですが，整形外科的外傷の有益な参考資料になる骨格標本です．

- *開放骨折あるいは複雑骨折* ── 破砕部位に皮膚の損傷がある場合
- *閉鎖骨折* ── 皮膚に損傷がない場合
- *若木骨折* ── しばしば，骨折線が骨を完全に抜けない，幼若な動物でみられます
- *病的骨折* ── 通常は疾病が骨にダメージを与えてしまうという骨折．例えば，不適切な餌で育てられた子供の動物でみることがあります（第9章および第10章の「代謝性骨疾患」を参照）

骨折の症状

　X線写真を用いないで，ある種の骨折を確認することはできませんが，大抵は，最も共通する骨折，四肢の骨が分かる症状があります．症状には次のものが含まれます．

- *開放骨折あるいは複雑骨折* ── 多くの場合，皮膚の創傷から露出する骨の断片が見えるでしょう．明らかな骨の破片が見えなくても，骨折が疑われる部位のまわりの出血または皮膚の損傷は複雑骨折を示すこともあります．
- *変　形* ── 動物の脚や翼が異常な角度に見えるとき，多くの場合は，最初に骨折の可能性を疑います．
- *不動状態* ── 普通は，骨折のあるどんな四肢も，だらりと垂れて，使えない状態にあるでしょう．
- *跛　行* ── 四肢を骨折した動物は，うまく飛行したり，歩いたりすることができません．傷病野生動物は損傷を受けた四肢を使おうとし続けますが，跛行は骨折を示唆しています．
- *麻　痺* ── 背骨骨折や骨盤骨折から，動物は後肢が使えないことがあります．時には，頸椎骨折から，前肢が麻痺することもあります．この種の骨折が疑われる場合は，完璧な診断を下すためにX線検査を必要とします．おそらく，背骨や骨盤骨折した動物の膀胱は尿を絞り出すことが必要でしょう．

これらが観察される症状ですが，動物が収容されるとき，挫傷による他の症状も確認することができます.

- *熱　発* ── 骨折部位周辺組織は熱く感じるでしょう．
- *腫　脹* ── 骨折部位の腫脹のほとんどは出血，つまり血腫によって引き起こされます．
- *疼　痛* ── 動物はある程度の疼痛があるでしょう．しかし，おそらくアナグマを除いて，野生動物は不快感を示しません．
- *捻髪音* ── 骨折部位動かしたときに，ぎーぎーという音が感じられるかもしれません．骨片が互いにきしみ合うので，もっとはっきり聞こえるかもしれません．骨片を動かそうとすると非常に痛がり，診療施設で麻酔をかけられるまで，抵抗するでしょう．

骨折を疑われる場合の屋外での応急処置

　骨折性外傷をもった野生動物は，窮地にあって，じっとしているので，簡単に捕獲できると思うかもしれません．しかし，四肢骨折が1本以上あっても，野生動物の本能的逃避行動によって，自称の救護者から，驚くべきスピードで逃げおおせるでしょう．したがって，どんな骨折も固定できる前には，動物をコントロールできるまで，残念ながら力ずくで捕獲し，取り扱わなければなりません．

　しばしば，捕獲する間の動物への損傷は避けられませんが，動物をコントロール下に置いてしまえば，治療施設に傷病動物を輸送するため，どんな骨折も，仮の固定をすることができます．できるだけ早く治療施設に到着することも重要です．不必要に遅れることなく，動物の状態を維持するための簡単な予防策を講じることはできます．

骨折性外傷の応急処置

　すべての複雑骨折や開放骨折は，無菌の被覆材か清潔な布で覆ってください．適切な場所に自着包帯で固定した圧迫リングパッドを当てれば，創傷部も保護し，それ以上の出血を止め，過度の炎症をくい止めるでしょう．これら外傷をカバーしてしまえば，骨折した四肢も早くそして簡単に副

哺乳動物の骨折に対する応急処置

背骨，骨盤，頸，大腿骨あるいは上腕骨に起きる骨折を，単純な副子で固定することはできません．これらの損傷のどれかをもつ疑いのある動物は，ストレッチャーに包帯で固定するか，あるいは適切な運搬用ケージの底に横たえてください．シカのようにもっと大きな動物では，ストレッチャーの上へ2人以上で持ち上げるか，転がして乗せることが重要です．もし，そのときストレッチャーが利用できなければ，平らな板でも必要な安定性は得られます．

麻痺したシカを安楽死することになっていても，ストレッチャーなしで動かしてはいけません．おそらく骨折がありますし，動物が不注意に動かされると，強烈な苦痛を引き起こします．

尺骨・橈骨，脛骨・腓骨，手首の骨あるいは足根骨の骨折の疑いがあれば，木片や副子を損傷を受けた四肢に縛り付けることによって，骨を一時的に固定した方がいいでしょう．数層のあてもの（綿花）で四肢を包んでください．このとき，骨折を整復しようとしてはいけません．骨がほぼ一直線になれば十分です．

それから，副子を四肢の尾側面に当て，3，4枚の短く切った自着包帯で適所に固定します．骨折の可能性のある関節の上・下の部位は，骨折を副子の中に包み込んでください．正にこの目的のために，様々なタイプの副子の材料があります．

- *Zimmer 社製副子*——一側に発泡パッドがついた，幅30mm以内の曲げ延ばしのできるアルミニウム板です．
- *ガター副子*——様々なサイズがあり，プラスチック製の溝形で，これも発泡ポリプロピレンパッドで裏打ちされています．
- *ギプスの半分*——類似した動物の治療から，その半分を保存します．これらは，ガター副子のように使うためにカットして，ギプスのちょうど半分を残します．
- *副 木*——平らで，堅い木片を脚の形に，大まかにカットすることができます．
- *エア副子*——これらは人の受傷者に使用されていて，数種の動物にも使用できます．しかし，野生動物が咬んで空気が抜けてしまうという，使用上注意しなければならない点があります．
- *新聞紙や雑誌*——もし手に入るものが何もなければ，分厚い新聞紙や雑誌で骨折した脚の周りを包んで，自着包帯で適切な位置に固定することができます．

どんな副子を用いようと，指の腫脹を発見するために指先を露出しておくことが必要です．

鳥類の骨折のための応急処置

ハクチョウ，ガチョウ，アオサギや大型の猛禽は除いて，ほとんどの傷病鳥類は傷病哺乳類より小型ですが，あらゆる骨折を一時的に固定する応急処置の概念は同じです．しかし，鳥類は，骨折の痛みを感じないように見えます．そして，特に翼骨折の鳥は，骨片で翼の軟部組織をズタズタに裂きながらも，飛ぼうとし続けるでしょう．治療施設でもっと高度な技術力による固定法が施されるまで，回復不能な障害を起こす可能性が生じないように，鳥の骨折を悪化させないことを最優先課題にします．

脚の骨折は翼の骨折ほど一般的でなく，副子や自着包帯で素早く，簡単に固定することができます．

群を抜いて，鳥が苦しむ最も一般的な外傷は，脆い翼骨1本以上の骨折です．骨折した躯に近い翼の部分は羽ばたけますが，折れてしまった翼は骨折部位をより先が役に立たずに垂れかかっているでしょう．短時間で翼全体を簡単に固定するためには，躯の方へ翼を折り畳んだ状態で，鳥を長い管状包帯，あるいは先を切り取った古いソックスかストッキングの中へ滑り込ませることができます．これには脚も入るでしょう．

大きな鳥は，損傷を受けた翼を躯側へ折り畳んだ姿勢で，固定してください（カラー写真16）．自着非粘着包帯（例えば，Co-Flex, Millpledge Veterinary）を，その折り畳んだ状態で，傷つい

た翼を横切るように渡してください．それから，包帯を鳥の下部から両後肢の後ろを，さらに，肩の正面を通しながら，もう一方の翼下に引き寄せます．それから，包帯を鳥の背を通して，けがをした翼の上を下に向かって巻き，翼の下に戻します．このとき，脚の正面に来ています．それから，傷ついた翼を固定するために，包帯を体の下部，かつ両下肢の後，もう一方の翼の上を通し，包帯を背中で留めます．

　鳥類が，自分の足でつかむ感覚を与えるためのタオルを底に敷いて，通気性のある暗い箱の中で輸送されるなら，鳥は座る傾向にあります．手で持ち運びする箱に入ることができない，大きめの鳥は，それらの頭をタオルか布で覆えば，その鳥には良いことです．

骨折患者のトリアージと治療

　傷病野生動物が治療施設で，救命救急処置と輸液治療を受けたならば，その後すぐに，あらゆる骨折を評価し，もっと技術的に優れた固定法や治療を施します．

骨折の治癒

　骨折も他の創傷と同様の経過で治ります．身体の最初の応答は，血管が破損されたときに血腫を形成する骨折部位へ血液を向かわせることです．清潔で安定した骨折部位では，肉芽形成が起こるでしょう．そして，カルスを形成するために幹細胞がそこへ移動します．カルスはある程度の安定性を提供するでしょうが，線維組織，軟骨および未熟な骨で作られているだけです．時間が経過すると，骨折が安定するまで，線維組織がもっとたくさんの軟骨や骨と入れ替わります．その後，リモデリング期間に，カルスは元々の骨の状態になるため，徐々に新しい骨に置き換わります．

　初期に骨片が本来の位置からずれていると，カルスが歪んでしまい，何とも，誤った形の骨を誘導してしまうことがあります．ほとんどの場合，これは許容範囲です．しかし，鳥の翼のどの骨の弯曲も，最終的に，飛翔上の問題となることがあ

ります．このため，トリアージの段階で十分に治らない場合を除いて，最初に骨折を確実に固定するとき，すべての骨折には次の4つの基準があるのだということを忘れないようにしましょう．

(1) *整　復* ― 骨折片を本来の位置に揃える必要があります．
(2) *固　定* ― かなりの量のカルスが生じるまで，骨折片は厳格に定位置に保持されなければなりません．ほんのわずかな骨折部の可動性も毛細血管芽が骨折の隙間に移動しようとするのを妨げて，大きなカルスを促進します．
(3) *血液の供給* ― 骨折領域へ，有力で妨げられない血液供給がなければなりません．
(4) *軟部組織* ― 骨折部位周辺の軟部組織は，すべの完全な状態の腱や靭帯，神経と共に，比較的損傷を受けていないままでなければなりません．

　骨折治療のどの段階の失敗も，面倒な状態にぶち当たるかもしれません．その状態は以下のように解決をすることができるかもしれないし，できないかもしれません．

- *非癒合* ― 骨の断骨片が連結しない場合です．
- *癒合遅延* ― 結合組織が安定したカルスを提供するためには，相当な長さの時間がかかる場合です．
- *変形治癒* ― 骨片は一緒に治癒しますが，それらの本来の並び方でなく治ってしまっているような状態です．知らない間に腱や他の軟部組織を巻き込んでいる危険があります．
- *骨髄炎* ― 最終的な治癒やカルス形成を妨げる，骨への感染がある場合です．
- *短縮肢（短足）* ― 骨片が押しつぶされて，四肢を短くし，かつ，腱の短縮を引き起こす場合です．
- *骨折病* ― この用語は特に鳥に用いることができ，カルスや骨折の治癒が，近隣の関節に広がって，関節を巻き込む場合を示し，関節を癒着させてしまいます．

骨折の重傷度の評価

骨折の重傷度の評価は，治療法の手がかりを与えます．骨折は，以下のような3つのカテゴリーに分類することができます．

危機的骨折

危機的な骨折は，獣医師による緊急の治療を必要とします．それらは一般に生命が危険な状態にあるか，あるいはこの先，生命をもちこたえられない程の骨折で，確定的な治療法や薬の投与を必要とします．

これらの緊急事態には頭蓋骨折，脊椎骨折，顎骨折と脱臼を含んでいます．私たちが傷病シカでよく診る状態は，尺骨骨折が橈骨骨頭に転座するモンテジア骨折です（図7-3）．獣医師はできるだけ早く手術したいと思うかもしれません．どんな遅れも，骨折を治療することがより難しくなるか，手術不可能にします．

新鮮な開放骨折や複雑骨折を伴う，これらの骨折は，来院時に，直ちに治療すべきです．そうしないと，傷病動物に不必要な苦痛を与え，満足な治療の機会をなくすことがあります．

やや危機的骨折

もしこのやや重大な骨折が最初から適切に扱われないと，面倒な事態を引き起こします．24時間以内に獣医師によって予後を評価するため，最初のトリアージのときに，このやや重大な骨折を固定しましょう．

やや危機的な骨折には，古い開放骨折，長骨の閉鎖骨折，関節面および成長板の閉鎖骨折，同様に骨盤骨折も含みます．

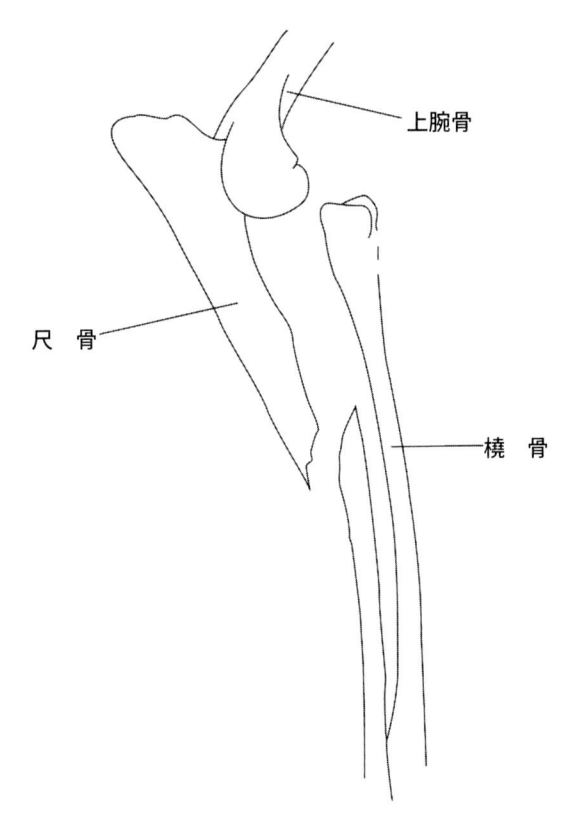

図7-3 モンテジア骨折．

危機的でない骨折

危機的でない骨折も重要ですが，しばしば接合副子で固定可能であり，これ以上の処置を必要としません．これらは，下肢の閉鎖骨折，若木骨折や尾骨骨折を含みます．

本章は骨折の全般的生物学および応急手当を扱いました．骨折の管理は次の章（第8章）で扱います．

8 骨折の管理

パートⅠ：哺乳動物の骨折

　第7章で詳しく書いたように，哺乳動物の骨折は，危機的，やや危機的，危機的でないといった具合に3区分に分類することができそうです．

危機的な骨折

　重大な骨折の疑いのあるものはどんなものでも，迅速に獣医師に診療してもらいましょう．

脊椎骨折

　すべての麻痺症状は脊椎骨折によって起こっているかもしれません．傷病動物は，獣医師がX線を撮り，予後判定を済ますまで，ストレッチャーあるいは台車に固定したままにして置きましょう．

　脊椎骨折では，安楽死が唯一の選択肢ですが，時には獣医師が，手術ができて，回復の見込みがあると判断することがあります．もし回復の見込みがあるのなら，動物を完璧に動かないように保つことが回復に役立つでしょう．

　麻痺した動物は，普通は膀胱機能を失ってしまいます．だから，この生命の危機の条件を軽減するために，少なくとも日に2度膀胱を絞ることが必要です．さらに，肛門の正常な緊張度や神経反射喪失が起きて，便秘か肛門部の汚染，あるいはその両方が起こることもあります．

　脊椎骨折により後肢が動かない状態でも，強くつねられることに反応して反射的に足を引っ込めます．このことは脊椎に損傷がないというわけではありません．後肢を強くつかんだことへの応答は，動物がそれを知覚して，頭を動かす反応です（McKee, 1993）．

　神経保護剤のコハク酸メチルプレドニゾロンナトリウム（Solu-Medrone, Pharmacia Animal Health）が二次的な脊髄損傷を軽減することがあるので，最初の輸液治療後メチルプレドニゾロンを用いましょう（Hall, 1992）．最初の投与後4時間と8時間後に15mg/kgの追加量をゆっくりと静脈内注射しましょう（Coughlan, 1993）．

　他の副腎皮質ホルモン剤や非ステロイド系抗炎症剤（NSAIDs）の効果は確証がないので，これらの薬剤を使うべきかは意見の分かれるところです．あらゆる場合に，副腎皮質ホルモン剤とNSAIDsの両方を同時に使ってはいけないことを記憶しておいてください．

　脊椎骨折は分かりにくいことが多いですが，以下のガイドラインが予後の目安になるでしょう（McKee, 1993）．

・後肢の随意運動がある動物は回復するようです．
・後肢の随意運動がない動物は回復しないと思います．

　回復の兆しがあっても，もし受傷後2～4週間の間に改善しないなら，安楽死しましょう．

　McKeeも，副腎皮質ホルモン剤は脊椎外傷患者の術後管理に相応しくないと，すすめていません．

頭蓋骨折

頭部外傷を負った傷病動物で，頭蓋骨折の可能性のある動物にはマスクやネブライザーを使って100％酸素を吸入させてください．獣医師はX線撮影をするでしょうが，このときまで動物が動かないようにしましょう．

ホエジカは，角柄と枝角の基部に当たる頭蓋の2本の茎をもっています．頭蓋骨組織のその部分は，枝角より，はるかに弱く，頭突きによる激突でよく骨折してしまいます．骨折は，通常2.5cm幅のファイバーグラスギプス用テープ（VetGlas, Millpledge pharmaceuticals）で，その部分を巻くことで固定できるでしょう．これらの頭蓋骨折は，通常約7週間で合併症もなく，治ります（図8-1）．

顎骨折

顎骨折が安定するまで，動物は食べたり，飲んだりすることができません．動物の取扱いや接触は余計なストレスだけを生じてしまうので，経鼻カテーテルや食道カテーテルは実際には野生哺乳動物の栄養療法には適切ではありません．

トリアージの段階で，吻の発達した哺乳動物の顎骨折を箝口帯で固定することができます（Welsh, 1981）．箝口帯は，2つの輪からできていて，その1つは動物の吻へ，もう1つは耳の後ろを通して頸に巻きます（図8-2）．この固定法は，幅2.5cmの酸化亜鉛ギプス包帯で2つの輪が作られていて，それぞれその輪は吻と頸のまわりに巻かれ，ともに粘着面が付いています．この包帯には，固定するための酸化亜鉛石膏と二重になっています．動物が嘔吐することがあるので，わずかに口が開くことができるくらい鼻輪の部分を緩くしてください．獣医師が治療法を決めるまで，顎を固定していることでしょう．

新しい開放骨折または複雑骨折

開放骨折や複雑骨折は獣医臨床でよく見かけるものではありませんが，傷病野生動物ではごく一般的なものです．これらの骨折には，骨折部への感染の危険や，骨自体に影響する骨髄炎を起こす可能性が加わります．さらに，血管，神経，靭帯および腱のような軟線維を損傷する恐れがあります．ほとんどの他の創傷と同じように骨折部を治療しても，いわゆる「黄金期」をうまく利用して，感染を防げれば，骨は短期間で治るでしょう．

あらゆる感染をコントロールするのはもちろんですが，創傷を清拭する前に，感受性試験のために細菌検査用スワブを取ってください．この検査は，どの抗生物質治療が最も適切かという方針を示すものです．

そのとき，汚染創でなく，他のすべての清潔創に似たやり方で骨折部を治療しましょう（第5章および第6章を参照）．これには，創傷をカバー

図8-1 よく骨折する頭蓋骨茎，角柄のすぐ下部，を示しているホエジカの頭蓋骨．

図 8-2 箍口帯の掛け方．

すること，周囲の健康な皮膚の毛を刈り，清拭すること，無菌の生食で創傷と骨片を洗浄することを含んでいます．

　露出した骨は，皮膚で被覆してください．骨折を整復するという意味ではなく，皮膚で被覆すると骨を湿った状態，生きた状態で保ち，さらなる感染を防ぐでしょう．獣医師が手術するまでの間，暫定的に縫合をしたり，皮膚をステイプラーで留めてから，非粘着性被覆剤で覆えば，皮膚が覆っている状態を保つでしょう．

　獣医師は，すべての骨折を内固定法にするか内／外固定法にするかを決めるでしょう．この処置をする前に，すべての骨折した四肢，特に，一時的に被覆した開放骨折の四肢を動かせないようにしてください．

　骨折した四肢を内固定，あるいは内／外固定する以外に，一連の接骨法で無理なく動かせないようにすることができます．その方法は，少なくとも，骨折した四肢を使おうとして，動物が自分自身をさらに傷つけてしまう機会を減少させます．これらの方法には，よく知られている 3 種の包帯法があります．

（1）ロバート・ジョーンズ包帯法
（2）ベルポー氏のつり包帯法
（3）エマー氏のつり包帯法

ロバート・ジョーンズ包帯法

　ロバート・ジョーンズ包帯法は，下肢の骨，すなわち橈骨，尺骨，中手骨，脛骨，腓骨，中足骨の骨折の固定に適用することができます．骨折の近位や遠位の関節を含めて包帯をする場合，巻き込まれた軟部組織に過剰な圧力を加えることなく，頑丈な支持を提供します．また，他の固定法と同様に，腫脹が起きるような場合に備えて，2 本の指を露出したままにしてください．もし起きたら，包帯を直ちに外さなければなりません．

第8章　骨折の管理

図 8-3 骨折を固定するためロバート・ジョーンズ包帯を施されたキツネ.

ロバート・ジョーンズ包帯の付け方（図 8-3）
(1) 2.5cm 幅の接着テープを 2 枚，中手骨や中足骨よりも約 10cm 長く切り，準備します．そして，これらのテープは，脚の正面および後ろに，足先に余分な 10cm を長く突き出した状態でそれぞれ張り付けます．
(2) 骨折部とその上下の関節を含めて，脚に 4, 5 層の綿を巻き付けます．このとき 2 本のテープで脚を伸ばした状態にしておきます．脚の上には包帯を脚の長さより少し短く巻きますので，2 本の足指が露出した状態になります．
(3) その後，綿の上を白い，目の粗い包帯で足先からスタートして，基部の方へ巻きます．
(4) 指で包帯を摘んではじいてください．澄んだ音がするに違いありません．このことから，綿に十分な張力が加わっているのが分かります．
(5) 包帯が滑るのを防ぐ滑り止めとなるように，2 本の接着テープそれぞれを包帯に沿って引っ張り，反転させます．
(6) そして，包帯全体を接着テープか，自着包帯で覆います．

ベルポー氏のつり包帯法
骨折した上腕骨や肩甲骨の一方だけを外的に副子で固定することは可能ではありません．一時的支持としてのベルポー氏のつり包帯は，動物が損傷している前肢を使うのを防ぎます．

ベルポー氏のつり包帯の付け方（図 8-4）
(1) 肩の部分か，前腕に，綿を軽く当ててください．
(2) それから，肘を折り曲げ，約 90 度の位置に置きます．
(3) ぴったり合わせながら（Knit-Fix, Millpledge Veterinary），目の粗い包帯か自着包帯で，胸の側面および肩の上を通して，前腕を包みます．
(4) その後，包帯を胸部に通して，元の前腕の下に戻し，もう一方の肩の端を通します
(5) 巻く毎に包帯を前腕から後ろ方向に進めながら，これを数回繰り返し，肘を手根骨よりも下に保持したままにします．
(6) ベルポー氏のつり包帯を接着テープで固定します．

前脚上部の外傷に理想的な方法ではありませんが，ベルポー氏のつり包帯法は臨時措置として，手術の準備が整うまで，動物が動き回るのを抑えて，骨折を安定させることができます．

エマー氏のつり包帯法
動物の大腿骨や臀部は，普通発達した筋肉で覆われているので，外科的介入なしには，骨折や位置のずれをうまく固定するのは不可能ですが，エマー氏のつり包帯法は脚をサポートし，さらに起こる外傷や位置のずれの機会を減少させるでしょう．

エマー氏のつり包帯の付け方（図 8-5）
(1) 損傷を受けた側を上に向けて，動物を横たえます．
(2) 擦り傷と腫れを抑えるために，足根骨の周りを綿で包みます
(3) 飛節や膝関節は軽く押さえてください．完全に屈曲させてしまうと，局所の血液循環を阻害するかもしれません．
(4) 自着包帯（CoFlex, Millpledge Veterinary）を使って，中足骨を数回巻いてください．
(5) 脚全体を曲げて，その包帯を膝関節の内側の上に来るように上方へ持ってきて，足を内側へ方向を変えます．

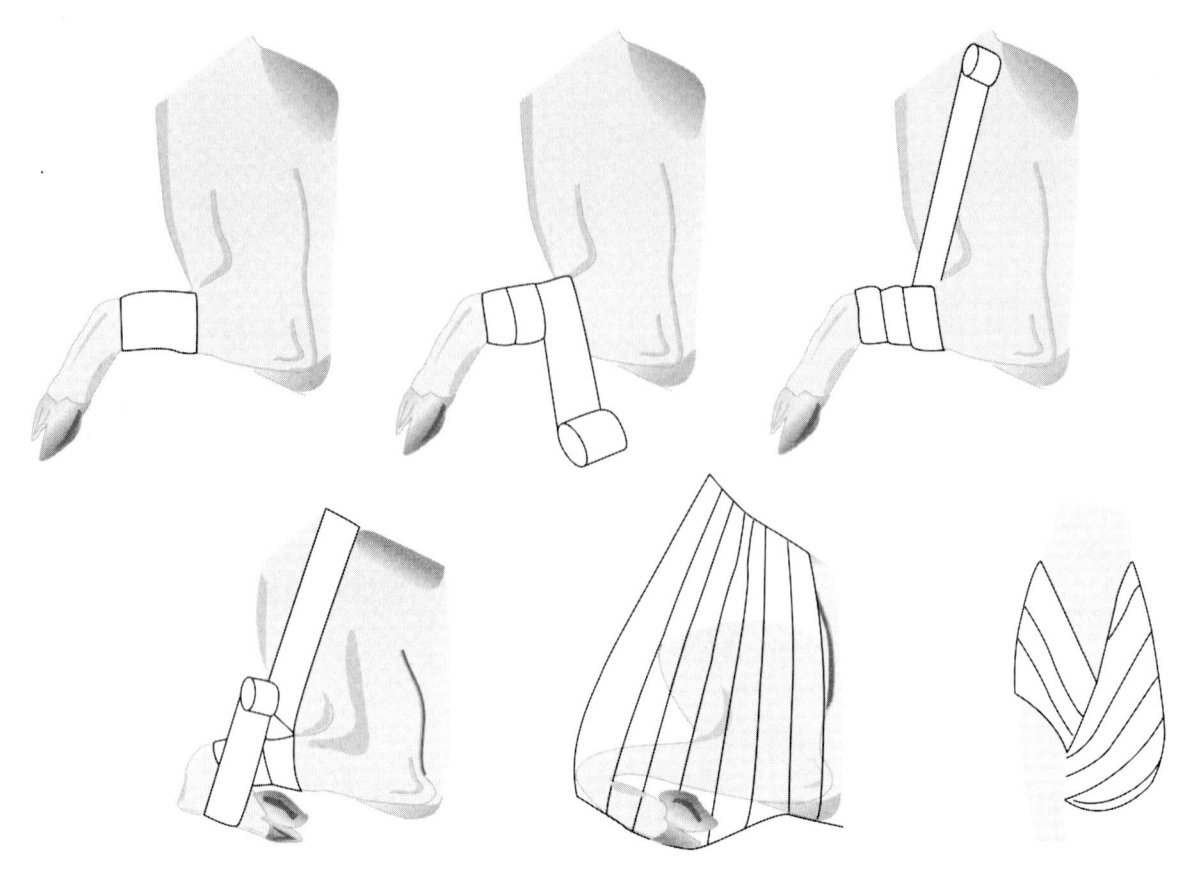

図 8-4 ベルポー氏のつり包帯の付け方.

(6) 包帯を下に持ってきて，もう一度中足骨の下を通し，膝関節の上にもどします．
(7) このとき，膝関節の上を通して下に包帯を持ってきますが，今度は飛節の後ろに包帯を下方へもっていきます．
(8) 包帯を中足骨の下を回しながら，後ろに戻して，もう一度，膝関節の内側に出します．
(9) 腰および脚が固定するまで，8 の字包帯を繰り返してください．
(10) 接着テープで固定してください．

ある小動物，特にハリネズミには，エマー氏の吊包帯を装着するのは不可能です．これらの状況では，適切な位置に後肢を折りたたみ，固定し，1，2 針縫うことによって，不動化できます．

副　子

四肢の骨折にロバート・ジョーンズ包帯をするより，副子を適用することの方がはるかに容易です．しかし，副子はロバート・ジョーンズ包帯と同等には有効でありませんし，もし不適切に装着されると，軟部組織の締め付けや損傷をもたらすことがあったり，反対に緩すぎて有効でなかったりします．

副子は市販品がありますし，とても容易に作ることもできます．

- Zimmer の副子 または 指用副子（AlumFoam®, Millpledge Veterinary）はアルミニウム製で，異なる幅のものがあり，片側にスポンジゴムを当て，大きめの動物の肢に装着するために容易に成形することができます．
- Gutter の副子は，溝の内部にプラスチック製のパッドが貼られています．異なるサイズのものを購入し，大きさに合わせて切断するこ

第8章　骨折の管理

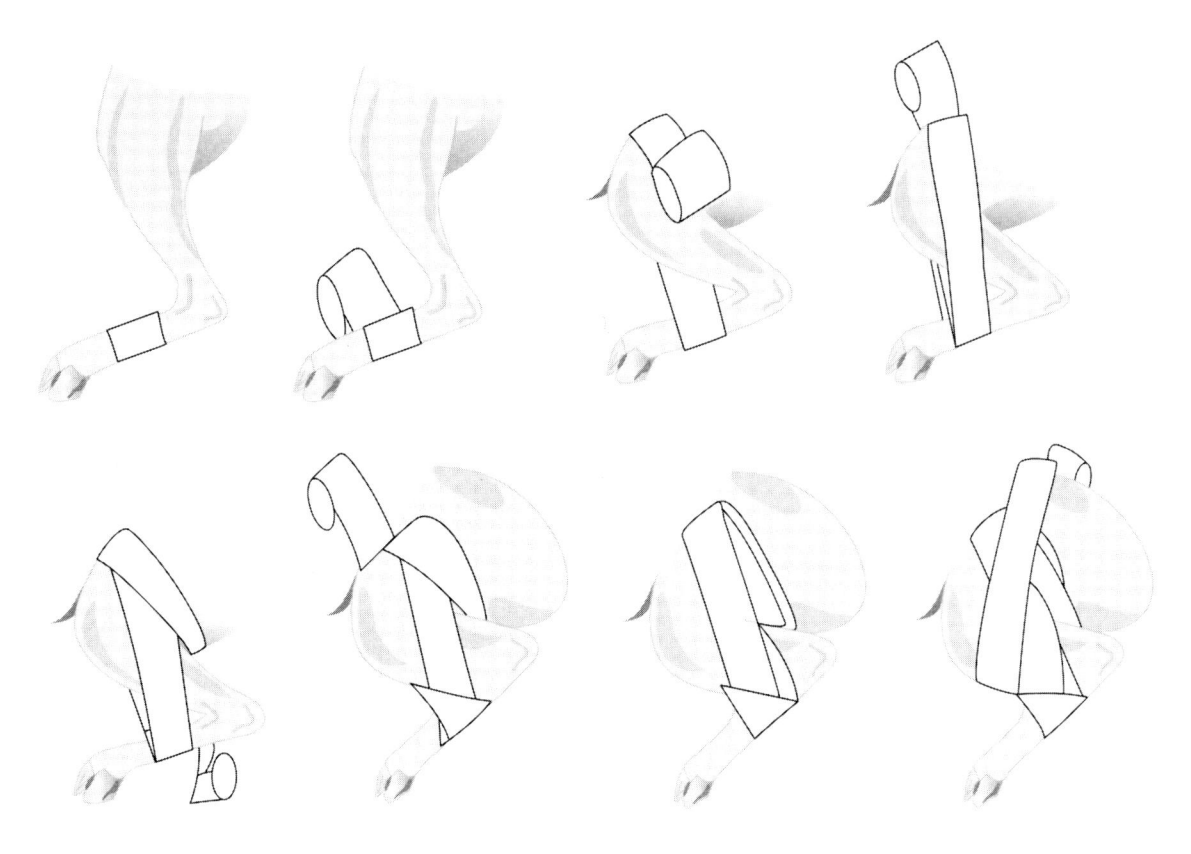

図 8-5　エマー氏のつり包帯の付け方.

とができます．アルミニウム製副子より丈夫で，シカにも使用することができます．
- 木製副子はあらゆる平らな木材をカットすることで作ることができます．10mm 厚の船舶用合板が動物の後肢の形に切断するのに理想的です．
- 石膏副子は，その動物と似た形やサイズの動物で使用した石膏ギプスをとって置いたものです．ギプスを外すとき，回転式電動鋸でギプスの両側を切断しなければなりません．切り開いた後，肢の後部の半分を，他の動物の副子に使用することができます．

副子の装着の方法

副子はすべて以下のように装着してください．
(1) 骨折上部および下部の関節が入るように，クッション層で手足を巻きます．
(2) 副子を肢の後方に置きます．
(3) クッションをさらに幾層か巻いて，肢と副子のまわりを包みます．
(4) 末梢部から巻き初めて，足指を露出させるようにし，この部位をすべて伸縮包帯か白い目の粗い包帯で覆います．
(5) その後，副子全体を覆うために粘着包帯か自着包帯を使用します．

ロバート・ジョーンズ包帯に使用される足置きは，副子がズレないように維持する助けになるかもしれません．

開放骨折は，その後も動かないようにすることが要求されます．そうしないと，骨の破片の治癒がうまく進まないことがあります．包帯のテクニックが，被覆材交換毎に取り外し交換しやすくすると同時に，安定化させます．

やや危機的な骨折

やや危機的な骨折は直ちに生命に危険はないかもしれませんが，獣医師が一連の処理を決める前

に，骨折が正しく管理されることがやはり重要です．

慢性開放骨折

開放骨折を生じて，時間を経た動物を受け入れることはまれなことではありません．これらはひどい感染や明らかな壊死があったり，しばしば腐骨があったりします．これらは感染性創傷として治療する必要があり，獣医師が創面除去をする必要や，ことによると，腐骨除去することもあり得ます．しかし，病変が時に化膿しているようなら，この処置は緊急性があると見なす必要はありません．獣医師が別の指示をするまで，広域スペクトルの抗生物質療法を開始し，標準的な創傷管理の被覆を用います．

骨折を固定することは長い目でみて有益ですし，固定することで痛みを和らげ，損傷がひどくなるのを防ぐでしょう．

骨折の標準的な包帯法における創傷被覆材（第6章参照）が，創面の死んだ組織の除去を開始することになります．これらの包帯や被覆材は毎日取り替える必要があります．

外 固 定

特にハリネズミの慢性感染性開放骨折創は，骨折が固定されるまで治癒しません．通常，足を残すための最終的手段として，例えば，獣医師は外固定と一緒に髄内ピンを入れるでしょう．外固定が骨を動かなくしている間 Intrasite™ Gel (Smith & Nephew) のような親水性ゲルで局所治療をするために，創傷をむき出しのままにしておきます．外固定がしっかりしたら，髄内ピンを抜くことができます．

基本的には，感染した皮膚を貫き，骨折していない部分の骨を貫いて，横断方向に，創傷部の近位に2本，遠位部に2本，計4本の皮下注射針を配置します（図8-6）．小さなペンチで4本の針先を直角に曲げます．次に，針の端の周囲を Hydroplastic (TAK System) で固めます．これを骨折部の両側に施しますので，4点のそれぞれの組が強く固定されます．それから，創傷は，骨折

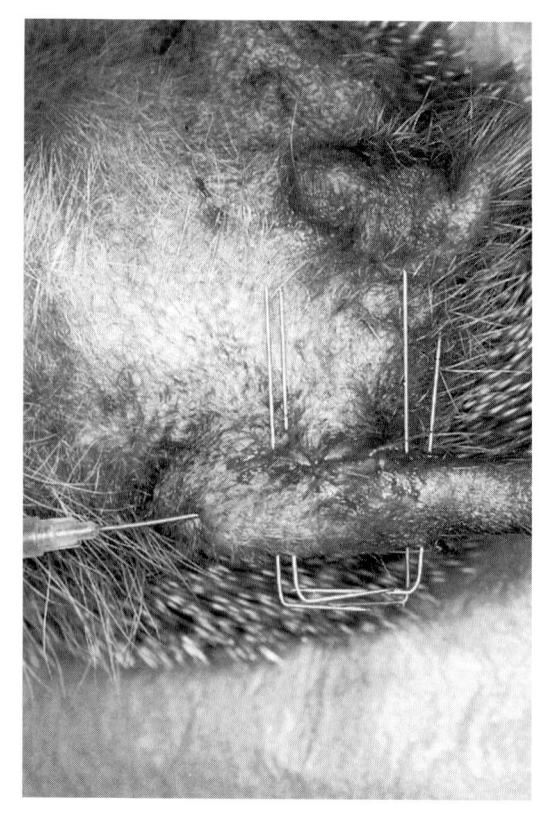

図8-6 90度に折り曲げた4本のピンがハリネズミの複雑骨折を固定します．

のある感染性創と同じように治療することができます．その骨折は強く固定されていて，治癒機転を遅らせることはないので，創傷が治癒する機会を得ますし，もし外固定される前に腐骨が除かれていれば，骨折も治癒するでしょう．大動物に使用するために，ステンレス製のボルトやナット，ロッドを使った外固定キットが入手可能です．

四肢の閉鎖骨折

開放骨折と違って，この骨折は生命が脅かされる訳ではありませんが，適切に管理されなければ，複雑骨折になり，治癒が難しくなることがあります．最初，長期治療に獣医師が用いている包帯法で骨折を固定してもよいでしょう．しかし，包帯法は一時的な固定法で，獣医師は内固定，または内固定と外固定の組合せの方法を選択するでしょう．

ギプス法

特にシカのような，ある種の動物では骨折をロバート・ジョーンズ包帯法や簡単な副子で固定しようとすることは実際的ではありません．これらの症例での一時的な固定法は，合成のギプス材によるもので，この素材は回転式電動鋸で簡単に外せます．

ギプスの付け方

（1）2本の粘着テープを，骨折部にあばら筋として貼ります．
（2）脚全体を1～2層の綿花かパッドを当てて繊維包帯でくるみます．
（3）ギプス材を活性化させて，半分から2/3体に近い所から遠い方へ被せながらゆっくりと往復させて覆います．
（4）包帯のずれを止めるために貼ったテープの一部を引っ張って，ギプスに沿って反転させます．
（5）指先を露出したままにして，全体を自着包帯で覆います．
（6）3日後全ギプスを取り替えてください．勿論，取り替える前に足が腫れていないか，ギプスがずれていないか，注意してください．

前と同様，獣医師は閉鎖骨折，特にたくさんの骨片を伴った複雑骨折の長期の治療をするのにもギプスを選ぶでしょう．

骨盤骨折

骨盤骨折はしばしば，動物の後肢の使用に一時的な影響を及ぼします．しかし，X線で骨盤骨折が確認されれば，獣医師は長期治療の選択としてケージ拘束を指示するでしょう．

もし雌なら，出産を妨げる骨盤のゆがみが起きていないか判断しなければなりません．骨盤骨折を引き起こした雌は，すでに妊娠していれば，X線で分かります．獣医師は妊娠中絶や不妊手術を決めるでしょう．同様に，難産の原因となり得る骨盤のゆがみのある雌は，リリースする前に不妊手術をすべきです．

不妊手術が同種の他の雌個体との交流にどのように影響するのか，まったく誰も分かりません．確かに，コヨーテ（Canis latranus）のように家族集団の種では雌の匂いの変化が，他の家族の一員によるいじめの対象になることがあります．英国には大きな家族集団を作る動物はいませんが，キツネやアナグマは，コヨーテやオオカミ（Canis lupus）に見られるような厳しい階級制でない小さな群を作ります．

リハビリし，リリースした動物の運命の研究がもっと必要であると同時に，野生動物に不妊手術をした結果の研究がもっと必要です．

危機的でない骨折

危機的でない骨折は，放っておいても治ってしまうような骨折です．足の骨折，若木骨折，尾骨折がこれに含まれます．これらのすべては，包帯か副子かギプスによる固定をしなくても，治るでしょう．

パートⅠでは骨折のある哺乳動物に有益なトリアージと治療法を扱いました．しかし，野生動物で圧倒的に多い骨折の被害者は鳥です．鳥の骨に関することや鳥の治療は，次のパートⅡで述べます．

パートⅡ：鳥の骨折

英国で圧倒的な数の傷病野生動物は鳥です．基本的に，鳥の骨格は軽くて強いのですが（図8-7），骨は非常に薄く，網状の支持骨で内部が支えられているので，脆いです．したがって，わずかな衝撃や圧力で，たくさんの骨片に粉砕します．

有利な点としては，骨折が鳥に明らかな疼痛を引き起こさないこと，それに適切な状況が与えられれば，鳥の骨は哺乳動物の骨折より早く治ります．鳥が疼痛に反応していないように見えても，その部分の正常な機能を妨げている何らかの疼痛があるはずです．疼痛は骨折の治癒を遅らせるか，妨げになります．鳥に使用されている様々な鎮痛薬があります（Dorrestein, 2000）．これらの鎮

図 8-7 組み上げたハトの骨格標本は外傷を受けた鳥類の整形外科的治療に共通の助けとなります.

痛薬にはブトルファノール酒石酸（Torbugesics®, Fort Dodge Animal Health），メグルミン・フルニキシン（Banamine®, Schering-Plough Animal Health）があります．

　実際には，骨折5日以内にすでに線維組織が骨折を固定します．骨折3週間後に骨結合が誘導されますが，9日目には仮骨に海綿状骨ができあがり，鳥は再び四肢を使うことができます．3週間後には，単純骨折の仮骨の形成は元の骨の形になります（Coles, 1997）．

　しかし，簡単にうまくいかないことがあります．鳥が早く治癒するため，素早い治療対策をとらなければ，治癒が完全には進まなくなり，四肢を機能的に使用することやリリースできる可能性を危うくします．鳥が診察台に乗った瞬間から哺乳動物の骨折ではあまり問題とならないことを考慮しなければなりません．これらの問題とは以下のようなことです．

- *位置異常* ― 通常，筋肉の牽引のため，鳥の骨折は大きく変位します．大きな変位があるときも，数日以内に線維組織と仮骨が形成され，骨片が共に転結します．一度そうなると，正しい骨の接合を起こさせるため，この線維組織を除去するのは難しいでしょう．このことは，なぜはじめから完全な整復に努めることが必須か，という理由です．
- *絞　扼* ― 線維組織の形成は異常であって，腱のような重要な軟部組織機能を損なってしまうことがあります．前と同様，最初からの正しい整復が重要です．
- *変　形* ― 鳥の骨は強度を得られるように進化しましたが，飛行時に常時変化する空気力学的力に耐えるのに十分なしなやかさになるようにも進化しました．翼に骨折によるわずかなねじれがあったとしても，翼上の気流を変え，有効な飛行能力の低下を引き起こすでしょう．この変形は完璧な飛行を必要としないカモには許せることでしょうが，例えば，チョウゲンボウ（*Falco tinnunculus*）は完璧な空気力学をもっていなければなりません．どんな変形もチョウゲンボウが獲物を捕らえられなくしてしまい，結果的に飢えさせてします．
- *癒　着* ― この状態とは鳥の関節，特に翼の関節の癒着のことで，手遅れになってしまうまで忘れられがちです．癒着の発生は，5日以内という驚くべき早さです．

　関節やその周辺の骨折は，常に避けられない過程として，線維組織や瘢痕組織形成を生じさせます．しかし，関節を使わないことの方が，正常な飛行を取り戻すことを妨げる関節の癒着を生じさせると思われます．

　このため，鳥では，5日を越えるような長期の固定では，哺乳動物と同様に，骨折の近位や遠位の関節を巻き込むべきではありません．関節近くの骨折ですら，関節は固定しないで動くようにしておきましょう．動いていると，関節面の線維組織や瘢痕組織の形成を阻止するでしょう．

　もちろん，関節を固定しないと，骨片の転座や移動が起こりやすくなります．だから，鳥の骨折の治療，特に翼の治療は，近位や遠位の関節が機能しつつ，骨折を固定することと，何らかの方法で骨片の転位を阻止することが含まれなければなりません．

　傷病鳥類の骨折の処置は時間が勝負です．わず

かな機能不全がある鳥でもリリースするのに相応しくないので，鳥の骨折はすべて，危機的な骨折であるとして治療すべきであると，著者は痛切に感じています．

骨折の種類

脊髄骨折

たくさんの傷病鳥が，両脚の明らかな弛緩麻痺で診察を受けに来ます．検査では，脚が骨折していないようなら，脊髄骨折かあるいは頭部損傷による神経系の損傷を示しています．脊髄あるいは骨盤のX線写真が解答を与えるでしょうが，ご存じのように，これらのX線写真は解釈するのが難しいものです（この後の図13-1を参照）．

もし，鳥の脊髄に明らかな損傷があれば，安楽死をすすめます．どこにも損傷が認められないなら，その鳥は頭部損傷の症例として，最初100％酸素吸入，その後，抗生物質と一緒にデキサメサゾンを投与する治療をしてください．2～3日後には，脚の筋肉の張りに改善があるはずです．しかし，1～2週間経っても改善がなければ，安楽死させてください．

長時間横になったままの鳥は総排泄口からの排泄ができないことに注意を払うことが重要です．これらの鳥は総排泄口や周辺の羽根を清潔に保つのに，助けが必要でしょう．

竜骨の上の皮膚の圧迫壊死も起きるでしょう．注意深くモニターし，もし必要なら親水軟膏で治療しましょう．洗い流すことができ，周辺の羽を損なうことがないように，親水軟膏を使いましょう．

頭蓋骨折

鳥が窓に飛び込み，意識を失うほど激突するのはありふれた事故です．このとき，頭蓋骨の骨折を引き起こすことがあります．事実，Klem（1989）の調査によれば，窓にぶつかって死んだ鳥500羽すべてが，広く信じられていた頸部骨折ではなく，頭部損傷で死んだこと示しました．この情報から，窓激突事故の傷病鳥には，頭蓋骨折があるのが当たり前のこととして，頭部損傷の治療をしましょう．

一般的に，これらの症例は酸素‐デキサメサゾン療法に反応するか，あるいは急死するか，いずれかです（第9章の「頭部外傷」を参照）．

烏口骨骨折

Coles（1997）によれば，この骨は，胸筋の圧力を緩衝する，がっしりした骨です．烏口骨の骨折は鳥を飛べなくします．体重500g以上の鳥では矯正手術が可能ですが，小さめの鳥では自然治癒し，再び飛ぶことができるでしょう．

烏口骨の骨折はX線写真で診断可能なので，すぐに獣医師に診せなければなりません．

嘴骨折と顎骨折

嘴の骨折は少なくありませんが，常に治療に適してはいません．嘴は上顎骨と下顎骨でできています．この骨の表はケラチンで覆われていて，上顎の角質の覆いと下顎の角質の覆いといいます．

上顎と下顎の内，一方の骨の骨折は，獣医師によるステンレス線の縫合で固定することが可能です．しかし，ケラチンの損傷は治癒しても，解決しないでしょう．Coles（1997）はエポキシ樹脂，瞬間接着剤あるいは骨セメント（シアノメチルメタクリレート）の使用をすすめていますが，最終的に破損してしまいますので，新しいものと取り替えなければなりません．この鳥は野生では生存できず，飼養する必要があるでしょう．

嘴の上下両方が破損した，さらに重症の骨折では簡単な縫合糸では十分に強度が足りないでしょう．骨折をピンで留めたり，金属線で止めたり，様々な試みがなされていますが，どれも実のところ成功してはいません．しかし，下顎の両側にピンを通して治療したカナダガン（*Branta canadensis*）が，飼育下で生残したのを知っています．

同じように，嘴が欠損した場所を，様々な人工充填物で補うことが行われていますが，本当のと

ころ，どんな成功例もありません．鳥の嘴にかかるテコの力は非常に強力です．これらの強い力にうち勝つために，人工的充填物はしっかりした足場を与えるものでなければならないはずです．不幸にも，鳥の頭蓋骨の軽い性状は，上嘴の人工充填物を固定するのに強くて堅い骨がないことを意味します．

　羽繕いこそできませんが，上嘴がなくても飼育下の鳥はうまく生存できます．同様に，上下嘴が同じ長さで折れたとき，飼育下でうまく生活することを学ぶことができます．

　下嘴がなくては，舌を支えるものがないため，すぐに舌に傷を負ってしまい，生存できません．残っている下顎骨に長いピンでしっかり固定された，アクリル製の下嘴を装着する努力がなされ，成功しています．安楽死はもう1つの選択肢であり，検討する価値があります．

　損傷したり，欠損した嘴の解決策を見つけ続けることは価値あることです．特に，最近の歯科用アクリルや接着剤は解答を与えるかもしれません．しかし，どんな場合も，決して鳥をリリースしてはいけません．

開放骨折あるいは複雑骨折

　鳥の骨はとても軽くて，丈夫ですが，骨皮質は非常に薄く，脆いです．疼痛に対する鳥の鈍い知覚に加え，鳥の骨折辺縁は鋭く尖ります．鳥は，骨折していても，まるで骨折していないかのように使います．したがって，骨折部の軟部組織は瞬く間にずたずたに切り裂かれ，その上の骨が皮膚を貫きます．翼の骨折をもつ傷病鳥のほとんどが，結局複雑骨折になってしまいます．

　複雑骨折は鳥にとって深刻ですが，一連の治療で急速に治癒します．治癒が起こったり，治癒が妨げられたりする治癒面における問題は別として，鳥の骨髄炎は開放骨折の哺乳類でみられるのと同じ全身感染を引き起こすとは思えません(Coles, 1997)．しかし，骨髄炎がたくさんの数の開放骨折治癒の失敗の原因となっていますので，来院時の管理やトリアージ手順に感受性試験のための細菌検査のサンプル採取を加えるべきです．エンロフロキサシン（Baytril® 5%，Bayer）10mg/kg，1日2回投与のような広域スペクトル抗生剤の開始はアモキシシリンかまたはゲンタマイシンよりも，もっとすぐれた抗菌スペクトル活性を提供するでしょう（Bennet & Kuzman, 1992）．

　この段階では，あらゆる清拭や固定を考慮する前に，上腕の開放骨折に注意を向けなければなりません．鳥では，胸部気嚢が上腕骨含気骨腔に伸びています．もし上腕骨が感染すれば，特に外傷が真菌症を悪化させるので，アスペルギルス症予防は考慮する価値があります．

　アスペルギルス症は抗真菌薬にあまり感受性がありませんが，イトラコナゾール（イトリゾール）（Sporanox®, Janssens-Cilag）20mg/kg，1日2回，30日以内の投与で有効だったことがあります．Sporanox®は100mgのカプセルが売られていますが，鳥には多すぎるので，ダイエットCoca-Cola®（Coca-Cola Co.）で希釈すると分与しやすくなります．この方法は次のように行います．100mgのカプセル1個を4mlコーラで希釈して，1ml当たり25mgの浮遊液を作ります．この浮遊液を使用前24時間放置してください．ダイエットCoca-Cola®に溶かす必要のない，イトラコナゾールが，Itrafungol®（Janssen-Cilag）として現在入手可能です．10〜20mg/kgを日に2回投与します．

　創傷は哺乳類の開放骨折に用いたのと同様の考え方で，準備し，清拭してください．大きな違いは，創傷周囲の剪毛ではなく，小さい羽根を注意深く抜くことです．抜いたところでは，新しい羽根が生え替わるでしょうが，羽根を切ると再生しないので，数カ月先の次の換羽期に生え替わるでしょう．

　むしろ，初列風切り羽根と次列風切り羽根はそのまま残してください．これらの羽根をむしり抜くと羽嚢にダメージを与え，近辺の生育した羽根の保護がなければ，新しい羽根の生長に問題を引き起こすことがあります．自然では，換羽のとき，

ほとんどの鳥が一度に1枚の初列風切り羽根を換羽します．新しく，柔らかい風切り羽根は，生長するときに近辺の羽根からの保護があります．

応急処置では，創傷を清拭し，皮膚の下の骨片を元に戻したあとに，獣医師が治療指針を立てるまで，すべての骨折を消毒し包帯を巻いて，固定してください．創傷は一時的に縫合し，非粘着性の被覆材で覆ってください．粘着テープは外すとき，羽根の複雑な構築を壊してしまうので，鳥には決して粘着テープを使ってはいけません．Co-Flex（Millpledge Veterinary）のような自着包帯が適切です．

骨折の固定

獣医師が骨折を内固定，内/外固定のために手術をするまで，通常翼の骨折は，外固定によって固定する必要があります．外固定法は最適な長期治療として用いられます．鳥では，閉鎖骨折も開放骨折も同じ固定法および，すべての骨折を固定するための基準を必要としますが，関節の癒着を回避してください．

手術を含むたくさんの種類の固定法には，いろいろな程度の成果があります．翼の骨折がどんなものであろうと，そして利用可能な専門的知識がどんなものでも，「たくさんの選択肢があるし，常に選択肢があります．」（Ness, 1997）．もちろん，そのプロトコールには，利用可能なもので，最も成果が上がっていると思われる選択肢を採用することです（表8-1）．

無 処 置

設備がなくても，骨折をした鳥を狭い場所に置いておけば，おそらく治るでしょう．この治癒はあまり適切ではなく，変形や絞厄，短縮，癒着を起こす可能性があります．それでも，このことは，無分別な介入より善意の介入の方がましでしょう．

しかし，ミソサザイ（*Troglodytes troglodytes*），キクイタダキ（*Regulus regulus*），ベニヒワ（*Carduelis* sp.），ムシクイ類，フィンチ類のような小鳥では，どんな固定法にも耐えられないと思われるので，おそらく成功しないでしょう．しばしば，これらの小鳥を狭いケージに1〜2週間閉じ込めておいて，広い飼育ケージで訓練をすると，十分に回復することがあります．時々，新しい羽根はどういう訳か，障害を乗り越えるように補正され，次の換羽期に歪んだ翼が，ある程度矯正されることがあります．

外 固 定

野鳥の救護やリハビリテーションは第二次大戦後まもなく始まり，最初は段ボール紙やアメの棒による外固定が利用可能な唯一の治療法でした．年を経る毎に，主として骨折や癒着の問題を乗り越えようとして，外固定用副子は徐々に改良されてきました．

表8-1 野鳥の長骨骨折治療法の成功の可能性の比較

方　法	どの骨に適切か	手術とトリアージ	可能性のある結果	リリースの可能性
ケージ拘束以外何もしない	すべて	用いない	位置異常 骨折の症状	懐疑的
外固定（副子）	すべて	トリアージ	ある程度の位置異常	可能性あり
髄腔内 ピンニング	上腕骨 橈骨・尺骨 大腿骨 中足骨	手術	癒着	可能性あり
髄腔内シャトルピン	すべて	手術	良好	十分可能
外固定	すべて	手術	良好	十分可能

ごく最近では，もっとたくさんの優れた外科手術法が広く知られるようになりました．しかし，これらは，今でもたくさんの状況に対応できる訳ではありませんので，経験で有効であることが分かっている副子がすでに野生動物の治療で受け入れられています．外固定はまた，手術ができるまで，骨折を固定する最適な治療法です．それぞれの骨，特に翼は，それぞれの外固定法が必要で，これらの方法が，多くの例で鳥をリリースできるようにしてきました．

骨折の治療

上腕骨骨折

　上腕骨はおそらく鳥の翼の中で最も重要な骨です．気嚢を含むことを除いて，上腕骨は大きな胸筋からの力を飛翔に転換させます．したがって，上腕骨が骨折し，飛ぼうとし続けると，筋肉が絶えず遠位の骨片から近位の骨片を強い力で引き離そうとするので，軟部組織に無数のダメージを生じさせます．

　この力に耐え，本当に成果の上がる唯一の方法は手術によるか，複雑骨折ではシャトルピンです．鳥の翼を体に包帯で固定することによって外固定が可能ですが，結果は疑問です．

外　固　定

　上腕骨は触ることができない位大きな筋肉で覆われているので，副子を当てることは問題外です．多少の固定状態を得るために，翼を包帯で体に固定することはできます（カラー写真16）が，依然として胸筋は近位の骨片を動かし続けます．手を触れないで，暗所で鳥を静かにさせれば，鳥は飛ぶ必要性がなくなります．活動を制限するこの期間は，癒着をさせないための最長7日間で，線維組織形成の自然の反応が起こり，骨片間のある程度の固定状態が固まる時間を与えます．しかし，完全な治癒に至っても，ある程度の歪みがあり，ある種の鳥では，リリースすることができないような飛び方になるでしょう．

シャトルピン固定

　シャトルピン固定は，骨折した骨，特に上腕骨骨折を固定するため，獣医師によって使われる比較的新しい方法です（Coles，1997）．

　鳥の上腕骨は比較的大きな髄腔をもつ含気骨なので，髄内ピンそれ自体が，腔内を遮ってしまうことによって，骨内膜の骨形成からの骨の治癒を邪魔することがあります．さらに，関節が骨折病や癒着を起こしやすくなるので，髄内ピンを挿したら抜かなければなりません．

　シャトルピンを骨折端に挿入し，骨が治癒した後もピンをそのまま髄腔に残しても十分に軽いです．プラスチック注射器の内筒のポリプロマミド軸を上腕骨の内腔にちょうど良いように切り取り，骨片と一緒に固定するペグの役割を与えます．注射器の十字形の内筒は，骨端部の骨形成に効果があり，それに滅菌されています．

　ペグの一端に糸を通し，比較的長い方の骨折片に押し込んだら，縫合糸を利用して引き寄せ，もう一方の骨片内に押し込みます．それから，縫合を解いて，骨とペグの端に，もう一方は骨だけに8の字にワイヤーを通します．このワイヤーをしっかりと締めることで，2つの骨をくっつけ，回転を防ぎます（図8-8）．それから，翼を標準的上腕骨包帯法で，2〜3日間体に固定します．

　生物分解骨移植片も入手可能ですが，高価なのが問題です．

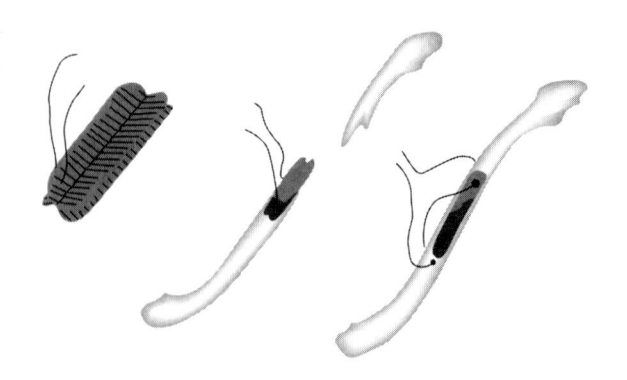

図8-8　髄腔内にシャトルピン固定を行う方法（Coles，1997以降）．

髄内ピン固定法

理想的ではありませんが，髄内ピン固定法の使用は上腕骨骨折の治療にとても役立つでしょう．事実，2個以上の骨断片がある場合には，肩関節を妨害しないで，上腕骨の近位端を通した髄内ピンを装着することが，唯一の可能な治療であることがよくあります．骨折が上腕骨骨端近くである場合も，髄内ピンは唯一の解決策でしょう．

ピンを使うとき，常に骨片の捻転による損傷の可能性がありますので，修復した翼を鳥の体に5日間固定することによって，この問題を克服できるでしょう．

特に以下のような種々の皮下注射針や脊髄針が髄内ピンとしての使用に役立ちます．

- 14G × 51mm
- 16G × 51mm
- 18G × 44mm
- 20G × 45mm

皮外固定法

上腕骨骨折が軸中央部にある場合は，皮外固定法（ECF）が最適な治療法です．

まず，骨片を整復するために髄内ピンを入れます．それから，4本のピンを側面に，それぞれの骨片に2本ずつ通します．治療対象のほとんどの野鳥がカラス以下の大きさなら，23G × 2 ³⁄₈インチの皮下注射針が理想的な交叉ピンになります．そのとき，これらのピンの両端を90度に曲げ，Hydroplastic（TAK Systems）の型を取ったプラグの中に埋め込みます．肩関節の障害が起きないように，髄内ピンを3日後に引き抜きます．これらの3日間，翼全体がどんな動きもできないように，体に包帯で固定しましょう．

以下の皮下注射針が交叉ピンとして使えます．

- 21G × 50 mm
- 22G × 40 mm
- 23G × 60 mm
- 25G × 40 mm
- 27G × 40 mm

針を曲げたり，切ったりするためにモデル製作用ペンチセットが必須です（図8-9）．

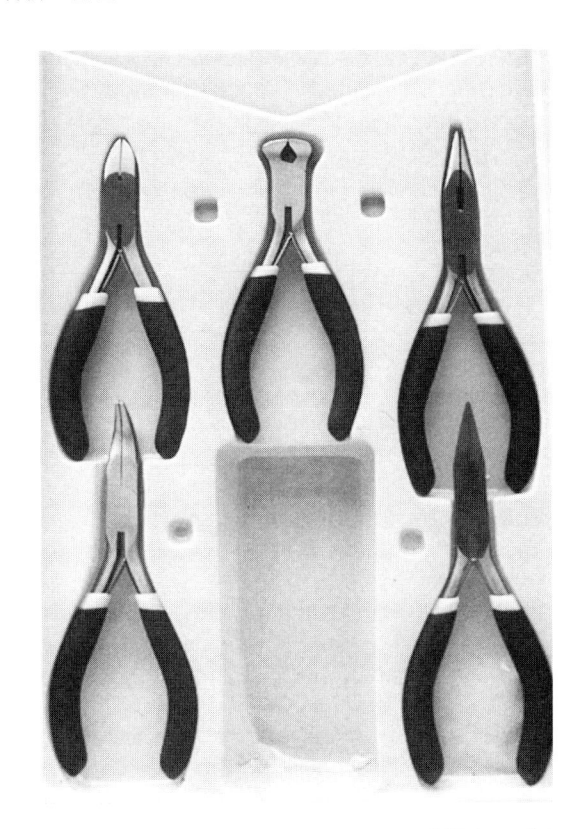

図 8-9 骨固定ピンを成形するための理想的なモデル製作用ペンチセット．

橈骨と尺骨の骨折

橈骨と尺骨は上腕骨よりももっと骨折するようです．両骨は協同して働き，同時に両方とも骨折してしまいます．

橈骨と尺骨はお互い，長軸方向へ動かなければならないので，両方が骨折したならば，「無処置」というケージ内安静は実際の所選択肢の1つではありません．治癒の間に運動を制限しなければ，おそらく仮骨形成は両方の骨を癒合し，この硬い塊が鳥のかつての飛行をコントロールするのを邪魔するでしょう．

しかし，一方だけの骨が骨折した場合，もう一方が適当な副子として作用するので，不必要な動きを封じるための2週間のケージ内安静を行うこと以外には，対応策は必要ありません（図8-10）．

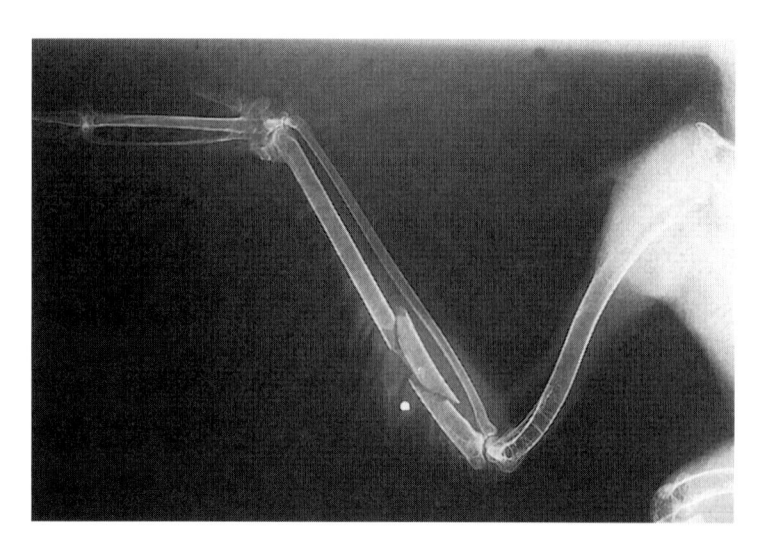

図 8-10 猟銃の弾で受傷したノスリの尺骨骨折のX線写真．橈骨がうまく骨折を支えました．そして，最終的にこの鳥をリリースしました．

外的接骨術

簡単なボール紙副子を使って，これらの橈骨・尺骨に必要な固定を供給できます．手根関節の上をその折り曲げた部分で包み込み，折り畳んだ翼の長軸に沿って副子を当てます．最初，副子を支えるため，自着包帯で上腕骨の周りを少なくとも1回巻く，8の字包帯法をしましょう（図8-11）．すべての翼関節が包帯の中に巻かれるので，癒着の危険があります．だから，5日後には包帯を解き，関節を物理的に動かさねばなりません．

次の段階では，肘関節や手根骨関節を巻き込ま

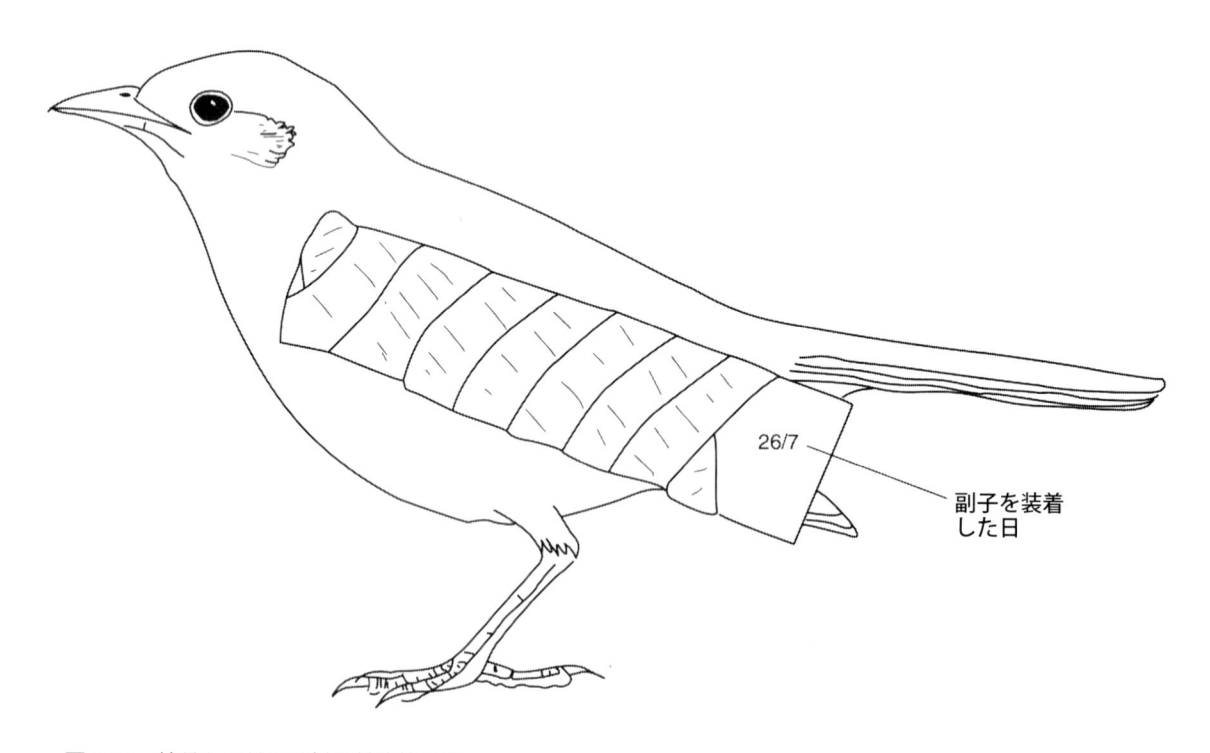

副子を装着した日

図 8-11 橈骨と尺骨の骨折の外的接骨術．

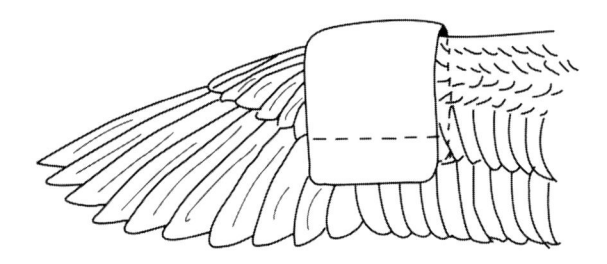

図 8-12 ステイプラーで止めた X 線フィルムを使った手根関節と中手骨の副子.

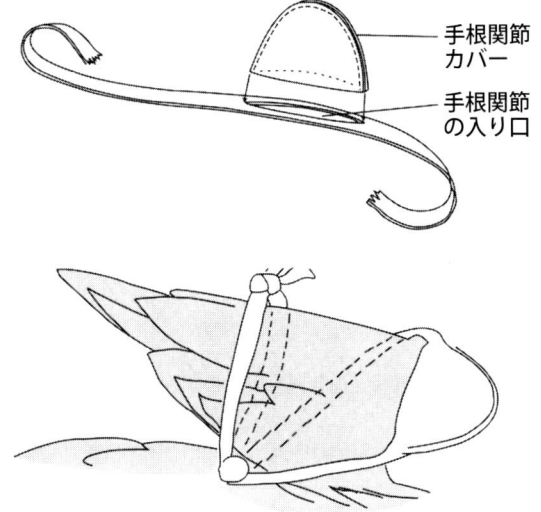

図 8-13 布を材料としてブライユ吊り包帯を作り、傷ついた手根関節に取りつけます.

ないように，橈骨と尺骨を支持する最小の副子を作ることです．橈骨と尺骨の長さに切った X 線フィルム片を使って，第二風切り羽根の約半分届くくらいに，橈骨の上や尺骨の下で折り曲げます．羽の両面に当てたこのフィルムを羽を巻き込んで一緒に固定します（図 8-12）．だから，最初に線維組織形成によって骨折が固定され，かなりの状態まで治癒する間も，肘関節と手根骨関節は自由に動かせます．再び飛ぶのに十分な位に治るために，もう 2 週間副子をそのままにしてください．

Coles（1997）は，発泡ポリウレタンを当てた軽量のプラスチックの材料を使って，橈骨と尺骨の副子外固定について記しています．

プラスチックの副子材料，Vet-Lite（Runlite）あるいはギプス・テープを肘関節と手根関節を含まない橈骨と尺骨の長さに切ります．次に，プラスチックの内側を覆うために，発泡ポリウレタンを切ります．副子材料を通して，4〜6 個の結節縫合を尺骨の背側皮膚と次列風切り羽根の羽軸に掛けます．縫合糸を尺骨背面に沿って走らせ，風切り間靭帯の前縁を通しましょう．副子が適切な位置にくるように，縫合をすべて同時に結びます．骨折片が正しい位置にあるかを確かめるために，5 日後 X 線写真でチェックしてください．2〜3 週間で安定した仮骨の形成をみるので，これが確認できたら副子をはずせます．

ブライユの吊り包帯法

ガーゼや柔らかい布地を手根関節の上に装着します．ガーゼを手根関節の上で動くように，その布当てにスリットを入れます．布紐の両端を，上腕骨の内側から遠位に連結し，肘関節の上を通して，中手骨を中に入れて結びます（図 8-13）．これらの固定している装置は 5 日後に，Coles（1997）によって推奨された外固定に取り替えたほうが良いと思います．

これらは，手術を必要としなかった橈骨と尺骨を上手に安定させるには，3 つの方法があります．しかし，橈骨と尺骨の骨折の最も良い治療法は，髄内ピン固定法か，外固定による方法でしょう（図 8-14）．

髄内ピン固定法

橈骨と尺骨の骨折で，一方の骨にだけ髄内ピンを使用することは理想的とはいえませんが，もう一方を支えるので有効です．この方法は関節への干渉を最小限に保ちます．

橈骨は 2 本の前腕骨のうち，より細い方で，尺骨よりずっと小さいピンを必要とします．逆行性ピン固定法を使って，手根関節が確実に動かせることに気をつけながら，適当な太さと長さの皮下注射針を橈骨の遠位骨片と手根骨の関節を通します．それから，そのピンを橈骨の近位骨片の中へ反転させ，骨折を確実に安定させます．3 日間包帯で翼を固定すると，初期の治癒で，さらに安

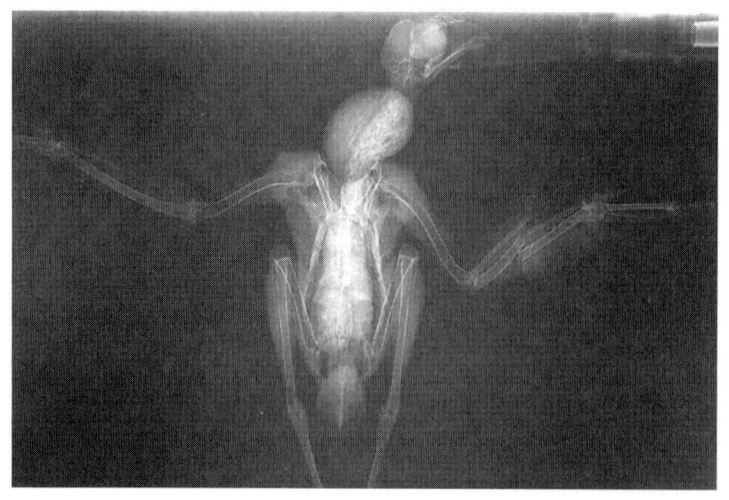

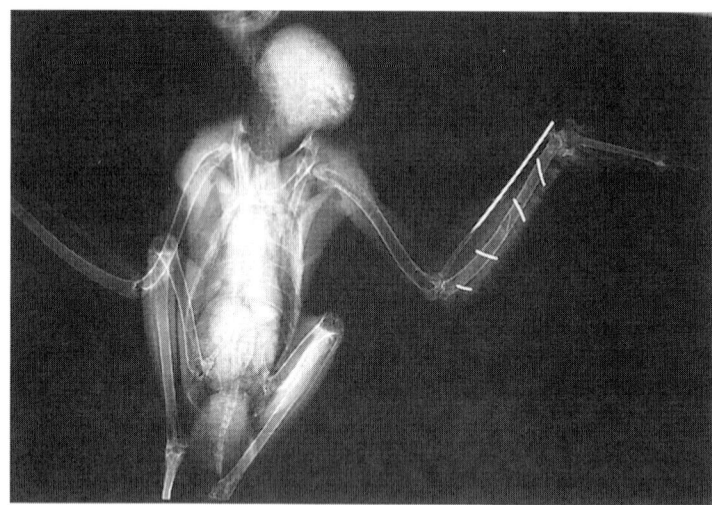

図8-14 術前（上）と術後（下）．ハイタカのX線写真は橈骨と尺骨骨折を示しています．橈骨の髄内ピン（5日後に除去）は，尺骨を固定するのに皮外固定装置を使用するためのガイドになります．

定します．

そのピンは2～3週で外すことが可能でしょう．

皮外固定法

もし尺骨に中軸骨折があるのなら，橈骨に髄内ピンを入れた後，ガイドとしてピンが入った橈骨を使いながら，尺骨には外固定法を施す価値があります（図8-14）．髄内ピンを5日後に，皮外固定を2～3週間以内に外すことができます．

中手骨骨折

中手骨の小さい骨は重要でないとして，しばしば見逃しています．それはまったく反対のことであって，鳥は飛翔の微妙なコントロールをするために，この部分を使います．これらの骨は小さいので，とてもよく骨折しますが，外固定を除いて，整復するのが困難です．

さらに，翼のこの部分への血液供給は特に乏しく，わずかなダメージですら血液循環の妨げとなった結果，壊死を引き起こすことがあります．これを予防するために，中手骨の損傷を人の痔疾治療薬，Preparation H® (Whitehall Laboratories) で毎日マッサージをします．この治療法はいくらか有効であるように思えます．

この部分は血液循環のダメージを受けやすいので，しばしば外科手術ができないことがあります．このことは，外的接骨術が唯一可能な選択肢であることを示しています．

外的接骨術

橈骨と尺骨に使った外固定ととても似ています．この副子は，手根関節に干渉しませんが，中手骨を覆うのに十分な広さのX線フィルムで作ります．それを中手骨上で折り曲げ，初列風切り羽根の羽軸の皮膚と縫合することによって固定します．

初列風切り羽根縫合法

非常に小さい鳥では，骨折のそれぞれのサイドで，隣接する初列風切り羽根を一緒に縫合することが可能です．この羽軸は，中手骨に付着しています．

大腿骨骨折

大腿骨は筋肉塊内にあり，手術なしで固定するのは非常に難しいです．

例えば，猛禽類やハクチョウやシギ・チドリ類（渉禽類）のような鳥が生き残っていくために両足に髄内ピン固定法が不可欠な場合には，それを実施する獣医師を必要とします．

それほど煩雑でない，入手可能な2つの方法があります．

外的接骨術

脚を自然の坐位の状態に折り曲げます．脛足根骨を附蹠骨に包帯で固定します．この固定が循環を妨げるかもしれないので，関節を完全に折り曲げてはいけません．折り曲げた足に隣接して，巻いた包帯を体の下方にテープで留めます．それから，脚を保護するために，身体の上を通した自着包帯で足全体を包みます（図 8-15）．

この副子は5日毎に外し，関節の可動性を調べなければなりません．

鳥の骨副子

現在，Cook Veterinary Products 社は，様々な鳥用副子を販売しています．生物学的に不活性の PTFE（ポリ四価フッ化エチレン）製の軽量材で作られた副子を，骨折を横切るように，両方の骨折片に差し込みます．副子を通した髄内ピンは位置決めを助け，それぞれの端の部分の張り出し部分は回転に対する安定性を与えます．幅 1.7mm と 2.5mm の2つが入手可能で，それらは大腿骨，脛足根骨，上腕骨の修復に適しています．1つの欠点は，比較的高価である点です．

髄内ピン固定法

外科手術として，髄内ピンを大腿骨の最上部から骨髄腔中に通します．骨断片は回転しやすいでしょう．5日間体に縫合するか，あるいは5日間体全体を包帯で巻くかのいずれかで，その部位を安定させるのに十分でしょう．

ピンを外すには，3週間は十分必要でしょう．

皮外固定法

もし大腿骨の側面に必要とする4本のピンを挿すのに十分なスペースがあるなら，髄内ピンは目安として，5日後に外すことができるでしょう．

脛足根骨骨折

脛足根骨は大腿骨より固定するのがずっと簡単ですが，足の骨で最も骨折しやすいように思えます．他の長骨と同様に，外固定が治療の選択肢ですが，たまには外的整復が非常に有効な場合があります（図 8-16）．

副　　子

脛足根骨の長さに合わせた副子は，舌圧子やローリーポップ・キャンデーの軸や，それに最も優れたものとして，長い竹や半裁した注射ケースを切って作ることができます．その溝の部分に脚を当てます．簡単にいえば，骨折を整復し，伸縮

図 8-15 包帯法でクロウタドリの大腿骨骨折を一時的に固定する方法．

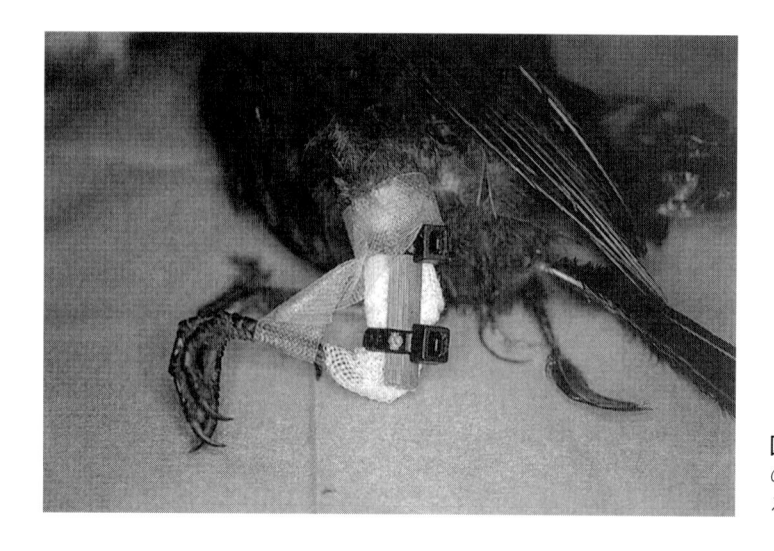

図 8-16 クロウタドリの脛足根骨の副子が治癒する間，十分に固定することでしょう．

包帯（Knit-Fix, Milipledge Veterinary）で 1 回巻きます．それから副子を骨に沿って当て，全体を粘着包帯か，自着包帯で巻きます．

少なくとも，治療開始から 1 週間は 90 度に足根関節を曲げてください．このことが骨折部に正しい圧力を加え，最初に鳥が足を使うことを止めさせるようです．

鳥の副子

大腿骨の場合ように，Cook 社製鳥用副子（Cook Avian Bone Splint）が大きめの鳥の脛足根骨骨折を，飛節や後膝関節を巻き込むことなく，固定するのに有効なことがあります．

プラスチック製の副子

Boddy and Ridewood 社はハト用副子（Colomboclip）を販売しています．ハトが骨折した場合，特に愛鳩家が使うために作られたものです（図 8-17）．パッドを当てた上から使えば脛足根骨や飛節，附蹠骨を固定しますが，それが後膝関節に隣接して装着されると，身体に近い方の骨折片を固定するのに不十分になる傾向があります．

Colomboclip はハトに役立つだけでなく，チョウゲンボウ，モリフクロウ，メンフクロウでうまく使えます．

石膏ギプスや化学合成ギプスを脛足根骨骨折に使うことが可能ですが，鳥には通常重過ぎます．

附蹠骨骨折

附蹠骨骨折は脛足根骨骨折と類似した方法で治療できます．

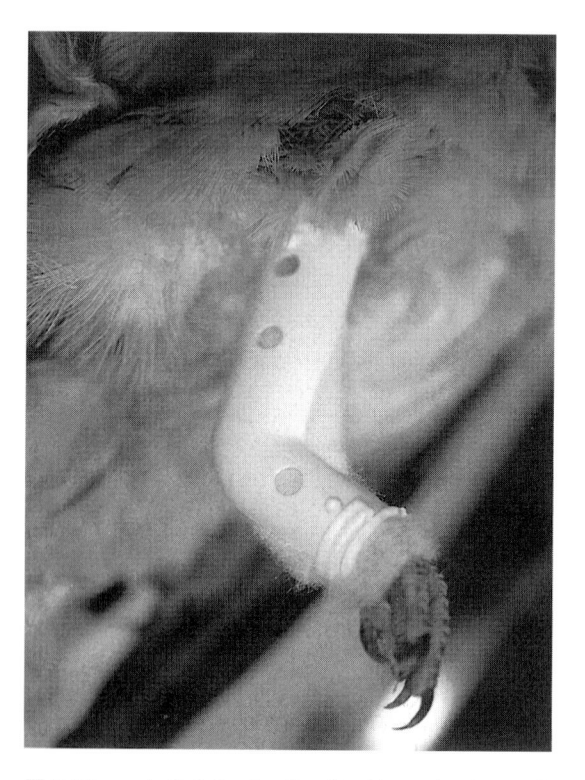

図 8-17 ハトの Colomboclip（Boddy and Ridewood）は多くの種に使用できます．

趾骨骨折

鳥の足の指がよく骨折しますが,外的接骨によく反応します.

外的接骨術

簡単にいうと,趾を平らな上に置いて,ボール紙や軽量のプラスチックを趾の形に切ります.それぞれの趾をそれらで囲い,そして全体を自着包帯で包みます.

ギ　プ　ス

本当によく,鳥は脛足根骨の遠位部や附蹠骨の近位部のどちらかの骨折で苦しんでいるようです.Vet-Lite(Runlite)のような可塑性のある軽量のギプスを用い,曲げた状態で単純に固定をすれば,その部位を安定させるでしょう.癒着は足首関節に起きるでしょうが,通常,鳥はその趾をそのまま完璧に使えます.

両足の骨折

何故だか分かりませんが,多くの鳥が両足を骨折するようです.両足骨折は通常類似しています.この骨折は,ちょうど他の骨折のように治療することができますが,足を使うのを防ぐために,鳥をつり枠に吊す必要があります（図8-18）.

Boddy and Ridewood 社はハトを保定する損傷吊り枠（Injury Harness）も作っています.足が治癒するまで,フレームにぶらさげることができます.足を使わなければ,重力がけん引し,7日後には吊り紐の大半を取り去ることができます.

一足が骨折したアオサギ（*Ardea cinerea*）やフィンチ類,治療が難しいとされるハクチョウにすら,鳥のサイズに合うように即興で,つり枠を作ったことがあります.暖かく,暗い,静かな環境に置けば,鳥がその拘束状態を嫌がらないでしょう.

パートⅢ：爬虫類と両生類の骨折

爬　虫　類

英国には2つのタイプの在来爬虫類,すなわちヘビ類とトカゲ類だけがいます.今日までに,どの種についても,たくさんのリハビリテーションの研究がなされたという訳ではありません.しかし,現在ヨーロッパヤマカガシとアシナシトカゲの看護法が公開されていて,骨折も含まれます.

不幸にも,主な骨折場所は脊椎にあると思われますが,その部位での骨折は,外傷が原因か,サルモネラ感染のような病的状態のいずれかで起こります.驚いたことに,何種かのヘビ類は骨折した背骨で生残することができます.しかし,実際には予後判定をするために,爬虫類診療の経験のある獣医師のもとに動物を委ねます（図8-19）.

両　生　類

よくアマガエル類とヒキガエル類が野生動物救護の予定表に現れます.アマガエル類は,足の骨折や割合多い顎の骨折を起こす,芝生刈り機や草刈り機に捕まってしまうことがよくあります.

一方,ヒキガエル類は,特に初春の移動期に,交通事故の犠牲者になります.それらは骨盤骨と足に圧迫損傷を受けます.

両生類の骨格は軟骨と真骨が入り交じっています.骨折は治るでしょうが変温動物なので,治癒過程は長引くでしょう.

両生類は時折水に入るので,骨折を耐水性素材で固定すべきです.化学合成の副子材やVet-Lite（Runlite）が,後肢の骨折を副子固定するのに使

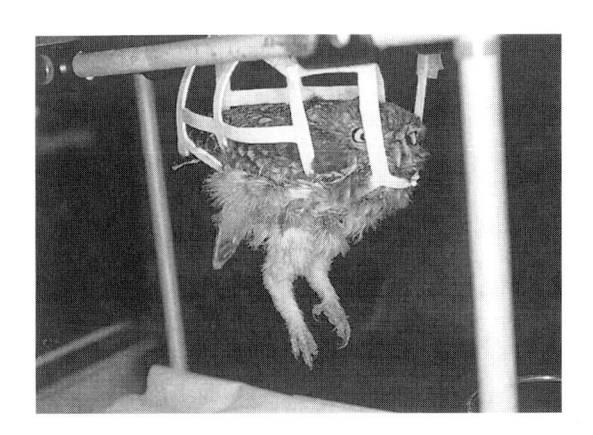

図 8-18　両脚骨折の鳥は,この小さなフクロウのように吊るすことができます.

えます．一方，前肢には非吸収性の縫合糸での縫合で十分でしょう．細い皮下注射針で作った髄内ピンが両生類の四肢の骨折の治療で成功したことがあります．

顎の骨は薄くて，不完全ですが，非吸収性の縫合糸に反応します．

骨折が治るのに要する時間，野生の両生類を飼育下に置くことは，常にうまくいくとは限りません．ヒキガエル類は飼育下でよく餌を食べますが，飼育下のアマガエル類は体重減少と急激に一般状態の悪化が起こりがちです．これらのアマガエル類は囲まれた庭の池で健康を回復するでしょう．そして，そこでカエルの健康状態をモニターすることができて，最終的に縫合やギプスを外せるでしょう．

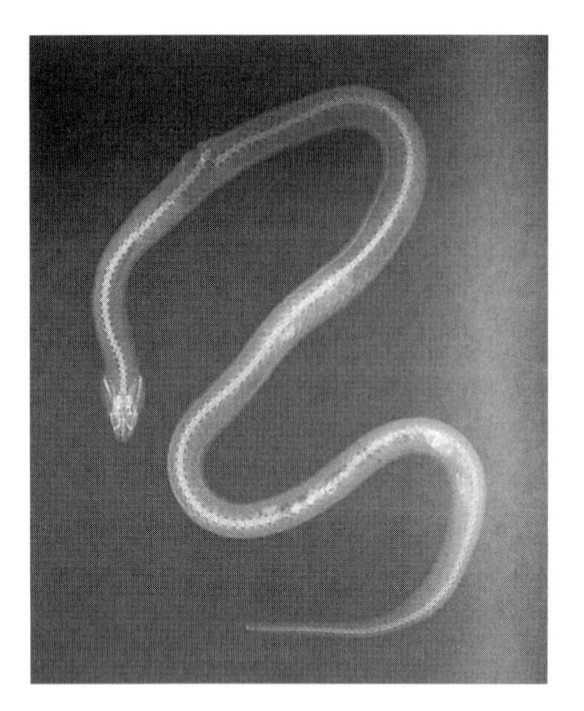

図 8-19　犬によって脊椎が傷つけられたヨーロッパヤマカガシのX線写真．このヘビは損傷にうまく対処しました．

9
野生鳥類の病気

　英国の傷病野生鳥類は，病気という様々な難問を提供します．これらには感染症や普通にみられる外傷といった自然現象を含みます．1つの病気が鳥の1種だけとは限らず，もっと多くの種を冒すことがあります．傷病野生動物を扱うときの目的は必ずしも病気を診断するということではなく，それらの状態に遭遇するのが頻回になれば，同じ場面でのトリアージのとき，すでに標準化している予防的処置を役立つものにするでしょう．もちろん，傷病野生動物がもっと完全に検査されれば，獣医師は今までとは違う方向での対策法を指示するかもしれません．

　この章で言及された薬やその他の物品は，動物医療で標準的に使われる道具や薬の中には重要でないとされるものかもしれません．包括的な治療を行っていくために，これらの物品を傷病野生動物のために在庫しておきましょう．

　下に記載したものは，野生動物でよくみられる比較的共通の問題です．

アスペルギルス症

　普通に感染する種：水鳥，外洋性の鳥，猛禽とハト．

　アスペルギルス症はアスペルギルス属の1種によって引き起こされる真菌性の感染症です．野鳥になじみ深いのは，*Aspergillus fumigatus*, *A. flavus*, *A. niger*, *A. glaucus* と *A. nidulans* です．このすべては鳥で記録がありますが，一般的には *A. fumigatus* が病気の原因です．

　アスペルギルス症の問題は，それが発見され難く，臨床症状が明確となる頃には，病気はほとんど回復ができなくなるくらい進んでしまっていることです．しばしば，症状を示すことなく，病気に冒された鳥は死亡することになります．

　他の真菌類のように，アスペルギルス属は，湿った，腐りかかった植物質，特にかびが生え，湿った干し草に増殖します．真菌類が増殖するには湿った条件を必要としますが，逆に，その胞子はほこりっぽいケージの底のような乾燥状態によって広がります．これら両方の状態は鳥を飼育している施設で見いだされることがあるので，予防措置には，湿った干し草やわら，それに乾燥したケージの粉塵が鳥の近くに置き残されていないことを確実にすることが必要です．

　アスペルギルス属は環境に蔓延していて，おそらく，多くの鳥の呼吸器系にも存在しています．しかし，それは常に病原性がなく，鳥に悪影響しないわずかな量でしか存在していません．ある特定の状況が真菌類の増殖を起こし，鳥の呼吸能に重度の影響を与えます．これらの状況には基礎疾患，環境悪化，免疫抑制あるいはストレスを含みます．

　一度真菌類が侵襲的となるとすぐに，気管，鳴管，気管支，呼吸器系の80％を構成する肺と気嚢を含めて呼吸器系全体に影響を与えるようになります．アスペルギルス属の感染が成立すると，3つの感染型が認められます．

- 1〜7日以内に死に至る**急性型**．臨床症状は，肺炎の湿性ラッセル音と，重症の鳥にみられる典型的な姿である，羽を立てた沈うつの状

- *亜急性型*は発症して死ぬのに1〜6週を要します．病気が発症すると，臨床症状は喘鳴と開口呼吸です．
- *慢性型*は発症するのに何週間もあるいは数カ月も掛かります．臨床症状は亜急性期の症状に類似していますが，慢性病の鳥はさらに体重減少や激痩せ（羸痩）します．

アスペルギルス感染は，死後剖検で呼吸経路の典型的病変を示しますが，しばしば臨床症状を示しません．開口呼吸の症状があれば，アスペルギルス症と目標を定めた長期治療を選択します．もしこの病気の外見上の症状がなくとも，獣医師が疑いをもっているなら，ラボ検査が必要でしょう．

長い間，アスペルギルス属は治療に反応しないと考えられていました．昨今でさえ，もしアスペルギルス症が確認されたら，完治する可能性はありますが，高価な治療が何カ月も掛かることがあります．そこで現在は，治療するというよりむしろ予防することに目を向けた方がもっと有効で，実用的であるとして，受け入れられています．

通常，健康で，換気の良い，綺麗な環境で飼われている鳥は罹患しないでしょう．しかし，看護に連れてこられる野鳥はストレスがたまり，しばしば病気になり，それらが感染しやすい状況を作ります．抗真菌薬を使って，すべての傷病野生鳥類を予防的に処置することは可能ではありません．しかし，定期的に危険性が高い種に投薬することは賢明で，実際的です．

外洋性の鳥や海鳥は，飼育下に置かれるとまもなく急性のアスペルギルス症を発症するように思えます．重油の影響を受けた海鳥は特に無防備で，予防的治療をしないと，多くの鳥がこの病気で死ぬでしょう．潜水する鳥は，潜水のときに空気の再循環を呼吸の手段とするため，他の鳥より危険度が高いと思われます．The Wildlife Hospital Trust（St. Tiggywinkles）では，重油に冒されていようが，いまいが，外洋性の鳥のすべてに，即座に抗真菌剤治療コースを開始します．

Joseph（1996）は2週間コースの予防法をすすめました．イトラコナゾール（Itrafungol®, Janssen-Cilag）を日に2回，10〜20mg/kgを毎日経口投与します．実際に，St. Tiggywinklesで私たちは，イトラコナゾール（Itrafungol®, Janssen-Cilag）20mg/kgを2週間とクロトリマゾール（Canesten® Fungicidal Solution, Bayer）の吸入を行っています．吸入法は毎回30〜45分間で，3日間吸入，2日間休薬します．

カリフォルニアの国際鳥類救護センターのTseng（1997）は，外洋性の鳥類に経口でイトラコナゾール（Itrafungol®, Janssen Animal Health）10〜20mg/kgを日に2回，毎日という予防的抗真菌投薬をすすめています．国際鳥類救護センターは重油流出の研究における世界のリーダーの1つです．

鳥が開口呼吸をするようなら，病気はかなり進行しています．治療には酸素吸入，イトラコナゾールそれにクロトリマゾールの吸入療法を行うことができます．エタミフィリンカンシル酸（Millophyline-V™, Arnolds Veterinary Products）あるいは塩酸クレンブテロール（Ventipulmin™, Boehringer Ingelheim）の気管支拡張剤を投与することができます．

通常，アスペルギルス症は手遅れになるまで疑いすらされません．危険性が高い鳥のために予防が有用であることが分かっていますし，それが外洋性の鳥で定着しているこの病気を妨げる唯一の方法です．

鶏痘（家禽ジフテリア）

通常冒される種：ドバト，スズメ目，猛禽類．

鶏痘は2つの型を取るウイルス感染症です．
(1) 喉頭や上部気管に認められる湿潤型．
(2) 羽毛の生えていない部位に茶色の痂皮形成がみられる乾燥型．

通常傷病鳥類にみられるものは，嘴，ろう膜，脚，時には翼の辺縁に現れる，乾燥型です．

鶏痘は野鳥では死に至る病気ではありません．実際に，この病気は穏やかで，個体に限定的ですが，類似の鳥種には伝染性が強いです．接触や昆

虫の刺嚙によって広がるので，痘症を示している鳥を隔離することが望ましいです．全般的に，感染した鳥は自然に治癒し，リリース可能になります．

飼育している間，鳥は病巣部を突っつくので，わずかな出血を引き起こします．出血は普通，硝酸銀棒や傷薬で止めることができます．

外部寄生虫

- ノ ミ：全般的に野鳥はたくさんのノミの寄生が問題になることはありません．
- マダニ：同様に，マダニも傷病鳥類ではよくみられるものではありません．
- シラミ：野鳥のシラミは厳格な宿主特異的で，羽毛の重なりの間で生活しています．シラミは羽毛にいるので，宿主には通常問題ではありません．
- ダ ニ：野鳥，特にカラス類に寄生するダニは，通常肉眼で見えます．哺乳動物のダニより発見するのがずっと簡単で，ダニは鳥を離れて取扱者の手や腕の上を走る，はっとするような習癖をもっています．しかし，取扱者への問題はありません．感染している鳥あるいは疑いのある鳥の治療法は頸の後ろにイベルメクチンを局所滴下（Jvomec™ Pour-on, Merial Animal Health）することです．カラスくらいの大きさの鳥のおおよその投与量は 0.1ml です．
- シラミバエ：シラミバエ（hippoboscids）は，1，2匹が宿主を離れ，取扱者の顔や腕の上に着地するときに，初めて気づきます．平べったい外観をしていて，吸盤様の足をもち，驚くべきスピードで横にちょこちょこ走ります．人を咬まないでしょうが，その存在とはり付く習癖にはかなり当惑させられます．平らな体なのでつぶして殺すのが難しいですが，強くない殺虫粉剤で（Whiskas® exelpet®, Masterfoods）駆除できるでしょう．貧血あるいは刺激といった問題を起こしている症状がないなら，そのままにしておいた方が実際に
は楽です．
- ハエのウジ：衰弱した鳥にはハエの攻撃が問題となり得ます．ニテンピラム（Capstar® 11.4mg, Novartis）を体重 200g 当たり 1/4 錠剤経口投与します（第22章参照）．

釣り糸と釣り針による外傷

最も危険のある種：ハクチョウ，ガン，カモ類と他の水鳥．

ナイロンの単線釣り糸が出る前に，腸線が使われていました．腸線は生分解可能で，捨てられてもそれが分解されるまでの間だけが危険でした．それとは反対に，単線ナイロン糸は分解しないうえ，針が付いたままだったり，おもりが付いていたりして，ほとんどの水鳥，特にハクチョウに対し危険です．

木あるいは水辺植物に絡まったままの釣り糸には，まだ針に餌が付いていることがあります．鳥，特にコブハクチョウ（Cygnus olor）は餌に惹かれて，餌と針，釣り糸，それにくっ付いているおもりなどをよく口にするでしょう（図9-1）．食道内に呑み込まれてしまうと，柔らかい食道壁に簡単に刺さって，返しに引っ掛かり，簡単には抜けないでしょう．

釣り針が食道壁にしっかり食い込んでしまうと，鳥は釣り糸の残り部分を呑み込み続けます．その結果，分解できないナイロンの塊が出来上がります．鳥に給餌すると，食物が釣り糸の塊に絡まってしまい，ついに食道や前胃が完全にブロックされてしまいます．そうなると，鳥が飢餓になり死ぬのに長くかかりません．

鳥が幸運なら，時々嘴からぶら下がっている釣り糸を人が見つけ，つかむことができます．釣り針と糸はとても固く埋め込まれるので，簡単に取り去ることができないでしょう．その場合，釣り針を取り去ることのできる治療施設に送ってください．嘴からぶら下がっている釣り糸はどんな長さでも，釣り針を取り去るときの助けとなるでしょう．これを切るべきではありません．鳥がそれを呑み込んでしまわないように，棒に結び付け

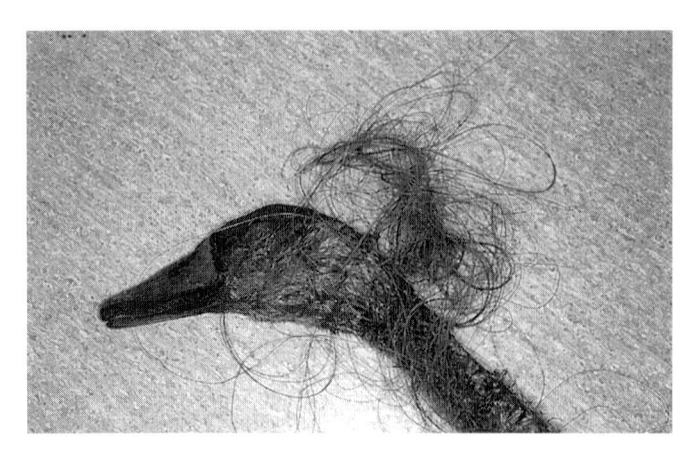

図 9-1 ハクチョウはよく，釣り糸，釣り針，餌やおもりを飲み込みます．

るか，固定してください．

治療施設を出た後，鳥の口に気になる悪臭があるなら，食道での障害物の存在が推測されます．X線写真により，釣り針があるかどうか，それがどこにあるかが確認できるでしょう．

もし釣り針の痕跡がないなら，釣り糸だけですので，釣り糸が舌の基部や声門周辺にからまっていないか調べてください．それから食道の中におよそ20mlの流動パラフィンを強制投与してください．そのときには，釣り針の付いていない糸と障害物を，穏やかにしかし力強く，引き抜くことが可能です．

もし釣り針があるなら，嘴からの距離の目安として，頭首に沿って置いたプラスチック胃カテーテルにおよその針の位置に目印を付けてください．胃カテーテルに適切な潤滑油を塗り，円滑にしてから，嘴に出ている釣り糸をチューブに通し，カテーテルを押し込みます．カテーテルが釣り針に届いたら，止めます．釣り糸をぴーんと張った状態にして，カテーテルを少し押し進めると，カテーテル内にとらえられた釣り針が外れるかもしれません．釣り糸をぴーんと張ったままにして，ゆっくりとカテーテルを引き抜いて，鳥から釣り針を取り出してください．決して埋没した釣り糸を単純に引っ張ってはいけません．引っ張っると，軟部組織内に釣り針をもっと深く押し込んでしまうだけです．

もし釣り針が前述した方法によってはずれないならば，獣医師は釣り針を除去するために，側面から食道にアプローチする手術をすると決めるかもしれません．外科手術の間に釣り針を簡単に発見できるように，放射線不透過の目印，例えば滅菌安全ピンを釣り針の近くの皮膚にさして，2度めのX線写真を撮るとよいでしょう．ハクチョウの頸の鉄製の釣り針を見つけるために，強力な磁石を使用することもあります（J. Lewis, 私信）．その皮膚表面のすぐ下に大きな頸静脈があるので，目印のピンを刺すとき注意しましょう．

返しがある釣り針で覚えておくべき1つのことは，返しに対して針を引き抜こうとすると，軟部組織をもっと損傷させるだけであるということです．釣り針を取り去るためには，針先と返しが表面に出るまで，針をさらに前方へ押し込まなければなりません．それから，返しと針先を，体部を残してカッターで切り落とすと，体部は後ろ向きに引き戻し，外せるようになります．時々，釣り針には3つの針先と3つの返しをもっているのもありますので，それぞれを切断して，別に除去する必要があるでしょう．このテクニックは体のどこにある釣り針にも同じです—釣り針を押し込んで，先を切り，体部を取り除きます．

翼，頸，体，脚に絡まった釣り糸は，ほどいて，取り外しましょう（カラー写真18）．しかし，圧迫壊死が早期のリリースを妨げる場合に備えて，その鳥を1週間監視すべきです．再び放置されることがないように，古い釣り糸はすべて燃やし

表 9-1 鳥の頭部外傷を扱う手順の壁図

St Tiggywinkles
The Wildlife Hospital Trust

鳥の頭部外傷の場合
（例えば，意識不明で到着する場合）

(1) **ABC**：気道，呼吸と循環のチェックと手順．通常の蘇生法を行ってください．
(2) **酸素**：もし鳥が昏睡状態なら，挿管を試みて，酸素のわずかに過換気状態で吸入を始めてください．**これはおそらく大脳浮腫の発生を妨げる最も重要な処置です**．もし挿管が可能でないなら，マスクや酸素室によって酸素を投与してください．
(3) **不動化**：鳥を動けないように保定してください．頸に操作を加えないでください．つまり，頸静脈から血液サンプルをとらないでください．
(4) **出血**や**脳脊髄液の漏出**の跡など，頭部を注意深くチェックしてください．
(5) ショックに対する治療法を行ってください．
(6) **呼吸型**をモニターしてください．
(7) **頭部 X 線**：あった方が良いでしょう．
(8) **過敏な鳥は可能な限り直ちにリリースしてください**．

ましょう．

頭部外傷

よく外傷を受けやすい種：ハイタカ，カワセミ，キツツキ類とキジ．

自動車と衝突する鳥は，どんな種も頭部外傷を被ることがあり得ます．しかし，最もよく外傷を被る種は，ハイタカ，カワセミとキツツキで，それらは窓に飛び込んで，頭部を殴打し，意識不明になります．

成功するための頭部外傷管理の秘訣は，頭蓋内圧を緩和することによって続発性脳損傷を最低限にすることです．脳浮腫を軽減するために摂取水分量を減少させるという古い考え方は，現在では，正常な体液量，あるいはわずかに過剰の体液量を維持することを推奨するということに，取って代わっています．

検査の結果，獣医師は非常に洗練された治療法を，あるいは外科手術さえも選択するでしょう．しかし，トリアージにおいて，頭蓋内圧上昇をおさえることによる，従来の標準的手順が回復を助けます．The Wildlife Hospital Trust（St. Tiggywinkles）で使っている標準的手順は国際動物園獣医グループの J.C.M. Lewis 博士によって作成された頭部外傷のケースを扱うための手順を基にしています（表 9-1）．

代謝性骨疾患

通常冒される種：シラコバト，ドバト，猛禽とカラス類．

代謝性骨疾患（MBD）は，鳥，あるいは他の動物が餌の中のカルシウム，リンやビタミン D のアンバランスで苦しんでいる場合に，リハビリテータが使う専門用語です．

バランスのとれた食餌を給餌された鳥はビタミンやミネラルの正しい摂取量を取っているはずです．しかし，カルシウム沈着が不完全なため，長骨が曲がってしまったり，あるいは弯曲の典型的臨床症状，さらに特発的骨折を示して，野鳥がつれて来られます．

野生の猛禽は餌とする動物の骨からカルシウム／リンの理想的な比率を摂取します．しかし，時々

初心者が猛禽を人の手で育てようとすると，骨がない肉だけを食べさせます．これらの鳥は決して成育しませんし，カルシウム沈着不全の骨を作りあげ，曲がってしまったり，特発的に骨折する可能性があります．慢性の症例は矯正できないので，不幸にも鳥は殺処分しなければなりません．時々，早期の症例はカルシウム添加剤を与えることができますが，どんな物もバランスのとれた食餌に代わる物はありません．猛禽は肉だけを食べるのではなく，動物全体を食べることを覚えておくことが重要です．

MBDの野生の若いシラコバト（そしてドバト）が連れて来られます．この症候群は，典型的薄い骨皮質，あるいは弯曲した長骨と非常に柔らかい嘴を示します．通常，これらは錠剤のカルシウム添加剤に，その後，餌に添加したカルシウム/リンの粉に反応します．

カルシウムを特別に投与するために入手可能な商品は：

- Pet-Cal™ 錠剤（Pfizer）
- 強化カルシウム/リン添加剤（Phillips Yeast Products）

鳥がカルシウムとリンを代謝するためには日光も不可欠です．著者は，シラコバトが早く巣を作り過ぎるのではないかと考えています．雛たちは，3月と4月の日光不足のため，巣の中でMBDになるように思います．

多くの雛が拾われ，育成のため連れてこられます．私たちは，爬虫類用の紫外線灯の下に置きます（PowerSun UV™，Zoo Med，B.J. Herp Supplies から入手可能）．

中　　毒

通常影響を受ける種：水鳥．猛禽，カラス類とドバト．

通常，上記の鳥たちが非合法に使われた毒物の中毒の犠牲者になり，いつも致命的です．

次の2タイプの中毒がしばしば鳥にみられます．そして，水鳥では両方とも起こるように思われます：

図9-2 中毒死で発見されたアカトビ．結果的に刑事訴追されました．

(1) *鉛中毒*：特にハクチョウが冒されます．ハクチョウは砂嚢のグリットとして拾い上げた釣りのおもりや，おそらく猟銃の鉛の小球を摂取し，消化します．

(2) *ボツリヌス菌中毒*：カモメは温暖な気候現象の主な犠牲者ですが，すべての水鳥に危険性があります．

他の中毒も起こるかもしれません．中毒のものを見つけたら，Veterinary Poisons Information Service に問い合わせをすることができます（付録7を参照）．そして，それには類似の中毒を示す鳥の記録が入っているかもしれません．獣医臨床家はすでにこの組織の会員かもしれませんが，このサービスは有料です．

計画的な中毒，あるいは人為的，計画的または偶然の中毒の疑いがあれば環境・食糧・農村地域省（DEFRA）の中の野生生物事故係に報告してください（図9-2）．英国フリーダイヤル：0800321-600．

鉛　中　毒（M. Beeson，私信）

他の鳥と同様，ハクチョウは，食物を砕いて擂り潰すグリットや小石を砂嚢に呑み込む必要があります．嘴で泥をふるいにかけて濾し，グリットを呑み込みます．ハクチョウの長い頸は水中でかなり下まで伸ばすことができます．このことが，カモやガンよりもハクチョウが鉛中毒になりやす

いという理由です．ガンはたくさん草を食べる傾向があって，そのことから，釣りのおもりではなく，どちらかというと，猟銃の弾をより摂取してしまう危険性があります．

砂嚢に鉛をもっている鳥は常に鉛中毒で苦しむことになるでしょうから，治療すべきです（Harcourt-Brown, 1996）．すぐ治療されなければ，鉛中毒によって死ぬことになります．小さいサイズの釣りのおもりを禁止する法律が通過しましたが，河川の土手や川床には，放置された莫大な量の鉛が存在します．

鉛中毒は羸痩，貧血，衰弱，明緑色の糞や全身倦怠感を引き起こす拒食症を起こします．筋肉でできた砂嚢は機能することをやめ，たとえ鳥が食べることができるとしても，その食物は処理されず，前胃部と食道に停留します．

臨床症状

他の原因も含まれるかもしれませんが，鉛中毒の臨床症状には羸痩，無気力，明緑色の糞，「ふにゃふにゃの頸」（頸の下部が鳥の背部をまたいでだらりとなります）を含みます（図9-3）．血液検査が診断に使えますが，鉛中毒ではないハクチョウでも自然に高い鉛の値を示すことがあります．砂嚢のX線写真と臨床症状が良い指標です．鉛の弾は放射線不透過で見えます（図9-4）．

X線写真を撮ったらすぐ，足根骨内側静脈に22Gカテーテルを入れ，粘着テープで固定して，静脈内点滴をします．テープで足根骨内側静脈に固定するということは，もし鳥が立ち上がったり，体位を変えようとしても，点滴ができるように，そして，絶え間ないモニターや鎮静の必要をなくすという意味です．エデト酸ナトリウムカルシウム（Strong, Animalcare）を5ml，Duphalyte（Fort Dodge Animal Health）10mlをハルトマン液1リットルに加えてください．ビタミンB_{12} 2mlを皮下注射してください．大腿は，胸筋と同じぐらい内出血しないので，最良の注射場所です．

静脈内点滴は2つめの点滴バッグと投薬を続けながら，48時間継続します．48時間安静にしてください，それから食欲が戻るまで1mlの水と混合したエデト酸ナトリウムカルシウム（Strong, Animalcare）1.5mlを毎日皮下投与してください．

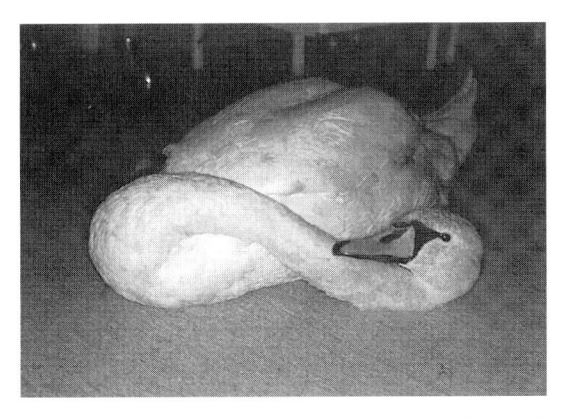

図9-3 ハクチョウのこの「ふにゃふにゃの頸」の病因は，鉛中毒ばかりでなく，他の原因があるかもしれません．

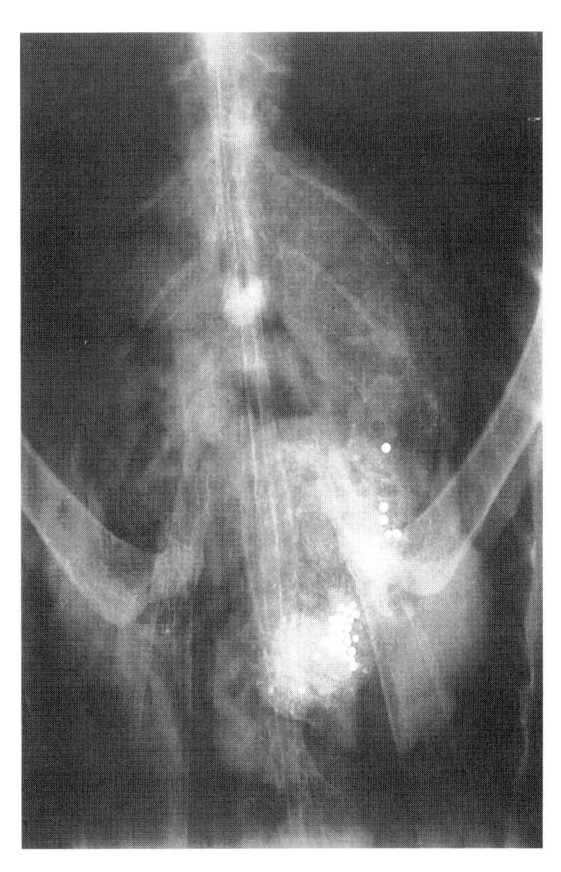

図9-4 砂嚢にたまった鉛の弾が見えるハクチョウのX線写真．

鉛中毒から回復したハクチョウは消化吸収に問題があるので，かなりの期間看護し続ける必要がある場合もありますし，間もなく良い餌を持続給餌できる安全な環境の新しい生息地にリリースできる場合もあります．極寒が続く期間，骨に沈着した鉛が放出されるので，鉛中毒になりやすいということも覚えておきましょう．骨からカルシウムが放出される繁殖期の雌にも起きます．これは治療を必要とするほど重度ではありません．もし症状が重ければ，上に記載したような治療法で1回の注射で十分です．

以前は，外科的に砂嚢から鉛を除去するのが一般的な治療法でした．今では，この方法はあまりに侵襲的過ぎると考えられていて，すでに衰弱したハクチョウの手術はほとんどの場合，良い考えではありません．これに対する唯一の例外は，大きなおもりを呑んでしまったとき，砂嚢でなく，前胃部から鉛を除去しなければならない場合です．この方法は軽々しく試みる方法ではありません．あらゆる金属を急速に排泄するために，餌や飲み水の両方からさらにグリットの取り込みを促すことの方がまだましです．

鉛の弾や散弾が体のほかの場所にあっても，鉛中毒の危険があるとは思えません．

ボツリヌス中毒

暑い，乾燥した天候で湖沼の水位が下がると，泥は嫌気性菌 Clostridium botulinum のための理想的温床になります．水鳥，特にカモメ類はこの泥からの無脊椎動物や軟体動物を餌として摂取します．クロストリジウム属はたくさんの鳥を殺す強力な毒を作り出します．しかし，中毒の幾例かの鳥は救出，治療されるまでの間生き残っているでしょう．

臨床症状は脚の脱力麻痺，瞬膜のコントロール喪失，心速拍と不整脈，呼吸抑制です．体温度は，36.5～37.5℃と低体温です．そして，悪臭を伴わない噴出性の下痢を示すことがあります．悪臭のある下痢はサルモネラ中毒の可能性があるので，治療として抗生物質を必要としています．

病気の鳥には，50ml/kgの輸液を静脈内か骨髄腔内に行ってください．そのとき，半分は皮下に与えましょう．ショックには2～8mg/kgのデキサメサゾン投与を行ってください．汎用性の解毒剤を強制経口注入すれば，体から毒を洗い出す過程をスタートさせることになります．単純な汎用性の解毒剤を下記のように作ることができます（Greenwood, 1979）．

　活性炭－吸着体　10g
　カオリン－吸着体　5g
　タンニン酸　5g
　酸化マグネシウム－酸中和　5g
　水を加えて500mlにします．

解毒剤を体重に応じて，2～20ml強制経口注入します．鳥の体液量が十分になったらすぐ，あるいは少なくても24時間後，流動食の強制経口給餌を開始することができます．鳥の大きさに応じて，2～20mlの給餌量の，Poly-Aid (Vetfarm Europe), Ensure (Abbott Laboratories) や Complan (Crooke Healthcare) も適切な食物です．この強制給餌は鳥が自分で餌を摂取できるようになるまで続けてください．

ボツリヌス毒は非常に毒性が強いので，100％の成功率を期待してはいけませんが，50％の成功を納めることが可能です．

銃　　　創

空気銃によって生じる銃創は，実に21世紀病になってしまったように思えます．野生動物リハビリテーション施設で，ハクチョウからフィンチ類に至る様々な種が，1個以上の空気銃の弾によって，病気になり，外傷を被るか，体を不自由にされています．空気銃はさらに強力になっていて，小さめ鳥の場合ほとんどが死んでしまいます．加えていうなら，非常に多くの鳥や他の動物も傷つけられています．

空気銃の弾が鳥を貫通すると，大抵は，創傷内に羽毛や他の残骸を運び込みます．私たちが診る大半の症例では弾が鳥を貫通していません．弾は通過する途中で，さらに骨を相当に粉砕すること

ができます．骨折と空気銃の弾はX線で，よく分かります．

骨折は通常の骨折として治療しますが，弾と一緒に持ち込まれた残渣を除去するためには，創傷を堀り起こさなければなりません．

野生動物リハビリテーションでは，英国での空気銃使用に関連した法律の知識をもつことは有益です．そうして，もし鳥が撃たれたなら，警察に通報することで，将来にもっとたくさんの鳥が撃たれるのを防げるでしょう（付録4）．

開嘴虫症（キカンカイシチュウ）

感染する種：すべて．

よく知られているように，開嘴虫症，あるいはキカンカイシチュウ感染は鳥に呼吸困難を引き起こすことがある自然発生の状態の1つです．その犯人の Syngamus trachea は線虫で，しばしば気道を完全に塞いでしまうぐらいの数が鳥の気管内に感染します．この虫はナメクジ，カタツムリ，甲虫，ミミズなどの中間宿主を介して感染します．

多くの他の呼吸器疾患と同じように，この虫は鳥に開口呼吸をさせることがありますが，時々は，声門から生じる湿性ラッセル音によって，原因を薄々感じることができます．さらに，重症の症例では，気管開口部に虫を見ることがあります．虫は赤くて，糸状です（図9-5）．

コントロールにはフルベンダゾール（Panacur-Hoechst Roussel Vet）やサイアベンダゾール（Mintezole-Merial Animal Health）を使います．

チアミン欠乏症

冒される種：魚を食べる種

酵素チアミナーゼは白身の魚，例えばスプラット，シラス，カレイとホワイトバスに存在します．何種かの飼育下の鳥には魚を食べさせなければなりません．例えばカワセミとカイツブリにはシラスを食べさせることがあります．これらの白身の魚のチアミナーゼはチアミン（ビタミンB_1）を破壊して，鳥に多発性神経炎や死を招来します．

チアミン欠乏症の臨床症状は無気力と衰弱，食

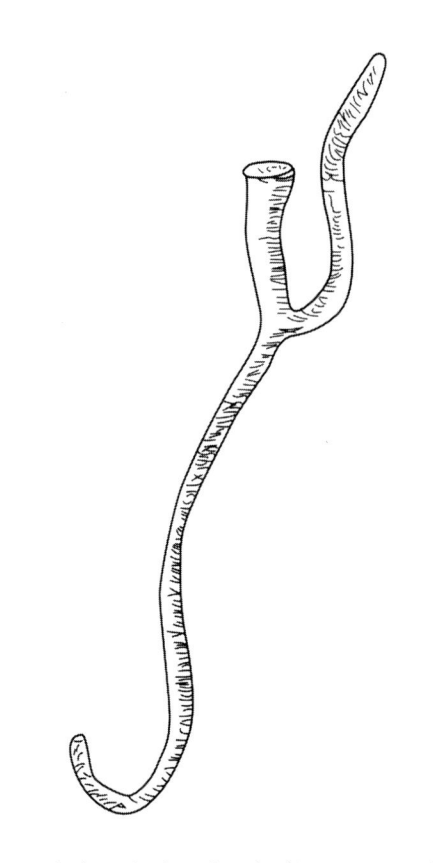

図9-5　キカンカイシチュウ（Syngamus trachea）．開嘴虫の雄と雌．

欲喪失と瞳孔収縮です．その後，死ぬ前に痙攣を起こします．この事故を防ぐために，白身の魚を食べさせる鳥すべてには毎日，チアミン（ビタミンB_1）添加剤を与えてください．

ビタミンB_1は人体用の錠剤型で入手可能ですが，もっと適したビタミンB群のミックスがAquavits（International Zoo Veterinary Group）として，あるいはやMazuri Zoo Foodsから魚食錠などの剤形で入手可能です．魚を食べるすべての動物のための製剤では，投与量は容器に書かれています．ウミガラスサイズの鳥には1日に1錠を必要とします．

特に，重油にまみれた鳥には，消化管の毒物をきれいにするのを助けるために，白身の魚を給餌します．これらの鳥は保護下に置かれている間，毎日チアミン添加を必要とするでしょう．

トリコモナス症

冒される種：シラコバト（Streptopelia deco-octo），ドバト，猛禽類．

トリコモナス症は Trichornonas gallinae と呼ばれる鞭毛原生動物によって引き起こされます．トリコモナスは，貪食，すなわち細菌，白血球と滲出細胞を吸着によって食べる酸素耐性嫌気生物です．中間宿主を必要としません．すなわち，トリコモナスは直接接触によって伝搬されます．このため，通常，感染源を推定することが可能です．

典型的例として，ドバトやシラコバトの雛は親鳥の喉から直接食べるので，よくこれらの鳥にトリコモナス症病変がみられます．トリコモナスは喉の部分ではごく一般的です．著者はモリフクロウ，ハイタカ（Accipiter nisns）とアカトビでもトリコモナス症を見たことがありますので，もしかすると，感染しているシラコバトあるいはハトを食べたのかもしれません（カラー写真 19）．

この病気は，喉，そ嚢，食道に，そして上顎や上部気道，眼窩へ広がる乾酪病変を引き起こすことによって，トリコモナスの症状を示します．この病変は大体は濃い黄色から茶色い色をしていて，濃いだ液や糸を引く粘性物質を伴うかもしれません．しばしば悪臭があります．もしこの病変が気管に侵入すると，病変が喉を塞ぎ，呼吸困難になり，感染している鳥はしばしば餓死します．

治療の前に病変を取り除こうすると，生命にかかわる大量の出血をもたらすことがあります．しかし，感染している鳥が輸液療法を受け，流動食栄養で強制給餌されれば，トリコモナス症を投薬で攻撃することができ，4〜5日で容易に排除されるでしょう．実際には，治療によって病変が剥離すれば，大部分は呑み込まれるでしょう．

トリコモナス症の治療薬はカーニダゾール（Spartrix-Harkers）で，成鳥や慢性例のためには 10mg を，若い鳥には 5mg を 1 回量として投与します．

時々この感染症は嘴や頭骨の一部を冒すことがあります．重要な欠損をもっている鳥は，可能なら飼育下に留めてください．

この病気はハト類によく流行しているので，ドバトやシラコバトは到着時に，予防的に治療しましょう．時々，シラコバトの群全体がトリコモナスに感染します．衰弱して，1羽ずつ保護されてくることがあります．飲み水に入れたジメトリダゾール（Harkanker Soluble-Harkers）で定期的に入院している群を治療することが可能です．著者の知る限り，入院している群全体が治療されたことはありませんが，この治療が大量死の解決策になるでしょう．

西ナイル熱

西ナイルウイルス（WNV）は蚊によって鳥に伝搬されます．特に，アフリカから北に渡りをする鳥では一般的です．米国の野生動物リハビリテーションの団体は正常な動物よりはるかに多くの傷病野生動物を経験しています．そのとき，時には致死的な WNV が人に感染する可能性があるという危険を伴います．

英国では，この病気のモニターをずっと国立獣医学研究所が行っています．その報告によれば，渡りをしない多くの鳥にも抗体が検出されています．これはこの病原体にさらされたことがあることを意味します．しかし，2001〜2003 年の野鳥の検査では臨床症状を示す WNV を発見してはいません．このことには困惑させられますが，以前，この病原体は英国に存在しましたが，米国を襲った重大なこの動物流行病の損害を今は受けてはいないだろうという意味でしょう．

これより前の章，第 1 章で，著者は西ナイル熱の人獣共通感染症としての可能性について触れましたが，米国での経験の概要を提供していただいたことに対して，Tri-State Bird Rescue and Research Inc. の Erica A. Miller 博士（獣医師）に深謝いたします．英国でこの病気が似たような問題になるときに備えて，私たちは WNV を理解しなければいけません．

臨床症状

一般に，鳥はある種の中枢神経系異常を表しま

す．その症状には，中等度の頭部振戦，運動失調，斜頸，放心状態，脚麻痺，両翼の垂下と全身発作を含みます．鳥の大部分がある時期，胃腸に問題をもっています．胃腸症状には，下痢（しばしば射出），拒食，進行した場合，たいていの症例では食物の吐出が含まれます．他の症状には，羽毛の損傷，羽毛の発育不全，網膜損傷があります．ほとんどすべての鳥はシラミバエやシラミといった外部寄生虫をもっています．高体温のこともあります．

診　断

診断は厳密には獣医師の領域です．WNV の適切な検査法は，米国国立野生生物保健センターの Web サイト www.nwhc.usgs.gov/research/west_nile/west_nile.html を見てください．いくつかの検査が，クロアカスワブや今までに検査されたなかで最も信頼性の高い組織，羽髄でも行われています．

現在，神経の症状を示している，すべての動物の鑑別診断に WNV の可能性を含まなくてはなりません．しかし，もしこの病気が英国に達していると心配するならば，すぐにでも既知の特異的症状を示すものには疑いを残さないようにすべきでしょう．

隔　離

すべての疑わしい症例は保護されている他の動物から隔離しなければなりません．疑わしい鳥を取り扱っている人は，手袋，ガウンかエプロン，マスクを身につけてください．疑わしい鳥のための洗濯物，給餌道具や器は，残りの施設の装置とは別に洗浄，殺菌してください．

検死の間，術者を守るために，二重の手袋やマスクを身につけ，換気を増やし，空気吸引装置を使うことをすすめます．

治　療

治療には輸液と栄養補給の支持療法を含みます．支持療法薬はビタミン B 複合体，イトラコナゾール（アスペルギルス症, p.91〜92 を参照）と，駆虫，特にシラミバエとシラミの駆虫です．

もし WNV に罹った鳥が引きつけを起こすか，吐出するなら，安楽死させてください．同様に，数日間で改善がみられないなら，鳥は回復することはないでしょう．特に，カラス類は口からの出血を示すことがあります．

もし鳥がこれらすべての困難に打ち勝つことに成功しても，リリースするのに適切となるまで，さらに数ヵ月を要するかもしれません〔Erica A. Miller 博士（獣医師）による私信〕．

英国でのこの病気が存在するか，またその進展は，ということなどを国立獣医学研究所の Web サイトのインターネットを通してモニターすることができます．

この章ではその多くを予防について述べました．これは診断と治療に代わるものではなく，決まってみられる状態への注意の喚起だけです．病気の最終診断は常に獣医師によって行いましょう．

10 野生哺乳類の病気

　野生哺乳動物は様々な病気の様相をみせてくれます．なかには治療してもよい場合もあります．この章で取り上げた病気は病原体による感染症よりもどちらかというと，主に外傷や代謝異常によって起こされる病気です．

歯と顎の症状

　柔らかい餌を与えられる伴侶動物は歯の病気を生じることが考えられますが，自然界の食べ物を摂る野生動物は，きっと歯の病気を患うことはないでしょう．しかし，歯以外の治療のために連れてこられた野生動物の一部は，明らかな歯牙疾患を示していることがあります．その場合，リリース前に歯の修復治療を完全に行うことは，健全な手続きです．

治療法

　歯の治療を必要としている動物は，獣医師の援助のもとで，治療前と治療後1週間，経口投与の抗生物質治療を継続します．スピラマイシンとメトロニダゾールの抗生合剤（Stomorgy® 2, Merial Animal Health）を，体重1kgあたり1/2錠を，1日1回，毎日投与することができます．外科手術後3日間，4mg/kgのカープロフェン（Rimady®, Pfizer）を鎮痛のために与えます．

歯根膜の病気

　主に病気に冒される種：ハリネズミ（*Erinaceus europaeus*），アナグマ（*Meles meles*），キツネ（*Vulpes vulpes*），カワウソ（*Lutra lutra*）．

　歯根膜の病気は，特に，生肉や無脊椎動物のキチンを食べる食虫動物と肉食動物のような野生哺乳動物には存在しないはずです．しかし，特に，ハリネズミには上顎裂肉歯と第一大臼歯上に慢性的な歯石形成が決まって見つかります（Stocker, 1987，カラー写真20）．歯石形成した下顎と上顎が硬くくっ付いてしまった動物を診たことがあります．

　歯石は，歯表面上の歯垢に反応して，だ液中の鉱物が歯上に数層に沈着してできています．これは悪循環を始めます．つまり，歯垢と歯石の微小な隙間に細菌が集まり，歯肉の歯根膜病（本当に「歯の周りに」）を起こし，順々に，さらに多くの歯垢と歯石形成などになりやすくなります．

　長期飼育下では，缶詰め食のハリネズミに歯石が溜まることが予想されます．しかし，現在，何頭かの野生ハリネズミも同じような歯石形成に苦しんでいますので，救護されたそれぞれの個体の口をよくチェックした方がよいでしょう．超音波の歯石除去や2〜3本の抜歯程度が通常行われる処置で，そのため，ハリネズミを病院に連れて行く必要があります．飼育下ではWhiskas Junior Dry（Mars Inc.）を添加すれば歯垢量を最小限に保ち，歯石形成を抑えます．

　同様に，アナグマとキツネのリリース前に歯根膜の病気がないか，チェックしてください．歯根膜の病気が治療されていないと，他の臓器に感染が広がることになります．口は感染の貯蔵庫としての役割を演じ，細菌が歯肉組織を容易に通過して，血液内に入ります．そこから細菌は広がって，

心臓，肝臓，腎臓，肺に定着します．治療をしないで，動物をリリースすることは容認できません．

歯牙疾患

主に病気に冒される種：アナグマ，キツネ，カワウソ，ホエジカ．

歯牙疾患は歯の内部，すなわち歯髄を冒します．歯髄は非常に弱く，簡単に損傷されてしまいます．歯髄の露出により，歯の穴を通して歯髄が健康か，あるいは壊死性かが分かることがあります．

アナグマの歯は強い摩耗（自然の摩滅）を，さもなければ犬歯をよく破折するので，たいていは歯の総点検が必要です．これらの破折は歯の感染を引き起こす原因となり，確信をもって非常に痛いといえます．

キツネ，カワウソ，アナグマすべてに，共通して犬歯の破折がみられます（カラー写真21）．可能ならば損傷した歯は抜歯するより，むしろ修復するべきです．根管の咬合せが，野生での厳しい生活にもちこたえる，良い，健全な歯をもたらすことになります．しかし，野生動物の治療には，ブリッジや歯冠，歯の移植のような美容形成の余地はありません．それらは長持ちしないので，もし浮いてしまったら，露出したままということになるでしょう．

歯の治療をしないでリリースされるものに比べると，しっかりした健康な歯をもってリリースされた野生動物は，苦労なく生存できるでしょう．

不正咬合

一般的にこの病気に冒される種：カイウサギ（*Orvctolagus cuniculus*），リス，他の齧歯類．

齧歯類とウサギ類の歯は，一生を通じて伸び続けます．顎に歯が同列に並んでいて，対応する歯をいつもすり減らしています．しかし，どんな理由にしろ，対応する歯が合わないと，上の歯が口蓋と頭骨の上部を貫くか，あるいは動物が餓死するまで，伸び続けるでしょう（カラー写真22）．

齧歯類とウサギが不正咬合になると，問題となるのは通常切歯です．伸び続ける切歯の先は下にカールして，口の中の方へ後ろ向きに伸び，やがて口蓋に穴をあけるでしょう．下顎の切歯は口の正面に向かってまっすぐに伸び出るか，口蓋へまっすぐに伸び続けるでしょう．

この異常な成長を起こす原因は，野生動物では通常2つのうちのどちらかです．

(1) *先天的な不正咬合*：幼子にみられ，頭骨の先天的奇形が，対応する歯の適切な会合を妨げます．
(2) *外傷性不正咬合*：切歯を破折したか，下顎か上顎の位置がずれるような外傷を被ったことがある場合．

不正咬合になると，歯並びを正す方法はありません．ただし，1本の歯が破折した場合は例外で，破折した歯が正常な長さに再成長するまで，対応する歯を短く削り続けなければなりません．

ウサギの切歯の不正咬合の処置には抜歯もありますが，野生のウサギは切歯がなければ決してリリースできませんし，簡単に飼育できないでしょう．リスの切歯を抜歯するのはあまりに侵襲的過ぎます．これらの動物すべてに対処する唯一の答えは，定期的間隔で，たとえば毎月，歯の長さを揃えることです．野生動物の場合は，殺処分が人道的なものといえるでしょう．

しかし，歯を揃えることが成功裏に終わったという例もあります．歯を絶対，爪切りやカッターで切りそろえてはいけません．形を整えるために，常時ダイヤモンド製の歯科バーで歯の形を作り上げてください．麻酔も鎮静もしていない動物でも可能であろうと思います．

以下のような理由で，爪切りで歯を切ると，重大な傷害を引き起こします（Gorrel, 1996）．

・歯冠に加わった極端な力が組織や歯髄に損傷を与えるかもしれません．
・歯が縦に割れることがあります．
・この方法には痛みが伴います．
・簡単に歯髄が露出してしまいます．
・鋭利な辺縁が残ることがあります．

動物の歯の研究で先駆者として有名な歯科医，Peter Kertesz先生は，「口は生存に関わる玄関口

である」と言っています．良い健康な歯は，長く，痛みのない生活に欠くことができませんから，リリースする前に，救護された野生動物すべてが完全な歯の治療をすることが重要です．

ホエジカ

シカを経口投与の抗生物質で治療してはいけませんし，シカの歯，切歯と大臼歯は一般的に問題を引き起こしません．しかし，ホエジカの雄は，上顎の犬歯が上唇から突き出だして，牙に変化しています．牙の歯茎は緩いように感じますが，実際は，とても長い歯根で固定されていますので，1 治療法としての抜歯を非常に難しくしています．牙は辺縁が鋭く，鋭利に尖っています．発情期間に，牙は他の雄と戦うために使われます．しかし，ホエジカは非常に厚くて，堅い皮膚をもっていますので，重度の創傷は比較的まれです．

顎の皮弁形成

このタイプの損傷はハリネズミと交通事故の犠牲者，特にホエジカでよくみられます（図10-1）．一般に生じた皮弁を清拭することとその場所を縫合することが欠損を解決します（図10-2）．

・損傷を受けた皮弁と露出した歯肉部は消毒薬で清拭し，壊死部を除去し，最後に生食水で洗い流します．
・その皮弁を顎の正しい位置に置き直します．助手がその場に保持してもかまいません．縫合はモノフィラメントナイロン糸を使って，そ

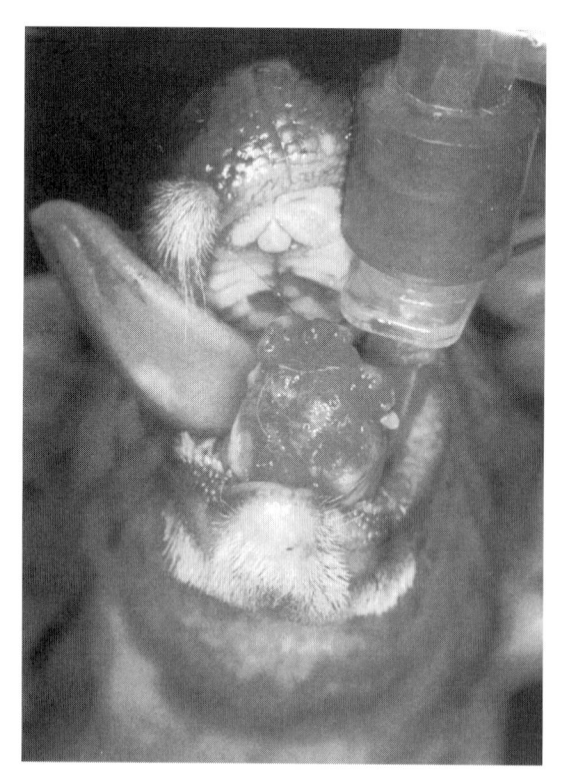

図 10-1 ホエジカの顎の典型的皮弁形成．

図 10-2 顎の皮弁の修復の模式図（Jim Gourley のご好意による）．

- の糸を口床のちょうど内側から下顎枝と癒合関節の後ろを通して，皮膚に抜けます．
- 口床の縫合糸を犬歯とその横の切歯の間を通します．
- 次に，その縫合糸を，元の位置に置き直した皮弁の端のすぐ下の頬の粘膜を通して，それから皮膚を通して外に渡します．ここから，下顎の他の側壁を通過させます．そして縫合の出発点へ向かって逆行させて，結紮します．
- さらに，破れている皮弁を支えるために，前臼歯の位置にさらに縫合糸を通します．その縫合糸は最初，口床を通して，すぐ内側から水平な下顎枝に，そして第二前臼歯と同じ高さに通します．
- その縫合糸を第一と第二前臼歯の間を通し，正しい位置に戻した皮膚を通してから，第二と第三前臼歯の間に通し,戻します．口床を抜け，縫合を開始した位置の近くで結紮します．
- 正しい位置に皮弁を保ちながら，最終的に，口の周りに同様の縫合糸を入れます．
- 広域スペクトル抗生物質を 5 日間与えます．最初の 3 日間は，飲水だけをさせて，必要なら糖加生食水を静脈内投与しながらすべての餌を控えます．
- 3 週間後から，縫合糸を取り去るまで，柔らかい食物を与えてください（J. Gourley，出版年不明，1999 年以降）．

外部寄生虫

野生動物は，ノミ，マダニ，シラミあるいはヒゼンダニのような外部寄生虫の通常の負荷に耐えることができます．しかし，条件さえそろえば，外部寄生虫はコントロールができなくなるくらい増殖して，感染した動物は生命を危うくすることがあります．例えば，

- 慢性ヒゼンダニ症（疥癬）のキツネ．
- 莫大な数のノミのいる巣の若いハリネズミ．
- 重度のダニ寄生をしているおとなのハリネズミ．
- 無数のシラミが寄生し，激痩せした，あるいは衰弱したアナグマ．

野生動物が救護されるとき，ショックの応急処置をする前ですら，時々外部寄生虫の駆除をします．慢性の外部寄生虫寄生は長い間動物に影響を与え続けています．したがって，それほど有毒でない方法を使って，より穏やかで，制御された駆除であれば，より安全な結果を生むでしょう．

ノ ミ

通常ひどく冒される種類：リス，アナグマ，カイウサギ，ハリネズミ．

ノミは昆虫で，宿主動物の血液を餌にしています．野生動物では，ノミは宿主特異性がありますが，一時的によそ者が，宿主を渡り歩くことがあります．特に，キツネは特有のノミをもっていませんが，一時的にアナグマノミ（*Paraceras melis*）をもつことがあります．

通常，野生動物のノミは，犬，猫，他の哺乳動物に移りませんが，ネズミノミ（*Nosopsxllis fasciarus* と *Cetenophthalmus nobilis*）は例外で，ホスト間，人とも，互いにやりとりをします．野生動物のノミも家庭のカーペットでその生活環を完了するか，あるいは回し始めます．カーペットでの発育は厳密にはネコノミだけです．

莫大な数のノミの負荷は貧血を引き起こすことがあります．獣医師は，その場合の貧血の診断には，鉄デキストランでの治療を処方するかもしれません．現在，野生動物に輸血をすることは現実的には選択肢になりません．

ノミの制御は，かつては粉剤やポンプスプレー型の殺虫剤でした．エアゾール製剤はある種の動物に明らかに有毒であると思われますので，全面的に不必要なものです．著者はこれまでの 20 年間ピレスラム（除虫菊）粉を使っていますが，最もうまく行くことが分かっています．そして，著者は野生動物のノミに咬まれたことはありません．

近年，フィプロニール（Frontline®，Merial）とイミダクロプリン（Advantage®，Bayer）が滴下剤として，入手可能になりました．最初の反応

は良好であるように思われます．どの殺虫剤を使うときにも，常に能書の一字一句に従ってください．注意：フィプロニールはウサギには使えません．

粘液腫

群を抜いて最も有害で，救護された野生動物にみられる可能性が高いノミは，ウサギノミ *Spilopsyllus cuniculi* です．このノミがミクソウマウイルスの主なベクターであり，このウイルスは集団発生時にウサギ集団の 40 ～ 60％を殺すことができます．一般的に知られているにもかかわらず，野生動物救護センターに連れてこられる犠牲者とともに，粘液腫感染がまだウサギ集団でよくみられます．

新たに到着する傷病野生動物のウサギが粘液腫に感染している疑いがある，なしにかかわらず，ウサギは致死的ウイルスのベクターかもしれないノミをもっています．したがって，私たちの病院に到着するすべてのウサギを，トリアージや応急手当を受けている間に，ピレスリンノミ取り粉で処置します．それから，ノミが死ぬ間，15 分間段ボール箱や運搬用箱に隔離したままにしておきます．その後，もし症状がなければ，少なくても 24 時間，粘液腫感染している疑いがあれば 19 日間，隔離ケージに入れます．到着時に使われたすべての箱や敷物は焼却します．

ノミ駆除に推奨される製品：Whiskas exelpet（Masterfoods）－安全なピレスリンが主体のノミ取り粉が鳥にも適していることが分かっています．

マダニ

ひどい感染をしている種：ハリネズミ．

マダニはクモ綱の仲間です．ダニ目の成ダニは八本足です．マダニは動物の血をたっぷり吸うので，特にハリネズミマダニ *Ixodes hexagonus* が重度に寄生したハリネズミでは貧血を引き起こすことがあります（図 10-3）．

普通，マダニは莫大な数を見ませんが，ライム病を含めて，人に影響を与える病気を伝播することがありますので，慎重に駆除し，エチルアルコールの入った深めのカップ内で殺してください．マダニを押しつぶすとき伝染の危険があります．幼ダニは成ダニとほとんど同じくらい感染性がありますが，幼ダニの方がずっと活動的で，動物を離れると，容易に見失ってしまいます（図 10-4）．幸運にも，幼ダニが動物から離れてすぐに見つけられれば，エタノールにつけて殺すことができます．フィプロニールが有用であると分かっていますが，たいていのマダニは薬物駆除に対して耐性のようです．

成ダニは，とげがある口吻，口円錐で皮膚を突

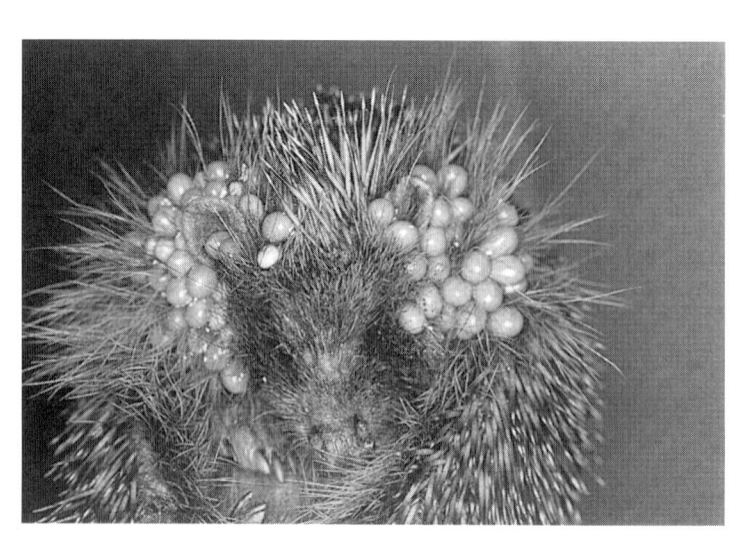

図 10-3 他の哺乳動物以上に，ハリネズミはハリネズミマダニの重度寄生をもっているように思えます．

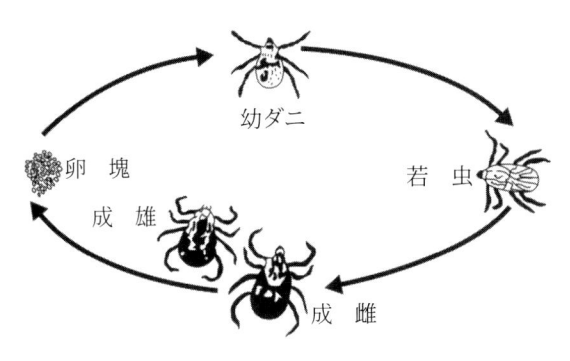

図 10-4 6本足の幼虫を示している典型的マダニの生活環.

図 10-5 マダニ抜き器（マダニ除去機：O'Tom Hook tick lifter）.

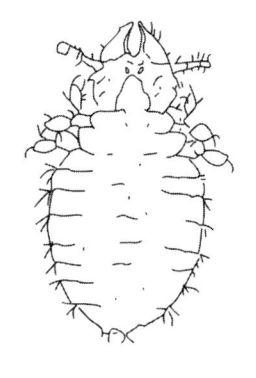

ハジラミの背面図（体長2mm，明るい茶色から暗い茶色）．側面から見ると，このシラミは背腹に平らに見えます．

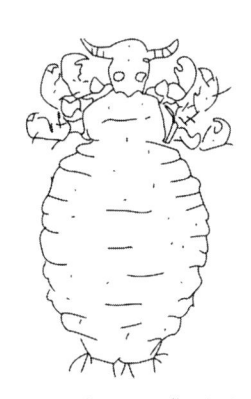

吸血ジラミの背面図（体長およそ2mm）

図 10-6 シラミの種.

き刺すことによって，宿主にへばりつきます．マダニをうまく除去できないと，皮膚に刺さった口円錐を残してしまうことがあり，感染病巣の中心になります．マダニを除去するとき，口円錐を皮膚からきれいに取り去らなくてはなりません．除去したマダニの正面に口吻を確認することができます．

マダニを安全に除去するために考案されたたくさんの方法があります．動脈鉗子はマダニの下部をつかむのに理想的なので，完全に取り去ることができます．

（1）フィプロニールか，麻酔薬エーテル，オリーブオイル，消毒用エタノールを含ませた脱脂綿でマダニに軽くはたくと，ダニを殺すか，感覚をなくし，除去可能となるでしょう．
（2）そのかわりとしては，マダニ除去だけのための道具が市場に出回っています．最も安く，最も効果的な道具の1つはO'Tom Hookのマダニ抜き器です（図10-5）.

シ ラ ミ

よくひどい感染をする種：アナグマ，ホエジカ．

シラミは昆虫で，2つのグループに分けられます．すなわち，ハジラミと吸血シラミです（図10-6）．シラミもノミ以上に，宿主特異的です．

シラミがついていること自体が刺激，そのものです．動物はその刺激物を掻き取ろうともがいて，自分自身を傷つけます．時々吸血シラミも貧血を引き起こします．莫大な数の寄生は老齢か，衰弱したアナグマやホエジカでみられます．シラミはノミ取り粉で駆除できます．

ヒゼンダニ

よくひどい感染を起こす種：キツネ，ハリネズミ．

ヒゼンダニは家畜の疥癬を引き起こします．それらはクモ目で，マダニのように8本の脚をもっています．大部分が極微小で，数百万も動物に感染することがあります．ダニ寄生に伴って激しいかゆみ（瘙痒）があるので，その動物は自分自身

を引っかき，広範囲の皮膚損傷を起こすでしょう．次に，この損害を受けた皮膚が細菌の二次感染を起こすでしょう．治療しないと，これらの感染症は動物が死ぬくらい，ひどくなることがあります．

キツネに重度の疾患を引き起こすヒゼンダニは *Sarcoptes scabiei* です．ダニは最初，尾と後足の基部の皮膚に潜ります．それらは繁殖して，徐々に臀部から前の方へ，キツネの皮膚が100％ヒゼンダニで覆われ，脱毛し，かさぶただらけの病変に覆われるまで，広がります．顔は，完全に眼が開かないくらい，ヒゼンダニが瞼に広がるでしょう．感染が始まり，キツネが死ぬまで4カ月かかります（Corbet & Harris, 1991）．不幸にも，キツネが捕まえられるまで弱るには，その感染は体重を50％減少させるほど，重篤となって，死に至らしめるでしょう．初めに，強引なくらい積極的な輸液療法をすれば，疥癬の治療と必ず起こる二次感染の治療の効き目が表れるまでの十分な長さ，キツネを生かしておけるかもしれません．ありがたいことに，以下のような方法で，簡単にヒゼンダニを絶滅させることができます．

- 200μg/kgのアイバメクチン（Ivomec™牛用注射薬，Merial Animal Health）の皮下注射．
- 300μg/kgのドラメクチン（Dectomax®牛・羊用注射薬，Pfizer Animal Health）の筋肉内注射．

広域スペクトルの抗生物質を投与してください．また，その動物には同化ステロイドの投与が効果があるでしょう．

- ナンドロロン（Laurabolin, Intervet）
- エチルステロール（Nandoral, Intervet）

時々，感染しているキツネが定期的に食物を探しに庭を訪れる場合，アイバメクチンを適切に加えた餌を与えることが可能な場合もあります．この方法は，動物が捕まえられる位弱る前に，疥癬を駆除する利点があります．このとき，アイバメクチンを比較的安定化させる添加物であるプロピレングリコール9に対してアイバメクチン1を混合するのが良いでしょう．

ヒゼンダニが感染する，キツネ以外の哺乳動物は，ハリネズミです．一般には，この疥癬は *Caparinia tripilis* というダニによって起きます．これはしばしば耳から出た粉状の塊に見えます．そして頭の側面を覆うように落ちてきます．この感染は，その粉状物を顕微鏡検査することによって確定します．ハリネズミには他のダニも寄生しますが，それらの発生はずっと変則的です．もう1度言いますが，アイバメクチンは400μg/kgの投与で有効です（プロピレングリコールで9：1に溶かしたとき0.4ml/kgになります）．

口　蹄　疫

家畜の集団感染以外，野生動物では，一般的に心配することはありません．この病気では，政府機関が動物の移動を制限します．特に感染する野生動物のタイプは，シカです．そして，英国の最新版の感染動物のリストにはハリネズミ，モグラ，イノシシも明らかに感受性があるとされています．

大量発生が起きたときには，野生のシカの救護とリハビリテーションは禁止されています．最近の集団発生（2001年）で，救護を求める電話がかかってきたシカを，ほかの部局に任せなければなりませんでした．そして，発見されると，不幸にも，殺処分しなければならなかったのです．唯一寛大な出来事は，ガレージの前庭で外傷を負ったホエジカを収容する措置でした．口蹄疫の集団発生を取り扱っている政府機関は環境・食糧・農村地域省（DEFRA）です．DEFRAは，そのシカを診断するために獣医師を送ってきましたが，幸運にも，私たちが収容したシカは検査をパスしました．ハリネズミはもう1つの問題でした．ハリネズミは特別脅威ではなかったので，有蹄動物と同様，移動させない限り，私たちは傷病野生動物を治療することを許されました．動物看護師が訪れるまで，傷病ハリネズミの移動を制限状態にするように配慮した人は誰1人ありませんでした．

それぞれのハリネズミは本来発見された，それぞれの地域で看病されなければならないということなので，そのことが厳密には障壁となりました．

最初の訪問で，そのハリネズミをケージにいれ，餌と食器類を割り当てた後，検査と薬物療法のための毎日の訪問を当番制にしました．毎回ハリネズミを見に行く度に，看護師は洗濯可能な，服の上から着るガウン，長靴と手術用手袋のセットを着用しなければなりませんでした．毎日の訪問後にはその上着と長靴には特別の消毒剤をスプレーし，手袋は使い捨てにしました．

頭部損傷

傷害を受ける種：陸棲哺乳類すべて．

頭部外傷の症状を示している哺乳動物は，普通自動車との衝突事故，あるいは時々起きるのが，列車との事故です．しばしば，動物は昏睡状態だったり，昏睡から回復している動物は眼震盪を示します．眼震盪とは眼球が不随意で，リズミカルに，痙攣するような，水平方向に動く状態です．眼の周りに目立つ腫脹やすり傷があるかもしれません．頭部外傷の鳥の症例と同様，治療の狙いは，頭蓋内圧を制限するか減らすことによって，二次的脳傷害を最小にすることです．トリアージの時点で，決まった手順の応急手当を開始することができますが（表10-1），外傷の程度を診断し，標準的治療方針への必然的変更を獣医師がきちんと決めるべきです．

代謝性骨疾患

通常冒される種：キタリス（*Sciurus vulgaris*），ハイイロリス（*Sciurus carolinensis*）．

代謝性骨疾患（MBD）は，間違った餌で成育した幼若なリスまたは未成熟のリスでよく起こります．代謝性骨疾患は野生リスには起こるべくもありませんが，発育期の動物では，ピーナツやヒマワリの種の給餌がカルシウムの喪失を引き起こ

表10-1 哺乳類の頭部損傷を扱う手順の壁図

St Tiggywinkles
The Wildlife Hospital Trust

哺乳類の頭部損傷の場合
（例えば，意識不明で到着する場合）

(1) **ABC**：気道，呼吸と循環のチェックと手順．通常の蘇生法を行ってください．
(2) **酸素**：もし動物が昏睡状態なら，挿管を試みて，酸素の吸入によって，わずかに過換気状態に保つことを始めてください．これはおそらく大脳浮腫の発生を妨げる最も重要な処置です．もし挿管が可能でないなら，マスクや酸素室によって酸素を投与してください．
(3) **不動化**：動物を不動化してください．頸に操作を加えないでください．つまり，頸静脈から血液サンプルをとらないでください．必要なら，動物を移動するのに，平らな板を使ってください．
(4) 出血や脳脊髄液の漏出の跡など，頭部を注意深くチェックしてください．
(5) 瞳孔の状態と反応を評価してください．
(6) 呼吸型をモニターしてください．
(7) **ショックに対する治療**：メチルプレドニゾロン（Solu-Medrone®，Pharmacia）20〜50mg/kgを4〜6時間間隔で与えましょう．
(8) **輸液**：通常のショック療法の一部として，ゲロフシン（Millpledge Veterinary）あるいはそれと同等品と塩類溶液を与えてください．
(9) **頭部X線**：あった方がよいでしょう．
(10) **デキサメサゾン**：ゆっくりと回復している動物には，0.25mg/kgを2週間，毎日2度投薬してください．そして，その後2週間減量しながら，投与を中止します．
(11) **抗生物質**：エンロフロキサシンの投与（バイトリル®5%，Bayer）を始めてください．

します．最初，授乳中のリスにはPet Agのエスベラック代用ミルク処方食を与えなければなりません．Pet Agは米国の会社で，ほかの動物のためにもミルク添加物を作っています．カルシウム/リンのバランスを改善するために，給餌毎に少量のStress（Phillips Yeast Products）を加えてください．山羊のミルクは代用乳として簡単に手に入りますが，Stressやビタミンの添加は，山羊のミルクの有益性を増すでしょう．

離乳食は，良質の子犬用ドライフード（Hill'sの発育期用ドッグフードのような）かNutri-Bloc（Rolf C. Hagen）にしてください．ピーナツやヒマワリの種は決してリスに与えないようにしましょう．ピーナツやヒマワリの種にはカルシウム阻害物質が入っていて，低カルシウム血症を引き起こし，次に，痙攣や急死させる傾向があります．ペカンの実が比較的適当です．

低カルシウム血症から痙攣が始まってしまった幼若なリスの治療のためには，持続性の痙攣を抑えるジアゼパムの投与と，それに低カルシウム血症を是正するホウ酸グルクロン酸カルシウム（Calciject New Formula 40™, Norbrook Laboratories）0.5ml/kgを皮下注射してください．

中　　毒

野生動物では通常3つの原因のうち1つから中毒になります．

(1) 有害動物駆除を目的とする製品の公認の使用の結果として：例えば，合法的に，凝血阻害剤入り餌をハイイロリス駆除のために撒きます．
(2) 製品の不注意な使用あるいは不注意な貯蔵の結果として：例えば，リス駆除のための餌を食べたハタネズミ（*Clethrionomys glareolus*）．
(3) 意図的結果ですが，野生動物を毒殺する非合法の試み：例えば，キツネあるいはアナグマを殺すための毒を入れた餌．

傷病野生動物を扱ううえで，中毒かもしれないと思っているその動物を診察しても，原因の有毒物がみつからなければ，自信をもって毒物を同定することはほとんど不可能です．一般に，庭あるいはガレージでハリネズミあるいはマウスが発見され，何か有毒なものが落ちていたとき，このことがいえます．このような特定の毒物に対し，特定の解毒剤があるかどうかわかりません．もしそのときの獣医師が獣医毒物情報サービス（Veterinary Poisons Information Service, 付録7参照）の会員なら，中毒事件の総合的資料が助けとなれるかもしれません．現場では，毒物の3つのどのカテゴリー（合法的，事故か，あるいは非合法的）であっても，結果的に1頭以上の動物に影響を与えることになるでしょう．一般に，環境の中の毒物は，合法的に使われた毒物でも，コントロールされなければなりません．そして目的の動物種以外のどんな動物も生命の危険があってはならないのです．野生動物が明らかな理由なしに死んでいる，あるいは死にかけているのが発見されれば，事件になります．証拠なしに，中毒だと決めつけることは事実上不可能です．実際に，多くの野生動物が毒殺の可能性があるとして連れて来られます，しかし，よく調べてみると，ほかの原因で苦しんでいたり，死んでしまったり，傷ついていたりするのです．

すべての誤った警戒例の中には，まるで本物の中毒の報告のように思われる事件があるでしょう．この場合，環境・食糧・農村地域省（DEFRA）の関係課である野生生物事故係（付録7参照）

表10-2 野生生物事故係による，中毒を起こした動物を発見したときのガイドライン

事故を発見したら，何をしたらいいのか
・その場所，関与している種，疑いのある餌の目的や他の証拠に注目してください．その場所の写真は有用な付加的証拠です．
・しばしば，非合法の餌に入れられた殺虫剤が大量のことがあるので，死体や餌に触れないでください．
・もしできるなら，証拠を乱すことなく，安全を図って，それをカバーしてください．
・フリーダイヤル　0800 321 600．あなたの電話は適切なオフィスに自動的に転送されるでしょう．

のガイドラインに従ってください（表10-2）．

もし近くに，生きていて，苦しんでいる野生動物がいるなら，途方に暮れてしまいます．防護服の着用や自動車の窓を開けて運転するなどすべての防御策をとって，すぐにその動物を獣医師に渡すことが人道的であるかもしれません．安楽死（人道的殺処分）が本当に獣医師の取り得る唯一の行動指針には違いありませんが，同時に中毒ホットラインに電話をかけましょう．野生生物事故係のオフィスはアドバイスや指示を準備しているでしょう．

野生動物救護センターで共通して遭遇する2つの毒物は次の通りです．
(1) メタアルデヒド：これは主にハリネズミに好んで用います．
(2) 凝血阻害剤のワルファレインと水酸化クマリン：これらはラット，クマネズミやハイイロリスに対して使用される毒物です．

メタアルデヒド

メタアルデヒドは庭や園芸で使われ，一般にナメクジペレット（ナメクジ駆除薬）の中に使われている毒物です．それは，鳥と他の動物が食べないようにするためということで，通常は青く色付けされています．これは猛毒で，大量では牛を殺すことが知られています．しかし，ハリネズミは色盲なので，味が良いものは何でもなめたり，食べたりする傾向があります．このことはナメクジペレット自体を食べているということです．

メタアルデヒド中毒の典型的症状は，心拍の増加，不穏，眼振盪，喘鳴，流涎（おそらく，興奮しているとき，勝手に唾液が出てしまうハリネズミの症状とは違うでしょう），強直性歩行，運動失調と嘔吐です．メタアルデヒド中毒のハリネズミでの，著者の経験は，強い知覚過敏症を示すということです．その検査法は部屋の反対側に立ち，指を鳴らすことです．中毒のハリネズミはギクリとしますが，健康なハリネズミはしません．時々，ナメクジペレットの色の糞便をすることもあります．

メタアルデヒド，そのものに対する解毒剤はありません．しかし，もしハリネズミが死ねば，化学分析による検死報告は，これらの化学物質を制限させようとするキャンペーンに実例を加えるでしょう．消化器官内容物の色にも特に注目しましょう．

決定的治療法はありませんが，この化学物質が代謝性アシドーシスの一因になることがあるので，ハルトマン液の使用はこれを是正する助けになります．さらに，獣医師は重曹を処方するでしょう．

ミルクや重炭酸ナトリウムで胃洗浄することは助けになります．そして，それらはメタアルデヒドの吸収を減じさせるといわれています．さらに，塩類下剤と活性炭の投与で，吸収されていないメタアルデヒドを腸管から運び出します．活性炭（Liqui-Char-Vet, Arnolds Veterinary Products）が毒物を消化管から取り除くのに役立ちます．The Wildlife Hospital Trust（St. Tiggywinkles）では，これらの下剤治療を試みる必要性が分からないので，これらの治療法がうまく行くのか，行かないのか実証することができません．メタアルデヒド中毒の場合，治療なしではハリネズミは死ぬので，これらの治療法だけが助けとなります．

抗血液凝固剤（ワルファレイン，水酸化クマリン）

駆除のために撒かれた凝血阻害の毒物を摂取したラット（*Rattus noriegicus*），マウス（*Mus domesticus*），ハイイロリスを治療することは非合法です．しかし，他の野生動物が事故として中毒を起こす機会が常にあります．特に，ヨーロッパモリネズミ（*Apodemus sylvaticus*），キンイロヤマネ（*Muscardinus avellanarius*）あるいはハタネズミが，リスを駆除するためホップ摘みが撒いた毒入りの餌を食べるかもしれません．

これも，臨床症状から中毒と判断することは難しいのですが，通常，特徴は粘膜蒼白と特に鼻血（鼻出血）です．ビタミンKが凝血阻害の場合の解毒剤です．初めから，トリアージと応急手当の間に，コロイド輸液ではなく，塩類輸液のみ投与

してください．コロイド輸液には凝血阻害の特性をもっているものもあります．同様に，コルチコステロイド剤，サルファ剤，アミノフィリンとフルセミドを避けてください．

　凝血阻害剤中毒の可能性のある動物は，治療中そのまま飼育し，安静にして，自分自身を傷つけるのを防止してください．どんな一撃でも内出血を引き起こすことがあります．

　これらは野生動物の様々な種で，今までもよくみられた状態です．1種類以上の動物が事件に巻き込まれたとき，獣医師が診断する必要があるでしょう．この章での提案はすべての傷病野生動物が通過しなければならないトリアージと応急手当をしている間，どう対応するかを補足することになるでしょう．もしその診断によって代替治療法が選択されるならば，どの提案も有益です．

11
庭を訪れる鳥（庭の鳥）

パートⅠ：普通の庭の鳥

普通に見られる種：ミソサザイ，キクイタダキ，シジュウガラ，スズメ，アトリ，ホオジロ，セキレイ，クロウタドリ，ツグミ，ウグイス類，ツバメ，ムクドリ，キツツキ類．

博物学

これらの小鳥は餌をとりに，あるいは巣作りのために，よく庭にやってきます．小鳥は，いも虫，クモ，ミミズ，カタツムリ，アブラムシなどの無脊椎動物の生餌か，種，つぼみやパン屑のような，乾燥した餌のいずれかを食べます．育巣ではすべての小鳥が生餌を食べます．

成鳥には特殊な餌の要求性がありますので，その種名を同定するか，少なくとも餌の嗜好性による分類が不可欠です．英国の鳥について包括的に書かれた優れた本が，鳥の同定の助けとなるでしょう．もしそれが手に入らないなら，嘴の形からおおざっぱな給餌の手引きに従えばよいのです．鳥はそれぞれの餌の要求性のために長い時間かかって，特殊な嘴の形に進化しています（図11-1）．

これらの種の大部分は，夏の間か冬の間，移住してくる，ウグイス科の数種の鳥，ツバメ類，ヒタキ類，ツグミ，カッコウ（*Cuculus canorus*）と留鳥です．夏移住性のワキアカツグミ（*Turdus iliacus*）とノハラツグミ（*Turdus pilaris*）をのぞくすべての庭の鳥は，夏の間に英国で巣を作ります．

装置と輸送

傷ついた鳥を捕まえることは，たとえ飛ぶことができない個体でも非常に難しいです．素手で捕獲することはもっと難しいですし，飛ぶことができる鳥なら，素手で捕獲するのはほとんど不可能になります．

傷ついた小鳥を確実に捕獲する方法は，目の細かい大きな網を使うことです．大きければ大きいほど良いでしょう．様々なサイズの飼い鳥用ネットがペットショップで手に入りますが，野鳥に適したものは漁師用のたも網です．これらの網は，通常柔らかく，目が細かいうえ，携帯や保管に便利なように折りたたみ式です．

小鳥は段ボール箱を用い，底周縁に換気孔を開け，ふたを閉じて輸送してください．底に古タオルを敷けば，鳥を輸送するとき，鳥がしっかりとつかむものになるでしょう．箱が暗ければ暗いほど，鳥は静かにしているでしょう．

もう1つの有用な運搬手段は，巾着式の布袋を使うことです．この方法は鳥類標識調査員（バンダー）が好んで使っています．

救護と取扱い

小さい鳥を猫の口から取りあげるのは比較的簡単ですが，拘束されていない鳥を捕まえることは少しばかり知恵を絞る必要があります．その秘訣は，通常，空いている場所に向かっていく，鳥の逃走経路を断つことです．自分の正面に網を持って，その方向から鳥に接近してください．慎重に

(a) (b) (c) (d)

図 11-1 食料の嗜好性による庭の鳥の嘴の形．(a) 昆虫，(b) 昆虫と木の実，(c) 種，(d) 果物と生餌．

鳥を見てください．小鳥は逃げようとするとき，体を曲げ，しばしば排便して，あなたの接近して来る方向と違う方向に頭を向けるでしょう．立ち止まったままでいてください．そうすれば鳥は移動しないでしょう．そして，網が届く距離に入ったら，すばやく鳥の上に被せてください．網を地面にふせれば，鳥は逃げることができないし，片手で網を通して鳥をつかむことができます．他の手で網の縁まで鳥をずらし，鳥に翼を広げさせないように確実に握りながら，鳥を保定してください．

鳥を検査するために，鳥類標識調査員のテクニックを使ってください．鳥を仰向けに手のひらに置きます．人差し指と中指を折り曲げて，鳥の頸の両側をその間に挟みます．鳥を調べている間，この2本の指を締めないように，優しく保持しま

す（図11-2）．長い時間，鳥を仰向けに保定したままにしないようにしてください．

鳥を取り扱っている間に，開口呼吸や，心拍数の変化に注意してください．このどちらかの症状があったら，直ちに鳥を暗い箱か，袋に入れてください．

薬の投与

注　　射

鳥に薬を注射するには，筋肉内にしなければなりません．小鳥で最も注射しやすい筋肉は，竜骨の両側の胸筋です．鳥の胸筋は骨を覆っていますので，そこへの注射は，骨を貫かない限り，ほかの臓器を傷つけることがありません（図11-3）．鳥の大きさに合わせた適切なサイズの針：25G，

第11章　庭を訪れる鳥（庭の鳥）

図 11-2　足輪をつけることを許可された者の，小さい鳥の保定の方法．シジュウガラ (*Parus malor*) の場合．

27G，29G の小さい針にしてください．

錠剤あるいはカプセル

錠剤あるいはカプセルは綿棒か錠剤投与器で喉の後方に押し込んでください．声門を避けるように注意してください（そこは気管の開口部で，舌のすぐ後ろに位置しています，図2-1）．

水　　薬

前述のように，声門へ逆流することがないように確認しながら，水薬を食道内に上手に強制経口投与しましょう（第4章を参照）．

輸　　液

鳥がかなり小さいなら，輸液は骨髄腔内か強制経口投与しましょう．

庭の鳥に共通の病気

感染症にかかった庭の鳥が生存して発見されることは，あまり頻繁にはありません．だからといって問題がないとはいえないはずです．庭の鳥の病気については多くの資料がありますが，ほとんどの犠牲者は発見される前に死にます（Kirkwood et al.,1995）．庭の鳥で，恒常的に記録されている2つの病気があります．その1つ，サルモネラ症は通常致命的ですが，もう1つの鶏痘は，一

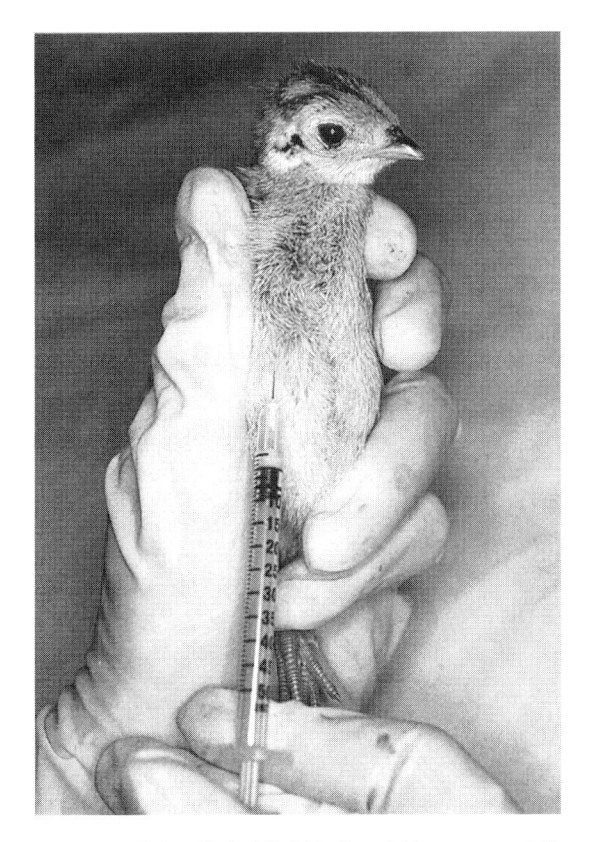

図 11-3　小鳥に筋肉内注射をする方法．ここでは若いキジ（*Phasianus colchicus*）．

サルモネラ症

庭の鳥のサルモネラ症による死が，雑誌『Veterinary Record』に報告されています（Kirkwood et al., 1995；Routh & Sleeman, 1995）．見たところでは，このタイプの死亡はまだ起こっていて，給餌台や水盤の汚染に原因があります．現在，これらが年中使われているので，少なくとも毎週，アンモニア水で清掃すべきです．サルモネラ「野鳥株」の人感染の発生の増加は関心事となっています（Pennycott, 2003）．庭の鳥や庭の鳥用品を取り扱う人はこれを念頭に置いてください．

サルモネラ症の野鳥は一般的に生存しては発見されませんが，明白な外傷がない病気の庭の鳥には疑いをもつべきです．厳密な衛生に心がけ，日に2度，広域スペクトルの抗菌剤，エンロフロキサシン（Baytril® 5%, Bayer）5〜15mg/kgの，毎日の筋肉内投与を開始してください．

これらの疑わしい症例，それに外傷以外の病気の庭の鳥は，診断のために獣医師に委ねてください．

ダ　ニ

庭の鳥には，Cnemidocoptes spp.のような小鳥でよく知られた「タッセル・フット」の原因であるダニの感染がみられることがあります（図11-4）．治療法は希釈したアイバメクチン1滴を後頭部に滴下するだけです．全般的に，スズメ目の庭の鳥は，アイバメクチンを注射すると毒性を示すことがあります．経口的，あるいは局所投与は最良の投与ルートです．

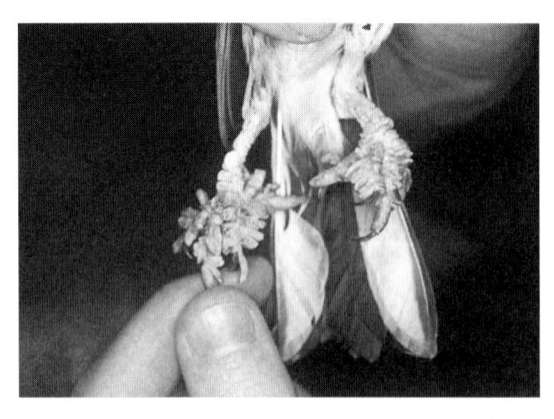

図11-4　ズアオアトリのタッセル・フットのダニの感染．

庭の鳥に共通の出来事

猫　の　襲　撃

庭の鳥が結果的にけがをする最も共通の出来事は，家猫の攻撃です．何年もの間，猫に捕まった鳥は48時間の内にショックで死ぬと考えられてきました．その後，リハビリテータはこの「48時間症候群」が事実でなく，鳥を殺したのが実際は敗血症であったことを発見しています．この敗血症は通常猫の歯に常在している細菌 Pasteurella multocida によって起こされることが示されました．この危険性のため，猫に攻撃されたかどうか分からない鳥でも，明白な咬傷がなくても，すべて猫の攻撃を受けたと仮定して，治療します．

今日の実際の診療では，猫によって捕まえられたことが分かっている鳥も，猫に攻撃を受けたと考えられる鳥も，両方とも薬物治療を行います．持続性アモキシシリン250mg/kgの筋肉内単回投与がこの死の確率を著しく減らします．

抗生物質の単回投与は通常推奨されてはいませんが，抗生物質投与の全コースを継続することは小鳥にはしばしばストレスが強すぎることが分かりました．また，これらの鳥の体重を量り抗生物質の正確な投与量を計算するより，特定の大きさの鳥のための次の標準投与量を参照してください．

- スズメ サイズの鳥：持続性アモキシシリン 15mg
- クロウタドリ サイズの鳥：持続性アモキシシリン 30mg

ひもあるいは果実用鳥よけネットに捕まる

ひもが絡まった後は圧迫壊死をモニターするために1週間，飼育下に置きましょう（第6章を

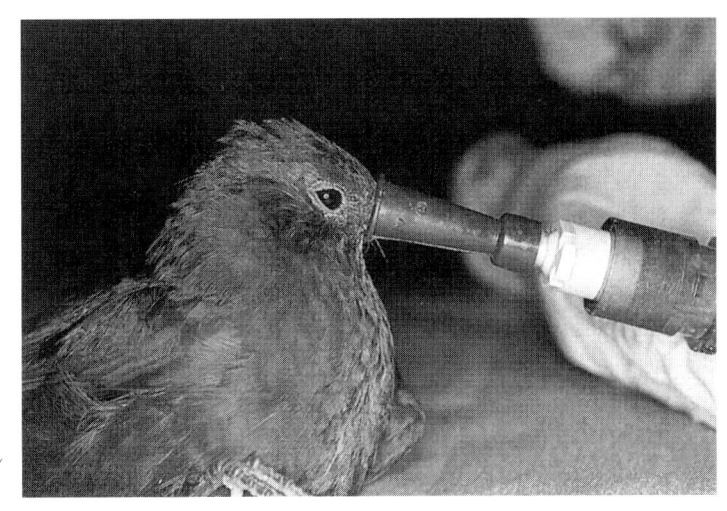

図11-5 小鳥に合わせてデザインした麻酔用マスク.

参照).損傷組織の末梢部をPreparation H™(酵母エキス,サメの肝油,Whitehall Laboratories)でマッサージすることで,血液循環を復活させるのに役立つことがあります.

庭の鳥に共通の外傷

骨　折

庭の鳥は実によく骨折します.そして,他の鳥の骨折のように治療が可能です(第8章参照).特に,野生動物救護センターが診る可能性が高いのは次のものです.

- 折れた嘴のクロウタドリ(*Thrdus merula*,カラー写真23).
- 足の骨折のコマドリ(*Erirhacus rubecula*).
- 猫の被害から折れた翼.

嘴の修復を麻酔下で行いますが,この場合吸入麻酔は適切ではありませんので,ケタミンとキシラジン(Rompun, Bayer)を用います(Coles, 1997).

裂　傷

猫の襲撃は,特に臀部に裂傷を引き起こすでしょう.清拭後,創傷の大部分が自然に治るでしょう.大きめの切創は麻酔下で縫い合わせる必要があるかもしれません.

選択された麻酔薬は,マスクによるイソフルレン(Abbott Laboratories)です.小さめのマスクはフィンガーストールから,プラスチック製の管の接続部品を適当なサイズの気管チューブ接続部に接着して作ることができます(図11-5).小鳥の決まった位置にマスクを固定する理想的方法は,簡単にはぎ取れ,羽へのダメージを最小限にするTranspore™サージカルテープ(3M)を用いることです(図11-6).

すべての鳥に気管チューブをうまく使うことができますが,鳥類の気管の構造から,小さめの鳥にはカフが付いていないチューブを使う必要があります.

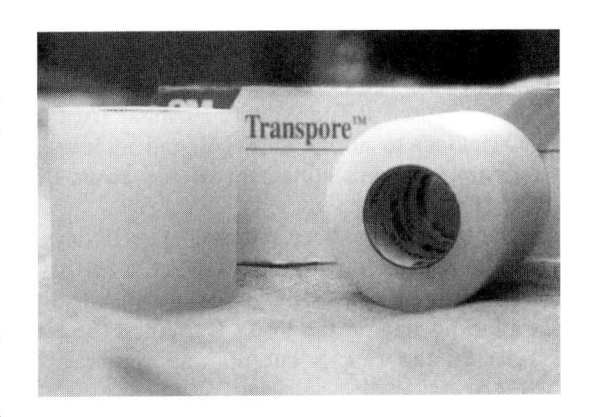

図11-6 Transpore™サージカルテープ(3M).羽毛に使うのに最も適したタイプ.

来院と応急手当

庭の鳥への輸液は，絶対に骨髄腔内投与によるか，チューブによる胃内強制投与，皮下に行います（第4章参照）．

収容法

一般に庭の鳥は3側面板のケージに入れましょう．これらは繁殖ケージと呼ばれています．正面が鉄格子の標準的な鳥籠はミソサザイ以外すべての鳥に適しているでしょう．ミソサザイはどうにかして格子を通り抜けることができます．3側面が覆われ，1/4インチメッシュの金網の蓋，底には砂を敷いた，水を入れない水槽がこれら小鳥に適していることが分かるでしょう．

「動物保護法」は，獣医師によってその監禁状態が容認された場合を除き，ケージ内の鳥が様々な方向に翼を広げることができなければならないと規定しています．幅600mm×深さ380mm×高さ300mmのケージの大きさが，すべての小さい庭の鳥に適しているでしょう．

およそ10〜15mm径の小枝から作った止まり木を置きましょう．底からおよそ30mmのブロックに載せた2本の止まり木が，飛ばない鳥のねぐらになるでしょう．

キツツキは直角に止まり，突っつくことができる垂直の丸太を利用します．これを作るために，およそ70〜100mm径の丸太に130mmの正方形のエクステリア品質材木を底にねじで止めます．

その床は鳥用砂，あるいは建築業者から入手可能な，細かい川砂で覆いましょう．

鳥類飼育舎

解放する前に，すべての鳥は，運動するためと，現在の気候に慣れさせるため，屋外の飼育舎で一定期間を過ごさせてください．

飼育舎は繰り返し使われる傾向があるので，定期的に完璧に清掃することが重要です．2％に薄めたサイパーメスリン（Dy-Sect Deosan）と1％に薄めたマラチオン（Duramitex, Harkers）が，空いた飼育舎から寄生虫を駆除するのに理想的です．

給　餌

飲　水

どうやって飲み水を安定供給するかが重要です．野鳥はセキセイインコ用噴水式水飲み器を使うことを覚えるかもしれませんが，念のために浅いボウルに入れた水を常時備えてください．

鳥は羽毛をきれいに保つために入浴することを本当に好みます．水浴びをするとすぐに飲水を汚すでしょう．頻回に水を変えることが重要です．

乾燥した餌

アトリ，ホオジロとスズメのような種子食の鳥のために，上質の野鳥用種子餌に，必要な種類が含まれています．1週間に1度の総合ビタミン剤の少量投与が鳥に有益です．外国製，あるいは英国製フィンチ用混合飼料も，簡単に入手できる優れた種子飼料です．一方，鳥は，殺虫剤や排気ガス汚染の危険がない場所で摘んだ野草の実の混合飼料を喜ぶでしょう．

砂嚢での餌の消化のためにセキセイインコ用グリットを摂取する必要があります．

生　餌

ツグミ，セキレイ，ミソサザイ，キクイタダキ，シジュウガラ，ウグイス科の鳥，ツバメ，ムクドリ，キツツキなどの成鳥はもっぱら生餌で暮らします．それらの自然の獲物を庭で集めることはまったく非現実的でしょうから，生餌の代替物がその解決策になります．容易に入手できて，ミソサザイとキクイタダキの命の糧であることが分かっている唯一の自然食品は，アブラムシに覆われた花のつぼみです．

ミミズは飼育下に置かれた鳥にとって有毒らしいので，餌として用いてはいけません．

コオロギの幼虫がこれらの小鳥を引き付けるか

もしれません．コオロギの幼虫はペットショップで手に入ります．中サイズのコオロギは，生餌を自力で捕れないイワツバメにも有用です．ペットショップで売られている生きたコオロギは高価です．イワツバメやツバメに適していると思われるブドウムシ幼虫も同様です．ブドウムシとコオロギの両方ともに，Cricket Diet Calci-Paste（IZVG）のようなビタミンとミネラルの添加物を加えてください．

一般に，昆虫食の鳥には，釣り店で入手可能な清潔な白いウジを食べさせてください．ウジの腸内容物が鳥にとって有毒なことがあります．腸内容はウジの側面に黒い線として見えます．きれいなウジにするためには，数日飢餓状態にすると，黒い印は消えるでしょう．それでも黒い線をもっているウジを餌として鳥に与えてはいけません．ビタミンやミネラルをウジにも添加してください．これらすべての生餌は，縁のある浅い皿で与えてください．そうしないと生餌が逃げ出してしまうでしょう．

リリース

鳥が回復したら直ちに，猫の襲撃の犠牲になった場合は2～3日後に，庭にリリースしてください．元の庭に鳥を返してやるのは優れたアイデアですが，猫が住み着いているようなら，もう一度捕まってしまうかもしれません．この場合，安全な庭にリリースしましょう．

コマドリとクロウタドリのような鳥はナワバリ意識が強いので，敵があまりいそうにない，ナワバリが空いている所にリリースすべきです．ツバメ，ヒタキ類，若干のウグイス科の鳥，ワキアカツグミやノハラツグミのような渡り鳥は，渡りの時期だけにリリースしてください．
・ツバメ，イワツバメ，ウグイス科の鳥：夏の終わり．
・ワキアカツグミ，ノハラツグミ：春の終わり．

法　令

傷ついたり，病気の野鳥を捕獲し，リリースすることができるまで世話をすることはまったく合法的です（「野生生物と田園保護法1981」）．閉鎖式脚輪が付けられていなければ，健康な野鳥を捕獲したり，飼育することは合法的ではありません．閉鎖式脚輪を付けられたということは，飼育下で孵化したか，3日齢前に足輪が付けられたということを意味します．

野鳥にみられる他の脚輪に大英博物館の住所を認めることがあるでしょう．これらは閉鎖式脚輪ではなく，ライセンスを与えられた鳥類標識調査員（バンダー）によって装着されたものです．

付　表　4

「野生生物と田園保護法1981」の付表4は，けがや病気で発見された鳥を，許可証WLF100099のパラグラフ1（AC）によって定義される有資格者，獣医師に引き渡さなければならないと規定されています．報告しなければならない付表4の種名を付録3に示しました．

有資格者，あるいは獣医師は鳥を捕獲して4日以内に，環境・食糧・農村地域省（DEFRA）野鳥登録局（FAX：0117 372-8206）に知らせなくてはなりません．著者はDEFRAに通知するためのThe Wildlife Hospital Trust（St. Tiggywinkles）で使っている所定の用紙を作っています．そして，この用紙には獣医師による鳥の障害の記述欄を含んでいます（図11-7）．

もし鳥が15日後になってもリリースされなかったなら，その鳥はDEFRAに登録し，料金を払わなければなりません．登録されていると，DEFRA検査官が鳥の脚にロックできる脚輪を付けに来るでしょう．鳥をリリースするとき，脚輪を切断して，DEFRAに返却します．

付　表　9

「野生生物と田園保護法1981」の付表9は，リストされた野生動物をリリースすることは違反行為とします．

現在，外来鳥類が庭で恒常的に見られます．もしこれらが傷病鳥類として持ち込まれたならば，

負傷した野生育ちの，付表4の鳥の記録

4日以内にDEFRAに通知される（FAX：0117 987 8182）

- この用紙は「野生生物と田園保護法」申請用です．
- この用紙は保存しなければなりません．そして，4カ月毎にすべての用紙のコピーをDEFRAに送ります．
- もしあなたが鳥をリリースするつもりだったり，それが死んだなら，DEFRAに電話をしなくてはなりません．
- 緊急的加療のためを除いて，鳥を他の人に譲渡する前に登録しなければなりません．

✎ 楷書で　　　　　　　　　✓ 適切な□に印を

1）種：	2）年齢：	3）性：	4）保護された鳥のすべての脚輪の番号

5）いつ，どこで発見しましたか？

6）発見者の名前と住所：
郵便番号：

7）あなたが鳥を所有するようになった日付は？	

8）鳥が傷害を受けた状態を述してください：

9）鳥を登録すべき日付は？ この日付は質問の日から15日でなければなりません（7）	

10）その鳥を15日以上飼育せねばならない場合の獣医師の証言：

11）獣医師の名前：	サイン：

12）もし登録されているなら：	鳥の登録日；	
	鳥の脚輪の登録番号；	

13）もし鳥が死亡するか，リリースされたなら，その状況と実施日：

図11-7　付表4の傷病野生動物のための環境・食糧・農村地域省（DEFRA）提出用記録用紙の推奨版．

リリースしてはいけません．最も一般に見られるものは，
- セキセイインコ（*Melopsittacus undulatus*）
- ワカケホンセイインコ（*Psittacula krameri*）

環境のために，付表9や英国のリストにない，あらゆるエキゾチック種もリリースしてはいけません．

パートⅡ：アマツバメとカワセミ

種々の庭の鳥の中で，恒常的にリハビリテーションを必要としている鳥は次の2種で，この2種はこの章のパートⅠで述べた庭の鳥とはまったく違うことが要求されます．
- アマツバメ（*Apiis apus*）
- カワセミ（*Alcedo atthis*）

アマツバメ

博物学

アマツバメは飛びながら，トロール網で魚を捕るように，広い洞窟のような口で昆虫を食べます．嘴はあまりに柔らかくて，昆虫を突っついたり，拾い上げることができません．アマツバメが持ち込まれたとき，このことが重要な問題となります．

アマツバメは渡り鳥で，繁殖期の短い夏の季節の間，南アフリカからここに飛んで来ます．それらは高い建物に巣を作り，子ツバメたちは，そこから処女飛行を始動します．そのときから2～3年間は地上に降り立つことはありません．そして，飛びながら給餌，睡眠，交配の大部分を行います．3年間の空中での生活の後にアマツバメが地上に降りるときは，次の世代が巣立ちをすることができる建物で，適当な高さに巣作りする場所を見つけたときでしょう．

前述した通り，アマツバメは渡り鳥で，夏の間英国にやってきますが，他のすべての渡り鳥が到着してしまった後に到着し，それらが去る前に去ってしまいます．英国の滞在期間が短いことは，短い育雛期間しか提供しませんので，毎年一抱卵以上の子育てをする機会が得られません．渡りの最終日前にすべての傷病アマツバメを収容し，リリースすることも，リハビリテーションのプレッシャーとなります．

器具と輸送

アマツバメは，非常に鋭い鉤爪，小さく握り締めたような足，短い脚をもっています．飼育下では，アマツバメはよじ登ることができ，直角にぶら下がるのが好きです．ごく小さい足でつかませるために，輸送箱内にタオルを敷いてください．タオルは床からアマツバメを取り出す際に，長くて薄い翼を保護します．

救護と取扱い

この場合の救護とは，アマツバメの短い脚と長い翼のために，動き回り難い地面から拾い上げることです．扱い方や羽根の損傷によって，リリースを遅らせるかもしれないので，翼の羽根を守ることが重要です．リリースはできる限り早くなくてはいけません．

病気

病気にかかり，リハビリテーションのために保護されたアマツバメがいるとは思われません．アマツバメがもつ唯一の重要でない病気は，シラミバエによるもので，年中の営巣期間に巣に住みつき，鳥にしがみつきます．*Crataerina pallida* はすべての鳥の寄生虫の中で最も不快な昆虫です．肉づきの良い足をもったキンバエに似ていますが，シラミバエは飛ぶことができず，羽毛の中やその外にしがみついています．シラミバエはとても大きく，通常単独かペアで見られます．シラミバエは簡単につまみとり，殺すことができますが，シラミバエがいなくなった宿主に寄生するのを待っている次のシラミバエが巣の中にいます．

アマツバメに共通の出来事

アマツバメに起こる出来事は偶然に地上に降り立ったときです．長い翼をもったアマツバメは，助けがなければ，空中に自分自身を浮かすことも，

旋回することもできません．アマツバメは簡単に拾われて，救護センターに連れてこられます．

傷を受けたことに猫が関与しておらず，明らかな損傷がなければ，アマツバメをできるだけ早くリリースするべきです．建物やプールのような危険なもののない草地に運び，文字通り可能な限り空高く放り上げます．大部分のアマツバメは羽ばたき，勢いを増して，旋回し，上昇しながら飛び去るでしょう．飛ぶことができないものは，草の上に着地するしょう．飛べないことが，単に弱っているだけかもしれないので，再び放す前に1～2日の間給餌が必要でしょう．その後，もう一度放してみましょう．

アマツバメに食べさせることは難しいので，体重1kgあたり1mgの同化ステロイドホルモン剤，ナンドロロン（Laurabolin, Intervet）添加が助けとなるでしょう．この鳥も外傷を完全に再評価しましょう．

アマツバメに共通の外傷

普通，地上に降りたアマツバメが外傷を示していることはありませんが，飛べなかったり，リリースできないような外傷が翼にあるかもしれません．

飛行に問題が生じるぐらい，羽根が折れるか，乱れてぼさぼさのこともあります．通常の羽根の傷は，やかんから出る蒸気と，指で修復することができます．

骨折は特に悪い徴候です．これは，アマツバメが飼育下で数週間過ごさなければならないだろうということです．言い換えると，羽根の損傷や汚染を起こしやすいということです．そのうえ，重症の骨折，あるいは，元のように治らない骨折のアマツバメを，さらに長く飼育下に置いてしまえば，リリースに適するチャンスがさらに少なくなるということです．アマツバメは飼育下では生き残らないでしょうから，長期療養が必要なら，おそらく安楽死が唯一の人道的な選択でしょう．

来院と応急手当

アマツバメに治療の必要がなければ即座にリリースすることができるという，他とは違う可能性がありますが，来院と応急手当は他の小鳥と同じ手順に従いましょう．猫によって捕まえられたアマツバメでも持続性アモキシシリンの注射を行って，24時間以内にリリースしてください．

収 容 法

ケージの内側の上方にかけたタオルに垂直にぶら下がることができれば，アマツバメは飼育下でうまく育ちます．アマツバメをケージに入れると，ケージの格子線を登り，貴重な羽毛に損傷を与えることがあります．上から飛び出さないように，細いメッシュで覆ったプラスチック製スタッキングボックスにアマツバメを入れてください．

アマツバメ，特に幼鳥にはカーペットで包んだ猫の爪砥ぎ棒が，アマツバメを登らせるのに理想的であることが分かりました．

給　　餌

おとなのアマツバメは，飛んでいるときだけ，うまく餌を捕ることができます．アマツバメの柔らかい嘴は私たちが提供することができるタイプの生餌を拾い上げる強さをもっていません．したがって，飼育下では，ブドウムシ幼虫をアマツバメに強制給餌することが必要です（図11-8）．

口を優しく押し開くために嘴の根元の小さい房状の羽毛を使います．そうすれば，ブドウムシを容易に口の奥に押し込むことができ，口を閉じると，アマツバメが呑み込むのが分かります．アマツバメが呑み込むのを嫌がるまで，これを続けてください．

飼育下のアマツバメに重要なことは，リリースできるように体力を維持させることです．

リ リ ー ス

以前記載したように，草地の上で，腋の下から上に空高く放り上げて，アマツバメをリリースし

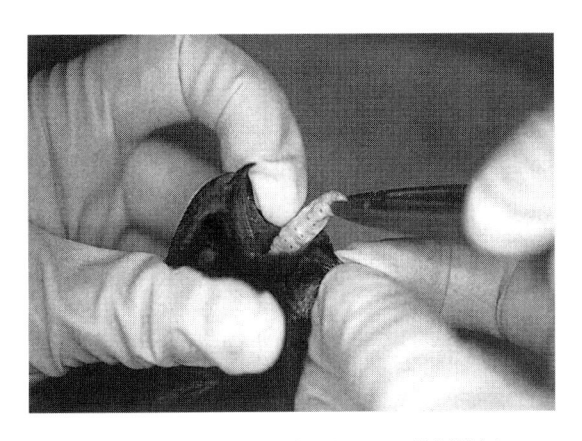

図 11-8　アマツバメへのブドウムシの強制給餌.

てください.
　アマツバメは他の仲間がまだ英国にいる夏の間にだけリリースしてください．イワツバメ，ツバメや他の渡り鳥と違って，アマツバメは次の渡りまでの 1 年間，留め置くことができません．救護されたら，可能な限り最短期間でアマツバメをリリースすることが絶対に必要です．

カワセミ

博　物　学

　カワセミは，水に潜って魚を捕って，小川や小さな池で生活しています．そして捕った魚を枝に打ちつけて殺し，頭から丸呑みします．通常カワセミには，水の中に飛び込むための，好みの枝があります．時々庭の池に来るのが，カワセミが傷病鳥になる理由です．堤防にトンネルを堀り，トンネルの一番奥の小部屋に卵を産んで，営巣します．幼鳥は親が運ぶ魚を食べます．やがて，巣は魚の食べ滓と魚臭い糞便の悪臭でいっぱいになります．やがて幼鳥は，生きている宝石，カワセミになります．

器具と輸送

　1 つの例外を除いて，カワセミの必要条件は他の小鳥とまったく同じです．その例外とはカワセミが合趾足をもっていることです．合趾足とは 2 つの足趾が結合していることを意味します．輸送のとき，輸送箱内に 1 本か 2 本の小枝の止まり木を床の上方に設置してください．段ボールの輸送箱なら，止まり木を側壁に貫通させて，反対の側面へ渡せます．

救護と取扱い

　他の小鳥の取扱いとまるで同じようにカワセミを扱ってください．

病　　　気

　カワセミには，記録されている感染症をリハビリしたといういかなる報告もありません．

カワセミに共通の出来事

　日常カワセミが看護のために持ち込まれる原因は，窓に衝突し，気を失ったものです．これは鳥の頭部損傷の場合と同様に治療してください（第 9 章参照）.

カワセミに共通の外傷

　脳振盪がカワセミで記録される通常唯一の外傷です．しかし，著者は，特に猫が最初に失神した鳥を発見した場合，4～5 例の翼の骨折を，治療したことがあります．

来院と応急手当

　他の小鳥と同じです．

収　容　法

　カワセミのための収容器は合趾足の特別の要求に適していなければなりません．直径約 5～10mm の小枝の止まり木を床から 40mm 離してセットした，標準的な三面壁のリハビリテーション・ケージで満足できるでしょう．
　カワセミは頑丈な石製の水盤の縁に，簡単に留まるでしょう．

給　　　餌

　カワセミは餌として小魚を必要とし，驚くべきことに毎回 4～5 匹を食べます．魚屋さんから

入手可能な冷凍シラスをカワセミに食べさせてください．もし鳥が自分自身で食べたがらないようなら，新たに解凍したシラスを強制給餌してください．

カワセミは非常に頑丈な嘴をもっています．一方の手で，嘴を開けておき，1尾ずつシラスを頭から鳥の喉の奥へ滑らせてください．もう1尾の魚を喉の奥に入れる前に，カワセミが前の1尾を呑み込んだことを確認することが必須です．シラスにはチアミンの添加が必要です（第9章参照）．

アマツバメのときのように，成功の秘訣はできるだけ早くリリースすることです．

リリース

救護されたカワセミは川のそばに，お気に入りの止まり木やナワバリがありますが，いつも彼らのナワバリと関連のない庭で発見されています．生息に適したせせらぎや小川にカワセミをリリースするには，冬に凍りにくい流れがカワセミが新しいナワバリを築き上げるのを可能にするでしょう．

法　令

他の野鳥とまったく同じように，病気やけがを

図 11-9　けがをしたカワセミが合法的に，治療のために保護される．

すれば，アマツバメもカワセミも救護されることがあります（図 11-9）．それらがリリースするのに十分健康であるなら，リリースする義務があります．それがリリースに適しているのなら，閉鎖式のリングを付けずに，野鳥を飼育することは非合法です．これらの2種の鳥の飼育が非常に難しいので，この疑問をもつこと自体おかしなことです．

12
ハ　ト

定期的に見られる種：野バト（これにはレースバトや「白いハト」が含まれます），モリバト（*Columba palumbus*），シラコバト（*Streptopelia decaocto*），ヒメモリバト（*Columba oenas*），それほど多くはありませんが，渡り鳥のコキジバト（*Streptopelia turtur*）が見られます.

博物学

野生の，あるいは「都会の」ハトは紹介を必要としないくらい，よく知られています．しかし，それらは，スコットランドの北西の海岸の崖の上にまだ繁殖しているカワラバトに起源します．

モリバトと野バトは常に英国が原産でした．しかしシラコバトは1950年代に，英国で巣作りをし始めました．そのときから，シラコバトは完全にこの国に定住し，モリバトとほとんど同じくらい多数からなります．小さいカラフルなコキジバトは夏鳥です（カラー写真24）．おそらく地中海の国々を通って，渡りをするときに迫害を受けたために，その数は現在劇的に減少しています．

すべてのハトは，人類が恵みとして与えている余剰物としての種子やトウモロコシを食べて生活をしています．これらの消化系には，喉のちょうど下にある食道の膨大部（そ嚢）と，筋肉でできた砂嚢があります．砂嚢にはグリットが入っていて，後の消化系を通過する前に，そこで食物を処理します．

育雛期間，大人のハトは，急速に落屑したそ嚢細胞からできている「そ嚢ミルク」を作ります．ハトの雛鳥は親ハトのそ嚢から直接そ嚢ミルクを飲むことができます．他の鳥は口いっぱい液体を取り込み，頭を持ち上げて飲み込みます．傷病のハトに，水や輸液を入れたボウルに直接嘴を入れて飲ませようとすることがありますが，この頭を上げないで飲水できる能力が非常に有用であると分かります．

通常2羽の雛鳥が非常に壊れやすい巣で育ちますが，その巣は枝木，小枝，紐や人の廃棄物から，利用可能なものなら何でも利用して作られます．工場で，ケーブル・タイを主な巣材とした巣で子育てされていた野バトの雛を救護しなければならないことがありました（図12-1）．

装置と輸送

換気穴を開けた段ボール箱でハトを運ぶのには十分でしょう．しかし，レースバトを1羽ずつ国内輸送するために，小さい段ボールの輸送箱が特別に作られています．レースバト関連具の販売元（付録6を参照）が，多くのレースバト用具と同じように，たくさんのハトをリリース場所に運ぶのに理想的なハト籠を販売しています（図12-2）．

救護と取扱い

ドバトは，大きな網や素手でも捕まえることができます．モリバトは以外に力強く，ばたばたする翼を押さえる配慮が必要でしょう（カラー写真25）．

ついでながら，ドバトの羽はちょっと引っ張っただけで抜けおちるように作られているので，ハ

図12-1　ケーブル・タイで作られたハトの巣．

トを取り扱っているとき，手の中に羽が残っていても，驚いてはいけません．

病　　気

ハトは本当に，あらゆる種類の病気に感受性を示すように思われます．これらの病気のいくつか，とりわけトリコモナス症のような病気は，傷病野生動物センターでよくみられます．パラミクソウイルス感染症や鶏痘，鳥類病（ハト病）もみられます．鳥類病は鳥の病気として重要性は低いですが，人獣共通感染症としては重要です．鳥類病の可能性のハトは，確定診断や治療のため獣医師に診せなければなりませんが，動物看護師あるいはリハビリテータはこれらの病気をよくみるので，おそらくこの病気を治療することができるでしょう．

ハトの仲間に共通の病気を詳細に述べます．またそれ以外のハトに感受性のある病気は獣医師による診断を必要としますので，それぞれ，短いメモの形で述べます．

パラミクソウイルス感染症

レースバトの伝染病，パラミクソウイルス（PMV-1）が野生のドバト集団の中に広がっています．この病気は，完全看護されれば，必ずしも致命的ではありませんが，感染性が高いです．その罹患率は実際には30〜70％で，死亡率は低く10％です．

このウイルスは主に，病気の鳥の分泌物や排泄物との直接接触によって伝搬します．また長靴，衣類，容器，籠によって，さらには空気中の埃として運ばれることがあります．多くのハトがこの病気で苦しみ，その感染が広範囲に及んでいることは驚くに値しません．

最初にハトがPMV-1と接触すると，このウイルスは眼，鼻，口の周りで増殖します．感染2〜3日めから，ハトは環境中にウイルスを排出し始めます．5〜6日の後に呼吸器症状や眼症状が現われますが，この病気の今日の形は，不顕性です．

ウイルスが消化管で増殖するのが4日目からで，それ以降，糞中に排出されます．水様性，あ

図12-2　レース用籠から放されたハト．

るいは出血性下痢がみられるまで，PMV-1 感染が疑われることはありません．消化管症状が発現してしまった後だけ，神経症状や中枢神経系症状がみられます．症状は非常に特徴的です．

- 頭部振戦．
- 斜頸：頭部が上下逆さまになります（図12-3）．
- 平衡感覚の喪失，ふらつき，転倒しがちになります．
- 運動失調：正確についばむことができず，食物の近くばかりをついばみます．
- 一側の翼の麻痺，それから両側．
- 足の麻痺がみられることも，みられないこともあります．

下痢の症状がなくなった後に，これらの症状が現れるかもしれません．

この病気がその経過を終えるまでの約6週間，ハトはウイルスを排出するでしょう．そ嚢に流動食をチューブ給餌すれば，鳥は生き続けることができるでしょう．ほとんどが完全に回復するでしょう．回復した鳥はこの病気のキャリアーになる心配はありません（Wallis, 1996）．

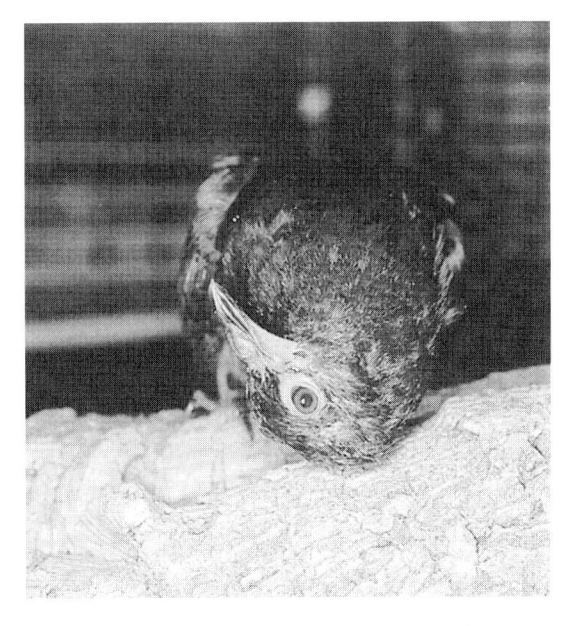

図 12-3 パラミクソウイルスによって引き起こされた斜頸のあるハト．

PMV-1 は必ずしも致死的ではありませんが，感染した鳥は感染源になり，近辺にいる他のハトの脅威となります．神経症状を示す鳥は他のハトのいる診療施設に持ち込んではいけませんし，確定診断のため獣医師に渡し，できるだけ他の建物に隔離しましょう．

重大な問題を引き起こす鳥が，明らかにこの病気の症状を示すわけではありません．症状を示さないけれどウイルスを排出しているハトは，あらゆる予防措置を素通りして他に病気をうつす可能性が高いのです．潜伏感染の鳥が数日あなたの施設に留まっている場合です．明らかな神経症状を見せ始めたら，その鳥はすでにウイルスを広めてしまっていて，おそらく多くの他のハトが感染してしまっているでしょう．

これを回避する方法は，新しく保護されてくる傷病のハトをすべて隔離することと，現在の在留鳥にワクチンを打つことです．新しく到着した鳥に，10日の隔離の後に病気の徴候がなければ，ワクチンを打つことができます．そのワクチンのColombovae™ PMV（Solway Animal Health）は50ml か 100ml 入りの瓶が入手できます．ハトごとに 0.2ml を頸部背側皮下に注射します．頭部局所に免疫を付与し，その後静養期間中に全身免疫が付与されます．

ワクチン接種は，リリース前の鳥飼育場で訓練をしているハトを，しばしば舞い降りてくる野バトから守るでしょう．

鳥類病（ハト病）

鳥類病はオウムのオウム病の原因菌でもある細菌 *Chlamydophila psittaci* によって起こされます．これは人獣共通感染性なので，人に健康の危険があるということです．この感染症は野バトの風土病であり，シラコバトで報告されています．

症状は眼や鼻の分泌物で，ハトの病気で「一眼の風邪」と呼ばれているものは，*Chlamydophila* に起因している場合が多いでしょう．

あらゆる開口呼吸の症状は，どんなに軽度でも，リストのトップにあげられる鳥類病とともに，あ

る種の呼吸器疾患があることを示します．検査や非常に暑い状況をのぞいて，ハトは通常呼吸をするのに口を開けません（以下参照）．

呼吸困難や「一眼の風邪」症候群の類似症状をもつハトはすぐに隔離して看護しましょう．すべての疑わしい鳥は確定診断のためにすぐに獣医師に診てもらい，治療計画を実施するか安楽死させましょう．

呼吸困難

ほとんどの呼吸困難は獣医師によって診断されなければなりませんが，病原体に因らない状態でも生命にかかわることがあります．

取扱いのストレス

ハトが過度に呼吸しているのに気づくのは，非常に暑いときか，過度に運動したときです．しかし，実際に生命にかかわるような呼吸困難の症状は，喘ぐような開口呼吸をして，呼吸が止まることが突然始まるときです．この現象の典型例としてモリバトを取りあげると次のようなことが起きます．例えば，検査のために手の中にハトを保定して，あえぐような呼吸が始まったら，頭部を覆い，すぐに診察台に置かなければなりません．そうしても，数秒以内に死ぬことがあります．明らかにモリバトはすべての英国の鳥の中で，最も神経質で，興奮しやすい鳥のように思われます．しかし，この状態はどんな種でも起こりえますので，唯一，瞬時に「手を放すこと」だけが鳥を救うのかもしれません．

他の呼吸器の状態

他の呼吸困難，特に機械的呼吸困難は，トリコモナス症のような病変によって，あるいは丸ごとのナッツやパンの耳のような，鳥が呑みもうとした物が，気管の入り口である声門を塞いでしまうことによって起きます．

気嚢炎，鼻炎，鳥結核，副鼻腔炎のような他の病気関連の呼吸困難はアドバイスを受けるために獣医師に診せなくてはなりません．

鶏痘とトリコモナス症は，第9章に詳しく記述します（図12-4）．

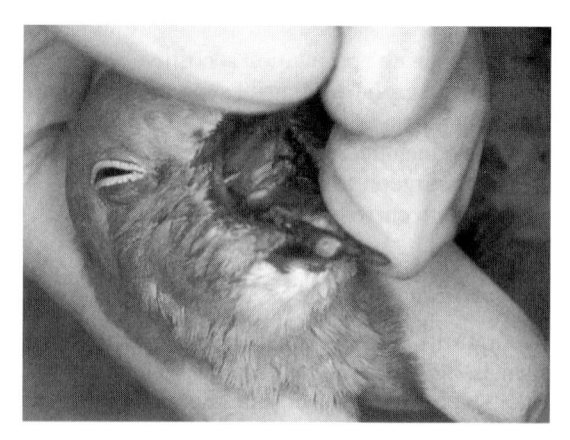

図12-4 シラコバトは特にトリコモナス症に罹りやすい．

他の病気

いままでのところで述べた病気は，本当によくみられるもので，通常獣医師の指導のもとに作られた一般的ガイドラインに沿って看護師やリハビリテータによって治療することが可能で，確定診断を必要としない限り獣医師に診てもらう必要はありません．

このセクションのハトの他の病気は同じ頻度でみられませんので，確定診断や指導を受けるために獣医師に診せてください．

アデノウイルス1型

アデノウイルス1型は若い鳥の病気です（1年以下）．典型的な症状には下痢と嘔吐があります．

獣医師によって処方された，トリメトプリムとロニダゾールを含む治療法が回復を早めることができます（de Herdt & Devriese, 2000）．

アスペルギルス症

すべての鳥類救護センターの悪夢である*Aspergillus fumigatus*はハトにも感染し，呼吸困難を引き起こします．治療法はイトラコナゾールによります（第9章）．

カンジダ症

カンジダ症の症状はそ囊の肥厚を含み，トリコモナス症にみられる病変と五十歩百歩です．食物の逆流は*Candida albicans*の感染を指し示すこともあります．

ヘキサミタ症

ヘキサミタ症に罹患したハトは，深緑で，悪臭のある水様性の糞便と，体重減少，嘔吐，下痢，脱水症，強い渇欲を示すでしょう．

1～2週で死ぬことがあります．治療法はエンロフロキサシンあるいはトリメトプリムのような抗生物質投与とメトロニダゾールまたはロニダゾールのいずれかになります．

ハトヘルペスウイルス（PHV）

ハトの集団の大部分はヘルペスウイルス陽性で，突然死の原因となることがあります（de Herdt & Devriese, 2000）．症状は呼吸器症状で，獣医師の診断が必要でしょう．

現在，PHVの治療法はありません．

サルモネラ症

Salmonella thyphimurium var. Copenhagen による感染はハト，家禽，人と牛に制限されます．ハトのサルモネラ症の典型的な症状は，翼と足関節炎，下痢，無気力，可能性として，まぶたあるいは頸の小膿瘍です．

サルモネラ症を制御するためには，ハトを飼っている場所の徹底した清掃と消毒，感染した鳥の安楽死を行います．

ハト類に共通の出来事

野生下で生活している誰かの所有のハトとレースから脱走したハトの違いを述べることは不可能です．双方ともに脚輪がついています．

落鳥したハト

レースの期間中に公園のあちこちにいる，おそらく病気と思われるハトに気づくでしょう．もっと近づいて観察すると，一方の脚に通常のプラスチックリングともう一方にゴムリングを見るかもしれません（図12-5）．これはレース中に疲労困憊したレースバトです．レースに戻す前に，2～3日の休息が必要でしょう．

リングに持ち主の名前と住所があるかもしれません．あるいは，ほかにも詳細な住所が飛翔羽にスタンプしてあるかもしれません（図12-6）．自分のハトを返してもらいたいと思っているハト愛好家もいますが，一方では，「頸をひねりたい」と思っている愛好家もいます．愛好家と連絡を取れば，優勝できそうなハトの有望な将来のきっかけをつかめるかもしれません．

補食されたハト

シラコバトは英国の野生下で生活する小さめのハト科の仲間です．よく猫に捕まえられますが，ハイタカのツメの攻撃からは必ずといっていいほど逃れます．これら傷病のハトは「猫に襲撃された」鳥と同じように扱ってください．

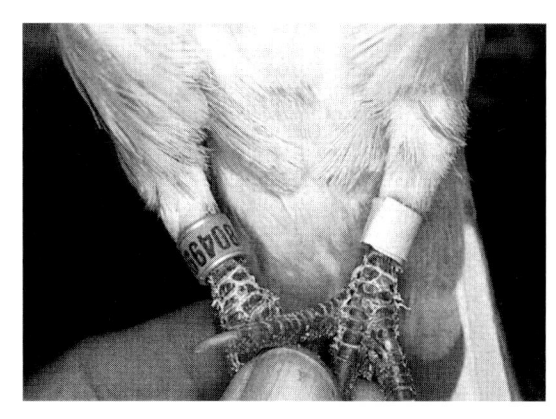

図12-5 2個の脚輪（1つはプラスチック製，1つはゴム製）を付けたハトはレース中であることを示します．

図12-6 レースバトの所有者のアドレスや電話番号がよく初列風切羽にスタンプされます．

卵

ハトの卵は以下のような様々な原因から発見されます：

・一般大衆によって地面の上で発見されます．
・抱卵を放棄された巣内で発見されます．特に野バトがビルに巣を作ってしまった場合に．
・保護下の鳥が卵を産んだ場合．

コキジバトの卵が発見されることは，一般的にはほとんどあり得ないことですが，そのことだけは例外として，ドバトや普通のハトをさらにこの世に送りだす必要はありません．手渡されたドバトや普通のハトの卵は壊してください．

しかし，もし飼育下の鳥が産んだ卵を壊せば，代わりの卵を産むだけです．鳥は本来自分自身の卵を温め続けるものなので，とても簡単なやり方は，孵化するのを防ぐため，中身が壊れるくらい卵を揺さぶるか，擬似卵と取り替えます．この擬似卵は専門のディーラーから入手可能です（付録6参照）．

交通事故

モリバトはよく自動車にはねられます．大きい鳥なので，たくさんの羽毛を失うだけのこともあります．抗生物質とデキサメサゾンがこのショックから回復する助けとなるでしょう．

銃創

ハトが散弾銃や空気銃の銃創を負って救護センターに連れてこられることがあります．これらの弾は，当たったと思われる骨の複雑骨折を含めて，大きな損傷を引き起こします．治療法は他の銃創を負った鳥と同じです（第9章を参照）．

空気銃所有とその使用についての法律は，最近強化されました．それで，もし必要なら，地元の警察に通報することで，所定の区域で再発している事件を防ぐことができるかもしれません（付録4）．

そ囊破裂

他の種では明確ではありませんが，ハトでみられる損傷はそ囊破裂です．通常，ほんのわずかな一撃でそ囊が炸裂してしまうほどそ囊がいっぱいのとき，そ囊破裂が起きます．穀物が皮膚を通して見え，破裂がそ囊がいっぱいの餌によるという異常に由来することが明白な場合もあるでしょう．そ囊から出た穀物が皮膚の下に溜まるのは，その損傷が皮膚を破裂させない場合です．時々その破裂が非常に大きい場合で，しばしば食物で汚染され，そして時にはトリコモナス症の病変で汚染されます．

この破裂部分を完璧に清潔にし，縫合すれば，ほとんどの鳥は完全に回復します（図12-7）．そ囊破裂は，けがをして，飲むことができなくなってしまってたのと同じような緊急事態として取り扱ってください．輸液しなければならないほど，ひどい脱水状態のこともあります．

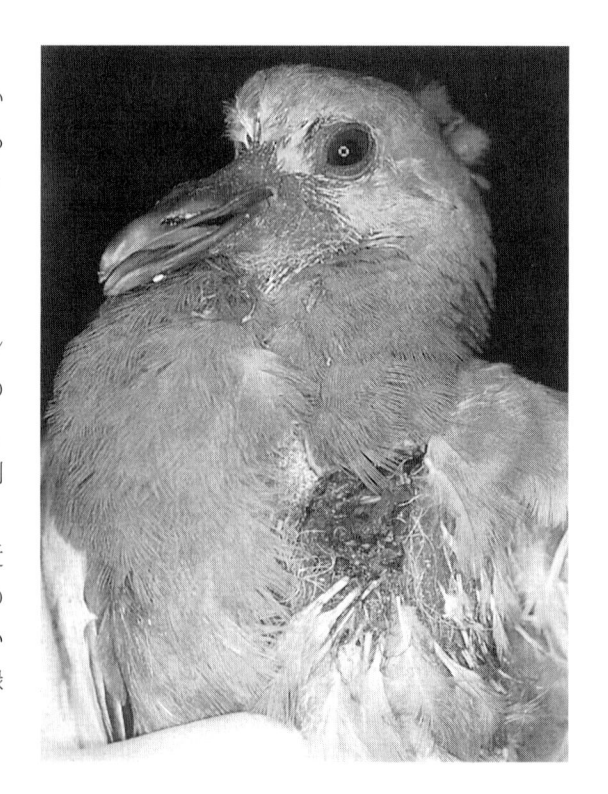

図 12-7　そ囊破裂は傷病ハトによくみられます．

そ嚢破裂は，実際のそ嚢壁の内層とその上を覆っているもろい外層の2層で起きます．適切な下垂状態で，両方とも別々に縫合しなければなりません．広域スペクトルの抗生物質，通常は持続性アモキシシリン250mg/kgを与えて差し支えありません．

骨　折

たくさんのハトが，翼や脚の長骨骨折によって連れてこられます．ほとんどが標準的な骨折治療法に応答するでしょう．しかし，骨折したモリバトは完全には回復しません．その鳥を飼育下にとどめることが適切ではないということが分かっています．モリバトは神経質なので，どんな場合にも，大きな鳥類飼育場でも，快適に生活できないことを意味します．

奇妙なことに，ハトはよく脚輪の付いた脚を骨折するように思えます．不必要な苦しみを与えないように，骨折している脚や外傷のある脚の脚輪は切り取ってください．

日　光

鳥はビタミンD_2を活性型のビタミンD_3に換えるために，羽がない皮膚の部分への日光浴が必要です．このビタミンは，副甲状腺ホルモンと共に，腸の管からカルシウムの吸収をコントロールしています（Macwhirter，2000）．

十分な日光浴ができなければビタミンD不足と，その結果による病的な骨折，骨の弯曲，脱灰，骨軟症を含めた，カルシウムの吸収低下，低カルシウム血症，骨異常を引き起こします．

このカルシウム欠乏が，1950年代から唯一英国に定着したシラコバトで実際に起こっていることのように思われます．多分，英国への渡りの習性の方が，育雛をする時期の適応進化を凌いでしまったのでしょう．なぜなら，毎年，十分な日光がないくらい早い季節にハトが巣を作るので，子供が必要なビタミンDを十分に利用することができないように思われるからです．ビタミンD欠陥と低カルシウム血症の典型的な症状をもつた

図12-8　シラコバト幼鳥のための太陽灯．

くさんの幼鳥がリハビリテーションのために連れてこられます．

治療は，爬虫類用に売られている紫外線照明の下に若い鳥を置くことです．（図12-8）（Powersun，付録6）．人工飼育し，紫外線照明によって活性化されれば，鳥は成鳥期にその問題に苦しむことはないと思います．

蠕虫と他の寄生虫

ハトは本当にたくさんの種類の蠕虫やそれ以外の寄生虫をもっています．特別の問題は獣医師に問い合わせた方がよいでしょう．一般的には，蠕虫はフェンベンダゾール・カプセルで予防的に駆虫ができます（Panacur Wormer for Piceons, Intervet）．

到着と応急処置

ハトは多くの病気に高感受性なので，最初の応急手当が終了した後，いくつかの病気に対し

表12-1 到着時に投与するための，様々なハト類へ推奨される予防処置

処　置	野バト	モリバト	シラコバト	ヒメモリバト	コキジバト
カルニダゾール（Spartrix, Harkers）トリコモナス症のために	1錠（10mg）	1錠（10mg）	1/2錠（5mg）〔もし感染していれば1錠（10mg）〕	1錠（10mg）	1/2錠（5mg）
PMVワクチン（Colombovac PMV, Solvay Animal Health）新規到着のための10日の検疫期間終了後に投与	0.2ml（皮下）	0.2ml（皮下）	―	0.2ml（皮下）	―
駆虫（Panacur Pigeon錠, Hoechst Roussel Vet）	1錠	1錠	―	1錠	―

予防的治療をすることが，正しい診療です（表12-1）．

収容法

大きめのケージならばどれでもハトには十分でしょう．モリバトは静かな場所におく必要があります．そうしないと，パニックになるでしょう．およそ直径10〜20mmの小枝で作った止まり木を備え付けます．

砂の床が適切です．

治療後ハトを鳥類飼育場（フライト・ケージ）に入れれば，リリースの前の訓練になるでしょう．

給餌

ハトはほとんど何でも食べるでしょう．鶏飼養用飼料が完全な食餌になります．混合した穀類はペット店で簡単に手に入りますが，もしビタミンやミネラルが加えられていないなら，それは完全な食餌と呼ぶことはできません．入手可能なハト専用の混合飼料があります．それはあらゆる種類の穀類や種子類を提供します．

消化を助けるために，ハト用グリットも与えましょう．

チューブ給餌

チューブによる強制給餌とは鳥の流動栄養物を直接そ嚢内に給餌することです．これは特に，一時的に病気やけがのために自分で食べることができないハトに有効です．

25cm，内径5mmのゴムチューブあるいはプラスチックチューブに20mlの注射器をつなぎます．それから，流動食をチューブを通して注射器の中に吸い上げます．

空気を抜いて，チューブに潤滑剤を塗り，次に声門を避けて喉の下方へ滑らせます．喉の上部に餌が戻って来ないことを確かめながら，暖めた食物を少量，そ嚢の中に直接注入します．チューブをまだ注射器に付けたままで，引き抜きます．そして，もし必要なら手助けして，立ったままの状態にします．

手に入る適当な食物は，救命救急フォーミュラ（Critical Care Formula, Vetark），Hill's a/d（Hill's Pet Nutrition）やいくつかの人用の類似の流動処方食，そして，Ensure（Abbott）が含まれます．50ml/kg当量を日に数回分けて与えてください（図12-9）．

もちろん，これは，ハトがこの流動食を自分

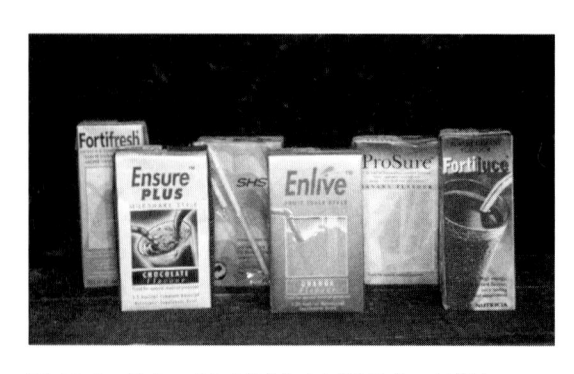

図12-9 多くの鳥に適当な人用流動食の品揃え．

自身で自由に食べられるようにしてもよいでしょう．

咳をするということは，強制給仕のチューブが思いがけず気管内に入ってしまった可能性があります．すぐに給餌をやめ，チューブを抜いてください．

リリース

モリバトや野バト，シラコバトは公園ならどこでも，普通の場所，田園地区にでもリリースすることができます．コキジバトは夏の終わりの渡りの前にリリースする必要があるでしょう．

もし野バトを地元でリリースするなら，近所に住み着くでしょう．それらの帰巣本能は目を見張るようです．野バトは本来海食崖に住んでいる岩バトの子孫です．おそらく，最もよいリリース場所は，飼育されていた場所から少なくとも200km離れた海食崖の近くでしょう．夕闇の直前にリリースすれば，帰還のサイクルを壊して，新しい海食崖環境に滞在するよう働きかけるかもしれません．

法　　令

「獣医師法1966」とその改正条項下では，登録された獣医師のみ，場合によっては動物看護師が，他の人が所有する動物を治療することができます．その治療処置をする人が獣医師や動物看護師でなければ，応急処置や救命処置，苦痛や苦悩を止めることに限ってください．

13
狩 猟 鳥

よく見られる種：キジ（*Phasianus colcliicus*），ヨーロッパヤマウズラ（*Perdix perdix*），アカアシイワシャコ（*Alectoris rufa*），時折はウズラ（*Cornix coturnix*）も．

博 物 学

「狩猟鳥」とは文字通りの意味です．すなわち，ヨーロッパヤマウズラを除いて，この章に書かれた鳥たちは狩猟のために繁殖され，リリースされています．ライチョウ（*Lagopus lagopus*）のような，英国原産の鳥は狩猟のために管理されていて，通常リハビリテーションのために頻繁に届くことはありません．

もっとたくさんの外来種が時折発見されますが，通常飼育収集から逃げ出したものです．狩猟管理者が狩猟のためにイワシャコ（*Alectoris chukar*）を導入してきましたが，リハビリ後リリースすることは非合法です．

英国国内で見られる外来のキジの仲間には以下のものがあります．キンケイ（*Chrysolophus pictus*），ギンケイ（*Chrysolophus amherstiae*），オナガキジ（*Syrmaticus reevesii*），ハッカン（*Lophura nycthemera*）．

実際に，ウズラは現在では非常にまれな渡り鳥です．「ニホンウズラ」としてペットショップで売られているウズラと混同されることがあります．

すべての種は地上で採餌する仲間で，種子，穀類，新芽や昆虫など雑食性です．普通に見られる3種は，餌をとるために低木の生け垣の中や畑地に入り込んでいる森林地帯の開けた場所をよく歩き回っているようです．すべての幼鳥は早成型で孵化後すぐに，歩き，走り，自分で餌をとることができます．

装置と輸送

大きなたも網と猫用の携帯輸送ケージを通常用います．

救護と取扱い

これらの鳥は優れた地走類なので，捕獲をすり抜けるのに飛ぶ必要はありません．鳥が届かない位置に走ってしまう前なら，長い柄の付いた大きなたも網が捕獲するチャンスを与えます．

特に，キジ類は驚くくらいタフなので，肩の回りを強く保定してください．キジ類はとても緊張しているので，可能な限り触れることを少なくしてください．暗くした箱に入れれば，静かになるでしょう．

治療施設で，鳥が羽ばたいたり，蹴ったりすると，診断することが不可能かもしれません．このストレスが鳥を死なせるでしょう．トリアージや応急手当ができるように，ジアゼパム 10mg/kg の筋肉内，あるいは静脈内投与で鳥を鎮静させましょう．

狩猟鳥に共通の病気

猟友界には詳しく記録された狩猟鳥の病気があります．しかし，それらの病気は通常，外傷の患者だけを診ているリハビリテーション施設ではみ

狩猟鳥に共通の出来事

傷病のキジやヤマウズラのほとんどが自動車にはねられています．所有権の問題が起こりますが，これらの鳥の大部分は認証票あるいは脚輪をもっていないので，傷病野生鳥類として取り扱ってください．

狩猟鳥に共通の外傷

狩猟鳥，特にキジ類に共通した外傷は，様々な程度の脳震盪ですが，時には脛足根骨骨折もあります．

キジ類はよく一方の脚が使えない状態で連れてこられます．最初，脊椎損傷の疑いの症例として扱いましょう．しかし鳥のX線の読影は難しいので，背中のけがを見つけることは簡単ではありません（図13-1）．疑いがあるなら，そのキジは頭部外傷症例として取り扱ってください（第9章を参照）．

1週間で足の弛緩麻痺の改善がみられないなら，おそらく鳥は回復する方向に向かっていないでしょう．その鳥は殺処分してください．

時々上嘴の一部が欠けているという状態でキジが連れてこられます．これはお互いに突き合い，傷つけ合うのを防ぐために，狩猟人によって切られているのですが，問題なく再生します．

来院と応急処置

興奮して気が狂ったようになったキジ類にはジアゼパムを与えて，標準的なトリアージと応急手当をします．

収 容 法

特に，キジには安静に保つため，前面をカバーできる大きいケージを必要とします．いったん回復すれば，すべての狩猟鳥は，リリース前の2週間，大きい鳥類飼育舎（フライト・ケージ）で個別に飼育してください．

給 餌

狩猟鳥は，穀類，種子，狩猟鳥類用ペレットを食べますが，ヨーロッパヤマウズラには時々ミルワームのような昆虫を加えてやります．

ちょうどハトと同じように，餌を与えている間は，手近で手に入るグリットが必要です．

寄 生 虫

狩猟鳥で消化管内寄生虫がよく問題となります．適切な駆虫薬は次の通りです．

- メベンダゾールの経口懸濁液（Wormex, Hoechst Roussel Vet）：キジとヤマウズラには

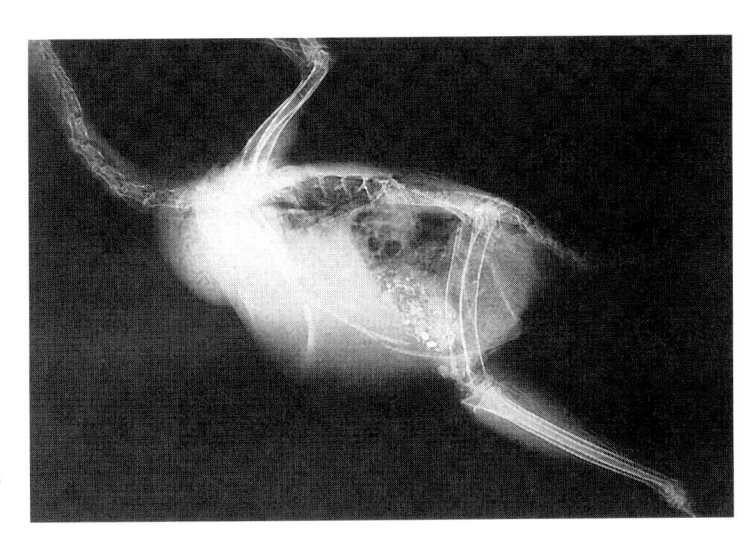

図13-1 これはキジのX線で，脊椎損傷を読影するのは難しいです．

13mg/kg.
- フルベンダゾール（Flubenvet Intermediate, Janssen Animal Health）：餌1tあたり60gを混合，7日間投与．

リリース

狩猟鳥は防護柵や林で区切られた屋外の適当な生息地にリリースしてください．狩猟区に注意し，そこを避けてください，そうしないとあなたの患者は撃たれてしまうでしょう．

法　　令

「野生生物と田園保護法1981」の付表9下では，次の狩猟鳥をリリースすることは違法です．
- イワシャコ（*Alectoris chukar*）
- ハイイロイワシャコ（*Alectoris grueca*）
- キンケイ（*Chrysolophus pictus*）
- ギンケイ（*Chrysolophus amherstiae*）
- オナガキジ（*Syrmaticus reevesii*）
- ハッカン（*Lophura nycthemera*）
- コリンウズラ（*Colinus virginianus*）
- ヨーロッパオオライチョウ（*Terrao urogallus*）
- その他英国原産でない種すべて

14 カラス類

よく見られる種：ハイイロガラスまたはハシボソガラス（*Corvus corone*），ヤマガラス（*Corvus frugilegus*），カササギ（*Pica pica*），ニシコクマルガラス（*Corvus monedula*），カケス（*Garrulus glandarius*）．

ワタリガラス（*Corvus corax*）と非常にまれには，ニハシガラス（*Pyrrhocorax pyrrhocorax*）も救護センターに連れてこられることがあります．イエガラス（*Corvus splendens*）も英国の留鳥になるという意見もあります（Pukas, 1999）．

博物学

英国のカラス類のいろいろな種は自分自身の生態的地位を構築していますので，一般的に，お互いに張り合ったりしません．

- 群れを作る習性のミヤマガラスは農地の周りで，木の高いところに巨大な集落を作り，営巣します．
- ハイイロガラスは厳格なナワバリがあり，農地に雄雌のペアを作ります．
- ハシボソガラスはスコットランドで見られるものと同じ種です．
- カササギは，特に生け垣や深くない森林地帯で群れで狩りをします．
- コクマルガラスは断崖の周り，あるいは煙突に営巣して，人の生活圏で生活しています．
- 最もきれいなカラス，カケスは広葉森林の鳥です．
- ワタリガラスは荒れ地や山に生息し，大家族性です．
- ニハシガラスは今非常にまれなカラスです．

カラスは雑食性で，家族そろって，穀類，昆虫，他の鳥，小さい哺乳動物や道路事故の死体など様々なものを食べています．

カササギは決まって，特に庭の鳥の巣を襲撃します．卵や若い鳥，アカゲラ（*Dendrocopos major*）も同様に，根こそぎ捕られてしまうでしょう．しかし，カササギは，猫やハイタカと違って，一般に成鳥を襲わないので，繁殖ペアへの影響は大きくはありません．子供を亡くした親は簡単に次の雛を作りますが，ペアの一方を失くした鳥は繁殖期中に替わりを見つけられないかもしれません．

一般にカラス類は非常に賢いので，どんな種類の食物でも利用するために素早く順応します．

装置と輸送

カラスを捕獲するためには，長い柄の付いた大きなたも網が必要です．なぜなら，飛べなくても，走ったり，大きな障害物を飛び越える超達人だからです．

それらを拘束する頑丈な猫用の携帯ケージが必要でしょう．そして，ワタリガラスには猫用の携帯バスケットで大丈夫でしょう．

救護と取扱い

丈夫なグローブは嘴や鋭い爪から守るので，カラスのようなかなり大きな鳥の保護は極めて容易となります．グローブを外して，嘴の先を収縮包帯で巻けば，痛烈な咬み付きを防げるでしょう．

嘔吐や呼吸困難の場合に備えて，注意深くモニターしてください．口輪をしたカラスはモニターなしで放っておいてはいけません．

カラス類に共通の病気

カラス類は，救護センターで一度出くわしたら二度とお目にかかれないと思えるような，広範囲の病気をもっています．しかし，珍しい病気が起きても，通常の衛生管理で他の鳥を守ることができるでしょう．

カラス類は外部寄生虫と内部寄生虫の両方の重度寄生があります．

内部寄生虫

腸管内蠕虫は以下の方法で駆虫できます．
・アイバメクチン（牛用 Ivomec™ 注射液, Merial）を 200μg/kg あるいはプロピレングリコールと 1：9 に混合したものを 0.2ml/kg で与えます．
・ドラメクチン（牛と羊用 Dectomax™ 注射液, Pfizer）はこの種の薬剤で最も新しい入手可能な薬です．300μg/kg か，あるいはゴマ油と 1：9 に混合したもの 0.3ml/kg を経口投与します．

特に，ニハシガラスは，フェンベンダゾールまたはサイアベンダゾールで駆虫できる開嘴虫の被害を受けます（第 9 章参照）．

外部寄生虫

ダニ類はカラス類やミヤマガラスに共通してみられます（図 14-1）．次の方法で駆除します．
・アイバメクチン（Ivomec® Pour-on, Merial）を鳥毎に 0.1ml，頸背部の皮膚にひと塗りします．
・カラス類のハダニに対してフィプロニール 0.25％ w/v の少量のスプレー（Frontline®, Merial）も同様に効果的な場合があります．

カラス類に共通の出来事

煙突から落ちるコクマルガラスは別として，おとなの傷病ガラスは通常誤射あるいは交通事故の犠牲者です．

毎年，親からはぐれたと思われる未熟なカラスが殺到するでしょう（図 14-2）．注意してください．なぜならこれらは親を亡くした訳ではないからです．若いカラスとミヤマガラスは飛ぶことができるようになるずっと前に，巣を離れます．それらは地上を飛んでは降りしながら，親から食べ物をもらって数日間を過ごします．これらの鳥は肉食動物からの現実的脅威あるいは人間の危険がなければ，理想的には，現在いる所に置いておいてください．救護された親からはぐれた子は，親鳥が確認できる距離の場所に戻すこともできま

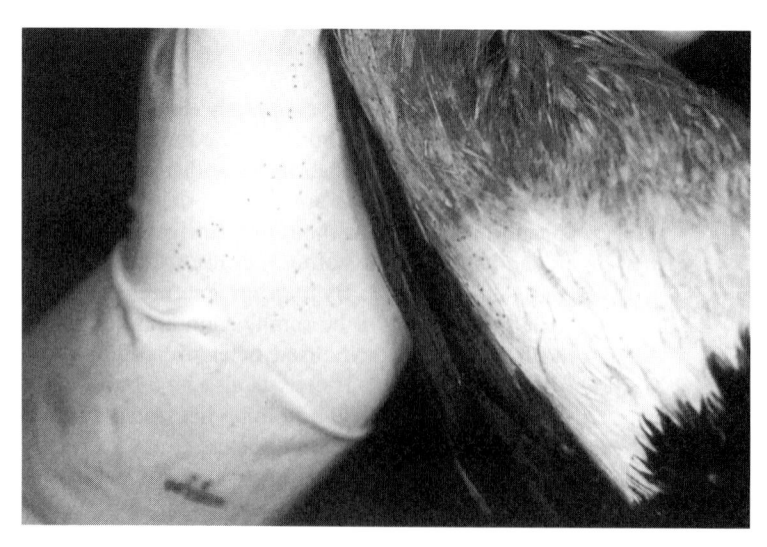

図 14-1 典型的な鳥類のハダニ．

第14章 カラス類

図 14-2 干渉を必要としない時期の若いカラスがよく「誤認保護」されます．

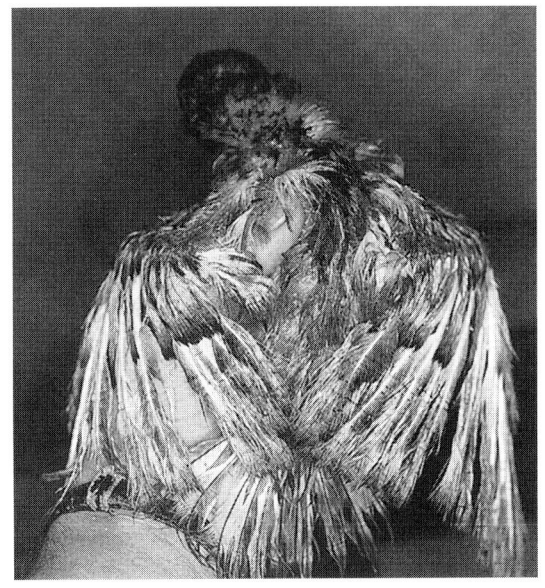

図 14-3 白い羽や白い斑の入った羽をもった若いカラスやミヤマガラスが見つかります．

す．

　以下のような明らかな問題で，別の未熟なカラスやミヤマガラスが発見されることがあるでしょう．

白い羽毛と白斑の羽毛

　白い羽毛や白斑の羽毛をもった，たくさんの若い鳥が発見されます（図 14-3）．それらの羽毛は黒い羽毛より弱く，容易に壊れて，鳥が飛ぶのを妨げています．これは栄養の欠陥や農薬によって起こることがあります．今までにこの問題の研究はわずかしか，あるいはまったくなされなかったように思えます．

　これらの鳥が保護されたとき，短期間での解決策はありません．傷害を受けた羽毛や，白い羽毛は換羽させなければなりません．これは最高1年を要することがありますが，その間に鳥にバランスのとれた食餌を与えれば，次に健康な羽毛を作り出すことができるでしょう．

　長時間若いカラスを飼育する1つの問題は，簡単に人に刷り込まれてしまうことです．若い鳥を人間との交わりから遠ざけ続けるあらゆる努力をしなければなりません．そうしなければ，それらをリリースすることが不可能になるでしょう．

変形した脚

　毎年夏に発見された若いカラスやヤマガラスに足の変形したカラスがいます．両脚の飛節は屈曲し，固まってしまったと思われます．おそらく，このことは巣の中で起きたのでしょう．巣立ちしたとき歩くことができません．

　有効と思われる矯正や手術はありませんから，人道的に殺処分しなければならないでしょう．

カラス類に共通の外傷

　大人のカラスに共通してみられる外傷は脚の長骨骨折です．その骨折は鉄砲傷や交通事故から生じます．やむを得ず，飛ばずに，しばらくの間地上で生活している不幸な鳥はいつか発見され，捕獲・救護されるでしょう．保護されるまでに，骨折が不整に癒合したり，ひどく汚染したり，よく見かけることとして骨折骨が皮膚から飛び出し，生命力を失うこともあります（カラー写真26）．うまい具合に折れた骨を正しくない新しい位置へ支える線維性組織の形成もあります．ほとんどの場合，これを矯正することに望みはありませんの

で，獣医師は，その鳥をリリースさせる目的として，骨切断術を選択するでしょう．

救護センターでみられる1つの問題が，この種の外傷が原因でリリース不能の障害をもったカラスを作り出してしまうことです．あるセンターではこれらの鳥を殺処分します．しかし，あるセンターでは違った方針をもっていて，最終的にはこれらリリース不能のカラスで超満員になるでしょう．

来院と応急手当

カラスは一般的にたくましい鳥なので，すべてのカラス類には標準的な応急処置法で足ります．ただ改良するところというならば，非常に大きなワタリガラスには骨髄腔内輸液より静脈内輸液の方がもっと適切です．

収　容　法

すべてのカラス科の鳥にはたくさんの止まり木がある大きいケージや鳥類飼育施設が必須です．まだ飛ぶことできないカラスでも，カラスが快適に感じる最も高い場所へ到達するために，はしごやスロープを登りたいに違いありません．

特にカラスは汚し屋なので衛生的に健康を保つため，定期的に清掃することが必要です．

用心し合っている間は，カラスとワタリガラスはお互いに攻撃的な傾向があります．もし1つの鳥類飼育舎に3羽以上いるなら，彼らの防御行動で，水浴や羽繕いするくらいリラックスするとはとても思えません．3羽以上入れるとお互いにけんかをして羽が折れてしまい，次の年の新しい羽に換羽するまで，リリースすることができなくなってしまいます．したがって，そこは標準以下の羽をもった鳥ばかりの飼育舎になるでしょう．

ミヤマガラスはもっとお互いに社交的だと思われます．カササギとコクマルガラスは同居できるでしょうが，カケスは体の大きいカラス仲間から離しておいてください．

給　　餌

ほとんどのカラス類は，乾燥あるいは缶入りの完全栄養食のドッグフードの給餌でとてもうまくいきます．ビタミンとミネラルを添加した生後1～2日のひよこも食べるでしょう．

カケスは1週間に1度くらいにミルワームを与えることが有効です．エンドウ豆のような野菜も食べます．

ニハシガラスは特殊な鳥で，主に昆虫食です（図14-4）．もし保護されたら，治療の間ニハシガラスを適切に飼育する方法をアドバイスできる専門家に連絡を取ることをすすめます．

リリース

カラス類は本来の生息地と違う適切な場所にそのままリリースしても，それに対応できるぐらい知的です．しかし，ハイイロガラスは強いナワバリ意識があるので，保護された場所に戻さなければなりません．もし元のナワバリに返すことができなければ，空いているナワバリを探さなければなりません．さもないと，先住のペアに攻撃を受けるでしょう．

もう1度言いますが，ニハシガラスについては，適当なリリース方法について専門家に問い合わせてください．「ニハシガラス事業」と呼ばれるニ

図14-4　ニハシガラスは特殊な鳥です．

ハシガラスの再導入計画があります．この計画は最も良いリリース場所を助言できるでしょう．

法　　令

正常な野鳥や野生動物の法令を除いて，カラス類に適応される唯一の規制は，ニハシガラスの「野生生物と田園保護法1981」の付表4です．すべての傷病ニハシガラスはなるべく有資格者に渡すか，環境・食糧・農村地域省（DEFRA）に登録しなければなりません（図11-7参照）．

15
水鳥-カモ類

決まって見られる種：

- **水面採食性のカモ** — ヒドリガモ (*Anas penelope*)，オカヨシガモ (*A. strepera*)，マガモ (*A. platyrhynchos*)，コガモ (*A. crecca*)，オナガガモ (*A. acuta*)，シマアジ (*A. querquedula*) とハシビロガモ (*A. clypeata*).
- **潜水採食性のカモ** — ホシハジロ (*Aythya ferina*) とキンクロハジロ (*A. fuligula*).
- **海棲ガモ** — ケワタガモ (*Somateria mollisima*)，クロガモ (*Melanitta nigra*)，スズガモ (*Aythya marila*)，ツクシガモ (*Tadorna tadorna*)，コオリガモ (*Claugula hyemalis*) とホオジロガモ (*Bucephala clangula*).
- **魚食のカモ（アイサ類）** — アイサ属のカモ (*Mergus sp.*)，ミコアイサ (*M. albellus*) そしてカワアイサ (*M. merhanser*).
- **外国産のカモ** — オシドリ (*Aix galericulata*)，アカオタテガモ (*Oxyura jamaicensis*). アメリカオシ (*Aix sponsa*)，それに識別される必要があるであろう他の種.
- **アヒルと野生のカモ** — タイワンアヒル (*Cairina moschata*)，エールズベリー種のアヒル，すべての白いカモやマガモとの混血.

博物学

カモ類は，異なった環境や採餌方法に多様に適応した水棲生物です．大部分は，餌を水面で見つけますが，特殊化の程度の低い水面採餌のカモや潜水採餌のカモは水辺で，特に公園で餌を捕ります．

雄のカモは雄ガモ（drake）と呼ばれるのに，雌はただカモ（duck）と呼ばれます．「ガーガー鳴く」のは雌だけです．雄ガモはほとんど無駄な騒音を発しません．そして，雄と雌が同じような夏羽に換羽したとき，鳴き声の相違で鳥の雌雄を簡単に識別することができます．全身繁殖羽になったとき，雄ガモはとてもカラフルなのに対し，雌のカモはくすんだ茶色の縞模様の羽毛をもっています．雌のくすんだ羽毛は，抱卵するとき目立たないようにするためです．

雌のカモは自分自身のダウンを敷いた巣で，1日ないし2日毎に1つずつ卵を産みます．雌は，一抱卵数の卵を産み終わるまで，卵を抱かないでしょう．雌が卵を抱き始めるときにはすべての卵が産み落とされています．抱卵されていない卵は冷たく，抱卵されるまで休眠したままでいます．このようにして，すべての子ガモが同時に孵化するのです．抱卵が始まった後に，冷たくなると卵は死んでしまいます．

子ガモは早成性で，孵化するとすぐに自分自身で餌を捕ることができますし，母のカモの後を追うことができます．子ガモが水の上にいるとき，母ガモは子ガモが水浸しにならないようにします．しかし，母から離れたとき，あるいは救護されたとき，もしそれが水の上なら，子ガモは水浸しになり，低体温になってしまうでしょう．飼育下では子ガモは，16週齢になるまで，水に入れてはいけません．

野生では，子ガモは簡単にカモメやサギ類の犠牲になります．

装置と輸送

カモはすべて大型の鳥なので，大きい捕獲網が不可欠です．最も小さい子ガモでさえ，大きい網でつかまえる方が簡単です．

それは妙に思われるかもしれませんが，1かけの白パンが，カモやガン，ハクチョウをおびき寄せて捕獲するために不可欠の道具です．ラテックスの使い捨てのグローブも，汚染された水，重油あるいはカンピロバクター感染症のようなカモを媒介する病気から身を守るために不可欠です．カモは段ボール製の猫運搬箱や猫運搬用バスケットで苦労なく輸送することができます．彼らはあちこち汚すので，新聞紙を底に敷けば箱をきれいに保つのに役立ちます．

救護と取扱い

カモは捕獲するのが非常に難しい鳥です．と，いうのも，ガンやハクチョウと違って，カモの緊急時の飛び立ちの技術は優れています．もし上から網をかぶせれば，必然的に上へ飛び立ち，網に入るでしょう．水面では，潜水という他の逃走手段があります．カモは姿を消し，驚くべきスピードでその場を離れて泳いで逃げ去ります．陸上では，飛ぶことができないカモでも，大抵の人間より速く走ることができます．

捕獲方法は網を正面にもって，可能な限り近くまで近づくことです．鳥をよく見ていることで，鳥が動いたり，逃げ出そうとしているのかが分かるでしょう．もしあなたが鳥に手の届くところにいて，とてもすばやくやれるのなら，網を上から被せることが可能です．しかし，自由に動くことができるカモはほとんど捕まえることができません．白パンの切れ端を通路に置くことで，傷病カモとその同腹のすべてのカモを，捕まえられる距離以内に誘えるかもしれません．

もう1つの問題はカモやガン，ハクチョウが釣りざおや投げ網に似ているものに非常に警戒心が強いということです．ひと目見ると反対の方向へ泳いで逃げてしまい，どうしようもありません．

子ガモは捕まえるのが簡単のようにみえます．つまり，飛べませんし，親ガモほどの力もありません．しかし，子ガモは水面を猛スピードで走ることができ，一瞬の間潜水すると，必ず堤防の方の水面に姿を現して，堤防に隠れると，絶妙にカムフラージュされてしまいます．通常の逃走方法である潜水をさせないため，試しに子ガモの下方に大きいネットを滑りこませてみてください．

海岸のカモ，特に油まみれのカモは，海岸の海側からだけ近づいてください．一度海に出てしまうと，捕まえることがほとんどできません．海からのアプローチはカモの逃走ルートを効果的に絶ちます．

カモの取扱いは，常にラテックスゴム手袋を着用し，翼を動かせないようにするために，肩のまわりを握ってください．カモは咬もうとしますが問題はありません．

カモ類に共通の病気

カモは主な動物間流行病に感受性があり，条件がそろえば，その病気は何千羽もの鳥を死滅させることがあります．この病気には，トリボツリヌス中毒，家禽コレラ，アヒルペスト（またの名をアヒルウイルス性腸炎）他が含まれます．有り難いことに，米国のカモ集団にみられるような集団死は，英国では頻繁には起こっていません．このことが将来に起こらないとはいえません．カモの集団死はすべて，家畜衛生局の支援の元，十分に調べましょう．

ボツリヌス中毒

鳥のボツリヌス中毒がカモ集団で起こります．通常，*Clostridium botulinum* type C が，原因細菌です．20〜23℃以下にならない温度と嫌気条件が，この細菌が毒素を生産するのに必要です (Wobeser, 1981)．最適温度は28℃です (Rosen, 1971) が，幸運にも英国では普通にはありません．したがって，暑い天気の間ですら，米国のようにボツリヌスが原因の大量死をみることはありません．

しかし，夏に湖沼の水位が低くなると，やはりボツリヌスがたくさんのカモを殺すことがあります．無脊椎動物，特にカモの死体を食べているウジが毒素をまき散らします．カモを殺すには，たった2，3匹の毒素入りウジを食べるだけで十分です．限りなく続くこのサイクルを止めるには，疑わしい地域で死んだ鳥を取り除いて，焼却しなければなりません．死んだ鳥や生きている鳥を取り扱うとき，保護用の手袋を付ける限り，ボツリヌス中毒は感染しませんし，危険ではないでしょう．

全身的に与えられる治療法は抗毒素と輸液ですが（第9章を参照），ハクチョウ保護区では，ハクチョウのボツリヌス中毒に対する独自の治療法を考案しています．そして，その方法は他の水鳥にも適応可能と思われます（第16章を参照）．

他のカモの病気は普通，猟鳥類にみられますので，診断法や治療法について獣医師に相談してください．

寄生虫

カモは筋胃と前胃の寄生虫を含む，普通にも感染している腸管内寄生虫に苦しんでいます．駆虫は以下の薬で行います．

- メベンダゾール（Mebenvet®, Janssen Animal Health）：餌に混ぜる経口粉薬として．
- アイバメクチン（牛用 Ivomec®注射薬, Merial Animal Health）200μg/kg（またはポリエチレングリコールでの10倍希釈では0.2ml/kg）を皮下か経口投与します．

カモのウイルス性腸炎（アヒルペスト）

英国の通常の疾患ではありませんが，たくさんのカモ，ガン，ハクチョウの死を引き起こすカモのウイルス性腸炎（DVE）が襲う可能性があります．ありがたいことに，カモ，ガン，ハクチョウがDVEに感染する唯一の種です（Bourne, 2002）．

水禽，特にバリケン（*Cairina moschata*）が死んでいるか，死にかかっているのが発見されたとき，この病気を疑ってください．バリケンはこの病気にとても感受性が高く，大量発生の前徴がバリケンの死です．以下に示すようなDVEの典型的な症状から獣医師が，確定診断をしなければなりません．

- 天然口（口，肛門，鼻）からの出血
- 光を嫌う
- 潜血を伴う下痢
- 羽の乱れ
- 頸の伸展
- 強い渇欲
- 呼吸困難
- 眼や鼻腔からの透明または血液様の液体
- 典型的剖検所見

しかし，警戒すべき重要な徴候は，水路でたくさんのカモが死に始めることです．すべての死体を取り除いて，処分してください．ウイルスは水を媒介して広がりますので，もし可能なら，生存している個体も水から出した方がよいでしょう．生存個体はキャリアーの場合がありますし，感染していない場合もあります．

短期間で効き目があるワクチン（Nobilis Duck Plague, Intervet UK Ltd.）がありますので，感染していない鳥を救うために，処方します．

カモ類に共通の出来事

カモ類が巻き込まれた出来事に対処しようとする前に，カモ（アヒル）の福祉の責任はそのアヒルの所有者にあるということを覚えておく必要があります．所有者のいる鳥に手出しをすることは法律上の問題に波及することがあります．アヒルに起きたことを，その所有者に知らせることが一番安全です．

釣り針と釣り糸

釣り人の捨てた釣り具によって，カモはよく傷を負います．釣り針が関与するかの詳細は，X線写真によって査定することができます（図15-1）．釣り針や釣り糸を取り除くこともできますが，獣医師の手術が必要なこともあります（第9章を参照）．

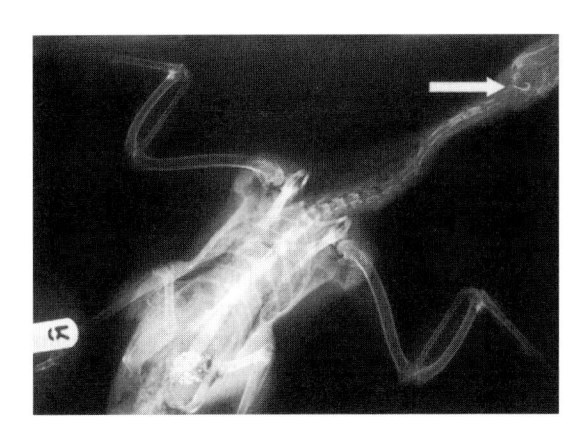

図 15-1　カモの喉に刺さった釣り針を示すX線写真.

つ が い

　毎年春から初夏にかけて，カモは繁殖期に入ります．いつも雌より雄が多いように思われます．したがって，雌のカモはしばしばたくさんの雄ガモによって襲撃され，実際に溺死させられることがあります．その苦難から多くの傷病カモが生き残りますが，衰弱した個体がよく救護されます．

　交配によって犠牲者が出るという揺るがぬ証拠は，交配しようとしている雄ガモによって羽毛が引き抜かれて，後頭部に禿げた部分があることからです．通常，これらの雌ガモは単純に補助療法だけが必要で，雄ガモが少ない区域内にリリースする必要があります．

交 通 事 故

　交配期の間に雌ガモと雄ガモは，適当な営巣場所を見つけるために，よく行く水辺を離れるでしょう．この最中，しばしば一緒に道路を渡るので，自動車がこの夫婦に衝突することがあります．

家 族 集 団

　カモはよく，水路から遠く離れた，隠れた場所に巣を作ります．子ガモがすべて同じ日に孵化するとすぐに，母のカモは子供を水に導こうとするでしょう．したがって，おとなのカモと後に従っているごく小さい子ガモの列を，最も不適当と思われる場所で見ることがあります．

　そのグループを捕まえ，水路に運ぼうとするよりむしろ，グループが通過するまで，車と人の交通を止めて，正しい方向に導くことの方が比較的簡単です（図 15-2）．

親からはぐれた子

　もし母親が殺されたり，あるいは居なくなってしまったら，子ガモを救護しなければならないでしょう．けれども，子ガモの1羽が遅れて孵化したり，少し体力的に劣っていて，置いてきぼりにされることは，日常起きることです．甲高い鳴

図 15-2　子ガモは母親について回るので，優しく導くことができます．

き声，それに周辺に他の子ガモがいない状況は救護する必要があることを意味します．他のおとなのカモは，同腹でない子ガモを受けいれませんから，かなりの確率で死ぬでしょう．しかし，血縁のない子ガモを上手に混ぜることは不可能ではありません．

エリプス期

すべての健康な鳥は年に1～2回あるいは3回換羽します．1度に2枚の風切羽，つまり左右1枚ずつが換羽するのが正常ですが，カモは翼の羽がすべて同時に換羽するので，この期間は飛ぶことができません．この期間をエリプス期と呼んでいます．これは7月の中旬から10月末までの間，いろいろなときに起きます．

重油汚染のカモ

カモはいつも，それが内陸あるいは海岸にかかわらず，油流出事故に巻き込まれます．内陸のカモはとてもたくましいので，薬物療法，洗浄とリハビリテーションで生き残るでしょう．しかし，海棲のカモはより敏感なので，さらに神経を使った取扱いを必要とします．それらにはアスペルギルス症に対する予防処置が有益です（第9章を参照）．

油にまみれた鳥の救護，治療と洗浄は第19章で詳しく述べます．

カモ類に共通の外傷

足と翼の骨折はかなりありふれていて，大きい鳥であれば通常完治できます．ハト用の副子，Colomboclip（Boddy and Ridewood）もカモの脛足根骨骨折に副子装着するのに適しています．

嘴の骨折

カモは時折嘴を骨折したり，下顎を欠損します．下顎骨の骨折はしばしばワイヤー縫合で修復することができます（図15-3）．しかし，カモ類は下顎の嘴が欠損した状態が続くと，生き残ることができません．もしすぐに飢え死にしなければ，下

図15-3 典型的な折れ方をした嘴をもったカモ.

顎の嘴がない状態で舌は機能しないまま宙づりの状態になり，間もなく壊死を起こすでしょう．

特に，嘴の欠損の補てつ術の可能性はほとんど探究されていなかった領域です．ほとんどの努力が成功しませんが，完全に嘴が欠けていて，何もしなければただ死んでしまう鳥に行いました．上嘴はしっかりした支えを必要としますが，前頭骨の骨が十分に頑丈でないので，上嘴の義嘴は実際には実施可能ではありません．厳しい野生環境に決してリリースすることがないカモに下嘴の義嘴を付けることが，一時的には成功しています．

それぞれの症例は個々に取り組むだけの価値があります．Coles（1997）はSteinmannピンあるいは十字パターンを作るKirschnerワイヤーを使った種々の方法を述べています．The Wildlife Hospital Trust（St. Tiggywinkles）では，下記のようなたくさんの方法を開発しています．

PKP法（カラー写真27）

カモはかなり頑丈な下顎をもっています．もし下顎が嘴の合わせ目のちょうど前で折れたなら，義嘴を作る試みに価値があるでしょう（カラー写真27a）．

(1) カモの下嘴に合わせてKirschuerワイヤーで足場全部を作ります（カラー写真27b）．
(2) それから，ワイヤーの両端を両方の下顎の残っている骨破片の髄中心に押し込みます．
(3) ワイヤーが前方へ抜けるのを妨げるためのアンカー部を形成します．そのため下顎から

外に出た部分を曲げ，カットします．
(4) それから，舌を収容するために，熱可塑性材料（親水性プラスチック，Tak Hydropalastics）を使って，舌の先が滑り込む陥没部をもつ下嘴の基底部分を作ります．
(5) それをセットし，元の骨折部を覆って軟部組織や皮膚を縫合する前に，人工装具用網細工(Erhicon)で熱可塑性材の中に固定します（カラー写真27c）．

この義嘴で，カモとガンはすぐに食べ始めることができます．しかし，食べ過ぎるので，ペレット状の餌やひよこ用の餌のような溶ける食物だけを与えてください．上の例ような擬似器官のすべては，定期的にモニターし，整復してください．

陰茎脱

飼育下で，いじめられた雄ガモが時々陰茎脱を起こします（カラー写真28）．野生下でいじめが起きることがありますが，通常，この状態は交通事故あるいは病気によって起きます．

陰茎は普通，総排泄口の一番下に収まっています．しかし，伸びたままになったり，脱を起こすと，陰茎が排糞の障害になることがあります．充血緩和軟膏を使って，陰茎を元に戻すようにしてください．他の唯一の選択肢は，切断とその後の抗生物質の全身投与です（Lierz, 2002）．

来院と応急処置

輸液療法

静脈内輸液
カモは十分大きいので，内側頸骨静脈から輸液をすることができます．

経口輸液
ボツリヌス中毒の可能性のあるカモや重油汚染の犠牲者のカモは，経口輸液を必要とします．経口輸液は有毒な物質を消化管から洗い流すのを助けます．

切断手術を受けたカモ

翼を失ったカモは，飼育下で上手に管理することができます．しかし，足を失ったカモは，決してうまく対応できないので，処分すべきです．それにもかかわらず，ひどい骨折をし，悪化したり，汚染があったとしても，多くの鳥が，とても治らないと思える状態から回復するので，治療を試みる価値があります（図15-4）．

ビタミン類

ビタミン B_{12}
水鳥は，250～5,000μg/kgのビタミン B_{12} を週1回筋肉内か，経口的に投与するのが有効

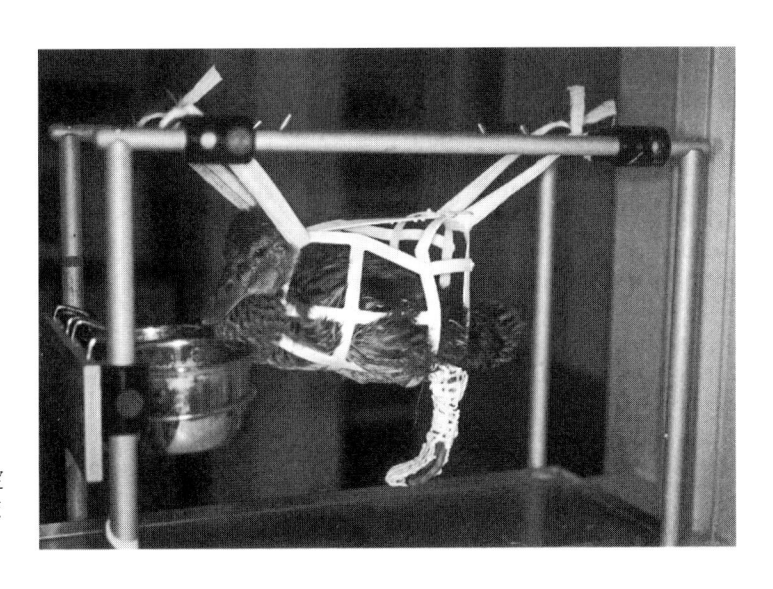

図15-4 鳥を地面から離し，保定すると，両足の骨折の治癒を助けます．

ビタミン B_1

魚食性のカモはチアミンの添加をしてください（Acquavits, IZVG）.

収容法

少なくともすべての傷が癒えるまで，傷ついたカモは大きいケージで飼育しなくてはなりません．ペットショップで入手可能な自動給水器で水を与えます（図 15-5）．もしボウルを与えると，その中に座り，中で水浴びし，そして一般に清潔なケージをめちゃくちゃにしてしまうでしょう．

新聞紙は定期的に替えることができるので，ケージの床に新聞紙を使うことは良いことです．

ケージの中に2羽以上のカモを入れると，ケンカすることがありますので，わずかに動きを抑制するようにしておく方が良いです．

治ったらすぐに，泳いだり，水浴びする設備を与えなくてはなりません．時々，カモは完全防水でないので，溺死する前に，救わなければなりません．濡れたカモは体が冷たくなるので，屋内ケージで乾燥してください．濡れるたびに，カモは羽を整えるでしょう．だから，羽繕いの回を重ねる毎に，沈まないで泳ぐことが可能となるのです．

図 15-5 自動給水器・水噴水 ― これは，保護している間に，子ガモが水浸しになったり，おとなの雌ガモがひっくり返すのを防げます．

給　　餌

水面採餌のカモや潜水カモは水中で白パンを採食するでしょう．しかし，もっと良いものはビタミンやミネラルを添加したアヒル用ペレットや混合飼料です．アヒル用ペレットは様々な，そして適切な蛋白質レベルを供給します．一般的におとなのカモ用維持管理ペレットは15％の蛋白質レベルを，一方，子ガモや6カ月未満の未成熟の幼鳥の育成用ペレット，あるいは粉飼料は16％の蛋白質レベルです．魚食のカモは，水にばらまかれた海ガモ用ペレットを採餌するかもしれません．彼らは水盤からもシラスを食べることがあります．

海ガモには新鮮なムール貝やエビを与えることができます．しかし，貝類は，はじめ凍っていて，解凍すると，短時間で腐ってしまいます．もし水面でカモに餌を捕らせることができるなら，Mazuri動物園飼料会社の海ガモ用のペレットが理想的です．

適切な餌を与えることができるように，外来のカモ類は種の同定をしなければなりません．そのほとんどのカモは飼育下からの脱走者ですので，人工飼料に慣れています．

リリース

もしカモが発見された場所が安全なら，そこにリリースすることが最良です．

雄ガモから攻撃された雌は，雄の数が少ない場所にリリースすることが良いでしょう．穏やかな小川あるいは湖は水面採餌のカモや潜水ガモには理想的です．

魚食のカモや海ガモは，それらの本来のたまり場に戻るべきです．そこには，特殊で，必要条件を満たしている信頼性の高い食物源があるでしょう．

家畜化されたカモは，保護水域でも，決してリリースしてはいけません．

法　　令

「野生生物と田園保護法 1981」の付表 4 にカモ類はありませんが，何種かが付表 9 にあります．この法令は野生にリリースしてはいけないと述べています．リストされたカモは以下の通りです：

・アメリカオシ（*Aix sponsa*）
・オシドリ（*Aix galericulata*）
・アカオタテガモ（*Oxyura jamaicensis*）

英国に本来生息していないか，定期的に渡って来ないカモをリリースするか，あるいは逃がしてしまうことは同じく違法です〔「野生生物と田園保護法 1981」第 13 項，パート（1）〕．

16
水鳥—ハクチョウ類

よく見られる種：コブハクチョウ（*Cygnus olor*），時々渡り鳥のコハクチョウ（*Cygnus columbianus*）やオオハクチョウ（*Cygnus cygnus*），それに籠抜けしたコクチョウ（*Cygnus atratus*）

博物学

コブハクチョウは英国全土の水路でよく見かけるハクチョウの仲間です．草本や水草を食べますが，かなりの部分雑食で，昆虫や小動物を含めて大体どんなものでも食べます．人はよくパンのかけらを与えます．そして多くのハクチョウがそれに頼って成長します．

嘴の最上部に大きい黒い隆起物をもっている雄のコブハクチョウはカブ（cob）と呼ばれ，雌はペン（pen）と呼ばれます．夫婦関係は生涯続き，特定の個体と連れ添うという習性のため，相手を失ってしまった場合，孤独になってしまい，そのハクチョウも衰弱し，時には自滅します．ペアは極めてナワバリ意識が強く，そのペアの領域を侵害したハクチョウは攻撃されます．特に，雛（ハクチョウの雛）がいる場合，雄は動くものは何でも攻撃します．水辺で犬を殺したことも報告されています．若鳥が飛べるくらい生育すると，次の繁殖期に備えて若鳥を攻撃して，ナワバリから追い出します．

コブハクチョウの雄では12kg以上にもなるものもあり，英国で最大の野鳥です．

コハクチョウとオオハクチョウは英国の冬の渡り鳥です．営巣地は，特に北部スカンジナビアやロシアでは北極のツンドラです．英国では決まった越冬地があります．特にスリンブリッジの「水鳥と湿地トラスト（The Wildfowl and Wetlands Trust）」のコハクチョウの越冬数が何年も詳しく研究され，モニターされています．

コクチョウは個人の飼育用に英国に導入されたオーストラリア原産の水鳥です．その多くが逃げ出して，野生下ではコブハクチョウの群れと一緒にいます．時々，リハビリテーションセンターで見ます（図16-1）．

道具と輸送

たも網は雛鳥を除いて，すべてのハクチョウには小さすぎます．本当に役に立つ唯一の道具は，俗にいう「スワンフック」です．特にハクチョウを捕らえるために設計されたものです．長く，伸び縮みのできる柄の牧羊杖に似ています．それをハクチョウの頸に引っかけ，手前に引き寄せるために使います．ハクチョウの頸は特に強いので短時間に無理なく使えば，スワンフックが損傷を与えることはないでしょう．しかし，実際にハクチョウを捕獲するのに最も有効な道具は，どこにでもある白パンの1～2かけらです．

持ち運べる保護箱やケージは小さすぎて成長したハクチョウを収容することができません．特にハクチョウのためにデザインしたバッグが必要です．帆布で作ったスワンバッグは円錐のチューブ形で，入れた後に体を縛るためのひもと取手がついています（図16-2）．最初大きな方の穴に頭部を入れて，ハクチョウの肩が抜けない小さい方の穴から頭部と頸を外に出します．頭と頸が袋から

図 16-1 現在では英国の水路でも見られるコクチョウ.

図 16-2 Ratsey と Lapthorn 社の帆布で作ったスワンバッグ.

突き出るという状態で，ハクチョウは動くことや翼を羽ばたかせることができなくなります．

　もっと簡単なスワンバッグは，袋に 100mm の穴をあけて作ることができます（図 16-3）．特別の目的のために作られたスワンバッグと同じように，最初にハクチョウの頭部を袋に滑り込ませ，穴から頭部と頸を出します．ハクチョウの後ろで袋を閉じれば，ハクチョウが確実に身動きすることができなくなります．

　もう 1 つの方法は丈夫な買い物袋を用いる方法です．これはイケア（Ikea）ストアーで 1.5 ポンドぐらいで手に入るものです．ひも通し穴が袋の両側の上方に沿って開けられているので，ハクチョウを袋の中に座らせたらすぐに，穴にひもを通してハクチョウの上で交差させます．これを結べば，頭と頸だけが外に出て，ハクチョウを取り扱うのがもっと容易になるでしょう．

救護と取扱い

　カモやガンと違って，ハクチョウは垂直には飛び立てません．水面からあるいは地表から飛び立つには，空中に浮くため，ある程度の助走が必要です．この助走が必要なことが，救護する人に，ハクチョウを捕まえる猶予をわずかながら与えます．

　ハクチョウを捕まえる最もやさしい方法は，薄

図 16-3 ハクチョウは加工された袋に閉じ込めることができます.

切りの白パンを使うことです．パンに引かれて徐々に土手に近づいてきたハクチョウにパンのかけらを投げます．ハクチョウは土手に投げたかけらを拾い上げようと，おそらく水から上がるでしょう．ハクチョウが近づいてきたら，救護する人が簡単に鳥の頭部をつかみ，引き寄せます．

次に重要なことは，翼がバタつくとそれで叩かれ痛いので，ハクチョウの肩をつかみ，ハクチョウの体に翼を折畳んで保定することです．

ハクチョウを押さえたらすぐに，翼を体に強く固定したまま，地面に置きひざまずかせてください．そうすれば，鳥の上にスワンバッグを滑らせて，安全に拘束することが比較的簡単です．

雛鳥は，小型のハクチョウと同様に大きめの網で捕まえることができます．雛を捕まえたとき，親鳥が翼を武器にして，怯まず攻撃してくるので注意してください．

パンの罠にかからない成長しきったハクチョウや大人のハクチョウにはスワンフックを使うことができます．1つの欠点は，カモやガンのように，しばしば釣り竿や網で追い払われたことのあるハクチョウが，棒や棒に似ているものなら何にでも用心深いことです．

ハクチョウをボートから捕まえるとき，スワンフックは本当に役立ちます．もし危険があれば，ハクチョウはあえて岸近くに近づくようなことはしないでしょう．どうしても鳥を捕まえなくてはならないなら，唯一の選択肢はモーター付きのゴムボートです．2人が必要で，1人が運転と舵，もう1人はスワンフックを持って船首に着き，鳥を捕獲する準備をします．ハクチョウが引っ掛かり，ボートに引き寄せられたらすぐに，水から引き上げ，ボートの床に置いて，翼を押さえなければなりません．

ハクチョウの取扱いは，怯まず翼を押さえられるかどうかが問題です．スワンバッグがなくても，腕の下に抱え込んで，鳥の肩のまわりを抱くことができます．一般にはハクチョウは咬み付きませんが，時には咬み付こうとします．保定者にとってハクチョウが咬み付くことは怖くありません．

ハクチョウが運ばれてきたとき，もしできるようなら，頭部を正面に延ばして保定します．

ハクチョウ類に共通の病気

ボツリヌス中毒

ハクチョウは広範囲の鳥の病気にかかりますが，他の鳥と比べると，病気にならないほうです．夏に決まってみられる唯一の病気はボツリヌス中毒です．暖かい日が長く続いた後，湖沼の水位が下がると，ハクチョウは露出した暖かい泥水の中でバシャバシャ水浴びをします．泥の中は *Clostridium botulinum* に理想的な繁殖地です（第9章を参照）．

エガムのハクチョウの保護区では，ボツリヌス中毒に罹っていると診断されたハクチョウのために，保護施設独自の治療指針をすでに展開しています（Goulden, 1995）．

・強化サルファ剤による5日間の抗生剤投与（Borgal, Hoechst Roussel Vet）．
・食欲刺激剤としてビタミンB_{12}の3日間投与．
・10％Duphalyte（Fort Dodge Animal Health）添加ハルトマン液の静脈内点滴．
・弱っている鳥は簡単に食器や水入れの容器の中に落ちるので，注意が必要．
・涼しくて，静かな環境が必要．
・回復には数週間を要する．

趾瘤症

ハクチョウは特に体重が重たいので，足底部に相当な圧がかかります．ハクチョウが水から出て，コンクリートのような固い床で長い時間を過ごすことがなければ，足底部の上皮はハクチョウの体重に耐えられます．やがて胼胝ができ，皮膚がはがれると，*Escherichia coli*, *Staphylococcus aureus*, *Proteus* 類のような病原菌が侵入します．細菌の周りに線維組織が形成され，膿瘍形成のような固いカプセル様の組織が形成されると治療するのが難しくなります．カサブタの下は液状で濃い膿が一目瞭然で分かります．治療を開始する前

に，細菌検査のための標本を採ってください．

慢性の趾瘤症（bumblefoot）は骨組織にまで達する浸食もあり，獣医師によってすべての壊死組織や乾酪組織を除去する治療しかありません．Dermisol® Multicleanse Solution（Pfizer）を用いて壊死創除去と清拭，エンロフロキサシン（Baytril® 2.5％，Bayer）の全身投与によって趾瘤症の病変に対する長期治療を開始します（Breed & Di Concetto，2002）．

最初の応急手当は足の裏に外科用綿玉を当て，上を非スティック形のパッドか，パラフィンチュールパッドで覆います．それから足全体を自着包帯（Co-Flex，Millpledge Pharmaceuticals）で包み，ハクチョウが乾燥した囲いを汚くする中，被覆材を清潔かつ乾燥した状態に保つために防水布でカバーします．その足が完全に治るまで，ハクチョウは水に入れるべきではありません．

他の多くの種と異なり，ハクチョウは重症の趾瘤症をうまく切り抜けます．病変が大きいときでさえ，ハクチョウはよく外科手術に反応します（J. Lexyis, 私信）．飼育下で子牛用マットや人工芝を使用すれば，他のハクチョウの患者の趾瘤症形成を防ぐ助けとなるでしょう．

ハクチョウ類に共通の出来事

鉛中毒

ハクチョウはよく釣りの重りによる鉛中毒の犠牲者となっています（図16-4）．鉛中毒の発生は現在減っていますが，いまでもハクチョウが「軟頸症」で発見されています．そして，自分の頭を持ち上げることができないのが，その典型的症状です．鉛中毒とその治療法を前記しました（第9章を参照）．

釣り具

今までに湖沼の良い釣り場で保護され，入院・治療を必要とするハクチョウに共通した原因は，釣りの道具です．鉛中毒と同様，釣り具による損傷の治療を前に述べました（第9章参照）．

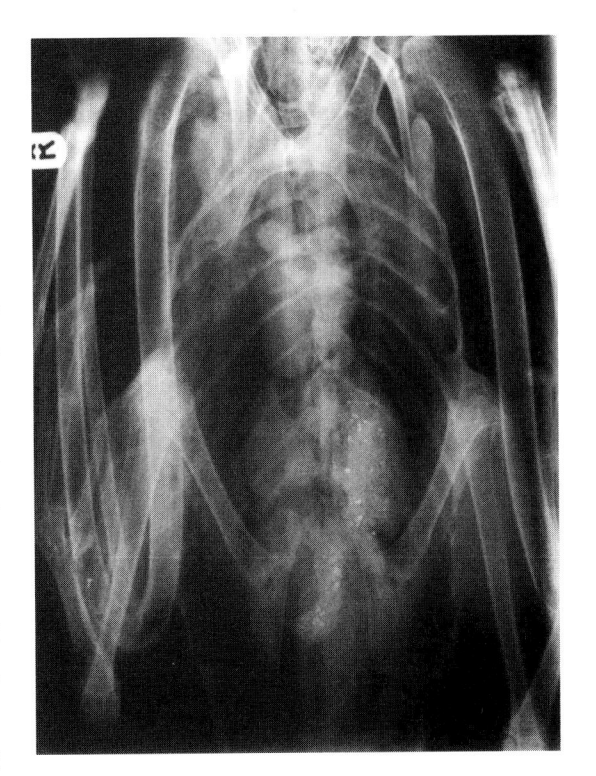

図16-4 鉛の散弾の中毒になったハクチョウのX線写真．

食道梗塞

鉛中毒，釣り糸の誤飲あるいは餌の丸のみやトウモロコシのような餌をがつがつ食べた結果，ハクチョウにみられる状態は，食べた物が前胃や食道を完全に塞いでしまうことです（図16-5）．この状態に陥ったハクチョウは結果的に死にますが，その前にハクチョウは弱り，頸の異常な膨らみが観察されるでしょう．これらのハクチョウが救護されて，入院するのはそんなときです．

梗塞が疑われるなら，ハクチョウの嘴を開きましょう．そうすると食道内で腐った食物や植物から悪臭が放たれているでしょう．もちろんX線写真はすべての種類の鳥で使うことができますが，ハクチョウを取り扱うとき不可欠です（Cracknell，2004）．さらに，ハクチョウをバリウム造影すれば，すべての塊状物の大きさが分かるし，食べ物や流動物が砂嚢を通過するかどうかも分かります（図16-6）．潤滑剤を塗った胃カテー

図 16-5　ハクチョウの雛の喉から除かれた閉塞塊.

テルも梗塞の程度を知るために使うことができます.

　ハクチョウが輸液療法で安定したらすぐに，獣医師は，侵襲なしに梗塞を解消できるかどうか予測することができます．治療法には2つのオプションが利用可能です．

- ハクチョウをプロポフォール（Rapinovet, Schering-Plough Animal Health）の静脈内注射で麻酔導入し，気管内チューブを通してイソフルレンで維持麻酔することができます．ハクチョウを傾斜手術台の上に仰臥位に横たえます．頭部を最も低い位置にしてください．胃カテーテルを梗塞部位で止まってしまうまで挿入します．それから，残渣を柔らかくするために，温水を圧を加えて胃内に注入します．
- 外科手術はもう1つのオプションで，もし釣り糸の塊がまだ堅く食道に食い込んでいるようなら，洗浄後必要になるかもしれません．内視鏡でその存在を確認し，手術によって取り除くことができるでしょう．

　食道梗塞のハクチョウの治療の経過中にバリウム造影をすれば，経過のモニターになるでしょう．

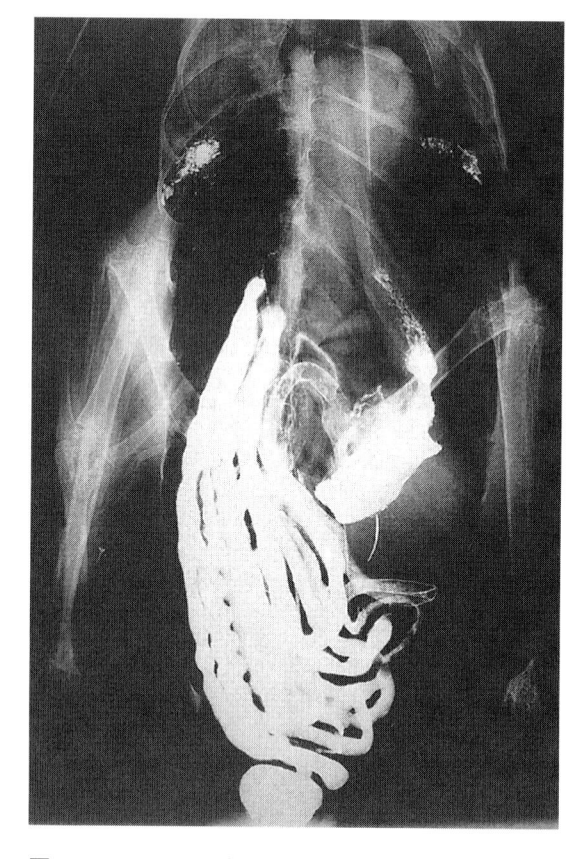

図 16-6　バリウム造影はハクチョウの消化器系の輪郭を描きだす方法です．

飢餓と激痩せ（羸痩）

　ハクチョウが長時間餌をとることができなく

なってしまうと，最初の餌をとれる機会に食べ過ぎてしいます．もし最初の餌がトウモロコシや消化の悪い食べ物なら，食べた量によってそ嚢や食道を塞いでしまうかもしれません．

空腹のハクチョウに餌をやる最も安全な方法は，少量の可消化性のアヒル用や鶏用ペレットを決まった間隔で給餌することです．たっぷりの飲み水は餌を溶かして，消化するのを確実にします．

架　　線

英国のある地域では，頭上の電線への飛び込み事故が，釣り具による損傷と同じくらい一般的です．テーリング近くの貯水池では，カモやガンを撃つショットガンの一斉射撃から逃れるために，ハクチョウがパニックになり，よく送電線に飛び込みます．

創傷はひどく，脚や翼の骨折，頸に大きな裂傷や火傷，それに顔や頸の外傷です．骨折とすり傷は通常治療に反応しますが，大きな裂傷や火傷は，常に翼の一部に壊死を引き起こします．このような翼は切断する必要があったり，重篤な場合には人道的に処分します（図16-7）．もし5日後に感電による外傷の確証がなければ，感電はなかったと考えることができます（Routh & Sanderson, 2000）．

不　時　着

ハクチョウはしばしば氷で覆われた，ぬれた道路を水の上の安全な着陸点と間違えます．ハクチョウはそこに飛び込んだり，着陸して，外傷を負います．つまり，ハクチョウの不時着は深刻で，半分制御のきいた事件なのです．

ハクチョウが道路を塞いでしまい，人々や警察官が近づくことができないので，救護を求める電話は通常警察からということになります．ハクチョウは，ハクチョウフックで簡単に捕獲できるか，けががなければ，救護者にけがをしているかどうかを見るチャンスを与えることなく，助走を付けて飛び去ることでしょう．有り難いことに，少数のあざは別として，唯一の傷つけられたものは通常ハクチョウのプライドです．

畑の中のハクチョウ

「畑の真ん中にハクチョウが座っている」との電話を受け取ることがあります．「ハクチョウが飛ぶことができない」というのが，常に電話の理由です．実際には，ハクチョウは草を食べるために，よく畑に降り立ちます．この電話に対する対応は，本当に心配している人に，「注意して近づいてみて，接近したときにもしハクチョウが立ち去らないようなら折り返し電話してください」と，

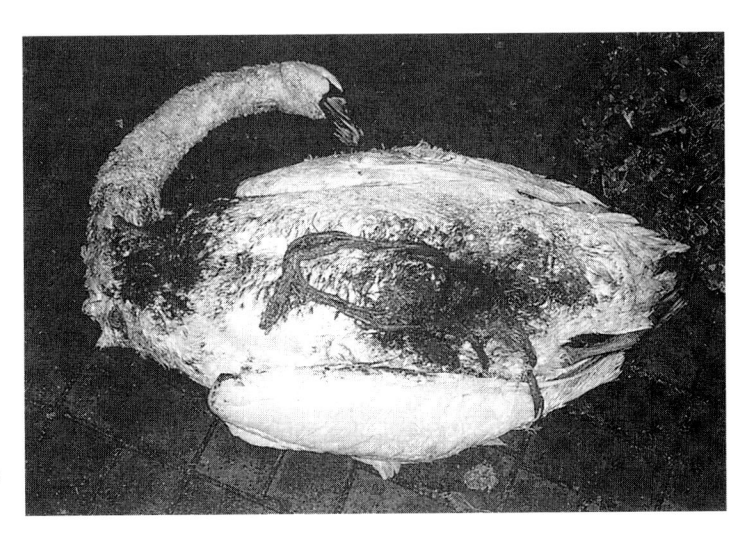

図16-7　架線に衝突した後に傷つき，焼けたハクチョウ．

話すことです．

脚　輪

　ハクチョウはよく英国鳥類保護協会〔British Trust for Ornithology（BTO）〕やハクチョウの集団をモニターしている研究者によって脚輪がつけられています．BTO脚輪は金属製で，大英博物館のアドレスが彫られています．他のものより大きいリングはリノリウム製のDarvikリングです．このリングには通常は連続した数が刻まれています．

　もしハクチョウの脚に外傷があるなら，脚輪は併発症を引き起こすことがあります．特に脚の骨折は腫れるので，もしリングが付いたままなら，狭窄し兼ねません．BTO脚輪が，飛節関節の上や飛節上に滑って，引っかかることが知られています（カラー写真29）．同様に，Darvikリングが裂けやすくなり，壊れて，ハクチョウの脚に食い込むことがあります．

　もし脚輪が脅威となりそうなら，切り取りましょう．

来院と応急処置

　来院時，傷病野生動物は22G×300mm持続脊椎麻酔用留置カテーテルを使って，内側足根骨静脈から点滴をします．もしそのカテーテルの留置に問題があるなら，21Gあるいは23Gのバタフライカテーテルセットが適当かもしれません．

　250mg/kgの持続性アモキシシリンを筋肉内に投与してください．そして食欲増進のためにビタミンB_{12}を1ml与えます．ハクチョウの鼻孔，後鼻孔，眼にヒルがないかチェックしてください．ヒルは鉗子で除くか，真水を吹きかけて除きましょう．

　釣り具はハクチョウにとって本当に危険ですから，釣り針や閉塞あるいは鉛の弾の根本的問題があるかどうか診断するために，来院毎にX線写真を撮りましょう．決まった体位にハクチョウを保定するために，テープを使うか，小さい砂袋を使うことによって，ハクチョウの意識がある状態で容易にX線写真を撮ることができます．以下の3枚の背腹撮影像が必要です．

（1）砂嚢から胸骨の頂上までをカバーします．
（2）上部体躯と頸の大部分をカバーします．
（3）頸部と頭部の残りを含めて．

収　容　法

　ハクチョウはあまりに大きすぎて，標準的なケージで飼育することができません．ハクチョウはそんな大型の鳥なうえに，汚し屋です．多くの場合，ハクチョウ1羽が一部屋全体を要します．子牛用マットはホースで水をかけて洗い，清潔にすることができるので，ハクチョウの足部を守るために常に敷いてください．

　しかし，相当の数のハクチョウを受け入れる救護センターでは，ハクチョウを収容するために他に専用の施設を準備しなければなりません．

　The Wildlife Hospital Trust（St. Tiggywinkles）には完全タイル張りで排水設備がある集中治療室があり，ホースで水をかけて洗うことができます（図16-8）．簡単に手に入り，水をかけて簡単に洗える，個体ごとに収容するハクチョウ用の囲いを使います．ハクチョウの集中治療の間，それぞれのハクチョウに1.0m×1.2mの広さを提供します．囲いは日曜大工商店で取り扱っている資材用の部品で作ります（図16-9）．もし囲いの中が空きになったら，この囲いを屋外に移動したり，保管したりするのも簡単です．

　たとえ定期的な清掃の場合でも，水がなくなると間もなく，ハクチョウは汚れ，羽根の状態が悪くなります．できるだけ早い時期に，ハクチョウを水に入れてやることが必要です．特に，ハクチョウが草を食べることができる背丈の低い草地にも自由に出入りできるようなら，簡単に清潔にできる大きいプールが理想的です．

給　餌

　たくさんのハクチョウが，特に雛は大衆からパンをもらうことに慣れています．保護下ではそれ以外の餌を認識できるとは思えないので，パンを

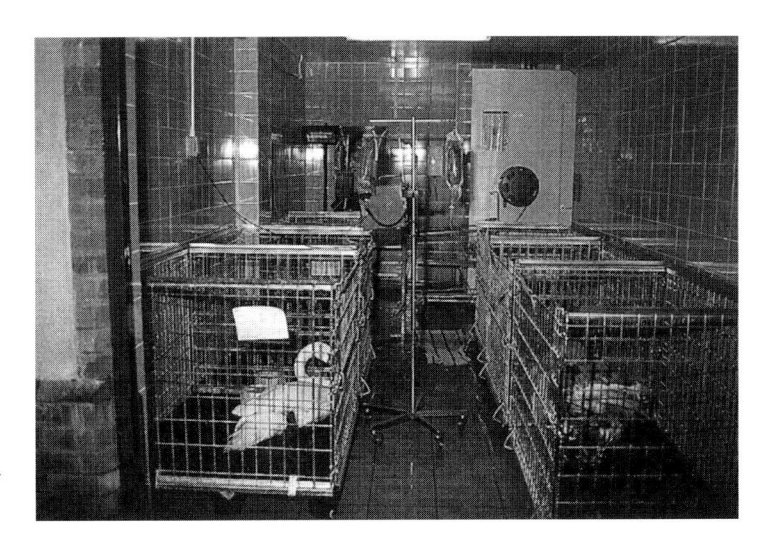

図 16-8 簡単に清掃できる，ハクチョウのための集中治療施設．

図 16-9 ハクチョウの囲いは日曜大工の材料で作ります．

与えましょう．パンを与えるには，小さな塊に崩し，水入れに浮かべてください．

徐々にレタスやキャベツに慣れると，混合飼料にも慣れます．ハクチョウが穀物は餌だと分かったら，次に穀物やペレットの餌を，空の水入れに入れて与えましょう．ハクチョウは餌を呑み込む前に，口いっぱいの乾燥した餌を水の中でバシャバシャするのが好きです．

いつも大きなグリットをとれるようにしてください．鉛中毒から回復したハクチョウのために，餌に混ぜましょう．

ハクチョウのトリアージの際，食欲や健康改善のために最初 1ml のビタミン B_{12} を与え，毎週 1 回繰り返してください．

もし可能なら，ハクチョウをリリースする前に，放牧のための芝生の施設があった方が良いです．

リリース

リリースする前にハクチョウの体は水をはじかなければなりません．

家族のペアの一方や雛は元のナワバリに戻してください．家族歴のないハクチョウは，ハクチョウのいないところに単純に放すか，そうでなければ，おとなや若いハクチョウが入り混ざった大きい集団ができているところにリリースしてください．

法　　令

すべてのハクチョウは「野生生物と田園保護法1981」で保護されています．

ロンドン橋とヘンリーオンテームズの間のテームズ河で，国家所有のコブハクチョウが見られます．そのため，これらのハクチョウに対するどんな犯罪でも国家に反したとして起訴されるかもしれません．

17
ガンと他の水鳥

よく見られる種：
- ガン類 ― カナダガン（*Branta canadensis*），ハイイロガン（*Aneser anser*），コクガン（*Branta bernicla*），カオジロガン（*Branta leucopsis*）．
- 他の水鳥 ― バン（*Gallinula chloropus*），オオバン（*Fulica atra*），カイツブリ（*Podiceps* spp.），アオサギ（*Ardea cinerea*），サンカノゴイ（*Botaurus stellaris*），クイナ（*Rallus aquaticus*）

パートⅠ：ガン

博物学

唯一ハイイロガンとカナダガンだけは本来英国にも生息しています．しかし，これらは導入されたか，飼育下から逃げ出したものです．エジプトガン（*Alopochen aegyptiacus*）はもう1つの導入種ですが，ハイイロガンやカナダガン程広域に生息してはいません．他のガンの仲間は冬季の渡り鳥で，営巣育雛のために夏に高緯度の北極圏に渡ります．

ガンは主に草と水生植物を食べますが，冬には，大きい一団でしばしば農地で餌を捕っているのを見ることがあります．

ロンドン公園でカナダガンがたくさん増えてしまい，攻撃的な性質であることもあって，他の水鳥を追い出しているといわれています．狩猟や発見された巣から卵を間引きすることなど，あらゆる種類の調節法が試みられています．カナダガンは救護センターに最もよく来院しますが，他の種では公園あるいはコレクションからの籠抜けが来院することもあります．

道具と輸送

ガンに用いられる道具や輸送法はハクチョウで推奨される物と同じです．

救護と取扱い

ガンは助走なしに飛び立てることを除いて，ハクチョウで推奨された方法と同じです．ガンは大きな網を使って捕獲することができます．

ガン類に共通の病気

ハクチョウと同じように，看護を受けるガンが，ボツリヌス中毒以外の病気の症状を示すことは非常にまれです．

しかし，ガンのウイルス肝炎，ガンのインフルエンザとガンのペストなど，ガンに感染するたくさんの動物流行病があります．私たちの傷病野生動物の受け入れで，著者はこれらの病気を一度も経験したことがありません．

ガン類に共通の出来事

釣り糸や送電線の中を飛ぶという点では，ガンもハクチョウと同じ危険があります．しかし，ガンはショットガンによる狩猟の通常の的であるという点で，さらなる危険があります（図17-1）．例えば，X線写真で，ほとんどのカナダガンが体のどこかに埋没した散弾をもっていることが分かるでしょう（図17-2）．

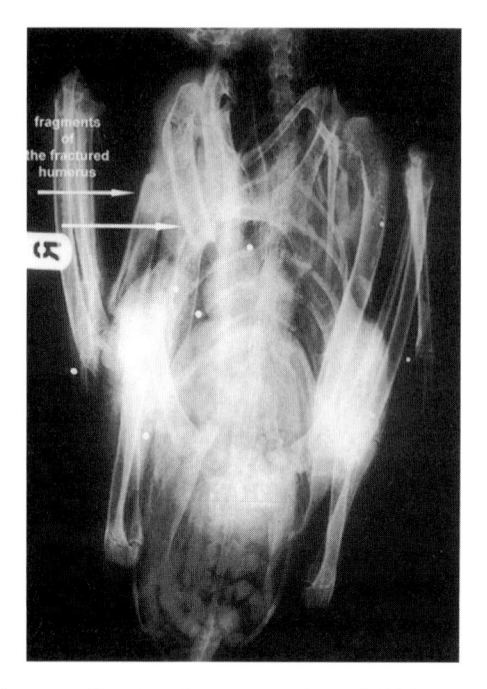

図17-1　ガンはよくショットガンの犠牲者となる．このハイイロガンは上腕骨骨折で苦しんでいた．

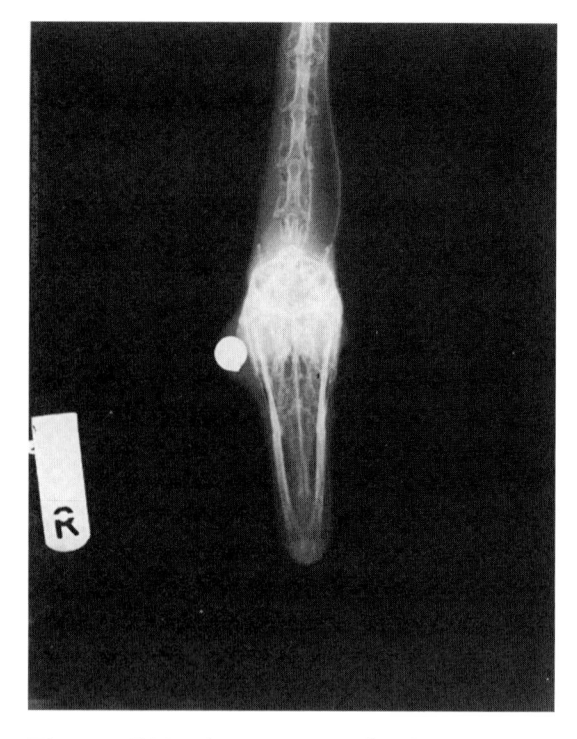

図17-2　頭部にボールベアリングの球が入っているカナダガン．

ガン類に共通の外傷

外傷のほとんどは発砲による骨折です．問題は，けがをしてから，発見，捕獲され，看護を受けるまでに時間が経っているということです．これらの骨折の多くが間違った位置でくっついてしまっていることがあります．獣医師が骨切除術が可能であると判断しないなら，その鳥は決してリリースするのに適さないでしょう．

足の骨折は，もし治るなら素晴らしいですが，うまく治らないか，あるいはすでに間違って融合してしまっている場合，ガンは1本の足では，うまく生き抜くことができないでしょう．このような鳥は安楽死させてください．

嘴の骨折を癒合とアイデアに富んだ金属細工を併用して治したことがあります（第15章を参照）．

トリアージと応急処置

標準的トリアージ法がすべての場合に必要です．もし釣り針や釣り道具を飲み込んでしまった明確な可能性があるなら，この段階でX線検査だけをしてください．

収容法

ガンは大きいケージで個別飼育します．通常囲いからは出ることができるので，ハクチョウに使う開放型の囲いは適当ではありません．

ハクチョウに準備した設備と同じものをガンにも用いてください．すなわち，子牛用マットや人工芝，それにできるだけ早く水に入れることです．

給餌

ハクチョウに与えた餌と似たような餌が適切です．そして，特に食べるための短い草を利用できれば，ガンをリリースに適した状態にするのに役立つでしょう．

リリース

ガンは発見場所にリリースしてください．しかし，野生動物に関連した法律を調べてみると，多

くの種類のガンを英国内でリリースするのを禁止すると述べています．

渡りをするガンが英国内にいる間は，そのままリリースしてください．これは一般的には冬季になるでしょう．

法　　令

「野生生物と田園保護法1981」の付表9が原産でない種のリリースや籠抜けを規制しています．このリスト上のガンはカナダガンやエジプトガン（Alopochen aegyptiacus），それに英国原産リスト上で，原産と見なされないすべての種です．

パートⅡ：他の水鳥

オオバンとバン

博　物　学

オオバンとバンは英国の水路のいたる所に広く分布しています．嘴の基部にはっきりと目立った白斑があるオオバンは，湖や貯水池の開放水の鳥です．赤あるいは黄色の嘴をもつバンは，小川や運河の河岸の植生の中にそっと身を隠し，こそこそ行動します．

両方の鳥は様々な水生植物や動物性の食物を食べます．バンは近接する畑で採餌するためにしばしば水から上がります．

道具と輸送

通常の鳥用の捕獲網や普通の携帯用ケージは，これらの鳥を捕まえ，輸送するために必要なものです．

救護と取扱い

水面でのオオバンとバンの救護はカモのやり方と同じ手順に従うとよいでしょう．しかし，バンは，河岸から見えないところで潜水し，底を上手に歩いて，姿を現さずにいることができます．バンはある程度水の中にじっとしていて，あなたのすべての動きの1歩先を行くことができます．水の外はけがをした鳥を捕獲するよいチャンスがあるので，ほとんどのバンの救護は水の外で行われています．

それぞれの鳥の取扱いは異なります：
- オオバンはその強力な足で引っ掻くので，タオルでくるみましょう．
- バンは力んで総排泄口から悪臭を放つ排泄物を噴出します．排泄物をかけられないように，常にバンの後躯を自分から離れた位置で持ってください．

バン類に共通の病気

個々の診断は別として，オオバンとバンは比較的病気をしないように思われます．

バン類に共通の事故

釣り糸が両種に外傷を与えます（第9章を参照）．それ以外に，バンは動き回る生活スタイルのため，本当によく交通事故に遭いますが，オオバンは比較的事故に遭いづらいです．

バン類に共通の外傷

バンは釣り糸による外傷によく悩まされます．そのこと以外では，足根骨骨折したバンが，よく道路の上で発見されています．ほとんどの交通事故の犠牲者は傷の治療が必要です．私たちの経験では，バンは1本足で生き延びることができません．

来院と応急処置

標準的な来院時の処置法がこれらの鳥に必要なすべてです．

収　容　法

床に新聞紙を敷いた，標準的な形で，かなり大きいケージが両種に適しています．しかし，バンは非常に神経質で，タオルでケージの前部を覆いましょう．

給　　餌

両方の鳥ともトウモロコシや育成用固形飼料を食べるでしょう．バンは，清潔なウジやミルワーム，ブドウムシのような生餌の定期的な給与が適切でしょう．

リリース

両方の鳥とも発見場所にリリースしてください．

法　　令

通常の「鳥類保護法」と「動物虐待防止法」が両方の鳥に該当します．

カイツブリ類

よく見られる種：カンムリカイツブリ（*Podiceps cristanus*），カイツブリ（dabchick）（*Tachybapus ruficollis*）

滅多に見られない種：冬の訪問者であるアカエリカイツブリ（*P. grisegena*），ミミカイツブリ（*P. auritus*），ハジロカイツブリ（*P. nigricollis*）

博　物　学

カンムリカイツブリとカイツブリは出会う可能性が最も高いカイツブリの仲間です．この2種のカイツブリのうち大きい方，すなわちカンムリカイツブリは湖や貯水池のような開放水域の鳥です．小魚を捕るために潜ります．カイツブリ，あるいは小型のカイツブリ（dabchick）はもっと繊細で，開放水域の土手の斜面から離れません．カイツブリは小川や運河でも見かけることがあります．小魚を捕るために潜りますが，夏には水中で昆虫や甲殻類を捕ることがあります．

カイツブリの脚や足は潜水や速く泳ぐために設計されたようです．その脚は横に平たく，足は推進力のために足指の間には蹼があります．脚が体のかなり後ろにあるので，カイツブリは地上を歩くことが難しく，水面上でない場合には飛び立つことができないことが分かります（図17-3）．

図 17-3　カイツブリは陸上を上手に歩けないことがわかります．

道具と輸送

通常の鳥用捕獲網と猫の輸送ケージはカイツブリに理想的です．箱の底には，鳥の竜骨を守るために畳んだタオルを敷きましょう．

常に針金の側面が当たり，嘴に損害を与える原因となるので，大きめのカイツブリには鳥籠は適切ではありません．

救護と取扱い

水面にいるカイツブリを捕獲することは難しいです．カイツブリは自動的に潜水し，そこから若干距離が離れた場所に浮上するでしょう．もし鳥を浅瀬で，透明な水に追い込むことに成功すれば，行く方向が見えるので網で水面下の鳥を捕獲できます．

陸上では上手に動くことができないので，簡単に回収されます．

大きめのカイツブリは鋭い嘴でためらわず突っつくので，丈夫な手袋で取り扱ってください．カンムリカイツブリは特に攻撃的です（図17-4）．

カイツブリ類に共通の病気

通常，病気によるハビリテーションのためにカイツブリを連れて来ません．すべての鳥と同様，それらは病気に相当強いです．

図17-4 カンムリカイツブリはとりわけ攻撃的です.

カイツブリ類に共通の出来事

釣り糸の問題を除いて,通常の救護は間違った場所に上陸してしまったカイツブリです.カイツブリは地上から飛び立つことができません.もし外傷がないなら,鳥を最も近くの適当な水路に連れて行って,リリースするだけで十分です.

身繕い

飼育期間が長かろうが,短かろうが,飼育下ではカイツブリは消化器系の閉塞を生じることがあります.その原因は,身繕いのときに抜け落ちてくる小羽を呑み込んでしまうことにあります.これらは,ある時期に,砂嚢の閉塞を起こすでしょう.流動パラフィンの強制経口投与がすべての問題を軽減するでしょう.

カイツブリ類に共通の外傷

釣り糸による外傷を除いて,カイツブリが外傷のために発見されることは普通ありません.

来院と応急処置

ほとんどのカイツブリは良くなって,すぐにリリースすることができます.外傷を負ったものは,標準的な応急手当法を行ってください.

渡りをするカイツブリであるミミカイツブリ,アカエリカイツブリ,ハジロカイツブリはイトラコナゾールの予防的投与を始めてください(第9章のアスペルギルス症を参照).

収容法

カイツブリは可能な限り長く水上で飼育すべきです.水の外では,竜骨が損害を受け,感染してしまいますので,唯一の選択肢として,いずれ安楽死することになるでしょう.ケージにいるとき,厚手のラバーフォームを下に敷いてください.そして,数時間毎に清掃するか,清潔な物に変えてください.

カイツブリは通常羽を休める岩礁をもっているので,特に,カイツブリが完全に防水ではないなら,遊泳と給餌のために,グラスファイバー製の庭置きのプールが理想的です.

鳥をモニターできないなら,特に夜間は,治療中の鳥をプールに入れたままにしてはいけません.

給餌

大きめのカイツブリは浅いボウルの水の中からしらすを摂取するでしょう.遊泳のとき,カイツブリはきれいな水の中に1つずつ落としたしらすを採ることもあります.このようにして,潜水して,魚を捕るようにしむけることができます.

凍らせるか,冷たい流水のもとで保存されていないなら,どんな魚でも急速に傷むでしょう.魚を給餌するとき,魚が暖かいと食べないでしょう.私たちの魚の給餌法は以下の通りです.

- 数匹の魚を冷凍庫から出します．
- 皿かボウルに入れて冷蔵庫で解凍します．
- 解凍したらすぐに鳥に与えます．
- 取り出して食べずに30分経った物は捨てます．腐敗してしまったと思われる魚は捨てます．

さらに，チアミン（例えば，Aquavits, IZVG あるいは Fish Eaters' Tablets, Mazuri Zoo Foods）を添加して鳥に給餌します．

リリース

カイツブリのリリースは適当な水系にしてください．カンムリカイツブリは湖と貯水池の開放水系に，カイツブリは土手の茂みがたくさんある小川や運河へ．冬季に渡り鳥のカイツブリがある区域で普通に停泊しているならば，単純にリリースしてください．

法　　令

カイツブリ類は法律的には「野生生物と田園保護法 1981」と通常の「動物保護法」の鳥類の保護法が適用されます．

サギ類とサンカノゴイ類

普通に見られる種：アオサギ（*Ardea cinerea*）と非常にまれなサンカノゴイ（*Botaurus stellaris*）．

外来種：ゴイサギ（*Nycticores nycticorax*）とコサギ（*Egrettra garzetta*）

博　物　学

サギは小哺乳動物，鳥，爬虫類と両生動物を採餌することがありますが，サギに似た鳥は主に魚を食べます．

アオサギはまあまあ一般的で，ずっと以前から使われているサギの繁殖地で，高い木が密集した頂上に共同で巣を作ります．アオサギは水路で餌を捕ったり，庭の池の魚を捕ろうと，庭に襲来するでしょう．

サンカノゴイは，英国の最も絶滅の危機に瀕した鳥類の1つで，絶滅する境界にいます．サンカノゴイは特徴的な鳴き声がにわか人気となったその場所，葦原の鳥です．

コサギはやっと英国に定住し始めています．デボンとコーンウォールの河口にはすでに小集団がいます．

道具と取扱い

飛ぶことができないサギを追い立て，網をかけるのは比較的簡単です．しかし，飛ぶことができるサギはしばしば捕獲をすり抜けるでしょう．骨折し，ぶら下がった足が使えないように見えても捕獲できないとき，苛立たしく感じます．

取扱いは，サギの足，翼，頸，嘴など体のいたる所を押さえなければならず，どちらかというと動き回るタコをつかむようです．サギで，コントロールしなければならない最も重要な部分は嘴です．嘴は殺傷能のある短剣で，サギはとまどうことなく，顔や目を狙ってくるでしょう（カラー写真 30）．

サギの保定では，最初に頭部を掌握し，次に無害な翼と脚すべてをあなたの脇の下に押し込んでください．頭部を保定すると同時に，頭部を覆うことで鳥はおとなしくなるでしょう．

サギ類に共通の病気

看護のために連れてこられるサギ類は病気というより，どちらかというと外傷が原因の方が多いです．

サギ類に共通の出来事

他の水鳥と同じように，サギ類は釣り糸に苦しんでいます．なぜなら細長い足にしばしば土手の斜面の木や茂みで釣り糸が絡んでくるからです．

似たようなこととして，庭では鳥を近づけないために池を覆った網に，よく脚を取られます．悲しいことに，サギ類が池にやってくると，空気銃で不法に撃たれることがあるようです．池のそばに立っているプラスチック製のサギのデコイが庭に訪れる野生のサギを阻止するといわれたことが

ありました．野生のサギが日常的に侵入するところでは，試してみる価値はあるでしょう．もう1つの防止法は，池の周囲に地面からおよそ25cmの高さに「仕掛け線」を張ることでしょう．これで，サギが飛来する池の周縁から中へ入るのを止めるかもしれません．

他の事件は電線に飛び込む事故がありますし，長期の寒さが続いた後に，たくさんのサギが餓死し，激痩せしているサギが回収されています．

サギ類に共通の外傷

釣り糸によるものを除く外傷では，脚や翼の長骨骨折が起こっているように思えます（図17-5）．

上嘴の骨折は，実際に起きますが，一般的に回復はほぼ不可能です．しかし，動物園獣医師のJohn Chittyはタンチョウヅルの嘴の修復を報告しています（Chitty, 2003）．すなわち，基本に従えば，頑丈なピンを正面の骨と鼻胴を横断して入れることによって骨折部を固定します．この方法は構造全体に対する主なサポートです．U字の形をした細いピンを嘴先端の堅い骨とケラチン部を通してから，成形した親水プラスチックで縦断しているピンを固めます（TAKシステム）．

来院と応急処置

サギ類は通常静脈内輸液療法を行うことができます．もし激痩せしているなら，末梢栄養補給あるいはチューブ強制給餌による流動栄養物も有益でしょう（第3章を参照）．

それ以外の応急手当として，骨折部を固定することにより，鳥が羽ばたいたり走り回ったりすることで骨折端がさらにずれるのを防ぎます．

収　容　法

保護されているサギは最初，立つことができる高さのケージで飼育してください．できるだけ早く，リリース前に翼の運動ができる，広々としたフライトケージに入れてください．

一般に，サギ類は脚を伸ばした状態で，輸送するか，保定してください．サギ類は脚を折畳まれて長時間保定されると，完全な機能を取り戻すことができないでしょう．

給　　餌

サギは最初からスプラットとニシンなどの魚を食べるでしょう．しかし，それらは間もなく，給餌に便利な初生雛で育てることができます．他の

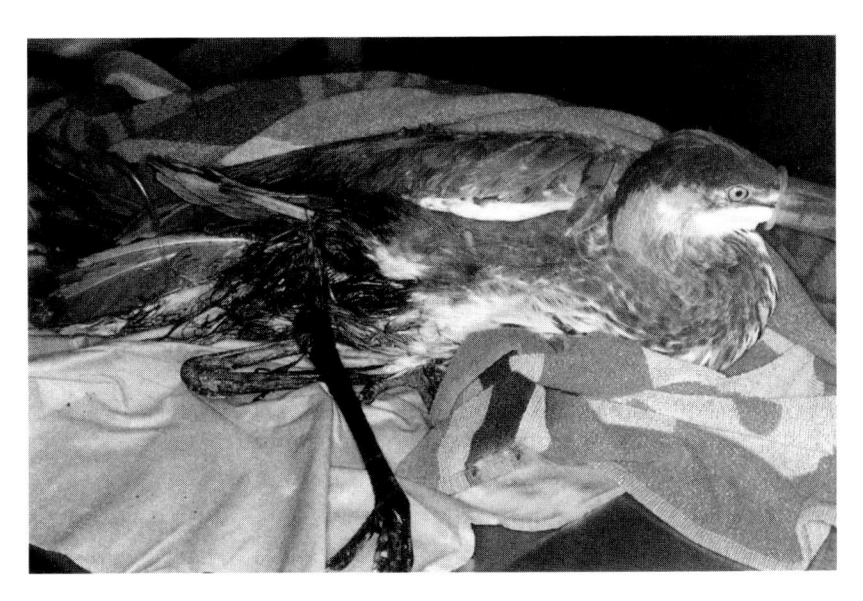

図17-5　アオサギの足はよく何かにからまって，骨折します．

図17-6 アビは陸上で動くことができません.

1羽がひよこをがつがつ食べているのを見ると、食欲のなかったもう1羽のサギの食欲が刺激されることがあります.

まるごとの魚やひよこの強制給餌は可能ですが、強制給餌の量が多くて苦しいなら、サギは簡単に吐きもどすことができます. もし元気がなければ、流動食やPoly-Aid（Vetafarm Europe）のチューブ強制給餌が有益でしょう.

リリース

サギ類は特定の地域で生活し、営巣するので、発見された場所に近い水路にリリースして、自然に戻すことが重要です. 1本足や片眼のサギはリリースすべきではありません. 障害をもったサギは周りから隔離された湖やプールでとても快適に生活するでしょう.

法　令

標準的動物法は別として、サギ類に関連した唯一の規制は、「野生生物と田園保護法1981」の付表9のもとでゴイサギのリリースや籠抜けを禁止しています.

コサギには特別の法令はないので、明らかに他の野鳥と同じと見なされます.

クイナ

クイナ（*Rallus aquaticus*）はハビリテーションの対象となることはまれです. バンと同じように扱います.

アビ類

英国のアビ類のリストには3種があります.
- アビ（*Gavia stellata*）
- オオハム（*Gavia arctica*）
- シロエリオオハム（*Gavia immer*）

大型のカイツブリと違いはなく、アビ類はもっと遊泳や潜水の専門家ですが、陸上ではまったく動くことができません（図17-6）. 時々海から遠く離れたところに不時着しますが、再び飛び立つことができません.

アビ類の飼育は悪夢に近い難問です. 米国の専門家のいるセンターでさえ、努力して、わずか50％の成功率を得ることができるだけです.

主な問題点は竜骨の外傷とアスペルギルス症です. イトラコナゾールによる予防はアスペルギルス症を抑制するはずです. 竜骨はラバーフォームや空気クッションによって守られるかもしれませんが、それさえ竜骨の外傷を防げない可能性があります. もし鳥が長時間飼育下に留められるなら、急速に悪化するので、安楽死することになるでしょう.

アビ類のリハビリの秘訣は、急いでその鳥を海に帰すことです.

飼育下で、アビ類はチアミンを添加したスプラットやニシン、イカナゴなどの解凍した冷凍魚を食べるでしょう.

18
猛禽類

パートⅠ：フクロウ類

普通に見られる種：モリフクロウ（*Strix aluco*），コキンメフクロウ（*Athene noctua*），メンフクロウ（*Tyto alba*），トラフズク（*Asio otus*），コミミズク（*Asio flammeus*）

籠抜けと考えられる種：ワシミミズク（*Bubo* spp.），シロフクロウ（*Nyctea scandiaca*）

博物学

フクロウ類はほとんどが夜行性で，主にカミソリのように鋭い鉤爪で小哺乳類を捕まえる狩りをします．コミミズクとコキンメフクロウは昼間にも狩りをすることがあります．コキンメフクロウの餌は主に甲虫やミミズのような無脊椎動物です．

フクロウの視覚は薄明かりのもとでも非常に優れていますし，左右不対称のユニークな耳で，真っ暗でも獲物の位置を知ることができます．フクロウの耳は頭部の両端の異なった高さにあります．フクロウ類の耳は，とても清潔な穴に見え，一方はもう一方より下に位置して，羽毛の下に隠れています．*Asio*属の2種，トラフズクの「long-eared」とコミミズクの「short-eared」は本当のところ，耳ではなく単なる頭頂部の房状の羽なのです．

ほかの鳥と同様，フクロウ類も眼窩内の眼球を動かすことができませんが，頭部を180度回転することができます．おそらく，この能力は体全体を動かさないで，獲物の位置を知る助けとなるでしょう．ほかの鳥類と違うもう1つの点は，フクロウ類が餌を貯めておけるそ嚢をもたないことです．

モリフクロウはフクロウ類の中で最もよく見かける種なので，よく救護されてきます．

器具と輸送

フクロウ類は網で捕獲することができますし，ペット用の携帯用ケージで持ち運ぶことができますが，ほかの種と根本的に違うことがあります．それは，厚地の手袋で安全に取り扱うことが必須である点です．Welder社製の手袋やバイク用の手袋が理想的です．

輸送ケージには，フクロウが立つ位置の底に二重にしたタオルか，しっかり握って鉤爪を差し込める物を入れてください．

救護と取扱い

救護を必要とするフクロウは，カラス類やカササギ類のような賢い鳥と同じくらい捕まえにくいでしょう．大きな網がフクロウ類を捕獲するのに最良で，最も安全な方法です．網の目は，獲物の上を音を立てずに飛ぶことができるほどの，微細で柔らかな羽毛にダメージを与えることはないでしょう．

フクロウは捕まるとすぐに，鉤爪で攻撃してきます．猛禽類はよく仰向けに身を投げ出し，上向きに攻撃するでしょう．丈夫な手袋なしでは，カミソリのように鋭い鉤爪が，質の悪い止り木のように腕の皮膚を簡単に貫くでしょう．手袋か，箱

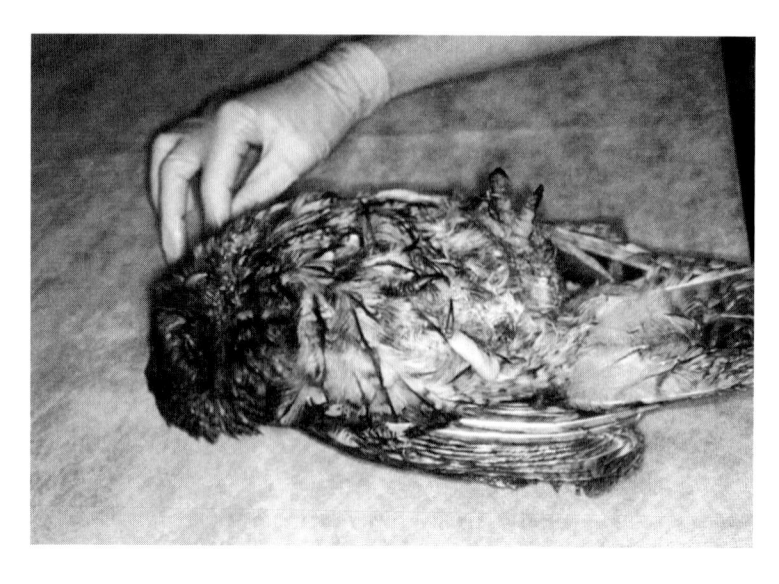

図18-1 モリフクロウは仰向けに寝かせることによって，よく沈静化させることができます．

の中のタオルのいずれかを鳥に与えてください．鳥はそれをしっかりと握るでしょう．常に，フクロウがあなたを攻撃しようと全力を注いでいることを忘れてはいけません．だから，輸送ケージ内で支障がなくなるまで，しっかりと保定して，フクロウを手から放してはいけません．

　フクロウも他の猛禽と同様に鉤型の嘴をもっていますが，大部分は咬むことはありません．しかし，咬むものもありますので，咬まれることに気をつけて，鳥から手，腕，顔を離しておいてください．手袋をした一方の手で両脚を保定してフクロウを持ち上げ，羽ばたかさないようにもう一方の手で肩の部分を持ってください．モリフクロウは仰向けにされると，よく催眠状態になります（図18-1）が，両脚は保定し続けてください．

　治療施設に戻しても，意識がある猛禽を取り扱うのですから，丈夫な手袋を常に使ってください．コミミズクやチゴハヤブサのような小さい猛禽でさえ，その鉤爪でとても痛い外傷を与えます．

フクロウ類に共通の病気

トリコモナス症

　モリフクロウはトリコモナス症の典型的病変を示すと報告されています（カラー写真19）．このことは，感染したドバトやシラコバトを食べた結果でしょう．ハイタカがトリコモナス症にかかり，その為モリフクロウに巣を乗っ取られてしまったという報告もあります．

　Coles（1997）は中咽頭の壊死病巣は実際はフクロウヘルペスウイルス（感染性肝脾臓炎）の病変であると報告しています．獣医師はそのどちらであるかを確かめることができますが，トリコモナス症が二次感染症であることもあるので治療が必要です．トリコモナス症は第9章で詳しく述べています．

寄生虫

　毛頭虫はよく喉の背側に見られます．治療法は200mg/kgのアイバメクチン（牛用 Ivomec®注射薬，Merial Animal Health）です（プロピレングリコールで10倍希釈したものでは0.2ml/kg）．これを皮下か経口で与えます．

　キカンカイシチュウ（*Syngamus trachea*）が猛禽類でみられる開嘴虫の最も可能性の高い種です．

　これらは2つの異なった線虫です．フクロウ類は様々な線虫を必ずもっていますが，もし獣医師が他の特別の駆虫薬を処方しなければ，大抵の線虫に対してはアイバメクチンが有効でしょう．

フクロウ類に共通の出来事

交通事故

英国のフクロウ類はよく交通事故の犠牲になります．Cooper（1993）はメンフクロウの死亡の44.7％が自動車事故のためであると報告しています．

The Wildlife Hospital Trust（St. Tiggywinkles）で見られた傷病フクロウの成鳥の大半は交通事故の犠牲者です．

フェンス事故

モリフクロウとコキンメフクロウはよく有刺鉄線に捕まります．通常，片翼の下面に大きな裂傷があります（図 18-2）．多くの場合裂傷は縫合することができないので，IntraSite® Gel（Smith & Nephew）で被覆すれば，肉芽形成を促進するでしょう．電線や網の事故にあう他の犠牲者と同じように，拘束を解いてすぐに，フクロウをリリースしてはいけません．外傷組織を回復させる意味から，少なくても1週間は飼育下に置いてください．

親を失った動物

親からはぐれたモリフクロウは，他の種類の猛禽よりも多いように思われます．幼若なモリフクロウがよく森の中を歩き回ったり，倒れているのが発見されます．親鳥はこの状態では雛を育てようとしないので，救護しなければ，餓死するでしょう．

理想的な救済法は雛を樹木の祠の巣に帰してやることです．しかし，巣を見つけることが難しく，たとえ見つけても，野鳥が使っている巣に近づくことは法に触れることがあります（「野生生物と田園保護法1981」）．親からはぐれたと思われる雛は置き去りにしないで，世話をしてください（第20章参照）．

メンフクロウ

通常，メンフクロウは以下の2つの原因の内，どちらかで救護センターに来院します．すなわち何かに衝突するか，あるいは餓死しそうなときです．

飼育下で育ててからリリースすることによって，メンフクロウの英国の集団を増加させる多くの試みが数年以上なされていましたが，それは見当違いでした．飼育下で育ったメンフクロウが野生生活にうまく対処することができず，その多くが餓死したことが分かりました．

現在，メンフクロウのリリースを規制する法律がありますが，餓死するメンフクロウがまだだいます．救護したメンフクロウは本当の野生のメンフクロウであるかもしれませんが，いくつかの徴候によってそのメンフクロウをリリースするか，しないかを決定しましょう．以下に示すような徴候の内，いずれかは鳥が飼育下育ちであるこ

図 18-2 フクロウ類がフェンスに捕まると，重い外傷を負います

- その鳥は人の面前でも快適に過ごす.
- その鳥はどちらかの脚に閉環の脚輪（大英博物館の開裂環ではなく, 固いリング）が付けられている.
- 初生雛が分かって, 躊躇なく食べる.

激痩せ（羸痩）

メンフクロウや他の猛禽類の雛が餓死しそうになって発見されることがあります. すべての鳥の胸筋では, 竜骨（胸骨）の両側面に丸みがあって, ふくよかであると感じることができます. 飢餓状態の鳥が筋肉を失うと, 胸筋の両側の筋肉がなくなって, 鋭い竜骨に簡単に触れることができます.

羸痩の応急処置と治療法

餓死しそうな鳥が来たときに自動的に行う行動は, 可能な限りたくさんの餌を食べさせようとすることです. しかし, ある期間消化管が空っぽだったので, 機能が停止してしまっているでしょう. この時点で, 与えられた固形飼料はどんなものも腸の中で未消化のまま残存し, 細菌の過剰増殖を起こして毒素を産生します. このことは, 弱っている鳥を最終的に殺すことになります.

Neff（1977）は以下のことを推奨しています.

（1）鳥が10％脱水状態であると想定して, 温めた不足補液と維持補液を2日以上掛けて与えます（第4章参照）. 例えば, 1日目は不足分の50％に50ml/kgの維持量を加えた量を投与します.

（2）2週間, デキストラン鉄10mg/kgを毎週筋肉内注射します.

（3）2週間, チアミン10mg/kgを含むビタミンB群を, 毎週皮下注射します.

（4）注射針による外傷から筋肉を保護するために, 15mg/kgのエンロフロキサシン（Baytril®, Bayer）を日に2回, 2週間経口投与します. 刺激性があるので, エンロフロキサシンを筋肉内注射してはいけません（Chitty, 2002）.

（5）補液の24時間後に, Poly-Aid（Vetfarm Europe）かEnsure（Abbott Laboratories）の流動食を経口的に与えるか, Nutriflex Liquid Peri®（B. Braun Medical）を骨髄腔内に与えることができます. 他の鳥類と違って, フクロウ類はそ嚢をもたないことを忘れないでください.

（6）メンフクロウの消化器系が安定化し, 正常な糞が形成されたらすぐに, 2～4個に分切したマウスを与えることができます. マウスには粉末のマルチビタミン（VET-AMIN™＋Zinc, Millpledge Veterinary）とStress（Philips Yeast Product）のようなカルシウム/リン添加物を振りかけましょう.

（7）2日間は午前と午後に胃カテーテルでの流動食の給餌を続け, 夜には細かく刻んだマウスを与えてください.

（8）2日間, 午前にチューブ給餌, 午後と夜に刻んだマウスを与えてください.

（9）さらに2日間, 日に3回, 刻んだマウスを給餌してください.

（10）正常な餌に戻しますが, マウスの骨は砕いておいてください.

（11）丸ごとのマウスを与えますが, 1週間は腹や胸を開いておきます.

（12）次に健常な鳥と同じ餌にしてください.

フクロウ類に共通の外傷

有刺鉄線の柵による裂傷は別として, フクロウにみられるほとんどの外傷は交通事故によります. みられる損傷は骨折と眼の外傷です.

骨 折

翼や脚の長骨の骨折が一般的です. 頭部損傷も同様に一般的で, 通常瞳孔不同, 斜頸, 意識喪失によって, もちろん病歴によっても知ることができます. 応急手当の方法は第9章の「頭部外傷」のセクションを参考にしてください.

すべての猛禽類はリリースの場合, 100％リリースに適していることが絶対に不可欠です. 猛禽類の足は獲物を捕まえるのに完璧で, 協調的に働かなければなりません. 翼は, 副翼のごく小さ

い羽毛に至るまで，全く左右対称でなければなりません．そうでなければ，狩りをする鳥に必要とされる，とても細かい動きは得られないでしょう．同様に，どんな関節の癒着も猛禽類に飢餓状態を強いることになります．翼が左右対称でない猛禽類，あるいは関節癒着のある猛禽類をリリースしてはいけません．完璧でなければ，その鳥はすぐに餓死するでしょう．

眼の外傷

Boydell（1977）は救護されたフクロウ613羽を調べ，189羽（30.7％）にある種の眼の障害があることを見つけました．Cousquer（2002）は交通事故の犠牲者であるモリフクロウを調べましたが，わずか8％だけが眼の異常を示したことを発見しています．多くのフクロウが何らかの眼の外傷を負っているように思われ，実際に一方の眼が見えません．

片眼のフクロウは野生でも十分に対処するだろうと一般には想像されますので，リリースすることができるでしょう（図18-3）．全盲のフクロウが生存したという記録はありません．しかし，完全に自然なライフスタイルとはいえませんが，全盲のフクロウは飼育下では震毛と脚で周辺を手探りで生活して生き延びるでしょう．

あらゆる眼のけがや眼の病気，実際にはすべての眼の問題は獣医師の範疇であるに違いありません．もし眼を除去しなければならないなら，骨性の眼輪（骨性強膜）が眼窩内の眼を保護していることを覚えておいてください．そして，これらの骨は顔の輪郭を保つために手術後も維持しましょう．

トリアージと応急処置の段階で，外傷を負った眼にクロラムフェニコール眼軟膏を下瞼にそって置くようにすると良いです．この段階で，ステロイド入り眼軟膏を使ってはいけません．

来院と応急処置

トリアージのとき，フクロウ類は抗生物質と脊髄腔内輸液を併用すると有効でしょう．もし必要なら，コルチコステロイドも投与します．

鈎　　爪

もし数週間の加療を必要とするようなら，両後趾の鈎爪の先端だけを切り落とすことは，安全のために良い予防策といえます．先を切れば自分自身の足の底を鈎爪が傷つけ，趾瘤症を起こすこともなくなるでしょう．

先を切ったままでフクロウをリリースしてはいけません．爪の先が元の長さまで伸びて，鋭くなるまで飼育下に置かねばならないのです．

収　容　法

床面を清潔に保つために，最低でも1本の太い止り木を入れた猫集中治療用の入院ケージ内で飼育すれば，良い状態を維持することが可能です．床には新聞紙を敷きましょう．

止り木が清潔でなくなったら，木材の端材で簡単に作ったものと入れ替えることができます．直径30～40mmのまっすぐな太い枝をケージの幅に切ります．それから60mmの長さで100mm平方の角材2個に穴をあけ，木ネジで止めます．足から病原菌が入り込まないように，止り木はごしごし洗えますし，細心の注意を払いながら清潔に保てます（図18-4）．

フクロウの一連の治療が始まったらすぐに，フクロウを運動させたり，リリースに向けて馴化するために屋外のフライトケージに入れてくださ

図18-3　多くのフクロウは片眼で生きていられます．

図 18-4　多くの鳥には丈夫な枝で作った止り木が理想的です．

い．鳥が金網に登って羽にダメージを与えることがあるので，フライトケージには金網を使ってはいけません．フクロウが飛ぶことができないなら，自然木の枝の止り木で，最も高い場所の止り木まではしごをかけましょう．

特に，フライトケージの大きさは幅8m×奥行き4m×高さ2mにしましょう．高さは2mですので，周辺住民の建築計画同意書は必要ではありません．骨組みはかなり頑丈なものでなければなりません．そして，垂直に並べた，断面がくさび形の100mm×50mmの防腐処理をした材木ですべての側面を覆います．天井は50mmの網で覆ってください．

フクロウをフライトケージのある地域にリリースしようとするならば，天井の一端にちょうつがいのついた出入り口をつけておけば，そこからうまく復帰させるでしょう（リリースの項目を参照）．ケージの端にのぞき穴やクローズドサーキット・テレビを設置すれば，鳥の邪魔をしないで，飛翔の専門的なモニタリングができるでしょう．

フライトケージの両側に障壁を設けることで，鳥はもっと長く飛ばなくてはならなくなりますし，障壁のコーナーをうまく通り抜けなければならなくなります（図18-5）．これらが，飛翔筋を強くし，方向転換に必要な，細かく器用な翼の動きができるようにするでしょう．実際に，止り木の高さが様々なら，上方の止り木に飛びあがるという動きが，これらのきわめて重要な飛翔筋をさらに強くします．

給　　　餌

他の肉食動物同様，フクロウは肉の部分だけではなく，動物全体を食べます．飼育下で，フクロウがペレットを作れるように，肉と同時に骨や毛皮あるいは羽毛を摂取することがきわめて重要です．ペレットは一定間隔で吐き戻す餌動物の消化しづらい部分です．

ビタミンやミネラルを添加した初生雛の冷凍ものが簡単に手に入り，必要に応じて解凍しましょう．

野生のフクロウが入院したとき，初生雛を餌だとは分からないでしょう．野生のフクロウは小さい哺乳動物を食べることに慣れてしまっているでしょうから，最初，それに似たような餌だけを食べるでしょう．凍結マウスは手に入りますが，野鳥に白い色のネズミを与えることは良いことではありません．フクロウはいずれにしても白い色のネズミが餌だと分からないでしょう．冷凍のネズミを購入するとき，新しい患者のほとんどがすぐに食べる，黒っぽいネズミを常に買ってください．落ち着いた数日後には，とても安い初生雛に餌付けすることができます．

交通事故死の動物も，新鮮で汚染されていなければ，シロフクロウやワシミミズクのような大型のフクロウの補助食となります．

リリース

狩りをする鳥の生活は安泰ではありません．獲物動物は，もっと多くを捕まえようとするフクロ

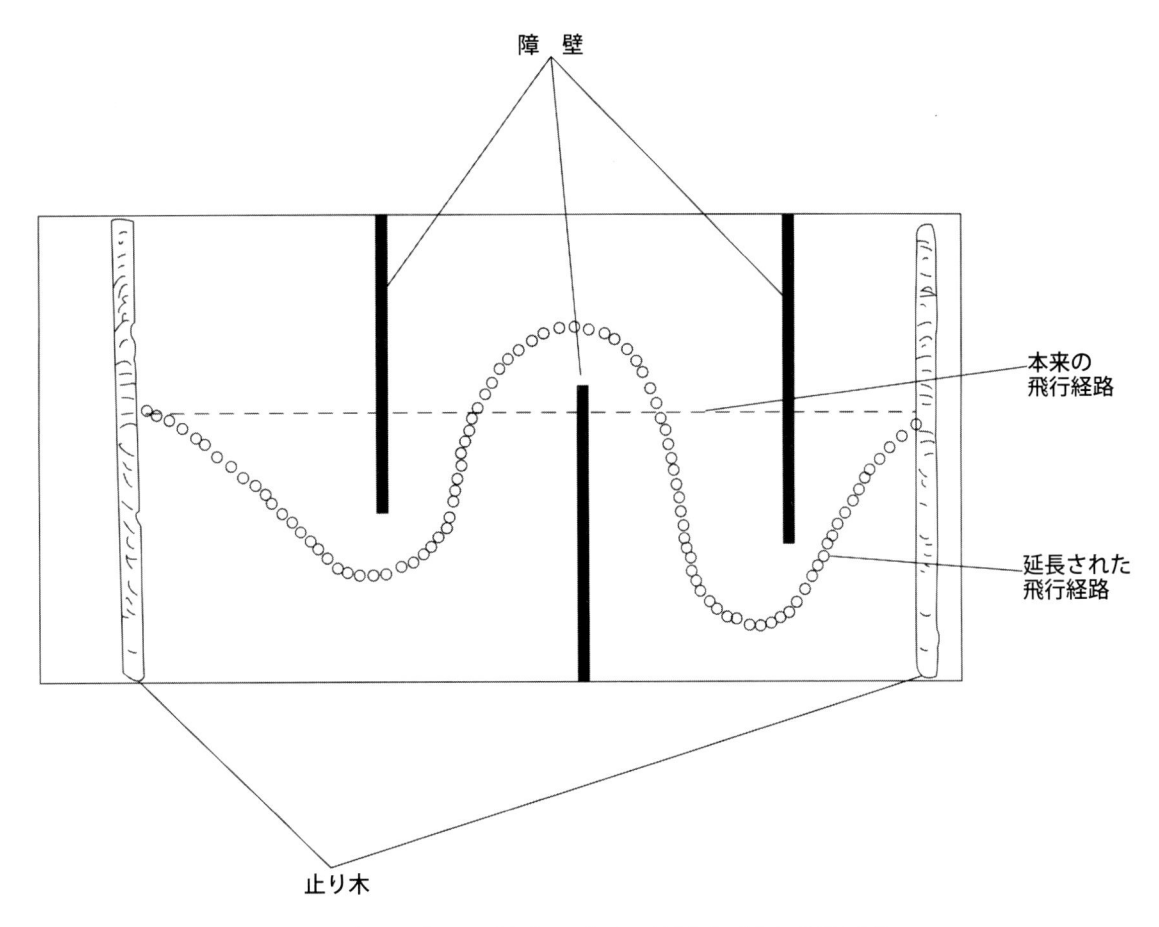

図 18-5　最大の運動量を大型の鳥に課すフライトケージのレイアウト（上から見た図）．

ウの致命的な鉤爪から逃れようとするからです．

　猛禽類がフライトケージ内で疲れないで運動するのが分かれば，リリースしてもよいでしょう．しかし，自由になった最初の重要な数日間を生き抜く保証はありません．リリースの初めにやることは，文字通り，鳥を野生に「放り出す」ことです．実際には，その鳥が，やがてそこに餌があることが分かるようになることを期待して，リリースの後数日間は食物を給与します．

　フライトケージで夕闇から夜明けまで運動ができた鳥は，飛ぶ厳しさに直面しても大丈夫なくらい，十分な筋肉を得ているでしょう．

　鳥のフィットネスのためにフライトケージで飛行させる代わりに，鷹狩のテクニックを使うことについて，いろいろなことが言われています．著者はこの方法に欠点があると思います．

・鳥を頻繁にハンドリングするので，人に馴れ過ぎることがあります．
・鳥に課すことができる運動量は，広いフライトケージで得られる運動量と比較して少ないです．
・たくさんの鳥が脚皮を付けたまま逃げています．脚皮は木の枝あるいはフェンスに引っかかることがあり，自由生活の鳥にとっての死の落とし穴となっています．
・ほとんどのフクロウは昼間に飛ぶことを好みません．

　もしその鳥をフライトケージ付近でリリースするのなら，定期的にケージの隅のリリース用入り口台の上で餌を食べさせてください．それから，フクロウにはリリースされる晩に餌を与えることになるので，餌を入り口台の上に置いて，リリー

ス用の入り口を開放してください．それから，入り口を開放したままにしておきます．その後，以前と同じように，餌を入り口台の上に置き続けます．鳥はその餌を利用しないかもしれないし，利用するかもしれませんが，もし鳥が獲物を捕れなければ，その餌を取りに戻ることができます．その鳥が間違いなくその地域を去るまで，餌を置き続けてください．

　ナワバリをもつ種なら，その鳥が発見された場所に戻すことが望ましいです．フライトケージを使わないのなら，鷹狩用の箱を使って，このリリース法と似た方法を採用してください．実際には，このリリース法は携帯用ケージを用いますが，それぞれの場所で行うフライトケージ法の縮小版です．

　メンフクロウは，以前はペアのメンフクロウのために用意された巣箱のある天井が網の納屋の中にリリースしていました．そして餌台の上で餌を与えました．メンフクロウは飼育下で簡単に繁殖したので，親が面倒を見なければならない雛ができたらすぐに，餌を与えるために戻って来る親子関係を信頼して，入り口を開放しました．現在では，飼育下で繁殖したフクロウを環境・食糧・農村地域省（DEFRA）の許可なくリリースするのは違法です．

法　　規

　通常の「鳥類保護法」以外にも，メンフクロウに対する特別の規制があります．メンフクロウは「野生生物と田園保護法1981」の付表9に入れられていて，許可証なしではリリースすることができません．

　メンフクロウは今なお救護センターで見かけます．正真正銘野生のメンフクロウが飼育され続けないことを確実にするために，現在では無効となったライセンスをもったリハビリテーション飼育者は，実際には野生でありそうな傷病鳥すべてをリリースしていたようです．そのライセンスをもったリハビリテーション飼育者は現在では法律No. WLF 100099 下のライセンスをもった人に換わりました．おそらく，野生のメンフクロウの同じ保護条項がまだ適用されているのでしょう．

　通常，英国の在来種でない種をリリースすることは違反です．この法令は確実にワシミミズクには適用されますが，シェットランド島のFeltarにはシロフクロウがいますので，おそらくこの法令は適用されないでしょう．しかし，非常にまれですが，本当に野生の傷病シロフクロウ以外，どんな個体であろうともリリースすることは馬鹿げたことです．

パートⅡ：昼行性の猛禽類

　通常見られる種：チョウゲンボウ（Falco tinnunculus），ハイタカ（Accipiter nisus），ノスリ（Buteo buteo），チゴハヤブサ（Falco subbuteo），コチョウゲンボウ（Falco columbarius），ハヤブサ（Falco peregrinus）

　その他の種：アカトビ（Milvus milvus），チュウヒ類（Circus spp.），オオタカ（Accipiter gentilis），イヌワシ（Aquila chrysaetos），ミサゴ（Pandion haliaetus）

博　物　学

　昼行性の猛禽類は昼間の数時間に獲物を狩ったり，残飯を漁ります．カラス類と同様，猛禽類は自らの環境ニッチで進化したので，狩り場では他の種と競合することはほとんどありません．

- チョウゲンボウは，開けた地域，特に道路や高速道路で小哺乳類を狩猟する間や，たまに鳥を狩猟する間，空中静止します．
- ハイタカは，林のはずれや低木地でジュズカケバトより小さいサイズの鳥を素早いアクロバット飛行によって狩猟します．庭に来る鳥のための餌台の上でも狩りをすることがあります．
- ノスリは，今のところ西部地方，ウェールズ，スコットランドや北部地方では豊富な種で，他の英国の領土に急速に広がっています．ウサギくらいの哺乳動物を狩猟する大きい鳥で

すが，同時に交通事故の死体を漁ったり，地上に現れた無脊椎動物を捕るために耕耘機を追うでしょう．
- チゴハヤブサは本当の渡り鳥で，主にツバメ，イワツバメを狩猟します．これらのツバメ属を追って夏，英国に，冬は南アフリカに渡ります．トンボのような昆虫も捕まえることがあります．
- コチョウゲンボウは現在非常に少なくなっていて，西部地方，ウェールズ，スコットランド，北部地方の高い原野に限定されています．
- ハヤブサは鳥の中で最も速い鳥だといわれています．ハヤブサは山岳，原野，海食崖の鳥で，ジュズカケバトのような比較的大きな鳥に高いところから猛スピードで前屈みに襲いかかります．最近，この鳥も街や発電所に移り住みつつあります．そこには巣作りをするのに便利な高いビルがあります．
- アカトビはまだウェールズの留鳥であり，English Nature（英国自然保護機構）によって行われる再導入プログラムの対象種です．アカトビが英国のいくつかの地域でゆっくりと定着しつつあります．そこではアカトビが堂々と気流に乗っているのが見られます．アカトビは全面的にゴミあさりによって餌をとると考えられていますが，ここチルターン丘陵地（the Chiltern Hills）では，小動物を捕まえるのが見られています．そして，しばしばアカトビの不利益となっていますが，住民がアカトビを餌付けするので，よく住民の庭にやって来ます．
- チュウヒ，オオタカ，イヌワシは最も人里離れた地域の鳥で，救護を必要としないようです．
- ミサゴは魚を専門に食べる鳥であり，著者が知っている限りでは英国でリハビリテーションのために連れてこられた唯一の猛禽です．もしミサゴが病気やけがをしたなら，米国には豊富な経験があります．

道具と輸送

フクロウで必要とされるものに類似の装置類はほとんどの昼行性猛禽類に適しています．しかし，もしワシ類，オオタカやミサゴを対象にして行うのなら，もっと厚地の手袋とより大きい運搬ケージは不可欠です．

救護と取扱い

前述と同じようにフクロウに必要とされるものと似ていますが，これらの鳥のあるものは時々籠抜けです．これらはしばしば初生雛に反応するかもしれません．また，空中で揺り動かしている初生雛に反応するかもしれません．

これらの鳥，特に大きめの鳥を取り扱うのに，細心の注意を払う必要があります．屈強な男でもオオタカの致命的な握力を外すことができないといわれます．これらの鳥が人を傷つける機会を得ないように，これらすべての鳥の足を保定してください．

ハイタカ，オオタカとミサゴは特に神経質なので，もし頭を覆い，暗い箱で運ばれるなら，よりよく輸送できます．

昼行性猛禽類に共通の病気

野生でこれらの鳥は病気に強いのですが，救護で一般的にみられる病気には以下のものが含まれます．
- 全種のキカンカイシチュウ症
- ハイタカとアカトビのトリコモナス症
- 全種の蠕虫
- 全種の鶏痘

野生で他の病気は比較的まれです．

代謝性骨疾患

しばしば，猛禽類の雛や新生子の飼育が間違って理解され，行われています．よく，強い骨格を形成するのに必要な骨や毛や羽の含まれていない，肉だけの餌が与えられています．結果，カルシウムとリンのアンバランスを引き起こし，カル

図 18-6 このチョウゲンボウは不適切な餌で人工飼育されてしまいました．

シウム不足の骨になってしまいます．長骨の彎曲や歪み，さらに特発性骨折が X 線で見つかることがあります．

初期の病状がカルシウム / リンの添加物を加えた，バランスのとれた餌に反応することはあっても，この状態は，おそらく元には戻らないでしょう．やがて立つことすらできなくなるので，人道的に殺すべきです（図 18-6）．

悲しむべきことですが，特に The Chiltern Hills 周辺でアカトビの集団が増加しているので，たくさんの鳥が給餌台の餌に誘われて，やって来るようになりました．不幸にもこれらの餌の内，あるものは必須の毛や骨や羽の入っていない，ただ肉だけのものがあります．この栄養不足の餌がトビたちに影響を与えているという徴候が出始めています（Fort, 2003）．

昼行性猛禽類に共通の出来事

傷病鳥のフクロウのように，事故による外傷は車にはねられたチョウゲンボウや窓に衝突したハイタカから鉄条網に引っかかったアカトビやハヤブサまで普段でも見られるものです（図 18-7）．

それ以外の出来事のほとんどが，悪意をもった銃撃や毒殺されかかった傷病野生動物を生み出す不法行為によるものです．このような行為はすべて然るべき担当局に即座に報告しましょう．すなわち，銃撃は地方の警察に，毒殺は DEFRA の野生生物事故係 080 0321 600 に連絡しましょう．

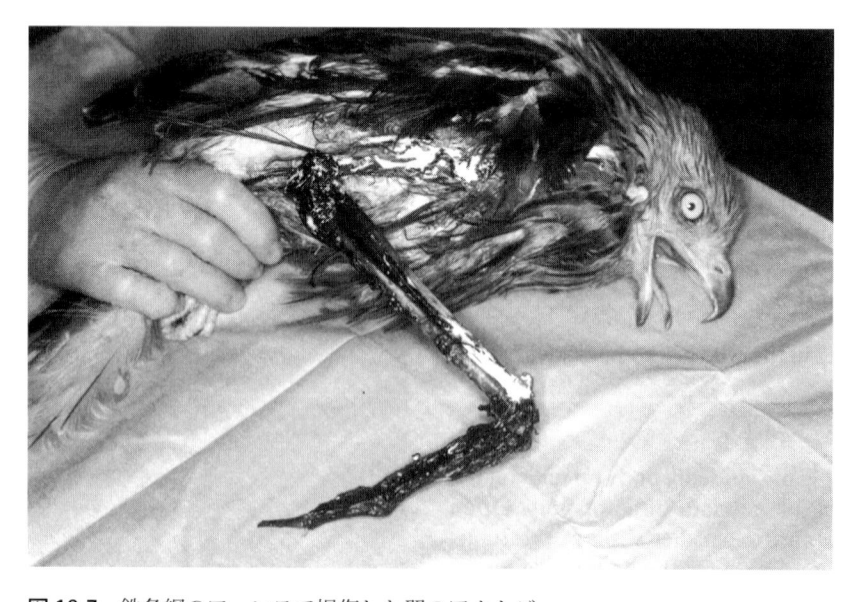

図 18-7 鉄条網のフェンスで損傷した翼のアカトビ．

飢餓

　秋には，チョウゲンボウの若鳥が飢え，衰弱して発見されます．これには理由があって，若鳥は生餌を狩る技能を習得していないことによります．来院時には，飢餓の窮地に陥ったフクロウで用いた，飢餓の標準的処置法を行ってください．

　手に入る野生の餌が増加する春まで，屋外の鳥小屋で回復した鳥を飼育するのが最良でしょう．もし若鳥が獲物を捕ることができなかったのなら，屋外猛禽舎から餌台に戻るような条件付けは復帰のチャンスを与えるでしょう．

昼行性猛禽類に共通の外傷

　猛禽類の外傷も，フクロウで認められるのと同様の骨折や裂傷が通常に見られます．しかし，傷病のハイタカの場合は，窓との衝突から必ず頭部外傷があります．頸部に力がなく，意識がなくなった鳥を見つけた場合でも，通常頸部の損傷はないので，この衝突事故は頭部外傷に入れられるでしょう（Klem, 1989）．

　猛禽類では，羽毛が100％回復し，飛ぶ能力と技能を100％回復することが，特に重要です．可能な限り短期間にリリースするためのリハビリテーションを第一にしたとしても，飼育下では，羽を傷めてしまうことがあります．

羽毛の損傷

　猛禽類ではリリースする前に羽毛が完璧でなければなりませんが，折れ曲がったり，損傷したりします．欠失した羽毛はかなり急速に成長しますが，折れ，損傷した羽毛は次の換羽期まで鳥の狩りの能力に障害となるでしょう．厚紙やX線フィルムで尾羽の上を覆いテープで固定して，入院中の猛禽類の尾羽を保護しましょう（Arent & Martell, 1996）．

損傷を受けた羽毛

　Imping（羽補綴法）と呼ばれる猛禽類の羽を修復する方法があります．その方法は，適切な羽で欠損部分を補うことでたまにリリースさせる助けとなることがあります．

　損傷を受けた部分をV字にカットすることで羽を継ぎ足すことができます．羽軸の内径の太さの爪楊枝状の木片を，半分外に出して軸に接着します．他の羽，例えば換羽した羽や他の種の羽，鶏の羽でもかまいませんから，形やサイズがうまく合う羽を探します．羽の根元に近い部分を先に切り取った部分に合うようにV字に切り取ります．それから，補綴部分を飛び出している木片部分に接着します．この人造羽は次の換羽まで役目を果たすでしょう（図18-8）．

折れ曲がった羽毛

　折れ曲がった羽は折れ目が付いていて，脆弱

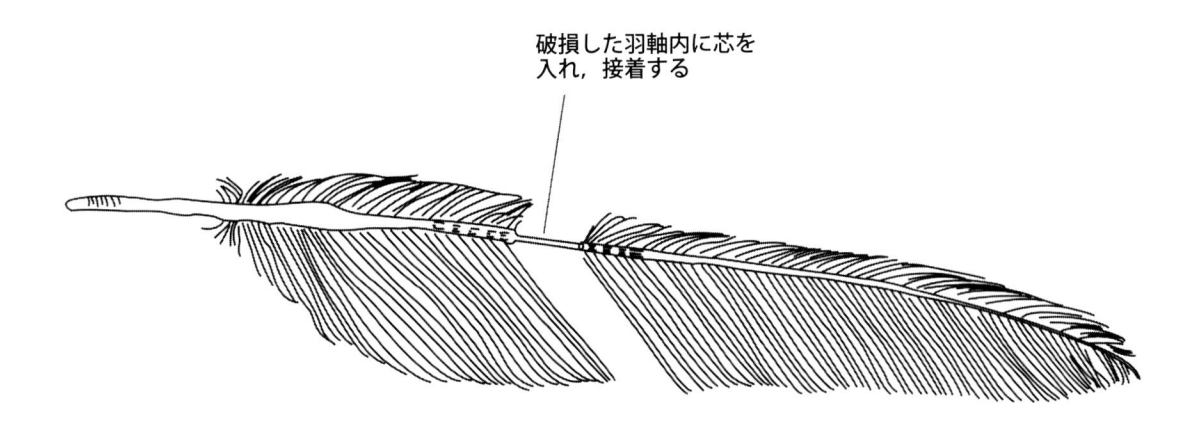

図18-8　羽軸に芯を入れての羽の補修法．

になっています．羽を真っすぐに引っ張り，熱融解性接着剤を折れた部分に塗れば，次の換羽までその羽は十分に安定となるでしょう（カラー写真31）．

焦げた羽毛

特にノスリの集団が拡大するにつれて電線に衝突し，羽に火傷を負った猛禽類の事故が知られるようになりました（カラー写真47）．焦げた羽は麻酔をかけて引き抜きましょう．

眼の損傷

眼の損傷は即座の診断と治療のために獣医師に診せなければなりません．

昼行性の猛禽類は片眼あるいは両眼の視力に障害があるなら決してリリースしてはいけません（図18-9）．

脚の外傷

猛禽類が一脚で生存できないだろうという意見があります．これは本当です．片足の猛禽は狩りをする能力を失っているでしょうし，飼育下でも片足に圧力がかかり，趾瘤症に罹りやすくなるでしょう．Coles（1997）は，小型の猛禽，チョウゲンボウやコチョウゲンボウはうまく生き抜くと断言しています．より大型の鳥でやってみることはできるでしょうが，もし失敗すれば，趾瘤症の慢性疾患の苦しみから逃れることができないでしょう．

悲しいことに，私たちも慢性の趾瘤症に落ち入った野生の猛禽類を見ています．一方の脚に外傷があり，残った脚に過剰な圧がかかる傾向にあります（カラー写真48）．もし，趾瘤症でない脚の外傷が回復できないか，趾瘤症それ自体が治ることがなければ，安楽死させてください．

趾瘤症の場合には原因と治療法を決めるために獣医師に診せなければなりません．

小型の猛禽で治療後，指の血管壊死を引き起こす局所の血栓形成の危険があります．この問題を回避するために，アスピリンを毎日10mg/kg投与しましょう（J. Lewis 私信）．

来院と応急処置

昼行性の猛禽類の来院時の処置はフクロウの場合とほとんど同じです．しかし，大型の種では静脈内輸液が実践的です．

来院時，ハイタカにジアゼパム10mg/kgの筋肉内注射をすることは有益な処置です．

収容法

ケージへの収容法は先に述べたフクロウに要求されるものと同じですが，大きな猛禽にはもっと大きな屋外ケージが必要です．

ハイタカでは，もしケージの正面を75％覆い，そのような興奮しやすい種にプライバシーを提供できるなら，その方がよりうまくいくことでしょう．

給餌

必要栄養素はフクロウのものと同じです．動物まるごとは完全食を給餌するうえで必須です．結局のところ，簡単に手に入る，初生雛やひよこ，大型の猛禽類にはウサギで飼養するのが便利です．最初に収容された場所で食べさせたということなら，餌とわかっている餌を与えてください．例えば，以下のようなものです．

- チョウゲンボウ——ネズミ色のマウス
- ハイタカ，チゴハヤブサ，コチョウゲンボウ——病気や薬殺でなく，外傷で死んだ小鳥

図18-9 片眼のチョウゲンボウはリリースに適切ではありません．

- ノスリ―交通事故のものを含めた，ウサギ
- ハヤブサ―凍結保存のハトやキジ
- アカトビ―交通事故のものを含めた，ウサギ

英国では飼育下の鳥や哺乳類に生きた脊椎動物を与えるのは違法です．

リリース

フクロウ類に使われる餌付け台と同じテクニックも，昼行性の猛禽には適切です．しかし，在来種の分布やチゴハヤブサやミサゴの渡りのタイミングに合わせるといった特有の注意を払わなければなりません．アカトビは，最近指定された地域から保護されているものを除いて，英国自然の再導入プログラム（付録7）に基づいてリリースしてください（カラー写真49）．

法　　令

すべての猛禽類は「野生生物と田園保護法1981」で保護されています．いくつかの種は付表4にリストされていて，許可を受けた人に渡されなければなりません．その人は4日以内にDEFRAに報告し，15日以上飼育するようなら登録しなければなりません（カラー写真15）．

これに入れられると思われる種はチゴハヤブサ，コチョウゲンボウ，アカトビ，ハヤブサ，オオタカ，イヌワシ，チュウヒ類，ミサゴです．希少種については，付録3の表4の種の全リストを，DEFRAへの登録には図11-7を参考にしてください．

19
海　鳥

　通常，海棲の鳥類が影響を受ける大方の出来事は油汚染関連です．実際には他の出来事も起きますが，その影響はたまに起きる程度です．しかし，その影響のほとんどが私たち人類の干渉によるもので，魚類資源の減少から飢餓に落ちいった鳥の大量死が良い例です．

パートⅠ：油やその他の汚染

　何百あるいは何千羽もの海鳥に影響を与える大きな油流出事故はたくさん文書化され，メディアで報告されます．この章で述べたものと同じ方法に基づいてはいますが，このタイプの大惨事に対する対応は高度に組織化されたリハビリテーション・グループの領域であって，この本の権限外です．

　多くの人々は，油にまみれた鳥を治療することは，偶発事故で報道されるものだけではないことを分かっていません．鳥は日増しに油事故に巻き込まれる機会が増えていますので，1967年のトリー・キャニオン号事件以来，それぞれの鳥で，リハビリテータによって開発された専門的治療法を必要としています．1967年のトリー・キャニオン号事故のときは，わずか2％の傷病鳥だけが清浄化され，治療を受けて，リリースされました．

　油汚染を被るのは海鳥だけではありません．ここ，英国の中央部では，コマドリ，チョウゲンボウ，ハト，ハクチョウ，カモ，セキレイ，スズメと油にまみれたハリネズミまでも見つかっています．それぞれの鳥がウミスズメや海ガモのような海鳥で用いられたのと同じ方法で治療されました．

　英国は本当にうまくいく油汚染鳥類のリハビリテーションプログラムをすでに開発しています．1991年に，英国鳥類保護協会の上級脚輪官（BTO），故 Chris Mead は「油汚染の鳥のリハビリテーションでの私たちの経験のすべてが低い成功率しか示していません」と言っています．初めは，すべての野生動物リハビリテーションは成功率に問題がありましたが，自分たちの心の窓を開いて，野生動物の看護についての先入観を捨てることによって，リハビリテータは成功率が低いという傾向に歯止めをかけることに成功しています．

　油汚染の鳥の治療にはもっと多くの研究がまだ必要です．油にまみれた鳥のリリース前のコンディション調整に関するたくさんの医学研究に関し，米国での経験，すなわち，主には1989年アラスカにおけるエクソン・バルデス号の油流出事故から得られた知識が，単に油まみれの鳥（や哺乳類）の清浄化法ばかりでなく，医療処置法としてのリハビリテーション法を確固としたものにしました．

　この国，英国では，油まみれの鳥をただきれいにすることが必要であると，まだ多くのグループが考えていますが，今，経験豊かなリハビリテータや動物看護師，獣医師の交流によって，医学的問題がかなり優先的に取り扱われ始めています．

　すべての油汚染の鳥が必要とする治療を受ける前に，一連の治療実施要項や適当な装置と薬物のセットが決まった場所に整っていなければなりま

表 19-1 油汚染した鳥の治療のために推奨される機械・器具と薬のリスト

機械・器具
総排泄口用体温計
ヘマトクリット遠心機
ヘマトクリット・リーダー
毛細管用シール
保温ランプ

使い捨て器具
点滴セット
静脈カテーテルと翼状針セット 20～27G
スパイナル針 20～26G
皮下注射針 21～27G
注射器 1～20ml
給送用注射器 50ml
尿道カテーテル
紙製長靴用カバー
ヘパリン処理をしていない毛細管
段ボール箱
ガーゼ綿棒
脚のサイズに合わせた番号を降ったプラスチック製脚輪
記録カード
結び紐付き標識
医療用廃棄物袋
刃物捨て
ビニール手袋とエプロン

薬
経口補液　Lectade（Pfizer）
ハルトマン液
アミノ酸とビタミン　Duphalyte（Fort Dodge Animal Health）
ビタミン B_1（チアミン）　Fish Eaters' Tablets（Mazuri Zoo Foods），Aquavits（IZVG）
カオリンとネオマイシン　Kaobiotic® 錠剤（Pharmacia Animal Health）
活性炭とビスマス　Forgastrin（Arnolds Veterinary Products）
塩類錠剤（IZVG）　Slow sodium（Novartis）
水性の目薬　Hypromellose（Millpledge Veterinary）
鉄デキストラン　動物用鉄注射液（Arnolds Veterinary Products）
液体栄養物　Poly-Aid（Vetafarm Europe）
液体栄養物　Ensure（Abbott Laboratories）

せん（表 19-1）．

応急処置の手順

　油あるいは他の汚染物によって影響を受けた鳥を扱うための手順をフローチャートに示すことができます．そのフローチャートは簡単に利用可能であって，鳥の記録カード上に取り入れることさえできます．提案したフローチャート（図 19-1）を個体カードの背面に印刷することができるので，このシステムを通して，すべての鳥はフローチャートに基づいてそれぞれの進行記録を付けることになります．下記の見出しで（　）内に示された文字は，図 19-1 に書いたそれぞれの手順を照会します．

救　　護（B）

　油まみれの鳥の救護は大きい網で行ってください．逃げ道をなくすために，海あるいは水際から傷病鳥に接近することが重要です．

　鳥は，ある種の精油製品あるいは油で汚染されていることでしょう．それらは，有毒性，あるいは少なくとも刺激性をもっていることがあります．したがって，保護用手袋をして，健康規定と安全規則を守ることが重要です．

　すべての海鳥は，カツオドリ（図 19-2）やウのように，深く傷を負わせることができる，鋭い嘴をもっています．海鳥を取り扱うときはいつも，頭をしっかり押さえてください．そうすれば鳥が咬んだり，突っついたり，切り裂く能力をコントロールできます．

　鳥の羽毛の油汚染は以下の傾向があります．
・羽毛の防水性と保温性の崩壊．
・鳥は冷え切っていて，海上にずっと浮いていたり，飛ぶことができないでしょう．
・鳥は自分自身の身体的障害と餌に付着した油の影響のために食べることができなくなってしまっているでしょう．

　これらの理由から，遅れることなく応急手当施設に連れて行かなくてはなりません．低体温症の生理化学はほとんど理解されません．それでも低体温が防げるか，少なくとも早期に捕まえることができるなら，油が引き起こす体内の問題を克服する可能性があるかもしれません．

第19章 海　鳥

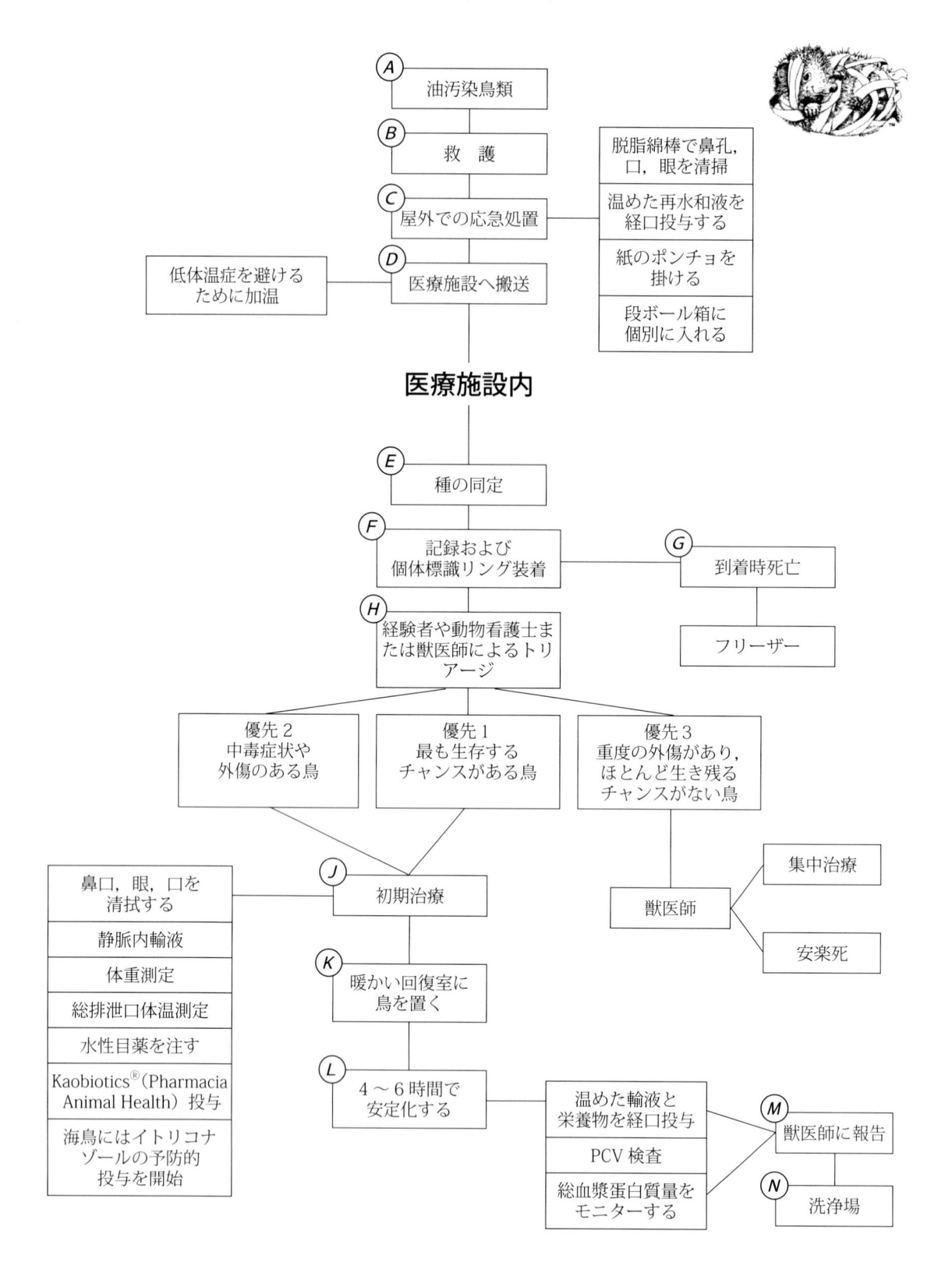

- Ⓐ 油汚染鳥類
- Ⓑ 救護
- Ⓒ 屋外での応急処置
  - 脱脂綿棒で鼻孔，口，眼を清掃
  - 温めた再水和液を経口投与する
  - 紙のポンチョを掛ける
  - 段ボール箱に個別に入れる
- Ⓓ 医療施設へ搬送
  - 低体温症を避けるために加温

医療施設内

- Ⓔ 種の同定
- Ⓕ 記録および個体標識リング装着
- Ⓖ 到着時死亡 → フリーザー
- Ⓗ 経験者や動物看護士または獣医師によるトリアージ
  - 優先2　中毒症状や外傷のある鳥
  - 優先1　最も生存するチャンスがある鳥
  - 優先3　重度の外傷があり，ほとんど生き残るチャンスがない鳥 → 獣医師 → 集中治療／安楽死
- Ⓙ 初期治療
  - 鼻口，眼，口を清拭する
  - 静脈内輸液
  - 体重測定
  - 総排泄口体温測定
  - 水性目薬を注す
  - Kaobiotics®（Pharmacia Animal Health）投与
  - 海鳥にはイトリコナゾールの予防的投与を開始
- Ⓚ 暖かい回復室に鳥を置く
- Ⓛ 4～6時間で安定化する
  - 温めた輸液と栄養物を経口投与
  - PCV検査
  - 総血漿蛋白質量をモニターする
- Ⓜ 獣医師に報告
- Ⓝ 洗浄場

図19-1　油や他の汚染物質にまみれた鳥に対応するための応急処置のフローチャート．

図 19-2 ウと同じように，カツオドリも危害を加えることのできる危険な嘴をもっています．

フィールドでの応急手当（C）

まだ水辺にいる間に，フィールドでの応急手当が鳥を安定させる最初の対応です．油まみれという体外のダメージ以外には，体内のダメージははるかに生命に関わってきますので，鳥に回復のあらゆるチャンスも与えるように，体内のダメージをできるだけ早く元に戻すか，あるいは最小限にすることが必要です．

羽毛に油が付いた鳥は羽の再構築，防水性と保温性を再構成するために，無駄な努力にはなるでしょうが，羽繕いするでしょう．この行為は，上述のためにはうまくいくかもしれませんが，鳥が油や揮発成分を摂取することになります．鳥への影響は悲惨であり，以下のようなことを含みます．

- 重度の消化吸収能の喪失を伴う胃腸の出血と潰瘍形成．
- 眼への刺激と潰瘍形成．
- 気管の損傷とさらに油の誤嚥は一般的ではありません．
- 腎臓損傷は激しくて，致命的なことがあります．
- 影響を受けた鳥は，真菌や細菌感染を起こしやすくなる免疫能が低下します．
- 赤血球の破壊は衰弱性の貧血を引き起こします．

これらすべての過程は治療施設で取り扱われなければならないでしょうが，水辺においての応急手当の治療を始めると，さらに徹底的な診断や治療を受けさせるまで，すべての鳥が生存する助けとなるでしょう．

応急手当によって搬送され，生存している鳥には次のような単純な処置を行いましょう．

(1) 鳥の口，鼻孔や眼をガーゼ綿棒で清拭します．
(2) 水様の目薬の Hypromellose（Millpledge Veterinary）数滴が眼を潤す助けになります．
(3) 温めた輸液（Lectade, Pfizer）を推定体重の10％の割合で経口投与します．
(4) 経口ビスマスと活性炭溶液（Forgastrin, Arnolds Veterinary Products）を 5ml/kg で投与してください．あるいは，活性炭水溶液で構成された新商品 Liqui-char-Vet はビスマスが入っていないので，ビスマス製剤ペプト-ビスモール（Procter & Gamble）を補充しましょう．(3)と(4)を1つの注射器に混合することができます．
(5) 鳥が羽繕いを通じて，もっと多くの油を摂取するのを妨げるために，鳥を使い捨ての紙製の外科手術室用靴カバーで作ったポンチョで体を覆いましょう．厚地のものであれば，高体温になるかもしれません．
(6) それから，鳥を大きな治療施設へ輸送するために，個別にボール箱に入れます．もし気温が低ければ，タオルで包んだ湯たんぽが体が冷えきった鳥が低体温症を起こすのを防げるでしょう．湯たんぽは，湯を入れたレモネードのプラスチック製空き容器で即席に作ることができます．

大きな医療施設への輸送（D）

鳥に応急手当をした後，可能な限り速く大きな医療施設に連れて行きましょう．鳥が安定して，取扱いに適していると断言できるまで，すべての洗浄を延ばすことになるので，この大きな施設が必ずしも洗浄施設であるとは限りません．

多くの油まみれの鳥は，水辺から集中治療施設への輸送の間に低体温症で死にます．うまくいけ

ば，その鳥が受ける応急処置が搬送のための体力を供給するでしょう．しかし，その場合でも，車内が冷えているなら，車の暖房以外の加温をしなければ，途中で死んでしまって集中治療を受けられる鳥は少なくなるでしょう

搬送が1時間以上なら，湯たんぽを補充し，60分毎に鳥をチェックしてください．

種の同定（E）

医療施設で鳥は速く収容されるべきです．たとえ特徴ある羽が油でひどく覆い隠されていても，知識のある人によって種を同定しなければなりません．通常見られる海鳥の種には次のものがあります．カモメ類（*Larus* sp.），海ガモ，ウミガラス（*Uria* sp.），オオハシウミガラス（*Alca torda*），ツノメドリ（*Fratercula arctica*），ヒメウミスズメ（*Alle alle*），カツオドリ（*Sula bassana*），シャギー（*Phalacrocorax aristotelis*），ウ（*P. carbo*）ヒメウミツバメ（*Hydrobates pelagicus*）．

記録カードと認識用脚輪（F）

それぞれの鳥に，プラスチック脚輪の連続番号と一致する入院コード番号を与えてください．それぞれの鳥のための記録カード（図19-3）は，到着の日付と時間，種，リングの連続数字とそのリングが着けられた方の足を記録に記してください．記録カードは，死亡やリリースまで鳥と一緒にして置きましょう．

到着時の死亡（G）

到着時に死亡と宣言された鳥にも，記録カードの記入と連続番号を振った紐付き標識を着けてください．それらは未来の資料や検死のために冷凍庫に保存することになるでしょう．

しばしば，多数の死体や傷病鳥が存在する油流出の場所で緊急に行った死後剖検の結果は，汚染物がどんな生理学的影響を与えるかを示すかもしれません．

トリアージ（H）

トリアージは経験者によってなされるべきで，鳥の状態を大まかに査定します．1羽ずつ，あるいは1羽以上の鳥の集団を先ず優先順位1，2，3という範ちゅうに分けることができます．

- 優先順位1 ── 最も生き残るチャンスをもっている鳥．初期治療のためにそのままに引き渡すことができます．
- 優先順位2 ── 中毒やさらに外傷の症状をもっている鳥．治療や安定させるのにもう少し時間を要するものの，標準的な初期の治療に反応するに違いありません．
- 優先順位3 ── 生き残りのチャンスがほとんどない鳥．瀕死状態にあり，重度の外傷をもっていることがあります．獣医師や上級指導員のもとでの集中治療の候補者になります．外傷治療チームはほとんど絶望的なこれらのケースのためにスタンバイ状態で待機していてください．このカテゴリーの鳥は，手遅れのこともあるので，獣医師の指導の元で人道的に殺すことができます．

初期治療（J）

トリアージを通過したらすぐ，優先順位1と優先順位2の鳥は標準的治療を受けさせます．

(1) 初めに鳥の鼻孔や口や眼をチェックして，ガーゼ綿棒で再びきれいにします．眼が潤った状態を保つために，温かい滅菌生食で両眼を洗った後に，水性の目薬（Hypromellose, Millpledge Veterinary）を注しましょう．
(2) 鳥の体重を量ります．
(3) すべての鳥には，Duphalyte（Fort Dodge Animal Health）を10%加えたハルトマン液を静脈内か，骨髄内に，体重の3%の量を1回輸液しましょう．特に，ウは脱水症の可能性が高いので，他の種の2倍の輸液量を与えてください．
(4) 総排泄口の体温を記録します．正常体温は39〜41℃です．

St. Tiggywinklesの油汚染した鳥の記録カード						
日付：	時間：		生/死	通し通し番号		
種：	救護者：			救護場所：		
トリアージ：				優先順位1	優先順位2	優先順位3
医療記録：				応急処置をしましたか？　はい/いいえ		
初期検査　　　時間				検査者		
油汚染の程度：　無/軽度/中等度/重度				呼吸：　浅呼吸/努力呼吸/正常		
神経症状				粘膜		
他の外傷							
処置				点滴：　はい/いいえ	投与量	

日付	時間	薬	体重	体温	PCV	TPP
来院						XXX

獣医師	処置法：　洗浄/治療継続/安楽死		
サイン		日付：	時間：

図19-3　油まみれの鳥に適した記録用紙．

(5) Kaobiotic®(Pharmacia Animal Health)を体重4kgに1錠の割合での投与を，糞中に血液あるいは油の痕跡がなくなるまで，毎日続けましょう．

(6) 油まみれの海鳥はアスペルギルス症にもっと罹りやすくなるでしょう．他の鳥と一緒で，毎日の治療はイトラコナゾール(Sporanox®, Janssen Animal Health)（第9章を参照）あるいはItrafungol®(Janssen Animal Health)を予防として毎日10mg/kgを2回，計20

mg/kgを投与してください．

回　　復（K）

それから鳥を，頭上に加温ランプを備えた回復室に入れます．鳥が望むなら，熱源から体を離すことができなければなりません（カラー写真32）．

2次治療と評価（L）

回復後4〜6時間：
- 温めた経口輸液（Lectade, Pfizer）や液体栄養（Poly-Aid, Vetafarm Europe or Ensure, Abbott Laboratories）を与えてください．
- 血球容積（PCV）と血漿蛋白質量（TPP）を測定するために，採血してください．

貧血であるかどうか評価する場合にPCV値は有用です．初めに，鳥が脱水状態なら，PCV値の上昇を示すので，貧血を見誤ります．鳥が再水和されると，PCV値が10％以下に低下することもしばしばです．そのPCV値によって以下の処置を行います．

- PCV25％以下の鳥は，PCV値が正常に復するまで，洗浄しません．
- PCV16％以下の鳥は，手に入るなら全血輸血（USA）か血漿輸血が有効でしょう．
- 貧血の症状を示している鳥すべてに，5〜7日毎に10mg/kgのデキストラン鉄の筋肉内注射をしてください．

鳥のTPP値は正常で30〜50g/lですから，もし血漿固形分値が20g/l以下にあるなら，同様に鳥を洗うべきではありません．

体重，体温，PCV値とTPP値はそのときからずっと毎日モニターします．

獣医師（M）

次に，評価と次のコースの治療に関する指示をもらうために得られた情報を獣医師に渡します．

洗　　浄（N）

評価の後，清浄化のために洗浄施設に渡すことになります．鳥は警戒心が強く，敏感で，安定していなければなりません．どんな疑いでもあれば，獣医師に知らせられなくてはなりません．

羽毛の構造

羽の防水性と保温性は羽毛の構造によって保たれています．羽枝は小羽枝と呼ばれる小さい鈎状構造物で保たれています．羽枝は羽軸に沿って並んでいます．羽毛がお互いに重なると，全構造は水を締め出し，体熱を逃がさない層を作ります．鳥は口を開くか，咽喉を震わせて熱を逃がさなければなりません．

防水性を失ってしまった鳥は羽毛の油成分を失っている訳ではないことから，よく言われるような防水に関わる天然オイルというものはないのです．鳥の尾腺オイルは単なるコンディショナー，そのものです．

羽毛に対する原油や製油製品の影響は羽枝や小羽枝の構造を破壊することであり，水や寒さが羽毛の表面から浸透するのを許してしまいます．そのような理由から，油の影響を受けたたくさんの鳥は防水性がなくなり，泳ぐことができず，しばしば低体温になります．

洗　　浄

必要な装置：
- 42℃の温水シャワー
- Fairy食器用洗剤（日本名JOY：Procter & Gamble）あるいは生協のGreen食器用洗剤

Fairy洗剤液（Procter & Gamble）は油汚染の鳥の洗浄に使うために試験済みの製品です．生協製Green洗剤も同じぐらい役立ちます．他の製品はあまり使い物にならないでしょう．大きな油流出事故の間に必ず，油にまみれた鳥で試してみたいと，「驚異の製品」を持って，たくさんの人がやって来るでしょう．それらが，洗浄に使えるとは決して思えないので，それらを試してみることは，有益な時間を失うことになるかもしれません．

洗浄の理論

油汚染の鳥を洗う目的は，Fairyで油や石油製品を羽毛から取り除くことです．しかし，洗剤も

油と同じぐらい羽毛に有害です．したがって，油が除去されたら，洗剤も残さず，きれいな，熱い湯で洗い流されなければなりません．そのとき初めて，羽毛の構築が再び元に戻るでしょう．

洗浄方法

油汚染の鳥を洗う準備として，1羽毎に2％のFairy洗剤液を入れた湯（42℃）の入った洗いタブを2つ準備してください．それにもう1つ，隣に42℃の湯だけ入ったタブを準備します．これらの3つの洗いタブの後に，さらに42℃のきれいな湯の出るスプレーノズルを備えた洗浄装置が必要です．

ウミバトやカモの大きさの鳥を洗うのに2人が必要でしょう．カツオドリやハクチョウのようなより大きい鳥の場合には3人目を補充した方が良いでしょう（図19-4）．その方法は以下の通りです．

(1) 最初の湯の入ったタブに鳥を入れてください．体全体を保定して，鳥の頭部を10秒間水面下に潜らせます．そのとき，1人が鳥を保定し，もう1人が，羽毛の方向に擦込みながら，鳥の上から温水を注ぎます．

(2) 頭は洗剤をつけた歯ブラシできれいにしても良いでしょう．

(3) 水が全体的に汚れたら，鳥を2番めのタブの中へ入れましょう．そして，同じことを繰り返します．

(4) 最終的に，最初の濯ぎのために鳥は3番目のタブの中で湯を潜らせて，取り出し，保定したままで，鳥の各部分の羽毛の下を42℃の湯をノズルからスプレーします．洗剤をゆっくりと濯ぎ落とすと羽毛は元の性質を取り戻し始めるので，濯ぎの工程は大切な部分です．暫くすると，羽毛は乾燥気味になり，水は玉状になって，転がり落ちるでしょう（図19-5）．鳥の全体が乾燥するまで，濯ぎを続けなければなりません．これには若干の時間を使うことになりますが，不可欠です．なぜなら，羽に残った洗剤は羽毛の中やその根元に水が入るのを許してしまうので，鳥には弱点になるでしょう．

もし鳥がストレスを感じているなら，タオルで速く乾かし，囲いに戻すべきです．鳥をさらにきれいにすることは次の日にしましょう．

乾燥の間

次に，頭上のランプの下で身繕いすることができる部屋に鳥を入れても構いません．飲水できるようにし，もし鳥が望むなら，熱源から離れるこ

図19-4 油まみれのウミガラスの洗浄．

図 19-5 羽毛の洗剤を濯ぐと，水をはじくので，羽毛の上で水玉になるでしょう．

とができなければなりません．

水鳥は趾瘤症になりやすいので，発砲ゴムあるいは子牛用床敷マットのような柔らかい床材が有益でしょう．

そのとき，多くの鳥は餌を食べるでしょうから，適切な餌，たいてい魚を与えることができます．

米国野生生物局は，経験豊かな米国の油汚染の鳥のリハビリテータとの連携で，包括的な「油流出事故対応の間の渡り鳥保護のための最上実務マニュアル」を作りました（2003 年 11 月）．この 82 ページの書類を米国野生生物局の Web サイト www.fws.gov/contaminants/OtherDocuments/best_practices.pdf からダウンロードすることができます．

エルフ・アキテイン製鳥洗浄装置

油の犠牲者をきれいにするのに 1 人が数時間かける仕事量と鳥に対するストレスを軽減するために，エルフ・アキテイン社は不必要な取扱いなしに，油まみれの鳥の洗浄ができる機械を設計しました（図 19-6）．

このシステムはウミスズメ科（ウミスズメ類）を完全にきれいにするよう設計されています．鳥は翼を広げ，立ったままのポジションでケージにいれます．鳥の頭部は洗浄区外に保たれます．それから，ケージを洗浄・濯ぎ槽に置きます．その槽は洗浄液と濯ぎ液が入るところで，特定の大きさの鳥に適するように設計されています．洗浄は回転する軸に固定されたノズルから噴射する液によってなされます．そのノズルからは加圧された液体が吹き出します．この役割は油まみれの鳥を手洗いするのととても似ていますが，ほんの僅かな時間，たった 10 分しか要しません．そして，取扱いに 2 人以上を必要としません．

著者は作動しているこの機械を見たことがありませんが，手洗いよりもストレスが少ないと考えられますし，リハビリテータ達は最後の濯ぎによって鳥から完全に油と洗剤を落とすことを知っています（J. De Boer 私信）．

養　　　生

給　　餌

遭遇する海鳥の大部分が魚食なので，飼育下では魚を餌にして飼育維持することができますが，同時に Fish Eaters' Tablets（Mazuri Zoo Foods）または Aquavits（IZVG）の添加剤も与えます．Stoskopf & Kennedy-Stoskopf（1986）は，影響を受けやすい種では塩腺の萎縮を防ぐために塩を与えることを推奨しています（後述の「塩類」の項を参照）．

初めは，すべての鳥が強制給餌を必要とするでしょうが，冷たい水を張ったボウルから，あるいは遊泳区から直接魚を捕ることを学ぶでしょう（図 19-7）．全般的に，丸のままの魚を

第19章 海　鳥

図 19-6　Elf Aquitaine によって設計された鳥の洗浄機.（写真提供：Elf Aquitaine）

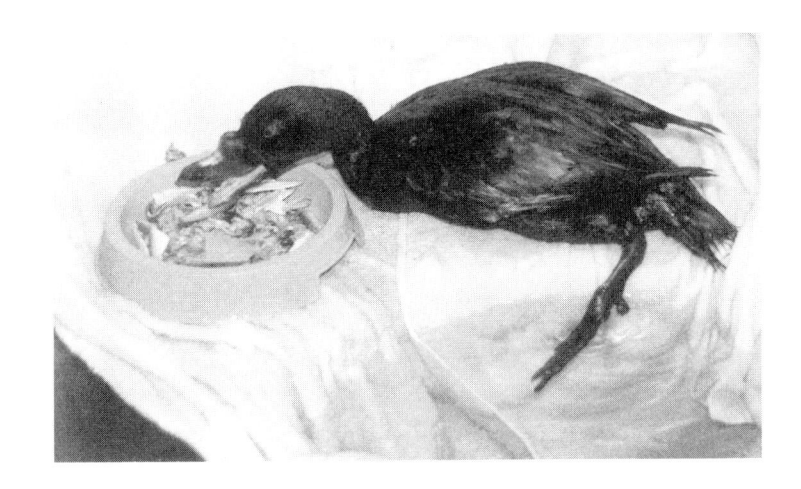

図 19-7　クロガモ（*Melanitta nigra*）はボウルから魚やエビやムラサキ貝を取るでしょう.

うまく消化することができる鳥の体温は38℃でしょう．一般的な法則として，海鳥の前胃部は50ml/kgで丸のままの魚を受け入れる能力があります（Stoskopf & Kennedy-Stoskopf, 1986）．丸のままの魚は強制給餌に最適です．

洗浄と同じように，強制給餌も2人仕事です．すなわち，1人が鳥を保定して，もう1人が嘴の上下一方を引っ張って開けます．それから，冷たい魚を頭から鳥の喉の中に押し込み，嘴を閉じたままにします．鳥が飲み込んでいるのに注意してください．The Fish Eaters' Tablets（Mazuri Zoo Foods）や Aquavits（IZVG），あるいは他の薬物を魚のえらに隠して投与することができます．

たいていの海鳥に適切で，容易に魚屋から入手可能な魚は，スプラット，イカナゴ，ニシン，イワシです．しかし，丸ごとのあらゆる小魚も適切です．

遊　　泳

次の段階は鳥を泳がせることです．鳥に羽繕いさせることによって，きわめて重要な羽毛の構築を再び整えさせます．

屋内遊泳

最初の遊泳には屋内プールが最も適しています．プールの一方の飛び込み台の頭上に，熱源ランプをぶら下げましょう．そうすれば，寒さを感じた鳥がそこに立って，羽を整えることができます．

側板のフレームにブチルゴム製の池の内張を張れば，どんな大きさの単純なプールだろうと，30mm厚の合板で作ることができます．最初から，水の中でそれほど長い時間を過ごすことを望まないでしょうから，上陸用の壇の一端に段を設けましょう（図19-8）．

屋外遊泳

鳥が屋内プールで快適そうに見えたら，同じ方針で屋外のプールに移すことができます．頭上のランプはもう必要ではありません．

その鳥は泳ぐでしょうが，羽繕いのため定期的に水から出るでしょう．鳥がずぶ濡れになるか，冷たくなる場合に備えて，この段階で厳重な監視を続けることが重要です．これらはさらに数日の間，屋内プールに戻しましょう．

最終的に，鳥はずぶ濡れになる様子なしで，少なくとも30分間泳ぐことができなければなりません．

塩　　類

飼育下の海鳥を，一般には真水のプールで飼うことになります．これらの鳥は塩腺をもっていますが，分泌する塩がないと塩腺が萎縮してしまいます．塩腺を完全に維持するために，これらの鳥

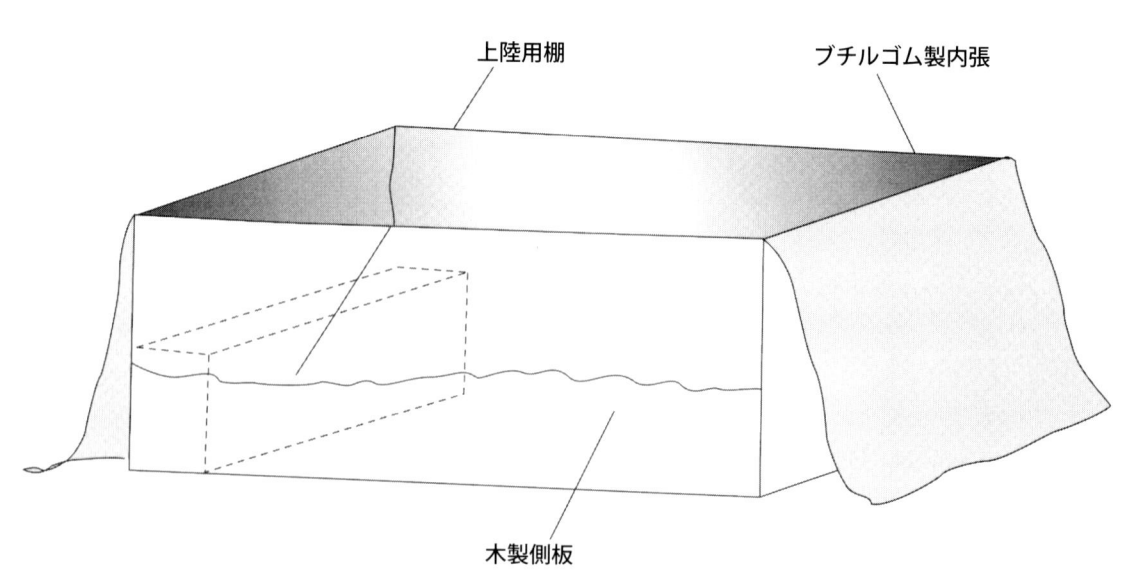

図 19-8　単純なプールのデザイン画．

は海棲動物のために特別に処方した塩錠剤の投薬を受け取るべきです．他の鳥では塩の添加が有毒なので，塩腺をもった鳥だけに塩の添加を与えましょう（塩タブレット IZVG）．以下は塩腺をもつ鳥のリストです．

- ウミガラス
- アホウドリ
- ウ
- カツオドリ
- 数種のカモメ
- ペリカン
- ペンギン
- ミズナギドリ目の海鳥
- 数種のヒレアシシギ
- ミズナギドリ
- ウミツバメ

リリース

　清浄化した鳥のリリースについて色々なことが批判されてきました．著者の意見は，それらの鳥があまりにも早くリリースされているのではないか，ということです．油摂取によって鳥の内部臓器に負わされた重度の損傷から判断すれば，血液検査によってリリースできる鳥を獣医師が確認できるまで飼育してください．6週もの長い間海鳥を飼育し続けるのは非常に難しいし，アビ類では不可能です．しかし，モニターされ，快適なことが長くなればなるほど，野生での生存のチャンスは大きくなります．

　一方では，飼育下で，これらの鳥の足は悪化するようになります．清潔な水と新鮮な芝生の地面にアクセスできるようにすることが，これらの鳥の足の良い状態を維持するチャンスを与えるでしょう．足に塗るクリームはすべて，水性か水溶性でなければなりません．そうでないと，羽毛が再び油で汚染されてしまうことになります．

　獣医師が，最終的に鳥はリリースに耐えられると宣言したら，鳥を適当な海岸地区に連れて行って，水の方へ歩かせてください．崖から放り投げたり，ボートから鳥を投げないでください．

　南デボン海鳥トラストは，彼らのリリースした海鳥，特にウミバトで，油まみれのほとんどの海鳥の自然復帰の良い成果をあげ続けています．たとえ長い時間飼育するとしても，どの鳥も回復するチャンスを与えられ，完璧にリリースに適するまで，リリースすべきではないという点で，彼らの考え方は肯定できます（Bradford, 2001）．

パートⅡ：その他の出来事

巻き込まれた海鳥

　外傷を負ったり，骨折に耐えているカモメ（*Larus* spp.）は別として，唯一の海鳥が関係している，油流出事故以外の通常の出来事は衝突事故です．

　ユリカモメはよく翼を骨折し，悲惨な結果になります．翼を骨折しても，カモメはあきれるほどぼろぼろになるまで翼を使い続けます（カラー写真51）．治療の遅れが，回復できたものをできなくするかもしれないので，来院時に骨折の処置をすることが不可欠です．

　衝突事故は秋の間か，特に嵐の強風がある時起こる傾向があります．衝突事故は内陸奥地には通常見られないはずの漂泳性の鳥に多いように思われますが，この衝突事故は英国のあらゆるところで起き得ます．衝突した鳥は不時着したように，再び飛び立つことができません（カラー写真52）．

　もしこれらすべての鳥が衝突したのではないなら，経験から，大部分が，羽の防水を失い，はなはだしく重量不足であることを示しています．

　漂泳性の鳥も同様に，アスペルギルス症の最有力候補なので，毎日2度，20mg/kg のイトラコナゾール（Itrafungol®, Janssen animal health）の予防投与をしましょう．

　来院時，損傷を受けた漂泳性の鳥に対し，決まった処置の手順は以下の通りです：

- 鳥の体重を測定し，その種の平均体重と比較する

表 19-2 油汚染事故の際，決まって浜に打上げられる漂泳性の海鳥の体重ガイド（Perrins，1987）

鳥　名	体　重
アビ（*Gavia stellata*）	1500 g（f）〜 1750 g（m）
オオハム（*Gavia arctica*）	2500 g（f）〜 3500 g（m）
ハシグロオオハム（*Gavia immer*）	3800 g
フルマカモメ（*Fulmarus glacialis*）	700 〜 900 g
マンクスミズナギドリ（*Puffinus puffinus*）	350 〜 450 g
カツオドリ（*Sula bassana*）	2800 〜 3200 g
ヨーロッパヒメウ（*Phalacrocorax aristotelis*）	1750 〜 2250 g
ウミガラス（*Uria aalge*）	850 〜 1130 g
オオハシウミガラス（*Alca torda*）	500 〜 750 g
ハジロウミバト（*Cepphus grille*）	340 〜 490 g
ヒメウミスズメ（*Alle alle*）	130 〜 190 g
ツノメドリ（*Fratercula arctica*）	320 〜 550 g

・輸液療法を施す
・イトラコナゾールを投与

次に，以下の処置計画に変えましょう．

・もし体重増加のために必要なら，毎日の強制給餌
・イトラコナゾールを日に2回投与
・塩類錠（IZVG）
・魚食鳥の栄養錠（Mazuri Zoo Foods）あるいはAquavits（IZVG）
・羽を使い続けるための定期的な水泳
　鳥が防水で，健常の野鳥の体重に近いなら（表19-2），適当な海岸線にリリースしましょう．

20
親からはぐれた鳥を人の手で飼養する

　親からはぐれた野生の雛を手で育てようとする直前でさえ，それが本当に親からはぐれ，手助けを必要としているのか，ということを確定することがとても重要です．多くの雛は飛ぶことができるより以前に，自分から巣を去ります．親鳥は雛達を人目の付かない場所に分散させ，そこで餌を与え続けます．このことは，補食動物によって捕われる雛の危険を拡散させるという，自然に備わった方法です．巣の中で群れになっていると，雛を見つけた肉食の鳥や哺乳動物の格好の餌食になるでしょう．

　この分散策は何百万年も有効だったのだから，この状況のすべての雛は親鳥が育てるようにそのまま放置した方が良いでしょう．しかし，このやり方は自動車や猫や人による危険を考慮していません．しばしば，巣立ちしたばかりの雛は巣の外の方が危険な状態になることがあります．その場合こそが，雛に介入し，人の手で飼養するという責務を引き受ける賢明なときなのです．

　したがって，発現した雛に介入することもありますし，放置することもあります．距離をおいて親からはぐれた鳥を観察すると，親鳥が雛に餌を与えるために戻ってくるのが観察されるでしょう．特に，カラスやミヤマガラス，カモメの雛は親鳥から給餌されながら，地上や海辺でたくさんの時間を過ごします．このことは完全に自然の行動であり，以下の場合を除いて，雛を放置してください．

・補食動物からの差し迫った危険がある場合
・近くに道路やプールのような危険な環境がある場合
・観察およそ1時間の後に親が戻らない場合
・雛が外傷を負った場合
・親が確実に殺されたか，身体的障害を負った場合
・モリフクロウ，サギ類，アマツバメ類のように，早々と巣を去って，雛を置去りにすることが知られている種があります

　もしこれらの状況の1つが生じた場合にだけ，雛に介入するのが適切な場合で，人の手で飼養するために拾い上げてください．

博物学

　晩成性と早成性の2つのタイプの雛がいます．より一般的には晩成型で，鳥は眼が閉じた状態で，わずかの羽かまたは羽がない状態で孵化し，親に保温や餌を依存しており，救護の際，保温や給餌を必要とします．もう1つのタイプの雛，早成雛はダウン羽毛を纏って孵化しますので，すぐにでも巣から出て，親に従う能力を備えています．アヒルやキジの雛のように，ある種では自分で採餌することができますが，一方ではバンやヤマウズラのような雛は，ある程度の採餌する手助けか，親からの食物の補充を必要とします．上で述べたように，自立した早成雛は必ずしも親からはぐれているとは限りません．距離をおいて観察すると，親が雛を抱こうと戻ってくるのが見られることでしょう．

　しかし，いつものように，「放っておく」というルールにはいくつかの例外があります．私た

ちが早成雛に介入した方が良いのは以下の場合です．

- 補食動物や環境からの差し迫った危険がある場合
- 明らかな外傷がある場合
- 仲間から除け者にされている場合

　カモやキジのような1腹の鳥にみられることですが，多数の早成雛が孵化すると，母鳥は雛を巣から他の場所に連れて行こうとすることがあります．よく一緒についていけなくて，取り残される「ちび」の雛がいるようです．この状態は，鶏の病理学者の間で知られている，人工飼養された水禽の群れの中で起きる「ヒネ鳥」に酷似しています（Routh & Sanderson, 2000）．この落伍者が，しばしば救護センターに連れて来られる親からはぐれた雛なのです．しかし，母親によって置き去りにされることは偶然ではなかったのかもしれません．というのも，これらの落伍者はどのように餌を捕ったらいいのか，あるいはどう行動していいのかが分からないのではないかと，時々思うのです．おそらく，我々には分からない遺伝子の問題がありそうです．著者は親からはぐれた雛を生かしておくのが非常に難しいことを知っています．

　どんな「ヒネ鳥」の雛も餌をとるようになる3つの刺激があります（Routh & Sanderson, 2000）．

(1) 草のような黄色と緑色の餌を，与える餌に混ぜること．
(2) もし他の兄弟が特に食べているなら，他の兄弟と一緒にすること．
(3) 高い所の穴に営巣する鳥のための身体的刺激．その刺激とは空中に放り上げ，地面に落下させられる刺激です（Kear, 1986）．

　何が起きたとしても，親からはぐれた野鳥を人の手で育てることを引き受けると困難があり，時には心痛む仕事に長期間関わりをもつことであるということを覚えていなくてはなりません．親鳥はあなたよりずっと良い仕事をしますので，雛を親鳥に任せてください．もし他にどのような方法もないなら，親からはぐれた雛を飼育してください．

装　　置

　親からはぐれた野鳥を引き受けるとき，連れてこられる可能性のある種にうまく合った消耗品や装置を準備していることが不可欠です（表20-1，付録6）．あなたが1羽の雛を引き取ったことが知れ渡ると，本当に，もっと，もっと多くの雛があなたの元に連れて来られるようになることでしょう．

収　容　法

　様々な種には，異なったタイプのケージが必要です．ただし，すべてのケージの天井に発光しないセラミックタイプの加温ランプを付けてください．例外は幼若なシラコバトで，紫外線ランプを装着しなければなりません（Powersun，第12章を参照）．鳥に上から餌を食べさせられるように，ケージは天井開放型にしてください．熱源はケージ全体ではなく，一側に向けてください．そして，雛が加温を避けたいと思うなら，熱源から遠くに移動できるようにすべきです（図20-1）．

　ペットショップに置いてある他の動物のためのケージが鳥の哺育に適しています．商品名Zoozone 1や2はHagen社の製品です（Rolf C. Hagen）．そのケージは，透明のプラスチックの側面とグリル網の天井で囲われています．PetPlanet社製のフェレットケージ（小型）は完全な金属製で，少し大きくなった鳥に適しています（図20-2）．

　床の上やケージには川瀬で洗われた，粗い川砂を使ってください．これは建築業者から簡単に入手可能で，定期的に取り変えることができます．

営巣中の晩成性の鳥

　古い巣は多くの寄生生物がはびこっている可能性が高いので，決して使うべきではありません．ペーパータオルを内側に張った小さいプラスチック製餌入れやプリンのカップが理想的な巣になり

表20-1 親からはぐれた鳥を人の手で飼養するのに必要な装置や消耗品

器　具	消耗品
電子天秤または糖尿病用天秤（1gの目盛り）	ペットショップで手に入るTropican Rearing Mix（Rolf C. Hagen）
蓋付きの浅いプラスチック製食品用ボウル（Ashwood Timber & Plastics）	Pedigree Chum 子犬用フード（Pedigree Masterfoods）
乳首カテーテル（Jorgensen Laboratories）	Prosecto 乾燥昆虫（Haith）
1〜20mlの殺菌していない注射器	Avipro Paediatric（Vetark Animal Health）
コーヒー撹拌棒（プラスチック）	ブドウムシ（Mealworm Company）
胃カテーテルを作るための使用済みで，洗浄済みの輸液セット	Pancrex-Vet（Pharmacia Animal Health）
様々な混合用ジョッキ	ひよこ用餌
フードプロセッサー	キッチンペーパータオル
冷凍/冷蔵庫	
プラスチック鉗子	
羽　箒	
セラミック製加温ランプ	
プラスチック製プリンボウル（巣として）	
正確な目覚まし時計	
プラスチック製番号入り足環（鳥をリリースする前に外さなければなりません）	

図20-1　St. Tiggywinklesの親からはぐれた鳥の哺育室における加温ランプ下のいろいろな種類のケージ．

ます．天井が開くケージならば，羽毛の生え揃っていない鳥にとって，加温ランプの効果的が最大限に生かせる位置に巣を置くことができます（図20-3）．

晩成性の鳥は発育し始めるとしばしば巣の外に出るようになります．砂の床は雛に害になることはありません．床のすぐ上に設置した数本の小枝の止まり木は，雛が止まったり，ねぐらにしたり

図 20-2　Rolf C. Hagen 社の Zoo Zone やフェレットケージは親からはぐれた多種の鳥に便利です．

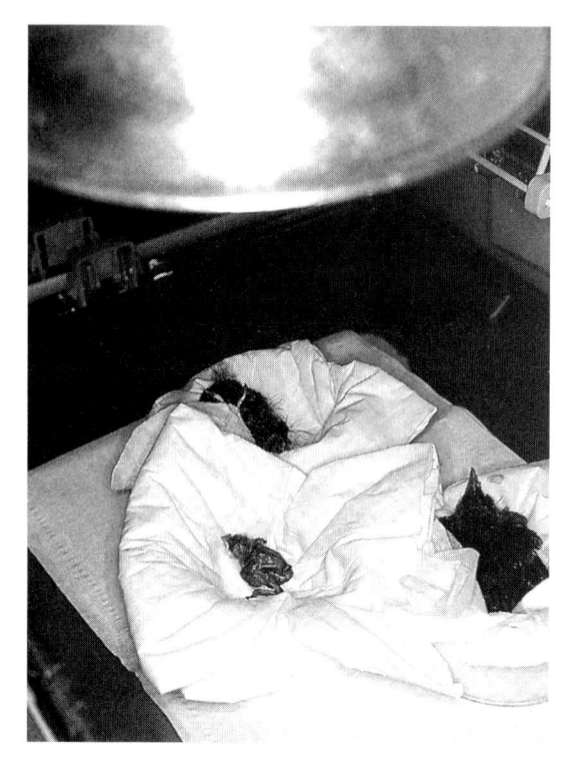

図 20-3　早成種のための皿巣は保温ランプの下に置く必要があります．

する場所を与えることになります．

　雛の羽毛のほとんどが生え揃い，保温の必要がなくなったら，網天井のケージに移すことができます．止まり木を選択することで，雛の足と翼の両方に運動になるでしょう．

早成性の鳥

　早成性の鳥は窪んだ皿巣を必要としないでしょう．歩き回って，自分自身で餌を見つけることができるでしょう．砂の上に餌を撒いて，雛に餌をついばませることもできますが，餌用の浅いボウルを使用すれば，雛がどれくらい食べているか分かるでしょう．

　最初，雛がとても小さいときは，ケージの一側を加温ランプで照らせば，雛たちはどこか1カ所に集まるでしょう．早成性の雛を落ち着かせる2つのヒントがあります．

（1）羽根側を上にして立てた羽根箒は，特に小ガモの母の代わりになります（図20-4）．
（2）狩猟鳥の雛や他の陸棲の鳥は，羽根箒の下でチクタク音がしている目覚まし時計目掛けて来るでしょう．

　雛がさらに加温ランプから離れようと，移動するなら，鳥を加温しない網天井のケージの中に移すことができます．羽根箒と目覚まし時計も移してください．

水

　水鳥でも，成鳥の羽毛の中で重要な羽が生えるまで，雛に水浴を許してはいけません．それらの雛にボウルで飲水を与えると，溺死したり，低体

図 20-4　羽根箒がコガモの代理ママとしての役を果たします．

温症を引き起こすことがあります．セキセイインコ用噴水型水飲み器が適していますし，カモやガチョウやハクチョウにはもっと大きい水鳥用噴水が適当です（図 20-5）．

グリット

鳥が自分で食べ始めたら，砂嚢のために様々なサイズのグリットを手に入れなければなりません．小さい鳥（セキセイインコ用グリット）や大型の鳥（ハト用グリット），かなり大きい鳥（鶏用グリット）にそれぞれ適した大きさが入手可能です．これらはペットショップで購入することができるので，広々としたボウルに入れ，必要に応じて，追加することができます．

検疫の準備

もし伝染病が起きると，暖かく湿った環境で雛間での交差感染が容易に起こります．また，同じ給餌用器具を使うと，1羽の鳥からもう1羽に容易に伝染するでしょう．

理想的には，それぞれの鳥に個別ケージ，個別の食物，個別の給餌用器具があることでしょう．しかし，飼養のために連れて来られる雛の数だけ，最適条件を提供することは不可能です．不可能とは言っても，大惨事が襲う場合にその影響を最小にするように検疫期間を設けましょう．そのよう

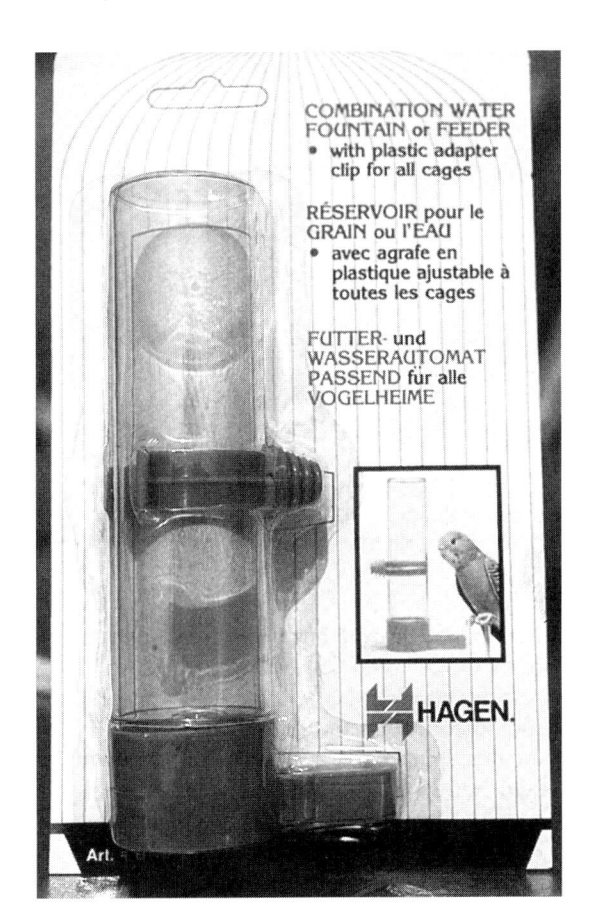

図 20-5　給水器は小鳥が溺れるのを防ぎます（Rolf C. Hagen）．

にすれば，緊急な診断と処置の手はずを整えることができます．

来院したとき，庭の小鳥，カモ類，猛禽類をそれぞれに一緒にするなど，同じような種を1つのグループに分離してください．例えば，ある日に受け取った庭の鳥は1つのケージに，そして，他の日に受け入れた鳥はもう1つのケージにといった具合に，さらに分離することによって，もし伝染病が気づかずに持ち込まれても，親からはぐれた鳥1日分のグループだけに影響を制限できるでしょう．この検疫期間は適宜ですが，1週間以上適用しましょう．

そして雛が離巣し，リリースの前の順応のために屋外ケージに入る準備ができるまで，ずっと同じグループで飼育します．それらの滞在の間に，それぞれのグループだけのための給餌器具と餌で飼養しましょう．このことが，他のグループから広がる伝染病をくい止めます．

来院と応急処置

来院の段階で，雛も成鳥と同じ応急手当を施してください．しかし，静脈内および骨髄腔内の輸液は通常不可能です．その代わりに，他の個体と一緒にする前に経口輸液や皮下輸液を行えば体調が安定するでしょう．

この段階で，鳥を同定し，次のグループのどれかに分類しましょう．

- わずかあるいは全然羽が生えていない孵化したての幼鳥 hatching（私たちはこれをプラスチック plastics と呼んでいます）．
- 眼が開いていて，少し羽が生えている，わずかに日が経った，巣立ちできない雛 nestling．
- 決まった数，ほとんどすべての羽毛が揃っている，巣立ちしたばかりの雛 fledgling（図20-6，図20-7）．
- 早成性の種．

番号の入ったプラスチック足輪を取り付けて，来院カードに記載してください．病気や外傷の可能性がある鳥は隔離し，治療のため強調表示してください．

図20-6 巣立ちしたばかりのエナガはほとんど完全な数の羽毛をもっています．

図20-7 巣立ちしたばかりのロビンはほとんど完全な数の羽毛をもっています．

給　　餌

晩成性の鳥

若い晩成性の鳥は人の手で飼育する中で2段

階を経過します．最初，それらにはいろいろな種に適している調整済み混合飼料を与えます．それらがもっと成熟し，給餌用器具からついばみ始めたらすぐに，もっと適切な成鳥向きの餌を与えることができます．

庭の小鳥

普通に見られる種：シジュウガラ（Parus spp.），スズメ（Passer spp.），アトリ，セキレイ（Motacilla spp.），ヒタキ類（Muscicapa spp.），ホオジロ（Emberiza spp.），キクイタダキ（Regulus regulus），ミソサザイ（Troglodytes troglodytes），ウグイス科の鳥，ツバメ（Hirundo rustica）イワツバメ（Delichon urbica）．

混合飼料

これらの小鳥はペットショップで入手可能なTropican育雛用混合飼料（商標 Tropican Rearing Mix，Rolf C. Hagen）を常食にします．各発育グループには毎日新たに作った個別の混合飼料を与えることになるでしょう．作った餌は給餌と給餌の間には冷蔵してください．

大きめの庭の鳥

普通に見られる種：ツグミ，カラス類，キツツキ類，カッコウ，ゴジュウカラ（Sitta europaea），ムクドリ（Sturnus vulgaris）

混合飼料

「St. Tiggywinkles の鳥用練り餌」は肉，繊維質，プロバイオティクと消化酵素のバランス良く混合したものを与えます．以下のものを混ぜて作ります：

・Pedigree Chum 子犬用ドッグフード1缶（Pedigree Masterfoods）
・ドッグフード1缶分の水
・ドッグフード1缶分の乾燥した昆虫（Prosecto，Haith）
・ひとつまみの Pancrex-Vet（Pharmacia Animal Health）酵素
・ひとつまみの Avipro Paediatric（Vetark Animal Health）プロバイオティク

ソフトクリームの硬さに調整して，蓋付きの浅い皿で凍らせましょう（Jonipax, Ashwood Timber & Plastics）．病原体を殺すために凍りつくまで，この混合飼料は使いません．それから，必要なとき，4℃で解凍させましょう（図30-3参照）．加熱または電子レンジで解凍してはいけません．

前に述べたそれぞれの発育段階のグループの鳥が独自の練り餌を食べることになりますが，24時間経ったものは捨てて，新鮮なものを解凍しましょう．給餌間には練り餌を冷蔵庫に保存しましょう．雛に冷たい餌を給餌することは有害ではありません．一方，温まることで有害な細菌を増殖させることが証明されています．

練り餌用に浅い皿を使用することは，深皿の底でよく繁殖する致死的嫌気性菌の増殖をさせないはずです．同様に，フードプロセッサーは完全に洗われなくてはなりませんし，ボウルは TriGene（MediChem International）のような殺菌剤入り洗剤に浸けなければなりません．

他の育雛用の餌は，米国の材料を使いますが，Orendorff（1997）の文献にあります．

早成性の鳥

例えば小型ミルワームまたは外国産アトリ用混合飼料のような，手頃なサイズの成鳥用餌を与えてください．

給　　餌

刷り込み

雛の給餌法は，それぞれの種毎に変わります．しかし，すべての種が刷り込まれる可能性があります．人の手で育てられている雛との絆を可能な限り緩く形成することが非常に重要です．鳥があなたを自分の親と認識するとき，刷り込みが起こります．その鳥は，実際に，飼い慣らされてしまい，決して本来の種とより良い関係を築かないでしょう．

それゆえ，これらの親からはぐれた雛との接触を最小限に保つことが不可欠であり，それらを保護した後も，給餌するために決して抱き上げては

いけません．特に猛禽類や水禽類でも簡単に飼いならされるので，このことが重要です．刷り込まれた野鳥あるいは飼いならされた野鳥を決してリリースしてはいけません．

晩成性の鳥

これらの鳥は通常巣の中で食べさせます．すぐに頭を上げて，口を大きく開け（開嘴），給餌してもらおうと鳴いて呼びます．

Tropican 育雛用混合飼料は，乳首カニューレを付けた注射器から直接そ嚢内に強制経口投与します（図20-8）．それらが呑み込んでいるのを観察してください．

練り餌を給餌している鳥は，ヘラいっぱいの練り餌をそ嚢や喉の中に押し入れます．プラスチック製コーヒー攪拌棒はツグミの大きさの鳥を給餌するのに理想的です．舌圧子はカラス類の大きさの鳥に給餌するのに適しています．

最初，そ嚢がいっぱいになった時点で，雛は丸くなって，お尻を巣皿の端から外へ向けて，糞嚢を出すでしょう．これはピンセットでつまむことができるくらい密閉された小さい塊のはずです．糞嚢は餌が適合していることの良い指標になります．もし餌が適当ではないなら，糞嚢を形作っていないでしょう．やがて，雛は再び向きを変え，大きく口を開けます．口を開けるのを止めるまで，さらに餌を与えることができます．この給餌中に，そ嚢がもう一度いっぱいになっても，さらに糞嚢を作ることはありません．

小さめの鳥は夜明けから夕闇まで可能な限り頻繁に，少なくとも10分毎に食べさせましょう．カラス類は30分間隔の給餌にうまく対処します．

鳥の眼が開くと，次第に給餌器具を突っつき始めます．そうなったら，もっと適切な成鳥の餌に，人工育雛用の餌を加えて与えることができます．庭鳥が離巣するようになるのに，一般的に2週間かけてください．鳥の顔と嘴は赤ちゃん用かペット用ティシュで清潔に保ってください．顔が汚れると，細菌感染を引き起こすことがあります．

ドバトと野生のハト

これらの鳥は口を開けて餌をねだったりはしませんが，嘴に近づけた短い胃カテーテルに反応するでしょう．もし鳥が胃カテーテルを呑み込むようなら，そ嚢内に滑り込ませ，一定量のTropican 育雛用混合飼料を押し込んでください．自分から胃カテーテルをくわえようとしない鳥は，嘴を開いて，そ嚢内にチューブを滑らせる手助けをしなければなりません．30分毎の給餌で十分でしょう．

猛禽類

これらの鳥には鉗子を用いて，かなりの大きさに切ったひよこやネズミをついばんだり，呑み込むことを教えます．餌は丸飲みされるので，塊から突き出た尖った骨がないようにします．食欲のない鳥は，嘴に餌を触れさせるか，両足を餌で撫でるようにすると，餌を食べることを促すことがあります．鳥は成熟すると，床から丸ごとの食物を拾い上げて，引き裂くでしょう．

早成性の鳥

これらの種は孵化時から自分で食べさせてください．

離　　巣

庭　の　鳥

離巣時，庭の鳥は成鳥の食べる餌の種類から2つのグループに分かれます．

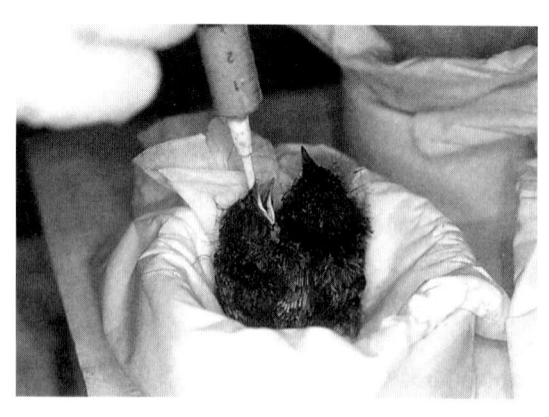

図 20-8　晩成性の鳥は強制的に給餌します．

(1) 種子食種——スズメ，アトリとホオジロには，英国産アトリ用混合飼料，外国産アトリ用混合飼料のいずれか，あるいは，最後の手段として，セキセイインコあるいはカナリアの混合飼料を与えます．庭あるいは，なるべくなら有機的栽培の農場から集めた野草の種も好ましいです．

(2) 昆虫食種——カラの仲間，セキレイ，ヒタキ類とウグイス科の鳥には清潔な白色のウジあるいは小型のミルワームやブドウムシを与えられることができます．

ツバメやイワツバメはこれらのすべてを食べるでしょうが，もし嫌々ながら食べていることが分かれば，中型のコオロギも与えることができます．

ツグミ，キツツキ，カッコウ，ムクドリとゴジュウカラが似たような餌，もっと安い清潔な白いウジを食べるでしょう．

カラス類（カラス，ミヤマガラス，コクマルガラスなど）は缶詰めのドッグフードで成育しますが，時には孵化したばかりでひよこやマウスを与えることもできます．

アマツバメ

アマツバメを人の手で育てることは，困難な挑戦となります（図20-9）．それらは厳格な昆虫食で大食漢ですが，ビタミンとミネラルを添加したTropican人工育雛用混合飼料，練りあるいはそのままのブドウムシを用いて人工育雛できます．

アマツバメがさらに大きく育っても，決して自分自身で餌をついばむことはできないでしょう．当然ながら飛びながら食べます．ブドウムシや練り餌の強制給餌を，リリースするまでずっと継続しましょう．

ドバトと野生のハト

ハト科は成鳥の喉で生産されたミルク様物質を雛に与えます．私たちはこのミルクを作ることができませんが，Tropican育雛用混合飼料を雛のドバトや野生のハトのそ嚢内に強制給餌すれば，離巣させるのに役立ちます．

離巣のとき，シラコバトやキジバトは小粒の種やひよこ用餌を食べますし，ドバトや大きめの野生のハトは専用混合飼料やトウモロコシ混合飼料，ペレット飼料が必要です．種子やトウモロコシを食べるすべての鳥は，消化を助けるために，適当なサイズのグリットをボウル1杯加えることを必要とするでしょう．

猛禽類

猛禽類の雛は，肉，骨，皮毛，羽毛を含む動物の体全体の餌が必要です．親からはぐれた猛禽雛はビタミンとミネラルを添加し，細切れにした初生雛かマウスで上手く育てることができます．大きめの鳥には細切れのウサギや鶏を与えることができます（カラー写真53）．

さらに発育すると，孵化したばかりのひよこやマウスをそのまま食べるでしょう．前と同様に，大きい猛禽にはウサギや鶏を与えることができます．

猛禽に生餌を与えてはいけません（「動物福祉法1911」）．

早成性の鳥

早成の種は砂床に撒いた種やひよこの餌をついばむでしょう．しかし，ヤマウズラのような，あ

図20-9 アマツバメは人の手で育てるのが特に難しいです．

る種の鳥では生餌だけしかついばみ始めないでしょう．ブドウムシとミニサイズのミルワームも同じように砂の上に撒いておきましょう．しかし，離巣時，これらの雛にトウモロコシや狩猟鳥用混合飼料を食べさせることができます．

水　鳥

アヒルの雛，ガチョウの雛とハクチョウの雛

アヒルの雛，ガチョウの雛とハクチョウの雛には給水器のそばにおいたボウルにトウモロコシの混合飼料やひよこの餌を入れて，与えましょう．そうすれば，乾燥した餌を口いっぱいほおばる合間に水をバシャバシャ飲むことができます．手根関節脱臼を引き起こすかもしれない急激な成長をゆっくりとさせるために，飼料はトウモロコシとペレット状の餌との間で餌の比率を変化させるのがベストです．他の鳥のように，グリットを与えてください．成熟すると，これらの鳥はトウモロコシの混合飼料や水禽用混合飼料を食べるでしょう．常時，餌の近くにボウル 1 杯の水が必要でしょう．

カイツブリとアイサ

カイツブリとアイサが冷たい淡水からシラスを食べられるようになるまで，ピンセットで冷えたシラスを与えることができます（カラー写真 54）．ビタミン添加剤を加えることを忘れないでください．これらの鳥は，リリースまでビタミン添加した魚を続けてください．

バンとオオバン

バンとオオバンはブドウムシや清潔な白いウジやミニサイズのミルワームを自分で食べます．そうでなくも，雛はそれを会得するのにわずかな時間しか掛からないので，ピンセットで生餌を与えてください．

ピンセットの先を赤や黄色で染めると，バンの雛が虫をついばむのを刺激するでしょう．

バンとオオバンは成熟すると，トウモロコシ混合飼料や清潔な白ウジ，水草を含めていろいろな食物を食べるでしょう．

海　鳥

バンとオオバンと同じように，たいていの海鳥にはリリースまでビタミン添加したスプラット，イカナゴとニシンのようなより大きい魚を与えてください．スプラットとイカナゴにはビタミン添加剤が必要です．このように，これらの鳥はリリースするまで，ビタミン補給した魚を餌にし続けましょう．

カモメには安いドッグフードや初生雛を与えることができます．

リリース

離巣のとき，これらの若い鳥は，1～2 週間大型のケージ内を飛ばさせたり，プールで泳がせてください．似たような状況にあった成鳥で使ったのと類似の方法で，適切な生息域にリリースすることができます．

卵

この章は主として親からはぐれた野鳥をリリースするために人の手で飼養することを扱いました．親からはぐれた雛を扱う施設を開設していると，常に，リハビリテーションのために，孵化しかかったり，あるいは孵化していない野鳥の卵が運ばれて来るでしょう．

博物学

水鳥－カモ類（第 15 章）を参照．

法　令

野鳥の卵と巣に関して非常に厳格な法律があります．健全な経験則は，近づかないことであり，それらとは関係をもたないことです．けれども，時々関係をもたずにいられないことがあります．野鳥の卵を取り扱うとき，不可欠の措置は，卵の発見者が合法的に卵の所有者になるための申請書類にサインしてもらうことです．そうすれば，リハビリテーションや破棄するため，あなたに卵の世話を譲渡しているということになります．

同様に，卵や巣を取り扱う前に，以下に述べる状況と，どのように卵を取り扱うかについての私のアドバイスを考慮してください．
- 卵のある巣が，一定期間放置されているのを確認します．
  - 現状のままでよしとする――通常，ある理由のために巣が放棄されているのなら，卵は死ななければならないでしょう．
- 定位置から巣が落下し，そのまま卵が入っていることもあります．
  - できる限り本来の巣の位置近くに人工の巣を掛けてください．卵を入れて，親が帰ってくるのを祈ってください．もし親鳥が戻らないなら，卵を死なせましょう．
- 野鳥の卵が営巣場所から離れた地上で発見されます．
  - 卵のタイプを見極めて，次の行動を決めてください．すなわち，もし孵化し始めた場合，人の手で飼養する必要があるホシムクドリやクロウタドリやハトなどのような晩成型の鳥の卵なら，強く振るか，割って孵化を中断してください．もし自分自身で餌を捕ることのできるカモやキジなどのような早成型の卵なら，孵卵器に入れてください．
- 保護された野鳥が抱卵している．
  - もし晩成性の種なら，卵を破壊してください．しかし早成性の種の卵は，是非，孵化させてください．雌鳥と一緒に卵をその場に残さないでください．
- 野鳥の卵に関係をもつことのその他の問題は，地元警察署の野生生物連絡窓口に連絡して一緒に取り扱ってください．

装　　置

　すべての卵の面倒を見，可能なら孵化に至らせるために，自動の孵卵器が不可欠です．孵卵器は飼い鳥の卵用に入手可能で，野鳥の卵にうまく適合させることができます．卵は定期的に返し，セットした温度と湿度に保つ必要があります．自動の孵卵器は必要な設備備品になるでしょう．決して野鳥の卵を鶏あるいはチャボの養母に温めさせてはいけません．孵化した鳥は養母を刷り込んでしまいますので，もはやリリースすることができなくなります．

日常業務

　日常業務の手順を整えておいてください．
- 孵卵器の温度は38℃に維持しておいてください．
- すべての卵は，孵卵器に入れる前に，暖かい水を含んだスポンジで軽く拭いてください．
- 英国の鳥の卵図鑑を調べた後，必要なら，種を書き留めておいてください．
- 孵化の予定日をマジックペンで殻の上に書くことができます．
- 孵化日が過ぎている卵は孵卵器から取り出して，破壊してください．

21
小型哺乳類

パートⅠ：ネズミ，ハタネズミとトガリネズミ

よく見られる種：

- ネズミ類 ― アカネズミ（*Apodemus sylvaticus*），キクビアカネズミ（*A. flavicollis*），カヤネズミ（*Micromys minutus*）ハツカネズミ（*Mus domesticus*）．
- ハタネズミ ― ヨーロッパヤチネズミ（*Clethrionomys glareolus*），キタハタネズミ（*Microtus agrestis*）ミズハタネズミ（*Arvicola terrestris*）．
- トガリネズミ ― ヨーロッパトガリネズミ（*Sorex araneus*），ヨーロッパヒメトガリネズミ（*S. minutus*）ミズトガリネズミ（*Neomys fodiens*）．

博物学

これらは，落ち葉の下などの林の中や生け垣の中，畑の中で捕食者から身を守りながら棲んでいる小哺乳類です．特にハタネズミは，キツネやフクロウやチョウゲンボウの主要な獲物です．

それぞれの種を識別する特徴は以下の通りです（図21-1）．

- ネズミ類は毛がない長い尾，大きい眼とやや尖った鼻をもっています．
- ハタネズミは短い尾，小さい眼と丸い鼻をもっています．ミズハタネズミはラットと同じぐらいの大きさですが，ハタネズミ類の典型的

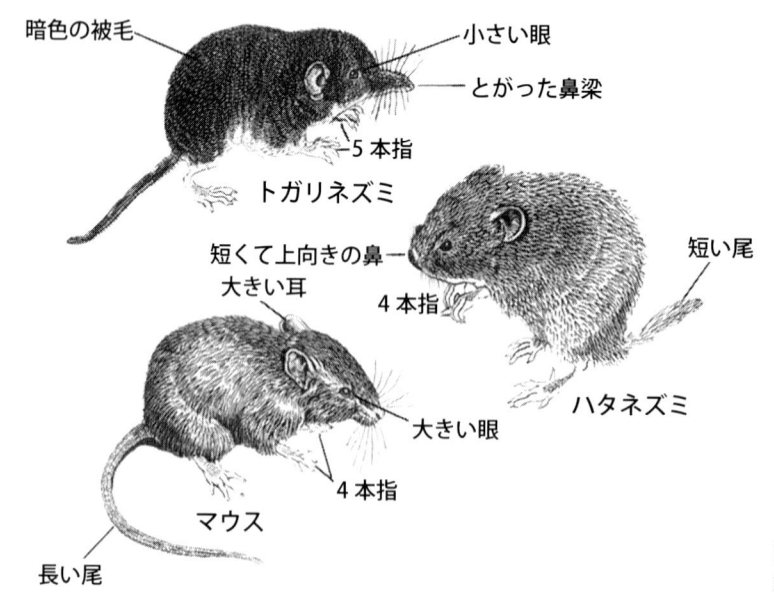

図21-1 最も一般に見られる3種の小型哺乳動物間の主な相違．

第21章　小型哺乳類

図 21-2　現在，ミズハタネズミは非常にまれな種で，ドブネズミと間違わないようにしましょう．

な丸い鼻と短い尾をもっています．それと対照的に，ドブネズミは尖った鼻と長い尾をもっています．
- トガリネズミは黒っぽい灰色で，長い鼻をもっています．

ミズハタネズミは田園地域から最も急速に姿を消しつつある哺乳動物ですから，その対策と復活は取り分け重要です（図21-2）．

アカネズミは以下の点でハツカネズミと異なっています．
- より大きい眼をもっています
- 茶灰色の皮毛というよりどちらかというと真茶色
- 胸と腹部が白い
- 後ろ足は跳ぶことができるように，ミニチュアのカンガルーのように非常に長い

アカネズミが家で発見されることがありますので識別は不可欠です．

トガリネズミは絶え間なく食べ続けていますので，保護下や飼育下では常に食物と水を切らさないようにしなくてはなりません．トガリネズミの代謝はとても速いので，もし食べることができないと，すぐに死ぬでしょう．

装置と輸送

もしこれらの小さくて，とてもすばしっこい哺乳動物を捕獲するなら，小鳥用の捕獲網で十分でしょう．しかし，実際には手で捕まえることができます．

小哺乳類は段ボール箱，あるいは逃げ出さないように工夫されていない容器なら，どんなものからでも逃れるでしょう．理想的運搬用容器やリハビリテーション後期に適当なケージとして，Hagen社製のプラスチック水槽がペットショップで入手可能です．水槽は蓋に小さい上げ蓋が付いていて，動物が飛び出すことなく，餌や水の出し入れができます（図21-3）．

救護と取扱い

これら小哺乳動物の救護は，捕まえることができるかが問題です．咬みつかれないように手を保護するために薄地の手袋をすれば，自信をもって保定することができます．秘訣は捕まえたらできる限りすぐに容器に入れることです．これが，小さくて，素早く逃げる達人を保定する最良の方法です．

ネズミ類に共通の疾患

私たちは通常これら小哺乳動物の病気をみません．おそらく，小哺乳類の新陳代謝がとても精巧にバランスがとれているので，発見される前に，病気で死んでしまうのでしょう．

図 12-3　様々な大きさの小プラスチック水槽（Rolf C. Hagen 社）が小哺乳動物に理想的です．

ネズミ類に共通の出来事

これら小哺乳動物を手にする最も共通の理由は，猫に捕まったことです．それらの大部分が殺されていますが，猫の所有者は生きている小動物を救護し，治療のために持って来るでしょう．

英国での新しい問題は家ネズミ用の粘着罠の使用です．粘着罠が広く普及している米国では，リハビリテータがこの罠に捕まったいろいろな種類の小鳥や小動物を診ています．著者は，粘着罠に捕まっても，まだとても元気で，暴れているハツカネズミを見たことがあります．この罠は捕える動物を選びません（図 21-4）．接着剤を取り除くことができないので，そっと罠をこじ開けて生きている動物を取り出し，新しい皮毛や羽毛が十分な長さに伸びるまで，かなり長い間飼育しなければなりません．

ネズミ類に共通の外傷

通常猫との遭遇がもたらした外傷には，副木で固定できる足の骨折や，治療が上手くいくこともある腸脱出があります．

来院と応急手当

血管内注射ができない場合，皮下輸液を与えてください．猫によってけがをさせられた哺乳動物には猫の口からの *Pasteurella multocida* 感染を防ぐために，100mg/kg のアモキシシリンの初回注射を受けた方が良いでしょう．持続性アモキシシリンに変えるなら，アモキシシリンの皮下投与をさらに 2 日間毎日繰り返してください．

ブプレノルフィン（Temgesic®, Schering-Plough Animal Health）のような鎮痛剤を 0.1 mg/kg 皮下投与できます（Orr, 2002）．ブプレノルフィンを使うときは，体重が正確でなくてはなりません（J. Lewis，私信）．

収　容　法

これらの哺乳動物は非常に小さいので，ほとんどのケージから容易に逃げるでしょう．Hagen 社製動物用水槽は，真ん中に小さい上げ蓋の付いた格子蓋が付いているので，理想的です．

砂やきれいな大鋸屑を床敷として用いることができます．小哺乳動物のすべては隠れるのが好きで，下に隠れるための岩を与えるとよいでしょう．小哺乳動物の実用的な巣には，キッチンタオルの

図 21-4　粘着罠—しかし，クマネズミだけがその罠にかかる唯一の動物ではありません．

給　餌

マウスとハタネズミは種子や乾燥したオートミール，ダイジェスティブ・ビスケットくず，マウス専用飼料のような乾燥した餌を食べるでしょう．ハタネズミは緑の食べ物を食べるので，芽の出ている，葉の多い小枝と干し草を与えることができます．トガリネズミは昆虫の餌を絶えることなく与えなければなりません．清潔な白いウジや小型のミルワーム，ブドウムシが適当です．

リリース

これらすべての小哺乳動物はきれいな生け垣や庭の中にリリースすることができます．カヤネズミは地面の上にぶら下がった球形の巣を作ることができるように背丈の高い草が生えている野原の隅付近にいることを好みます．

ミズハタネズミは小川や運河のほとりの，良い生息場所にリリースしてください．あなたの住んでいる地域でミズハタネズミのプロジェクトを知るために哺乳動物学会と連絡を取ってください（付録7参照）．

法　令

トガリネズミは「野生生物と田園保護法1981」の付表6で守られています．

1996年に「野生哺乳動物（保護）法」が施行されました．これはすべての野生哺乳動物を残酷行為から守る最初の英国の法律です．

パートⅡ：リスとヤマネ

よく見られる種：

キタリス（*Sciurus vulgaris*），ハイイロリス（*S. carolinensis*），ヨーロッパヤマネ（*Muscardinus avellanarius*）とオオヤマネ（*Glis glls*）．

博　物　学

これらの4種の内，キタリスとヨーロッパヤマネ，唯一この2種だけが英国の本当の在来種です．この両2種とも，外来種2種との競争ばかりからではなく，まだ完全に分かっていない他の原因で，現在激減しています．

ハイイロリスが英国に導入される前でさえ，キタリスは減少していました．キタリスは現代では事実上姿を消した古代カレドニアの松林の動物です．キタリスは落葉樹林帯に適応することが非常にゆっくりだったため，ハイイロリスがよく育つドングリや他の木の実をうまく消化することができません．そこでは，強健なハイイロリスには通常みられない病気の長い歴史もありました．英国やウエールズのキタリスは今，いくつかの孤立した集団に封じ込められています，その主要な拠点はスコットランドにあります．

ヨーロッパヤマネは地面にめったに降りない樹上生活性の小動物です．雑木林化したハシバミ樹林帯でおよそ地上5mに生活することをより好みます．定期伐採のような，昔の林業の習慣により，ヤマネの生息域が姿を消したり，ヤマネの個体群が消滅しなくても，頭上の連結路がなくなり，生息地を分断化しています．他のすべてのヤマネ同様，ヨーロッパヤマネは冬眠するとき，いわれているように，機を見ることの上手い補食動物によって，5匹のうち4匹が食べられます．

両方の動物は，リリースする前に考えなければならない，保護や再導入の対象動物です．

ハイイロリスは，270〜321gのキタリスと比較すると，500〜600gの体重で，ずっとたくましいリスです．ハイイロリスは現在，英国全体の広範囲に及んでいます．ハイイロリスは19世紀に米国から導入されましたが，林業労働者には樹木に有害と判断されていて，積極的に罠で捕えられ，猟銃で撃たれ，毒殺されています（図21-5）．黒い（暗色の）（図21-6）あるいは白い（アルビノ）ハイイロリスは珍しくありません．

ラテン語の名 *Glis glis* で知られているオオヤマ

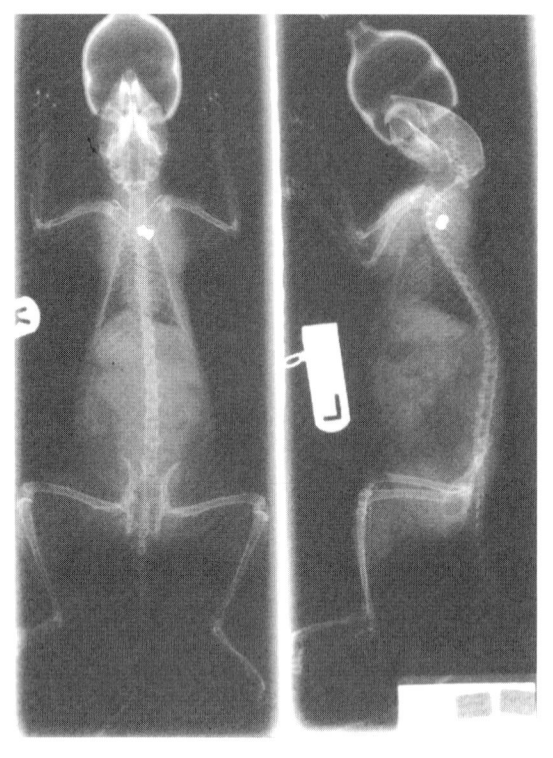

図 21-5 このリスは空気銃で撃たれて、傷つきました.

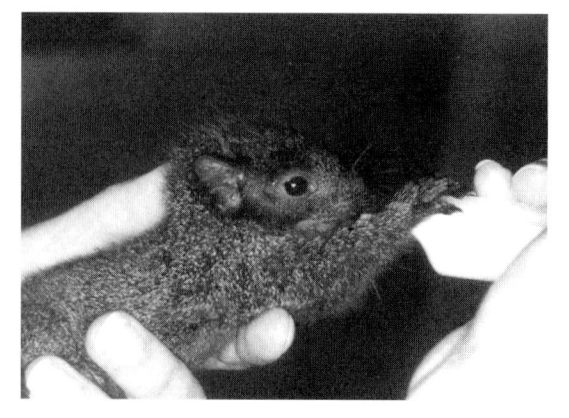

図 21-6 今では、赤ん坊を含めて黒いリスが見られます.

ますが、冬眠するために人の家に移動するときに最もよく出会います。特に、冬眠しているオオヤマネは、しばしば空調設備内や、ある時には、郵便箱の中で発見されます.

リスが昼間の何時間もの間、活発である一方で、ヤマネは夜行性の習癖をもっています.

用具と収容法

リスやオオヤマネを取り扱うときの最も重要な用具は超厚地の手袋です。これらの動物は普通でも骨に届くくらい危険な咬傷を与えます。網と猫の運搬ケージも必要です。段ボールや木の容器はガリガリかじられて、短時間の内に抜け出すで

ネはどちらかというとハイイロリスの縮小版のようです（図21-7）. 前の世紀の変わり目に、ハートフォードシャイアーのトリング周辺にリリースされましたが、およそ10マイル以上は広がりませんでした。木に損害を与えるといって非難され

図 21-7 オオヤマネ（*Glis glis*）は小さいハイイロリスに似ていなくもないです.

救護と取扱い

リスやオオヤマネは通常救護を必要としません．けれども，もし救護しなけれなければならないなら，網で捕獲，その後厚地の手袋で動物を押さえる方法が推薦された手順です．頻繁にハイイロリスやオオヤマネが屋根裏にいるなら，人道的罠で捕獲しなければなりません．

気を引きしめて，取り扱ってください．ハイイロリスは驚くほど強い動物であることを覚えていてください．非常に素早く，躊躇なく腕を咬むか，あるいは後足の長く鋭い鉤爪で腕を引っ掻くでしょう．

一方，ハシバミヤマネはほとんど攻撃的でなく，容易に拾い上げられ，輸送用箱に入ります．箱に暖かいタオルを入れてください，そうすれば，多分，寝入るでしょう．

リスとヤマネに共通の病気

Sainsbury & Gurnell（1995）とDuffら（1996）の研究に続いて，現在でも，キタリスの病気が報告されています．時折，感染した動物が発見され，治療を必要としますが，キタリス以外の3種の動物の病気の記録はわずかで，さらに多くの調査を必要としています（カラー写真33）．

キタリスでいわれている3つの主要疾患はパラポックスウイルス，代謝性骨疾患とコクシジウム感染です．

英国のハイイロリスでパラポックス感染の唯一の症例が確認されています．分かっているそれ以外の病気は白癬と不正咬合です（カラー写真22）．

ヤマネでみられる病気に関する参考資料は，まったくありません．

パラポックスウイルス

パラポックスウイルスがキタリスに病原性があることが分かっています．眼の周囲や顔，体の他の部分の痘症のような病変によって特徴づけられますが，著者はこの状態の治療法に関する文献を見つけることができていません．

しかし，もし獣医師がパラポックスウイルスを疑うなら，この病気を治療したことのある他の獣医師に問い合わせましょう．

特に，ロンドン，リージェントパークの動物学研究所のTony Sainsburyが数年の間，研究をしてきました．

代謝性骨疾患

野生キタリスでも，代謝性骨疾患（MBD）がカルシウム/リン比のリンの濃度が高すぎるアンバランスな食べ物によって起きることが記録されています．病気になったキタリスは無気力，衰弱，脊柱の弯曲と体重減少を示すことがあります（Sainsbury, 1997）．

予防は，齧歯類用ペレット飼料（Mazuri Zoo Foods）と少量の果物やナッツ類のような，バランスがとれた餌で飼育してください．多くのリスが人工飼育されている米国では，ピーナツやヒマワリの種がMBDを起こす傾向にあることが発見されています．ピーナツやヒマワリの種は，特にMBDになりやすく，野鳥や他の動物，特にリスに決して与えるべきではありません．ピーナツやヒマワリの種を与えられているハイイロリスの子供は，発作や痙攣を引き起こして死ぬでしょう．注射によってカルシウムを即刻補給することが，死を防ぐ唯一の方法であるように思われます．

リスやオオヤマネのための適当な餌は，ホウレンソウ，ケールキャベツとペカンナッツを加えた上質の乾燥子犬用ドッグフードです．オオヤマネは特にリンゴが好きです．

コクシジウム症

たいていのキタリスがコクシジウム科アイメリア属の宿主であると思われます．それは動物を衰弱させることもあるし，そうでない場合もあります．しかし，糞便検査によって診断され，サルファ剤で治療することができます．

歯の不正咬合

不正咬合は，野生で起こるはずはありませんが，ハイイロリスを含めてすべての齧歯類でみられています（カラー写真55a，b）．一般に，もし遺伝的問題や骨格に問題があるなら，この状態は矯正することができません．

リスとヤマネに共通の出来事

ハイイロリスとオオヤマネはよく家の中で捕獲されます．それらは普通に猫にも捕まりますが，驚いたことに，成獣のハイイロリスは猫のような大きな捕食者にさえも重傷を与えることがあります．悲しいことに，ヨーロッパヤマネも同様に猫に捕まりますが，類似の運命を辿ったキタリスの報告は見つけることができませんでした．

ハイイロリスは，墜落あるいは道路事故によって引き起こされる手足や背骨の骨折がよく知られます．若いリスはよく木から落ち，鼻出血がみられます．ワーファリン - タイプの罠餌を摂取することによって引き起こされる墜落や特発性出血の結果として，鼻出血が起きることがあります．

成獣のオオヤマネが深い冬眠中に，偶発的に冬眠を邪魔されることがあります．これらの動物は容易に連れて来て，飼育下で覚醒させることができます．

来院と応急手当

来院時，これらすべての種には皮下輸液が効果的でしょう．動物に意識がない場合だけ，静脈内か骨髄腔内点滴ができるでしょう．

リスはたくさんのノミの寄生があることがあり，ピレスラム・ベースの粉剤（Whiskas Exelpet®，Pedigree Masterfoods）で駆除することができます．

あらゆる理由から，抗生物質を投与するなら，プロバイオティク（Avipro, Vetark Animal Health）が抗生物質に感受性のある細菌叢を調整するでしょう．

収容法

これらすべての動物は，齧る能力を備えた齧歯類です．登ったり，齧ったりする丸太や木の枝を備えた金属ケージが不可欠です．ヨーロッパヤマネはたくさんの葉が付いたハシバミやアメリカスズカケノキの枝を喜ぶでしょう．

給餌

病気の項目で述べたように，バランスのとれた餌が絶対的に重要です．上質の子犬用ドライドッグフード，ペカンの実，ケールキャベツ，ホウレンソウやヘーゼルナッツが，ヤマネやキタリスには理想的でしょう．

決してピーナツやヒマワリの種を給餌してはいけません．

リリース

この国で唯一リリースすることが許される種はキタリスとヨーロッパヤマネです．これらの動物は絶滅の危機にさらされた状態のため，もし可能であるなら，どんなリリースでも再導入プログラムの1つに加えるべきです．そのプログラムの理想的な生息域は，リリースされた動物が生き残れるずっと良いチャンスを与えるでしょう．

哺乳動物学会が最も新しい再導入プログラムの内容を提供しているでしょう（付録7参照）．

ハイイロリスが生息している所，すなわち米国ではリリースすべきではない2つの状況があります．
(1) 尾を失った後は，野生や飼育下で上手く生き延びるとは思えません（S. Harris，私信）．
(2) 飼い慣らされたリスは，人さえ攻撃することをためらわない，非常に危険な動物です．

もしハイイロリスでなく，キタリスだとしても，これらの考えが英国のリスに適用されるべきです．

法令

キタリスとヨーロッパヤマネは「野生生物と

田園保護法 1981」と「野生哺乳動物（保護）法 1996」下で完全に保護されています．

オオヤマネとハイイロリスも非合法の残虐行為から守られます．しかし，オオヤマネは官庁の繁雑な手続きの間違いによって，有害獣として特定の方法で殺されたり，捕えられたりすることから「野生生物と田園保護法 1981」の付表 6 で保護されます．リリースしたり，逃走することを許すことが犯罪であると述べている付表 9 の規制下にもあります．

ハイイロリスに対して制定された様々な種類の法律があります．

- 「有害輸入動物法 1932」－「ハイイロリス（禁止と飼育）令 1937」は，許可証なしでハイイロリスを飼育することやリリースすること，あるいは逃すことを犯罪とします．
- 「野生生物と田園保護法 1981」の付表 9 はリリースすることや野生へ逃がすことを犯罪とします．
- 「ハイイロリス（ワーファリン）令 1973」はキタリスに危険がない区域でのワーファリン毒殺を認めています．

それでも，なおハイイロリスは生残し続けています．事実，1 年で何匹のリスが駆除されようが，翌年には同じ数のハイイロリスがそこにいるだろうと述べています（S. Carter，私信）．

22
ハリネズミ

博物学

　ナミハリネズミ（*Erinaceus europaeus*）は英国の哺乳動物の中でも，最も普通に見られます．ハリネズミは庭に来て，庭師が害虫と呼ぶ多くの甲虫やミミズ，他の無脊椎動物を食べます．ハリネズミも救護とリハビリテーションを必要として本当によくに見られる哺乳動物です（Stocker, 1999）．

　ハリネズミは夜行性のライフスタイルを取りますが，寒い冬場には冬眠する能力をもっています．英国では，唯一アナグマだけが捕食者ですが，外傷の多くは，実際には犬によって負わされたものであることが知られています．

　誰もが知るように，ハリネズミは毎年5月～9月の間に，1腹4～5匹を出産します．子は母親と生活して，8週目に独り立ちします．交尾した後に，雄は雌や子供と何ら関係をもちません．

装置と輸送

　ハリネズミを救護するために必要な装置は次のようなものです．丈夫な手袋1対，はさみ1本，フェンス用プライヤー1本，通常の球状ペンチ2本．

　ハリネズミを運ぶのとても簡単で，単に段ボール箱かペットのキャリーケージ，あるいは古いタオルが必要なだけです．

救護と取扱い

　ハリネズミを救護するのは通常，簡単です．ハリネズミを救護する必要があるかを決めるとき考慮すべき基準は，次の通りです．

・明らかな外傷がありますか．
・日中外に置かれたままですか．
・冬期，体重不足ですか．
・罠に掛かったものですか．

　ほとんどの場合，ハリネズミを単に拾い上げて，運搬用の箱に入れましょう．取扱いは，鋭い刺から保護するための手袋を着けて行ってください．

　しかし，ハリネズミはいろいろなものに絡まるので，救出キットの中に種々のハサミ類やペンチを入れておくのが必須です．

・ハリネズミは，豆園芸用ネット，テニスコートネット，コオロギ除けネットなど，柔らかいネットに捕まります（図22-1）．麻酔薬なしでハリネズミを解き放つことは通常不可能ですから，はさみでネットを切りはずさなければなりません．切りはずした後すぐにリリースしてはいけません．狭窄性外傷から圧迫壊死の症状が出るといけないので，少なくても7日間モニターしてください．

・ワイヤーネットやフェンスに絡まったハリネズミの場合は，取扱いはもっと難しいです（図22-2）．フェンス用プライヤーで金属の縒（よ）った部分を切断することになるでしょう．圧迫壊死が起きるといけないので，念のためにモニターをします．

・3つめの救護は覆いのない排水溝に落ちた場合です．ボール状に丸くなったハリネズミはうまい具合に庭の排水口にピッタリ嵌ります．外

図 22-1 ハリネズミは絡まった網から外すために麻酔を必要とするかもしれません．

図 22-2 金網に引っ掛かったハリネズミをフェンシングペンチを使って，切り出すことができます．

に持ち上げるためにハリネズミの下に手を入れることが不可能なことがあります．ここではプライヤーが有用です．ハリネズミの刺の何本かをプライヤーで強くつかむことによって，ハリネズミを自由に持ち上げることが可能です．この救出後に悪い影響が残るようには思えません．

明らかに外傷がなく，あるいは幼くもなく，夜の庭や路傍でハリネズミが自然に行動しているなら，救護すべきではありません．しかし，ハリネズミが明らかに横になったままで，しかもそこが巣の中でない場合は，困難な状態に直面していて，救出を必要としているのかもしれません．夏の間，ほとんどのハリネズミが眠るための巣を作ります．しかし，多くのハリネズミは気にすることなく，低木や生け垣の下で丸くなって簡単に寝てしまいます（S. Harris，私信）．同じように，ハリネズミは唯一巣の中でしか冬眠しません．芝生

の上や生け垣の中など，巣以外では冬眠しないのです．巣以外の場所で丸くなったハリネズミは救護する必要があります．

ハリネズミが道路の反対側へ渡るのを助けてもよいのですが，拾い上げ，他の所に連れて行くべきではありません．雌のハリネズミが巣に戻らなければ，餓死してしまう扶養家族が近くにいるかもしれません．

ハリネズミに共通の病気

ハリネズミでとてもよくみられる病気があります．その病気の治療法は，かつて獣医師によって示されたもので，標準的方法になっています．あるものは，救命法による治療が必要なこともあります．

肺虫の感染

おそらくハリネズミの病気の中で最も陰湿なものは Crenosoma striatum と Capillaria aerophila による肺虫の感染です．Crenosoma spp. の感染は胎盤の関門を通過することによって出生前に始まりますが，秋の期間中にたいていのハリネズミ，特に未成熟のハリネズミが感染するように思います．一連の症状が常に顕性であるというわけではありませんが，湿性咳嗽がある場合には肺虫感染を暗示します．肺炎が始まると，時には呼吸困難となります．

肺虫の感染は糞便の寄生虫学的検査か，あるいは死後剖検によって確かめることができます（図22-3）．かつて，秋に自然死するほとんどすべてのハリネズミが肺虫の犠牲になったものです．The Wildlife Hospital Trust（St. Tiggywinkles）と Mean（1998）は数年間かけて種々の駆虫薬の効力の研究を行い，現在，副腎皮質ホルモンと抗生物質の一連の前向治療を推薦しています（表22-1）．肺虫が死ぬとき炎症反応が生じ，さらに大きな問題となりますので，副腎皮質ホルモンを使います．副腎皮質ホルモンは炎症を軽減するはずです．

肺　　炎

ハリネズミが重度の呼吸困難で苦しんでいるのをよく見ます．肺虫は別として，重度の寄生虫感染とほかの要因の直接的結果として，引き起

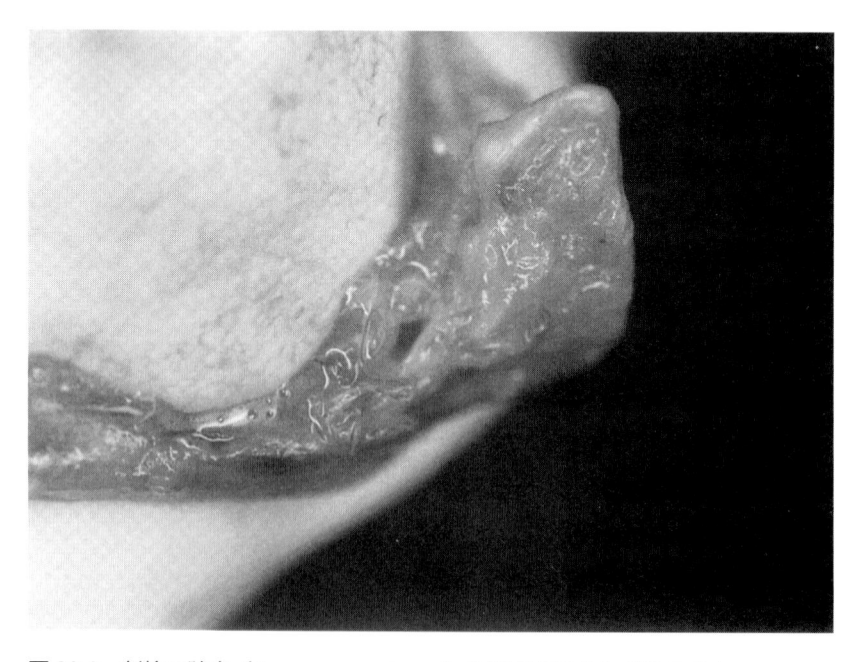

図 22-3　剖検で肺虫（Crenosoma striatum）を確認することがあります．

表 22-1 ハリネズミの駆虫法

St Tiggywinkles
The Wildlife Hospital Trust

薬	投与量	頻度	効果
レバミゾール（Levadin, Univet 社）	10mg/kg	1週間間隔で3回皮下注射	駆虫
エタミフィリンカンシル酸（Millophyline-V™, Arnold Veterinary Products）	28mg/kg 皮下注射	来院時に1回投与，それからレバミゾールとそれぞれの投与との併用とその翌日の投与	気管支拡張
メチルプレドニゾロン（Depo-Medrone™ V, Pharmacia Animal Health）	最高 4mg/kg	レバミゾールとの1回限りの初回注射	コルチコステロイド
アモキシシリン（持続性）	150mg/kg	メチルプレドニゾロンと併用する．治療期間を通して，隔日で与える	抗生物質

＊レバミゾールの3回目の投与後，ハリネズミがまだ咳をしているなら，1週間後にもう1回のレバミゾール投与のときにエタミフィリンとアモキシシリンとを一緒に与えてください．

こされる肺炎もあることでしょう．獣医師が様々な薬を処方していますが，私たちが使っている副作用を起こさない薬のいくつかを以下に示します（Stocker, 1998）．

・エンロフロキサシン ─ Baytril® 5％（Bayer）
・ブロムヘキシジン ─ Bisolvon®（Boehringer Ingelheim）
・カルシン酸エタミフィリン ─ Millophyline-V™（Arnolds Veterinary Products）
・クレンブテロール ─ Ventipulmin™（Boehringer Ingelheim）

呼吸困難のハリネズミは酸素を供給する植物成育装置内で状態を保つことができます．しかし，ハリネズミの呼吸器治療に適した理想的な集中治療装置があります．それは Brinsea TLC-4M 集中治療装置です．この装置には，温度コントロールできる暖房装置があり，酸素供給，噴霧する装置がついています（図22-4）．

もし患者に重度の呼吸困難があるなら，呼吸器の薬も噴霧することができます．

呼吸困難や呼吸不全の重症例では，特に麻酔の

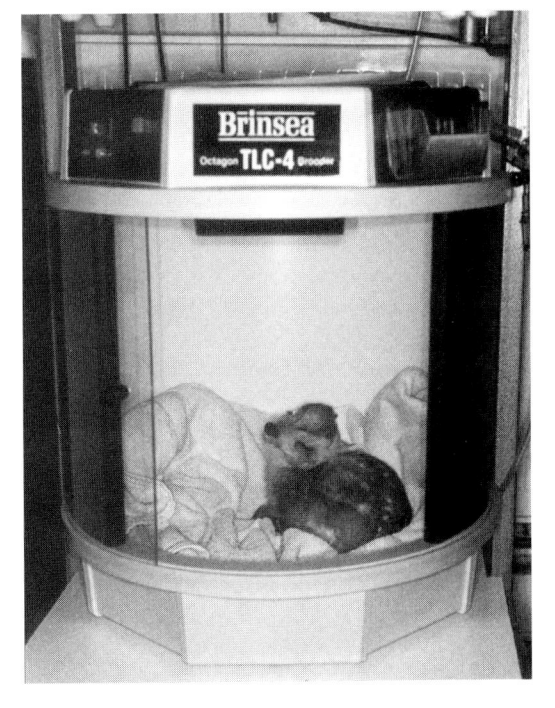

図 22-4 Brinsea 社製 TLC-4M 集中治療装置．

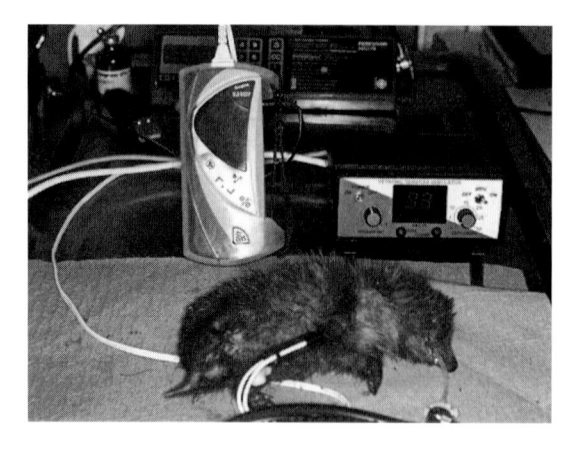

図 22-5 Vetronic の小人工呼吸器に生命維持されているハリネズミ.

もと，Vetronic Small Animal Ventilator SAV03 のような小さい人工呼吸器に繋いだ 2.0G の気管内チューブをハリネズミに挿管することが可能です．換気装置は断続的な正圧換気（IPPV）を供給するでしょう（図 22-5）．

風船症候群

ハリネズミでみられるもう 1 つの状態，たぶん呼吸器疾患の状態が「風船症候群」だと記載されています（カラー写真 34）（Stocker, 1987）．正常でも伸び縮みするハリネズミの外皮が風船のように膨らみます．皮膚はパンパンに張って伸びるので，ハリネズミは地面に足を着くことができません．ハリネズミは無力です．

この原因は解明されていませんが，おそらく呼吸器系の損害で吸入された空気が漏れ，皮下に溜まったものでしょう．背中にメスを入れるか，注射器，三方活栓と太い針で，刺の間から空気を吸引する緩和処置が獣医師によってとられます．空気を抜くことを数回繰り返す必要があるかもしれませんが，この状態はやがて自然に治ります．

持続性アモキシシリンによる抗生物質の補完療法が通常適切です．

腸管の吸虫類

ハリネズミ，特に幼獣が時々緑色で，粘性の糞便を排泄することがあります．ほとんどの症例は，腸管内の吸虫 Brachylaemus erinacei によって起こるようです（Mean, 1998）．5.68mg/kg（0.1ml/kg）のプラジクアンテル（Droncit®注射薬, Bayer）の単回注射によって治療を行うことができます．

腫　　瘍

ハリネズミでは特に喉の周りや乳腺に，多数の腫瘍がみられます．獣医師が手術するか，あるいは安楽死をすべきかどうか決めるでしょう．

新生物（腫瘍）はアフリカ産ハリネズミ Atelerix albiventris の病理学的調査で比較的普通のことです．このハリネズミは米国のペットショップでよく飼育されています．ヨーロッパ産ハリネズミの新生物に関する文献はほとんどありませんし，発見され，検査された腫瘍についての情報があったとは思えません（Stidworthy, 私信）．The Wildlife Hospital Trust（St. Tiggywinkles）では乳癌やリンパ腫を診たことがあります．私たちの現有記録に加えるために，病理組織学的検査成績を送ってくださるのは，大歓迎です．

変形性脊椎症

より高齢のハリネズミが後ろ足の麻痺あるいは後ろ足を使うのに不自由なことを示すことがあります．外傷の病歴なしに椎骨関節の周りに骨性の過形成（骨棘）があるかもしれません．副腎皮質ホルモンと鎮痛剤の治療を試みることがありますが，この状態は不可逆的です．

歯の状態

ハリネズミが歯の病気で苦しんでいますが，歯の病気は野生の動物，飼育下の動物両方でみられます．すべてのハリネズミは入院時に歯の検査をしてください．そして，もし必要ならリリースする前に，治療してください．

抗生物質の治療前と治療後の一連の投与を常に必要としているはずです．経口薬はハリネズミに与えるのが難しいですが，歯の症例に有益

であることが分かっています．選択される抗生物質は，メトロニダゾールとスピラマイシンの合剤Stomorgyl™(Merial Animal Health)で，体重1kg当たり1/2錠を毎日経口投与します．

嵌頓包茎とペニス外傷

ハリネズミは異常に大きいペニスをもっています．時に，大きいために，突き出て，重度の損害を受けます．尿道造瘻術が必要なこともあるので，すべての症例はすぐに獣医師に診せるべきです．

皮膚の状態

すべての皮膚疾患は確定診断を必要としますが，ハリネズミで決まってみられる3皮膚疾患があり，おそらく標準的となった治療法で治療できる場合があります．

亜鉛欠乏症

亜鉛欠乏が被毛や刺が抜けたハリネズミにしてしまうかもしれません（図22-6）．完全に禿げたハリネズミには毛の再生を促す可能性のあるビタミンと亜鉛の食品添加剤（Vetamin™＋亜鉛, Millpledge Veterinary）を与えます．

白癬

ハリネズミの真菌症，つまり通常 Trichophyton erinacei の白癬は蛍光を発しません．時間がかかりますが，皮膚糸状菌検査で白癬菌を確定診断できることもありますし，しないかもしれません．その間に，刺の基部にフレーク状の皮膚や痂皮をつけたハリネズミにエニルコナゾール（Imaverol™, Janssen Animal Health）を1：50に滅菌水と混ぜ，スプレーする抗真菌治療を始め，毎日投与します．

疥癬

ダニ，特に Caparinia tripilis（図22-7）による疥癬は顕微鏡下で識別できます．ハリネズミのダニは，肉眼で耳と頬の周りに粉状の付着物として生じます（図22-8）．治療法はアイバメクチン（牛用注射薬 Ivomec™, Merial Animal Health）400 μg/kgか，あるいは1：9の割合でプロピレングリコールと混ぜた場合，0.4ml/kg投与します．

耳ダニ

耳ダニはごく普通の病気で，アイバメクチンに対して耐性があるように思われます．ハリネズミのための緩和処置としては，各耳にネオマイシンとペルメトリン（GAC点耳薬, Arnolds

図22-6 このハリネズミの刺の脱落は亜鉛不足からきているかもしれません．

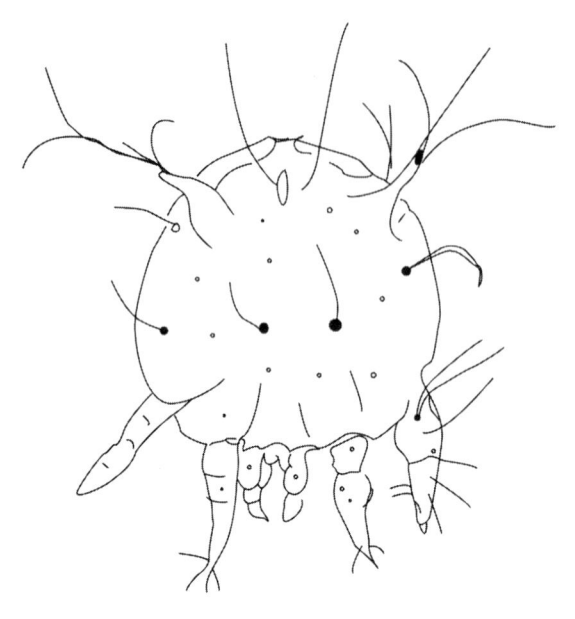

図 22-7 ハリネズミで発見されたダニの一種，*Caparinia tripilis*.

Veterinary Products）の1〜2滴か，またはプロピレングリコールと1：9に混ぜたアイバメクチンの1〜2滴を投与することができます．

マダニ類

英国のハリネズミに共通して見られるマダニは，*Ixodes hexagonus* あるいは時折見られるヒツジマダニ *I. ricinus* です．少数のマダニは問題ではないでしょうが，重度の寄生は問題を引き起こすことになるでしょう．

化学物質や火，あるいは他のあらゆる民間療法でダニを駆除することは，さらにもっと多くの問題を起こすことがあります．皮膚に刺さった口器を取り残さないでマダニを取り除くようデザインされた O'Tom® マダニ抜き Tick Twister® のような，専売特許のマダニ除去器があります（第10章を参照）．

あらゆるマダニやマダニ幼虫は完全に殺さなければなりません．さもないと，ハリネズミから離れて這い回り，不用心な人やほかの動物に付くことがあります．もしマダニが人に付いたときには，慎重に取り除き，殺してください．マダニに咬まれて30日以内の局部的な炎症性の皮膚の発赤，頭痛や熱があった場合は，医師に診てもらってください．

ノ　ミ

ハリネズミは注目に値するくらいノミの寄生があることでよく知られています．ハリネズミノミ *Archaeopsylla erinacei* は宿主特異的なノミで，人を含めて，他の種に寄生しないでしょう．一般にノミはハリネズミにとって大きな問題ではありませんが，異常に多くのノミの寄生が死を引き起こすことがあります．ペルメトリンを主成分とするノミ取り粉を使うことによって，ノミを駆除することができます．エアゾールの殺虫剤やもっと強

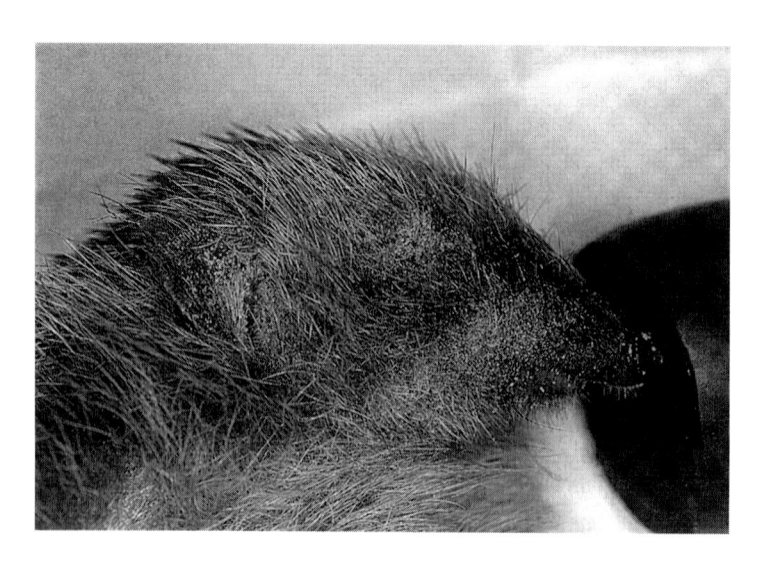

図 22-8 ハリネズミのダニは粉状の付着物のように見えることがあります．

い化学物質を使うべきではありません．

口蹄疫

　通常英国で，口蹄疫は問題ではありませんが，2001年に集団発生したので，国を越えていくつかの種を移動させることに制限がありました．ハリネズミが口蹄疫に自然感染している危険性があるので，ハリネズミの移動，特にリハビリテーションセンターや獣医師の元への移動が禁じられました．

　この危機の間に傷ついたハリネズミすべてが，発見した人々の家で治療を受けました．それぞれのハリネズミと対する前に，訪問動物看護師は自分自身を防護服，ゴム長や手術用手袋で覆わなければなりませんでしたし，それらを医療廃棄物として取り扱わなければならなかった中で，毎日の訪問が取り決められました．すべての台所用具，食品用ボウルなどが医療廃棄物として取り扱われました．各訪問後に防護服，ゴム長などは適切な消毒剤をスプレーされました．すでにそこにハリネズミ，あるいはシカがいるリハビリテーションセンターへの訪問者は，到着時に，足首まで適切な消毒剤に漬けなければなりませんでした．口蹄疫の集団発生の間は，なるべく訪問者に，危険のある区域を訪れることを思いとどまらせた方が良いでしょう．

他の病気

　いくつかの病気がハリネズミで報告されています．しかし，それらの治療においては極めてわずかな研究しかなされていません．これらには以下のものを含みます．

- 腹側面の劇的な浮腫を引き起こす蛋白喪失性腎症
- 腸間膜リンパ節のトリ結核症
- サルモネラ症

　明らかに，ハリネズミではるかに多くの病気が発見されています．リハビリテーションを受けるこの常連の哺乳動物についての情報データベースは常時拡大しています．さらなるデータ，治療法の新しい情報やニュースはいつでも歓迎です．

ハリネズミに共通の出来事

　罠にかかったハリネズミの発生をこの章の前で述べました．しかし，不運なハリネズミが巻き込まれる，もっとずっと多くの状況があります．

交通事故

　ハリネズミは道路上でトラブルに巻き込まれることで有名です．それらのハリネズミの大部分が即死です．しかし，あるものは生き残り，傷病獣として連れてこられます．それらの外傷は通常足とか頭のように末端部分なので，多くが治療後に生き残ります．

犬の攻撃

　ハリネズミは大きい犬にも，小さい犬にもよく攻撃を受けます．攻撃を受けたハリネズミは丸くなって転がり，その刺でうまく撃退するでしょう．しかし，犬が徹底して攻撃を加え，ハリネズミに重傷を負わせ，酷い皮膚の外傷や鼻の損傷を引き起こすこともあります（図22-9）．自責の念にかられ，犬の飼い主が治療のためにハリネズミを持ち込む傾向があります．

中　　毒

ナメクジ駆除剤

　ハリネズミが，解毒剤のないメタアルデヒドの入ったナメクジ駆除剤を食べます．主要症状は小さな音にも尻込みする知覚過敏症です．ナメクジ駆除剤の成分の染料から，食べたハリネズミが青～緑色の糞便をすることがあります．

　そのハリネズミはおそらく死につつあります．以下のような治療を試みることができます．

- ハルトマン液による輸液治療（メタアルデヒドは，代謝性アシドーシスを引き起こしますので，重炭酸ナトリウムを投与します）．
- 胃カテーテルで直接胃内にミルクあるいは重炭酸ナトリウムを投与すると，メタアルデヒドの吸収を減少させる可能性があります．
- 活性炭（獣医用液状活性炭, Arnolds Veterinary

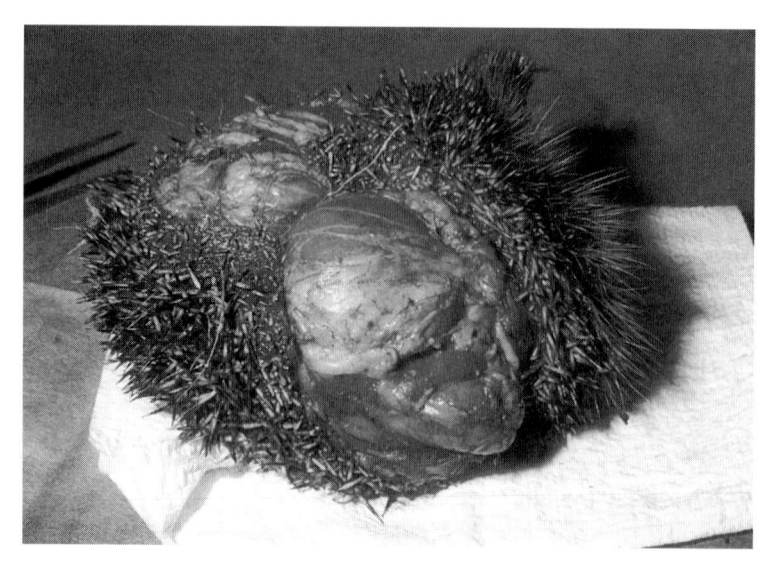

図 22-9 犬の攻撃は広範囲の創傷を残すことがあります．

Products）がメタアルデヒドを一部吸収するかもしれません．

以上の治療法以外には，支持療法と加温療法が毒性を克服する助けになるかもしれませんが，あまり望みをもたないでください．

他の中毒

ハリネズミがしばしばガレージや庭小屋に入って，周辺に置いてある調合薬を勝手に口にしてしまうことがあります．彼らは除草剤を飲み，自動車バッテリーの酸を舐め，油やタール容器に落ちることが知られています．油やタールにまみれたハリネズミは，同様の鳥に対して行うように，処置することができますが，他の中毒は獣医師の助言や Veterinary Poisons Information Service が必要なものです（付録7参照）．タールは，ハンドクレンザー Swarfega（Deb）で軟化させたあと，温水で取り去ることができます．

昼間の外出（out during the day：ODD）

ハリネズミが救護される正当な理由となる出来事のうち，他のことより遙かに多い共通の出来事は，日中の外出です．たとえば，ハリネズミが日光のもと，数時間外にいるのが見られることがあります．ハリネズミは厳格な夜行性です．もし以下のようなことがあれば，ハリネズミも日中，思い切って出かけるしかなかったのでしょう．

- ハリネズミが未熟で，餌を見つけることができていない場合．このことが，特に初冬に起きます．
- ハリネズミが病気で，餌を得ることができず，巣を作ることもできない場合．
- ハリネズミが幼く，母親と接触を失った場合．
- ハリネズミが盲目で，夜と昼間を区別することができない場合．

もしこれらのハリネズミを保護しなければ，このすべてが生き残れないでしょう．

小さすぎて冬眠できない（too small to hibernate：TSTH）

なぜハリネズミが冬眠の時が分かるのか，誰も知りません．日の長さかもしれませんし，温度かも，あるいは食物不足かも，もっと他の理由があるのかもしれません．私たちが分かっていることは，450g 以下のハリネズミは，600g より冬眠を耐えぬくチャンスが少ないということです．このことから，11月の終わりに 450g 以下の未熟なハリネズミが多く保護され，冬を通して餌を与えられます．

もし彼らが冬眠しないなら，食物が食べられる状態かを注意深くモニターします．やがて4月

か5月にリリースします．

経験では一般にハリネズミは1月〜3月の間に冬眠することが分かっていますが，ここ数年，英国の暖かい地域のハリネズミはまったく冬眠していません．

ハリネズミに共通の外傷

骨　　折

骨折はすべて，以下の薬で鎮痛しましょう：
・カープロフェン（Rimadyl®，Pfizer）
・フルニキシン（Finadyne®，Schering-Plough Animal Health）
・ブプレノルフィン（Temgesic®，Schering-Plough Animal Health）

脚の骨折

1脚以上骨折して，ハリネズミがたびたび連れてこられます．骨折は複雑骨折であることが多く，重度の感染をしています．

脛骨，橈尺骨，中足骨，中手骨の単純骨折は，旧来の焼石膏ギプスを使って安定させることができます．ハリネズミにとって，焼石膏の方が近代的な材料よりも扱いやすいように思えます．もちろんごく簡単なギプスを装着するときでも，全身麻酔薬が必要でしょう．イソフルレンと酸素を適用する場合，血圧計マノメーターのガラス膨大部を利用して作った小さいマスクが理想的です（図22-10）．

大腿骨や上腕骨の骨折は，適切なサイズの皮下注射針をピンとして内固定に用いることができます．通常脛骨あるいは橈尺骨の複雑骨折は，外傷治療をしている間でも，外固定で安定させることができます．感染性複雑骨折が治療に反応しない場合，この外固定法が最後の手段として有用です．創傷のある場所に外固定装置を付け，創傷は解放創のままにして，IntraSite™ Gel（Smith & Nephew）のようなハイドロゲルで局所の治療をすることができます（図22-11）．

ほとんどの抗生物質にはハリネズミに対し副作用はありませんが，セファレキシンは普段使用されていません．飲み水に添加する水溶性の抗生物質は，全面的に時間の無駄であることが分かっています．

ハリネズミの骨折が治った後，しばしば，その骨折していた足や何本かの足を使いたがらないことがあります．ボウル1杯の温水の中で簡単な水治療を毎日続けることで，問題の四肢を使えるように刺激するでしょう（図22-12）．

顎骨折

犬が原因の，上顎や下顎，その両方の骨折はごく普通です．上顎はワイヤーで固定，通常口蓋が裂けているので，縫合する必要があります．下顎

図22-10　血圧計の膨らんだ部分で，ハリネズミの麻酔のためのマスクを作ることができます．

と顎結合部をワイヤーで固定します．

脊椎骨折

脊椎を骨折したハリネズミは後肢を使うことができないので，体の後四半部の刺が突き出ているように見えます．これらの症状は，もう1つの病気のハリネズミにみられる症状とまったく同じです．病気が寛解することがあるこの症状を著者は「ポップオフ症候群」と呼んでいます．

脊椎が折れていることを確認するために，X線撮影が必要です．獣医師の診断により，ハリネズミは人道的に安楽死させなければならないこともあります．

安楽死という言葉は，ギリシャ語で「苦痛のない死」を意味していますが，最初に麻酔し，バルビツール酸塩の静脈注射をしなければ，ハリネズミを苦痛なく死なせることなど不可能です．麻酔なしで，あるいは麻酔下で丸くなったハリネズミの体を十分に伸ばさないで，致死量の注射を苦痛なくできる方法はありません．

しかし，静脈注射をすることができれば，バビツール酸塩の投与は，過敏なハリネズミへの注射であっても，不必要な苦しみをもたらさないでしょう．

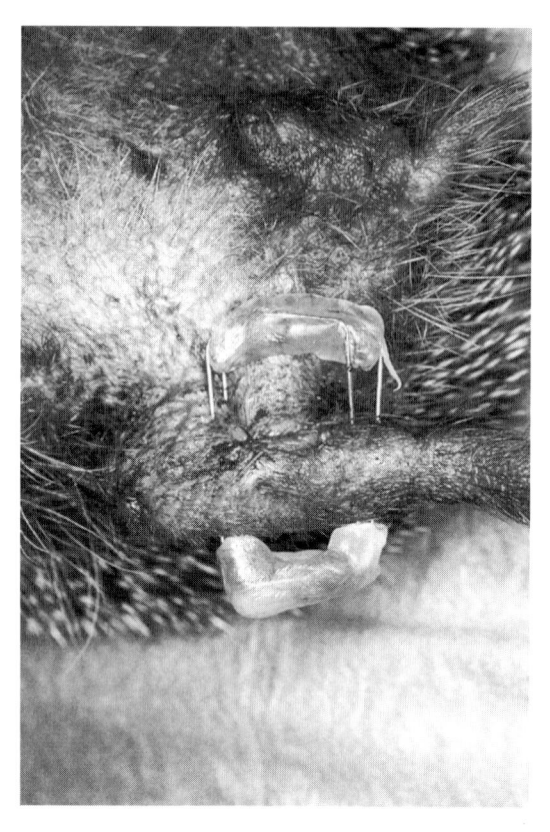

図 22-11 感染性の複雑骨折の外固定法．

図 22-12 水治療を行っているハリネズミ．

足の粉砕病（crushed foot disease：CFD）

ハリネズミが説明不可能な外傷で来ることがあります．ハリネズミの1足だけの外傷，それも骨折感染し，漏出する膿が満ちた外傷を示すことがあります（カラー写真35）．どのようにしてこれらの外傷が起きるか，なぜ他の部分は外傷を受けないのか謎です．

感染が足のほぼ全体に広がって，フレグモーネになってしまうと，治療は非常に難しいです．滲出液の細菌検査で適切な抗生物質が分かるかもしれません．そして，感染症がきれいになって，最良の状態でも，足が動かなくなります．その脚を切断し，飼育し続けなければならないかもしれません．

皮膚の創傷

大きな創傷

普通，路上事故や犬の攻撃の犠牲者としてのハリネズミは，しばしば60〜80％を覆う背部皮膚の創傷で収容されます．下層組織に対するほんのわずかな損傷で剥がれてしまうほど，非常にゆるい皮膚の被覆状態だからかもしれません．創傷は身の毛もよだつ程ですが，もし体液が出続けているなら，たるんだ皮膚を引き寄せて，縫い合わせる場合もあります．滅多に皮膚を失うことはありません．これらの創傷は，通常新鮮なものであれば清潔ですが，汚染された創傷なおさらのこと，治療すべきです．

縫合するのに創傷を整えるため，創傷をハイドロゲル（IntraSite™ Gel, Smith & Nephewあるいは K-Y® Lubricating Jelly, Johnson & Johnson）で創傷を満たし，創傷の周辺の刺を切り取ってください．そして，創傷を滅菌生食で洗い流してください．刺は化粧用はさみで刈り込むのと同時に，創傷のまわりのどんな被毛や毛も Wahl Pocket Pro Trimmer Kit（Wahl）で十分に刈ることができます（図22-13）．創傷の辺縁を縫合するか，あるいはステイプラーで留めることができます（カラー写真14）．

顔の創傷

ハリネズミが，多分芝刈り機や犬の攻撃などから被ったと思われる顔面の創傷は，ちょうど重症の皮膚外傷と同じぐらい大変なことです．

皮膚はそのままですが，皮膚を突き抜けて，鼻骨と柔部組織が露出します．前処置の後に，皮膚を元の位置に戻し，針付きビクリル糸を使って，丹念に縫合することができます．

とっかかりとして，眼を決まった位置に戻し，

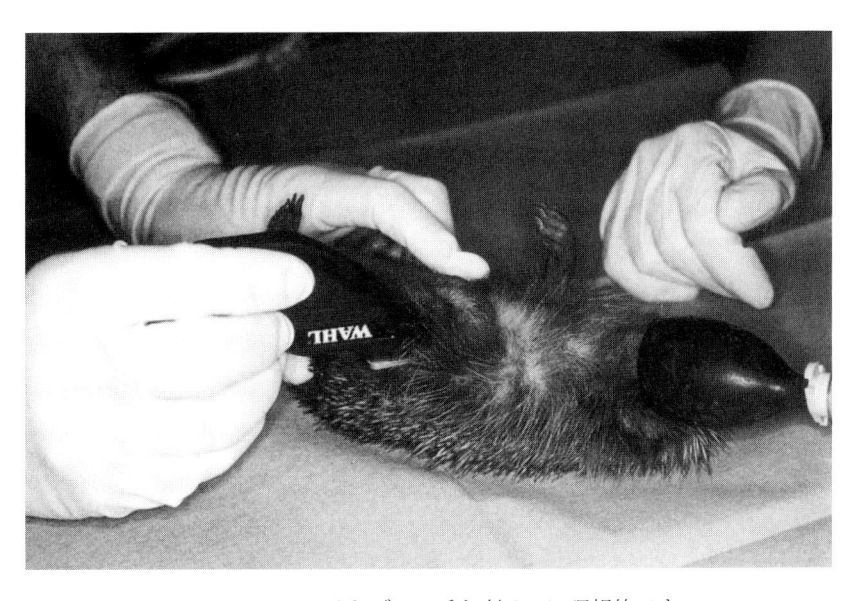

図22-13 Wahl Trimmer はハリネズミの毛を刈るのに理想的です．

残りの顔の部分を再構築する間に，単純な穴の形をした眼の周りの皮膚を支えることが重要です．IntraSite™ Gel による毎日の被覆が癒合プロセスを早めるでしょう．

ハエの攻撃（ハエウジ症）

夏期，すべての傷病ハリネズミがニクバエ攻撃の被害者になるかもしれません．その証となるものは，卵あるいは新たにハッチしたウジや成長したウジです．ウジをコントロールしないとハリネズミが死ぬでしょう．

ハエの卵

卵は米粒のように見えることがあり，湿気のある場所ならどこでも可能性があります．眼，耳，鼻，口，脇の下，すべてがお気に入りの産卵場所です．卵は鉗子で取り除くか，堅い皿洗いブラシで払い落とすことができます．眼窩の外へ卵を押し出しながら，瞼の周りから優しく眼を取り扱えば，眼窩の卵は駆除できます．刺激が少ないクロラムフェニコール眼軟膏で眼窩を満たせば取り残した卵を窒息死させるでしょう．

時々卵が同じ場所で孵化することがあります．ブラシで払い落とすことで幼虫を除き，眼窩のクロラムフェニコールが幼虫を窒息させるでしょう．口は専門の口洗浄液で勢いよく流し出すことができます．GAC 耳薬（Arnolds Veterinary Products）の耳内の 1～2 滴が，取り残したウジの駆除を補うでしょう．

ハリネズミに少量を局所に使うことができる効果的な幼虫駆除薬は，アイバメクチン（Ivomec™ Injection for Cattle, Merial Animal Health）で，1：9 の割合で水と混ぜます．一度水を混ぜると，非常に不安定になるので，すぐに使ってください．この混合液の 1.0ml/kg を最高量として，局所使用に限定してください．

ハエの攻撃を受けたハリネズミも，発見されていないウジを取り逃がさないために，400μg/kg のアイバメクチンを皮下注射してください．

ウ ジ

ハエの卵は，産卵されて数時間内に孵化して，ウジになります．（図 22-14）．世間一般の考えに反し，ウジは壊死組織と同様に健全な肉組織も侵襲するでしょう．ウジが成長すると，動物の中に侵入することがあり，体の後四半部の組織内に深く潜り込むように思えます．

ウジ 1 匹 1 匹を鉗子で取り除き，殺してください．体の広域の寄生は口腔洗浄機 Water Pik (Teledyne) の加温した生食を使って，洗い流すことができます．

アイバメクチン注射による駆除が，見逃したウジに対処するでしょう．持続性アモキシシリンの

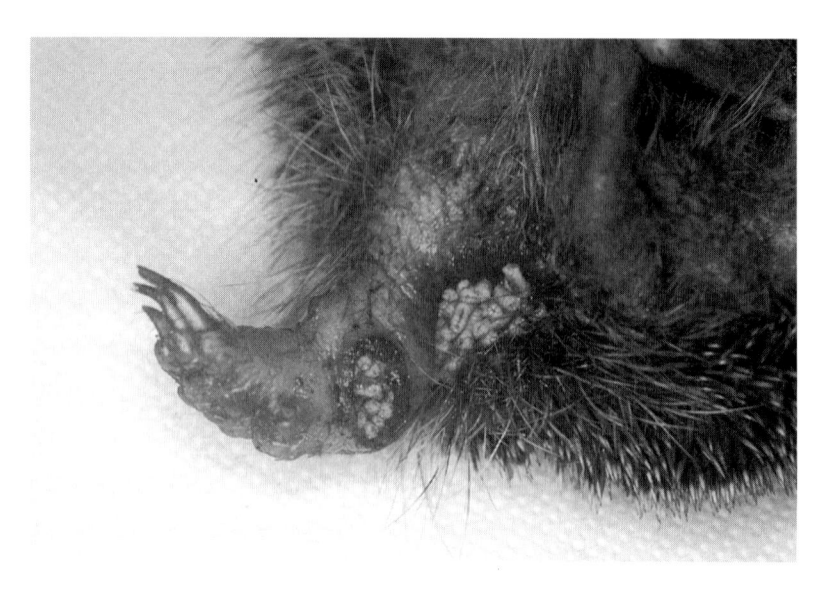

図 22-14 ウジが深部損傷を起こすことがあります．

ような，広域スペクトルの抗生物質を投与してください．

米国のリハビリテータは，ニテンピラムの経口と局所投与を使うことによって小哺乳動物のウジ対策に成功しています（Capstar® 11.4mg, Novartis Animal Health UK Ltd）（D. Conger, 私信）．

今までのところは，英国でそれが認可されていませんが，薄めずに服用させることができます．
- 100gのハリネズミに対し1/4錠（2.85mg）
- 250gのハリネズミに対し1/2錠（5.7mg）
- 500gのハリネズミに対し3/4錠（8.55mg）
- 700gのハリネズミに対し1錠（11.4mg）

この錠剤はすべてのウジを殺すのに最高4時間を要するでしょう．

砕いた錠剤を蒸留水で薄めて，直接ウジにではなく，健康な皮膚に局所的にパッチ状に用いることができます．使われなかった錠剤は，シロップとして推薦量まで経口で与えることができます．

一度ホイルの包装を解いたら，錠剤の未使用の部分が安定であるとは思えないので，即座に捨ててください．

前と同じように，この製剤を使えば，他のリハビリテータや看護師に動物を引き渡す場合に役立つでしょう．

ウジは毒素を産生し，寄生された動物が摂取することがあります．もし大規模なウジの集積があるなら，抗毒素や抗炎症，鎮痛作用のある薬がハリネズミが回復するのに役立つでしょう．私たちが適切であると分かっている薬は，フルニキシン（Finadyne®溶液，Schering-Plough Animal Health）で，最高3日間，筋肉内に2mg/kgを投与します．

他の外傷

眼球脱

多分，衝突事故が原因の眼球脱は，他の動物に比べハリネズミではるかに起きやすいです．ハリネズミの眼は非常に単純な構造で，脱出したときは，すぐにでも萎んでしまうようです．半飼育のハリネズミは，眼がなくても十分に何とかすることができます．脱出の場合，眼茎を吸収性縫合糸で単純に結紮し，眼球を除去します．広域スペクトルの抗生物質眼軟膏が感染症すべてを抑えるでしょう．

ポップオフ症候群

これは，1980年代中期に遭遇したハリネズミだけにみられる症状の1つです（Stocker, 1987）．この状態が原因で，ハリネズミが丸くなるために重要な輪筋が，骨盤上からずり落ちているように思われます（図22-15）．フェンスに絡まって動けなくなった後，逃げるために大暴れし

図22-15 ポップオフ症候群を脊椎損傷と混同してはいけません．

たハリネズミが，自ら招いたことです．それは，ハリネズミを体の不自由な状態にし，脊椎骨折の対麻痺と同じ症候を生じさせます．どちらにしても，X線写真が診断を確かなものとするでしょう．もし輪筋がはじけてしまったなら，麻酔の助けなしに，骨盤の上にそれを引き戻すことはできないでしょう．

絞 扼

庭の紐やネット，危険なものに絡んで，歩行困難になったハリネズミが見つかります．通常それらを自由にするには麻酔が必要です．常に圧迫壊死の可能性がありますので，ハリネズミはすべて，少なくても7日間は止め置いて，モニターすべきです．

絞扼の結果完全に足が落ちてしまうこともあります．ハリネズミは3本の足でとてもうまくやっていくことができますので，損傷の原因となる他の危険物のない場所，かつ苦痛をチェックできる場所で，半飼育状態で維持することがベストです．

来院と応急手当

来院時，すべてのハリネズミは骨髄腔内か，皮下に，あるいは大きくて協力的なハリネズミには静脈内に輸液をしてください．ハリネズミの静脈内投与は，後肢の表在静脈から行うことができます．

堅くボール状に丸くなるので，ハリネズミの外傷を調べることが時々できません．ハリネズミを持って，揺すると腹側面を検査できるくらい体を伸ばすのを促すかもしれません．しかし，もし生命にかかわる疑いがあるなら，そのハリネズミに輸液をし，安定化のために30分間放置してから，問題の程度を完全に把握することができるように手際良くイソフルレンと酸素で麻酔します．

一度安定し，さらなる投薬をしないすべてのハリネズミは，肺虫の治療をしましょう．

2本以上の足をなくしたハリネズミは人道的に殺してください（カラー写真56）．

収 容 法

おとなのハリネズミは単独生活の動物で，よく他のハリネズミと戦うか，攻撃します．治療滞在の間，もし可能なら自活するように飼育するか，あるいは少なくともそれらが自分自身を守るのに十分元気になるまで飼育してください．毎日床に新聞紙とハリネズミが下に潜り込むためのきれいなタオルを与えてください．干し草やわら，細断された紙はハリネズミに適していません．ハリネズミはしばしば旋回するので，足の周りに絡まる事態に陥ります．重篤な病気をもつハリネズミにはすべて，ケージの一側に金属性加温マットを入れてください．

彼らが回復したらすぐに，リリースする前の少なくとも2週間，より大きい屋外ケージで飼育してください．もしケージが大きければ，1匹以上のハリネズミが一緒に飼育できますが，よく喧嘩をすることがあるのに気づくでしょう．すべてのハリネズミは，今回は干し草を寝床とした大きい休眠用の箱に入るでしょう．

病気が治り，冬を越した若いハリネズミのために，私たちはそれぞれのケージに3～4匹のハリネズミを収容する屋内ケージ（Ferret cages, Rolf C. Hagen）を提供しています．これらは室温18℃に保たれています．これらのハリネズミが500g近くなったらすぐに，ケージに入れる数調整のために，類似の体重の他のハリネズミと大きな屋外ケージに入れます．それらには干し草を敷いた共同の休眠用の箱を提供します．毎日個体の身体検査をします．餌と水を常時与えます．ハリネズミは4，5月のリリースまでこれらの囲いの中で飼育します．

給 餌

野生で，ハリネズミはたくさんの種類の無脊椎動物を餌にします．飼育下では，この種の食餌を与えることが可能ではありませんし，手に入りません．缶詰めの犬や猫の餌を提供することによって，ハリネズミに適切なバランスがとれた食餌を

与えられるでしょう．魚くさいキャットフードは適当ではありません．

1匹のハリネズミは，毎晩ドッグフード缶の少なくとも3分の1を食べるでしょう．飼育下で食べ過ぎて，肥り過ぎることがあります．体重は飼育下でおよそ1,200gまでにしてください．柔らかい餌による長い飼育の避けがたい問題は，歯石の蓄積です．

この対策として，ハリネズミが気に入る犬や猫のペレットフードをこの柔らかい餌に加えてください．しばしば乾燥ドッグフードを拒絶しますが，ハリネズミは特にWhiskas Junior Dry（Mars Inc）を好みます．このペレットフードは，特に幼若なハリネズミや普通のドッグフードやキャットフードを食べたくない個体によって，好まれるように思われます．

おとなのハリネズミには，飲水だけを提供してください．ミルクは腸の病気を起こす可能性が高いので，決しておとなの動物に与えてはいけません．

口の病気や他の障害をもっているハリネズミに完全流動栄養食を与えることがあります．

バニラ風味のEnsure（Abbott Laboratories）は絶食から回復させる動物に特に適しています．

ビスケット，木の実，チーズあるいは野菜類はハリネズミに与えてはいけません．ハリネズミは，これら不適切な餌をうまく消化できる腸をもっていない食虫動物です．

リリース

ハリネズミはナワバリをもたないので，24時間の内に返すことができないなら，特に発見された場所にリリースする必要はありません．明らかに哺育している母親は例外です．ハリネズミは家の周辺の庭や湿地で，餌をあさることを好むように思われます（Kampe Persson, 2002）．次の条件を満たす庭にハリネズミをリリースすることができます．

- その区域にハリネズミがいること — 良い生息場所であることを示している．
- ハリネズミが少なくとも他の10の庭に自由にアクセスできること．
- 近所にアナグマの定着地がないこと．
- ハリネズミが道路を回避する適度なチャンスがあること — 英国で完全に道路を避ける可能性はありませんが，主要なAクラスとBクラスの道路は最も大きな危険です．
- 一般に隣接する庭にナメクジ駆除剤や危険な犬がいないこと．
- どんな池にもハリネズミ用の避難はしごを付けなければならないこと．

ハリネズミが望めば戻ることができる，適当な巣箱ごとリリースしてください．修正液でハリネズミに印を付ければ，帰ってきたハリネズミを識別できるでしょう．

ある研究は，人工哺乳で育ったり，リハビリを受けたハリネズミが飼育から自由生活に本当に快適に転換を図ることを示しています（Morris, 1999）．しかし，The Wildlife Hospital Trust（St. Tiggywinkles）からリリースする状態になったハリネズミから採った，最近の血液検査は，表面上完全に健康と思われるハリネズミが体の中の病気を隠しているかもしれないことを示しています（J.C.M. Lewis，私信）．

私たちは今，リリースする前に，それぞれのハリネズミが獣医師による健康証明をすべきであると思っています．特に以下の項目です．

- 歯を清掃して，総点検してください．
- 血液サンプルを取り，検査してください．

リリース時，ハリネズミは夏期に少なくとも450g，11月の終わりまでに500g，12月の半ばまでに少なくとも600gまでの体重があるべきです．ハリネズミは12月の半ばから4月の半ばまでリリースしない方が良いでしょう．

英国本土でリリースするために，スコットランドのアウター・ヘブリジーズ諸島から移されたハリネズミは，救助作業後すぐにリリースされましたが，順応するのに長い間を要したことが分かりました．リリース前2週間以上飼育された動物は，とてもうまく対処していて，移住に早く順応しま

した．

法　　令

　野生では，すべての野生哺乳動物と同様,「野生哺乳動物（保護）法 1996」によって，ある種の残虐行為から守られています．飼育下では,「動物福祉法 1911」によって残虐行為から完全に守られます．

　「野生生物と田園保護法 1981」付表 6 のもと，捕獲，罠，毒殺を含む，主な方法でハリネズミを狩猟することを禁止しています．

23
カイウサギとノウサギ

普通に見られる種：
　カイウサギ（*Oryctolagus cuniculus*），ヤブノウサギ（*Lepus europaeus*）とユキウサギあるいはアイルランドノウサギ（*L. timidus*）.

博物学

　これら3種は，生涯を通じて絶えず伸びる開放型歯根の歯をもった齧歯類ととても似ています．しかし，ウサギは齧歯動物に分類されず，総合的に異なったウサギ目に分類されます．

　カイウサギはなじみ深い動物で，「ウサギの繁殖地」と呼ばれる巣穴群の中で地下生活をしています．広範囲の牧草を食べるので，特に，拓けた地域の草を短く保つことに関与しているので，たくさんの景観を形作ります．

　しかし，1953年のウイルス性の粘液腫の侵入から2年以内に，個体数の99％が死んでしまい，多くの芝生地が伸び放題となって，最終的に低木の茂みに逆戻りしました．この変化は多くの野生生物に深刻な結末をもたらしました．その最も激烈な結末は，英国の繁殖種であるアリオンゴマシジミ（*Maculinea arion*）の絶滅でした．ノウサギは背丈の高い草から恩恵を受けている種です．草は，地上の浅い窪みにしか見えない「ノウサギの巣（form）」と呼ばれる開放型の巣を覆い隠します．

　ごく最近では，おそらく様々な粘液腫のウイルス株に免疫が増加したため，カイウサギの個体数は増加を示しています．一方，ヤブノウサギはおそらく近代的農法のため，急速に数が減少していることを示しています（Corbet & Harris, 1991）.

　ヤマノウサギはヤブノウサギより小さくて，スコットランドやアイルランドの高原を好みます．高原では，ヤブノウサギがヤマノウサギに取って代わりました．ダービーシャーの開墾地には，ヤマノウサギのわずかな個体群がいます．ヤマノウサギは厳しい冬の条件の中で，純白の被毛を身にまとい，道路脇で，生々しく死んでいるのがよく見られます．

　カイウサギとノウサギでは，成獣のノウサギがカイウサギより大きく，全般的にカイウサギよりもっと運動性に富んだ長い体格をもっていて，一見して異なります．ノウサギは完全に毛皮で覆われ，眼が開いた赤ん坊を出産します．それと対照的に，赤ん坊のカイウサギは地下の「停留所（stop）」で生まれます．それらは裸で，自力ではなにもできず，眼と耳が閉じたままです．

道具と輸送

　この動物を捕まえるための機能的な唯一の道具は，長い柄の付いた大きい網です．

　運搬用箱は，低い位置に換気穴があり，段ボール製か木製で，密閉されていなければなりません．もしカイウサギとノウサギが箱の外から見えないなら，両方とも静かにしているでしょう．

救護と取扱い

　救護されなければならないのは一般にカイウサギです．これらは3つのカテゴリーに分類されます．

（1）道路上事故でけがをさせられた
（2）若いウサギが猫によって捕まえられた
（3）粘液腫に罹っているカイウサギ

　これら不自由になった動物は，それでも捕まえにくいので，捕獲を確実にするために，長い柄の網が必要です．

　粘液腫にかかったカイウサギが道路のあちこちで見つかったとき，手持ちの網がないと，しばしば問題が起きます．眼を閉じているかもしれませんが，まだ聴覚や嗅覚があって，もし近づくと，やみくもに走るでしょう．やるべきことは道路側から動物に近づくこと，そうすれば，もし走っても，往来の方へは行かないでしょう．動物に届くくらい十分近づいたら，体の周りをしっかりと捕まえてください．

　咬みませんが，暴れて，後ろ足で引っかくかもしれません．カイウサギとノウサギは脊椎損傷を起こしやすいので，上手に取り扱うことが重要です．ウサギを保定するには，一方の手で，うなじから肩の周辺をしっかり握ってください．もう一方の手を使って，臀部を支え，暴れている動物を制止しなくてはなりません（図23-1）．それから動物を優しく箱に入れ，タオルや毛布で覆いましょう．

　決して，耳を持って拾い上げてはいけません．

　カイウサギとノウサギの両方とも，捕まえられるストレスや恐怖によって引き起こされる心停止で死ぬことが知られています．ジアゼパム1mg/kgの筋肉内投与は診療施設への輸送間に動物を落ち着かせるでしょう．

　実際に，ノウサギは狩猟を生き延びますが，交通事故で死亡する方が一般的です．原野の真ん中で，親からはぐれたということで，当歳のノウサギ（leveret）が持ち込まれることはよくあることです（図23-2）．雌のノウサギが赤ちゃんに授乳したり，排便・排尿を促したり清拭する夜間に，一度その場を離れてから戻ってくるまでの間，当歳のウサギが放っておかれるのはまったく正常な行動です．

　不幸にもその姿を見つけられ，救護施設に持ち込まれた，当歳のウサギを親元に戻すことが，必ずしも可能であるとは限りません．その結果，このような神経過敏な動物に対しては，とりわけ骨の折れる仕事である人工哺育をしなければならなくなります．このことは「そのままにしておく」というアドバイスが本当に真であるということを物語っています．

図23-1　カイウサギとノウサギを取り扱うとき，後躯を支えることが重要です．

共通の病気－カイウサギ

　野生哺乳動物の伝染病は自然現象に違いありませんが，人の活動を介して起こる野生のカイウサギの2つの病気が，英国に存在しています．

粘液腫

　回復するか，死ぬか，人道的に殺すまでは，保護されている動物の多くが苦痛を示すことなく，正常に食べて，水を飲み続けます．感染した動物は，単に穏やかで，致死的でない病気を起こします．しかし，1953年にこのウイルスが英国に導入されたとき，その影響は破壊的でした．2年以

図 23-2 当歳のノウサギは一般に「救護」してはいけません．

内にカイウサギの個体数の99％が死んでしまいました．

最初の猛威をふるってからは，この病気の頻繁な集団発生がありましたが，動物がたくさん死ぬことはありませんでした．この生存者は免疫を次の世代に伝え，次第に死亡率は40～60％に減少しました．もしこの傾向が継代するなら，このカイウサギはやがてモリウサギにみられたようなウイルスに対する抵抗性をもつでしょう．粘液腫ウイルスは英国の他の動物には感染しません．

このウイルスはノミあるいはサシバエによってウサギからウサギへと広がります．潜伏期は2～8日で，その後まぶたが腫れて，開かなくなります．化膿性結膜炎がさらに眼や眼窩周辺に炎症を起こさせ，後に，耳，頸，頭，鼻のまわりや肛門性器部が腫れ，化膿します（図23-3）．

病気のウサギは正常に食べ，交尾し続けることもありますが，通常11～18日以内に死にます．しかし，何匹かのウサギが生存し，次世代にあらゆる獲得免疫を伝えます．

粘液腫は，ウサギが捕獲され，治療に連れて来られる最も共通の原因です．今まで感染したウサギに推薦される処置は常に安楽死でした．その通りで，もし動物が極限の苦しみを示すか，あるい

図 23-3 粘液腫のカイウサギが絶え間なく食べて，水を飲むなら，回復しているということでしょう．

は発作を起こしているなら，その動物を安楽死させましょう．ただ，何頭かのウサギは病気から回復することができるので，能動免疫機構を増強するための支持療法をします（図23-4）．回復するか，死ぬか，人道的に殺すまでは，保護されている動物の多くが苦痛を示すことなく，正常に食べて，水を飲み続けます．

　来院時の安定化治療後に輸液とノミの駆除を行うとき，感染が分かるウサギはすべて，集中治療を始めます（表23-1）．もし19日間生き残るなら，この感染から生存したと考えられ，リリースの準備をするか，半飼育下で滞在させる準備をします．

　眼球摘出を必要とするような，眼に回復しない損傷のある動物は，飼育下で維持されなければならないでしょう．集中治療で19日間生き抜き，盲目になった野生のウサギが，実際に安定し，キツネ避けの囲いの中で同様のウサギと一緒にすくすく育つことが知られています（図23-5）．それらのウサギはストレスの症状を示しませんが，不必要に増やさないように去勢してください．

図23-4 粘液腫から回復したカイウサギ．

表23-1 粘液腫に冒されたカイウサギのための通常の治療法

St Tiggywinkles
The Wildlife Hospital Trust

薬	投与量	頻度	効果
乳酸リンゲル液	50ml	日に2回7日間	輸液－水和
エンロフロキサシン（Baytril 5% Injection，Bayer）	0.2ml	7日間毎日	抗生剤
エタミフィリンカンシル酸（Millophyline-V，Arnolds Veterinary Products）	0.2ml	7日間毎日	気管支拡張剤
塩酸ブロムヘキシン（Bisolvon® Injection，Boehringer Ingelheim）	0.3ml	7日間毎日	粘液溶解薬
フルニキシン（Finadyne，Schering-Plough Animal Health）	0.15ml	3日間毎日	抗毒素
アビプロ（Vetark Animal Health）	ひとつまみ	餌に毎日添加	プロビオティックス
総合ビタミン剤（Norbrook）	0.5mlまで	毎週	総合ビタミン
ビソルボン®粉末（Boehringer Ingelheim）	餌に	毎日一振り	治療が終わってすぐ

図 23-5 粘液腫から生残したカイウサギは眼が見えないかもしれませんが，飼育下で不自由ない生活を送ることができます．

ウイルス性出血性疾患（VHD）

この病気はウサギが背負った比較的最近の恐怖です．このウイルス性疾患は，1984 年頃中国の家畜のカイウサギに発生し，英国の野生のカイウサギ集団に確認されてついに 10 年を経ました（Anon, 1994）．

ウイルスの伝搬は，感染したウサギとの直接接触，齧歯類や昆虫，鳥との接触です．感染している動物が飼育下に置かれると，このウイルスは，器具，餌や衣類で機械的に伝搬することがあります．それは人や他の動物に感染する可能はありません．

病気の症状は以下のものを含みます．
- 突然死
- 食欲喪失
- 沈うつ
- 呼吸困難
- 協調運動失調
- 鼻からの血液が混じった粘性物排出
- 1～2 日の内の死

この病気はカイウサギで高い罹患率と 90％近い死亡率を示します（Capucci et al., 1997）．潜伏期間は 24～72 時間で，その後すぐに死亡します．VHD の影響は破滅的で，おそらくあまりに重篤で治療できないでしょう．

今までリハビリテーションが確認された症例は実際にありませんでしたが，もし病気のウサギが治療に連れてこられたなら，厳重な注意を払ってください．ウイルスの機械的伝搬を防ぐため，さらに注意を払って，粘液腫に感染した動物に使われるのと類似の検疫システムを行えば十分です．ワクチンが手に入ります（Cylap, Fort Dodge Animal Health）．

コクシジウム症

特に若いカイウサギとノウサギ両方が，コクシジウム，特に下痢を起こしやすい *Eimeria* spp. に感染していることがあります．糞便中のオーシストを確認することで診断できます．

治療はスルファジミジンを飲み水に 0.2％混ぜて与えましょう．しかし，水を飲みたいと欲しているウサギのみにしか効かないでしょう．スルファメトキシピリジン（Bimalong, Bimeda Chemicals Ltd）はコクシジウム症の治療に有用な注射薬です．

いくつかのウサギ用飼料にはコクシジウム駆虫薬が入っています．この薬は発症を防ぎますが，治る訳ではありません．

特にカイウサギの腸の疾患は全般的に，単純なコクシジウム症よりもっと複雑です．下痢以外の徴候は，獣医師による緊急な確定診断および治療

内部寄生虫

カイウサギとノウサギ両方とも，内部寄生虫が感染しているでしょうから，200μg/kg のアイバメクチン（牛用 Ivomec™ 注射薬，Merial Animal Health）で治療することは有益です．ノウサギは，特に線虫 *Graphidium strigosum* の寄生があるかもしれません．

ハエの攻撃（ハエウジ症）

カイウサギが 2 つのタイプのペレット状の糞便を作ります．盲腸糞と呼ばれる軟糞ペレットは湿っぽくて，ウサギによって再度摂取されるために夜排泄します．もし糞がきれいにされないなら，日中にハエを呼び集める湿った場所になるでしょう．

同じように，軟便状か下痢状の糞便で肛門部やその周囲が汚れていると，ハエを呼び集めるかもしれません．そこはハエの攻撃が起こる場所です．新たに収容されたカイウサギと飼育下のカイウサギの肛門周囲にハエの攻撃の跡がないかチェックしましょう．下痢の病歴や明らかに体に湿った部位があるなら，特に後軀全体をクロバエの攻撃から守るために，唯一英国で認可された殺虫剤（Whiskas Exelpet, Pedigree Masterfoods）か Rear Guard® （Novartis Animal Health UK Ltd）で予防することができます．

鳥結核菌亜種ヨーネ病菌

Greig ら（1997）はスコットランドのテーサイド州の調査で，野生カイウサギの 67% にこの病気の証拠を発見しました．英国全体で，この高い発生率のまま起きている証拠はありません．しかし，感染の可能性もあるので，野生動物を取り扱うとき，取扱い者は必要不可欠な衛生状態で取り扱うことが必須であることを，さらに認識しておかなければなりません．

共通の疾患－ノウサギ

ヨーロッパノウサギ症候群

ヨーロッパノウサギ症候群 （EBHS）はノウサギのウイルス病の 1 つです．この病気はカイウサギのウイルス性出血性疾患（VHD）より明らかに病原性が高いです．著者は今までに治療のために救護センターに連れてこられた，EBHS に感染している野生のノウサギの記録をもっていません．カイウサギの VHD とまったく同じように，病気に感染した後，死は迅速に訪れます．このことが，感染して生き残っていた動物が発見されたとしても，救護されてこなかった理由でしょう．

トリポネーマ

中央および南スコットランドのヤブノウサギとユキノウサギにここ数年間，口，鼻，外部生殖器周辺のかさぶただらけの外傷が確認されています．1995 年に，1992 ～ 1993 年の期間集められた 11 の死体の内，9 死体の組織標本で再検査しました（Munro et al., 1995）．スピロヘータが 1 匹のヤブノウサギと 2 匹のユキノウサギの表皮で発見されました．これがおそらく，野生のノウサギのトリポネーマ様微生物の最初の記録でしょう．この病気の広がりを知るためには，かさぶただらけの外傷をもつノウサギの例をもっと必要とします．

ウサギ類に共通の出来事

交通事故の犠牲者，猫の犠牲者，病気の犠牲者の 3 つの例以外で，カイウサギが救護されることはそうたくさんはありません．唯一の状況は，長距離からの散弾銃，あるいは空気銃のいずれかで撃たれ，弾が残っている外傷のウサギを救護する場合です．

不正咬合は野生のカイウサギやノウサギでみることがあります．もしそれが起こったなら，家畜のウサギのように治療することができます．しかし，罹患した動物は決してリリースすべきではあ

りません．飼育下で生存させるためにしかたなく定期的治療を必要とすることもあります．

脊椎骨折はカイウサギとノウサギの両方で最もよくみられる骨折で，安楽死を必要とします（図23-6）．しかし，特に若い動物は足の長骨に治療可能な骨折を負うことがあります（図23-7）．

他の外傷は，ある状態に特有である可能性が高くて，それらが起こったときに，特異性を考慮して評価されるべきです．

ウサギの抗生物質の投与には，消化管内フローラを回復させるためにプロバイオティクスを補いましょう．

エンロフロキサシン（Baytril®, Bayer）やクラビニック酸とアモキシシリンの合剤（Synulox, Pfizer Animal Health）の両方とも，副作用なしで全身投与できました．しかし，リンコマイシ

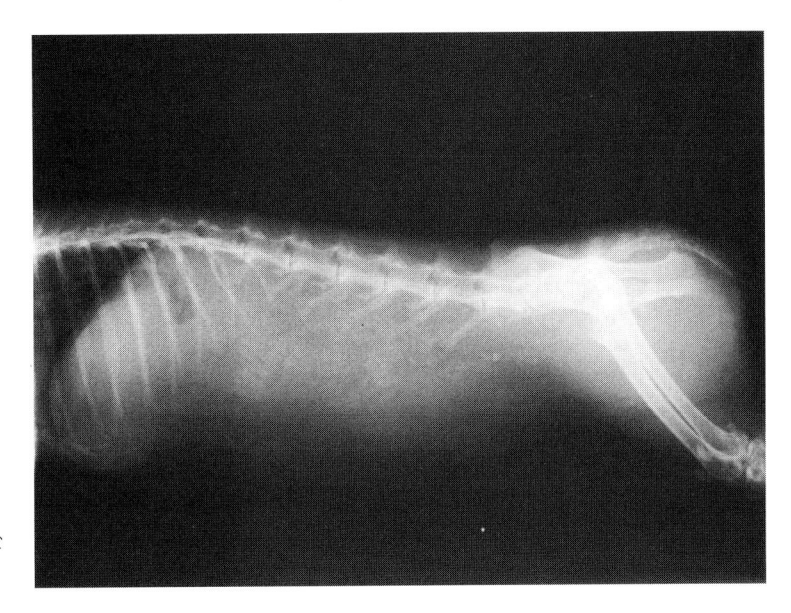

図23-6 多くの傷病ノウサギは背骨が骨折しています．

図23-7 足を骨折したカイウサギがギプスを付けています．

ンはウサギに有害であることが示されています（Flecknell，1991）．

来院と応急手当

初めにカイウサギとノウサギは点滴を受けるべきです．ウサギの心臓血管系への注射に耳静脈を使うのは，痛みがあり，注射部位の壊死を起こすことがあるので，使うべきではありません．なるべく外側サフェナ静脈か頸静脈を使ってください（Kelleher，2003）．翼状針セットを外科用接着剤で思う所にのり付けすることができます（Vetbond®，3M）．指による圧迫で，静脈は拡張するでしょう．ノウサギの橈側皮静脈は注射できる位，十分な大きさです．

1mg/kg ジアゼパム投与はノウサギを落ち着かせる助けになり，ビタミンE／セレン（Dystosel，Intervet）の筋肉注射は，ノウサギやシカのように敏感な野生動物共通の状態である捕獲後筋疾患に効果があります（第27章参照）．

広範囲スペクトルの抗生物質，持続性アモキシシリンはショックの影響をカバーするものとして与えることができます．

来院するすべてのウサギは，潜在的に粘液腫または感染したノミをもっている可能性があり，明らかに病気であるか否かにかかわらず，他のウサギに感染させるかもしれません．以下のように来院時の取扱いを決めれば病気の伝染をコントロールすることができるでしょう．

- 輸液治療後，ウサギにノミ取り粉（Whiskas Exelpet，Pedigree Masterfoods）を振りかけるか，Advantage®（Bayer）を皮膚に滴下しましょう．1997年にCooper and Penaliggonは，フィプロニール（Frontline®スプレー）のメーカーのRhone Merieuxがウサギにスプレーを使ってはいけないと勧告していると報告しました．
- それから，ノミが死ぬまで15分間ボール箱に入れてください．
- ウサギを10日間検疫用ケージに入れます．
- 最初の薬物投与後，粘液腫患者は健康なウサギを入れることのない鳥の施設に入れます．
- 動物が来院したときのすべての運搬用箱，干し草，床敷きを焼却します．

収容法

カイウサギは大きいケージで飼うことができます．それらを不妊状態にしておくことはほとんど不可能なので，木製のウサギ小屋の使用は避けましょう．

カイウサギが回復したらすぐに，金網で囲った草地に出しましょう．そこには入り口が一方だけの巣を中に置きましょう．床のない鶏の囲い（chicken ark）が理想的です．しかし，毎日囲いを移動しましょう．さもないと，外への抜け穴を掘ってしまいます．

ノウサギは一般的な日常の騒音から遠く離れた隔離小屋で飼ってください．保護された後しばらくの間シカと同じように，捕獲筋疾患に陥りやすいのです（Rendle，2004）．

給餌

カイウサギやノウサギは新鮮な草（新たに刈るときは傷みやすい機械による芝刈りではなく），ハコベやタンポポなど，すべてのお気に入りを敏感に察知します．より良いバランスのとれた餌のためには，ほとんどのペットショップや農産物商から手に入る各会社の餌があります．

Rolf C. Hagen社は2つのウサギ用製品を製造しています．

- ウサギ用ペレット餌5ポンド袋
- グルメウサギ混合飼料 1kg 包装

粘液腫に感染したカイウサギはアルファルファならよく食べます．

給餌3～8時間後に，カイウサギは肛門から粘液で覆われた粒状の糞，盲腸糞を排泄します．これらは食糞として知られている行為で，肛門から直接食べます．金網の床の上でカイウサギを飼育すると，糞を食べるのが難しいことがあるので（Slade & Forbes，2004），どんな場合にもできるだけ早く，ウサギを芝生や雑草地で飼養してください．

リリース

　農地でカイウサギをリリースすると，明らかに農民と対立するでしょう．農業と利害関係のないリリース場所を探すことによって，私どもはこれらの対立を乗り切ります．特に，開けた草地で他のカイウサギのいる高地は，自然の芝刈り機であるカイウサギを歓迎する快適な環境にあるようです．

　ノウサギは農地をより好みますので，歓迎されない場合，迫害されるでしょう．ノウサギはカイウサギほどの規模で農作物に損害を与えないので，うれしいことに多くの農民が自分の土地にノウサギをリリースすることを許してくれるでしょう．

　粘液腫によって盲目となったウサギは必ず半飼育状態で飼養してください．盲目のウサギは本当にうまく定住します（図23-5）．

法　　令

　特にこれら3種に対する公の保護はありません．しかし，「動物福祉法1911」と「野生哺乳動物（保護）法1996」によって残虐行為から守られています．

24
アカギツネ

博物学

アカギツネは英国原産，唯一のイヌ科動物であり，定住者です．19世紀に狩猟のために導入されたスカンジナビアのキツネや他のヨーロッパのキツネによって，その数が人工的に膨れあがるまで，キツネは決して数の多い肉食動物ではありませんでした．

オオカミの消滅後，キツネは英国で最も重要な肉食動物であり，食物連鎖のトップだと考えられています．1950年代の粘液腫の惨事の後，ウサギに代わってハタネズミがキツネの主要な獲物でしたが，キツネは非常に順応力が高く，他の小哺乳動物，昆虫，死肉，果物や他の野菜類を食べ，同様に鳥も捕まえます．

その順応性は，近年キツネが都市市中に入って，丈夫に育つことから分かります．そこには，邪魔者や迫害が少なく，ラット，マウスからハト，餌付けやファーストフードのゴミにまで食べられる物があり，手に入ります．キツネは通常猫を襲いませんが，もしすでに死んでいることが分かれば，その猫を食べるでしょう．

不潔なキツネからは強い臭いがすると思われていますが，世間の噂とは反対に，キツネはとても清潔な動物です．キツネは，厳格に管理されるナワバリ内で，家族集団で生活して犬より強いキツネが定期的にパトロールします．グループで繁殖にあたらない雌ギツネによって子育てを助けられながら，アルファ・ペアのメンバーが貞節な親になります．子は通常3月〜4月の間に地下で生まれます．雄の子と数頭の雌は自分自身のナワバリを見つける夏の後半まで，グループに止まります．

器具と運搬

取り扱っている人なら誰でもキツネに咬まれる可能性が高いです．それらは容姿が犬にとても類似していますが，まったく違った行動をします．つまり，犬が歯をむき出し，唸り声をあげて咬もうとしていることを取り扱う人に知らせるのに対して，キツネは事前の警告なしに，成り行きで咬むでしょう．

安全にキツネを取り扱うために必要な器材は，犬で使われている物とほとんど同じですが，完全に目的を果たすためには，使い慣れていなければなりません．つまり，手間を省いたり，集中力の欠如によって，咬まれてしまいます．

- 長い柄付きで，枠が補強された大きいネットがとても有用となり得るでしょう．これに加えて，動き回る動物を捕獲するために，高いテニスネットのようなカスミ網も有益でしょう．
- 着脱可能な輪縄の犬捕捉器がキツネを保定する最も安全な方法です（図24-1）．
- 露出している手には，丈夫な手袋はわずかに信頼できる程度ですが，保護をするでしょう．
- 飼育係のための理想的な道具であり，ケージに入れたキツネにすら必須の道具は，先の柔らかな箒，それでキツネの頭部を押さえつけることができます．
- 最後に，沈静や麻酔注射しやすくするために，

図 24-1 キツネを捕獲するのに用いられる，着脱容易な輪縄式の典型的な犬用捕捉器．

救護と取扱い

3本脚だけだとしても，機能的でキツネが立ち上がることができるなら，捕獲することはとても難しいでしょう．俊足の人さえ追いつかないでしょうから，傷病キツネを捕獲する確実で唯一の方法には作戦が必要です．

傷病キツネを運搬用ケージに入れる前に，空にして準備しなければなりません．キツネを捕獲した後に，ケージを開けようとしてヘマをする時間はありません．

動けるキツネはどんな網を使っても，上手につかまえられます．考え方としては逃走経路を塞ぐことで，キツネにどんな逃走の機会も与えないことです．キツネが猫と同じぐらい俊敏であることは覚えておくに値します．捕獲から逃れるために2mのフェンスを登ることを防ぐ対策は何もないことが分かるでしょう．

1人が，長い柄の網を持って，考えられる逃走経路に隠れていてください．もう1人は，反対方向からキツネに近づきます．その人が同じく長い柄の網を持っているなら，逃走する前に，キツネを捕えることが可能かもしれません．もしそうでなければ，限定された逃走ルートをキツネが突破するとき，ネットの中にキツネが飛び込むような動きで，もう1人が素早くキツネの正面にネットを降します．それから，網を地上に固定します．

それから，他の人が近づいて，柄がついた柔らかい箒で網を通して，キツネの頭を地面に押しつけます．網の上からキツネのうなじを持ち，慎重に持ち上げることが可能です．キツネと網を運搬用ケージに入れ，ふたを閉じます．それから，キツネを放し，蓋を閉じて，隙間から網を引き出します．蓋をボルトで締めます．

もし機会があるときは，いつでも，キツネは網の上から咬むことができるし，そうしようとすることを強調しておかなくてはなりません．

カスミ網にかかっても，キツネの動きを制限できません．うなじをつかむことができるまで，厚地の手袋を使い，網の上からキツネの体を押さえてください．本当はキツネのうなじをつかむのに，厚地の手袋では安定した握りを維持するのが難しいので，手袋はしない方がよいのです．

キツネが密閉された場所，例えば小屋の中では，犬用捕捉器をキツネの頭の上から滑らせて，頭の周りを締めます．キツネは過剰な力で重傷になりやすいくらい傷つきやすい動物です．キツネを押さえるのに十分な，ちょうどよい力の強さが必要とされるのです．キツネが制御できれば，うなじをつかむことができる位置まで引き寄せます．う

図 24-2 キツネはうなじと臀部を持って運んでください.

なじをつかんだらすぐに，捕捉器を外してください．キツネの頸を上げるために捕捉器を使ってはいけません．いったんうなじを安全につかんだら，キツネを蓋を開けておいたケージにすばやく入れ，蓋を閉じます．

制御していない状態で，そのままキツネの頸をつかもうとして，決して手を伸ばそうしてはいけません．咬まれるでしょう．

キツネのうなじをつかむときは，どちらかというと，一般的に猫の場合よりは力を抜いて行います．しかし，キツネを持ち上げるときは常に，臀部の皮膚をしっかり握ることによって支えるか（図24-2），あるいは，うなじをつかんだらすぐ，使っていない方の手で臀部を支えなければなりません．

決して尻尾を持って，キツネを持ち上げてはいけません．

この捕獲と取扱い手順の間中，キツネはとても怯えたままでいます．怯えていても，キツネは逃げることに躍起になっているでしょうし，唯一の防衛の手段としては，ためらうことなく咬みつくでしょう．キツネは，あなたが咬まれるのを避けることができるより遙かに早く咬むことを常に覚えておいてください．注意してください．

アカギツネに共通の病気

疥　　癬

キツネが罹る最も一般的な疾患の1つであり，最も分かっている疾患の1つはダニ *Sarcoptes scabiei* によって引き起こされる疥癬です（カラー写真36）．ダニは接触によって広がります．ダニは皮膚に潜って繁殖し，急激に広範囲の脱毛を引き起こします．そして通常，炎症は尾の基部や後肢に始まり，短期間に臀部，背部，最終的に頭部に広がります．キツネが自分自身を引っ掻くと，傷口から組織液がしみ出て，厚さ1cm以下の広範囲のかさぶたになります（カラー写真37）．そのキツネの体重は半分になり，体毛もほとんどなくなります．そして，眼や顔にはかさぶたができて，治療しないと，およそ4カ月で死ぬでしょう（Corbet & Harris，1991）．

罹患したキツネが衰弱して捕獲された場合，通常病気はかなり進行しています．しかし，捕獲できれば簡単に治療することができます（図24-3）.

最初の数日の間の集中的輸液療法の後，流動栄養食を与え，支持療法を行います．持続性アモキシシリンのような広域スペクトル抗生物質投与をしながら，同化ホルモン，ナンドロロン1～

図24-3　キツネは疥癬から回復することができます.

5mg/kgの1日おきの投与（Nandoral Tablets, Intervet）か，1〜5mg/kgの21日毎の投与（Laurabolin, Intervet）を一緒に始めてください．動物が安定したら，疥癬駆虫を始めることができます．

- 初めにアイバメクチン200μg/kgの皮下注射，あるいは経口投与（牛用 Ivomec™ 注射薬, Merial Animal Health）．
- ドラメクチン（牛と羊用 Dectomax® 注射薬, Pfizer Animal Health）300μg/kgの筋肉内注射．
- ダニに対するアレルギー反応を改善するための必須脂肪酸として，5kg当たりに10滴のEfaCoat™（Schering-Plough Animal Health）を毎日の餌に加えます．
- アイバメクチンかドラメクチンは2週間後に再び投与して，2週間隔で繰り返します．

ナンドロロンとEfaCoat™は飼育下のキツネには滞在期間を通じて続けてください．

捕獲しないでも，特定のキツネを治療することが可能です．もし特定のキツネ，1頭だけをアイバメクチンを含んだトラップフードで狙って投与できるなら，この方法を使うことができます．投与量を200μg/kgで計算します．アイバメクチンをもっと安定化し，0.2ml/kgで投与するために，プロピレングリコールで，1:9の割合で混合します．キツネは一般に体重約5kg位なので，1mlのアイバメクチン希釈液を加えた Walls 社製電子レンジ調理ソーセージで私たちは治療に成功しています．これを2週おきに3回与えます．

人獣共通感染症への配慮

疥癬は人（そしての犬）に感染します．人が感染した場合，治療のため，可能性のある接触源を詳しく人の医師に知らせてください．

犬は自分で治療しないで，獣医師に相談しましょう．

人では，疥癬はゆっくりと進行します．しかし，急速に体を横断するように広がる疥癬に関連するもう1つの状態があります．若干の人には，ほこりや，あるいはダニに関連するアレルギー反応があるように思われます．その発症は早く，2〜3日以内に胴体の大部分がヒリヒリする発疹で覆われます．治療には鎮痛クリームとアレルギー反応を特別に抑える坑ヒスタミン剤で痒みをコントロールします．皮膚病変は通常およそ3週間後に自然にきれいになります．

これら両方の状態を避けるために，疥癬に感染している可能性のあるキツネに触れる人は皆，外科用のマスク，手術ガウンと手袋をつけてください（図24-4）．

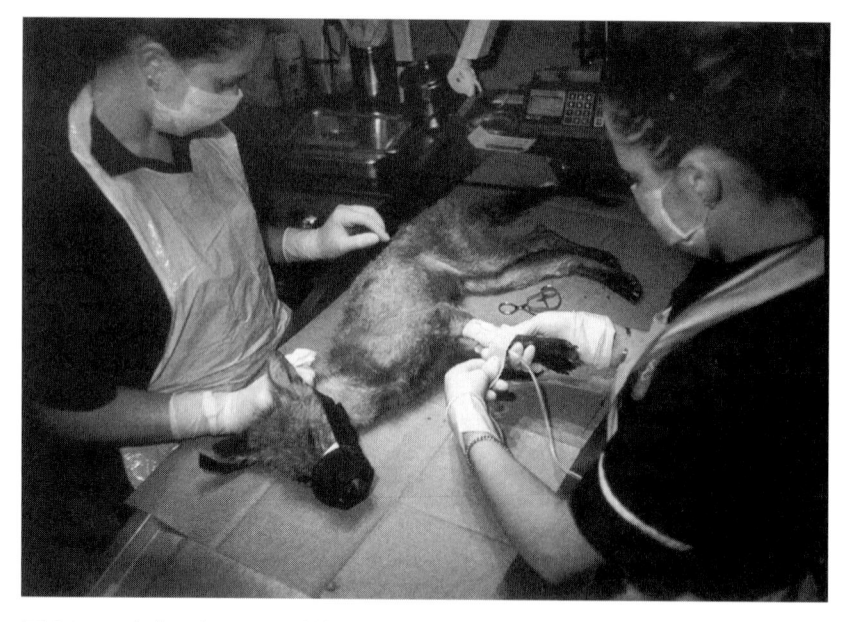

図24-4 疥癬のキツネは手袋とガウンとマスクを付けて取り扱ってください.

黄　疸

歯ぐきや粘膜の黄染する黄疸を示し，連れて来られる，たいていのキツネが内出血の病気をもっています．まれに，黄疸のキツネはイヌ伝染性肝炎か，レプトスピラに感染していることがあります．

イヌ伝染性肝炎

イヌ伝染性肝炎（ICH）は犬とキツネのウイルス病です．ほとんどの犬がICHのワクチンを受けていて，現在ではこの病気を動物病院で見るのが珍しくなっています．

しかし，キツネではごく普通で，感染源はまだ証明されていません．この病気には，早期にみられる様々な症状があります．しかし，疥癬と同じように，キツネは発見・捕獲されるときにはすでに重症となっています．その時期のキツネは，通常歯ぐきや粘膜が黄疸し，神経症状を示しています．

獣医師が病気を確定するために血液サンプルを必要とします．点滴する前のトリアージ時に採血してください．

おとなの動物では必ずしも致命的であるというわけではなく，抗生物質とビタミンB群がこの病気の治療の助けとなります．病気の後に，キツネは特徴的な「ブルーアイ」を起こすことがあります．これは，角膜の浮腫によって起こります（カラー写真38）．通常はきれいになるでしょう．

ウイルスは感染しているキツネの唾液や尿，糞便に排出されます．厳格な衛生管理がなされているなら，ケージ間で交差感染のケースはないに違いありませんが，排泄されたウイルスが最高6カ月間生きていることを知っていることが重要です．

人獣共通感染症への配慮

ICHは人への感染性はありませんが，黄疸の症状は人に感染するレプトスピラによっても起こることがあります．獣医師の確定診断を待つ間，すべての病気のキツネに厳格なバリアーによる予防処置をとってください．

レプトスピラ症（ワイル病）

犬レプトスピラ症はワイル病の原因となり，人に危険です．これは致命的となる可能性のある病気です．野生では，レプトスピラ症は主にネ

ズミの尿で広がります．特に，このグラム陰性菌のレプトスピラは水の中で長く生残します．キツネはラットを殺して食べることから，あるいは切り傷やすり傷から，あるいは感染しているキツネとの接触から感染します．キツネの主要な臨床症状は黄疸で，歯ぐきと粘膜に特に表れます．診断は検査のために採られた血液サンプルによって行うことができます．犬用の抗体検査キット（ImmunoComb®, Biogal）もあります．その結果は獣医師が治療方針をたてる助けとなるでしょう．

疑わしい動物の看護はすべて，厳格な管理と衛生管理体制下に置くべきです．この動物に係るスタッフにはあまりに危険性が大き過ぎるので，1頭の感染キツネの治療には，数名の獣医師が当たることになるでしょう．しかし，ある程度までの隔離看護と抗生物質は実行可能かもしれません．

もし人にインフルエンザ様症状が表われたら，確定診断と共に，キツネの発見者とその取扱いや世話をした人がレプトスピラに暴露された可能性があることを，詳細に医師に話しなさいとアドバイスしてください．確定診断され，早く治療されれば，ワイル病は治療可能です．

内部寄生虫

他の野生動物と同じように，通常の寄生虫寄生は問題ではないでしょう．しかし，キツネが捕獲され，治療のため連れて来られるまでに増大する寄生虫問題で，通常かなり衰弱します．疥癬治療同様，アイバメクチンかドラメクチン治療がこの問題を解決するでしょう．

キツネには，*Taenia serialis* と *T. pisiformis* のサナダムシも寄生しています．それらは人に包虫 *Echinococcus granulosus* 症を引き起こします．0.1ml/kg のプラジクアンテル（Droncit® 注射薬，Bayer）で駆虫します．

歯の病気

野生動物が正常な状態で歯周病を患うことはないはずです．しかし，野生動物には歯内疾患がみられ，通常歯，特に犬歯が折れることによって起きます．歯髄が露出し，細菌が侵入，さらに感染しやすい状態のままになります．これには以下のことを含むことがあるかもしれません．

・顎の骨への局所感染
・腎臓と心臓弁へ全身的拡大
・慢性になれば，腎臓や肝臓，心臓，脾臓のアミロイド症で死ぬこともあります

キツネの歯は鋭く，壊れやすく，容易に折れます．歯が折れ，歯髄が露出した歯をもったキツネをリリースすることは，キツネを捨てることと同じです．したがって，キツネをリリースする前に，根冠治療，抜歯，全清掃を含む完全な歯の治療を受けさせてください．歯冠やブリッジ，美容治療はまったく適当ではありません．

他の状態

傷病キツネでみられる他の状態は，成獣の細菌性肺炎と幼獣の水頭症があります．

アカギツネに共通の出来事

進行した病気を患っているキツネが，どのように人の居住地を探し求め，決まって小屋やガレージ，納屋を見つけ出しているように見えるのは，驚きです．道路上のキツネは完全に死んでいるか，さもなければ何とか動いて，決して発見されないようにしようとします．キツネはアナグマやカワウソ，シカよりも交通事故に合う可能性が低いように思えます．

罠

フェンス

キツネはフェンスを乗り越えようとして，ワイヤーや鎖部分に片足を取られて，よく発見されます（図24-5）．通常，フェンス用ペンチで網を切り放されなければなりません．そのキツネはすぐにリリースしてはいけません，圧迫壊死の症状を監視してください．それは長期療養が必要であることを意味します．

罠

不幸にも，英国ではいくつかの罠がまだ合法的です（図24-6）．キツネは通常の罠の獲物であり，散歩している人々によってよく発見されます．フェンス用ペンチで罠を切りますが，損傷部位の圧迫壊死を数日間監視するまで，キツネをリリースしてはいけません．

中　　毒

キツネを毒殺することは違法ですが，実際に起こっています．不幸にも使われた毒物を特定することが必ずできる訳ではありませんので，支持療法以外の治療はおそらく効いていないようです．

もし毒物の確かな可能性であるなら，フリーダイヤル 0800-321-600 の環境・食糧・農村地域省の野生生物事故係に報告してください．

もし毒物が特定されれば，獣医毒物情報サービスが治療についてアドバイスすることができるかもしれません（付録7参照）．

図 24-5　フェンスに挟まると，圧迫壊死になるかもしれません．

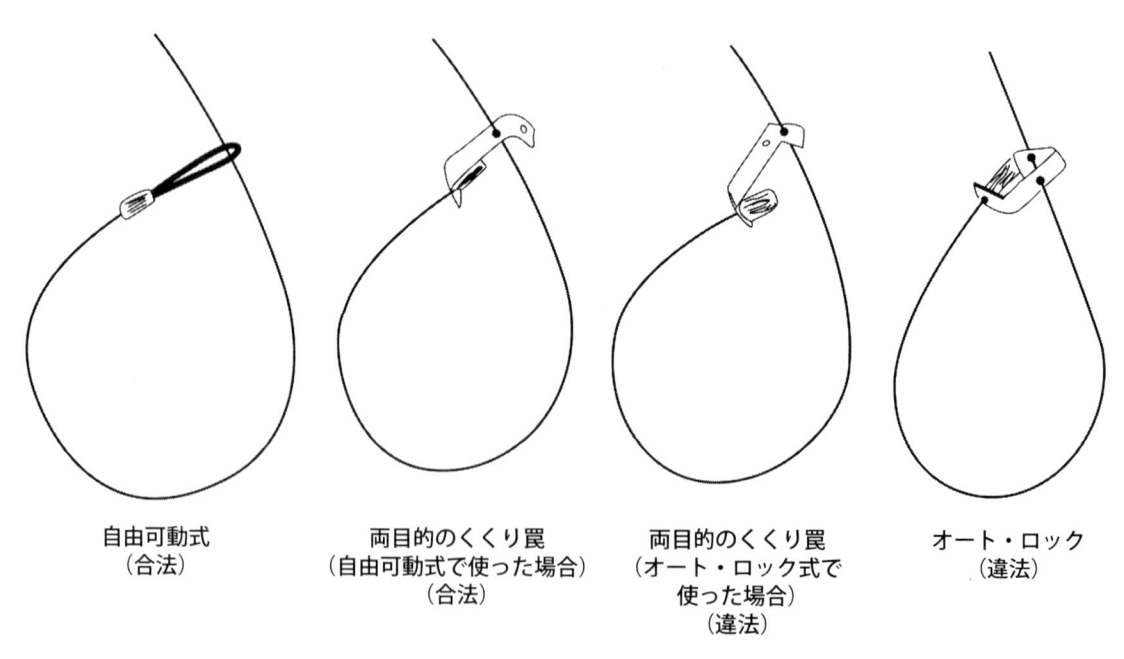

図 24-6　いろいろなくくり罠には合法と違法の両方あり，まだ使われています．(a) 自由可動式（合法），(b) 両目的のくくり罠を自由可動式で使った場合（合法），(c) 両目的のくくり罠をオート・ロック式で使った場合（違法），(d) オート・ロック式（違法）．

アカギツネに共通の外傷

骨　　折

　交通事故による骨折は，足や骨盤，脊柱の長骨の骨折です．

　長骨の骨折は犬の骨折と同じように治療できます．犬との主な違いは足のギプスをそのままにしておかないことです．つまりキツネはギプスを何とかして咬み切り，外してしまうことができます．エリザベスカラーでさえ取ってしまい，壊します．最初からすべての足の骨折は樹脂製あるいはグラスファイバー製のギプス材で固めてください．このことは仮固定の副子の場合もそうです．通常，四肢骨折は外固定で安定させます．特に外固定はキツネが咬み外すことができませんし，比較的損傷部位を汚染から清潔に保ちやすいので有益です．

　通常，骨盤骨折の場合ケージ内安静で治るでしょう．もし骨折で骨盤腔が損傷されているなら，雌ギツネをリリースする前に，卵巣除去をする必要があるかもしれません．

　もしキツネが後足か，尾を失っているなら，野生へ戻す場合，普通に食べていくことが可能でなければなりません．キツネは前足の喪失ではうまく生活できないでしょうから，おそらく安楽死が最善の方法でしょう．ケージの中でさえ，キツネは前肢を使って穴を掘りますので，片足ではその行動のための不可欠な部分を奪われているのです．

咬　　傷

　他の衰弱する病気と同じように，咬傷を負ったキツネは傷口が感染し，生命にかかわるような毒血症あるいは敗血症になるまで見つかりませんし，捕えられるようになりません．毒血症は咬傷の場所に形成された膿瘍から放出される毒素によって起こります．

　初めにキツネには以下の薬と一緒に輸液をしてください．

・広域スペクトルの抗生物質の静脈内点滴．例えば，5mg/kgのエンロフロキサシン（Baytril® 5％，Bayer）の毎日投与
・コルチコステロイド，例えば，メチルプレドニゾロン20〜50mg/kg静脈内投与
・内毒素血症に対する薬，例えば，フルニキシン

　外傷は，開放性膿瘍として排膿し，治療しなければならないでしょう．

他の損傷

　交通事故の結果として，キツネも横隔膜破裂，肝臓や脾臓の破裂の被害を受けます．

来院と応急手当

　トリアージのとき，キツネに口輪をかけるのが安全ですが，口の中の出血あるいは嘔吐によって生命にかかわることを分かっている方が安全です．

　静脈内輸液とコルチコステロイドを頸静脈あるいは外側サフェナ静脈から投与することができます．衰弱したキツネでさえ，ほんの数分の間に輸液セットを咬むので，後者が望ましいに違いありません．このため，キツネを拘束し，観察している間に，可能な限りたくさん輸液してください．回復ケージに入れたらすぐに，キツネは点滴を壊してしまうでしょう．

　とても興奮しているか，あるいは手におえないキツネは1mg/kgのジアゼパムを静脈内あるいは筋肉内に投与して鎮静することができます．

収　容　法

　キツネは極めつけの破壊家で，いつも穴を堀ったり，どんなケージも囓って逃げようとします．木製のケージは適当ではありません．閂付きの戸の堅固な犬舎が望ましいです．キツネが逃げ出そうと犬歯を折ることがあるので，金網の使用はすすめません．しかし，通常人の前では，そのまま横たわっているでしょう．キツネは周りに人のいない夜，活発になります．

キツネは床敷きを必要としませんが，ケージの底に敷くのに，そのままの新聞紙が理想的です．キツネは，ステンレス製でこぼれないように工夫された餌入れや飲水ボウルでもひっくり返すでしょう（Hagen Non-Spill, Rolf C. Hagen）．

古い丸太がキツネの歯に損傷を与えない，咬むための物になるでしょう．

リリースの前のケージ外看護になったら，キツネは閂付きの戸の堅固な囲いに1頭，1頭別々で飼育してください．小屋はシェルターになるでしょう．床上げした縁台以外の寝床は必要ありません．

給　　餌

野生で，キツネの望ましい食餌は動物のからだ全体です．飼育下では，凍ったウサギやひよこ，ラット，マウスを購入して，与えることができます．ハリネズミ以外で，交通事故死したあらゆる種の動物も簡単に手にはいるでしょう．もしこの食餌が手に入らないなら，短期には上質のドッグフードやキャットフードも適切です．

リリース

おとなのキツネには厳格なナワバリがあるので，正確にそれらが発見された場所でリリースされるべきです．もし正確な場所ということに疑いがある場合，著者はキツネが自分のナワバリに戻るために10マイルを旅するのを知っています．ですから，キツネが発見された場所の近くの適当な区域でリリースすることは容認できることだと思います．

明らかに，狩猟監視員のいるような区域はキツネを自然に返すには不適当でしょう．もっと安全な区域に転居させるために，ロンドンやブリストルのように，キツネの分布が分かっている大きい町のはずれを選んでください．ここに，キツネを数週間留めることができるシェルターのあるリリース用囲いを建ててください．留め置いた後，ドアを目立たないように開け，キツネが自ら逃げ出すのを許します．食物と水を囲いの中に置き続けて，もし必要なら，キツネは戻って食べることができます．

飼い慣らされたキツネや盲目のキツネ，歯のないキツネはリリースしてはいけません．

法　　令

キツネは「動物福祉法1911」と「野生哺乳動物（保護）法1996」のもと，残虐行為から保護されます．不幸にも，キツネはまだ，違法とされている罠や猟銃による狩猟，犬による狩猟がなされています．

25
アナグマ

ここで取り上げた種：アナグマ（*Meles meles*）

博物学

アナグマはイタチ科に属し，肉食の哺乳動物の進化したグループです．英国のイタチ科の中で最も体が大きく，最多数の動物で，ずんぐりした体型の非常に力の強い動物です〔さらに筋骨たくましい従兄弟（クズリ）と異なり〕．その雑食性の餌はミミズ中心で，より乾燥した気象状況では野菜類から成り立っています．イタチ科の中でアナグマが最もよく救護を必要とします（Stocker, 1994a）．

装置と輸送

アナグマは英国のイタチ科の中で最もパワフルなので，安全にアナグマを取り扱うためにとても堅固な装置が要求されます．

- アナグマのための輸送用ケージは特に強化し，動物に沈静剤や麻酔剤を注射しやすいように圧迫装置が付いていると良いです．
- 外傷を負ったアナグマとの最初の接触は，意識がないか，意識朦朧としたアナグマの頭を押さえるために使うことができる柔らかい箒で行うべきです．
- 厚地の手袋はアナグマの噛み砕くような咬傷に対して保護しませんので，意識があるアナグマを取り扱うのに，犬用捕捉器を用意してください．
- アナグマを取り扱っていて，それを取り外さなければならないとき，犬用捕捉器の施錠装置は危険な障害物になることがあります．
- 同様に，様々な網はアナグマには役に立たないように思えます．アナグマは簡単に絡まってしまうので，網から出すときに咬まれる危険があります．
- 搬送用ケージ内の他の動物と同じように，自動車の中や輸送中に動物を置くトレーの中にポリエチレンシートが敷いてあることを確認してください．

救護と取扱い

動物を取り扱おうとする前に，救護を必要とするアナグマが交通事故の犠牲者かどうか，罠の犠牲者かどうか，あるいは放浪者かどうか状態を見極めることが重要です．ここで柔らかい箒の出番です．アナグマの頭に軽く触ってみてください．もし反応しなければ，うなじをつかんで入り口の開いた搬送用ケージの中へ入れたり，保定の準備を進めるということかもしれません．

アナグマは，取り扱うためのうなじがほとんどありませんが，意識がないか，あるいはとても衰弱したアナグマは，箒でしっかりと頭を固定した状態で，うなじを最大限の力でしっかり握ることができます．それから，常に，アナグマが突然正気に戻るような万一に備えて，アナグマを搬送用ケージ内へ入れるために安全に持ち上げることができます．もし意識があるようなら，暴れて，咬もうとすることでしょう．もしアナグマがあまりにも力があるようなら，アナグマを離して，犬用捕捉器を使いましょう．

もし少しでもアナグマを抑えられそうにないようなら，犬用捕捉器を使いましょう．つまり，前足を輪の中に入れようとしながら，鼻から頭の上を通し，頸の周りに輪を滑らせてください．以前に捕獲体験があるアナグマは，頭を下げた姿勢が捕捉器に自分の頭を通させないと分かっているかもしれません．その場合には，箒や棒で臀部を触ってください．アナグマは本能的に頭を持ち上げるでしょう．そのとき，輪をずらして，しっかりと引っ張ることができます．

アナグマは逃れるために争い，もだえるでしょう．捕捉器が信頼のおけるものなら，アナグマの臀部をつかんで（図25-1）運搬用ケージに入れ，蓋を閉じてください．**アナグマを蓋でケージ中に無事に抑えられるまで，捕捉器を開放しないでください．**アナグマを持ち上げるのに，尾を使わないでください．

アナグマは他の動物ほど機敏ではないので，よく穴に落ちて外に出ることができないところを発見されます．穴というのは涸れた井戸，トウモロコシ貯蔵室，スラリー調整穴や水の入っていないプールです（図25-2）．アナグマが数時間だけ，あるいは前の夜から罠で捕まえられているだけで，けがをしていないのなら，そのまま救出し，

図25-1 アナグマはたくましくて，丈夫です．犬用捕捉器と臀部をつかんで持ち上げてください．

図25-2 アナグマはよく穴に落ち，這い出すことができないことがあります．その1つが，水抜きしたスイミングプールに落ちることです．

すぐにリリースすることができます．これらの状態には犬用捕捉器を使うことが実に優れた取扱い方法です．

病院で取扱いをうけるときはいつも，治療のため施設に戻されるアナグマすべてに口輪をかけるべきです．アナグマの鼻は比較的短く，前肢の長い鉤爪でどんな口輪でも引きちぎろうとしますが，Mikki口輪は難なく口にかけることができます．嘔吐や顕著な呼吸困難に備えて，特別な注意を払ってください．

非常に危険なので，アナグマは常に2つの口輪を装着したほうがよいのですが，その1つは綿包帯（Vet-W.o.W™，Millpledge Veterinary）を強く結んでください（図8-2）．前肢も押さえた方がよいでしょう．

アナグマは厄介な前肢の鉤爪を攻撃には使わないでしょう．

アナグマに共通の病気

他のイタチ科のように，アナグマには知られている病気はあまりありません．疑いのありそうなものはすべて，常に治療のアドバイスや診断のために獣医師に問い合わせてください．

歯の病気

アナグマでは，決まって歯の損傷や極度の摩耗やむし歯に気づきます（図25-3）．アナグマの歯は，主食であるミミズと一緒に食べてしまう，ざらざらした砂によって磨耗することがあり，よく極度に擦り切れています．

犬歯の歯髄の露出がよく見られ，動物をリリースしようとする前に，他の歯の病気とともに治療すべきです．

病気の歯や損傷を受けた歯の多くは削掘して，充填することができます．抜歯された歯が少数であればあるほど，良いことです．4本の犬歯すべてを抜いた動物はリリースすべきではありません．

義歯や美容歯の治療は野生動物には不適当であって，決して試してみたり，許されるべきではありません．

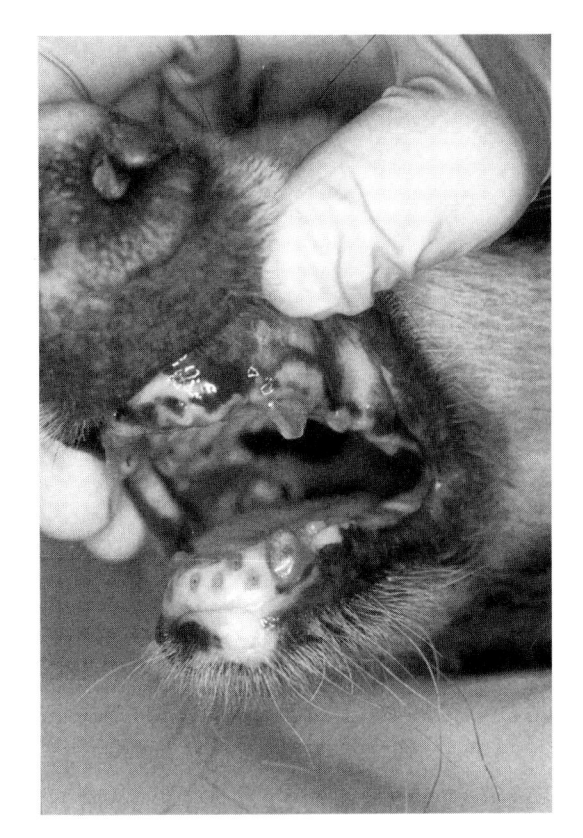

図25-3 アナグマの歯は過度に摩耗していたり，裂けているのがよく見られます．

一般に歯の病気あるいは歯の問題の扱い方を間違うと，飢餓あるいは敗血症になり最終的にアナグマを死に導くことになります．

牛結核

大いに議論紛糾している感染症である牛結核は，アナグマと飼育されている牛の両方に感染します．結核は，グロスターシャー，北エイボン，コーンウォール，そして時々デボンと英国の南西部周辺に集中しています．

この病気に共通した影響は結核肺炎と腎炎です．発見された病変には重度の肋膜炎と心膜炎，肝炎，脳炎，関節炎，骨髄炎，全身リンパ節の腫大を含みます（Gallagher & Nelson, 1979）．この病気の進行した段階で，アナグマが納屋や小屋に住み着くために，人の環境に移住する傾向と行

動の変化が指摘されています．

　ある地域のアナグマが牛結核に感染している可能性が高いかどうかを立証することは重要です．疑わしい傷病アナグマをどのように扱うべきかについて，獣医師が助言や指針を与えることができるでしょう．この病気が，感染している動物のエアゾールや尿，外傷の分泌物によって広がることがあるので，あらゆる予防処置をとってください（Lewis, 1998）．この病気は咬傷あるいは吸入エアゾールを通して他のアナグマに遷ると思われます．

発育上の問題

　野生では，同腹の中で1頭の幼獣が異常に小さいことがよくあります（図25-4）．このような動物はめったに長生きしませんが，おチビさんが誕生後数週間生存した記録があります（Neal, 1986）．

　これらの「見込みなし」が，通常リハビリテーションセンターに報告される「うまくいかない」アナグマのことです．それらの数頭には奇形があるかもしれませんが，多くは，野生で生残するには弱々しく，その能力がないでしょう．飼育されていても，平均寿命は短いのでうまく育たないことを，連れてこられた瞬間から考えておいてください．

内部寄生虫

　他の野生動物同様，アナグマも内部寄生虫の寄生があることでしょう．糞便検査後，並外れた寄生虫感染すべてに，アイバメクチン（牛用 Ivomec™ 注射薬，Merial Animal Health）200μg/kg の経口か皮下，またはドラメクチン（牛と羊用 Dectomax® 注射薬，Pfizer Animal Health）300μg/kg の筋肉内注射のような標準的駆虫法で制御することができます．

外部寄生虫

　アナグマの外部寄生虫はよくみられ，通常膨大な数の寄生です．

ノ　ミ

　アナグマノミ Paraceras melis はおそらく英国の野生哺乳動が遭遇する最も大きいノミです．莫大な数のノミの寄生は重大な衰弱を起こすことがあるので（J. Lewis，私信），駆除してください．重度のノミの寄生があるアナグマは貧血があるか

図 25-4　しばしば1腹の子供の中に1頭の発育不良の子がいます．矢印が，家族の中の発育不良個体です．

を調べ，もし必要なら，貧血の治療をしましょう．

ピレスラムの入ったノミ取り粉は安全で，投与が簡単です．しかし，犬と猫の厄介なノミ治療のために入手可能な錠剤，ニテンピラム（Capstar® 11.4mgおよび57mg錠, Novartis Animal Health）があります．アナグマでまだ試されていません．いくつかの救護センターによってウジ虫を駆除するために試され，両寄生虫に対し有効なようです．

シラミ

アナグマはアナグマハジラミ Trichodectes melis の寄生に患わされます（図25-5）．ピレスラムの入ったノミ取り粉で駆除できます．

ウジ

死に至る3番目に重要なアナグマの外部寄生虫はクロバエの幼虫，ウジです．特に暑く湿った気候のときに，ほとんどのアナグマが負っている典型的な臀部の咬傷の周りに，ウジが寄生します．ハエの卵とウジの駆除は現在のところ，直接手作業なので，常時アナグマに咬まれないように注意が必要です．

どんなハエの卵でも普通のバリカンで刈り取るか，堅い洗浄ブラシで梳いて取り除くことができます（図25-6）．ウジには卵以上に注意を払う必要がありますが，ウジをうまく駆除する方法がいくつかあります．

- 石鹸水の流れを作りだす Water Pik 社製口腔洗浄機は，石鹸水が噴出し，ウジを洗い流します．
- 水道水で1：9に希釈したアイバメクチンを傷の中のウジに降りかければ，死ぬでしょう．その後，ウジを洗い流す必要があります．このアイバメクチン‐水混合液は不安定なので，作成後すぐに使ってください．
- 3番目の選択はまだ試験段階ですが，米国のリハビリテータの間で有効であることが分かっています．すなわち，ニテムピラン錠（Capstar® 11.4mg, Novartis Animal Health）が3〜4時間以内にすべてのウジを殺すでしょう．
  ◦ その代わりとして，錠剤を滅菌水と混合して，ウジによる損傷を受けていない健康な皮膚にスプレーできます．それ以外にも，シロップとして経口投与できます．
  ◦ 唯一，有効なウジ駆虫薬のネガサントはもう手に入りません．おそらく，Capstar®が同様の効果を示すでしょう．

図 25-5 高齢のアナグマのシラミの大量寄生．

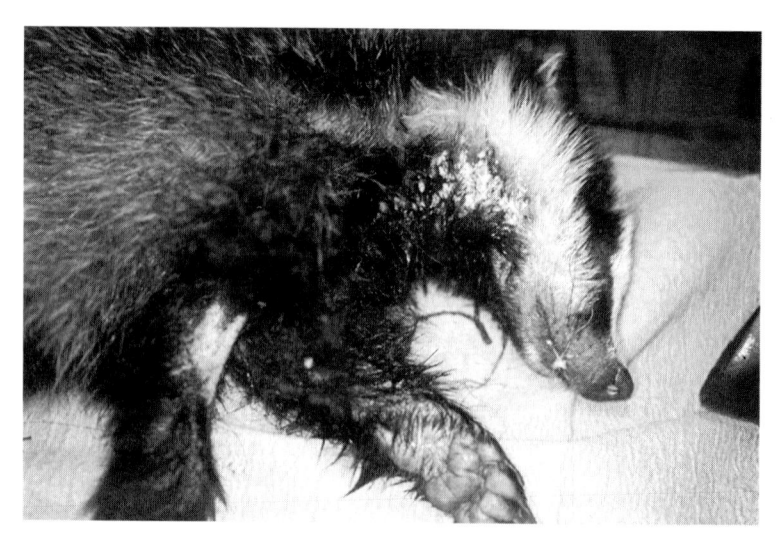

図 25-6 すべてハエの卵を取り去らなくてはなりません．

アナグマに共通の出来事

遅延着床

イタチ科のある種，すなわち，アナグマ，マツテン，オコジョ，ミンクは遅延着床という生殖戦略をとっています．まだ完全に理解されてはいないこの現象は，動物が交尾してから，受精がほぼ1年中のどんなときにも起きます．しかし，胚盤胞は子宮に到達しても，すぐには通常通りに着床しません．その代わりに，子宮の壁に埋込することなく，子宮の中を自由なままでいます．そして，適切なときに，着床が起き，通常の妊娠期が継続するのです．

これらのどの種もが，妊娠が始まるかなり前に受精することができ，最高10カ月間の飼育下ですら妊娠の可能性があることから，この現象は特にリハビリテーション活動に影響を与えます（表25-1）．飼育期間中に，たとえ雌が雄と接触をもたなかったとしても，子供が生まれるかもしれません．可能なかぎり子供を育てあげるのを自然に近い状態で，かつ邪魔することなく，すべてのリハビリ活動がその手助けとなるようにしてください．子供が育ったらすぐに，1つの群れとして新しいナワバリにリリースしてください．

交通事故

アナグマの自然死以外の最も多い共通の原因は交通事故です．英国のアナグマの20％が毎年道路上で死んでいると推定されています．死ななかったアナグマは救護され，リハビリを受けるか，あるいはよく分からない終焉を迎えています．しかし，アナグマは非常にタフなので，多くが交通事故や列車との衝突事故を生き延びます．

表 25-1 イタチ科動物の遅延着床推定時期

	繁殖期	着床のおおよその時期（妊娠開始日）	妊娠期間	推定出産期
マツテン	7月～8月	2月～3月	30日間	3月～4月
オコジョ	5月～7月	3月～4月	4週間	4月～5月
ミンク	3月	4月	28日間	5月
アナグマ	2月～秋	12月下旬～1月初旬	7週間	2月

アナグマが路上で見つかったときはいつでも，さらに車にひかれないように傷病アナグマを保護するとき，必ず車の往来を止めることをすすめてください．しばしば，私たちが動物のことを理解している以上に動物の方が分かっています．例えば，もし路上で傷病アナグマが死んで発見された場合には，近くの生け垣や溝に隠してください．仲間や被扶養家族のすべてが，死体を見て死を理解し，生きていると思って捜し続けるのを止めるでしょう．

咬まれたり，追い出されたアナグマ

病気のアナグマはおそらく地上の避難場所として，しばしば人間の住居を探し求めるでしょう．同様に，他のアナグマとの争いにかかわった多くのアナグマやコロニーの中で地位を失ったと思われる多くのアナグマが納屋，小屋あるいはガレージで発見されることがあります．一般的に，後者は慢性の歯牙疾患があったり，全身状態が悪かったり，同時に臀部に典型的なひどい咬傷を負った高齢のアナグマです．

救護されたアナグマは発見された場所にリリースしなければなりませんが，これら高齢のアナグマはリリースしてはいけません．それらの歯の問題を解決し，状態が良くなった後，半飼育下のコロニー内でうまく飼育できるでしょう．

もしアナグマが若くて健康なら，仲間のアナグマに引き合わせ，人工のアナグマの巣穴でリリースすることができます（後述の「代理家族」の項を参照）．

放浪アナグマ

同様に，アナグマの人工巣穴にリリースする候補者は，アナグマが棲んでいない町の真中ですっかり迷子になり，しばしば外傷もない，放浪しているアナグマです．それらはコロニーから追い出されるか，単に迷子になったのかもしれません．窮地に陥った理由が何であれ，発見された場所にリリースすることはできません．この類のアナグマすべてを，人工巣穴の中にリリースのために集めた1つのグループに入れなければならないでしょう．

親とはぐれたアナグマ

新たに離乳した幼獣がしばしば変わった環境で発見されています．アナグマは，ホーム・テリトリーから迷ったと思われます．アナグマが属しているコロニーの場所を知る方法はありません．また，間違った場所にリリースすることは，結果的にひどく咬まれ，殺されてしまうことになります．

発育に問題のあるアナグマは明らかにリリース計画に含めてはいけませんが，それ以外のアナグマはすべて扶養し，その後，人工巣穴で他の人工哺乳したものと一緒にすることができます（後述の「代理家族」の項を参照）．

罠，捕獲網と他の危険物

キツネやウサギのような動物を捕まえるために，まだ，ある種の罠の使用は合法です．アナグマを捕まえるために，罠を使うことは非合法ですが，他の目的としない種同様，アナグマが決まって罠にかかります．

罠にかかったアナグマは自由になろうと激しく暴れ回り，その過程で，身体の周りに強く絡みついてしまうまで，罠が捻れ，綻び，もはや自由になることもできなくなり，厄介な姿になっています．時々罠の持ち主は固定部分を簡単に切断して，結局死ぬまでアナグマを締めることになる罠を付けたまま，放してしまうでしょう．罠の持ち主が戻る前に，罠にかかった多くのアナグマが運良く見つけられ，通報されます．

もし，アナグマがまだ生きている間に救護者がアナグマに到着したら，ペンチで固定部分から罠を切り外す必要があるでしょう．ペンチは罠を切る唯一の道具です．どんなことがあってもアナグマをそのまま放してはいけません．まだ体の周りに絡んでいる罠と一緒に，アナグマを輸送用ケージに入れましょう．そして，罠を全部取り除くことができる施設に連れて行ってください．

罠でアナグマが傷ついた場所に外傷があると，

図 25-7 網罠に絡まったアナグマを安全に解くためには麻酔する必要があります.

動物病院あるいはリハビリテーション施設のいずれかの救護施設で, その外傷をきちんと清潔にし, 管理しなければならないことがあるので, アナグマの状態が安定したらすぐに鎮静または麻酔しましょう.

同様にアナグマは, フットボールネットやテニスネット, 豚の囲い, たまには物干しロープに救いようがないほど絡まっているところを発見されています. 問題となっているものを取り除くことができるように, すべてを入院させ, 麻酔しなければなりません (図 25-7).

アナグマはマスクを通してイソフルレンと酸素で麻酔することができますが, もしアナグマが元気いっぱいで危険なら, メデトメジン (Domitor®, Pfizer Animal Health) 100μg/kg とケタミン 5～7.5mg/kg を併用した筋肉内注射が適切な代わりになります. 強い呼吸抑制は, 獣医師が注意すべきリスクです. アチパメゾール (Antisedan, Pfizer) はメデメジンの作用を無効にする拮抗薬です.

圧迫壊死

これらすべてのタイプの罠による外傷や絡まったことによる圧迫壊死が起きる可能性があります.

罠の絡まりがすでに圧迫している下の組織に損傷を与えてしまっていることが常に明白ではありません. 罠を取り去って数日後には, 罠の線の周辺の壊死組織の崩壊が起きます. その外傷がとても深くなってしまうかもしれません. そして, 著者は罠による外傷の 10 日後にアナグマの体の半分が脱落してしまうのを見ました.

やれることのすべては慢性感染創傷と同じ管理をすることです. Dermisol® Multicleanse 溶液 (Pfizer Animal Health) で毎日清拭し, もし可能なら縫合, 抗生物質治療をしてください.

何らかが絡んだり, 締め付けを受けた動物は, 少なくともリリースする前 7 日間観察してください.

アナグマに共通の外傷

骨 折

交通事故で生き残ったアナグマとカワウソはよく骨折しています. しかし, これらの動物の重い骨と厚い筋肉のために, 骨折は想像するほどよく起こるものではありません. この重い体の構築も, 触診によって骨折を発見することを難しくするようです. 通常, 傷病アナグマは一方あるいは両方の後肢に跛行があると報告されます. すなわち, X 線写真が骨折を突き止め, 獣医師が傷病アナグマを治療しようとする出発点を与えるでしょう.

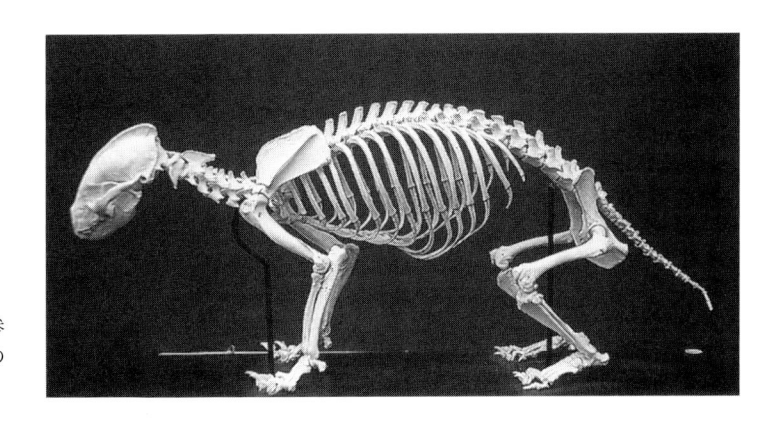

図 25-8 アナグマの骨格標本を参考にすると，整形外科的異常を見つける獣医師の助けとなるでしょう．

　足の長骨や顎，頭骨のすべてが，骨折の可能性があると記録されています．背骨や骨盤骨折も激しい事故で起こることがあります．しかし，その場合は通常足の骨が骨折するので，ギプスで固定することが難しく，獣医師はおそらく，整形外科学的固定法を行わなければならないでしょう．これらの動物の骨はそれぞれの特異的ライフスタイルによって進化してきたので，猫や犬とは違います．骨格の参考資料，あるいは少なくとも解説図が助けになります（図25-8）．

　骨折では，鎮痛剤が癒合過程の助けとなります．私たちはフルニキシン，カープロフェン，もし頭部損傷がないなら，ブプレノルフィンを副作用なしで使用した記録をもっています．

　アナグマの骨折は，たとえば，キツネと比べると，治るのにもっと長い時間がかかるようです．つまり，2〜3カ月間アナグマを飼育しなければならないということです．麻痺や骨盤骨折の場合では，膀胱を少なくとも日に2度，毎日チェックしてください．もし自然排尿できないなら，圧迫するか，カテーテルを入れてください．

　骨盤骨折から回復した雌の動物は，通常骨盤を通過する産道の外傷のために卵巣を除去されなければならないこともあります．出産時に幼獣が非常に小さくても，問題は同じです．獣医師は子宮摘出が必要かを判断することができるでしょう．

切　　断

　アナグマの骨折は癒合しなくて，治らないとの評判です．時には，切断が唯一の治療法です．切断を必要としている動物はすべて，飼育下でうまく生きていけるかどうかの評価をしてください．もし足を失ったら，すべてのイタチ科の動物は野生で生きていけないでしょう．狩猟種では他の不利益があります．前足のないアナグマは食物を得るために穴を堀ることができませんし，後足がなければ，トンネルを後ろ向きに通り抜けることが難しいことが分かるでしょう．だから，飼育し続けることに適していない動物は，すべて人道的に安楽死させてください．

咬　　傷

　アナグマはしばしばお互いに広範囲の創傷を負わせながら戦いますが，普通はお互いの尾の上の臀部を浅くひと咬みするだけです（カラー写真39）．頭や頸の周りも同様に咬むことがあります．このことは正常なアナグマの行動であって，比喩的にいうならば，通常握手するようなもの，お互いの巣穴に戻って終了します（S. Harris，私信）．

　しかし，時々アナグマはこれらの小ぜり合いの末に衰弱し，感染性創傷のために，病気のところを発見され，看護を受けるという結末になるかもしれません．夏，創傷がウジや他の汚物でしばしばいっぱいになることがあります．ウジや汚物を，1％に希釈したトリクロサン（MediScrub，MediChem）を満たした口腔洗浄機 Water Pik を使って洗い流してください．トリクロサンはクロールヘキシジンより皮膚刺激が低いです．

ウジは殺してください．リハビリテータはウジを殺すのにニテンピラム（Capstar® 11.4mg, Novartis Animal Health）の投与試験をしています．代わりに，水道水で1：9に希釈したアイバメクチンを局所に散布することによって，ウジを殺すことができます．この混合は不安定なので，すぐに使ってください．アイバメクチンの注射は，残ったウジや内部寄生虫の駆除になるでしょう．

創傷は Dermisol® Multicleanse 溶液で毎日洗ってください．セファレキシン（Ceporex®, Schering-Plough Animal Health）の抗生物質治療を開始して，完了してください．

よそ者のアナグマのほとんどが他のアナグマのナワバリに迷い込んだ幼若なアナグマですが，著者は，悲惨な結末を見ているので，咬まれたアナグマを本来のナワバリに返すのをかなり躊躇しています．この理由から，咬まれたアナグマや親にはぐれた幼獣は代理家族を経てリリースします（後述参照）．

咬傷以外の原因で傷病獣となった多くのアナグマも，以前の小ぜり合いから臀部に傷跡をもっています．これらの咬傷は私たちには完全に理解しがたいアナグマの生活習慣のほんの一側面のようです．

脳震盪

特に，アナグマはよく自動車と，あるいは時々列車とぶつかった後に意識不明で発見されます．外見上明らかな外傷がないかもしれませんが，脳震盪は起こり得ることです．頭部外傷のケースとして治療してください．これらの動物は数日間脳震盪を起こしていることがあり，慎重な栄養管理輸液で維持される必要があるでしょう．しかし，大部分はすぐに回復をするでしょう．

脳と心臓に血流を増やすのを助ける薬はプロピラキサンチン／プロペントフィリンの合剤（Vivitonin, Intervet）です．

内臓損傷

傷病アナグマが経験する，ある種類の外傷に，内臓損傷があります．死後剖検で脾臓や肝臓，横隔膜の破裂はかなりよくみられます．内臓の損傷の可能性を立証し，どの行動を取るかを決めるのは獣医師にゆだねられています．

来院と応急手当

アナグマが損傷を受けた後はできる限りすぐに，緊急の点滴療法を与えましょう．傷病アナグマは慢性的衰弱状態が頻発するため，医療施設に輸送される前でも，すべての努力を点滴のセットアップすることに向けてください．最初の集中輸液は死ぬ寸前のアナグマを回復させるのに十分です．頸静脈あるいは外側サフェナ静脈の準備が整った場所が適当でしょう．

さらに，衰弱した動物も咬んで危険なので，窒息しないことを確かめるために注意深くモニターしさえすれば，口輪をかけるべきであることを覚えておいてください．キツネと同じように，アナグマもどんな点滴セットでも咬むか，破壊するでしょう．すべての傷病アナグマは最初の30～60分に維持量の40倍を与え，次の医療施設への輸送の間，注意深くモニターすることが不可欠です．点滴をすることが安全になったらすぐに，留置針を入れる間，付けていた口輪を外しましょう．

バイタルサインを観察するとき，アナグマの尾の下に，肛門と間違えやすい尾根部臭腺（尾根腺）があることに注意してください．熟練者は肛門で深部温度をとることを分かっています．実際の肛門は腺のすぐ下にあります．

収容法

とても元気なアナグマはかなり頑丈なケージを必要とします．ShorLine 製のステンレス・ケージが理想的です．種々の大きさが入手可能で，48の広さのケージは2つの入り口と掃除を簡単にする差し込み間仕切りの設備を備えています．集中治療を終えるとすぐに，アナグマを金網でない，縦のステンレス格子の付いたコンクリート造りの犬舎で飼育してください（図25-9）．キツネ

図25-9 格子の入ったアナグマの囲い.

と異なり，アナグマは床敷きとして干し草が適切であり，縁台をベッドとして使うでしょう．

アナグマは小屋か，地面から0.75mの杭で囲まれた囲いの中で飼育できます．しかし，どんなに頑丈な木造建造物さえ，結局アナグマの力に負けてしまうでしょう．さらに，木造は清潔に保つことが難しいです．

給　餌

イタチ科動物はすべて肉食なので，調理していない肉だけでなく，丸ごとの動物を食べます．初生雛やマウス，ラットが容易に手に入り，アナグマはとまどうことなく食べます．しかし，マウスやひよこを噛まないで呑み込もうとするので，高齢や幼若なアナグマには注意してください．高齢や幼若なアナグマは時折丸ごとの動物を喉に詰まらせることが知られています．もしその疑いがあるなら，与える前に食物を細かく刻んでください．

食べようとしなかったり，自分自身で食べるのに十分な体力がないと思われる傷病アナグマすべてに，様々な風味の人用栄養流動食（Ensure, Abbot Laboratories）で関心を引くことができます．すなわち，特に弱っている動物にでも，50mlの注射器で流動食を給餌することができます（カラー写真10）．

離乳計画の一部として，Ensureから丸ごとの動物に移行させながら，その移行中に普通の缶詰めドッグフードを与えることができます．

リ リ ー ス

アナグマのリリースの黄金律は，本来発見されたところに正確に定着させることです．もちろん，このことは，本来の巣穴に戻ることができるだろうと思えるアナグマにだけ当てはまります．発見された場所に放すことがふさわしくないようなら，最も近くの巣穴をそのアナグマの巣穴と単純に決めても無駄なことです．ほとんどの場合では，アナグマが断続的に毛を逆立て（立毛），全身で興奮を示すことによって，その場所に見覚えがあり，自分の巣穴がある場所であることを示すでしょう．

もし昼間で周辺が安全なら，アナグマを自由に行かせてください．

代 理 家 族

看病のために連れてこられたアナグマがリリースするには望ましくない地域で発見されることがあります．幼若だったり，老齢だったりしますが，まだリリースできるなら，これらすべてのアナグマは，代理家族になじませることができますので，管理された計画を通して徐々にリリースすることができます．

代理家族リハビリテーション計画に適したアナグマの状況は以下のようです．

・本来の巣穴から追い出されたアナグマ
・町の中心のような，絶対に不適当なリリース地域で発見されたアナグマ
・親からはぐれたアナグマすべて

- 飼育下で出産した雌のアナグマとその幼獣
- 他のグループによって育てられた独りぼっちの親からはぐれたアナグマ

代理家族に合流させる個体がいるか問い合わせて，その年の早い時期に，関係をもつことになるアナグマと接触させることが有益です．リリースするのに十分回復したら，夏期を通して徐々にお互いを引き合わせましょう．これらのアナグマが仲間入りする慣れない状況での戦いは問題ではないと思います．

コンクリートの床，天井と側面が安全な，大きく頑丈な囲いがお見合いを始めるのに理想的な場所です．囲いの中の小屋は良い隠れ家の役を務めるでしょう．秋が近づいて，すべての幼獣や親に依存している幼獣が大人のサイズ近くになったら，他のアナグマがいなくて，容易に手をかけられ，モニターできる区域をリリース場所として選んでください．

数年前のアナグマ友好キャンペーンでNaylor工業製パイプで設計したアナグマの巣穴パイプラインに沿った場所に巣穴を掘ることができます（図25-10）．これらの法式に従って，最近St. Tiggywinklesフィールドセンターに大きい巣穴を作りました．広い部屋とトンネルを掘削機で掘り起こし，枕木で部屋の天井を葺いて，サイズ15のパイプで外界へつなげました．

1つのアナグマ代理家族9頭を－3頭の成獣，3頭の幼獣と1頭の母親，そして2頭の幼獣－トンネルに導入して，24時間内部に閉じこめました．その後に餌と水を定期的に与え，アナグマが勝手に出入りできるようにしました．これまでのところ，この家族は新居が気に入っているように思われ，さらにこの巣穴から離れた，餌をあさるナワバリを徐々に拡張しています．

アナグマをリリースすることについて警告を一言．アナグマと牛結核について，論争中の議論があります．このため，本来の生息場所周辺から遠く離れた場所に移動することを決して考えないでください．結核の危険のある地域から，結核のない地域へアナグマを絶対に動かさないでください．

法　　令

すべてのイタチ科の動物は捕獲のための「動

図 25-10　Naylor工業製パイプの配管工事設計に基づいたアナグマの人工巣穴．

物福祉法1911」と「野生哺乳動物（保護）法1996」によって残虐行為から守られています．

アナグマはもっと総括的な「アナグマ保護法1992」の恩恵を被っていて，健康なアナグマを殺すこと，捕獲すること，侵害すること，所有することを禁止します．この法律は病気やけがをしたアナグマの所有や安楽死を可能にします．この法律はアナグマの巣穴も保護する画期的なものでした．すなわち，野生哺乳動物の巣穴がこのタイプの保護を受けた最初のものです．

26
他のイタチ科の動物

普通に見られる種：イタチ（*Mustela nivalis*），オコジョ（*Mustela erminea*），ミンク（*Mustela vison*），カワウソ（*Lutra lutra*），時にヨーロッパケナガイタチ（*Mustela putorius*），マツテン（*Martes manes*）.

家畜種：フェレット（*Mustela furo*）とケナガイタチとフェレットの混血.

博物学

イタチ科の動物は肉食哺乳動物のなかで進化したグループで，体躯が長くて，筋骨たくましいので他の動物との見分けがつきます．

イタチやオコジョ，ケナガイタチ，マツテンは小さい哺乳動物，鳥，両生類，爬虫類を狩り，食べます．カワウソとミンクは魚や水生甲殻類も餌としています．両種は喜んでカエルや小鳥や小哺乳動物も捕まえます．

ケナガイタチとマツテンはリハビリテーションにめったに連れて来られないのに対して，カワウソは英国の内陸の以前に生息していた場所に再定着しているので，本当によく傷病獣になっています．イタチとオコジョはたまに傷病獣になります．

フェレットは野生のヨーロッパ・ケナガイタチの家系から家畜化されました．フェレットはウサギ狩りに使っていたもので，しばしば飼育下から逃げ出しました．逃げ出したフェレットは容易に発見，捕獲され，救護センターに連れてこられるので，フェレットはほとんど野生化できていません．

ケナガイタチ - フェレットの混血も同じ特徴をもっています．もし，それが本当の野生のケナガイタチよりもいくぶん白っぽい模様で，普通に近づくことができて，拾い上げることができるなら，混血種です．野生のケナガイタチはずっと繊細なので，人に拾い上げられたくないに違いありません．ケナガイタチの拠点はウェールズで，ウエストミッドランドの場合，次第に再定着しつつあります．そして，著者はオックスフォードシャー東部から連れて来られた，この傷病獣を診たことがあります．

カワウソ

器具と運搬

カワウソは最も大きいイタチ科動物で，それに見合った強力な顎をもっています．小さい幼獣を扱う場合を除いて，厚地の手袋では防御にならず，邪魔になります．もし短時間でも捕獲網に入れたままにしたら，カワウソはネットをズタズタにしてしまいますので，枠を補強した安全捕獲網，例えばワラビーネット（Harvey, 付録6参照）が捕獲には理想的です．

アナグマのような力のある動物用の針金ケージでカワウソを運ぶと，歯に損傷を負うことがあります．このため，プラスチックで覆われた針金の蓋の付いた，丈夫な木製の箱を作っておくのが理想的です．その箱は押し込める道具として使えます（図26-1）．

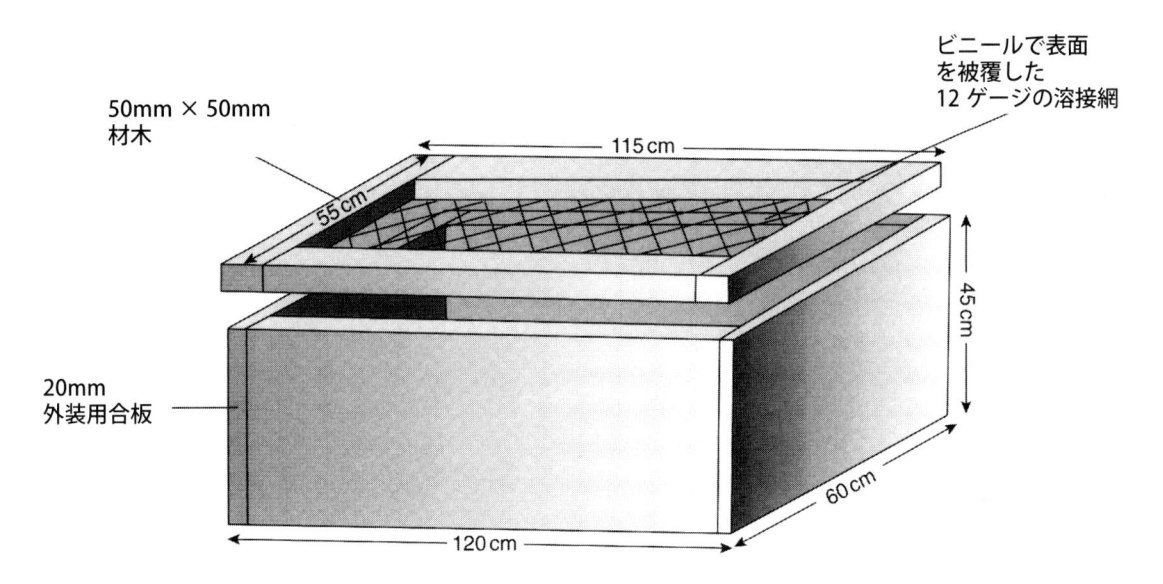

図 26-1　カワウソに適した木製の「押し込み籠」のデザイン．

救護と取扱い

カワウソの数が増加しているので，英国西部地方，スコットランドとスコットランドの島では多くの救護とリハビリが必要となっています．多くのカワウソは交通事故の犠牲者で，ひどい傷を負うか，意識不明の状態で路傍で発見されます．

しかし，思っているほど常に意識がないわけではありません．外見上意識がないカワウソが突然向かってきて，獰猛に咬むことがあります．電撃的なスピードなので，取扱い者は皆，咬まれないように最大限注意してください．こんな場面こそ，柔らかい箒が役に立つと思います．

最初に，いつものように，輸送箱を据えて，入り口を開けてください．カワウソの頭を箒の柔らかい部分で触れてください．もし反応がないなら，箒でしっかりと頸と頭を地面に押さえつけます．これで，試しにカワウソの首筋をつかんでみましょう．次に，箒を放し，**両手でつかみます**（図 26-2）．

それからカワウソを持ち上げて，輸送箱に入れ，蓋を閉じましょう．もし，箱に入れる前にカワウ

図 26-2　カワウソは**両方の手で**首筋をつかみましょう．

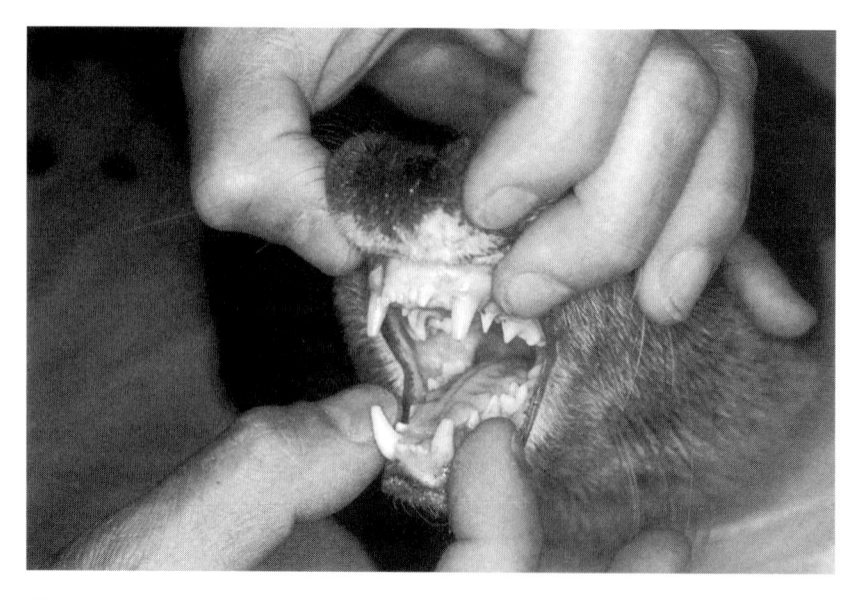

図 26-3 このカワウソは，犬歯が 4 本折れており，注意が必要です．

ソが突然気づいたら，首筋をつかんで取り扱うのではなく，天井の網に押しつけてください．尻尾を持つと，**永久的なダメージを与えてしまい，リリースできなくなるので，絶対に頑丈な尻尾をつかんで持ち上げてはいけません．**

カワウソは鼻が短いために，飼育下で口輪をかけることが非常に難しいです．最初の検査を行ったり，応急手当，救命処置を施すのにカワウソを取り扱いやすくするため，ジアゼパムを使うことができます．

カワウソに共通の病気

とりわけ英国では，野生のカワウソに感染症が起きている証拠はほとんどありませんし，重要な人獣共通感染症を運んだりしません（Simpson & King, 2003）．

歯 の 病 気

カワウソの歯は簡単に損害を受けます．多くの傷病獣が破損しているか，あるいは病気の歯をもっています（図 26-3）．カワウソをリリースする前に，歯の治療をして，歯を完全な状態にしてください（図 26-4）．

歯の破折や歯の治療後，もし犬歯が取り除かれ

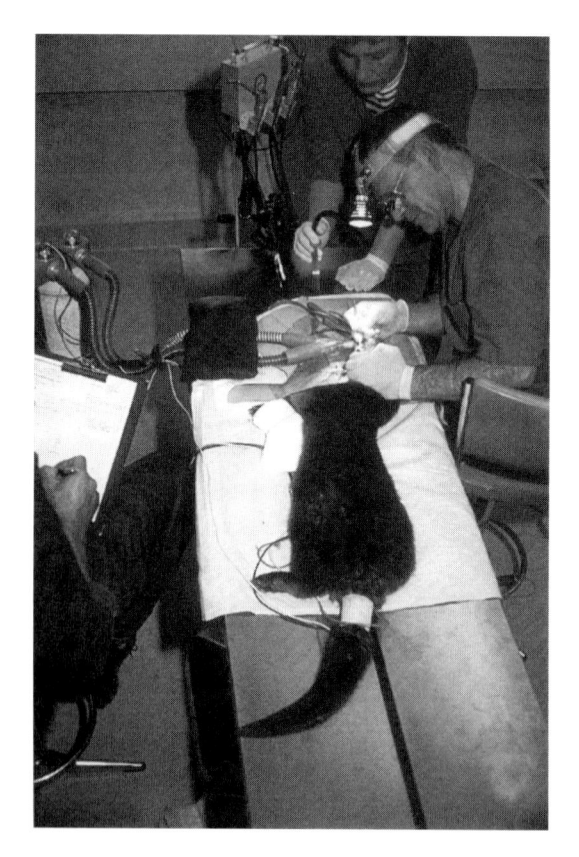

図 26-4 このカワウソは Peter Kertez 氏から歯の全オーバーホールを受けています．

ているか，短いようなら，野生では魚を捕まえられないので，リリースしてはいけません．

皮膚感染症

カワウソは慢性の皮膚感染症になるようです（図26-5）．嫌気性菌の存在があれば，他の慢性感染症の抗生物質を使うのと同じくらい，メトロニダゾールを与えてください．

細菌性肺炎

カワウソは細菌性肺炎に罹りやすいように思われます．しかし，カワウソは観察者に分かるような肺炎症状をみせない傾向があり，突然死と思わせる死の転帰を迎えます．突然死はカワウソの移動後24時間以内に観察されます．もし，特に輸送の間，あるいはその後にかなりのストレスがあり得る新しい環境にカワウソを動かすなら，移動前24時間，移動中およびその後数日の間，広域スペクトルの抗生物質を与えることが有益です．

低体温症

カワウソは，アザラシのような水棲哺乳類が保温するための脂肪の断熱層をもっていません．カワウソは毛皮の中に毛が密集した下層をもっていて，その層は空気層を作り，冷たい水に対して十分に断熱します．

それでも，けがをしたカワウソでは低体温症は普通で，低体温症のカワウソの多くは毛皮がずぶ濡れで，発見・救護される前，数日間動けない状態です．ユーラシアカワウソの正常な直腸温は37.5～39.0℃であると思われます．しかし，傷病カワウソを好ましい体温に戻すとき，特別な看護をすべきです．もしカワウソを加熱しすぎると，厚い毛皮の下層は過剰な熱が逃げるのを事実上妨げ，高体温の問題を生じます．

カワウソに共通の出来事

交通事故

カワウソはよく交通事故の犠牲者になります．実際，1988年～2003年にコーンウォールで，死体で発見され，獣医政府調査部局に回されてきたカワウソの80％が交通事故の犠牲者でした（Simpson, 2003）．

親からはぐれたカワウソ

カワウソの子供は時々親に放置されますが，約8週齢まで，普通は巣穴を離れません．この年齢で，体重が1.5kgあるはずです．この体重より軽い子供が巣穴の外で発見された場合，すべてが重

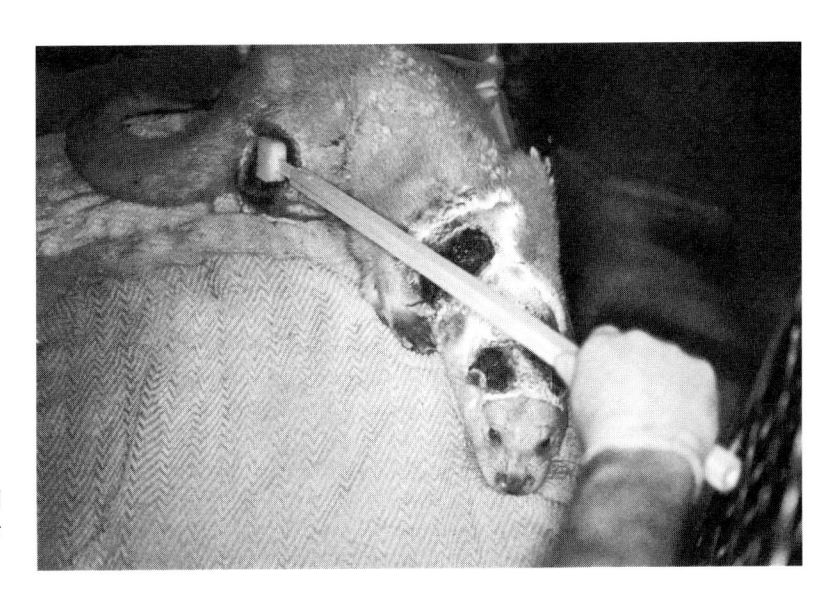

図26-5　棒に固定した薬用スポンジで，慢性の皮膚病を治療しているところ．

大な問題であり，集中治療する必要があります．

原油汚染

石油タンカー Braer 号の沈没によって起こったシェットランド島の環境汚染事故で，ルイス博士はカワウソが油汚染で発見されたときにその場で対処する方法を示しました（付録8）．

カワウソに共通する外傷

骨　　折

骨折は皆，交通事故の可能性があり，頬骨や頸，骨盤がよく起こる骨折場所です．交通事故の後の進行性後肢運動失調はおそらく，第二頸椎の**歯状突起**の骨折によるものかもしれません．このことは運動失調のカワウソを取り扱うので，頸のX線写真が絶対に高品質であることに気を付けなければならないことを示しています．

足の長骨の骨折はあまり普通ではありません．もし骨折があるなら，カワウソの骨格標本がその足をどのように固定するか示唆するでしょう．カワウソの足はあまりに短いので，ギプス固定は問題外です．骨折を固定するために，獣医師は髄内ピンを入れるか，創外固定器を使用しなければならないでしょう．後者はカワウソには耐えられないかもしれません．

切　　断

足や尾を骨折しているにもかかわらず，「負けずに頑張る」カワウソがいます．慢性感染があると，時には足や尾を切断しなければならないことになります．どんなにうまく切断できても，カワウソが泳げず，暮らしていけない状態になることがあります．もしこの状態になったら，安楽死させてください．

咬　　傷

カワウソはよくお互いに喧嘩し，咬み合います．咬み跡のほとんどは頭や足，肛門の周りや外陰部や陰嚢を含む会陰部にあるでしょう．咬傷の頻度は増加しているように思われます (Simpson, 2003)．たぶんナワバリや雌を競うカワウソが増えているのでしょう．

咬傷は柄つき注射器による抗生物質と洗浄液 (Dermisol® Multicleanse Solution, Pfizer Animal Health) による洗浄によって治療できます．もし特にけががひどいなら，カワウソを本来の生息場所に返してはいけません．むしろ，もっと安全な場所へのリリースも計画すべきです．

内臓損傷

ある種の外傷をもった傷病獣には，明らかに，種々の内臓損傷もあることがあります．死後剖検で，脾臓破裂や肝臓破裂あるいは横隔膜破裂がよくみられます．内臓損傷があるかどうかを確認し，どのような行動をとるべきか決めるのは獣医師に任されています．

入院と応急手当

どんなに扱いにくくても，すべてのイタチ科の動物は来院時輸液をしなければなりません．カワウソは攻撃してくるでしょうから，スタッフのけがを防ぐために，全神経を注がなければなりません．

カワウソは捕獲後筋疾患になることがあるので，ハルトマン液の静脈内点滴，ビタミンEとセレンの投与が有効です (Dystosel, Intervet)．

収　容　法

カワウソが歯を痛めないように，アナグマ同様，金属格子のドア付きの煉瓦の囲いで，飼育してください．

床敷き（干し草やわら）を敷いた隙間のない木製ベッドあるいは箱を与えてください．摂取して大きな問題を起こさないように，木の削りくずは使わないことです．カワウソが新たに入院し，冷たく，ずぶ濡れでも，低体温症になりそうにないなら，加温は必要としません．ねぐらの上の暖房が必要な小さい未熟なカワウソを除いては，低体温のときでも，加熱は24時間だけにしてくださ

い．

　飲料水を与えてください．重い漏れのない金属ボウルが理想的です．カワウソが泳ぐ設備をもつ必要はありません．しかし治療が終了するとすぐに，泳ぐ能力がカワウソの回復を助けるでしょう．

　一般的に，カワウソを騒音や明るいライト，隙間など好奇心をそそるものから遠ざけてください．

給　餌

　イタチ科すべては肉食であり，カワウソも魚に特化した肉食動物です．生きている魚を食べさせる必要はなく，解凍した魚，特にマスを与えてください．白身魚の餌にはチアミン錠剤（Fish Eaters' Tablets, Mazuri Zoo Foods or Aquavits, IZVG）を補われなければならないでしょう．しかし，カワウソはこれらを吐き出す傾向があります．カワウソに与える前に，錠剤を押しつぶして粉末にし，魚の中にすり込んでください．1日に半錠で十分です．

リリース

　元々の外傷が他のカワウソによる咬傷でなければ，発見された場所にリリースしましょう．他のカワウソにより咬傷を受けたカワウソや，人工哺乳された親からはぐた子をリリースする場合，新しい場所で，他のカワウソがいなくて，カワウソに好意的なナワバリに導入し，その地域に慣れ親しませることが必要です．カワウソは活動範囲を広げており，適した環境を見つけるのは簡単ではありませんが，哺乳動物学会は，相談相手として，カワウソを専門とするメンバーの1人を推薦することができるでしょう．

法　令

　カワウソは，飼育動物のための「動物福祉法1911」によって残虐な行為から，そして田舎のカワウソは「野生哺乳動物（保護）法1996」によって守られています．

マツテン，ケナガイタチ，ミンク，オコジョ，イタチ，家畜フェレット，ケナガイタチとフェレットの混血

器具と輸送

　イタチ科のすべての種が非常に強力な顎をもっています．イタチやオコジョといった小さめの種を取り扱う場合に，溶接工用の厚地の手袋をすれば，ほとんどの咬傷を防ぎます．より大きい種はこの手袋を簡単に突き通すので，網の助けのあるときだけ使用してください．中型のイタチ科の動物の首筋をつかむときに，身体を押さえるために柔らかい箒が使えるでしょう．

　イタチ科の動物は力があるばかりでなく，非常に機敏なのでケージに収容するのが非常に難しいです．これらの動物を運ぶ容器は頑丈で，太い針金で作らなくてはなりません．10mmメッシュの小さめの籠はイタチやオコジョに適しています．他の種のためには，最大寸法30mmメッシュでもっと太い針金の籠が必要でしょう．これらの重い籠には，籠を開けることなく動物に注射できる圧迫拘束装置を付けましょう．

　これら動物の力は別として，捕獲のとき，多くの動物が不快な悪臭の液体を発散することがあります．したがって，動物を自動車やバンで輸送するなら，籠の下にポリエチレンシートを敷くのが良い考えです．スカンク（*Mephitis mephitis*）は英国産ではありませんが，同じくイタチ科であり，自分の身を守るための臭いのすごさは知れわたっています．

その他のイタチ科動物に共通の病気

　イタチ科の大部分にはよく知られた病気はありません．常に，病気の疑いのある動物はどんなものでも，その診断と治療を獣医師に頼んでください．

　フェレットもケナガイタチ-フェレットの混血も本来の野生ケナガイタチのペット版です．それらはよく野生下で発見されますが，野生生活の厳

しい中，うまく生きていくことができるとは思えません．このことはおそらくフェレットが人との交流をうまくやってきたという理由からです．

フェレットは通常アルビノで，薄い色をしていますが，ケナガイタチ - フェレットの混血はもっと先祖の特徴をもっています（図26-6）．しかし，フェレット，ケナガイタチ - フェレットの混血，野生のケナガイタチの間には明らかな違いがあり，動物を取り扱う前に識別することが必須です（表26-1）．

救護と取扱い

ミンク，ケナガイタチとマツテンはすべて，潜在的に非常に危険な動物です．最大限注意を払って扱ってください．初めに触れるかどうかの反応を柔らかい箒でテストすることができます．もし入念に動物に触れても反応しないなら，箒で頭を固定している間に，しっかりと首筋をつかんで持ち上げ，輸送用ケージに入れて，蓋を閉じてください．**どんなことがあっても動物の尻尾をつかん**

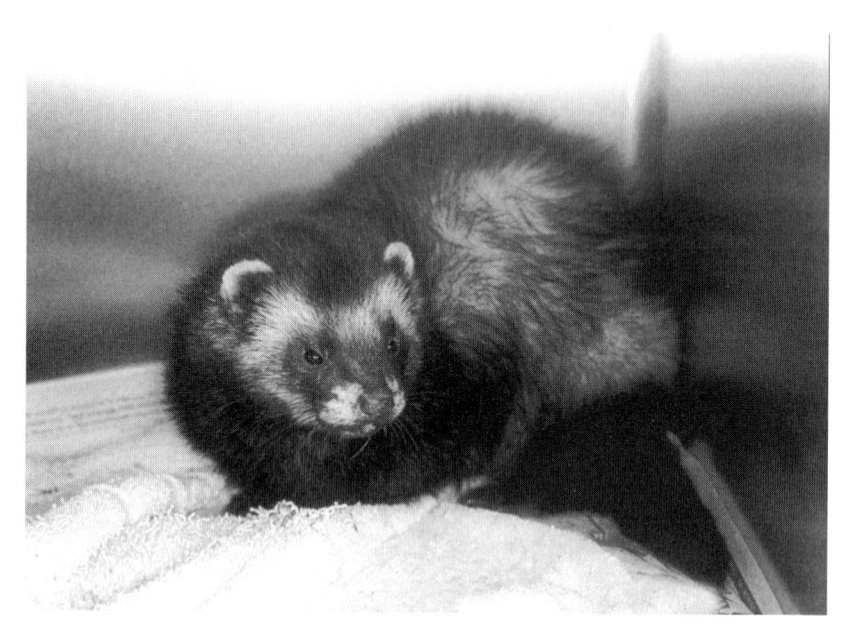

図26-6 本当のケナガイタチはフェレットよりはるかに大きい動物です．

表26-1 フェレットとヨーロッパケナガイタチの特徴の違い

フェレットあるいは ケナガイタチとフェレットの混血	野生のヨーロッパケナガイタチ
色が明るく，ケナガイタチよりずっと軽いです	明らかな黒い印があります
人から逃げないし，人の仲間を探したりもするでしょう	一般に野生でだけ発見されるでしょう
近付くことができますし，しばしば触ることができます	重症か，弱っていなければ扱うことができません
咬むかもしれませんが，野生のケナガイタチと比べてひどくありません	もし機会があれば，咬むでしょう
	フェレットと比較して，取り扱う場合非常にタフです
	フェレットあるいは混血よりずっと大きいです

で持ち上げてはいけません．

もし傷病イタチ科動物があまりにも活発で，危険過ぎて，箒によってコントロールすることができないなら，網を使って捕まえなければなりません．小さめの動物は大きい種より，か弱いので，さらに労りをもって扱ってください．イタチとオコジョは取り扱うには小さいので，適切に保護する丈夫な手袋を使ってください．

イタチ科の動物に口輪をするのは難しいですが，飼育下に置いた時点で，あらゆる操作をしようとする前に口輪をかけましょう．いつものように，口の中に出血があったり，吐くおそれのある動物には，口輪をかけるべきではありません．応急処置のため，動物を静かにさせるには，ジアゼパム 1mg/kg を使うことができます．

アリューシャン病

数種のイタチ科動物，特にミンクとフェレットがアリューシャン病パルボウイルスに感染すると記録されています．他の種，特にケナガイタチもその危険性があるかもしれません．到着時に，血清学的テストをすべきで，もし陽性なら，人道的に殺してください．すべての動物は隔離して，検疫することが重要です．英国ではミンクを自然に放すことは違法であり，飼育下でフェレットを飼い続けるためには許可証が必要です．アリューシャン病が陰性の証明書があれば，傷病ミンクは動物園が引き取るかもしれません．

動物がアリューシャン病陽性でも，症状がないこともあります．しかし，この病気は回帰熱，体重減少，甲状腺炎，後躯麻痺，そして死を起こす非常に重大な症状を示すことがあります（Oxenham, 1991）．治療法がありませんので，病気を他のイタチ科動物にうつさないことが不可欠です．

寄生虫

通常の外部寄生虫の寄生は別として，唯一注意すべき線虫は *Skrjabingylus nasicola* です．それはほとんどの種，特にオコジョの鼻腔に寄生することがあります．線虫の駆除はアイバメクチンかドラメクチンで行います．

その他のイタチ科動物に共通の出来事

交通事故

ケナガイタチでは，交通事故がはるかに一般的な若死にの原因です．実際，ケナガイタチの知られた死の原因の80％が道路上にあります．多分，マツテン，ミンク，イタチ，オコジョのような他のイタチ科の動物も同数くらいを自動車によって失っています．悲しいことに，小さめの動物は即死しますが，マツテンやケナガイタチは時々生き残り，リハビリされます．

猫の攻撃

家猫は一流の肉食動物で，小さく，未成熟のイタチやオコジョの子供や新生子を襲うことがあります（図26-7）．実際，家猫が生きているイタチやオコジョの子を家に連れて来ることは珍しくありません．

猫に負わされた傷の細菌に対して，一連の持続性アモキシシリン治療をします．これらのごく小さいイタチ科の動物の飼養とリリースは容易です．イタチやオコジョは飼い馴らすことも簡単ですが，リリースできなくなります．そのため，飼い馴らさないように注意しなければなりません．

来院と応急手当

どんなに取扱いが厄介でも，すべてのイタチ科の動物は来院時に輸液をしなければなりません．すべてのイタチ科の動物は咬むので，取り扱う人は外傷を負うことを防ぐ予防策を講じる必要があります．

オコジョやイタチは皮下輸液が有効ですが，骨髄腔内輸液はもっと速効性があります．動けないマツテンやケナガイタチ，ミンクの場合，より大きい静脈，頸静脈と外側サフェナ静脈から輸液をすることが可能です．

図26-7 猫攻撃の後,救出された未熟なイタチ.

収 容 法

　小さめのイタチ科の動物,イタチとオコジョは小さい網のケージに入れることができます.蝶番の付いた蓋のある小さいプラスチック水槽は理想的な寝床になるでしょう.ケージをきれいにする間イタチやオコジョを入れたり,例えば治療のように定期的に捕まえるために,蝶番の付いた蓋を閉じて,閉じ込めることもできます.テンやケナガイタチ,ミンクのような大きい種はとても扱いにくいので,追い出しやすいように,なるべく仕切り付きの頑丈な金属ケージで飼育してください.

　これらのすべての種が回復したらすぐ,外界の天気に慣れるために屋外に出してください.全種とも網を登ることができるので,囲いには天井があるか,登り防止の張り出しを付けてください.囲いの塀は,動物がトンネルを掘って逃げないように,固いコンクリートの上に立てるか,地面に75cm打ち込まなければなりません.

　ミンクには泳ぐ場所を与えてください.

給　　餌

　イタチ科の動物はすべて肉食動物なので,専門の店から冷凍で入手可能な初生雛,マウス,ラットをまるごと給餌しましょう.

　食べ始めない傷病獣,あるいは自ら食べるだけの元気がない傷病獣も,バニラ風味のEnsure(Abbott Laboratories)に時々関心を向けることがあります.特に衰弱した動物で,人が近づくことができる動物に50ml注射器でEnsureを給餌することができます.

リ リ ー ス

　これらすべての種のための大原則は,発見された場所に正確にリリースすることです.それぞれの種は,自分達の住んでいた地域が分かるので,夜行性の動物は夜,昼行性の動物は安全な時間帯に単純に放してやればいいのです.

　もちろん,ミンクはリリースしてはいけません(「野生生物と田園保護法1981」).フェレットもリリースしてはいけません.適当な飼育者を見つけてもらってください.

　ケナガイタチとマツテンは,すでにこれらの動

物が定着した適当な地域でリリースする必要があります．そのような場所のアドバイスは哺乳動物学会から得ることができます（付録7）．

法　　令

すべてのイタチ科の動物は飼育動物のための「動物福祉法1911」によって残虐行為から，そして「野生哺乳動物（保護）法1996」によって守られています．

ミンクは「輸入動物法1932」の下，許可証があれば，唯一取り扱うことができます．ミンクのリリースあるいは逃亡は「野生生物と田園保護法1981」の付表9によって禁止されています．

27 シ カ

普通に見られる種：ダマジカ（*Dama dama*），ノロジカ（*Capreolus capreolus*），ホエジカ（*Muntiacus reevesi*）とキバノロ（*Hydropotes inermis*）．

時折見られる種：アカシカ（*Cervus elaphus*）そしてニホンジカ（*Cervus nippon*）．

博 物 学

アカシカとノロジカだけが真の英国原産です．ダマジカはローマ軍の占領時代に導入され，ホエジカとキバノロは20世紀初期に1集団だけを野生化させたものです．ニホンジカは公園や個人所有のシカで，強風でフェンスが倒れた後，逃亡したものです．

ノロジカ，ホエジカとキバノロが単独か，あるいは対で生活する傾向があるのに対して，アカシカとダマジカ，ニホンジカは群れを形成するシカです．

ホエジカを除くすべてが晩夏から秋が発情期ですが，ホエジカは定まった発情期をもたず，どんな時期にも機に応じて発情するように思われます．したがって，他のすべての種は夏季に出産しますが，ホエジカは1年中出産します．このため，凍死するものもあります．

キバノロを除いて，すべての雄シカは，前年に角が落ちた後，毎年枝角を生やします．各年，角が成長している間，「ベルベット」で覆われています．その角には太い血管が走っていて，もし損傷を受けると大出血します．

ホエジカとキバノロは上顎に細長い犬歯をもっていて，ホエジカでは上唇の下に，そしキバノロでは下顎の下に突き出ています（図27-1）．

種のそれぞれの性を表す用語は，以下の通りです．
- アカジカ：雄 stage，雌 hind，子 claves
- その他のシカ：雄 buck，雌 doe，子 fawns，枝角の生えていない雄 hummel

アカジカはたいていスコットランドやイングランドの高地の荒れ野の辺ぴな地域で発見されます．傷病獣になったとしても，リハビリに連れてこられるのはまれです．ダマジカとノロジカは広域にいますが，落葉性の森林地帯に集中して多数生息しています．ホエジカはダマジカやノロジカよりもっと増えていますが，現在イングランドの南東の中心的10州に限られるようです．そこでは特に人間の住宅地の中やその周辺，特に庭でしばしば発見されます．キバノロは南ベッドフォードシャーと北バッキンガムシャーで小さい安定した野生集団を定着させています．

器具と輸送

すべてのシカは動物として大きい方なので，医療施設やリハビリテーションセンターにいる間，捕獲，輸送，制御のための適切な道具が必要です．

救護と捕獲

アカジカ以外，あらゆる大きさのシカを救護，捕獲するのに必要な道具は，柄の長い大きな網や置き網で，ダマジカのように動き回る大きめのシカのためには，可能なら麻酔銃などの動物を鎮静させる道具を用意します．しかし，自由に走って

第27章 シカ

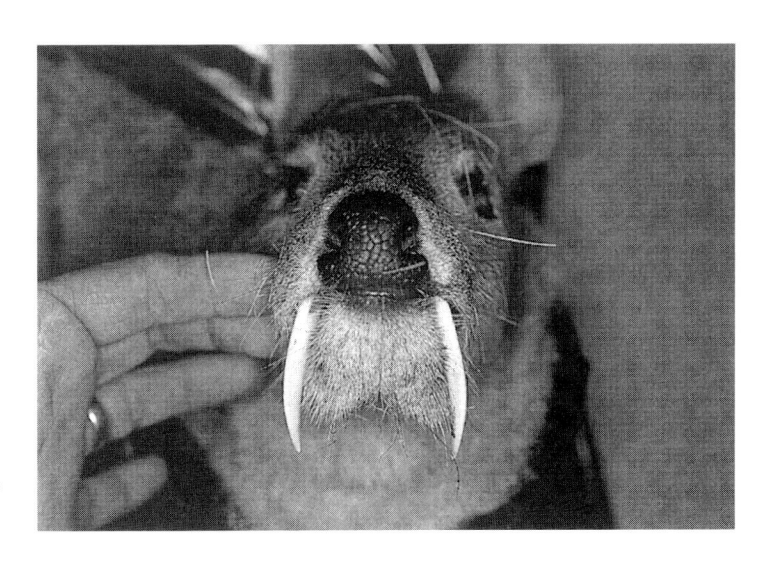

図 27-1 キバノロの牙は危険です．

いるシカを捕まえるため，麻酔銃の使用は危険に満ちています．多くの麻酔薬が効果が出るのに数分を要します．それらの数分間に，けがはしてはいるけれど，動けるシカは逃げてしまい，発見できません．

アカジカは確実に鎮静する必要がありますし，馬搬送用箱を必要とします．獣医師は救護行動手順や，治療の可能性について馬の診療施設に相談してみてください．

搬　　送

もしホエジカ，キバノロとノロジカのような小さいシカがあまり活動的ではないなら，通常1人で運ぶことができます．しかし，できるだけ早く，自然保護団体評議会出版物である『シカの捕獲と取扱い』(Rudge，1984)の型紙で作った布マスクで顔を覆ってください（図 27-2）．自着包帯，例えば Co-Flex（Millpledge Veterinary）もシカの沈静を保つための目隠しに使えます．

ホエジカとキバノロは，大型ペット用の担架か，あるいは小型のシカを運ぶためにデザインされた小さい木箱のいずれかに入れてください（図 27-3）．箱の床の上の干し草は足場を維持するための助けとなるでしょう．

ダマジカとノロジカの眼を覆ってください．そうすれば，担架にひもで結び付けて安全に運ぶこ

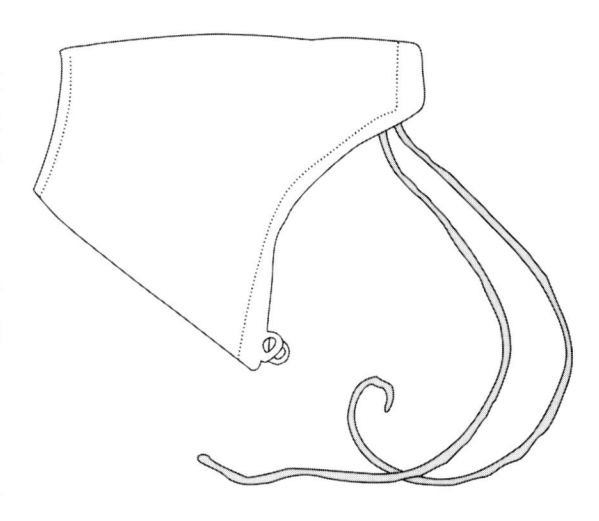

図 27-2 種々のシカに適した布マスクのための型紙（Rudge，1984 年後）．

とができます．もしこれらの動物が捕獲できるくらいなら，おそらくシカは骨折や打撲で苦しんでいるということなので，担架なしでシカを動かすことは，不必要な苦痛を与えることになるでしょう．

保 護 施 設

ホエジカとキバノロが医療施設に入った途端，取り扱うことが最も難しいように思うでしょう．それらを沈静させ，応急手当をするために，傷病獣のすべての部分を触ることができるワゴンが設

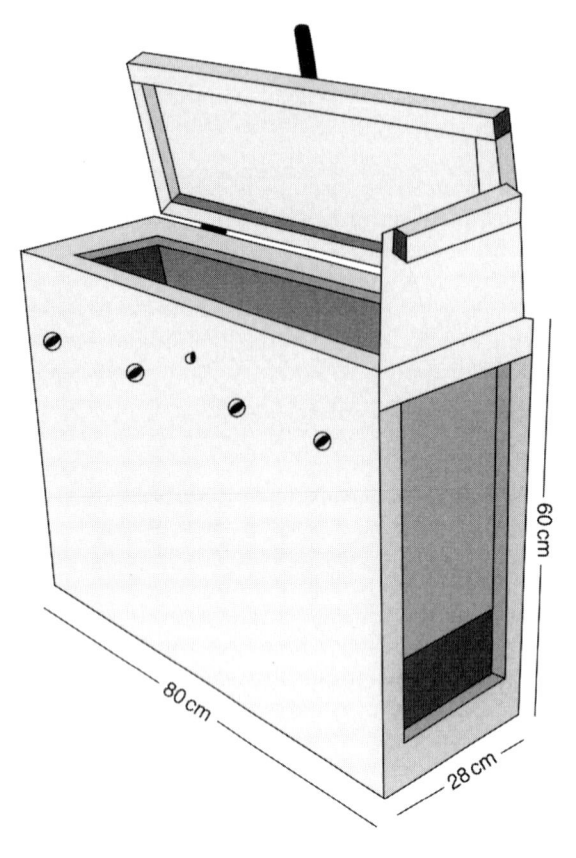

図 27-3　小型のシカを輸送するのに適当な木枠の図.

2本のVelcro®ストラップがシカを固定します.
　動物がぶら下げられている間に, それぞれの足を調べて, もし必要なら, 治療することができます. 点滴をいずれかの足に取り付けることができます. そして, もし必要なら, 容易に酸素マスクを口輪の上に置くことができます. 傷病シカの唾液や口の血液をきれいにするために, それらを吸引する必要があります. 特に麻酔の間に多量の唾液を出すかもしれません. アトロピンは効果的ではないので, 吸引は常に使えるようにしてください. ワゴンに吊り下げられながら, シカはこのストレスの強い治療に耐えるでしょう. そして, シカへの過度の拘束や不快感を与えることなしに, 治療することができます (図 27-4).
　ノロジカは少し大きめのワゴンで快適に対応できます. ダマジカのおとなは大き過ぎてワゴンに持ち上げることができません. 床に置いた担架の上で, これらを安全に治療することができます.

救護と取扱い

　シカに対したときに, そのシカを人が実際に救う必要があるかどうか, そのままにしておくべきかを決めることが重要です. 例えば, 野生動物救護関係の人たちが迷う場面は, 子ジカが隠れた場所に静かに座っているのを発見し, 拾い上げられるときです. 雌のシカは, 丸1日の間, とても

計されています (Stocker, 1996). それは, 足を通すために単純に切り取った4つの穴がある担架で, 医用ワゴンの最上部に固定されています.

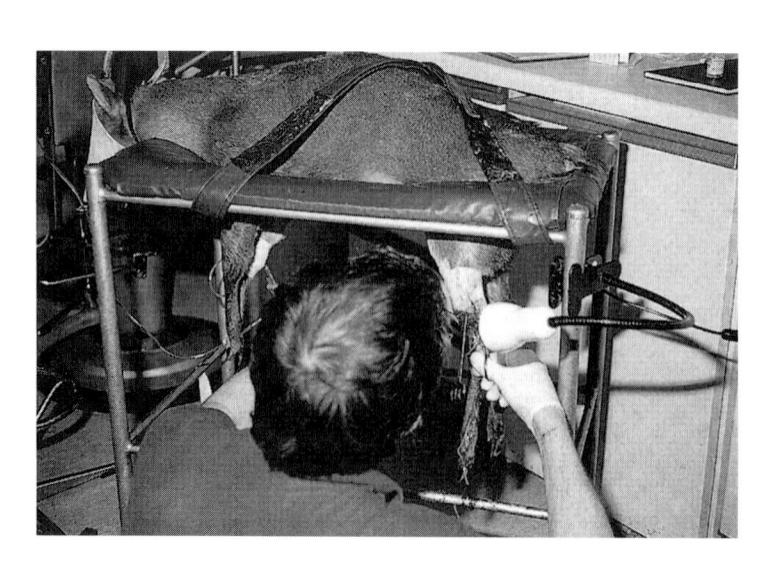

図 27-4　装着帯/ワゴンは小型のシカを取り扱うのに良い助けとなるでしょう.

若い子ジカを人里離れた場所に隠していくことがあります．母ジカは子ジカに授乳するためだけに戻るでしょう．これはまったく正常なので，若いシカが独りで静かに座っているのを発見したら，そのままにして，可能な限り静かにその場を去ってください．

子ジカが拾い上げられても，最高48時間後まで，発見された場所に返すことができます．雌が戻ることを確認するために，かなりの距離から，望ましくは自動車の中から，観察し続けてください．

それ以外で，介入しないことが最良の状況は，健康なおとなのシカ，特にホエジカが庭に現われたときです．シカは庭に上手に入り込んでいるので，夕方まで放っておけば，上手に出て行くでしょう．シカを捕まえようとすると，動物か人かがけがをする結果になるでしょう．

ダマジカ

おそらくダマジカが助けを必要としている最大のシカだろうと思います．交通事故やフェンスに引っかかって，よくけがをします．この交通事故の犠牲者は捕まらない位のスピードで逃げるか，数メートルも動くことができないほどひどく傷つくかのどちらかでしょう．

動くことができないダマジカを救護するのにも，2人を必要とします．まず，シカの頭上に毛布を投げてください．それから，1人が後ろ足をコントロールする間に，もう1人が頭と頸を押さえましょう．枝角をもっているシカは押さえるのが比較的簡単です．しっかりした枝角は，頭部を制御するのと，誰もが枝角でけがをしないための理想的なハンドルとなります．

頭上の毛布によって，ダマジカを担架の上に転がしたり，持ち上げたりしてからひもで結び付けることができます．担架がなければ大きいシカを持ち上げようとすることは現実的ではありません．すべてのシカは伏臥位に保つか，もう1つの方法として右横臥に保ってください．これらのシカは，医療施設への輸送から施設での最初の治療の間，担架の上に置いたまま取り扱ってください（図27-5）．

フェンスに捕まったダマジカは，交通事故に遭ったものより通常もっと活動的なので，取り扱うのが非常に難しいことがあります．枝角がフェンス等に絡まっただけで，外傷のないシカは，枝角からワイヤーを切り離して，自由にしてやることができます．しかし，足を取られたシカはすべ

図27-5　ダマジカは常に担架に乗せて運びましょう．

図27-6　若いダマジカがフェンスから救護されています．

て捕獲して，治療を受けさせなければならないでしょう（図27-6）．彼らは拘束を解いた後，運搬のために担架に紐で結わかなければなりません．シカは救護されることに協力的でないので，拘束を解く前に，鎮静してください．頭の上の毛布は，マスクと同じように動物をおとなしくさせるのに役立つでしょう．ジアゼパム1mg/kgの筋肉内注射で鎮静することができます．このことが大きいダマジカを安全に取り扱う唯一の方法です．

触ることができないけれど，捕まえる必要があるダマジカは，誰かに鎮静剤の入った弾をライフル銃や吹き矢で発射してもらう必要があるでしょう．どんな麻酔薬の効果も表れるのに数分を要することを覚えておいてください．この種の道具を使うための，注射用麻酔薬は獣医師には入手可能です．この捕獲方法が唯一の選択である場合，注射用麻酔薬が効果的でしょう．

ノロジカ

ノロジカが救護されたら，ダマジカのために使われたものと類似の方法で治療してください．雄のノロジカの枝角はきわめて鋭いですが，比較的小さく，取り扱うことが割合簡単です（図27-7）．

ノロジカはジアゼパムにうまく耐えるとは思えませんので，この傷病獣には選択できません．全身麻酔は使えるかもしれません．

ホエジカ

傷病のホエジカはロンドンの北と東，西の州でますますよく見かけるようになっています．フェンスに引っかかったり，犬の攻撃を受けたりする事故も増加していますが，それでもこの傷病獣の大部分が交通事故によって起こります．

救護班が到着するまで，この交通事故の被害者は現地で捕獲するか，現地にそのままの状態で残されるでしょう．事故に遭っても，うまく逃げることがでる場合はめったに発見できません．事故の後に捕獲されたか，あるいは動くことができないホエジカにはマスクをし，慎重に持ち上げて，輸送箱に入れましょう．

しかし，ホエジカがたとえ1本以上の足を骨折していたとしても，非常に活発機敏で力があると，捕獲の場合に問題を引き起こすことがありま

図 27-7　雄ノロジカの鋭い枝角には安全のために当てものし，包みましょう．

す．その前に立ちはだかって，動けるホエジカを長い柄がついた大きい網で捕獲できることが多いです．捕まえられるとすぐ，金切り声を上げるでしょうが，通常1人でなんとかそれらを押さえて，輸送箱に入れることができるでしょう．時には，ホエジカに近づけないことがあり，機に乗じて逃げてしまうことがあります．これらの傷病獣については，通常追い込み網を使用する作戦を申し合わせておきましょう（図27-8）．

網を，可能性のある逃げ道に横切って張ります．捕縛する人が近くに隠れます．それから，シカを網の中に追い込むために追い立てます．シカに時間的余裕を与えると，網に気づいて横に方向を変えるかもしれません．追い立て役は，叫びながら走り，ネットに向かって走らせてください．シカが網にぶつかったらすぐ，捕縛者は最初つかむことができるように，シカに網を絡ませてください．それから追い立て役は，絡んだ網を解き，輸送箱に収容する補助ができるでしょう．追い込み網を使うこの捕獲法はホエジカ同様，ノロジカとキバノロを拘束するのに使うことができます．

普通は，一方の腕をホエジカの体の下に入れて押さえ，同時に自由な方の腕で頭をコントロールすることにより，1人でホエジカを運ぶことができます．足を押さえようとしないでください．ホエジカが蹴るので，鋭いひづめが衣類を引き裂いて，人にけがをさせることがあります．雄ジカは枝角を突き上げるので，頭を押さえましょう．秘訣は，可能な限り素早く静かに，輸送箱にシカを収容することです．

医療施設では，ホエジカをシカ用装着帯付きワゴンに入れます．ワゴンの上ではシカ自身も取り扱っている人もどちらもけがをする心配がありません．肢はだらりと垂れ下がり，治療や安定化ができます．骨折があっても，縫合や静脈留置針を装着できます．集中治療室に入れるまでシカを装着帯に維持することができます．

ワゴンがなければ，応急処置をするだけで，2，3人あるいは4人を必要とするでしょう．ジアゼパムが助けとなるでしょうが3回，4回と静脈留置針が外された後，間に合わせの装着帯でもたくさんの時間を無駄にすることなく，苛立ちを軽減するでしょう．

ホエジカもよくフェンスや，門特有の精巧に仕上げた鉄門のバーに捕まります（図27-9）．通常，シカを自由にして輸送箱に入れ，治療とモニタリングのために世話をしなければなりません．

キバノロ

キバノロはやや珍しい傷病獣で，交通事故の犠牲者です．ホエジカより少し大きいですが，救護や輸送や取扱いすべてがホエジカにとても似ています．

足かせ

傷病シカの脚をひもで一緒に結び付ける足かせが試みられ，提唱されましたが，現在，足かせは不必要であるとされていて，実際，シカの足のデ

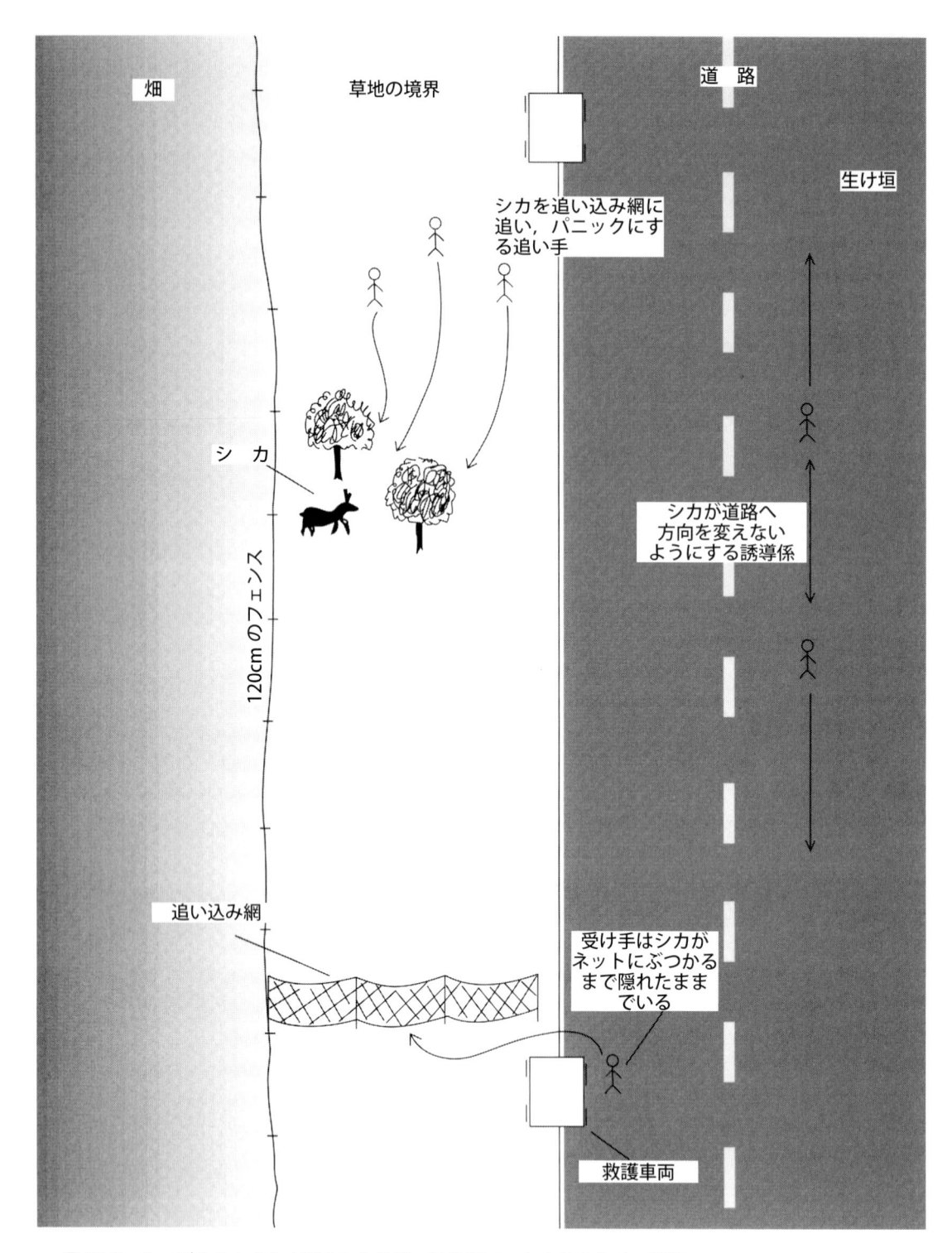

図 27-8　ホエジカのような小型のシカを追い込み網でつかまえるための戦略.

図27-9 ホエジカはしばしば錬鉄の門に捕まります．

リケートな構造に損傷を与えることがあります．

シカに共通の病気

捕獲後筋疾患

捕獲後筋疾患，あるいは労作性横紋筋融解症とは骨格や心臓の筋肉の壊死のことです．それはストレスに富んだ肉体運動の後に起こります（Barlow, 1986）．シカを捕まえ，治療することはその動物にとってストレスが強く，疲れさせますので，特にシカが追いかけられると，捕獲後筋疾患になりやすいのです．

保護された野生のシカすべてが，捕獲後4週間までの間，捕獲後筋疾患の対象であると考えるのは間違っていません．症状は斜頸，沈うつ，高熱を伴う痙攣です．外見上，症状が明らかになると，まもなく，ほとんど常に死が続きます．

それを防ぐために，思いやりを込めてシカを取り扱い，静かで，暗くした納屋で飼育してください．輸液やコルチコステロイド，ビタミンE，セレン，鎮静剤のような，ショックの治療法と同類の薬がこの状態の発生を軽減する助けとなること

があります．

口蹄疫

口蹄疫は，シカを含めた偶蹄動物に強い感染性をもつ病気です．家畜や他の動物の間に病気が起きれば，シカのような感染しやすい動物種の移動が禁じられるでしょう．2001年の最近の発生で，野生動物病院は傷病シカを移動するのではなく，発見場所で安楽死させ，その死体を政府機関の指導で処分するよう取り決めなければなりませんでした．

さらに大発生が起こった場合，地元の動物保健官との連絡で，シカやモグラ，ハリネズミを含めたすべての感受性のある動物をカバーすることになります．

疑わしい動物を受け入れないでください．そうしないと，感受性がない種も，決まりで，敷地内の動物すべてを安楽死させることになります．

内部寄生虫

すべてのシカには内部寄生虫の感染があるようなので，定期的に駆虫薬を服用させましょう．け

がをして救護され，治療，拘束下でシカが経験したストレスや外傷で，大量の寄生虫に感染しやすくなることがあります．

日に2回正しい投与量のアイバメクチン (Ivomec™ Injection for Cattle, Merial Animal Health) 治療，例えば400μg/kgの皮下投与が通常有効です．

ライム病

スピロヘータ *Borrelia burgdorferi* によって起きるライム病は，マダニの一種，ヒツジマダニ (*Ixodes ricinus*) によって伝搬されます．このダニはヒツジのマダニとしても知られています．この病気は人獣共通感染症で，人に重大な病気を引き起こすか，あるいは死に至らしめることさえあります．

運が良ことに，私たちが診る傷病シカはマダニをたくさんもっているようには思われません．しかし，マダニは人に這い登って，何の感覚もなく皮膚に咬み付いて自分の体を固定します．もし発見したら，刺状の吻，口円錐を確実に取り除きましょう．マダニを取り去るためには，局部麻酔薬で麻酔してから，捻りながら口器を引き抜いてください．代替法としては，O'Tomマダニ抜き器のような専用のマダニ除去器で容易に取り除けるでしょう．

あらゆる皮膚反応や腫脹があれば，(典型的なライム病変は赤色の円形斑です) ライム病の診断のため，一般開業医に診てもらってください．早い段階では，抗生物質で病気を治療できます．

関節炎

関節炎は人のライム病で比較的長期間みられる症状の1つです．シカのライム病が関節炎を起こすという記録はないようです．しかし，私たちは四肢の慢性関節炎をもったたくさんの傷病ホエジカを見ています．明らかに風土病的なこの関節炎の原因として可能性のあるのは，関節それ自体に問題があるのかもしれません．ホエジカの足関節は脱臼しやすいので，それだけで若い動物でも関節炎を引き起こすことがあります．ある症例では，関節炎が極度に進行していて，ホエジカは歩くことができない場合もあります (図27-10)．このようなケースやそれぞれ足の関節が損傷を受ける外傷のケースでは，安楽死を考慮することもあり得るでしょう．

シカに共通の外傷

骨折と脱臼

シカ，特にホエジカは，特に交通事故の結果，骨折しやすいデリケートな骨格の構造をもってい

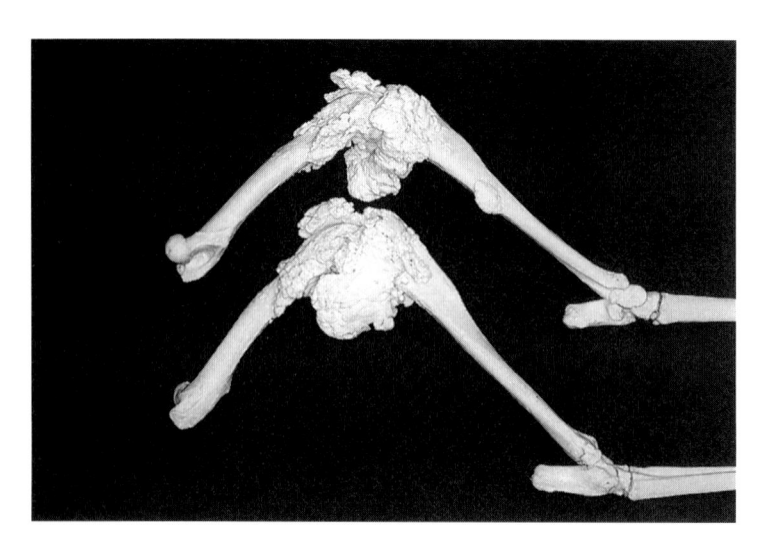

図 27-10 多くのホエジカが関節炎で来院しています．この雌のホエジカはどちらの後膝関節を動かすことができませんでした．

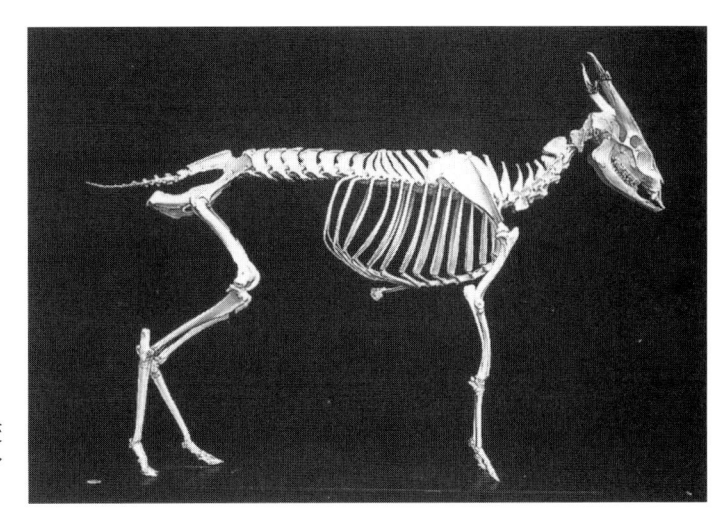

図 27-11 ホエジカの骨格標本が交通事故にとても敏感な壊れやすい骨を示します.

ます（図 27-11）.

脚の骨折と脱臼

シカは足に大けが，特に骨折をしやすいです．上腕骨と大腿骨には一部保護役を果たす厚い筋肉がありますが，肘や膝には骨を覆う軟部組織がほとんどありません．シカの外傷の主な原因の交通事故で，骨盤や脊椎と同じくらい，足をよく骨折します．

足の骨折はしばしば複雑骨折なので，もし可能なら，発生現場で一時的に副え木で固定しましょう．トリアージと応急手当の過程で，すべての複雑骨折には滅菌生食液をそそぎ，獣医師が治療方針を決めるまで，閉鎖骨折と同様に整復・固定しましょう．

知覚反応のあるシカでは一時的に整復することができます．整復の方法が仮に苦痛ならば，すぐにシカは蹴って，知らせるでしょう．一時的整復には，スターラップ状の 2.5cm 幅の 2 本の粘着テープの上に巻いた人工ギプスで固定しましょう．ロバート・ジョーンズ包帯法やクッションでは，よくギプスが落下します．合成ギプスのためには，それを外すのに振動式のこぎりが必要となることを覚えておいてください．

不幸なことに，骨折の多くが開放骨折なので，開放骨折すべては最初，被覆材 IntraSite™ Gel (Smith & Nephew) でカバーしましょう．この被覆材の静菌作用は，創傷を清拭してから被覆する前に用いても，有効です．

獣医師が到着するまでに，IntraSite™ Gel と残渣すべてを洗浄によってきれいにし，露出した骨を皮膚で覆い，仮縫合しておきましょう．骨折を固定するための仮ギプスの前に，清拭した創傷をパラフィン-チュール（Grassolind®, Millpledge Veterinary）のような湿性のドレッシングで覆いましょう．獣医師に渡すまで，骨折の固定はそれ以上の組織損傷を防ぐでしょう．おおかたの場合，獣医師の治療を待ちますが，モンテジア骨折は尺骨骨折と橈骨頭に脱臼があり，すぐに治療しないと悪化するでしょう（図 7-3 を参照）．

獣医師による足の骨折の安定化は，骨髄内ピンや外固定を含めてあらゆる方法で行います．ギプスは外れたり，床ずれを起こしやすいので，治療法として選択される方法ではありません．

骨折には，関節や骨端の複雑脱臼や多くの靱帯が粉砕し，回復不能という状態を伴います．獣医師が治療に参加できるまで，初めのうちは，清潔にし，整復・被覆して，樹脂性石膏でギプスをしましょう．治療に関節固定術や切断，あるいはその双方ともを行うと，リリースされた動物に問題を引き起こすことがあります．

切　断

　雄のシカは他の雄ジカと戦えなければなりません．切断された足は，確実に不利になるでしょう．そのシカはこれを覚って，頭をぶつけ合う繁殖に参加しないそうですが，これが本当であるという保証はありません．この雄シカはリリースしてはいけません．

　しかし，シカを飼養し続けることは，同様に多くの問題を起こすことがあります．２頭以上の雄ジカは繁殖期に戦うので，飼育下のダマシカとノロジカの雄は繁殖期に非常に危険になります．

　去勢がテストステロンのレベルの低下を起こすので，通常，動物の本能を抑えるでしょう．テストステロンの変動がなければ，毎年その下に萌出する次の年の枝角が成長しないし，現在の枝角は脱落しないでしょう．去勢された雄ジカは結局「カツラ（perruque）」と呼ばれている枝角の極端な変形を起こすことになります．「カツラ」はノロジカで特に問題が多いです．

　雄の傷病シカの予後判断はこれらすべてのことを考慮に入れて行いましょう．

　足を切断した雌ジカは飼育下で問題となることは少ないです．後肢がない場合，通常は大変上手に対処しますが，前肢の欠如は時々人道的に安楽死しなければならないような，重大な問題を起こします．

骨盤あるいは脊椎の骨折

　骨盤や脊椎の骨折は獣医師によって診断しましょう．骨盤骨折後，産道の狭窄を伴う場合，リリースの前に卵巣を除去しましょう．事実，たくさんのホエジカが妊娠するので，帝王切開を必要とすることがあります．X線写真で胎子を確認するでしょう（図27-12）．

顎の骨折

　シカは大臼歯で食物を破砕，再破砕するので，骨折した顎の正しい整復が重要です．歯を確実に正確に並べ，顎の整復と固定を口の内側から調整します．

頭骨骨折

　頭蓋腔を巻き込んだ大きな頭蓋骨折が起こることがありますが，普通に起こることではありません．ホエジカの雄が枝角の幹を折ってしまう方が一般的です．この骨折部分は通常頭骨の一部です（図8-1）．2.5cm幅の樹脂性ギプステープ（VetGlas, Millpledge Veterinary）で折れた角を，対応する幹に結合させることで，固定することができます．両方の枝角が折れたら，同じ方法で角を固定し，テープで顎の下で角を支えましょう．

　枝角が伸びるときに，時々ベルベットカバーが裂けて，出血します（図27-13）．裂傷は滅菌生食液できれいにして，縫合しましょう．

鎮痛処置

　鎮痛には，カープロフェン，フルニキシンを，頭部外傷がないならブプレノルフィンを与えることができます．

犬による咬傷

　小型のシカ，特にホエジカは危険を冒して人間活動のかなり近くまで来るので，犬の攻撃の犠牲になります．時々，フォックス・ハウンドによってもひどい傷を負います．その創傷は後四半部周辺の筋肉を巻き込んで，通常広範囲で深いものです．もしシカが犬に追い詰められたのなら，腹部，頸部，頭部への咬傷が普通です．子ジカはよく頭によって相手を持ち上げようとして頭を攻撃され，結果，頭蓋骨折と脳への致死的損傷を引き

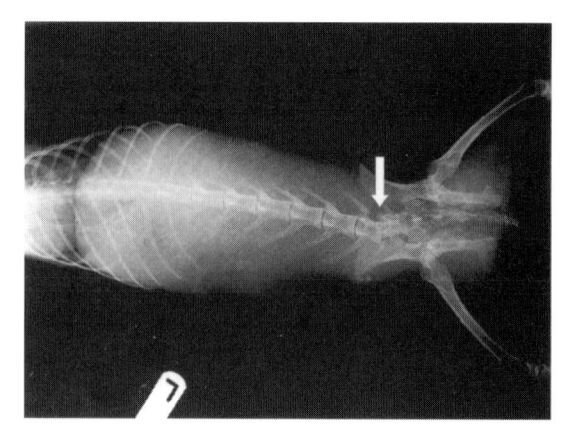

図27-12　ホエジカのX線写真がしばしば胎子を示します．

図27-13 時々，非常に柔らかい袋角がフェンスで損傷を受けることがあります．

起こします．

来院時すべての出血を止めたあと，IntraSite® Gel（Smith & Nephew）で，創傷を単純に被覆します．犬の口の中の常在菌 *Pasteurella multocida* を抑えるために，持続性アモキシシリンを与えます．

創傷それ自体は，シカが鎮静あるいは麻酔ができるのに十分に安定化した24時間後に，処置することができます．創傷を19Gの針を付けた20ml注射器（Hayes & Yates, 2003）で，望ましくはKruuse社の創傷洗浄システムで，1％のトリクロサン（MediScrub, MediChem）洗浄をしてください（カラー写真13）．

結紮創あるいは擦りむき傷

シカがフェンスや錬鉄の門に挟まったとき，これら両方のタイプの創傷が生じます．前者では，結紮が創傷の下の血管，靱帯，腱，神経を切断してしまうでしょう．BioDres®創傷被覆材（BK Veterinary Products）のような通常のハイドロゲル被覆材で傷を治そうとする努力は，価値があります．患部の関節，しばしば球節は通常固定する必要がありますが，シカはまだ足を使うことができるでしょう．Preparation H™（Whitehall Laboratories）は血液循環を維持するのに役立つでしょう．

血液供給が完全に遮断されると，創傷の先の組織すべてが死に絶えるでしょう．そのときは脚の切断が必要でしょう．大腿骨の中央での断脚は身体的障害となりますが，そのシカにとって負担に耐えられます．

シカが細工された錬鉄の門のバーの間に挟まると，毛皮がそり落とされてしまいます．もし内部の損傷がないなら，皮膚病変は乾燥し，やがて完全に治るでしょう．初めにDermisol® Multicleanse Solution（Pfizer Animal Health）で治療すれば，創傷清拭を援助し，治癒を助けるでしょう．

ワイヤーや罠に捕まる他の種，キツネ，アナグマ，ハリネズミと同じように，いったん絞扼から解放し，すべてのシカを少なくとも1週間飼育下に置くことが不可欠です．これは絞扼の辺りに圧迫壊死があるかどうか見極めるためです．もし創傷が崩れ始めたら，結果として生じる創傷は，壊死部が回復し，創傷に肉芽が上がって治るまで，Dermisol®での毎日の清拭が必要でしょう．

来院と応急手当

理論上トリアージは迅速な最初の検査です．それほど迅速である必要はありませんが，もし可能なら，シカでの最初の検査は，リリースできる可能性があるか，少なくとも飼育できる可能性のある動物かを評価しましょう．しばしば，論議あるいは別の人の意見は，シカを治療するかどうか，決して完全な機能を回復する可能性が高くないかなど，判断をするのに役立ちます．

連れて来られた動物の安楽死が唯一の選択肢の場合，その明確な基準があります．これらを認識することは，シカを安定させようとして多くの無意味なストレスをあなた自身や動物に与えるのを省くことができます．見込みのないシカの症状とは，

- 脊椎骨折
- 2脚以上の損失
- 雄ジカの1脚だけの損失
- 2脚以上の関節炎を起こしやすい素因
- 2脚以上の慢性関節炎
- 修復不能の顎の損傷
- 盲　目

しかし，吉報としては，ほとんどの傷病シカは上のような重度の身体的障害や外傷で苦しんでいません．全快し，リリースすることができる十分な可能性があるものとして，これらのほとんどを治療することができます．

来院時，すべてのシカは静脈内輸液とメチルプレドニゾロンを注射しましょう．メチルプレドニゾロンは妊娠シカを流産させるかもしれませんが，ショックに対処することが非常に重要なので，これらの傷病シカにも使わなくてはならないと，多くの人が固く信じています．ダマジカは，それでも床の上や担架にひもで結び付けて扱うことがとても簡単ですが，ホエジカやノロジカとキバノロは明らかに，ワゴンに吊して治療する方がずっと容易です．

ホエジカは特に強靭な皮膚をもっていて，切開なしに静脈，通常橈側皮静脈や外側サフェナ静脈に留置針を入れることができません．鼠歯鉗子とNo.11のメスを使って切開し，静脈は相応に太いので，20G（32mm）のカテーテルで容易にアクセスできます．18G（51mm）のカテーテルがより適切であるダマジカ以外のすべての種は，このカテーテルの寸法を必要とします．

すべてのシカはセレンとビタミンE製剤（Dystosel, Intervet）も，輸液と同じぐらいの効果があるでしょう．これをダマジカには3ml，ホエジカには1mlを筋肉内に与えます．ショックが存在しているなら必然的に，広域スペクトルの抗生物質，通常持続性アモキシシリンを投与しましょう．

開放骨折をIntraSite™ Gelで覆い，一時的に固定しましょう．もし獣医師の治療が遅れるようなら，開放骨折は全部きれいにして，整復し，傷を縫合，そして一時的に副え木で固定しましょう．犬の咬傷はIntraSite™ Gelで被覆し，皮膚の全体性と形を維持するために縫合で緩く保留します．結紮創はDermisol®で清拭します．

安楽死が必要なら，なるべくガス麻酔を先に行って，バビツール酸塩の静脈注射にしましょう．射撃や家畜銃の必要はありません．薬物の方が，ずっと侵襲性はありません．

収　容　法

シカは決してケージや犬小屋で飼育すべきではない動物です．それらは，特に人々から遠ざけ，隔離が必要です．一般的な動物病院や救護センターの騒音から隔離された小屋で飼育しましょう．

小さいシカは1.8m×1.2m以内の床面積の小屋が最も適しています．ダマジカやノロジカは2.4m×1.8mが必要でしょう．屋根の高さは1.8m未満にしましょう．もっと広いと，シカ自身と取り扱う人にけがをさせる可能性が高くなりますので，シカにもっと広いスペースを与えようと考えないでください．たいていの小屋には柱や壁部分があります．これらは丸くする，あるいは床から天井へ板材を張って小屋に裏打ちするのが良いで

しょう（図27-14）．

照明は，理論通り，赤色灯で行いましょう．赤は色盲のシカには見えません．スイッチを入れることなく小屋の中を見ることができるように赤色灯は常時付けたままにしておきます．シカにとって，静かなほど良いです．

寝具のため，食べるためにも，干し草を深々と敷きましょう．時には，シカがしばらくの間立ち上がることができない場合もあります．動物を乾いた状態に保つので，排水床であることは良い考えです．The Wildlife Hospital Trust（St. Tiggywinkles）では，シカ小屋は，コンクリートの床の上にありますので，子牛用マットを冷たい床に敷き，そして次に干し草を入れています．この小屋は産業用つや消し床をもとに作られた排水設備を備えています．これらの床はうつ伏せのシカを乾燥した状態に保ち，マットを定期的に洗うことができます．

冬やショック状態のシカのために保温ランプを備えます．夏に日光で暑くなり過ぎる場合に備えて，小屋は換気できなければなりません．

シカが小屋で治療を終えた後は，リリースするかあるいは，リリースに耐えられるまで，他のシカと一緒に大きいパドックでさらに飼育します．

シカのパドックは，その中を走っても，簡単に跳ね返すように，飛び越えられない，高さ2mのシカ防壁で囲います．

シェルターとして役目を果たすように，パドックに様々な小屋を置きます．そして，シカ，特にダマジカは驚くほどの量の水を飲むので，自動給水システムを備えます．雨避けのシェルター内に岩塩を置きます．

給　　餌

野生で，シカの仲間はgrazer（主に草を食べる仲間）かbrowser（葉を食べる仲間）のどちらかです．飼育下で，食べるための草を手に入れることが可能ですし，若葉は地元の生け垣の低木から切り取ることができます．しかし，それらを十分に供給することは難しいので，人工的に調整された飼料を与えることも必要かもしれません．

与える飼料は，シカ用干し草に山羊用混合飼料で，たいていの農産物商人から入手可能です．アルファルファを含めば，より多くの繊維分，高蛋白質と高カルシウムを与えることができます．そして，Browsers' pellets（Mazuri Zoo Foods）はシカの体を作り上げるのに必要な，さらに高栄養を提供します．抗生物質療法を受けているシカは，餌にプロバイオティク添加物が必要でしょう．Vetrumex（Willows Francis Veterinary）が最適です．

食欲不振

あるシカ，特にノロジカは飼育下では食が進みません．食べないと，非常に急激に体重を減らし，体重減少を促進する第1胃食滞の状態になります．これを解決する2つの方法があります．

(1) シカは静脈内留置針から末梢血管栄養を点滴することができます．衰弱したシカあるいは手術から覚醒するシカの状態を回復させるために，Nutriflex Lipid Peri（B Braun Medical）は非常にうまく用いられています．人工栄養は毎日，例えば30ml/kg，48時間，わずかに低い維持管理投与量で点滴されます．

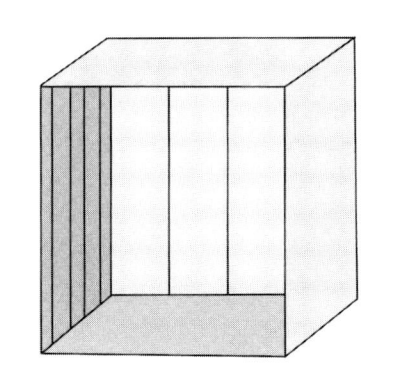

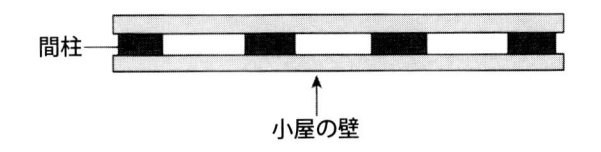

図27-14　板で裏打ちしたシカ小屋のための提案．

(2) 他の方法は，交通事故死のような外傷によって死んだシカの第1胃内容を取って，ポリエチレン袋でそれを凍らせておくことです．要時にこれを解凍し，胃カテーテルで衰弱したシカの第1胃に入れることができます．死んだシカの腸管内フローラはすぐに発酵し始めますので，この操作は解凍してすぐに始めましょう．

Hydestile 野生生物救護はノロジカが下痢しているとき，特に有用な給餌開始用療法食を開発しました（Comtek 夫妻，私信）．成分は以下の通りです．

- 約 250ml の刻んだホウレンソウ
- 約 250ml の圧扁全粒小麦（Weetabix）
- 小サジ1杯のしょうが
- 水

この成分を1クォート（946.35ml）の容器内で混合し，60ml 注射器で直接シカの口に与えます．新鮮なイバラの葉，葉状の部分も，非常においしそうであることが分かるかもしれません．

不適切な食物

よりバランスがとれた食餌より果物の方を好むかもしれませんが，急速に状態が悪くなったり，発酵性鼓腸症を起こすことがあるので，シカに果物を給餌することは良い考えではありません．同様に，緑色野菜やニンジンは特に適しません．しかし，時には美味しい果物を一口だけ給餌すれば，新しい患者に本来の餌を食べさせる助けになるかもしれません．

リリース

リリースのために動物を運ぶことは，衰弱した傷病シカを連れて行くより少し大変です．特に，シカがリリースに耐えられるくらい良くなっているなら，活動的で，力強く動じず，逃げようとする本能で満ちあふれていることでしょう．

もしシカがリリースの前にパドックに放されていると，手を触れて，輸送する前に，シカを鎮静剤ダーツで拘束する必要があるかもしれません．輸送箱内に，ホエジカやノロジカやキバノロを安全に収容できます．しかし，ダマジカは，収容箱

傷病ホエジカの書式

この項目を記入した救護者名	（公式使用のみ）
日時／コード	性： 推定年齢： 体躯の状態：（○を付けよ） 　　悪い　　　　平均的 　　良い　　　　優
住　所： 　市町村名： 　番地：	外　傷：
地理座標：	リリースの日：
この書類に許可書をステイプラーで留めてください	リリースの場所： 　市町村名： 　番地： 地理座標：

図 27-15　傷病ホエジカの書式例．

をリリース場所に運ぶために小さい箱用のトレーラーを必要とするでしょう．

すべてのシカは発見された場所にリリースしましょう．しかし，ホエジカは時々庭で発見されるのですが，明らかにそこにリリースすべきではありません．ホエジカは唯一，ライセンスを与えられた人によって発見された場所の1km内にリリースすることができるだけです．近所の森林や草地が適当でしょう．

法　　令

野生のシカは「野生哺乳動物（保護）法1996」で，残虐な行為からある程度保護されています．飼育下では「動物福祉法1911」によって保護されます．

シカのリハビリテーションに影響を与える，それ以外の法令は，現在「野生生物と田園保護法1981」の付表9にホエジカが含まれているということです．これは，ホエジカをリリースしたり，人が逃した場合，それが犯罪であることを意味します．

主要な英国の10州で，発見された場所の1km以内にホエジカをリリースする許可を申請できるリハビリテータの規定があります．多くのリハビリテータはこの免除をもっていますので，治療されたホエジカすべてを彼らの庇護下でリリースしてください．図27-15は傷病ホエジカの書式例であり，ライセンスを与えられたリハビリテータによって使われています．

鎮静剤の弾を用いるには，特殊なライフル銃や吹き矢によります．これらの武器は銃器法によって規制されていますので，地元の警察からの許可証を必要とします．もう内務省の追加許可証を必要としません．

28
コウモリ

種：

ヨーロッパチチブコウモリ	*Barbastella barbastellus*
コウライクビワコウモリ	*Eptesicus serotinus*
ベヒシュタインコウモリ	*Myotis bechsteinii*
ウスリホオヒゲコウモリ	*Myotis brandtii*
ドーベントンコウモリ	*Myotis daubentoni*
ホオヒゲコウモリ	*Myotis mystacinus*
ノレンコウモリ	*Myotis nattereri*
ヒメヤマコウモリ	*Nyctalus leisleri*
ユーラシアコヤマコウモリ	*Nyctalus noctula*
アブラコウモリ	*Pipistrellus pipistrellus*
ウサギコウモリ	*Plecotus auritus*
ヨーロッパウサギコウモリ	*Plecotus austriacus*
オオキクガシラコウモリ	*Rhinolophus ferrumequinum*
コキクガシラコウモリ	*Rhinolophus hipposideros*

まれに，ヨーロッパ大陸や米国からの放浪個体が英国で発見されると，同定されて，リストされていない種はリストに加えられています．

たいていのコウモリは特に同定が難しいので，優れたガイドブックが不可欠です（Corbet & Harris, 1991；Stebbings, 1993）．

博物学

コウモリは持続的に飛翔できる唯一の哺乳動物です．コウモリの翼は体から指や尾の先端まで張った，しなやかな皮膚の薄膜と共に細長い手が伸びたものです．親指あるいは第一指は，コウモリが木や壁，屋根裏にへばり付いたり，登ることができるように鋭い鉤爪付きで露出しています（図 28-1）．

コウモリの眼は小さいですが，船のソナー航法装置に類似したエコーロケーションのテクニックで周囲の環境と獲物を突きとめます．コウモリはエコーロケーションを楽にするために改良した耳と鼻葉をもっているものもいます．

それらの看護に影響するかもしれない，もう1つの生まれつきの能力は，コウモリが休眠状態になると動かなくなり，周囲の大気温度に近い体温に合わせることができることです．つまり，コウモリは異温性なのです．さらに，完全に冬眠する少数の英国産哺乳動物の1つです．通常冬眠場所は大きく温度変動することがなく，湿度のある人里離れた場所にあります．

コウモリは 20 歳以上の記録があるくらい一般的に長命です．

装置と輸送

看護する必要があるコウモリはおそらく飛ぶことができないので，網の必要はありません．しかも，エコーロケーションの能力とコウモリにけがをさせる危険性を考えると，飛んでいるコウモリを網で捕まえることは困難で，避けるべきことでしょう．

必要な道具の中には，咬傷を避けるための薄い革手袋，すべての種類のコウモリを入れる，何らかの小容器を含みます．コウモリはとても小さな穴もくぐり抜けることができるので，容器が逃走できないものであることを確認しなくてはなりません．Hagen 社は穴をあけたプラスチックの

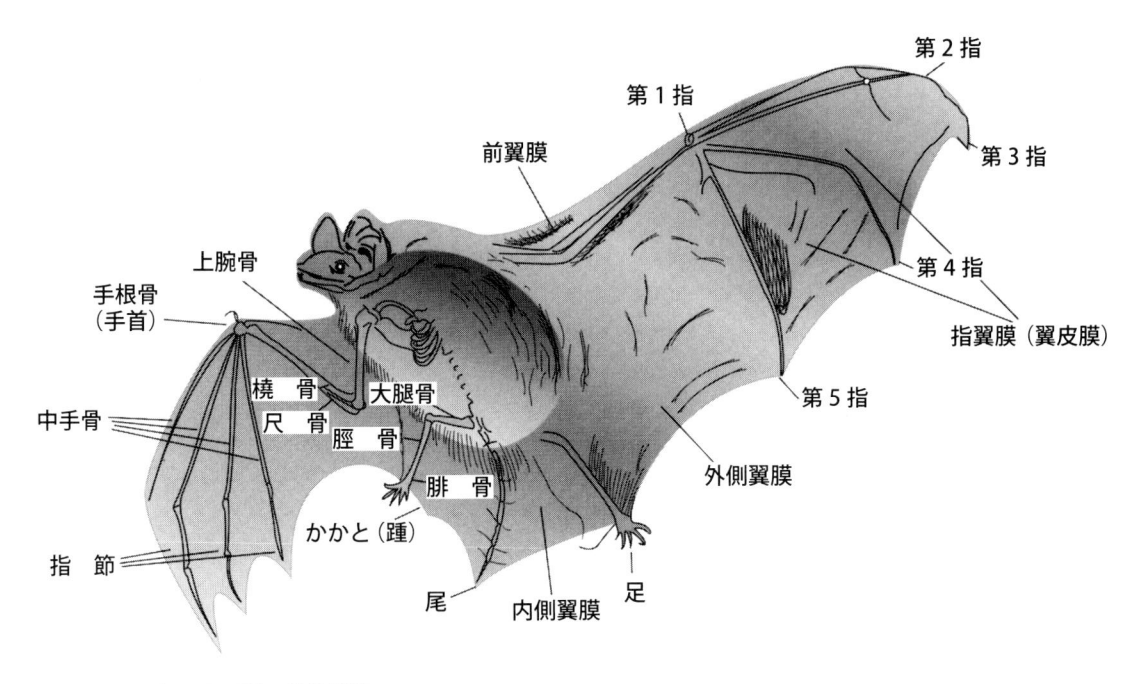

図 28-1 コウモリの翼の骨格構造.

蓋が付いた一連のプラスチック製品 SMALL PALS PENS を作りました．最も小さいモデル（H351）にすべてのコウモリが入るでしょう．コウモリのための唯一の準備は，コウモリが登ったり，ぶら下がったりできるように，内壁を縫い合わせたキッチンタオルで覆うことです．

コウモリはとても小さいので，外科手術用ルーペか，拡大鏡付きヘッドバンドが小さな傷の治療の助けとなるでしょう（図 28-2）．

救護と取扱い

コウモリを取り扱っているか，あるいは今から取り扱おうとする人は皆，狂犬病の予防注射をすることが絶対に必要です．このため，障害をもっているコウモリ，あるいは混乱状態のコウモリを拾い上げることを奨励すべきではありません．適切な狂犬病ワクチン接種を受けた人がすべての救護要請に応じるべきです．狂犬病はよくある問題ではなく，英国で記録された唯一の発生は憂慮すべき結果を生じました．すべてが家の周りでは通常見られないドーベントンコウモリが原因でした．

救護を必要とするコウモリは通常簡単に拾い上げることができますし，壁にへばり付いているのを発見したとき，つまみ取ることができます．ある種は極端に小さいので，その取扱いに気をつけなければ，簡単にけがをさせてしまいます．一般に，それらは親指でしっかりと，しかし優しく押さえつけながら，指の中に置いてください（図 28-3）．

もしコウモリが動けるのなら，騒々しく攻撃的で，咬もうとするでしょう．薄地の手袋をつければ，コウモリが小さい歯で咬むのを防げるでしょう．手袋をしないと，小型の種は皮膚を突き刺すかもしれないし，そうでないかもしれません．しかし，アブラコウモリとクビワコウモリのような大きめのコウモリはかなり強力な顎をもっています．

それらを輸送する容器はどんなものでも，つなぎ合わせたペーパータオルで内側を裏打ちすると，コウモリを落ち着かせ，光が届かないところへ隠れようとする安全な方法になるでしょう．

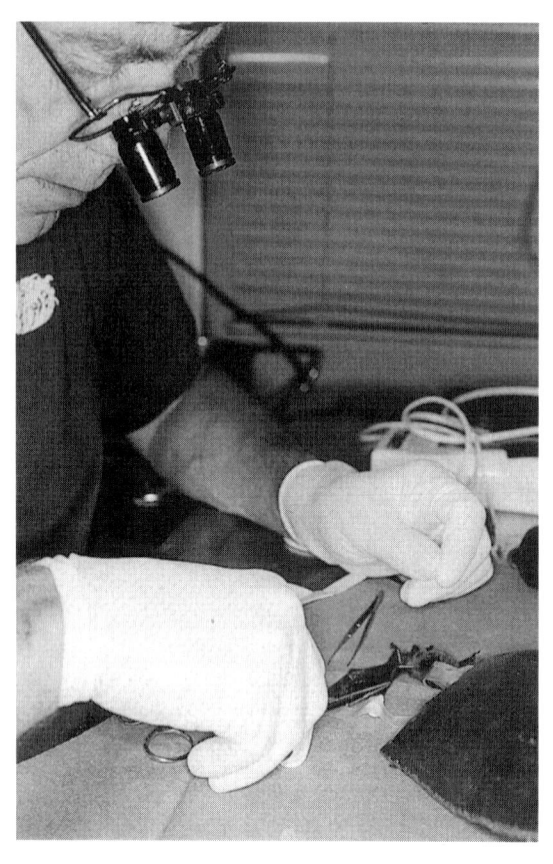

図 28-2　コウモリの外傷はとても小さいので，特殊な欠損を見つけるのを助けるのに，外科用ルーペが必要です．

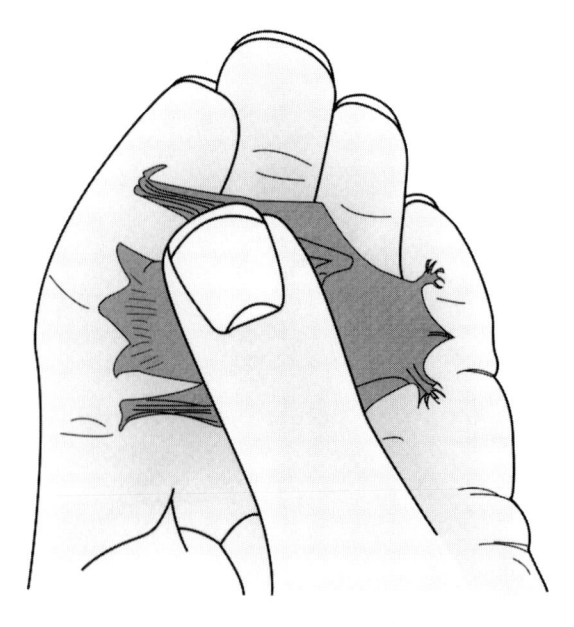

図 28-3　しっかりと，しかし優しくコウモリを保定する方法．

病　　気

他の野生動物同様，コウモリは病気にある程度の抵抗性を示します．しかし，看護のために連れて来られたコウモリが，その特定の名前でまだ記載されていない病気に苦しんでいるのかもしれません．近年，世の中を賑わしている病気の1つは狂犬病です．狂犬病に感染したコウモリに咬まれた後に人が狂犬病になるケースが，ある国では珍しくないのは，よく知られた事実です．しかし，狂犬病の内，ヨーロッパコウモリリッサウイルス・タイプ2（EBLV2）はヨーロッパ全体で約10回発見されただけであり，典型的狂犬病はヨーロッパのコウモリで一度も記録されたことがありません．

狂　犬　病

中央獣医学研究所の狂犬病研究と診断研究部による英国の10年間のコウモリの調査で，狂犬病抗原の有無について，23種1,882匹のコウモリが調べられました（Whitby et al., 1996）．すべては陰性であることが分かりました．中央獣医学研究所はまだコウモリの死体を求めています（付録5）．

しかし，1996年6月，異常な行動を示すドーベントンコウモリがサセックスのニューヘブンで救護されました．標準的な脅威や咬み付き行動というよりもどちらかというと，過度に攻撃的で，そのコウモリができるすべてのものを攻撃し，時々救護者を咬みました．そのコウモリは発作を起こしていると思われたので，安楽死させました．中央獣医学研究所でのポリメラーゼ連鎖反応（PCR）テスト（DNAの少量を増幅し，同定できるテスト）でEBLV2陽性であると分かりました．そのコウモリがEBLV2に感染していると考えられた時点から，発見者は暴露後予防法を受けまし

た．発見者には接触からの健康被害はありませんでした．このタイプの狂犬病は，犬や猫やキツネのような他の哺乳動物に感染する森林型の狂犬病と違います．EBLV2 はコウモリ以外の野生動物，あるいは家畜で見つかっていません．

中央獣医学研究所によって，これまでの 15 年間にわたって調べられた 3,000 匹のコウモリの内，英国で EBLV2 陽性が発見されたコウモリは，わずか 3 例だけでした．これらのコウモリすべてがドーベントンコウモリで，サセックス，ミドルセックス，ランカシャー，それぞれ 1 例ずつでした．他の陽性の事例は不幸にも，スコットランドのコウモリ研究者の死でした．疑わしい症状や行動を示すコウモリすべては逃げないようにして，保健機関や DEFRA（環境・食糧・農村地域省）に連絡するかを決められる獣医師に報告しましょう．

合同自然保護会議（JNCC）やコウモリ保護団体（BCT）は，コウモリとコウモリの福祉への積極的な姿勢を表するために精力的に働いています．JNCC は最近「コウモリ研究者マニュアル」の第 3 版を出版しましたし，BCT はウェッブサイト www.bats.org.uk 上で，常時資料を更新しています．

コウモリを扱うことについて，JNCC ガイドラインを付録 1 にコピーします．そして，リハビリテータや獣医師スタッフ，そして病気や傷を負ったコウモリを取り扱うかもしれないそれ以外の人たちは，これらすべてのガイドラインと両方のグループからのアドバイスを受けましょう．

死　体

狂犬病のためのコウモリの絶え間ないモニタリングの一部として，単に疑わしいケースだけでなく，どんな死体でも新たに中央獣医学研究所に送ることが要請されています（付録 5）．

外部寄生虫

コウモリは，ノミやダニ（カラー写真 40），マダニ，ヨーロッパコウモリトコジラミ（Cimex pipistrelli），キクガシラコウモリのコウモリシラミバエ（Phthiridium biarticulatum）を含めて宿主特異性の広い外部寄生虫をもっています．

昆虫は Whiskas Exelpet（Pedigree Masterfoods）ノミ取り粉を使って，安全に駆除することができます．小さい乾いた絵筆で毛皮の間に振りかけましょう．Whiskas Exelpet はマダニに対しても同じく効果があります（Brown, 2003）．もっと強い殺虫剤はコウモリには有毒でしょう．ダニは水につけた小さい絵筆で除くことができます．プロピレングリコールと 1：9 に混ぜたアイバメクチン（Ivomec™ 牛用注射薬，Merial Animal Health）のような全身性ダニ駆除薬を 0.02ml/10g で皮下，あるいは経口で投与します．

ねばねばした翼

コウモリが飼育下で，翼を定期的に使っていないと，翼の折り目の谷部分が時々ねばねばして，臭うことがあります．これは細菌と酵母の混合感染のことがあります．温かい塩水で洗いましょう．

翼膜壊死

翼膜壊死は何が原因か正確には誰も知りません．翼膜壊死は皮膜が乾いて，割れ，剥離する状態のことです．壊死は隣接する骨にも移るでしょう．原因は細菌，あるいは真菌性かもしれません．外傷によるか，湿度の欠如のために起こるかもしれません．

抗生物質の全身投与が治療として試みられましたが，結果は様々でした．最も多くの成功例があるのが皮膜を E45（Crookes）クリームでマッサージをすることのようです．

試みられた治療法が何であれ，どんな治療法でも長い時間を要するでしょう．

脱毛症

多くの若いコウモリや長期の飼育個体は，パッチ状に毛が抜けることがあります．アブラコウモリは特にこの病状に陥りやすいです．これも，特定の原因は分かっていません．おそらく，それは

コウモリが飲水ボールに体を擦ったとか，あるいは同世代のコウモリに吸われる外傷性のものかもしれません．それは食餌性のものや，あるいは過度の取扱いによってすら起こるかもしれません．

一般に，もしコウモリを触らないで，1匹だけで飼育すると，この状態は収まるでしょう．必須脂肪酸（EfaCoat Oil, Schering-Plough Animal Health）の投与（経口）はこの状態と翼膜壊死に有益なことがあります．治療を行った記録は極めて少数しかありません．脱毛はよくある状態なので，この解決法が多くのコウモリを野生に返す助けとなるでしょう．

皮下気腫

この状態の原因は，まだ未知です．体のある部分の皮下に空気が溜まった状態のコウモリが発見されます．治療は単純で効果的です．
- 膨らんだ部分の皮膚を清拭し，手術用アルコールで清拭します．
- インスリン用注射器を使って空気を吸引します．
- 広域スペクトル抗生物質の連日投与を始めます．
- 膨張が再び現れるかもしれないので，再び吸引しましょう．

コウモリに共通の出来事

猫

コウモリは，よく猫に捕まります．よく生きているコウモリが猫の飼い主によって救護され，救護センターに連れて来られます．猫は毎日ストーカーのようにコウモリ集団を襲い，殺したり傷つけたりすることもあります．

放浪個体

日中にコウモリが外壁にぴったりくっついていたり，地上にころがっているのが発見されることがあります．多くは外傷のためですが，衰弱の明確な原因が分からないかもしれません．通常，それらは脱水状態であり，そのためショック状態にあります．コウモリを安定させ，リリースできるようになったらすぐ，発見された場所に返しましょう．

親からはぐれた子

母親が餌を捕りに出ている間，時々子はコウモリの育児場所に置き去りにされます．母親が飛んで移動する際，子がしがみついていると，子を落としてしまうことがあります．原因が何であれ，独りぼっちの子によく遭遇し，救護することになります．

親からはぐれた子をすぐに飼育しようとするよりむしろ，そのねぐらに戻すように努力しましょう．しかし，単にねぐらに返すことだけではうまくいくとは思えません．死んでいる子が発見されることもあります．その解決策は母親自身に自分の子供を見つけだすチャンスを与えることです．もし母親が現われなければ，その子を救うことになります．

木製の赤ん坊コウモリハンガーはこの目的のための簡単な装置です．化学処理されていないおよそ500mm×200mmの切り落とし材木片を50mm角のフェンス用柱に取り付け，柔らかい土地に建てます．もし快晴なら，夕暮れ，子を垂直の板にしがみつかせます．コウモリハンガーがコロニーの近くにあるなら，子が呼び声をあげるので，コウモリ達は餌を与えるために巣穴を出ます．うまくいけば，その母親は呼び声を聞いて，子を回収するためにこの板に来ることでしょう（図28-4）．日暮れてから1時間後，その母親が戻らなかったなら，子を移動させて，看護します．

他の出来事

コウモリはとても予想できない奇異な出来事に巻き込まれます．次に2つの例を示します．
- 小屋が雷に打たれ，その屋根の一部が破壊されました．屋根にコウモリのコロニーがありました．何匹かが雷に打たれて死にましたが，他は重症の外傷を受けました．

第28章 コウモリ

いる子を人工飼養し，リリースしました（図28-5）．

麻酔薬と鎮痛薬

麻酔薬

　想像することが難しいかもしれませんが，コウモリのようなごく小さい動物も完全な神経系をもっているので，ほんの小さな異常から痛みや不快を感じることができるでしょう．したがって，コウモリはどんな治療行為にもじっとしていないでしょう．ある人達は過去に，治療の前に冷蔵庫にコウモリを入れることによって，休眠状態を誘発しました．この休眠はコウモリを静かにさせるかもしれませんが，鎮痛効果をもっていません．これは残虐行為に等しく，決して行うべきではありません．

　コウモリに最適の麻酔薬はイソフルレンです．注射器ケースあるいはゴム管で作ったマスクを通して，高流量の酸素と共に投与します（図28-6）．小さいので，麻酔下のコウモリは急速に熱を失ってしまいます．加温テーブルや加温マットが不可欠です．麻酔を切ったあとしばらくの間，酸素吸入を続けましょう．

図28-4　母コウモリと再会させる，親からはぐれたコウモリのための木製ぶら下がり台のデザイン．

- 木が切り倒された後，古いキツツキ穴に夜行性のコウモリの育児場所が発見されました．9匹の子を移動させるためにキツツキ巣穴をのこぎりで切り開かなければなりませんでした．何匹かがすでに死んでいました．さらに，数匹が，後に頭蓋骨折から死にました．残って

図28-5　数匹の雌のアブラコウモリによって育児室として使われたキツツキの巣穴．

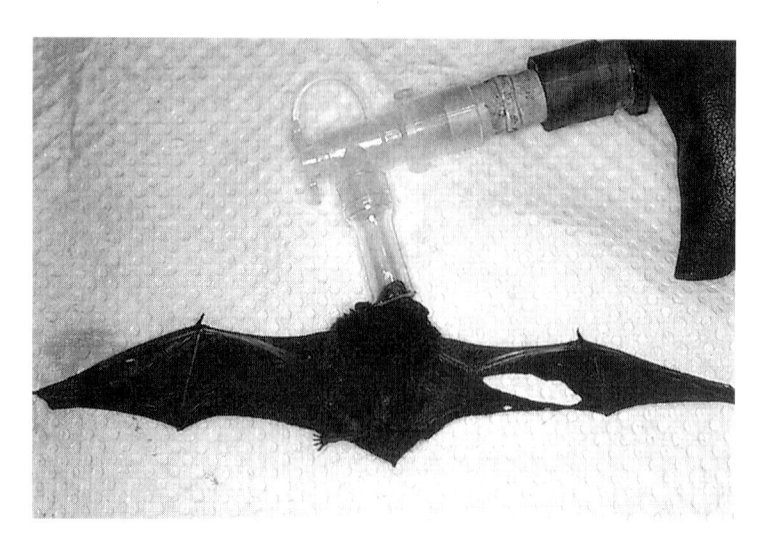

図28-6 コウモリはプラスチックチューブで作ったマスクを通してガス麻酔をすることができます．

鎮痛剤

コウモリの翼の骨折は痛いに違いありません．鎮痛剤を水で薄めて，微量を注射することが可能です．フルニキシン，カープロフェン，ブプロノルフィンが有効です．もしこの薬の使用が可能でないなら，赤ん坊のために薬局で売られている局部麻酔薬が含まれる乳歯萌出ジェルを繁用することで，わずかに苦痛を軽減させるかもしれません．

コウモリに共通の外傷

翼の裂傷

翼膜の裂傷はよく起きます．裂傷の大きさはピンホールから，指間，体と指の間の完全な皮膜の裂傷まで様々です．しかし，コウモリは翼の裂傷があっても，まだ十分に飛ぶことができる場合もあるので，補修治療を試みる前に飛ばしてみる価値があります．

小さい裂傷は自然治癒するでしょう．大きな裂傷は7/0のスエージ加工の吸収性縫合糸で縫合することができますが，裂傷縁を並置することは非常に難しいです．外科用接着剤（Vetbond™, 3M）の使用がもう1つの選択肢です．しかし，問題の縁をピッタリ合わせることはほとんど不可能です．

1つのテクニックは，切開縁を新鮮なままにしながら，裂傷の辺縁切除を行います．この新鮮な切開縁はもっと治る可能性が増えます．そのテクニック（図28-7）は全身麻酔下で行わなければなりません．

(1) 1本の透明のマイクロポアテープ（Omnifilm®, Millpledge Veterinary）を接着面を上にしてテーブルの上に置きます．
(2) 皮膜が巻き上がってしまった部分では，裂傷縁が表れるまで，皮膜を伸ばします．
(3) 裂傷の一方の縁を粘着テープに沿って置きます，広げた状態にして，テープの上に全体を平らに押さえます．
(4) もう一方の縁を広げて，最初の縁に隣接して置き，重ねます．
(5) それから，外科用接着剤をこの重ねた縁の下に塗ります．そして，2つの側面をまとめます．
(6) そのとき，その辺縁を清潔にして，手術用アルコールで拭きます．
(7) その部分が乾燥したら，重なった辺縁の真ん中を，両方の縁に平行に同一の切り口になるように，15号のメス刃を下に走らせます．並列に両縁を保つように，下のテープまで切ってはいけません．
(8) 上のだぶついた縁を取り去って，透明の透

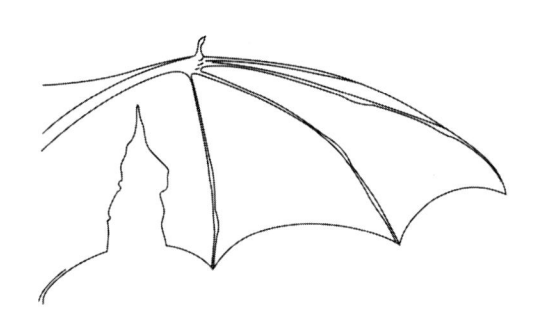

やぶれ（裂傷）

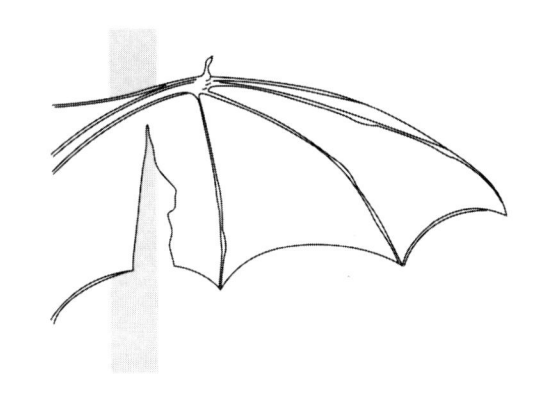

裂傷の一縁を清潔なマイクロポアテープの粘着面にくっつけます．

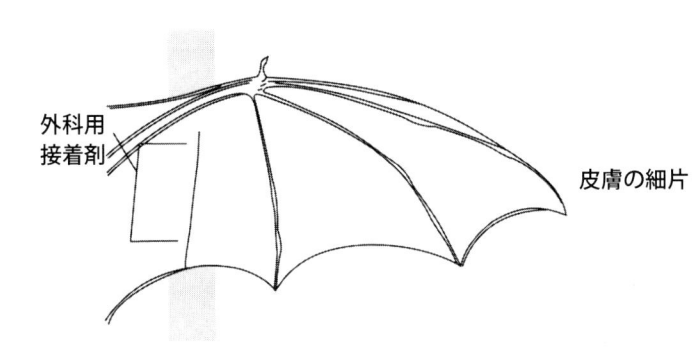

外科用接着剤

最初の縁に沿って外科用接着剤の上へ裂傷のもう1つの縁を引き寄せましょう．

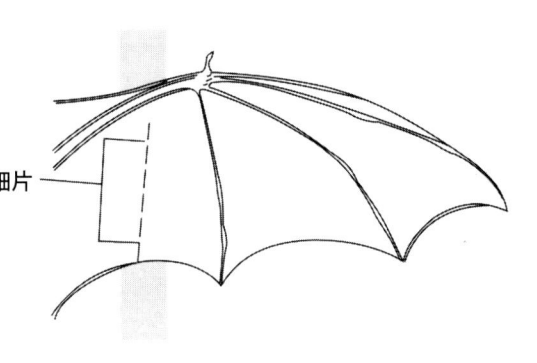

皮膚の細片

両方の皮膜の層を通しますが，テープまで切らないように，メスで切り取りましょう．

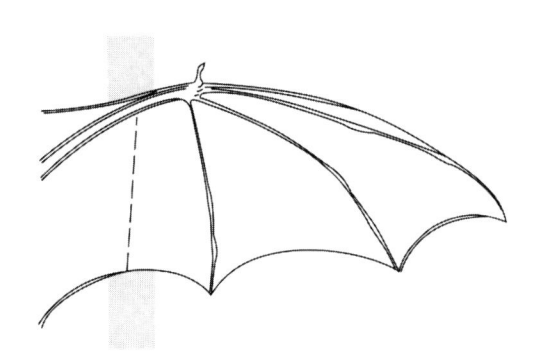

皮膚の細片を取り去ってください．創傷被覆材の片をメスを入れた面に置き，下に強く圧迫てください．翼をひっくり返してください．

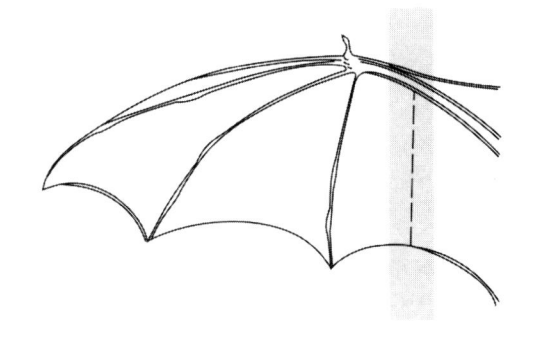

もう一方の皮膚細片と元の粘着テープ片を取り除いてください．創傷被覆材の細片で切開面と反対面を覆ってください．

図 28-7　コウモリの大きな翼の裂傷縁を真っ直ぐにする方法の一案．

過性創傷ドレッシング（OpSite™ Flexigrid™, Smith & Nephew or Tegaderm, 3M）を切り口の上に置いて，強くくっつけます．

(9) コウモリをひっくり返します．皮膜の最初の部分の第二の切除部位の縁と一緒に粘着テープを取り去ります．

(10) 透過性で透明な創傷ドレッシングをもう1本，接合部の上に置き，コウモリをひっくり返します．そして接合部を反対から圧迫します．

(11) 広域スペクトル抗生物質の連続投与を始めます．

(12) 10日後に接合部はきっと治っているでしょうから，テープを取り去ることができます．

骨　　折

コウモリが苦しむ骨折のほとんどが，翼の骨折でしょう．コウモリを光源に向かって持ち上げ，それぞれの翼を広げると，組織の中のすべての出血と同様に，ほとんどの骨折を明らかにするでしょう．

しかし，多くが開放骨折で，通常，上腕骨か橈骨です．尺骨は大したことがなく，通常問題はありません．骨折や，もっと頻回には，指（中手骨と指骨）の切断は決まって翼膜の大きな裂傷と同時に起こります．開放骨折は滅菌生食で完全にきれいにすることができます．露出した骨を整復し，皮膚でカバーできるように，皮膚の被覆を通常引張ることができます．

コウモリの翼骨折の固定は，以下のテクニックを含めて（図28-8），大きな革新を必要としています．

副木固定

関節を除いて翼端の上に折り重ねた，短い粘着テープで副木固定をすることができます．この非常に単純なテクニックにおける通常の問題は，しばしばコウモリがテープを咬んで，やがて外してしまうことです．

熱湯に浸けた後，容易に形をとることができるVet-Lite（Runlite）の小片で，もっと安定した副木を作っています．

関節部分は，鳥で避けるのと同じ理由で，副木で固定するのを避けます．どんな関節の癒着も，狩りでの機動性をかなり妨げることがあるでしょう．

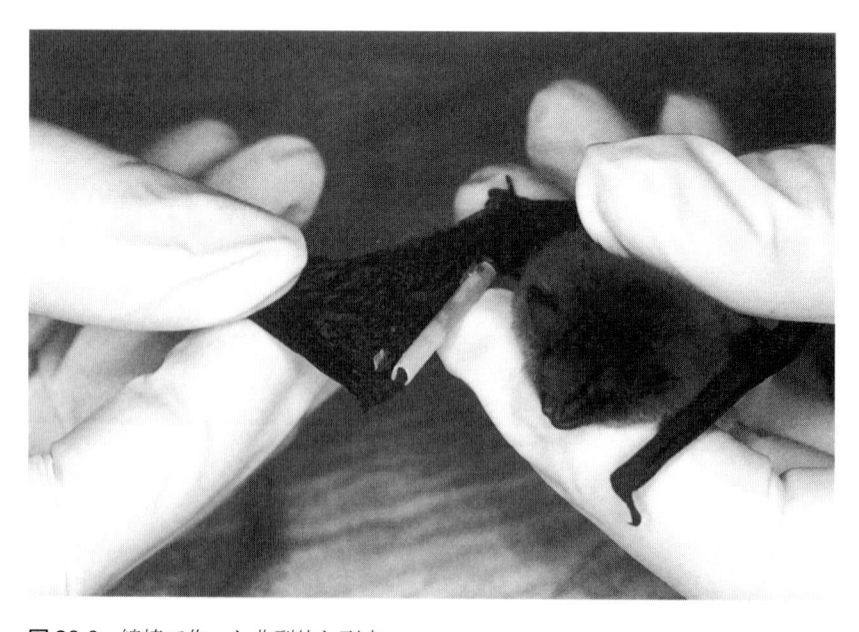

図28-8　綿棒で作った典型的な副木．

外科用接着剤固定

上腕骨と橈骨の複雑骨折を固定するもう1つの方法が外科用接着剤（Vet-bond™, 3M）（Lollar & Schmidt-French, 1998）での固定です．

上腕骨骨折は，創傷を清拭し，皮膚の下の生きている骨を元に整復します．骨折部のそれぞれの側面の皮膜の背側表面の上に，接着剤を注ぐのではなく，数滴つけます．接着剤は創傷それ自体に付けないようにします．それから，上腕を体に押し付けながら，前腕を上腕に対して，素早く，しかし優しく翼を自然の位置にたたみます（図28-9）．その後4〜6週以上，コウモリを飛ばさないでください．外れてしまった接着剤をすべて取り去って，日単位で新鮮な外科用接着剤と入れ替えましょう．

同様に，橈骨の複雑骨折は，接着剤連続線を最外側の指の背面の全長に沿って引くことによって固定しましょう．それから外側の指を自然の位置で損傷を受けた橈骨の上へ押し付けます．接着剤が固まったらすぐ，接着剤を毎日更新することを4〜6週間続けます．

髄内ピン

上腕骨と橈骨両方のとも髄腔は微小です．しかし，髄内ピンは細いゲージ（28G，27G，30G）の皮下注射針か，脊髄針の内筒から作っています．それらのピンニングの成功は様々です．しかし，大部分は骨髄炎あるいは血液循環不全と治癒不能から失敗します．抗生物質が骨の感染症を抑えるでしょう．リンコマイシン（Lincocin Aquadrops®, Pharmacia & Upjohn）あるいはクリンダマイシン（Antirobe® Capsules, Pharmacia Animal Health）が効果があることが分かっていますが，下痢を起こすことがあります．

外固定

不幸にも，コウモリの翼の骨は非常に繊細なので，骨の強度は外固定器具に耐えられないでしょう．

切断

翼全体あるいは翼の一部の切断後，飼育下で生き残ることができます．コウモリは歩いたり，登ったりするのに両方の親指が必要なので，もしそれが可能ではないなら，安楽死を考慮すべきです．

トリアージと応急手当

来院したらすぐに，コウモリの体構築とその損傷の程度を容易に診断することができます．しばしば，翼の一部が一塊となると，リリースのどんなチャンスもなくなります．トリアージの判定は次のようでしょう．「コウモリはリリースできますか」，「もしできなければ，飼育下で快適に生存することができますか」．

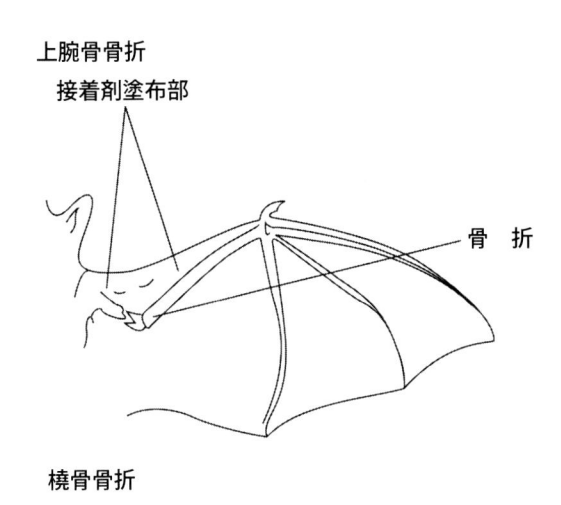

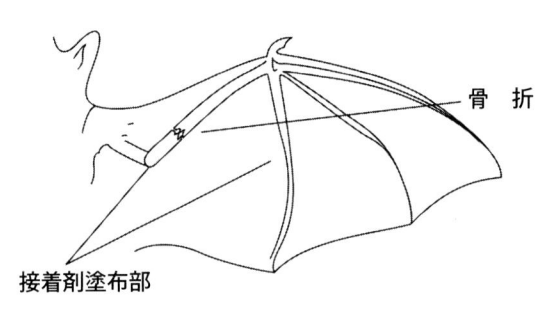

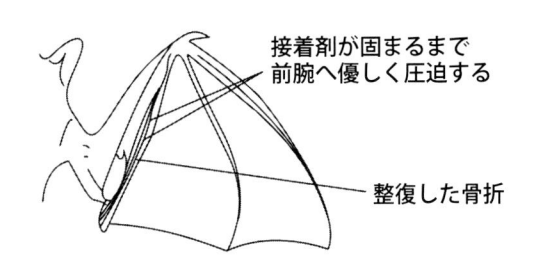

図 28-9 コウモリの翼骨折の外科用接着剤による固定化（after Lollar & Schmidt, 1998）．

輸液療法

新しく来院したコウモリはすべて，暖めた皮下輸液，なるべく10％Duphalyte（Fort Dodge Animal Health）を加えたハルトマン液を与えます．

輸液を背中にインスリン注射器で皮下投与することができます．投与量の比率はアブラコウモリには0.3ml，クビワコウモリには0.8mlまで様々です．これを12時間毎に繰り返しましょう．

通常は独力では飲み始めません．Lectade（Pfizer Animal Health）を小さい絵筆かピペットに含ませ，補助しましょう．

抗生物質

アモキシシリンは，猫の攻撃による*Pasteurella multocida*感染を治療するための最適な抗生物質です．できれば水に溶かした経口滴下で毎日2度，40～50mg/kgで与えます．これらのごく微量で，投与量は可能な限り最小の1滴で摂ることができます．Clamoxyl®嗜好性シロップ（Pfizer Animal Health）は，溶解後14日の最長の有効期限をもっています．

アモキシシリンは，ショックのコウモリや皮膚の創傷を負ったコウモリのための広域スペクトル抗生物質としても適しています．

クリンダマイシンはカプセル入りか粉剤です．ごく少量を毎日2回投与します．

注射用抗生物質は，英国産肉食動物の体重当たりの投与量で与えることができます（コウモリの軽い体重に最適化するため，投与量を徐々に増加させる方法で）．代謝体重に基づく，アロメトリック原理に従うことは，冬眠状態のままでいるコウモリには，おそらく過量投与になることでしょうし，体重当たりの投薬量による減量は活動中のコウモリで治療レベルに達しないかもしれません（Routh, 2003）．

安楽死

コウモリのために遥かに効果的で，最も苦痛のない安楽死の方法はガスの麻酔薬で最初にコウモリを麻酔して，次に心臓内か，腹腔内にバビツール酸塩を過量投与することです（Stocker, 1997）．

収容法

コウモリを収容するための最も単純な形で，もっとも簡単に清潔に保てるケージは，Rolf C. Hagenによって製造されたプラスチック製の「Small Pals Pens」で，たいていのペットの店で売られています．コウモリがしがみついたり，その下に隠れるため，キルト地キッチンペーパータオルを内側に垂らしましょう．小さいフレキシブル卓上ランプの赤色電球で輻射保温することができます．

少し高価な収容器は甲虫あるいはチョウの繁殖ために設計されたケージです．その側面はぴんと張った目の細かいナイロンメッシュで作られています．コウモリは可能な限り高い位置をねぐらにするのを好むので，このメッシュは容易に登ることができます．これも，赤色電球で輻射保温を供給することができます（カラー写真41）．

大きめの容器用なら，仕切りをもっと目の細かなメッシュに取り替えれば，二連のウサギ用檻でも可能です．閉ざされた空間にコウモリがよじ登り，ねぐらにできるので，目の細かいナイロンメッシュで壁や天井を覆いましょう．

リリースしようとするコウモリには，運動でき，飛び，虫を捕まえることができることを証明できる空間を与えましょう．

自然保護団体評議会（現在は英国の「ネイチャー」）出版でコウモリ研究者のためのガイド（Mitchell-Jones, 1987）に示された容積に基づいて，The Wildlife Hospital Trust（St. Tiggywinkles）はコウモリの飛翔訓練用ケージを建設しています．そこには昆虫が寄って来ますし，コウモリがねぐらにしたり，飛んだりすることができます．さらに，リリース施設として用いることもできます．寸法は4.9m×2.5m×2mで，3つの側面を亜鉛メッキされたメッシュで覆

います．床は下に落ちたコウモリを簡単に見つけられるようにコンクリート製です．コウモリの巣箱，給餌場所（ミルワームとブドウムシを入れる），給水器を別々の場所にセットしてあります．もし暖房が必要なら，巣箱を電気で暖めることができます．フライトケージの中心に昆虫を引き付ける紫外線蛍光ランプがあり，コウモリが昆虫を捕まえます．

給 餌

コウモリは生来狩りをします．そして，飛んでいる昆虫を食べます．飼育下では，とても自然の食餌を与えることはできませんが，いろいろな代用品が手に入ります．

コウモリが食べているのをチェックするには，決まった時間に，そして完全に別のコウモリから離してプラスチック水槽で食べさせることは良い考えです（カラー写真5）．生きている餌を発見するのに問題が起きない，きれいな床にコウモリを置きましょう．そうすれば，食べるコウモリ，食べないコウモリを見分けることができます．

ミルワーム

ミルワーム（*Tenebrio molitor*）はコウモリに給餌する標準的な自然食代替品です．初めは，ミルワームの頭を切り離して，興味をもたせるために，コウモリの口に虫の中身をぎゅっと押しつける必要があるかもしれません．やがてコウモリは頭のないミルワームを食べるようになります．用心しなければならないことは，逃げ出したミルワームがアブラコウモリのような小さいコウモリを攻撃することが知られていることです．

ミルワームはコウモリには良い餌ですが，わずかに灰分が欠けています．ミルワームに総合ビタミン剤を振りかけても，コウモリが必要な添加物を摂れません．しかし，ミルワーム自身に必須のサプリメントを食べさせれば，コウモリも吸収できます．Nutrobal（Vetark Animal Health）やMealworm Diet Plus（MediVet）同様，Mealworm Diet Calci-Paste（IZVG）も適しています．

ブドウムシ

ハチノスツヅリガ *Galleria mellonella* の幼虫（ブドウムシ）はミルワームよりつるつるの外皮をもっていて，ミルワームのように動き回りません．ブドウムシは小型のコウモリと子供に適しています．同じくNutrobal（Vetark Animal Health）かMealworm Diet Plus（MediVet），なるべくならMealworm Diet Plus Calci-Paste（IZVG）を補いましょう．

ウ ジ

コウモリはクロバエのウジを食べるでしょう．このウジは釣り具店で売られています．餌としての条件はウジをきれいにしなければならないことです．ウジは飢餓状態になっているので，有毒な消化管内容は通過してしまっているでしょう．

肥 満

コウモリ，特に大きめの種は食べ過ぎて，過剰に体重を増やすことがあります．肥満のコウモリは飛ぶ能力を失うので，食餌制限をする必要があるでしょう．

毎日コウモリを計量することは健康状態の指標になるので，いかなる体重の増加でも見逃さないようにします．それぞれの種の平均体重の表が，毎日体重測定している間，良い基準の役割を果たすでしょう（表28-1）．

リリース

すべての野生動物看護の原則は，動物に健康を取り戻してやり，いつでもリリースできる準備をすることです．リリースしたコウモリの自然復帰の成功あるいは失敗の記録はほとんどありません．

コウモリは発見されたところに返しましょう．そのコウモリは，その周辺をよく知っているので，きっと自然のねぐらに戻ることができるでしょう．昼行性の捕食動物からそれらを保護するため

表 28-1 英国のコウモリの平均体重．冬眠前と冬眠中と冬眠の間で違があります．

種	体重（g）
アブラコウモリ	4～7
ホオヒゲコウモリ	4～8
コキクガシラコウモリ	5～7
ウサギコウモリ	6～12
ドーベントンコウモリ	6～12
ノレンコウモリ	6～12
ヨーロッパチチブコウモリ	6～13
ベヒシュタインコウモリ	7～13
ヨーロッパウサギコウモリ	7～14
ヒメヤマコウモリ	11～20
コウライクビワコウモリ	15～35
オオキクガシラコウモリ	16～31
ユーラシアコヤマコウモリ	18～45

に，リリースは日が暮れてから，晴天のときに行いましょう．12月～3月の冬期にコウモリをリリースすることは望ましくありません．

法　　令

コウモリとコウモリのねぐらは「野生生物と田園保護法1981」で完全に保護されます．しかし，もし障害をもったコウモリを救護したのなら，その人は犯罪を犯したことにはなりません．リリースに適当であればすぐに，救護されたどんなコウモリもリリースしなくてはなりません．

人工飼育したコウモリのリリースのための適合性について重要な議論がなされています．適切でない動物をリリースすることが不必要な苦しみを与えることになるので，「動物遺棄法1960」は不適当な動物のリリースに関する法律を制定することになります．そのリリース計画が野生での生存の何らかのモニタリングをするなら，人工飼育したコウモリを上手にリリースしようという現在の姿勢があるので，世間の評価が現在変わりつつあります．

29
他の哺乳類

ここで述べられる種：
- ヨーロッパモグラ（*Talpa europaea*）
- スコットランドヤマネコ（*Felis silvestris*）
- アカクビワラビー（*Macropus rufogriseus*）
- イノシシ（*Sus scrofa*）
- アザラシ（*Phoca vitulina*）
- ハイイロアザラシ（*Halichoerus gypus*）
- クジラ類（様々な種）

パートⅠ：陸棲哺乳類

モグラ

博物学

　モグラは，地表のすぐ下や地表から1メートル以上深い地下の長いトンネルのなかで一生のほとんどを過ごします．無脊椎動物の獲物，主にミミズ *Lumbricus terrestris* を捕るためにトンネルの中を見てまわります．モグラはミミズの頭部を一咬みして，ミミズを麻痺させて貯えます．

　モグラは，1日中，そして年間を通じて活動的です．地表が氷結している間や乾燥している間は，餌が地下の深いところに移動するので，モグラはそれを追って，トンネルを深く掘るようです．モグラは，繁殖期だけしかつがいにならない，極端な単独生活者です．繁殖休止期は，他のモグラを自分の領土から攻撃して，追い出します．

　斑，灰色，アルビノ，ほとんど金色に近い色を含む，多数の色のものがいます（カラー写真42）．

　穴を掘ることができるように，モグラは他の哺乳動物の上腕骨とまったく違う，広くて，扁平の上腕骨をもっています．その前足も広くて平らで，5本の強い鉤爪をもっていて，掘るのに適しています．その鉤爪で，モグラはとても有能な掘削機のようになります．

器具と輸送

　モグラの世話で必要となる唯一，特別の道具は，厚地の手袋と収容するための大きな水槽です．蓋は必要ありません．モグラはよじ登ることができないので，段ボール箱で持ち運びできます．

救護と取扱い

　モグラを救護すると言うと，通常猫から犠牲者を取り上げることや道路上の傷病モグラを拾うことです．地面の上でモグラが走り回っている様子は半狂乱のように見えますが，あまり早くはないので，容易に捕まります．しかし，適当な土を掘って，急いで視界から姿を消します．

　モグラはよく咬みます．酷く咬むことはありませんが，手袋をするのが賢明です．手袋なしでも，親指と人差し指でモグラの首筋を持って，保定することができます．

　鼻部分は非常に敏感なので，取扱いや検査の間，保護しましょう．

モグラに共通の病気

　感染症に罹ったモグラの症状ははっきりしませんが，症状がないからといって，感染していない

ということではありません．

寄生虫

モグラはノミ，小さいダニやマダニをもっていることがありますが，全般的に外部寄生虫に汚染されていません．

内部寄生虫については，吸虫，原虫，真菌感染に感受性がありますが，一般的にはリハビリに影響することはないでしょう．

モグラに共通の事故

傷病モグラは普通，以下の3つうちどれか1つが原因で保護されます．
(1) 猫に捕まった場合
(2) 交通事故でけがをした場合
(3) 極度の乾期の間，脱水状態で，地上で発見される場合

モグラに共通の外傷

モグラの来院で，けがが原因のことは通常みられませんが，猫が小さな裂傷を与えることがあります．

来院と応急手当

皮下輸液はモグラにとって標準的治療で，猫の攻撃を受けた場合は持続性アモキシシリンも投与します．

収容法

最初の方で述べた通り，モグラは大きい水槽で飼育することができますが，そのときゆるい土と泥炭を水槽半分位満たしましょう．トンネルを堀ることに時間を費やしながら，モグラは非常に活発です．水盤は必要ですが，他のいかなる付属器具も，枝や装飾品も必要としません．

食物は土の上にそのまま置いてください．土でかなり汚れてしまうので，数日間隔で新しくしてください．

給餌

モグラは24時間を3期間に分けて活動します．モグラが常時食物をとれるようにしてください．もしモグラが1時間以上餌をとれないと，死ぬといわれています．

モグラは飼育容器の土の間にまき散らしたミルワームやワックスワームを食べます．しかし，モグラはたくさん食べますから，無脊椎動物をやり続けようとすることは，高くつき，時間の浪費です．モグラはマウスの挽肉を餌として与えることができますが，たった1匹のモグラが1日でマウス16匹分も食べることが知られています．このことは，モグラの旺盛な食欲について，考えさせられるものです．

水は常時与えましょう．常に活動的なモグラがひっきりなしに歩き回るとき，水盤の上を乗り越えて歩くので，水盤がすぐに泥まみれになってしまいます．したがって，定期的に交換することが必要です．

リリース

モグラのための好ましい生息地は，他のモグラの痕跡のない落葉樹林の中です．落ち葉の中にリリースするとき，地中に見えなくなるまで，見送るのが賢明です．

法令

飼育下のモグラは「動物福祉法1911」によって残虐行為から，そして野生ということで，「野生哺乳動物(保護)法1996」で規制されています．

スコットランドヤマネコ

博物学

スコットランド山猫はとても神秘的な動物で，今ではスコットランドの人里離れた高地に限って生息しています(図29-1)．野生では，主にウサギと小動物を狩猟して，食べています．

大型で，タビーキャット(ぶち猫)に似ていな

図 29-1 スコットランドヤマネコは野良猫より獰猛で，遙かに強靭です．

い訳ではありませんが，分厚い尻尾に3～5つの暗い色の輪があり，先端は黒く丸いです．不幸にも，それは野良猫と繁殖し，遺伝的系統を弱くする交雑を引き起こします．

スコットランド科学博物館のDr. Andrew Kitchenerはスコットランドヤマネコの研究をしていますが，野生復帰のために持ち込まれたヤマネコの同定に喜んで助言してくれます（私信）．必要な物は，その動物の背面，腹面，両側面の上質のカラー写真です．

一般的に，
- 正式に同定するまで，ヤマネコを放してはいけません．
- 現在，可能な遺伝的同定法はありませんが，写真は手助けとなるでしょう．
- 交雑種，感染した猫，野良猫をヤマネコの生息域に放してはいけません．
- 死亡した個体はすべて，死後検査のためにスコットランド科学博物館に送りましょう．

器具と輸送

ヤマネコは非常に頑強で，獰猛な動物なので，頑丈な設備が必要です．圧迫装置の付いた，頑丈な持ち運び檻と犬用捕獲器が不可欠です．飼育下で，遠くから注射する方法として，吹き矢という手段があります．さもなければ，圧迫ケージは必須です．

救護と取扱い

親からはぐれた子は別として，救護が必要なヤマネコは通常，重傷を負い，動けなくなっています．意識のあるヤマネコを安全に扱うために，犬用捕獲器を頸や前肢に掛けて使ってください．あなたが家猫の頸をつかむように，**ヤマネコの頸をつかもうとしてはいけません**．ヤマネコはとても強くて，その歯だけでなく，鉤爪でもひどいけがを負わせることがあります．

スコットランドヤマネコに共通の病気

外部寄生虫

獲物からの一時的寄生でしょうが，様々な寄生虫が報告されています．報告されているものは以下の通りです．
- ネコノミ（*Ctenocephalides felis*）
- ウサギノミ（*Spilopsyllus cuniculi*）
- ネズミノミ（*Hystrichopsylla talpae*）
- マダニ（*Ixodes ricinus*）
- シラミ（*Filicola subrostuatus*）

治療中のヤマネコでの記録はわずかしかありませんが，一般的に外部寄生虫は重要な問題ではないでしょう．

内部寄生虫

ネコ回虫（*Toxocara cati*）と条虫類（*Taenia* spp.）は通常の猫用駆虫法で治療することができます．

家猫の病気

野良猫が広げる重要な問題の1つは，猫の病気がヤマネコ集団へ持ち込まれることです．

純粋なスコットランドヤマネコがネコ白血病ウイルス（FeLV）陽性との記録がありますので，家猫の他の病気もヤマネコの集団に伝搬される可能性があることに疑いはないでしょう（J. Lewis 私信）．

すべてのスコットランドヤマネコは，一連の猫の病気の検査をすべきですし，もし野生の集団を脅威に曝すことがあり得るなら，放してはいけません．

歯の損傷

ヤマネコはよく歯をだめにしますので，リリースする前に治療してください（カラー写真43）．

スコットランドヤマネコに共通の事故

スコットランドヤマネコはごくまれに，外傷を負うくらい，人の居住地域に近づくことがあります．よく起きる事故は交通事故で，電熱器火傷や罠が原因で保護された記録があります．

スコットランドヤマネコに共通の外傷

記録されている外傷は，普通は交通事故による骨折で，注意すべきは顎の骨折です．すべての点で，交通事故のヤマネコの犠牲者も交通事故に遭った家猫と同じです．

来院と応急手当

意識のないヤマネコや重度に衰弱したヤマネコは別として，静脈内輸液と投薬のために，普通はヤマネコを鎮静させることが必要です．前に述べたように，ヤマネコは大きくて攻撃的な家猫あるいは野良猫のようなものなので，標準的な家猫の診療法が参考になるでしょう．

収容法

スコットランドヤマネコは極めて凶暴なので，本当に頑丈な金属製のケージが必要です．清掃のために，間仕切り装置の設備が不可欠です．不必要に動物に触ることは止めましょう．

屋外のリハビリケージは頑丈で，高さがあり，そして屋根があり，地面に固定した太い木の枝や台座を備えている必要があります．

給餌

ヤマネコには良質のキャットフードを与えることができますが，野生での好物を考えてみましょう．ウサギ，マウス，ラットや初生雛があげられます．初生雛には，バランスがとれた餌を与えるために，家猫用のミネラルの添加物が必要でしょう．

リリース

スコットランドヤマネコは発見された場所に放してください．しかし，家猫との雑種の問題もあって，発見された場所が適切でなく，他の場所が良いようなら，Scottish Natural Heritage（スコットランド自然遺産）が助言をすることができるでしょう．

この新天地へリリースする制度は，そのヤマネコがある地域の動物相に統合される良い機会を与えることでしょう（第18章を参照）．

法令

スコットランドヤマネコは，すべての英国産哺乳類が保護されているのと同じように，虐待から保護されています．ネコ科のメンバーとして，「危険野生動物法1976」の保護下にも入ります．

危険野生動物取扱い許可証が必要です．有料で，地方の役所の環境健康局から入手できます．

吹き矢や空気銃の使用には，必ず火器取扱い許可書が必要で，警察署で入手可能です．

アカクビワラビー

博物学

アカクビワラビーの英国の集団は，タスマニアの亜種が由来で，暗い彩色で，季節繁殖をします（Yalden, 1991）．

国立公園のあるピーク・ディストリクト，ローモンド湖の周りに有名な個体群やベッドフォードシャーのウィスプナード動物園の周りに数頭がいます．著者もチルターン丘陵地で傷病ワラビーや自由に生活するワラビーを見ていました．

ワラビーは通常小さいグループで生息していて，より低地の草やワラビを餌に生き延びています．他のカンガルーのように，ワラビーは偽反芻獣です．すなわち，それらは複合胃をもっていて，そこでは共生のバクテリアや原虫による発酵が消化を助けます．

器具と輸送

ワラビーはネットで，特にロブ・ハービーによって販売されている枠にパッドをあてがった「ワラビー」ネット（付録6参照）で捕獲することができます．そのネットでの捕獲が理想的です．捕まえられると，ジャンプして，入れた箱の中で頭を傷つけるかもしれないので，粗い麻布袋で輸送することがあります．

救護と取扱い

ワラビーが，ホエジカのような他の外来種と同じ轍を踏んでいるように思えます．そして，交通事故に会い，スイミングプールに落ち，フェンスに絡まり，囲まれた庭に迷い込みます．

それらの後ろ足は非常に強力なので，もし取扱い者が不注意だと傷を負わされることがあります．通常，尾の太い骨を保定し，注意深く後ろ足を観察しながら，一方の手で頸を保定して，ワラビーを持ち上げてください（Cracknell, 2004c）．

アカクビワラビーに共通の病気

今までの所は多くの野生のワラビーあるいは野生化したワラビーのリハビリの報告はありませんが，飼育下のワラビーで問題となるかもしれない2つの状態があります．

捕獲後筋疾患

この病気は捕獲された野生のシカの筋疾患に非常に類似しています．シカと同じように，輸液，セレン加コルチコステロイド（Dystosel, Intervet）で処置してください．

尾の脇を走る外側尾静脈か前肢の橈側皮静脈から点滴できます（図29-2）．

顎放線菌症様疾患

この病気は *Bacteroides nodosus* や他の細菌によって起こされます．この病気は悪い衛生状態，密飼いなど，一般にひどい飼養に関係があります．これは野生で起こることはないでしょうが，英国の野生化したワラビーの個体群につては十分に分かっていないので，起き得る可能性を完全に払拭できません．

獣医師は顔や頸の腫れ，極端に多い涎や一般状態の低下がみられるでしょう．歯の周りの粘膜副鼻腔のほんの小さな隙間のような所でも，顎放線菌症様疾患になります．

クリンダマイシン（Antirobe® カプセル，Pharmacia Animal Health）は早期の症例で有用であると分かりましたが，一般に予後は芳しくありません．

給餌

ワラビーはシカと同様のものを食べるでしょうから，粗ヤギ用混合飼料あるいは動物園専門店から入手したワラビーの餌を与えることができます．

リリース

国産種でないワラビーは，決して野生に返すた

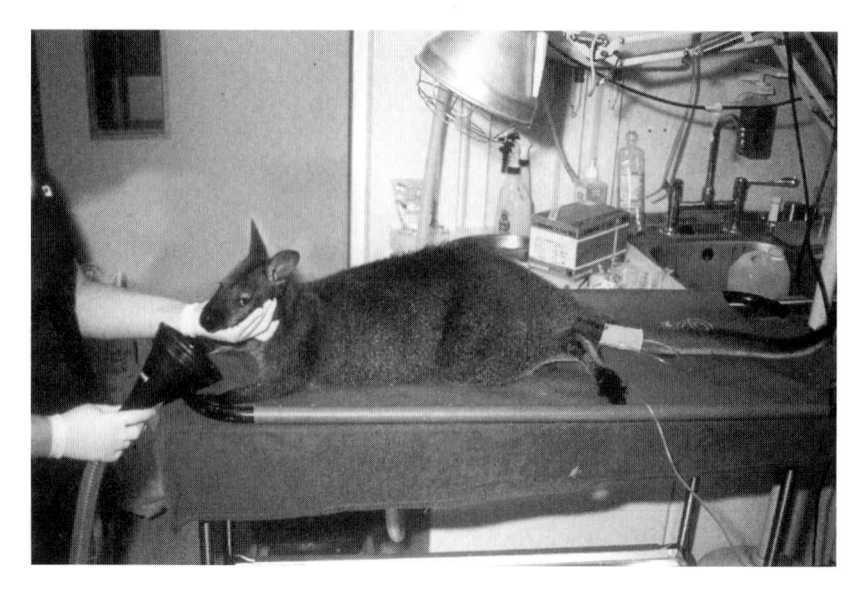

図29-2 ワラビーがよくリハビリのために回されて来ます．

めにリリースしてはいけません．

法　　令

ワラビーは「野生生物と田園保護法1981」付表9に記載があるので，英国内で合法的にリリースすることができません．もちろん，飼育下では「動物福祉法1911」によって，残虐行為から全面的に保護されています．

イノシシ

博　物　学

イノシシは，4，5百年前に狩猟によって絶滅するまでは，英国の動物相の多くの部分を占めていました．しかし，1981年，ケンブリッジシャイヤーに最初のイノシシ牧場ができました．

2000年までに他の牧場ができてからというもの，DEFRA（環境・食糧・農村地域省）は英国で4,554頭のイノシシが飼養されていると報告しています．この20年余りの間に，イノシシが牧場から逃走してしまったと思われ，現在では英国南東部に野生で生活する生存力のある集団が存在します．

イノシシは臆病で内気なので，深い森林地帯に人を避けて生息しています．イノシシはめったに病気になりませんが，イノシシが道路境界面の草を摂餌する癖があるため，交通事故に遭いやすいのです．そして，野生の傷病イノシシの面倒をみるすべての人を恐怖のどん底につき落とします．

救護と取扱い

手負いのイノシシは，英国で遭遇する最も危険な野生動物でしょう．傷病野生動物，獣医師，看護師あるいはリハビリテータに最初に求められることは，彼ら自身が傷ついたイノシシの危険性を理解することでしょう．

Martin Goulding博士は7年以上英国のイノシシについて研究してきて，野生の傷病イノシシの取扱い戦略を研究しました．博士は経験から，傷病動物の面倒をみようとすることに大きな疑問をもっているので，下記の指針を列挙しました．この指針に著者も大賛成です．

・もし病気やけがをしたイノシシに近づくことができるのなら，それは相当に具合の悪い動物です．実際に人に対して正常に反応できるなら速く逃げるはずです．

- 病気や傷ついたイノシシは極めて危険なことがあります．2歳以上の雄は，下顎にカミソリのような鋭い牙をもっています．これらが主な武器です．イノシシの頭の一振りで，素速く，いとも簡単に大動脈を含めて人間の皮膚を切断することができます．雌も同様に牙をもっていますが，雄のようには発達していません．しかし，雌も重度の傷を負わすことができます．両性とも，大きい顎の骨をもっていますので，骨をがりがり囓って食べます．
- 誰も病気や傷ついたイノシシに近づいてはいけません．たとえ，見たところは「ノックアウト状態」でも，イノシシは動いて，素速く自分の頭を回すことができます．だから，死んだように見える動物の後ろにあなたが立っていたら，イノシシは瞬間的にあなたに向かって（牙と咬みつきで）自分の頭を回すかもしれません．
- 病気や傷ついたイノシシが発見されたら，獣医師と警察を呼びましょう．飼育下のイノシシは格別危険な野生動物なので，市民の安全上の懸念があり，警察官に加わってもらいましょう．
- イノシシが完全に鎮静させられるときに限り，病気や傷ついたイノシシを輸送する（例えば，野生動物病院へ）ことをおすすめします．酷い病気でないイノシシや酷い外傷を負っていないイノシシの場合，非常に強力に溶接されたスチールメッシュケージが手に入らないなら，鎮静していないイノシシは脱走するでしょう．馬運車を使用しても，必ずしも，十分な強度がないかもしれません．
- 野生動物病院で見うけるケージや囲いは回復中のイノシシを入れるのに十分な強度がないことが多いと思います．囲いに関しても同様で，イノシシは驚くべき高さを跳び越えることができますし，フェンス下の地面に穴を掘ることもできます．イノシシ牧場のフェンスは少なくとも170cmの高さで，地面に30cm埋め込む必要があります．電柵もおすすめです．したがって，野生動物病院で回復中のイノシシは特別に建てた囲いを必要とします．太陽からの保護も必須です．
- 投薬治療，給餌，清掃のため，スタッフが囲いの中に入らないようにしましょう．治療は獣医師に任せましょう．獣医師はおそらく麻酔銃を使って，動物に麻酔をかけなければならないでしょう．もしイノシシが動くことができるならば，獣医師はイノシシに近づくことができないでしょう．
- 飼育下のイノシシに試しに穀物，野菜，果物，塊茎，人造ヒッコリーの実を与えたところ，食べました．水の中をごろごろ転がるためと飲むための豊富な水の給与が，特に暑い陽気には不可欠です．
- イノシシはお好みの行動圏をもっています．もしリハビリが成功したなら，イノシシは発見された場所に，夕暮れの森林地帯（イノシシは通常夜行性です）にリリースしましょう．しかし，動物を強く鎮静することなく，捕獲し，輸送することは，やさしくないでしょう．私の意見ですが，野生動物病院で病気や傷ついたイノシシを上手にリハビリすることは，ほとんど不可能でしょう．イノシシは手に負えませんし，イノシシ牧場の囲われた区域内で動物をリハビリすることですら，非常に難しいでしょう．

傷病イノシシは本当に危険です．私が感じるところでは，大型の野生動物の取扱いや遠隔式鎮静装置（麻酔銃）を使った経験のある射撃の名手の警官か，少なくとも獣医師によって取り扱うことにしてください．

パートⅡ：海棲哺乳類

以下の2者の海獣の仲間には，ほとんどの診療施設で能力を超えた特別のテクニック，取扱い，保定法，治療法，そして救護場所が必要です．

アザラシ

アザラシは英国の海岸線の幾つかの地域にたく

さんいます．これらの地域では，通常救護とリハビリテーションを専門に行っているグループやセンターが存在します．

ほとんどの傷病獣は，疾病や外傷で衰弱したアザラシの子供，時折大人も一緒のこともあります（図29-3）．アザラシの救護はしばしば適切な行為でなく，必要なら，咬まれないために経験ある調教師を要請してください．

救護を必要とするだろうアザラシを目撃したら，すぐに支援のために地域のセンターに問い合わせてください．地域の警察は連絡するために最も適当な人のリストをもっているでしょう．救護隊が到着するまで動物をモニターして，救出を試みないのがベストです．

クジラ類

座礁したり，網に掛かったクジラやイルカ，スナメリ類の救出や治療は，アザラシの治療よりもっと特殊です．

座礁や他の事故は，英国の海岸線のいかなるポイントでも起きる可能性があります．座礁や網に掛かったクジラ類を見つけたときのアドバイスは，自分達で救出しようとしないで，British Divers Marine Life Rescue（英国ダイバー海難救護隊：BDMLR）と連絡を取ることです．彼等は，

図 29-3 ほとんどの傷病獣がアザラシの赤ちゃんです．

ボランティアの救出チームの国内全域ネットワークを確立しています（付録7を参照）．この救護隊はいくつかの情報を要求します．そして，救護隊が到着するまで動物を安定させる方法をアドバイスするでしょう．

British Divers Marine Life Rescue（英国ダイバー海難救護隊）の「哺乳動物医療ハンドブック」（Barnett, Knight and Stevens, 2004）のこれらの方法に関する説明書きについては，付録2を参照してください．

30
親からはぐれた野生哺乳類を育てる

毎年，数多くの幼若な哺乳類が母親からはぐれます．子育てが妨害されるようなことがあれば，子育てを放棄することがありますが，訳もなく野生下で母親が子供を捨てるということはほとんど知られていません．建設工事のため，母獣に災難が起こったり，巣が壊されたりすると，親からはぐれた子が生まれます．

保護された，親からはぐれた野生哺乳類すべてで，救護された状況を考慮し，少しでも可能性があるのなら，巣へ戻す機会について考えるべきです．そうでないと，幼獣の人工哺育が必要となるし，世話のために必要とする時間に縛られることになります．それは根気を必要とします．

英国の陸生の哺乳類のすべての種は，今までに人工哺育されています．現在の様々な人工哺育はリハビリテータの経験に基づいた適切なものです．各々の種には独自の特徴があり，診療施設は，それに従うことが推薦されます．しかし，うまくいったことがある，自分自身の方法をもっているということで，それが有効であるなら，変える必要はありません．

許可を受けた診療施設の多くは1種類以上の動物に対応するため，正しい方法に精通すれば，どんな種にも合うように応用することが可能です．

博物学

英国の哺乳類は1年間の様々な時期に，様々な同腹数で生まれます．シカでは1頭，小動物では複数の産子数です．幼獣は完全に体毛に覆われていて，動き回れることもありますが，より一般的なのは，毛がなく，眼や耳が閉じた状態です．幼獣が離乳し，固形の餌を食べるまで，母獣は乳を飲ませます．

救護センターは親からはぐれた哺乳類が持ち込まれることを予測することが可能ですが，それを引き受けるためには，持ち込まれたどの動物にでも対処するための，完璧な範囲の消耗品や設備を準備することが望ましいでしょう．

食　　餌

野生の動物をリリースさせるための離乳に達するまで，ミルク代替品や，時々は受動免疫を与えて，人工哺育を行います．

代替ミルク

哺乳類の各々の種は，それぞれ固有のミルクを作ります．厳密に種固有のミルクを得ることは実際的ではありませんが，代用品は類似した成分でできています（表30-1）．

もちろん，ペット用のミルクや牛乳の乳製品がありますが，全般的にこれらの製品は野生哺乳類に使うのにはふさわしくないことが分かっています．すべてのミルクは暖めなければなりません．そうしないと，飲まないでしょう．一度使ったミルクは捨ててください．決して，ミルクやミルク代替品を再加熱してはいけません．

代替ミルクの添加物

Esbilac（Pet Ag）やLamlac（Volac International）のように一般的に入手可能な市販ミルク代替

表 30-1　英国の哺乳類のミルク分析（after Pet-Ag）

種	固形物（%）	蛋白（%）	脂肪（%）	炭水化物（%）
アナグマ	18.6	38.7/38.8	33.9	18.8
バンドウイルカ	79.1	2.6	41.7	16.3
ドブネズミ	22.1	37.0	40.0	17.0
ダマジカ	25.3	26.0	50.0	24.0
フェレット	23.5	25.5	34.0	16.2
キツネ	18.2	34.6	34.6	25.3
ハイイロアザラシ	67.7	16.5	78.6	3.8
ハイイロリス	39.6	18.7	62.5	9.4
マイルカ	45.8	—	89.7	2.8
ノウサギ	32.2	31.0	46.0	5.0
ハリネズミ	21.6	33.3	46.3	9.3
ハツカネズミ	29.3	31.0	45.0	10.0
ミンク	21.7	26.0	33.0	21.0
カワウソ	38.0	28.9	63.0	0.3
ウサギ	31.2	32.0	49.0	6.0
アカシカ	21.1	34.0	40.0	21.9
アカエリワラビー	13.9	28.8	33.1	32.4
ノロジカ	19.4	45.4	34.5	20.1
ニホンジカ	36.1	34.3	52.6	9.4
テン	23.5	25.5	34.0	16.2
トガリネズミ	35.0	28.6	57.1	0.3

製品には成分中にバランスの取れた量のビタミンが含まれているので，ビタミンの添加は必要ありません．しかし，リスのカルシウム添加物のように特別に必要な物は加えましょう．しかし，山羊のミルクに1滴の総合ビタミン剤（Abidec®, Warner Lambert）を添加すると，もっと良くなります（表30-2，表30-3）．

離乳食

- Farleyのラスク（HJ Heinz）
- 素ダイジェスティブ・ビスケット
- Pedigree Chum 子犬用ドッグフード（Pedigree Masterfoods）
- 身の回りの野草，例えばタンポポ，ハコベ，クローバーなど

表 30-2　代替ミルク

ミルク代替品	固形物（%）	蛋白（%）	脂肪（%）	炭水化物（%）
山羊のミルク	12	22	32	39
Esbilac（Pet Ag）	97	33.2	43.0	15.8
Multi Milk（Pet Ag）	97	30.0	55.0	微量
Lamlac（Volac Feeds）	60	24	24	—

表30-3　代替ミルクへの添加物

商　品	機　能
Avipro（Vetark Animal Health）	プロビオッティクス
Abidec（Warner Lambert）	マルチビタミン
酵母製剤 Stress（Phillips Yeast Products）	カルシウム／リン添加物
Prolam（Schering-Plough Animal Health）	初乳抗体添加物
Pancrex（Pharmacia & Upjohn）	膵消化酵素
Kitten Colostrum Substitute（Net-tex Ltd）	食虫類と食肉類のための初乳抗体添加物

- Presecto 乾燥昆虫（Haith）
- ブドウムシ幼虫
- ミルワーム
- St. Tiggywinkles 哺乳類用流動食

    St. Tiggywinkles 哺乳類用流動食は以下のように大量に混合して作ります．
    ◦ Pedigree Chum 子犬用ドッグフード（Pedigree, Masterfoods）　1缶
    ◦ ドッグフード缶1杯の水
    ◦ ドッグフード缶1杯の乾燥昆虫（Prosecto, Haiths）
    ◦ Pancrex（Pharmacia Animal Health）膵酵素剤　少々
    ◦ Vitamin & Zinc（総合ビタミン）（Millpledge Pharmaceuticals）　少々
    ◦ Nutri-Plus（Virbac）　茶匙 1/2
    ◦ 酵母製剤 Stress（Phillips Yeast Products）少々

    これらをソフトクリームの硬さまで混合し，蓋付きの浅い容器（Joinpax, Ashwood Timber & Plastics）に入れて凍らせます．この調理品は使用前に冷蔵庫で解凍します．

衛生用品

消毒薬

- TriGene（MediChem International）—洗剤と殺菌剤の混合製品．指示どおり使えば，安全な洗浄剤
- Milton（Procter & Gamble）—瓶や乳首や給餌用具の消毒用
- Mediscrub Hand scrub（MediChem International）—人の消毒用

    綿球，紙タオル，ペットや赤ん坊のおむつも．家庭用消毒剤や洗剤を使ってはいけません．

クリームと軟膏

- 白色ワセリンは，排尿後かぶれたとき，症状を軽減するのに有用です．
- Metanium（Roche）（二酸化チタン・過酸化物・サルチル酸・タンニン酸塩）を排尿焼けを軽減するために用います．

器　具　類

哺乳瓶など

それぞれの種の赤ん坊に，体の大きさに合った様々なサイズの瓶や乳首が必要であることは明らかです．あるものはペットショップや動物病院で入手可能です．手に入らないものは改良が必要で，それらの主なものは小さな動物用です．

商業ベースで手に入るものは以下の通りです：

- Esbilac Nursing Kit（Pet Ag）—瓶，乳首，洗浄ブラシが入っていて，小動物とそれより大きな動物に適しています．
- Catac 子猫・子犬哺乳瓶と乳首（図30-1）—小さめの動物に有用です．
- Belcroy 未熟児用哺乳瓶．
- 大きなシカには，標準サイズの哺乳瓶と乳首が必要です．羊用の哺乳瓶も最適です．

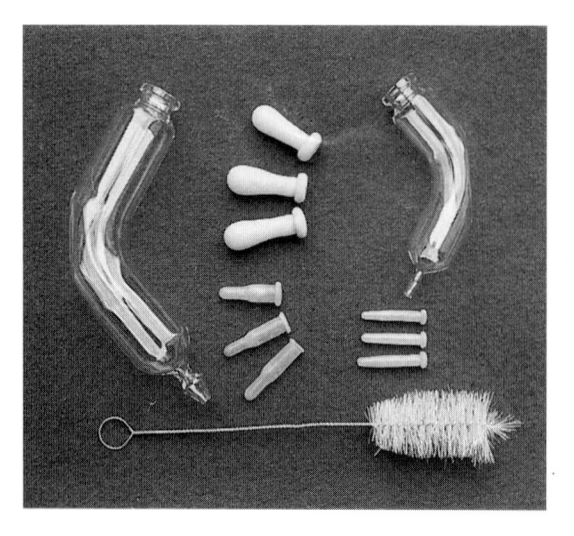

図 30-1　いろいろな Catac 子猫・子犬用哺乳瓶と乳首が野生動物に適しています．

- トランスファーピペット（Pastettes, Alpha Laboratories）——リス用までの様々なサイズが入手可能です．これらは滅菌できないので使用後捨てなければなりません．使用に際し，トランスファーピペットの口を切って，小さい Catac 乳首を取り付けます．

考慮する点：

- ハリネズミ用授乳器を以下のように作成します：
  ○ 1ml 注射器外套
  ○ 目薬用ゴム帽
  ○ 針先を切った 16G 皮下注射針
  ○ 真空採血針のゴム製内針（図 30-2）
- 動物によっては特に吸う力が強いので，乳首が外れないことが重要です．
- マウス，野ネズミ，トガリネズミやコウモリは絵筆で授乳できます．

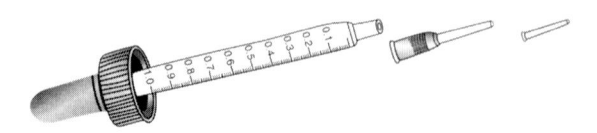

図 30-2　ハリネズミ用授乳器と構成部品．

図 30-3　Jonipax（Ashwood Timber & Plastics）の平らな容器は嫌気性細菌が増殖するのを防ぎます．

- 調理した餌を冷凍するための蓋付きの浅いプラスチック容器（Jonipax, Ashwood Timber & Plastics）（図 30-3）．

飼育容器と装置

- 様々なプラスチックケージ，箱，水槽
- 20W，25W，40W の赤色灯の卓上スタンドの保温ランプ（図 30-4）
- 金属製保温マット
- 1g 単位の測定が可能なはかり
- 小さい獣医用床敷き
- フードプロセッサー

方　　法

来　院　時

　新生子の傷病鳥獣が到着したとき，おそらく窮地にあるでしょう．冷たく，脱水していたり，しばしばけがをしていたり，ハエのウジがたかっていたりすることもあります．

　最初に体重を量り，保温し，暖めた補液を皮下に投与してください．シカやキツネ，アナグマ，カワウソの子供は，加温した輸液を静脈点滴するのに十分な大きさです．

　このステージの幼獣すべてにペット繁殖家用の Nutri Drops（Net-Tex Ltd）を少量経口で与えましょう．投与量は 90g 当たり 0.1ml です．

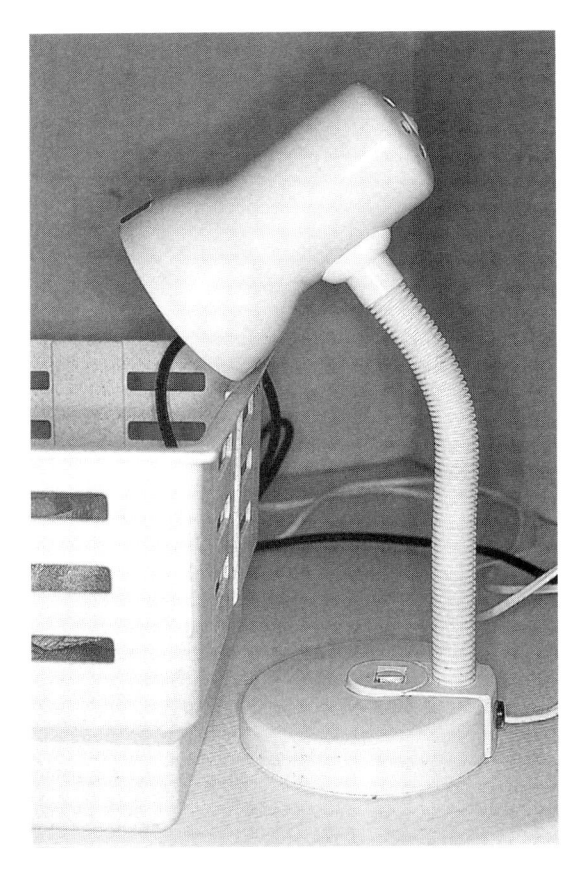

図30-4 簡単な保温器は様々なワット数の赤色灯を取り付けられるフレキシブル卓上スタンドが良いです.

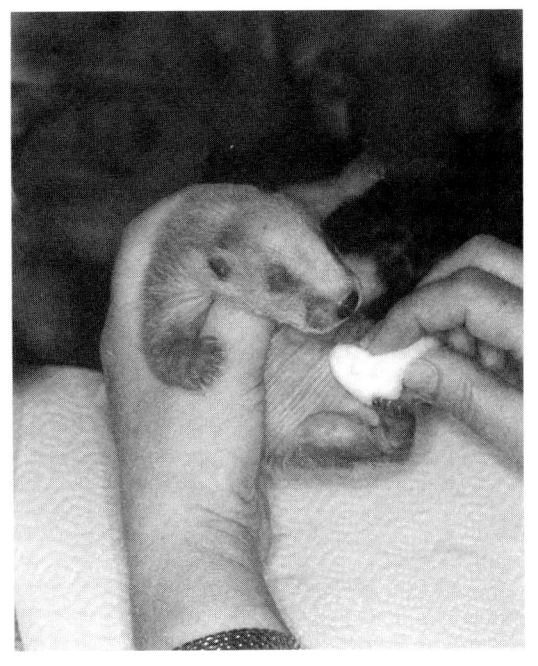

図30-5 新しく来院した子アナグマの排泄.

排　泄

忘れられがちですが，次に重要なことは，動物が頻回に排尿や時々排便するように刺激することです．もし新しく来院した動物が排便したら，内部寄生虫の検査のために保存しておいてください．

ほとんどの幼獣は助けなしには排尿をすることができません．通常，母獣は子供の排泄を促すために刺激を与えます．しかし，もし幼獣が親からはぐれていた場合には，ずっと排尿・排便をしていなかったに違いありません．排尿障害は死に繋がる尿毒症を引き起こすことがありますし，膀胱が充満していれば，食欲不振を示すでしょう．

生殖器と肛門がある辺りの上を，湿らせた綿球やペーパータオルで素早く，しかし優しく擦ることによって，動物に排尿を刺激することができます（図30-5）．最初は反応しないかもしれませんが，排尿するまで続けます．この方法を，給餌毎の給餌前後に行ってください．事実，シカは乳を飲んでいる間に，刺激に反応します．

もっと小さい新生子では，排尿の一要因として，膀胱から自然排尿のようにみえる失禁があるようです．チェックしないでいると，膀胱が一杯で，失禁によって排尿焼けを引き起こすかもしれません．軽い圧迫で，排尿が律動的に出なければ，失禁であると考えてください．排尿焼けは，白色ワセリンか Metanium (Roche), Hypercal (Nelsons) のいずれかで，軽減できます．

給　餌

馴　化

眼がまだ開いていない，とても幼い動物は物を見ることができません．したがって物を恐れないので，通常最初の哺乳瓶授乳を受け入れやすいのです．

眼が見える，もう少し大きい動物は，母を失うと強いショックとストレスを受けることになるでしょう．もし落ち着いて，食べるなら，細心の注意と忍耐をもって取り扱わねばならないでしょう．

一緒に隠れることができるかわいいおもちゃを与えることから始めてください．そのおもちゃに執着するようになったらすぐに，あなたの手でかわいいおもちゃの表面を撫でてください．そうすると，動物はあなたの臭いに慣れることができます．彼らに給餌する前に，香りの付いた石けんや香水を使わないように心がけてください．

それから，あなたや動物が気を散らす物がない静かな場所を見つけてください．最初，辛抱強く，優しく，唇の間にピペットあるいは乳首を押しつけてください．はじめは動物が抵抗するでしょう．動物はこの侵入物が口の中に存在するのを欲しません．しかし，根気よく優しくやってください．そうすれば，赤ん坊は乳首をくわえるでしょう．

乳首やピペットが口の中に入ったらすぐに，少量の代替ミルクをゆっくりと絞り出してください．決して，口いっぱいに入れたり，流し込んだりしないでください．吸入性肺炎になることがあります．赤ん坊が最初の数滴を飲むのを確認してください．そうしたら，さらに2,3滴の代替ミルクを与えることができます．もし赤ん坊が飲み込みたがらないなら，乳首で穏やかに舌に触れてみてください．

それは長い時間を要するように思われますが，約2日以上経て，赤ん坊は徐々にリラックスして，あなたを信頼するようになるので，落ち着いて食べて，成長するでしょう．これら全行程での大原則は，「優しく行う！」ということです．

最初の哺乳瓶授乳

人工哺育の次の段階は，親からはぐれた子を哺乳瓶に慣れさせることです．最初に，哺乳瓶を拒絶したり，あるいは乳首をくわえたままにします．液体が口からあふれて，気道に吸い込んでしまいます．これにより，吸入性肺炎を引き起こすことがありますが，最初の2回ぐらいは，Lectade（Pfizer Animal Health）や他の経口の再水和輸液を与えれば，肺炎を起こす可能性はより少なくなります．

- 3回目の授乳は再水和のために輸液75％と代替ミルク25％にしましょう．
- 次の授乳は輸液50％と代替ミルク50％にします．
- それから，輸液25％，代替ミルク75％にします．
- 6回目の授乳のときに初めて，代替ミルク100％になります．
- 徐々に代替ミルクを導入していくことで，自然のミルクから人工ミルクへの移行による，重大な問題が起こるのを少なくします．

吸入を防ぐために，動物の躯全体を少し前へ傾斜させて，保定してください．それから，哺乳瓶の乳首を口に含ませてください．無理に飲ませようとしてはいけません．忍耐です．そして，動物の口へ1～2滴垂らしてみてください．いったん飲み始めれば，ミルクをさらに受け入れるようになるでしょう．乳首の穴が大き過ぎないことを確認してください．乳首の適切な開口部は，十字のカットで，小さ過ぎるなら，容易に切り広げることができます（図30-6）．

授　　乳

親からはぐれた野生動物が最初の2回の授乳を摂取してすぐ，排泄さえあれば，授乳スケジュールを立てることができます．モグラ，トガリネ

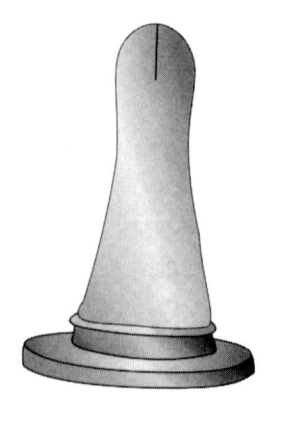

図30-6　乳首のトップを×印に切ります．

ズミ，小型のマウスや野ネズミ以外は夜間の授乳は必要ありません．一般的には，早朝，昼時，3時，夜遅く1回の，日に4回の授乳で大丈夫です．トガリネズミやモグラでは5回目の授乳を入れてください．

ある種では，日に1回か2回のこともあります．野生では，イエウサギやノウサギは自然では日に1回の授乳のはずですが，飼育下では日に2～4回の人工代替ミルクの授乳を選択します．これは，使用されるミルクが人工で，自然の中で供給されるミルク中の十分な栄養の摂取を確実にするためです．

親からはぐれた子がミルクを飲むのを確認することは重要です．もしミルクが口から溢れたり，鼻から流れ出るようなら，乳首の穴が大き過ぎるか，与えられたミルクの量が多すぎる可能性があります．また，口蓋裂があるのかもしれません．

授乳が終わる毎に，再度排泄をされなければなりません．そして，赤ちゃん用濡れタオルやペット用濡れタオルで顔面や被毛をきれいにしましょう．

初　　乳

哺乳類の初乳には，子供に受け渡される受動免疫があります．ほとんどの場合，親からはぐれた子は初乳を飲んでいるでしょうから，ハリネズミのような動物を除いて，これ以上は必要ありません．

しかし，以下のような状況下では代用初乳を与えなければなりません．

- 母乳を飲んでいないとき．例えば，帝王切開で出産した後は，希釈していない1日目の初乳で通常は十分です．
- 自然状態で初乳が長期間与えられる動物の場合．例えば，ハリネズミは生後41日まで初乳を摂取します．マウスも生後16日まで初乳を受け入れる能力があります．

これらの親からはぐれた子では，初日は初乳とミルク代替品とを等量，混合します．2日目も代替品と等量混合し，その翌日からは初乳と代替品を1:3に混合します．マウスには離乳するまで，これを授乳しなければなりません．一方，ハリネズミは約21日齢で離乳が始まるまで，初乳を飲ませなければなりません．

衛生管理

毎食後赤ん坊の顔を，ペットや赤ん坊の濡れティシュで清拭しましょう．これは食餌が貯まって，毛が抜けたり，ヒリヒリ痛んだり，感染を起こすのを防止します．

給餌毎にすべての容器や器具は徹底的に洗浄し，Milton（Proctor & Gamble）のような消毒液内で保存してください．残ったミルクは捨てて，授乳毎に作ってください．

使い捨てのトランスファーピペットを殺菌することは非実用的です．殺菌の前に，完璧に清潔にすることも不可能です．有機物をきれいにすることはできません．

各々の親からはぐれた子達にそれぞれ専用の哺乳瓶で与えることができるならば，衛生面で明らかな利点です．

休　　息

授乳と授乳の間に動物を眠らせて，食べ物を消化させねばなりません．疲れると，動物は食欲がなくなります．また，お腹がすいている動物に授乳するのはとても簡単なのです．食餌時間を守っていれば，空腹で授乳が必要であることを知らせるに違いありません．

親からはぐれた野生動物はすべて，ほかの種，特にペットから遠ざけて，同種のグループ内で飼ってください．そして，救護センターばかりでなく建物の中も歩き回らせてはいけません．

収　容　法

幼若な動物にとって，ペット運搬用ケージやプラスチック水槽は理想的です．これらの中の上部に，赤色灯の可動式卓上灯を取り付けましょう．動物が希望すれば，熱源から離れることができなければなりません．床の滑り止めマットが滑るのを防止します．

獣医用床敷きは，動物を乾燥した状態に保つので，理想的です．床敷きの上を他のもので覆ってはいけません．床敷きの下には新聞紙だけを使ってください．

小さい哺乳類のほとんどは，すり寄ったり，その下に潜り込んだりするためのおもちゃや暖かい毛布片を喜ぶでしょう．

体重測定

発育曲線を描くと，動物の成長の記録や人工哺育への結果，どのように発育するのかを示すことでしょう．毎朝同じ時刻に，体重を測定してください．体重は一定であるか，増加していなければなりません．体重をモニターして，48時間以上体重減少がみられれば，状態が悪くなっている可能性があります．この原因となるものは以下の通りです．

- 下　痢 ― 赤ん坊は24時間で飢えてしまいますので，ミルクの代わりに経口輸液（Lactade, Pfizer Animal Health）だけを与えましょう．
- 感染症 ― 抗生物質を使用しなければならない感染が起こっているのかもしれません．
- 寄生虫 ― 虫やコクシジウムの重度の寄生の可能性があります．

悪化の原因

吸入性肺炎

これが親からはぐれた哺乳類の主要な死の原因です．最初の授乳に経口再水和輸液を使うことは，問題が起きるのを防ぎます．

もし吸入性肺炎が起きれば，息が荒くなり，さらには開口呼吸をすることがあります．呼吸時にしばしば，クリック音が聞かれます．アモキシシリンの注射は，その状態を治療する助けとなるでしょう．また，獣医師が他の呼吸器治療薬を処方するかもしれません．

哺乳類の赤ん坊が立ち上がって代替ミルクを飲めるように補助しましょう．

低体温

体が冷えていると，新生の哺乳類は食べないでしょう．普通は，触って暖かくなければなりません．しかし暖めすぎは高体温を引き起こし，非常に短時間で死に至ることがあります．

全般的には，熱源をケージの一端において，もし不快なら熱源から離れられるようにしましょう．

ケージの暖かい部分は以下の温度にしましょう（Watts, 1987）．

- 毛が生えていない赤ん坊は35℃に
- 毛が生えているけれど眼が開いていない赤ん坊は32℃に
- 眼が開いたとき，30℃に
- 離乳後は23℃に

ゲップ

大きめの幼子の中には，ミルク代替品だけでなく空気も呑み込むものがいます．この状態は，人の乳幼児で，放屁の問題を引き起こします．普通は優しくマッサージするか，背中を軽く叩くことによって軽減できます．ほとんどの鼓腸は子供用腹痛薬で和らげられるでしょう．それは薬局で手に入る人の乳幼児用のものです．

刷り込み

親からはぐれた哺乳類に起きる最悪の状態です．親からはぐれた哺乳類は全面的に人間や飼育動物に依存するようになると，結局はリリースすることができません．

刷り込みを防ぐために，以下のような様々な決まりを実行してください．

- 決して単独で授乳を試みてはいけません．同種を育てている養い親を捜し出してください．
- 離乳後は特に，動物に話しかけてはいけません．
- 親からはぐれた野生動物が哺乳瓶で授乳や排泄の世話を受けているときは，その動物以外を取り扱ってはいけません．

- 子ギツネや子ジカのような，特に敏感な動物は人の姿や声から遠ざけてください．
- 人の子供に幼若な動物を取り扱わせたり，遊ばせたりしてはいけません．

検　疫

　親からはぐれた野生動物が連れて来られたとき，最初は単独で飼育しなければなりません．感染症に罹患している可能性があるかもしれないので，連れてこられた動物をすでに飼育されているグループに近づけないことが賢明です．感染症は，通常3〜4日で症状が現れます．

ペニス吸啜

　これはリスやカワウソでよくみられます．それが問題を引き起こしている兄弟ならば，被害者は離して，単独で飼育してください．

　多くの場合は動物が自分自身を傷つけています．これを止める唯一の方法は，プラスチックかボール紙でエリザベス・カラーを作ることです．

動物種毎の特記事項

ハリネズミ

　ミルク：食虫動物であるハリネズミの子は，代替ミルクであるEsbilac（Pet Ag）の食餌で大変うまくいきます．歯の萌出が始まるまでの最初の21日間にハリネズミが必要とする免疫刺激をするために，以下に述べた割合でKitten Colostrum Substitute（Net-tek）を補いましょう．
- 最初の24〜48時間 ― Esbilac 50％：初乳50％．
- 次の19日間 ― Esbilac75％：初乳25％．
- その時点から完全に離乳するまで ― 100％のEsbilac．

　給餌器：真空採血管Vacutainerゴムのチップを付けた1ml注射器やトランスファーピペットを使ってください（図30-7）．給餌毎に使い捨てます．

　頻　度：
- 新生子は夜間も含め，2〜3時間毎に与えてください．
- 体重50gでは3〜4時間毎に与えてください．
- 体重100g以上では，1日4回にすることができます．

　離　乳：約21日目，歯が萌出し始めるとき，St. Tiggywinkles哺乳類用流動食で離乳させてください．この流動食をソフトクリームの柔らかさに調整して，浅い皿状の容器に凍結してください（Jonipax, Ashwood Timber & Plastics）．冷蔵庫で解凍します．オーブンや電子レンジで解凍してはいけません．

　使用するまで常に凍らせておきましょう．使用前に細菌が増えるのを止めるためです．

　注意事項：赤ちゃんのハリネズミは乳首を吸えないことが多いです．ミルクを口の中にゆっくり含ませなければなりません．赤ちゃんハリネズミは，ヒート・パッドでなく，上部の保温器を装着

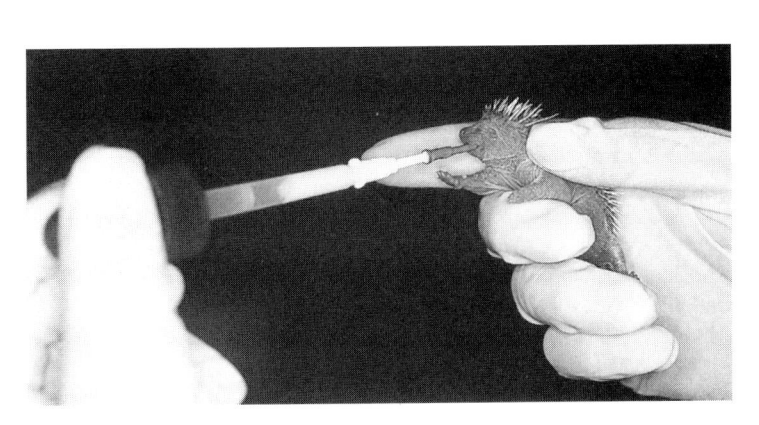

図30-7　1mlの注射器から作った授乳器を使って，ハリネズミの赤ん坊に給餌します．

モグラ

ミルク：モグラは食虫動物なので，代替ミルクは Esbilac（Pet Ag）にしましょう．

給餌器：ハリネズミのために使った小型のトランスファーピペットあるいは自作のピペットが適当です．

頻　度：モグラは1日24時間非常に活動的なので，昼も夜も哺乳瓶給餌が必要です．夜間授乳は日中ほど頻繁である必要はありません．

離　乳：ハリモグラと同じように，モグラも昼も夜も食べる必要があるので，常に食べられる St. Tigpywmkles Glop や細切れにしたマウスが目の前にある必要があります．柔らかい土を敷いた成獣用収容器に入れたら，モグラが狩りをするためのブドウムシやミルワームが，常に食べられるようにしてください．

注意事項：離乳したモグラは，トンネルを掘ることができる柔らかい土を80～100cm底に入れた水槽の中で，モグラだけで飼育しましょう．時間はかかりますが，ブドウムシやミルワームを食べたかを確認するためには毎日土を全部ふるいにかけることが肝要です．

トガリネズミ

ミルク：Esbilac（Pet Ag）．

給餌器：ミルクに浸けた絵筆あるいは小さいトランスファーピペット．

頻　度：この大食漢には昼も夜も毎時間食べさせます（図30-8）．

離　乳：できるだけ早く，生きている無脊椎動物，例えばウジ，小型のミルワーム，ブドウムシで離乳させます．

注意事項：常時，食べられるようにしてください．トガリネズミの代謝は速いので，常時栄養物の供給が必要です．

コウモリ

ミルク：Esbilac（Pet Ag）はコウモリの赤ん坊

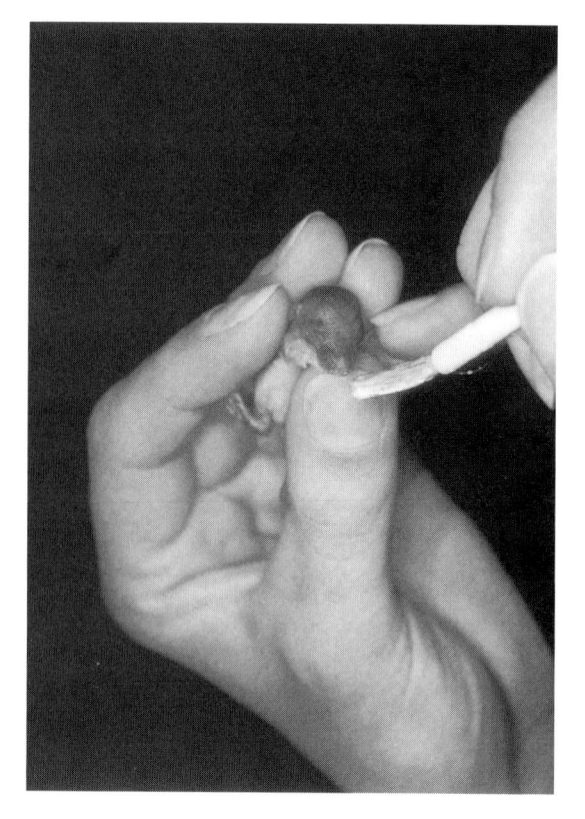

図30-8　絵筆でのトガリネズミの子への給餌．

に適している代替ミルクです．他の種類のミルクが使われたことがありましたが，それら代用品でのコウモリの人工哺育は今まで成功していません．水と Esbilac 粉末を等量に混合して，濃くて，より適した代替ミルクを作ります．25～30℃に赤ん坊を保温することで代替ミルクの消化を助けます（Brown, 2003）．

給餌器：Esbilac に浸けた小さい絵筆を赤ん坊コウモリに舐めさせてください．もし被毛に代替ミルクが付いたら，すぐに赤ちゃん用ティシュで拭き取ってください．

頻　度：被毛の生えていないコウモリは日に8回，完全に被毛で覆われた赤ん坊は4回，Esbilac で人工哺育します（Mitchell Jones & McLeish, 2004）．

離　乳：コウモリはミルワームやブドウムシをまるごと与えることで離乳することができます．しかし，地上で昆虫を食べることで，飛んでいる

昆虫を捕らえるコウモリの能力を鈍らせるかもしれないという意見があります．離乳した子供には，フライトケージの中で，飛行と狩りの練習を受けさせましょう．

リリース：人工哺育したコウモリのリリースが成功するかは常に論争の的でした．しかし，米国のコウモリのリハビリテータは人工哺育したコウモリのリリースに成功しています．人工哺育コウモリをリリースする，もっと多くの研究が必要です（Mathews, 2003）．

人工哺育コウモリが蛾や飛んでいる昆虫のような自然の獲物を捕らえる，ごく当たり前の行為を評価すると同時に，飢餓の危険になしに，狩りを学ぶ機会を与えましょう．誘蛾灯付きで，ケージの一面が全幅のトラップ戸の付いたコウモリ用フライトケージを使ってください．種々の止まり木の箱をケージの最上部周辺に固定しています．ミルワームやブドウムシをコウモリに与えることができる大きなトレー以外，床は完璧に清潔に保ちます．

最初の数夜，トラップ戸を閉じている状態で，トレーでミルワームやブドウムシを与えます．それから，コウモリに飛んでいる昆虫を捕らえさせるために，ミルワームやブドウムシを与えるのを徐々に控えます．コウモリが飛んでいる昆虫を捕らえるのがもっと上手になったら，最終的に明け方まで幼虫を与えないでおきましょう．この段階で，若いコウモリが望むなら，飛び去ることができるように，昼間トラップ戸を開いたままにしましょう．しかし，よく馴染んだ止まり木や万一のときの餌の供給を得るために，ケージに戻ることができるようにします．

人工哺育したコウモリのリリースのための施設が利用できないなら，人工哺育の子供すべてを設備が整っているリハビリテータに引き渡しましょう．

カイウサギ

ミルク：ウサギには高蛋白質の代替ミルクが必要です．Esbilac（Pet Ag）が適切であることが分かっています．毎回 Esbilac 1 に対して 2 の割合の熱湯を加え，混ぜ合わせましょう．

初乳と他の添加物：若いウサギは特に感染症に罹りやすいです．もし新生子なら，最初の 2 日に代替ミルクと一緒に，人工初乳（Prolam, Schering-Plough Animal Health）を与えましょう．その割合を初乳 1 に対し Esbilac 2 の比率にします．

この後，1 日 1 度プレーンヨーグルト小さじ 1/4 を Esbilac に加えましょう．これによって，潜在性の病原菌を制御し続ける助けとなる善玉菌をウサギの腸管に導入します．

さらに，1 日 1 回，ピペットや哺乳瓶の乳首に，消化を助けるための膵消化酵素 Pancrex（Pharmacia Animal Health）やカルシウムとリンのサプリメントとして酵母製剤 Stress（Phillips Yeast Products）をちょっとつけましょう．

哺乳瓶：小さいウサギのためにはトランスファーピペットやピペットが適切で，Catac 子犬用哺乳瓶の大きさまで，徐々に大きくします．

頻　度：表 30-4 参照．

離　乳：およそ 15 日でウサギの歯が萌出しはじめると，嫌々ながらでも，浅いボウルから Esbilac ミックスを舐めるように促しましょう．ケージの一側面に固定した飲水瓶には水を入れて，ウサギが容易に飲めるようにしましょう．

ウサギは干し草を食べますが，その上を寝床に

表 30-4　親からはぐれたウサギのための給餌量と頻度

年　齢	量	頻　度
4 日齢以下	1～4ml	日中は毎 2～3 時間，最終給餌を真夜中，給餌開始午前 5 時
4～10 日齢	4～10ml	日中は毎 4 時間，最終給餌を午前 11 時，給餌開始午前 6 時
10 日齢以上	飲むだけ	日に 2～3 回．たくさん飲むようなら，頻度を減らす

してください．さらに，ウサギには汚染されていない土地で摘んだタンポポの葉やクローバーやハコベ，上質のウサギ用混合飼料を与えます．

ウサギが固形飼料を食べ始めたがらないなら，少量のバナナ，壊れた Farley のラスク片（Heinz）を与えます．

ノウサギ

ミルク：Esbilac は当歳のウサギに適しています．最初の 12 日間に，善玉菌を供給するために，プレーンヨーグルトのようなプロバイオティクスを加えましょう．

哺乳瓶：初めに，非常に小さい当歳のウサギには，Catac の乳首を付けた小さい注射器を Catac の子犬用哺乳瓶の大きさまで，徐々に大きくします．

頻　度：最初の 3〜5 日間，当歳のウサギを哺乳瓶給餌に慣れさせるために，1 日に 3 回与えてください．その後に，離乳するまで，1 日に 2 回だけ与える必要があります．

離　乳：イエウサギとまるで同じように，当歳のウサギは干し草を寝床とすることができ，それを食べ始めます．タンポポとクローバー，ハコベや少量の草も与えましょう．

リ　ス

ミルク：1 日に少なくとも 1 回カルシウムとリンを加えれば，リスは山羊のミルクで飼養することができます．酵母製剤 Stress（Phillips Yeast Products）を乳首にちょっと浸けると，リスを襲う低カルシウム血症を予防する助けになるでしょう．

哺乳瓶：最初に，リスは，小さい乳首を先に付けたプラスチックピペットからミルクを飲むのをとても短時間に学ぶでしょう（図 30-9）．リスがもう少し大きくなったら，乳首を付けた Catac の哺乳瓶の使用に進むことができます．その乳首はリスががぶ飲みしないように，加熱した針で小さい穴を開けてください．リスは中断するのを嫌うので，中断しないで，瓶にミルクを補給することも大切です．

過剰のミルクを飲むのを妨ぐために，常に，赤ちゃんリスを前傾させるか，あるいは 4 本足で直立させたまま飲ませてください．

頻　度：表 30-5 を参照．

離　乳：2〜3 週齢で，リスは囓ることができるようになるので，Farley のラスク片（Heinz）を与えます．数日たてば，上質の子犬用乾燥ドッ

図 30-9　親にはぐれたリスは哺乳瓶から上手に飲みます．

表 30-5　赤ちゃんリスの給餌頻度

年　齢	頻　度
7日齢以内	日中は2～3時間毎，最終給餌を真夜中．給餌開始午前6時
7～14日齢	日中は3～4時間毎，最終給餌11PM，給餌開始午前7時
14～21日齢	日中は4～5時間毎，すぐに日に4回に移行．最終給餌午前11時，給餌開始午前8時

グフードやペカンの実，カール状のケールキャベツとエンダイブのような大人のリスの食べ物を初めて経験させることができます．ピーナッツやヒマワリの種は低カルシウム血症を引き起こし，カルシウム値に対して悪影響を及ぼすので，リスに決して与えてはなりません．

注意事項：若いリスはケージの端から端へタオルを吊して作ったハンモックを喜びます（図30-10）．

ハタネズミとマウス

ミルク：Esbilac はこれらの小さい哺乳類のために最もよく選択される代替ミルクです．ただし，少なくとも彼らが離乳するまで，1：3の割合で初乳（Prolam, Schering-Plough Animal Health）を Esbilac に加えて与えてください．ハタネズミやマウスのすべての種は，1日1回 Esbilac（Pet Ag）を含ませた絵画筆を，酵母製剤 Stress（Phillips Yeast Products）にちょっと浸すことが効果的でしょう．

給餌器：動物が成長すると，初期の給餌には代替ミルクに浸けた小さい絵筆で，その後先の細いトランスファーピペットで行います．

頻　度：ハタネズミとネズミは夜明けから夜半まで1時間毎に給餌することを必要とします．夜間は2時間毎に給餌を必要とします．

離　乳：約9日目に眼が開く前に，ハタネズミとネズミは離乳するでしょう．マウスの離乳は，砕いたダイジェスティブ・ビスケットや壊れたラスクをケージの床に撒いて始めることができます．ハタネズミは野菜の方が好きで，みじん切りしたタンポポの葉やハコベを与えてください．

ヤマネ

ヨーロッパヤマネはハタネズミやネズミの取扱い方法に基づいて人工飼養しましょう．ただし，離乳はリス同様に，ラスク，品質の良いの子犬用餌，カール状のケールキャベツとエンダイブで行

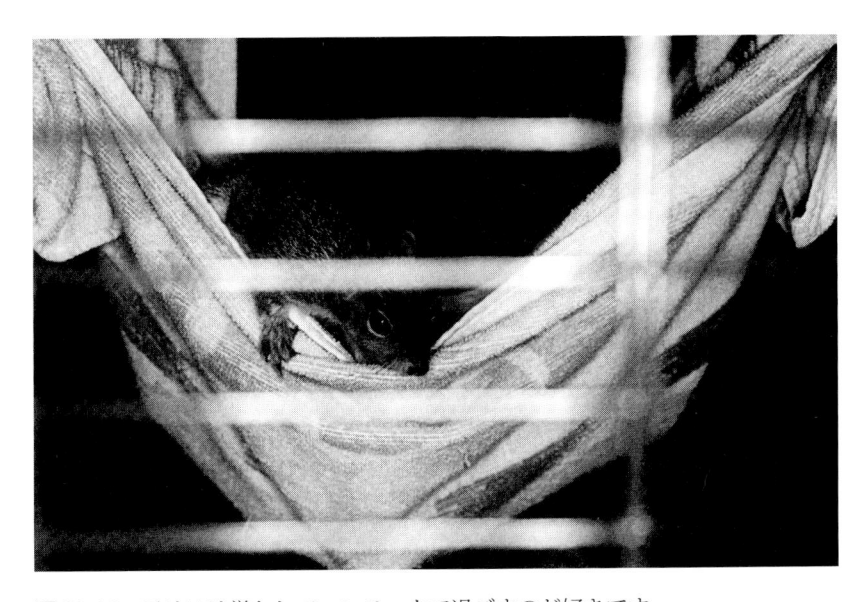

図 30-10　子リスは巣としてハンモックで過ごすのが好きです．

地元で知られているように，食用ヤマネあるいはオオヤマネはどちらかというと小さいリスのようですが，人の手で育てられても慣れることはなく，もっと大きくなると，咬むかもしれません．

ミルク：オオヤマネに山羊のミルクを人工哺乳してください．リスのように吸うのではなく，ピペットからミルクを舐めるように飲みます．

給餌器：最初は，小さいピペットか絵筆が理想的です（図30-11）．成長すると，オオヤマネは茶サジのミルクを舐めます．決してミルクを動物の口の中に流し込んではいけません．

頻　度：2～3時間毎に夜遅くまで与えますが，夜の給餌は必須ではないでしょう．

離　乳：2～3週齢の眼が開く前ですら，オオヤマネは離乳を始めるでしょう．早い段階で，平たい皿や瓶の蓋から赤ちゃん用のリンゴピューレを食べるでしょう．加えて，代替ミルクを平たい皿に入れて飲めるようにしてください．

オオヤマネが成長すると，リンゴピューレからリンゴソースに食べるサイズに細かく切ったリンゴを加えた餌に変えることができます．この段階で，ラスクや上質の子犬用ドライフードを与えることができます．

注意事項：オオヤマネは極端な樹上生活者で，登ったり，囓ったりする止まり木が好きです．そして夜行性です．

キツネ

キツネが執着し，成長したときバラバラにするおしゃぶりのようなおもちゃを与えると，子ギツネは飼育下でいとも簡単に落ち着きます．

ミルク：Abidec総合ビタミン剤（Warner Lambert）を添加した山羊のミルクを1日1回か，ビタミン添加を必要としないEsbilac．

給餌器：小さいときは，Esbilac子犬用哺乳瓶かBelcroyの未熟児用哺乳瓶が適当です．約10日後，キツネは大きいCatacの哺乳瓶，大きいPet Agの哺乳瓶，小型の人の赤ん坊用哺乳瓶のどれかが必要でしょう．キツネが1回の授乳で飲み過ぎないようにするために乳首は十字の切り口にします．

あわてて飲むので，キツネの幼獣はガスが溜まることがあります．背中をさすることによって，ゲップをさせ，この状態を緩和してください．

頻　度：表30-6に従ってください．一部の子ギツネは毎朝5時に起きて，お腹がすいたと呼ぶでしょう．聞こえる所に子ギツネを置けば，その朝早いモーニングコールを聞き逃さないですみます．

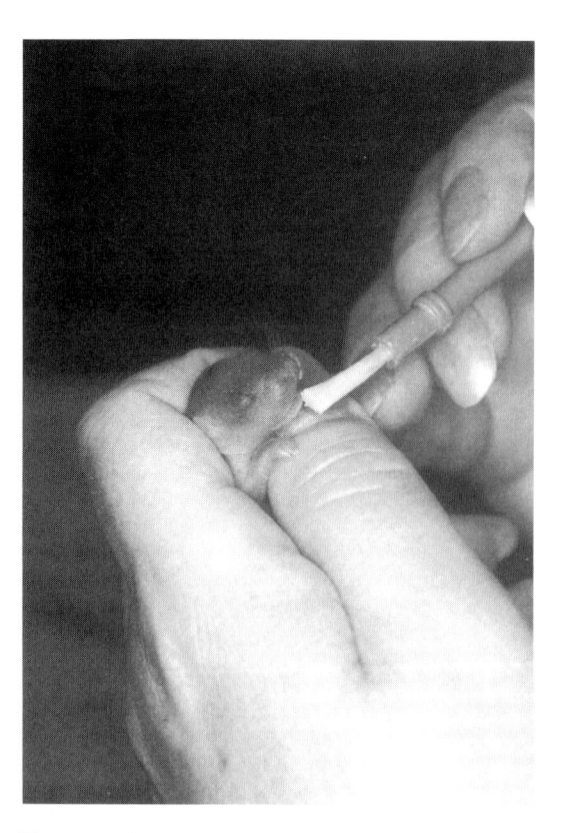

図30-11 オオヤマネの子は絵筆からミルクを飲みます．

表30-6 子ギツネのための給餌頻度

年　齢	頻　度
7日齢以内	日中は2～3時間毎，夜間は4時間毎
10日齢	日中は4時間毎，最終給餌を午前10時に給餌開始を午前6時
18日齢	日に4回

離乳：幼獣のすべての乳歯が完全に萌出し，立ちあがることができるなら，離乳を始めてください．最初，浅い皿で山羊のミルクを与え，幼獣に舐めさせてください．間もなく子ギツネは舐めることを会得するでしょう．常に山羊のミルクと水を飲めるようにし，定期的に取り替えます．

約3週齢になると，子ギツネに最初の固形食，Pedigree Chum子犬用ドッグフード（Waltham）か，上質の子犬用乾燥ドッグフードを与えます．

5週齢には，哺乳瓶給餌を止め，6週齢に代替ミルクすべてを止めます．

5週齢からPedigree Chum子犬用ドッグフードを徐々に，成犬用ドッグフードと凍結マウスかひよこに取り替えます．離乳が可能になったとき，子ギツネに野生での食べ物の一部として交通事故死した死体を漁るのに慣れさせてください．

注意事項：単独で育てると，子ギツネは最終的は刷り込まれてしまい，リリースできなくなるので，単独で育てるべきではありません．キツネを育てている他のグループを見つけてください．快く1頭だけの子ギツネを引き継いでくれるでしょう．

小型のイタチ科動物：オコジョ，イタチ，ヨーロッパケナガイタチ

ミルク：Esbilac（Pet Ag）は小型のイタチ科動物を人工哺育するのに適しています．

哺乳瓶：Catac子犬用哺乳瓶がケナガイタチに適していますし，小さい乳首を使ったCatac子猫用哺乳瓶はもっと小さいオコジョとイタチに理想的です．

頻度：日に4～5回授乳します．

離乳：この動物は眼が開く前でも簡単に離乳をします．最初は細切れにしたマウスを好み，その厳格な食肉性のため，まもなく丸ごとの動物，凍ったマウスやラットを食べさせられるようになります．

注意事項：この頭の良い動物はとても簡単に飼いならされるので，取扱いと接触を最小限度にすることが重要です．

アナグマ

ミルク：アナグマは山羊のミルクで育てることができますが，Esbilac（Pet Ag）はもっと適していることが分かっており，ビタミン添加は必要ありません．

キツネとまったく同じで，逃げ場のないガスに苦しむことがあるので，優しく背中をさすって，「げっぷ」をさせてください．

哺乳瓶：大きめなら，Esbilac（Pet Ag）の子犬用哺乳瓶が適しています（図30-12）．

頻度：日に4～5回が適しています．夜間の授乳は必要ありません．

離乳：アナグマは他の種より少し長い時間がかかります．10～12週ぐらいに離乳が始まります．ドッグフード，その次に凍ったマウスかひよこを与えますが，離乳には長い時間がかかります．マウスやひよこを給餌するとき，噛まないで呑み込み，窒息することのないように注意してください．

注意事項：子アナグマは簡単に飼いならされるので，リリースできないことがあります．刷り込みされた雄の子アナグマでも，攻撃してくることがあるのを覚えておいたほうがよいでしょう（S. Harris，私信）．

理想的には子アナグマは1頭だけでリリースしたり，育ててはいけません．他のリハビリグループが育てている他の個体と一緒にしてください．

カワウソ

カワウソは英国の狭い地域で，少数ですが生息しています．しかし，カワウソは以前の生息範囲を回復しつつあり，前より多くの親からはぐれた子や住むところがなくなった子を人の手で育てることが必要となっています．

カワウソの人工哺育は他の種よりも専門的で，より包括的な指導が要求されます（R. Green，私信）．アナグマのように，単独ではなく，他のカワウソと一緒に飼養しましょう．

ミルク：Esbilac（Pet Ag）は，とても小さな幼

図 30-12 アナグマの赤ん坊には Esbilac の哺乳瓶が比較的適しています．

獣で時々下痢を引き起こすことがありますが，それでも第一選択の代替ミルクです．Esbilac に「魚スープ」の形の魚のジュースと混ぜることができます（付録 8 参照）．白身の魚はスープに最良ですが，ウナギやマスも同じく適しています．ニシンやサバを使うべきではありません．ビタミン添加剤（Fish Eaters' Tablets, Mazuri Zoo Foods or Aquavits, IZVG）をスープに加えます．

哺乳瓶：「魚スープ」を入れるのに最良の器具は大きい注射器で，吸う力が弱い子カワウソを補助するのに役立ちます．そして，給餌者は，注射器でどれくらいの量のスープを飲んだかを正確に計ることができます．

朝，最初の餌の前に，なるべく毎日体重を計りましょう．あらゆる環境の変化が体重の増加に影響すると思われ，1 人の人がそれぞれのカワウソに授乳することが最良です．

特に非常に幼いカワウソにとって，すべての調理器具と給餌器の消毒は極めて重要です．

糞　便：代替ミルクを与えている健康な子カワウソは形を保つのに十分な堅さの黒っぽい糞（spraint）をします．

明るい色の糞は問題の起きた徴候です．特に，糞が形をなさなかったり，水様糞の中にクリーム色の物が混ざっている場合には，すぐに獣医師に診せましょう．

下痢の場合，丸 1 日食餌を控え，できる限り暖めた Lactade（Pfizer Animal Health）あるいは再水和輸液や清潔な水を与えてください．基本的輸液治療は 1 日に約 50ml/kg に脱水量をプラスした量になります．

子カワウソが実際，下痢をしているようなら，すでに作ったスープをすべて捨ててください．調理器具や給餌器をきれいにして，再度消毒してください．違う代替ミルク，Lactol（Sherley），Welpi（Petlife International），Cimicat（Petlife International）や異なるタイプの魚で再び授乳を始めてください．

頻　度：子カワウソには 2〜3 時間毎に，夜の間はもっと長い時間間隔で，授乳することができます．

離　乳：離乳はそれぞれのカワウソの幼獣によって異なります．あるカワウソは魚のスープの方が良いと言うかもしれませんし，指ほどの大きさの魚を与えようとすると，最初に飛びつくものもいます．最良の離乳食は別の種類の丸ごとの小魚です．しかし，病弱だったり，弱っている子カワウソのように離乳が難しいカワウソは小さい新鮮なマスを好みます．

もし離乳中のカワウソに白身の魚を食べさせているなら，常にビタミン添加剤（Fish Eaters' Tablets, Mazuri Zoo Foods Ltd. or Aquavits,

IZVG）を与えることを忘れないでください．

リリース：しばらくは，人工哺育したカワウソの幼獣すべては，カワウソをリリースした，たくさんの経験をもっていて，カワウソに適した田園地方にあるグループを通じてリリースしましょう．

スコットランドヤマネコ

最初，スコットランドヤマネコの子は，家猫の子猫と同じように人工哺育します．しかし，離乳したらすぐに，マウス，イエウサギ，初生雛のような丸ごとの動物を与えましょう．

それは簡単に飼い慣らされないので，スコットランドのリハビリテーション団体の指導のもとにリリースすることが可能でしょう．

海　　獣

発見される海棲哺乳類といえば，ゼニガタアザラシとハイイロアザラシです．近隣の専門のセンターに尋ねてください（第29章参照）．

シ　　カ

ミルク：Lamlac（Volac Feeds）代替羊ミルクが授乳中の子ジカに適していることが分かっています．Lamlacは少量のお湯を使って調整し，それから振って溶かし，冷たい水をつぎ足して，再び振とうしましょう．ひとつまみのAvipro（Vetark, Animal Health）あるいは茶さじ1/4のプレーンヨーグルトとひとつまみの酵母製剤Stress（Phillips Yeast Products）を1日1度は加えます．

哺乳瓶：小さめのシカ，ホエジカとキバノロ，はEsbilacの哺乳瓶からミルクを飲むでしょう．他方，それより大きい種，ダマジカとノロジカは子羊用哺乳瓶と乳首あるいは人間の赤ん坊の哺乳瓶が必要でしょう．

頻度：表30-7は単なる手引きです．個々のシカで，飲む量は異なるでしょう．それでも一般に，飲むのを止めたときが満足したときです．ダマジカとノロジカの子ジカは表に示した代替ミルク量の2倍を飲むでしょう．

表30-7　ホエジカとキバノロのための給餌量と頻度

年齢	量	頻度
新生子	50～100ml	日に4回
2週齢	200ml以上	日に3回

離乳：シカが3週齢に近づいたら，哺乳瓶給餌を続けると同時に，山羊用混合飼料やアルファルファ，タンポポ，クローバー，いばら葉や少量の草といった新鮮な植物を与え始めてください．

離乳を促す山羊用混合飼料に，おろした大サジ1の西洋ナシを混ぜるようにしてください．

このとき，常にボウル1杯の水と子ジカのためのLamlac 1杯を作ってください．

シカが食べはじめたらすぐに，哺乳瓶給餌の回数を日に2度，やがて日に1回に減らすことができます．離乳はおよそ6～8週齢に通常完了します．

注意事項：シカは当然ながら非常に神経質なので，子ジカをあらゆる騒音や他の動物から十分離して育ててください．小屋を別にするのが理想的です．

授乳と清掃は1人の人だけで行いましょう．最初，シカの母親の行動を模倣するために，子ジカの顔の片方を下向きに撫でてください．それから，子ジカが落ち着いたと思えたらすぐに，最初の授乳を試みることができます．

子ジカが立った状態で，少量の代替ミルクを押し出して，哺乳瓶を口に付けている間，排尿・排便するのを促すように，湿ったティッシュで生殖器周辺を優しく，軽くたたきましょう．排尿・排便が代替ミルクを吸い始める起爆剤の役を果たすように思えます．シカに哺乳瓶からミルクを飲ませる様々な方法を取ろうと思うかもしれませんが，決して強制してはいけません．辛抱強くやりましょう．St. Tiggywinklesでは，親からはぐれたシカは通常2日目に哺乳瓶を受け入れ始めます．

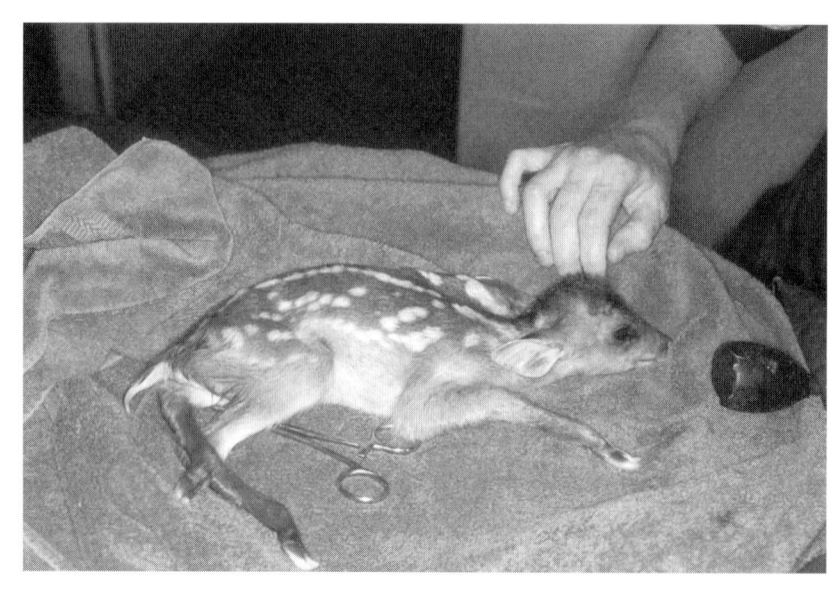

図 30-13 帝王切開によって生まれたホエジカの子.

　帝王切開によって生まれたシカは，人工哺育してください（図 30-13）．

31
爬虫類と両生類

パートⅠ：爬虫類

英国でみられる種：
- **ヘビ類**：ヨーロッパヤマカガシ（*Natrix natrix*），ヨーロッパクサリヘビ（*Vipera berus*），ヨーロッパナメラ（*Coronella austriaca*）
- **トカゲ類**：スローワーム（*Anguis fragilis*），コモチカナヘビ（*Lacerta vivipara*），スナカナヘビ（*Lacerta agilis*）

上記以外にも逃げた外来のヘビ類，トカゲ類，イグアナ類，カメ類が発見され，救出されます．しかし，これらは通常熱帯種であって，専門の設備や獣医学的看護を必要とします．今では種々のペット種が繁殖されています．本当は，それらはリハビリテーションの対象ではありません．また，リリースできないので，終生飼養するか，知識のある爬虫類愛好家に譲らなければなりません．

自 然 史

英国のヘビ3種は簡単に見分けが付きます．1種だけ（ヨーロッパクサリヘビ）が毒ヘビです．ヨーロッパナメラは締めつけて獲物を捕りますが，今では非常にまれです．英国の最大で，最も一般的なヘビ，ヨーロッパヤマカガシは，口でその獲物を捕まえます．ヨーロッパヤマカガシの歯は表面が黒く，典型的に内側に曲がっていて，捕まった獲物が逃げづらくしています．ヨーロッパクサリヘビは，他の2種と同様，小動物や小鳥を餌とします．ヨーロッパナメラは，トカゲ，特に生息域を共有する絶滅危惧種のカナヘビを捕ることで有名です．

ヨーロッパヤマカガシは水中で過ごすことも多く，魚とカエルを捕食するために庭の池にやって来て，外傷を負います．庭に入り込むことや産卵のために堆肥積みを好む習癖が，よく外傷を負う原因とされています．

足のあるトカゲ，コモチカナヘビとカナヘビはとても足が速いので，捕まらないし，外傷も負いません．しかし，猫の行動圏とトカゲの良い生息地が偶然重なると，猫はトカゲを専門に捕ってくるようです．

スローワームはトカゲですが，足をもっていません．おそらく，スローワームは用心深い性格とスピードある逃げ足をもっていないので，その2種より，よく捕まります．

3種のトカゲすべてが，捕食動物に対し尻尾を捨てる自切をすることができます．尾椎椎体の真ん中に，骨化していない断列面が存在します（Davies, 1981）．捕食者によって捕えられると，これがポキッと折れ，尾の一部分が切れます．切り離された尾は，捕食者の注意を引き付けるために，気が狂ったようにのたうち回ります．やがて，トカゲは逃げ，新しい尾が生えてきます．

器具類，輸送，救出，それに取扱い

ヘビやトカゲがけがをしている場合，毒ヘビのヨーロッパクサリヘビを除いては，単純に拾い上げればよいのですが，自己融解が起こりそうな部位は，簡単に傷ついてしまいます．優しく扱って

ください．トカゲは尾を持つと，千切れてしまうので，決して尻尾をもって，持ち上げないでください．

ヨーロッパヤマカガシは捕まるときに肛門線からの特別臭い液体を発します．ビニール製の手袋があなたの手を守るでしょう．ヨーロッパヤマカガシは咬みますが，危険ではありません．死んだふりをするかもしれません．すべての検査が終わるまで，あなどってはいけません．

これらヘビとトカゲは，蝶番蓋付きの，小さいプラスチックの水槽で安全に輸送することができます．彼らはとても窮屈な隙間でも通り抜けて逃げるのを，特に得意としています．

ヨーロッパクサリヘビはこれらとはまったく違って，危険です．ヨーロッパクサリヘビに咬まれると，重い病気や不快感を引き起こしたり，まれに死ぬこともあります．咬まれないようにしましょう．ヨーロッパクサリヘビに触るには，厚地の長手袋を付けてください．しかし，手袋は手を保護しますが，その素材によってヘビの歯を痛めることがあります．

手袋を着けて，ヘビ用フックでヘビを持ち上げ，ゴミ入れのような，何か深い入れ物に入れます．もしゴミ入れが布で裏打ちされているなら，ヘビを入れて，紐を締め，口を閉じることができます．さらに確実に逃げないようにするには，巾着の紐のすぐ下を紐で縛ればいいです．しっかり締めても，ヘビは袋を通して咬むことができるので，触ってはいけません．

Joint Nature Conservation Committee のガイドラインに取り上げられた他の方法は，スイング蓋付き台所用ゴミ箱を横にして，その中にヘビを入れるため，発泡スチロールを当てた拘束棒を使う方法です（Griffiths & Langton, 1998）．それから，ゴミ箱の中身を巾着袋にあけます．もし傷ついたヨーロッパクサリヘビを診る可能性が高いなら，万一に備えて，抗毒素が入手可能な地域の病院や医者に相談することは有益です．獣医薬販売店が在庫を備えているかもしれません．それはヨーロッパクサリヘビ抗毒素 Euro-viper Anti Venom という名前です．

あなたが知らないヘビには特別の注意を払ってください．逃げ出したたくさんのエキゾチックペットがいますし，その何種かは有毒かもしれません．種が分からないヘビは同定されるまで，毒ヘビとして扱ってください．

爬虫類に共通の病気

数千種の爬虫類の間に，たくさんの既知の病気があります．それらの爬虫類の病気に対する様々の優れた研究が報告されています．しかし，病気の診断は厳密には獣医師の仕事なので（「獣医師法 1966」），ここで述べる病気は，正確な診断名を必要としない状況で，よく遭遇し，受け入れる病気です．

ヘビに影響する条件

低体温と高体温

ヘビとトカゲは，周囲の温度に体温を合わせる外温動物です．彼等が冷た過ぎるようならば，食物の消化は速度が落ちて，細菌の感染の結果，食物が逆流したり，胃内で腐敗します．熱すぎるようなら，彼らは急速に脱水し，乾燥するでしょう．

以前は爬虫類を好ましい体温（PBT）に保ったものでした．現在は，推奨最適温度帯（POTZ）に保つようにします．ほとんどの英国の爬虫類のPOTZ は 22～30℃にあります（Cooper & Jackson, 1981）．

ヨーロッパヤマカガシ	26.0℃
ヨーロッパクサリヘビ	30.0℃
ヨーロッパナメラ	27.0℃
スナカナヘビ	27.0℃
スローワーム	22.0℃

これら動物の深部総排泄口体温（スローワーム30℃）が38℃を超えると，高体温に分類することができるので，冷水に浸して冷却してください．

低体温は爬虫類用の頭上のヒーターの穏やかな加温の下に置けば，自動的に解決します．

一般的な種のための飼育器で，推奨される相対

湿度は，45 〜 70%です．

脱皮不全

爬虫類が発育しても，皮膚は伸びないので，皮を脱がなければなりません．この過程を脱皮と呼びます．問題なく脱皮が進行するためには，条件が整っていなければなりません．湿気があまりに低くすぎたり，高すぎると，脱皮を妨げることがあります．脱皮の過程の病気を脱皮不全といいます．爬虫類が定期的に水浴できなくて，古い皮を擦り取るのに適切な岩がないような誤った環境は問題を引き起こすことがあります．古い皮が脱げなければ，体の圧迫を引き起こし，特にトカゲの尾の先が壊死を引き起こすかもしれません．

眼を覆っている古い皮膚は曇っているので，脱皮不全のヘビを見つけることができます．必要とされることは，ヘビに水浴びをさせること，岩または表面のざらざらした木片を与えることです．そうすると，ヘビはその上で古い皮を脱ぎ落とします（図30-1）．もしこれらが与えられないなら，脱皮を助けるために二重の濡れタオルの間に動物を挟みます．

もう1つの方法は，湿ったものから乾燥したものまで，様々な綿球で爬虫類をこすることです．

図 31-1 このヨーロッパヤマカガシのように，表面がざらざらした木片を与えることで，脱皮を助けることができます．

鼻から尾へ擦ると，すべての古い皮膚が剥がれるのが分かるでしょう．眼の上は特別の処置をしてください．古い眼の皮膚は水かハイプロメロース（人工涙）で湿らせ，濡れた綿球で擦り取ります．それがうまくいかないなら，爬虫類の経験豊かな獣医師にヘビを任せてください．ガムテープや鉗子を使うと，おそらく下にある眼への永久的ダメージを与えるでしょう（Lawton, 1991）．

適応不良症候群

この病気は特にヨーロッパヤマカガシに当てはまります．動物が飼育に慣れずに，食べない，結局育たないという意味です．おそらく，照明か温度が不適当なのです．12時間明期，12時間暗期の光周期で，自然光のスペクトルをもつ特殊紫外照明が〔Trulite（Durotest International）かLife-Glo 蛍光灯（Rolf C Hagen）を使う〕食欲を刺激します．

けれども，一般にヨーロッパヤマカガシは何時間入っていても，強制給餌が必要になるでしょう．

これら傷病爬虫類すべての成功の秘訣は，可能な限り速やかに，適当な生息地に放つことです．

爬虫類に共通の事故

猫 の 攻 撃

家猫は，スローワームや通常ヨーロッパヤマカガシのような小型のヘビを捕まえます．

動物が推奨最適温度帯（POTZ）にあれば，アモキシシリン 22mg/kg を日に1〜2回を経口投与，あるいは 10mg/kg を筋肉内に投薬しましょう．爬虫類には，アミノグリコシドと一緒に投薬しないと，アモキシシリン単独では効果がないといわれています（Bishop, 1998）．アミカシン（Amikin, Bristol-Mayers Squibb）5mg/kg を加えれば，有効になるでしょう．

薬が腎門脈を通して腎臓に直接送られないように，注射は体の前方1/3内に打ってください（Frye, 1991）．

ネット

ヨーロッパヤマカガシは庭池を訪問することが好きです．サギから魚を守るために，よく池を網で覆ってあります．ヨーロッパヤマカガシは網に絡んで，鱗と皮膚にダメージを受けてしまうことがあります．彼らを網から解いて自由にした後，外傷は生食に浸してください．

圧迫壊死が発生するかもしれませんが，通常ヘビは毎日の観察と広域スペクトル抗生剤エンロフロキサシン（Baytril® 2.5％, Bayer）5mg/kg を経口投与5日間後に放すことができます．

爬虫類に共通の外傷

咬　傷

ヨーロッパヤマカガシは，猫によってけがを負わされる以外に，よく犬の攻撃を受けます．通常咬傷は表面上はっきりしませんが，内臓や骨格に損傷を受けて重症です．傷は生食で綺麗にして，特に内臓を保護しながら，縫合しましょう．

骨格への損傷，特に脊髄への損傷は致死的ではないことがあります．爬虫類の外傷に詳しい獣医師が治療や安楽死の助言をすることができるでしょう．

犬の歯によってもたらされた細菌に対する抗生物質の予防的投与に，アモキシシリンを基本にしてください．

凶器による傷

人間は棒や踏み鋤，自分自身の足でもヘビに一撃を加えます．普通，傷は皮膚，内臓，骨格の外傷です．重度の外傷を被ったヘビの予後診断を，咬傷の経験例のように行います．

トカゲの自切

トカゲがやむなく自分の尻尾を切り落とす能力を自切といいます．その結果生じた傷は，新しい尾が再生するので，縫合する必要はありません．この新しい尾は本来の尾のようにスマートで尖っていないでしょう．創傷の中の障害物が異常な尾の発育を引き起こすでしょう．

来院と応急手当

脱　水　症

ヘビの主要な応急手当は輸液することです．ヘビでの脱水は皮膚のしわがよることや典型的な大きなしわの形成（tenting）によって知ることができます．

ヘビは体重を量って，脱水症の程度を見積もります．ヘビは20％の脱水を示すことがありますが，たいていは体重の5〜10％の脱水と仮定することがよいでしょう．

3種の投与法が利用できます．

経口投与

ハルトマン液か，乳酸リンゲル液（Pfizer）の何れかを細い胃カテーテルで与えることができます．潤滑剤を塗ったカテーテルを胃の中に滑らせるように入れます．挿入する深さはおおよそ鼻から総排泄口までの距離の3分の1です．投与量は体重の2％を，日に2回与えます（Marshall, 1993）．ヘビを完全に水和するのに数日かかります．

皮下投与

25Gの皮下注射針を付けた注射器で，体側の中線に沿って，輸液を投与することができます．その位置は，鼻と総排泄腔の間を測った体長の約3分の1にあります．輸液は前方向に行います（図31-2）．

ひどく衰弱したヘビは体重の2％の輸液をします．アミノ酸とビタミン類（Duphalyte, Fort Dodge Animal Health）を添加し，1回の皮下輸液で元気にすることができるものです．爬虫類に注射するとき，針を鱗に通すのではなく，鱗の下から刺してください．

体腔内投与

持続的点滴のためには，静脈留置針を使って，暖めた液を体腔内に注入します．体腔内へ入れるこの方法は，非常に効果的ですが，獣医師の領域

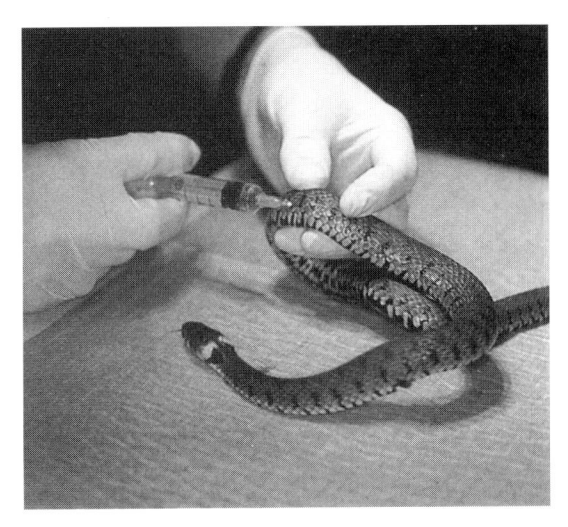

図 31-2 ヨーロッパヤマカガシは体側面皮下に輸液をすることができます．

だと思います．

予後判定

内臓の傷はいずれも回復しないので，損傷の有無を判断するために，詳しい爬虫類の解剖学の知識が不可欠です．

収容法

ヘビ類やトカゲ類は，小さい穴から通気できる蓋の付いたプラスチックやガラスの水槽でうまく飼うことができます．簡単に掃除できるように，床には新聞紙かペーパータオルを敷きます．

病気やけがをした爬虫類にとって，水槽の一方の上部にセラミック加温ランプを装着することは良いことです．このランプはサーモスタットによって25～30℃を維持するように，コントロールしましょう．スローワームは20～25℃に保ちましょう．大きなペットショップで加温器とサーモスタットのセットが手に入ります．

特に全身を水に浸すことを好むヨーロッパヤマカガシには，水の供給は不可欠です．樹皮片は動物が身を隠せる助けとなります．

照明は，自然光のスペクトルを完全に供給し，爬虫類に適している紫外線ライトを使いましょう．爬虫類から30cm以内に置いたTrulite（Durotest International），Reptisun（Zoo-Med Laboratories）あるいはイグアナ・ライト（Zoo-Med Laboratories）の蛍光灯が爬虫類の回復を確実に助けるでしょう．蛍光灯は9カ月毎に取り替えなければなりません．

一般に，ヘビ類は個別で飼育しなければいけません．

給餌

ヘビ類が食べたがらなくても，少し暖め，紐に結わえて，ヘビの前でぐるぐる動かすと，死んだ茶色のネズミを食べるでしょう．

トカゲ類は，ハエやウジ，それにカルシウム・リンを塗したコオロギ（Cricket Diet Calci-Paste, IZVG；Nutrobal, Vetark Animal Health）を食べます．

スローワームは自然界では，よく庭の岩の下や木片の下にいる小さいハイイロナメクジ *Limax agrestis* を食べます．この餌は，飼育下のスローワームには，簡単に手に入る最適な餌です．

安楽死

手の施しようがなく，中には人道的に殺すことになる症例がいます．過去には，安楽死（苦痛を与えることなく殺害すること）の名のもとに，多くの爬虫類に様々な苦悩を与えていました．爬虫類を殺すのに，次の方法を決して使わないでください．実際に，それらの方法は「動物福祉法1911」のもとで残虐行為であると解釈されました：

- 凍結は非常に痛いものです．
- 溺死は，爬虫類の脳がしばらくの間働き続けるので，受け入れ難い方法です．
- 斬首は，脳がその後最高1時間機能し続けることがあるので，容認できません．
- 頸椎脱臼も同じ理由から，受け入れられません．
- 脊髄切断（pithing）によって殺すことをしない，麻酔の過剰量．（"pithing"は麻酔した動物の

脊髄を破壊すること.)

受け入れることができる方法は:
- ペントバルビツール酸塩の静脈内過剰投与.
- ペントバルビツール酸塩の骨髄内過剰投与.
- 麻酔下の動物にペントバルビツール酸塩心腔内過剰投与.
- 瞬間的でかつ完全な脳破壊を引き起こすのに十分な,頭蓋への衝撃(例えば,射撃,家畜銃あるいは鈍器).

爬虫類が死んでいることを確認するために,刺激に反応しないことを確かめ,そのうえに脳脊髄を穿刺(物理的破壊)してください.

リリース

生息地が適切であるなら,すべての爬虫類を発見場所にリリースしてください.特に,ヨーロッパヤマカガシは水辺に住む傾向がありますが,庭の池でなくて,小川や小河川付近にリリースしましょう.

ヨーロッパナメラとスナカナヘビは非常に珍しいので,すべての傷病動物は確実に同種の仲間のいるところにリリースしなければなりません.英国自然保護機構(付録7)から助言が得られます.

外来種

多くの人がペットとしてエキゾチックの爬虫類を購入すればするだけ,多くの爬虫類が歓迎されないほど大きくなって捨てられたり,あるいは実際に田舎へ逃げ出す爬虫類もますます多くなっています.これらペットの逃亡者は,輸入された商品に紛れて発見される爬虫類とともに,以前よりもっと頻繁に動物福祉団体やリハビリテーション活動グループに持ち込まれています.

それらには最初,応急手当と輸液療法を必要とするでしょう.保護された爬虫類はいつも温める必要があり,いったん安定したら,25〜30℃の推奨最適温度帯(POTZ)で飼育しましょう.

エキゾチックの爬虫類はリリースしてはいけないので,ずっと飼育するか,あるいは動物園や爬虫類愛好家に引き取ってもらわなければなりません.

法　　令

飼育されている爬虫類は「動物福祉法1911」によって保護されています.

クサリヘビ科のメンバーであるヨーロッパクサリヘビは危険な野生動物として分類されています.このヘビを飼育することは「危険野生動物法1976」のもとで許可証を必要とします.この許可書は地方自治体から得ることができます.

パートⅡ:両生類

在来種:
- **カエル類**:トノサマガエル(*Rana temporaria*)
- **ヒキガエル類**:ヨーロッパヒキガエル(*Bufo bufo*)とナッタージャックヒキガエル(*B. calamita*)
- **イモリ類**:ホクオウクシイモリ(*Triturus cristatus*),スベイモリ(オビイモリ)(*T. vulgaris*)とヒラユビイモリ(*T. helveticus*)

外来種:

プールガエル(*R. lessonae*),ワライガエル(*R. ridibunda*),食用ガエル(プールガエルとワライガエルの交雑種)(*R. esculenta*),ヨーロッパアマガエル(*Hyla arborea*)とウシガエル(日本の食用ガエル,*R. catesbeiana*).

博　物　学

両生類が繁殖するには水を必要とします.春にはいつもの水辺に戻りますが,他の時期には陸地で過ごします.

カエルやヒキガエルの交尾は抱接と呼ばれ,握力で雌にしがみつきます.雄はガッチリつかむために前足に黒いパッド(隆起)が発達しています(婚礼パッド).雄のヒキガエルに触れるとガーガー鳴きます.もしかすると他の雄に自分が雄であることを知らせるためになのかもしれません.

アマガエルは塊状の卵を産みます.ヒキガエルは紐状の卵塊,イモリは水草の葉の裏に1個1

個産み付けます．それらはすべてオタマジャクシの段階を経て，次に成体に変態します．

たとえ溜まり水のようなものがないとしても，すべての種をよく庭で見かけます．ヒキガエルは，庭の親しい住民になるでしょう．それぞれのヒキガエルは自分専用の岩の下で生活し，種々の無脊椎動物を捕らえようと穴から出てきます．

英国の両生類は習慣的に単純な冬眠をします．通常，冬眠は陸地で，岩の下や地中に潜ります．カエルはよく池の底の泥の中で越冬することがあります．

器具類，取扱い，救出，そして輸送

両生類が飼育するときは，ガラスやプラスチックのテラリウムや水槽で飼育してください．水の中ばかりでなく，乾いた陸の部分にも上がれるようにしましょう．

両生類は湿潤で，物質透過性の高い皮膚をもっていて，乾燥した汚い手で持ち上げることによって，損傷を与えます．取り扱う前に，石けんや洗剤を使わないで，水だけで徹底的に手を洗って，手をぬれたままにしておいてください．タルクの付いていないビニールの手袋の方がもっと良いです．

輸送のためには，涼しくて，換気できる，防水の箱を準備してください．カエルを湿った草木や清潔な湿ったスポンジの上に置きます．オタマジャクシは水に浸して搬送しましょう．

ほとんどの救護は庭での事故ですが，イモリは，思いもよらない場所での冬眠中に発見されます．

毎春，ヒキガエルは数世紀に亘って使われてきた同じルートを通って，繁殖池に移動します．不幸にも，多くのルートが交通量の激しい道路と交差しています．それで，何百匹ものヒキガエルがそこで死ぬか，体が不自由になります．ヒキガエルは，保護のため結成されたボランティア団体によって救護されたり，道路を横切る手伝いをしてもらっています．この現象は春雨の数夜だけ続きます．

両生類に共通の病気

両生類の集団に感染する病気についてほとんど知られていません．実際には，これまでの数年にわたって，大量のカエルを殺す動物流行病の研究が毎年行われています．あらゆる大量死をFroglife（付録7参照）に記録しましょう．このFroglifeは，英国の爬虫・両生類相の出来事を記録し，維持管理しています．

以下に述べるような病気はよく知られていて，何年間もみられています．

カエルの赤足病

赤足病は *Aeromonas hydrophila* によって起こるカエル共通の細菌感染症です．後ろ足の甲や裏に赤い病変がみられるため，「赤足病」として知られています．末期的神経症状，けいれんや嘔吐を示す中，原因が明らかにされることなく，多くのカエルが死んでいるのが時々発見されます．

Aeromonas hydrophila はカエルの正常細菌叢のようなので，その細菌の分離は確定診断になりません（Williams，1991）．この菌は強い伝染性があって，池のカエルすべてを殺すでしょう．生き残っているカエルをきれいな水に移動し，池の水や中身を入れ換えることによって，残ったカエルを救うことができます．飼育下では，薄い塩水（0.6％）を消毒に用いることができます．

「足が赤くなる病気」は他の病気の症状としても記載されていて，獣医師は鑑別診断のため調べたいかもしれません．

カエルのイリドウイルス様病原体

1993年カエルの大量死が中央獣医学研究所に報告されました．検査した17の死体のうち，16匹にイリドウイルス様微粒子が発見されました．これがヨーロッパアカガエルからの最初の報告です（Druryら，1995）．

前と同じように，この自然界での死を参考としてFroglife（付録7）に報告しましょう．

食塩中毒

ヒキガエルは移動の旅の途中で，凍結防止のために，新たに塩がまかれた道路を渡ります．Madingley のボランティアの救護チーム Cambs は，赤味がかった皮膚の変色や方向感覚喪失で苦しんでいるカエルについて報告しました．その結果，カエルは時々つまずいて，道路に顎を打つようになります．きれいな水で洗うことによって，病気になったカエルの大部分が回復しましたが，最もひどく塩に塗れた 19 匹は死にました (Foster, 1997)．

水　症

水症とは背部リンパ嚢や時には体腔にリンパ液が溜まることをいいます．Williams (1991) によれば病因は分かっていませんが，液体は吸引除去後にも再び貯まります．この状態は無尾類（尾のないカエル類やヒキガエル類）で報告されていますが，著者は有尾類（尾をもつの意）の一種，スベリイモリで類似の状態を見ています．

皮下気腫

カエルが空気で膨れあがって，泳げなくなっていることが報告されています（カラー写真 44）．原因は分かっていません．細い針を付けた注射器で空気を吸引できます．よく再発しますが，やがて正常に戻るカエルもあります．

両生類に共通の出来事

庭での事故

庭での事故は傷病両生類，特にカエルで最も多い原因です．カエルは長い草に座っている習癖をもっているので，芝刈り機や草刈り機に巻き込まれます．

イモリは舗装用敷石や小屋の下のように乾燥した場所で発見されます．人々は，イモリは水の中にいるものと思っていますが，他の両生類同様，繁殖後に，年の大部分，冬眠の間は陸に上がって来ます．

交通事故

何百匹というヒキガエルが毎年，道路を横切る移住の旅の途中で殺されます．しかし，何匹かはなんとか生き残り，よく拾われて，介護のために連れて来られます．

猫の攻撃

家猫は，他の動物と比べてあまり両生類を捕食するとは思えません．多分，ヒキガエルが皮膚から，著しく不愉快な気分にする，ひどい味の物質を分泌する苦い経験をしている家猫もいることでしょう．しかし，カエルとイモリが猫に捕まって，時々生きたまま救護され，看護のため連れてこられます．

両生類に共通の外傷

両生類を取り扱うときは，湿ったスポンジや湿った布の上に置いてください．両生類に使う水道水はすべて，使用 24 時間前に汲み置きすることによって，カルキを抜いてください (Gibbons, 2000)．

皮膚の裂傷

カエルは庭で事故に巻き込まれて，通常皮膚の裂傷を負います．皮膚の裂傷はよく，足の骨折や軟部組織の損傷を伴います（カラー写真 45）．それらは 4.0 〜 6.0 号の角針付き吸収性縫合糸で縫合できます (Vicryl, Ethicon)．

カエルの皮膚は縫い合わせることに案外手こずります．カエルの皮膚は特に滑りやすくて，押さえることが難しいのです．縫合するためには，カエルを麻酔することが最良です．両生類に使用される最も簡単な麻酔薬はトリカインメシル酸 (MS222, Thomson and Joseph) です．MS222 を 25 〜 1000g/l の濃度に水に溶かします．カエルは鼻孔を出して溶液の中に浸けます．カエルを観察し，脱力したらすぐに溶液から上げて，冷たくて湿ったスポンジの上に置きましょう．カエルの

上から酸素を含んだ水を注ぐことで麻酔深度を浅くしたり，逆に麻酔液を時折注ぐことによって麻酔深度を維持することができます．MS222溶液にあまりに長時間浸けると，カエルは死んでしまいます．

裂傷による衰弱がないなら，2日後に庭の池の区域内を選んで，リリースすることができるでしょう．ヨーロッパアマガエルはうまく飼育できないので，早期にリリースすることが必須です．

骨　折

カエルとヒキガエル両方とも四肢と顎を骨折します．これらは治るのに長い時間かかりますが，四肢の骨折はVET-Lite（Runlite）副子や創外固定法，髄内ピンを含む様々な方法で固定することができます．

顎の骨折は，なるべくなら外科用のワイヤーで，縫い合わせることが必要でしょう．

切断手術を受けた両生類

- ヒキガエルの馴染みの池の周辺に単にリリースするだけで，1本の脚の損失でもうまく生きていけます．
- カエルは切断すると，うまく生き延びる可能性がそんなに高くないので，もし脚を失うようなら，人道的に殺すべきです．
- イモリは欠損した脚に替わって，新しい脚を生やすことが可能です．

無尾類の舌の外傷

カエルとヒキガエル両方とも舌をもっています．舌は口の正面に蝶番式に繋がっていて，鞭のように使って，獲物を捕えます．顎が傷つくと，舌もよく創傷を負います．傷はVicryl糸（Ethicon）を使って縫い合わせることができますが，受傷後，その動作ができなくなるかもしれません．

カエルやヒキガエルは舌が使えないと食べることができません．舌を使うことができなくなったカエルは人道的に殺してください．しかし，ヒキガエルは人の手から食べることを覚えますので，適切な環境で飼育維持することができます．

眼の外傷

カエルやヒキガエルは獲物を探すのに眼を使うばかりでなく，口から食道に食物を押し込むためにも使うのです！「指でカエルの一方の眼を押し込んでご覧なさい，その眼が頬腔内に相当突き出ることが分かります．この動きを使ってカエルは物を呑み込みます」（Marshall，1932）．

全盲の両生類は人道的に殺してください．しかし，一方の眼が機能している限り，動物はおそらく生存することができます．片側だけの眼で獲物に焦点を合わせられませんが，両生類はそれに対処するように思えます．著者は，片眼のカエルが猫に捕まえられるまでのしばらくの間，野生でうまく生きていたのを見たことがあります．その眼は口の中に突き出ていました．しかし，奇妙なことに，カエルはその眼で口の中を見ることができるので，不利な条件に対処するために，獲物を捕獲する能力を調整していました（カラー写真46）．

来院と応急手当

安　楽　死

トリアージの本来の意味は，傷病野生動物の予後が絶望的なら，人道的に殺した方が良いということです．実際には，冷血動物の安楽死について様々な問題があるために，両生類を殺すことは，爬虫類と同じくらい難しいです（前述参照）．MS222に長時間カエルやヒキガエルやイモリを浸すことで，やがて苦痛なく死ぬでしょう．

もし安楽死する両生類がたくさんいるなら，例えば，汚染や集団感染がある場合には，ベンゾカインが入った安楽死用容器に長時間入れれば，カエルに苦痛を与えることなく，必要とされる結果，すなわち安楽死をもたらすでしょう（Cooper, 2003）．

バビツール酸塩単身の過剰投与によって，両生類を安楽死させることは特に難しいです．両生類

でのバビツール酸塩の効果が一貫しないため，ガス麻酔で深く動物を麻酔して，次に心腔内か体腔内にバビツール酸塩を過量投与することが最も人道的です．

深麻酔の後に脳を破壊することは死の保証として受け入れることができますが，麻酔なしで，断頭や凍結，大後頭孔に挿入した注射針で脊髄を破壊することは現在受け入れられていません（UFAW/WSPA, 1989）．

輸液療法

アミノ酸とビタミン類（Duphalyte, Fort Dodge Animal Health）を10％加えたハルトマン液（乳酸カリンゲル液）を体重の10％，皮下に投与することができます．

抗生物質

すでに，両生類に広域スペクトルの抗生物質が使われてきましたし，これまでにもたくさんの報告があります（Bishop, 1998）．著者が使っている，明らかに副作用のない，広範囲スペクトルの抗生剤は，エンロフロキサシン（Baytril® 2.5%, Bayer）で，5〜10mg/kgを経口あるいは皮下投与します．

収容法

両生類はガラスやプラスチック水槽でうまく飼育できます．イモリはガラスを登ることができるので，通気性のある蓋は不可欠です．紫外線の照明と暗い熱源が治癒を早めるでしょう．英国原産の両生類の推奨最適温度帯（POTZ）は，爬虫類に要求される温度より低くしましょう．加温は20〜23℃より高い温度にしてはいけません．

これらは両生類ですが，必ず水の中で飼育する必要はありません．特に，ヒキガエルとイモリは乾燥した環境を好みますが，それでも水に入れる必要があります．カエルはヒキガエルやイモリよりは水棲で，大部分を水の中で過ごす傾向があります．

給餌

両生類は，生きて，動いている無脊椎動物の獲物だけしか食べないでしょう．ミルワーム，ブドウムシ，コオロギ，アカムシ，清潔なウジなどの生きている虫が大抵のペットショップで手に入ります．両生類に食べさせるために，生餌を冷蔵庫に15分間冷やして，動きを鈍らせてください．それから，カルシウム/リンの添加物（Mealworm あるいは Cricket Diet Calci-Paste, IZVG；Nutrobal, Vetark Animal Health）をまぶし，両生類のそばに置きます．虫が暖まると動きだすので，両生類は餌の動きに気づきます．

ヒキガエルは躊躇することなく，ブドウムシを食べるでしょう．イモリは小さい虫やブドウムシを食べるでしょう．カエルはコオロギや他のあらゆる食物を食べるかもしれませんが，飼育下ではおそらく食べないでしょう．

リリース

前と同じように，これらの動物，特にヒキガエルは発見された所にリリースするのが最高です．もし発見された場所が適切でないなら，泉水の周りにもリリースすることができます．

ホクオウクシイモリは今日，非常に珍しい種なので，本来の生息場所に返すべきで，ナッタージャックヒキガエルもそのようにしましょう．

外来種

アメリカアマガエルのような外来両生類が見つかっていますが，ほとんどが偶然に食料品に紛れて輸入されたものです．通常，熱帯種なので28〜32℃のPOTZが必要です．

アメリカアマガエルはガラスを登ることができるので，テラリュウムには換気の良い蓋が必要です．

小さなコオロギやハエで飼えるかもしれませんが，本当に最良の方法は，外傷のない外来両生類を動物園や愛好家に引き渡すことです．

外来種は，決して英国内にリリースしてはいけ

ません.

法　令

両生類のリハビリに関係する唯一の但し書き条項には，外来種をリリースしないことと健康なホクオウクシイモリとナッタージャックヒキガエルを捕獲したり，所有してはいけないことです.

付　録　1
コウモリ保護トラストの
コウモリ取扱いのためのガイドライン

コウモリと狂犬病の自然保護合同委員会勧告
（Mitchell-Jones & McLeish, 2004）

ワクチン接種

　英国では2匹のドーベントンコウモリでヨーロッパ・コウモリ・リッサウイルス・タイプ2（EBLV 2）の発見，同じウイルスでコウモリの研究者の死の以降（著者メモ：2004年に3例目が確認された），今ではこのウイルスが英国のコウモリに存在していると想定しなくてはいけません．生きているドーベントンコウモリの抗体の限定的検査ではもっと広く暴露されている可能性を示唆しますが，過去10年以上の環境・食糧・農村地域省（DEFRA）による斃死したコウモリの検査からは，感染は非常に低いと思われます．それでも，感染コウモリの咬傷が人の死を引き起こしているので，感染に対し適度に警戒しなければなりません．

　衛生局は，いつもコウモリを取り扱っている人は狂犬病予防注射をすることを推奨しています．研究者と管理者，定期的に病気や傷ついたコウモリを保護する人々は勿論，接触する人，すべてがこのカテゴリーに含められます．公的自然保護機構（SNCOs）やコウモリ保護トラスト（BCT）は，コウモリの研究に携わっている人すべてが，完全なワクチン接種を受け，定期的にブースター接種を受け取ることを確かにするよう促しています．ワクチン接種を受けなかった人には誰でも，コウモリを取り扱わせてはいけません．

　完全なワクチン接種を受けていても，コウモリを取り扱うとき，歯を通さない適切な手袋をすることによって，手を咬まれるのを避けましょう．どんなコウモリの咬傷でも石けんと水で完全に洗浄しましょう．そして，暴露後の治療の必要性について医師に尋ねましょう．もっと詳しい情報が，公的自然保護機構，コウモリ保護トラスト，あるいは，英国健康保護局（HPA）／スコットランド伝染病と環境衛生センター（SCIEH）から入手用可能です．コウモリ保護トラストのWebサイト http://www.bats.org.uk/helpline/helpline_learn_rabies.osp が最新情報を提供しています．

落下しているコウモリを発見する人

　人々が落下したコウモリを取り扱わないように助言しましょう．衛生局からのアドバイスというのは，コウモリに触ったり，拾い上げないなら危険はないということです．コウモリの研究者がそれらのコウモリを調べたり，もし適切なら，それを回収することは可能であるかもしれません．もしコウモリに，説明が付かないような異常行動あるいは攻撃行動がみられるなら，地元の動物衛生局（マン島とチャンネル諸島あるいは北アイルランド，アイルランド共和国でそれに相当する機関）に連絡を取りましょう．野生動物とそれを取り扱った経験のない人，共に危険があることは覚えておきましょう．

　コウモリの研究者は，コウモリが誰かを咬んだかどうかをはっきりさせましょう．もし咬んだのなら，コウモリを後で調べることができるように，

箱（ボール紙の落としぶたの付いた箱）の中に歯の通らない厚地の手袋，あるいは厚地の布を使ってコウモリを集めるよう発見者に促すようにしましょう（著者注：すべてのコウモリは一般人ではなく，ワクチン接種した，経験豊かな人が集めてほしいものです）．

もしコウモリが人を咬んだか，あるいは咬んだかもしれないなら，即刻医師のアドバイスを求めるように助言しましょう．もし可能なら，評価のためにコウモリを捕まえておきましょう．そして，危険度によっては安楽死しましょう．医師や一般開業医と討議後，非常に効果的と思われる暴露後治療を考慮しましょう．HPA（tel：020 8200 4400）あるいは SCIEH（tel：0141 300 1100）が危険の査定をアドバイスできる医者や危険度を評価できる人を紹介できます．

コウモリ保護トラストはすべての家畜衛生試験所（AHDOs）やそれらと同等の試験所のリストを持っており，適切な衛生試験所を知ることができます．家畜衛生試験所のリストは http://www.defra.gov.uk/corporate/contracts/adho.htm で見つけることができます．

中央獣医学研究所へのコウモリの新鮮死体の提出

狂犬病の調査を促進するために，

- 死んだコウモリを即座に第一種郵便で中央獣医学研究所（VLA）に郵送しましょう（ただし金曜日以外）．もし郵送するのが遅れるようなら，コウモリを収集し，郵送できるまで，冷蔵庫（4〜6℃）に保存しください．狂犬病関連ウイルスは冷凍したもの，あるいは腐敗しているものからも分離することができますが，そのチャンスは新鮮な冷凍していない試料で高くなります．
- もし安楽死が合意できるなら，獣医師により少量のバビツール酸塩の腹腔注射で行うことができます（著者注：腹腔注射をする前に，なるべくコウモリを麻酔しましょう）．もし設備があるなら，ガス麻酔を使うことができます．他にも方法がありますが，皮膚や頭蓋骨を壊すのは避けるべきです．
- 詳細な発見日時，場所と状況をサンプルに付けましょう．もしその動物に狂犬病の疑いがあれば，コウモリを急送する前に，あなた住む地方の動物衛生試験所に電話をしてください．
- 梱包は，病理試料のための郵便規則に従わなくてはなりません．すなわち，死体はしっかり封をされた容器に入れ，吸水性の材料によって包みましょう．これをしっかりと封じ込め，頑丈な封筒やクッション封筒に入れましょう．それには，「病理試料：ワレモノ，取扱注意」と記し，第一種郵便物で中央獣医学研究所に送らねばなりません．住所の後に，大きく，赤い字で「R」と明確に記しましょう．適切な支払済みの封筒，輸送表と試料入れ用の筒がコウモリ保護トラストから無料で手に入ります．
- その荷物は，中央獣医学研究所狂犬病診断部（New Haw, Addlestone, Surrey, KT15 3NB）に送りましょう．いくつかのコウモリ保護グループが中央獣医学研究所への搬送のためのコウモリの収集に関して，地方の動物衛生試験所の獣医師官と取り決めをしています．
- 他の国のように，中央獣医学研究所に提出されたすべてのコウモリの同定を専門家が行います．そして，確認後，その材料をわが国の国立博物館の1つに送ります（たいていリバプールか，エジンバラに）．

コウモリを飼育する

コウモリは，コウモリ保護トラストのガイドラインのとおりに飼育しましょう．

環境・食糧・農村地域省は，必要な治療と看護をした後のコウモリが健康な状態になれば，すぐにリリースしても安全であるとしています．

飼育下で死んだすべてのコウモリは，速やかに中央獣医学研究所に提出しましょう．

付　録　2
英国ダイバーズ海洋生物救援(BDMLR)による クジラ類の座礁に対応するためのガイドライン

クジラ類の座礁の最初の対応はここに電話することです．（クジラ座礁ホットライン 01825 765546）

詳細な説明

- 種，大きさと数（もし種が分からなければ，大きさと外貌）．
- 報告者の詳細（報告者，連絡先電話番号）．
- 正確な位置（近郊の町，浜の名前，浜の位置，浜へ近づく方法）．
- 現場の状態（天候，海の状態，潮の状態，障害物の程度）．
- クジラの状態（生死，呼吸数，外傷，皮膚の状態，腰部筋肉や頸が明らかに水に浸かっているか，見つけてからの時間）．
- クジラの境遇（日差しの中か，物陰か，打ち寄せる波の中か，波より体が出ているか，下は岩場か，砂利浜か，砂浜か）．
- 離礁させようとあらゆる試みをしたか（もしそうなら，その方法と時間）．

アドバイス

- 動物を起き上がった状態で支え，胸びれのしたに溝を掘ってください．
- 濡れたシートかタオル（海藻でも）で動物を覆い，水を噴霧するか，かけることにより湿った状態を保ってください．

注意：クジラの噴気孔を覆ってはいけません．また，噴気孔に水や砂を入れないように注意しましょう．

- あらゆる接触，騒音，混乱すべて，最低限に保ちましょう．

Marine Mammal Medic Handbook（Barnett, Knight & Stevens, 2004）から許可を得て記載．

付　録　3
「野生生物と田園保護法1981」付表4の鳥類（2004年3月現在）

一般名	学　名
Bunting, Cirl（ノドグロアオジ）	*Emberiza cirlus*
Bunting, Lapland（ツメナガホオジロ）	*Calcarius lapponicus*
Bunting, Snow（ユキホオジロ）	*Plectrophenax nivalis*
Buzzard, Honey（ハチクマ）	*Pernis apivorus*
Eagle, Adalbert's（ヒメカタジロワシ）	*Aquila adalberti*
Eagle, Golden（イヌワシ）	*Aquila chrysaetos*
Eagle, Great Philippine（フィリピンワシ）	*Pithecophaga jefferyi*
Eagle, Imperial（カタジロワシ）	*Aquila heliaca*
Eagle, New Guinea（パプアオウギワシ）	*Harpyopsis novaehuineae*
Eagle, White-tailed（オジロワシ）	*Haliaeetus albicilla*
Chough（ベニハシガラス）	*Pyrrhocorax pyrrhocorax*
Crossbills (all species)（イスカ類）	*Loxia* spp.
Falcon, Barbary（バーバリーハヤブサ）	*Falco pelegrinoides*
Falcon, Gyr（シロハヤブサ）	*Falco rusticolus*
Falcon, Peregrine（ハヤブサ）	*Falco peregrinus*
Fieldfare（ノハラツグミ）	*Turdus pilaris*
Firecrest（マミジロキクイタダキ）	*Regulus ignicapillus*
Fish-Eagle, Madagascar（マダガスカルウミワシ）	*Haliaeetus vociferoides*
Forest-falcon, Plumbeous（ハイイロモリハヤブサ）	*Micrastur plumbeus*
Goshawk（オオタカ）	*Accipiter gentilis*
Harrier, Hen（ハイイロチュウヒ）	*Circus cyaneus*
Harrier, Marsh（ヨーロッパチュウヒ）	*Circus aeruginosus*
Harrier, Montagu's（ヒメハイイロチュウヒ）	*Circus pygargus*
Hawk, Galapagos（ガラパゴスノスリ）	*Buteo galapagoensis*
Hawk, Grey-backed（ヒメアオノスリ）	*Leucopternis occidentalla*
Hawk, Hawaiian（ハワイノスリ）	*Buteo solitarius*
Hawk, Ridgway's（ヒスパニオラノスリ）	*Buteo ridgwayi*
Hawk, White-necked（シロエリノスリ）	*Leucopternis lacernulata*
Hawk-Eagle, Wallace's（ウォーレスクマタカ）	*Spizaetus nanus*
Hobby（チゴハヤブサ）	*Falco subbuteo*
Honey-Buzzard, Black（クロハチクマ）	*Henicopernis infuscata*
Kestrel, Lesser（ヒメチョウゲンボウ）	*Falco naumanni*
Kestrel, Mauritius（モーリシャスチョウゲンボウ）	*Falco punctatus*
Kite, Red（アカトビ）	*Milvus milvus*

Merlin（コチョウゲンボウ）	*Falco columbarius*
Oriole, Golden（ニシコウライウグイス）	*Oriolus oriolus*
Osprey（ミサゴ）	*Pandion haliaetus*
Redstart, Black（クロジョウビタキ）	*Phoenicurus ochruros*
Redwing（ワキアカツグミ）	*Turdus iliacus*
Sea-Eagle, Pallas'（キガシラウミワシ）	*Haliaeetus leucoryphus*
Sea-Eagle, Steller's（オオワシ）	*Haliaeetus pelagicus*
Serin（ベニヒタイセリン）	*Serinus serinus*
Serpent-Eagle, Andaman（アンダマンカンムリワシ）	*Spilornis elgini*
Serpent-Eagle, Madagascar（マダガスカルヘビワシ）	*Eutriorchis astur*
Serpent-Eagle, Mountain（キナバルカンムリワシ）	*Spilornis kinabaluensis*
Shorelark（ハマヒバリ）	*Eremophila alpestris*
Shrike, Red-backed（セアカモズ）	*Lanius collurio*
Sparrowhawk, New Britain（シロハラツミ）	*Accipiter brachyurus*
Sparrowhawk, Gundlach's（ズグロハイタカ）	*Accipiter gundlachii*
Sparrowhawk, Imitator（シロクロオオタカ）	*Accipiter imitator*
Sparrowhawk, small（セレベスツミ）	*Accipiter nanus*
Tit, Bearded（ヒゲガラ）	*Panurus biarmicus*
Tit, Crested（カンムリガラ）	*Parus cristatus*
Warbler, Cetti's（ヨーロッパウグイス）	*Cettia cetti*
Warbler, Dartford（オナガムシクイ）	*Sylvia undata*
Warbler, Marsh（ヌマヨシキリ）	*Acrocephalus palustris*
Warbler, Savi's（ヌマセンニュウ）	*Locustella luscinioides*
Woodlark（モリヒバリ）	*Lullula arborea*
Wryneck（アリスイ）	*Jynx torquilla*

上記リストに明記した1種類の鳥は，親や他の直系の先祖種のすべての代表を示します．

付 録 4
空気銃の使用と所有に関する法律

（射撃スポーツトラスト社によって出版されたリーフレット空気銃の法律を掲載しました）

公共の場での空気銃

　公共の場で弾を込めた空気銃を持ち歩くことは法律に反します．もしダートの弾やその類のものが空気銃の中にあるなら，激鉄を起こしてるか，否かにかかわらず，その空気銃は装てんということになります．誰がその土地を所有するかにかかわらず，そして，代金を払わなければならない場所でも，人の立ち入りが許される場所ならどこでも公共の場です．例えば公道，辻，小道，運河引き船道，公園，遊び場はすべて公共の場です．もし他人が特定の場所にいるための権利あるいは許可をもっているなら，そこは公共の場ですから，あなたはその場所で弾が装てんされた空気銃を持っていることを許されません．

空気銃と若い人々

　若い人々に当てはまる制限があります．14～17歳と14歳未満の2つの年齢グループにそれぞれ制限があります．

14～17歳の人達

　この年齢グループでは，誰も空気銃を買ったり，有料で借りたりしないでしょうが，17歳以上の人から借りたり，贈り物としてそれを受け取ることができます．もし17歳未満なら，空気銃と弾薬も17歳以上の人が買わなくてはなりません．そして，その人は一般に親や保護者であるべきです．

　この年齢グループの誰もが自らが立ち入る権利をもっている私有地では，監督者なしで空気銃を使うことができます．2つの例外以外，誰も公共の場で空気銃を持っていてはなりません．例外とは，次のことです．

・ライフル射撃場，ライフルクラブあるいは射撃練習場に関連しての空気銃の使用．
・発射することができないように，しっかりと締めた銃カバーに入れていれば，その場合に限り，この年齢グループの誰もが公共の場で弾の入っていない空気銃あるいはエアライフル（ただしエア小銃を除く）を持ち込んでも構いません．

　ライフル射撃場や射撃練習場に関連する施設を除き，人前で，17歳未満の人はエア小銃を持てないということに特に注意してください．

14歳未満の人

　もし14歳未満なら，空気銃を使う制限は本当にとても厳格です．成人と14～17歳のグループの人たちに当てはまるすべての制限は彼らに当てはまりますし，それに加えて多くの制限があります．

　彼らは空気銃や弾を買ったり，借りたりしてはいけません．そして，空気銃を贈り物として受けとってもいけません．もし誰かが14歳未満の人に空気銃をプレゼントするか，あるいは売ったら，保護者は常時銃をコントロールし続けなくてはな

らず，子供が自由に銃を使うのを許してはいけません．ただし，保護者の監督のもとで子供に銃の使用を許すことはできます．もし子供が14歳未満なら，2つの特別な状態のときだけ，銃はあなたの所有で一時的に子供が空気銃と弾を持つことが許されます．

- 公認のライフルクラブとして，学生軍事訓練に関連して，または射撃練習場にいるとき．
- あなたが21歳以上の人の監督下にいて，権利をもっている私的な家屋にいるとき，あなたは一時的に空気銃を持つことができますし，それを使うことができます．もし弾がこれらの家屋の外へ，ほかの人の不動産に飛んで行くなら，子供も監督責任のある大人も法廷に連れて行かれるかもしれません．
- もし空気銃がしっかりと締められた銃カバーに入っていて，21歳以上の人の監督下なら，あなたは公共の場でも空気銃あるいはエアライフル（ただしエア小銃を除く）を運ぶことができます．

実際には，自分自身の家の中でさえ14歳未満の人が自分自身の空気銃を手にするときはいつも，21歳以上の人によって監督されなくてはなりません．

公　　道

もし武器を発射することによって迷惑行為を起こすなら，すべての公道の中心から50フィート内でのあらゆる武器の使用は犯罪です．路上の人々を狼狽させるために空気銃を使う人は，道路に近い自分の所有地内でこの犯行を行うでしょう．

鳥の保護

ほとんどの鳥が法律によって完全に守られます．よく害鳥と呼ばれる鳥は，誰でも，いつでも殺すことができると思われています．そうではありません．害鳥と見なされる鳥（スズメ，ムクドリなど）はただ法律上認定者と呼ばれる人だけに殺すことが許されます．認定者とは土地を所有する人，あるいは害鳥を撃つ許可をもっている人です．不法侵入者や公共の場でもそのような鳥に発砲する人は，許可を受けた人でなければ，銃火器所持取締法上の，鳥を殺すことや野鳥を殺そうとすることで，罪を犯すことになるでしょう．

小　　銃

どんな銃も重大な問題です．安全にカバーされていなければ，公共の場でどんな小銃を持つことも通常犯罪です．たとえそれが安全に収納され，明らかに罪がない目的のためにでも，空気銃以外の小銃の所持は正当に警察に通報することができるでしょう．土地の所有者の許可なしに，その地所内，あるいはその上で武器を発射する人は誰もが有罪ですから，間違いなく警察に通報しましょう．

無許可の空気銃以外の武器は，間違いなく警察によって扱われるべきです．石弓，弓矢，さらに大きいパチンコのような武器でも，同じぐらい危険でしょう．もし人が危険な武器を使っているか，あるいはそうする可能性が高く思えるなら，警察に電話をして，公共の場に武装した人がいると言ってください．警察は迅速にあなたがその状況に対処するのを手伝うでしょう．

付　録　5
中央獣医学研究所へのコウモリサンプルに同封する記録用紙（推奨版）

付録3からAHC/96
環境・食糧・農村地域省
スコットランド農水省
ウェールズ省農務省

```
研究使用のみ

R/
コウモリ
記録データ
```

狂犬病検査のためのコウモリのサンプル

　　　　提出オフィス

1. 　種，年齢と性別：
2. 　発見した日付と時間
3. 　死亡日時　　　　　　　　　　　　自然死か殺処分か
　　（もし分からなければ推定日時）

4. 　場所（もし可能であるなら，地図など）
5. 　発見した状況
6. 　症　状
7. 　全般的状態
8. 　動物や人が咬まれたり，引っかかれた詳細な状況

サイン　　　　　　　　　　　　　年　月　日

右にお送りください：　　　　中央獣医学研究所
　　　　　　　　　　　　　　狂犬病診断部
　　　　　　　　　　　　　　New Haw
　　　　　　　　　　　　　　Addlestone
　　　　　　　　　　　　　　Surrey KT15 3NB 電話：019323 41111
　　　　　　　　　　　　　　写し送付先：VA（Rabies）Tolworth TJ and VA Pentland House
　　　　　　　　　　　　　　あるいは，もし適切なら Cathays Park

BAT 1（Rev. 1996）

付録 6
厳選されたリハビリテーションのための必需品と納入業者（英国の）

Avian bone splints; intraosseous needles
   Cook Veterinary Products, Cook (UK) Ltd, Monroe House, Letchworth, Herts SG6 1LN

Baby bird cages (2685 Chinchilla/Ferret Cage Small)
   Pet Planet, 10 Lindsey Square, Deans Industrial Estate, Livingston EH54 8RL

Bat detectors; bat boxes – woodcrete
   Alana Ecology Ltd, The Old Primary School, Church Street, Bishop's Castle, Shropshire, SY9 5AE

Brinsea TLC-4M Intensive Care Unit
   Brinsea Products Ltd, Station Road, Sandford, N. Somerset, BS25 5RA

Catching equipment
   MDC Products Ltd, Unit 11, Titan Court, Luton, Beds, LU4 8EF

Esbilac (Pet Ag)
   Perky Pet Foods, 1 Moorland Way, Lincoln, LN6 7JW.

Fencing pliers (Crescent 1936 Heavy Duty Fence Tool)
   Tool-Up Ltd, 22 Longman Drive, Inverness, IV1 1SU www.tool-up.co.uk

General rehabilitation supplies
   Wildlife Hospital Trading Ltd, Aston Road, Haddenham, Bucks, HP17 8AF Tel: 01944 292292

Hagen Products
   Available from pet stores

Humane squirrel traps
   Okasan Ltd, 6 Stake Lane, Farnborough, Hants, GU14 8NP

Materials handling products for swan pens and flooring
   Powell Mail Order Ltd, Unit 1 Heol Aur, Dafen Industrial Park, Llanelli, SA14 8QN

Mealworms; waxworms; crickets; additives
   The Mealworm Co. Ltd, Houghton Road, North Anston Trading Estate, Sheffield, S25 4JJ

Metal heat mats
   Net-Tex Ltd, Priestwood, Harvel, Nr Meopham, Kent, DA13 0DA

Nutrobal; Avipro
   Vetark Animal Health, PO Box 60, Winchester, SO23 9XN

O'Tom tick lifter
   Pet stores and veterinary suppliers

Pet Breeder Nutri Drops; puppy colostrums; kitten colostrums
   Pet Nap, 4 Hartham Lane, Biddestone, Chippenham, Wilts, SN14 7EA

Pigeon harnesses, artificial eggs and other equipment
   Boddy & Ridewood, Thornburgh Road, Eastfield, Scarborough, Yorkshire YO11 3UY

Plastic bird rings
   AC Hughes Ltd, 1 High Street, Hampton Hill, Middx, TW12 1NA

Poly-Aid
   The Birdcare Company, Unit 9, Spring Mill Industrial Estate, Avening Road, Nailsworth, Glos. GL6 0BU

Prosecto dried insects; most bird seeds
   John E Haith, Park Street, Cleethorpes, Lincs, DN35 7NF

Skeletons
   John Dunlop Osteological Supplies, 12 Tideway, Littlehampton, West Sussex, BN17 6QT

Small animal ventilator SAV03
   Vetronic Services Ltd, 35 Sutton Close, Watcombe, Torquay, Devon, TQ2 8LL

Stainless steel kennels
   ShorLine Ltd, Unit 39a/39b, Vale Business Park, Llandow, Cowbridge, South Glamorgan, CF71 7PF

Swan bags
   Ratsey & Lapthorn, 42 Medina Road, Cowes, Isle of Wight, PO31 7BY

Trigene
   MediChem International, PO Box 237, Sevenoaks Kent TN16 0ZJ

Ultraviolet lights (Power-Sun)
   B.J. Herp Supplies, Purlands Farm, Bridport Road, Dorchester, Dorset, DT2 9

Wahl Micro Clippers
   Wahl (UK) Ltd, Herne Bay Trade Park, Sea Street, Herne Bay, Kent CT6 8JZ

Wallaby nets
   Rob Harvey, Kookaburra House, Gravel Hill, Holt Pound, Farnham, Surrey GU10 4LG

付　録　7
野生動物リハビリテーションに役立つ住所録（英国の）

Bat Conservation Trust
15 Cloisters House, 8 Battersea Park Road, London, SW8 4BG

British Divers Marine Life Rescue
Lime House, Regency Close, Uckfield, Sussex, TW22 1DS
Strandings Hotline Tel: 01825 765546

Countryside Council for Wales
Plas Penrhos, Ffordd Penrhos, Bangor, Gwynnedd, LL57 2LQ

Department for the Environment, Food and Rural Affairs (DEFRA)
Zone 1/17, Temple Quay House, 2 The Square, Temple Quay, Bristol, BS1 6EB

Department for the Environment, Food and Rural Affairs (DEFRA) Wildlife Incident Unit
Central Science Laboratory, Sand Hutton, York, YO4 1LZ
Poisons Hotline Tel: 0800 321600

English Nature
Northminster House, Peterborough, PE1 1HA

Environment Agency
Rio House, Waterside Drive, Aztec West, Almondsbury, Bristol, BS32 4HD
Emergency Hotline Tel: 0800 807060

European Wildlife Rehabilitation Association
c/o Wildlife Hospital Trust, Aston Road, Haddenham, Bucks, HP17 8AF

Froglife
Mansion House, 27/28 Market Place, Halesworth, Suffolk IP19 9AY

Institute of Zoology
Regents Park, London, NW1 4RY

International Zoo Veterinary Group
Keighley Business Centre, South Street, Keighley, West Yorks, BD21 1AG

Dr A. Kitchener, National Museum of Scotland
Chambers Street, Edinburgh, EH1 1JF

National Federation of Badger Groups
15 Cloisters House, 8 Battersea Park Road, London, SW8 4BG

Operation Chough
Paradise Park, Hayle, Cornwall, TR27 4HY

St Tiggywinkles, Wildlife Hospital Trust
Aston Road, Haddenham, Bucks, HP17 8AF
E-mail: mail@tiggywinkles.org.uk
Website: http://www.tiggywinkles.com

South Devon Seabird Trust
24 Ashley Way, Teignmouth, Devon, TQ14 8QS

Swan Sanctuary
Field View, Pooley Green, Egham, Surrey, TW20 8AT
Tel: 01784 431667

The Mammal Society
2b Inworth Street, London, SW11 3EP

Veterinary Poisons Information Service
Medical Toxicology Unit, Avonley Road, London, SE14 5ER
Tel: 0207 635 9195
Fax: 0207 771 5309
or
The General Infirmary, Great George Street, Leeds, LS1 3EX
Tel: 0113 245 0530
Fax: 0113 244 5849

付　録　8
油汚染カワウソの
リハビリテーション法

Dr. John Lewis, MA. Vet. MB, PhD, MRCVS が1993年1月のBraer号重油流出事故の対応のために策定した．

（1）到着時の評価

その動物が死の間際なら，ペントバルビツールで安楽死させてください．

その動物がおとなか，幼獣か，離乳しているかそうでないか，虚脱しているか，意識はあるか，そして，油汚染の程度が重度か，中等度か，軽度か判断してください．

1kg以下の動物は完全離乳しているとは思えません．

（2）軽く油汚染した意識のある動物

すぐに応急処置あるいは支持療法をしてください．この処置や治療はカワウソ救急用収容箱（クラシュボックス）を使って行いましょう．もし，鎮静が必要なら，ジアゼパム0.5～1mg/kgを投与してください．

丁寧に加温しましょう．

もしできるなら，ハルトマン液10～20ml/kgを静脈内投与するか，皮下投与しましょう．

メチルプレドニゾロン30mg/kgを有効な方法で投与しましょう．

投与する他の薬は，
・注射用総合ビタミン剤
・持続性アモキシシリン0.1mg/kgの静脈内投与か皮下投与
・ビタミンEとセレン酸（Dystosel, Intervet）0.5mlの皮下投与か筋肉内投与
・注射用ビタミンK 5mg/kg

（3）暖かく，乾燥して，静かな状態で最低24時間安静にさせてください

水と再水和液（Lactade, Pfizer）を与えてください．

この時点で餌を提供できますが，必須ではありません．

加熱し過ぎないように．カワウソは過剰な熱を放出するのが苦手です．

（4）油除去の準備

油を除去する過程で必要な物すべてを準備してください．鎮静あるいは麻酔をする時間を最短にすることが必須です．この準備には，洗浄設備が利用可能で，暖かく，清潔であるかをチェックすることが入ります．注射類が整っていること．輸液が暖まっていること．洗浄する3人が準備できていること．

（5）鎮静と麻酔

小さいカワウソや衰弱したカワウソはジアゼパム（Valium）1～2mg/kgを用いる軽い鎮静で取り扱うことができるでしょう．

油汚染が軽いカワウソのほとんどが洗浄のための麻酔を必要とするようです．麻酔使用の場合，好んで用いられるものとしては，
・ゾラゼパムとチレタミン混合液（Zoletil,

Virbac）10〜20mg/kg の皮下または筋肉内投与が好ましい薬です．用量を上げると，より深く，長い麻酔効果が得られます．
- メデトメジン（Domitor®, Pfizer Animal Health）150μg/kg と塩酸ケタミン 10mg/kg を1つの注射器で混合して，皮下または筋肉内に投与できます．メデトメジンはアチパメゾール（Antisedan®, Pfizer Animal Health）で解毒できます．
- 塩酸キシラジン（Rompun, Bayer）2mg/kg と塩酸ケタミン 10mg/kg も同じ注射器に混合し，筋肉内に投与しましょう．
- 塩酸ケタミン 10mg/kg とジアゼパム 1〜2mg/kg の筋肉内注射．

これらすべての薬はクラッシュボックス内で投与することができます．もし洗浄工程が非常に長い時間がかかりそうなら，そのカワウソに挿管し，イソフルレン／酸素麻酔で維持しましょう．しかし，動物を洗浄する間麻酔を管理するのが難しいでしょうから，動物看護師によってのみ行いましょう．

麻酔や鎮静がかかったらすぐに，角膜を保護するために眼軟膏を眼に注しましょう．

（6）検査を通して

麻酔の間，ずっと心拍数や呼吸数を，可能なときは直腸温をモニターしてください．
- 直腸温：この種では 37.5〜38.9℃（99.5〜102 °F）が正常だと思われます．
- 脈拍と呼吸数に注意してください．
- 心音や呼吸音を聴取してください．粘膜の色や脈拍の質や脱水の程度をチェックしてください．
- 口を検査してください．もし内視鏡が使えるなら，胃の中を検査してください．
- 体の他の部位を検査してください．つまり，全身状態，油汚染の状態，四肢，尾，外部性器などです．
- 採血をしてください（通常頸静脈が最も簡単です）．血液学的検査と血液化学的検査が望ましいです．
- 予備の血清は保存し，二酸化炭素分析に出しましょう．
- 体重を量ってください．
- 暖めたハルトマン液 10ml/kg を皮下に投与してください．重度に脱水したカワウソにはもっと多い量が必要です．
- 血糖値が低いなら，50％ブドウ糖を 0.5〜1ml ゆっくり静注してください．
- ラウリン酸ナンドロロン（Laurabolin, Intervet）0.5ml の筋肉内投与．
- デキストラン鉄（Imposil 200）0.5mg の筋肉内投与．
- メグルミン酸フルニキシン（Finadyne Solution, Schering-Plough）1mg/kg．
- 胃カテーテルでビスマス（Pepto, Bismol）5〜10ml．

（7）暖房の効いた洗浄域への輸送

麻酔の効いている間．

（8）洗浄液による洗浄を通して

台所洗剤 Fairy Liquid（日本ではジョイ）2％液を 42℃で使用．

（9）42℃の真水による濯ぎの間

（10）乾　　燥

乾燥は最初タオルで行い，それからヘアー・ドライアーで行ってください．乾燥は洗浄室の高湿度から離れた別の部屋にしましょう．

（11）カワウソ輸送箱の移動

清潔で乾燥した干し草を敷いてください．

（12）回復のため箱に入れる

その箱を暖かくて，暗く，静かな場所に置いて，時々チェックしてください．

（13）集積囲いへ移動

囲いの上に熱源を付け，最初の5日間は絶対的必要性がなければ，清掃をしてはいけません．

（14）給　餌

餌は，カワウソの体の大きさに応じて，日に2〜3回与えましょう．固形飼料を受け付けなかったり，腸管の病気が起きていれば，最初，いわゆる魚スープ（調理法は下記に）を試みてください．

- 他の餌を食べ，腸管の問題がなくなるまで，エビ・カニを与えてはいけません．その後は，カニなど常に喜んで食べます．
- 推奨される方法で，冷凍魚は解凍しましょう（第17章参照）
- 囲いの中や人の目がある間，食べないカワウソがいます．
- 食べるだけ与えてください．体重が軽くなっていることがあるので，太らせる必要があります．
- 水は深い皿で常時飲めるようにします．遊泳用の水を与える必要はありません．

魚スープの調理法（RsemaryとJim Greenによって工夫された方法）

成　分

250g（約1/2ポンド），皮をむき，骨を除いた白身の魚〔タラ，コダラ，ホワイティング（タラの一種），ナマズなどが適当です．スプラット，サバ，ニシンのような脂がのった魚を使ってはいけません〕．

　ラクトール　大さじ2杯
　タラの肝油　大さじ1杯
　Ovigest（健康食のアミノ酸）またはDuphalyte
　　大さじ1杯

少量の水を加えで液化し，濃厚なスープの濃度に希釈します．

食品添加物

- ビタミン添加物 ― 毎日1/2錠（魚食動物用ビタミン錠剤，Mazuri Zoo FoodまたはAquavits, IZVG）
- エチルエストレノル（オバリン）― 毎日2錠（Nandoral, Intervet）
- カオリンとネオマイシン（Kaobiotic錠，Pharmacia Animal Health Ltd.）― 5kgのカワウソに1/2錠を1日2回

（15）到着時油汚染がひどい場合

持ち込まれた時点で，油の除去が必要です．衰弱しているようなら，麻酔の必要はないでしょう．あるいは，ジアゼパムによる沈静で代用できると思います．

洗浄は，定まった応急処置を完全に受け，安定するまで，待つべきです．

（16）到着時に意識がない場合

ショックや虚脱の治療法を行ってください．

静脈内輸液を体温まで温め，橈側皮静脈か頸静脈から注入しなければなりません．カワウソの皮膚は厚くて堅いので，静脈の上の皮膚を切開する必要があります．

意識喪失あるいは虚脱から蘇生させている間，常時体温をモニターしてください．当然，生じる低体温の治療は積極的でなければなりませんが，急すぎてもいけません．

（17）子　供

一般には，1kg以上のカワウソの子供はほとんど確実に離乳しています．

1kg未満のカワウソの子供はまだ，少なくとも部分的に，母乳に依存している可能性が高いのですが，通常「魚スープ」を与えることができます（前述を参照）．それらはビンから与えてもいいのですが，できるだけ早く皿から与えるようにしてください．

これに続いて，幼獣が魚をまるごと食べるまで，

最初魚のフレーク，そして次に塊を食べさせてもよいでしょう．

(18) 他のカワウソとの同居

通常，幼獣は他のカワウソと一緒のときの方がうまく行きます．
・もし3カ月未満なら，問題なく2匹を一緒にすることができます．一緒にした最初はよく観察しましょう．
・3カ月以上なら，似たような大きさのカワウソと一緒にしてみてください．そして，引き合わせたとき，慎重に見守ってください．この年齢の動物はお互いにひどい外傷を与えることができますので，致命的になるかもしれません．顔の周り，生殖器と四肢によく咬傷を負わされます．広範囲に感染が起きるまで，外傷が被毛で隠れていることがあります．

参考書籍と推薦書籍

Anon. (1994) Viral haemorrhagic disease confirmed in wild rabbits (News and Reports). *Veterinary Record*, **135**, 342.

Arent, L.R. & Martell, M. (1996) *Care and Management of Captive Raptors*. The Raptor Centre, University of Minnesota.

Baines, F.M. & Davies, R.R. (2004) Euthanasia of reptiles. *Veterinary Times*, 3 March, pp. 8–9. Veterinary Business Development Ltd, Peterborough.

Baines, F.M. & Davies, R.R. (2004) Euthanasia of reptiles. *Veterinary Times*, 15 March, pp. 12–14. Veterinary Business Development Ltd, Peterborough.

Barlow, R.M. (1986) Capture myopathy. In: *Management and Diseases of Deer* (ed. T.L. Alexander), pp. 130–1. Veterinary Deer Society, London.

Barnard, S.M. (1995) *Bats in Captivity*. Wild Ones Animal Books, Springville, CA.

Barnett, J., Knight, A. & Stevens, M. (1998) *Marine Mammal Medic Handbook*. British Divers Marine Life Rescue, Gillingham, Kent.

Barnett, J., Knight A. & Stevens M. (2004) *Marine Manual Medic Handbook*, 4th edn. British Divers Marine Life Rescue.

Bennet, R.A. & Kuzma, A.B. (1992) Fracture management in birds. *Journal of Zoo and Wildlife Medicine*, **23**(1), 5–38.

Berg, C. (2003) *Best Practices for Migratory Bird Care during Oil Spill Response*. U.S. Fish & Wildlife Service, Anchorage.

Bishop, Y. (1998) *The Veterinary Formulary*, 4th edn. Pharmaceutical Press, London.

Bourne, D. (2002) Duck plague: the Spring Menace. In: *Proceedings of the Autumn Meeting 2002 of the British Veterinary Zoological Society*, pp. 43–5.

Boydell, P. (1997) *Survey of Ocular Disease in Birds of Prey in the UK*. Proceedings of the 4th Conference of the European Committee of the Association of Avian Veterinarians, Loughborough, Leics.

Bradford, J. (2001) *Rehabilitation and Post Release Survival Rates of Guillemots*. South Devon Seabird Trust, Teignmouth.

Bray, J.P. (undated) *The Biology of Wound Healing and the Practical Care of Wounds*. Queen's Veterinary School Hospital, Cambridge.

Breed, A. & Di Concetto, S. (2002) Pododermatitis in a Great White Pelican (*Pelecanus onocrotalus*). In: *Proceedings of the Autumn Meeting 2002 of the British Veterinary Zoological Society*, pp. 72–4.

Brown, B. (1994) Bats and ectoparasites. *Bat Care News*, June 2–8.

Brown, M. (1994a) Baby bat release structure. *Bat Care News*, December 13–14.

Brown, M. (1994b) Baby bats. *Bat Care News*, June 8–9.

Brown, M. (1995) Sticky wing. *Bat Care News*, September 10–11.

Brown, M. (2003a) Baby bats. *Bat Care News*, Spring 2003, No. 29, pp. 13–16. West Yorkshire Bat Hospital, Otley, West Yorkshire.

Brown, M. (2003b) Seasonal problems – ticks. *Bat Care News*, Summer 2003, No. 30 pp. 19–20. West Yorkshire Bat Hospital, Otley, West Yorkshire.

Brown, M. (2004) Milk substitutes for baby bats. *Bat Care News* Spring 2004, No. 33, pp. 6–9. West Yorkshire Bat Hospital, Otley, West Yorkshire.

BVNA (1994–95) *Fracture Management and Bandaging for Veterinary Nurses*. British Veterinary Nursing Association, London.

Capucci, L., Nardin, A. & Lavuzza, A. (1997) Seroconversion in an industrial unit of rabbits infected with a non-pathogenic rabbit haemorrhagic disease-like virus. *Veterinary Record*, **140**, 647–50.

BVZS (2003) *Guidelines for Acceptable Methods of Euthanasia for Zoo, Exotic Pet and Wildlife species*: No. 1 Reptiles. British Veterinary Zoological Society, www.bvzs.org.

Chitty, J. (2002) Birds of prey. In: *BSAVA Manual of Exotic Pets* (eds A. Meredith & S. Rechoke), 4th edn. pp. 179–92. British Small Animal Veterinary Association, Quedgeley, Glos.

Chitty, J. (undated) The things a vet has to do. In: *You and Your Vet*, p. 17. BVA, Animal Welfare Foundation, 7 Mansfield Street, London W1G 9NQ.

Coles, B.H. (1997) *Avian Medicine and Surgery*, 2nd edn. Blackwell Science, Oxford.

Cooper, J.E. (1979) Parasites. In: *First Aid and Care of Wild Birds* (eds J.E. Cooper & J.T. Eley), pp. 140–9. David & Charles, Newton Abbot, Devon.

Cooper, J.E. (1993) Pathological studies on the barn owl. In: *Raptor Medicine*. Chiron Publications, Keighley, Yorks.

Cooper, J.E. (2003a) Reptiles, amphibians and fish. In: *BSAVA Manual of Wildlife Casualties* (eds E. Mullineaux, D. Best, J.E. Cooper), p. 273. British Small Animal Veterinary Association, Quedgeley.

Cooper, J.E. (2003b) The relevance of anatomy and physiology to the care of reptile patients. *Veterinary Times*, 18th August, p. 8. Veterinary Business Development Ltd, Peterborough.

Cooper, J.E. & Jackson, O.F. (1981) *Diseases of the Reptilia*. Academic Press, London.

Cooper, P.E. & Penaliggon, J. (1997) Use of Frontline Spray on rabbits. *Veterinary Record*, **140**, 535.

Corbet, G.B. & Harris, S. (1991) *The Handbook of British Mammals*, 3rd edn. Blackwell Scientific Publications, Oxford.

Corbett, L.K. (1979) Feeding ecology and social behaviour of wildcats (*Felis silvestris*) and domestic cats (*Felis catus*) in Scotland. PhD thesis, University of Aberdeen.

Coughlan, A.R. (1993) Secondary injury mechanisms in acute spinal cord trauma. *Journal of Small Animal Practice*, **34**, pp 117–22. British Small Animal Veterinary Association, Quedgeley, Glos.

Cousquer, G. (2002) Ophthalmological findings in free-living tawny owls (*Strix aluco*) admitted to a wildlife veterinary hospital during 2000–2001. In: *Proceedings of the Autumn Meeting 2002* (ed. V. Roberts), pp. 78–80. British Veterinary Zoological Society, London.

Cracknell, J. (2004a) Avian radiography and radiology in practice. *Veterinary Times*, 9 February 2004, pp. 6–7. Veterinary Business Development Ltd, Peterborough.

Cracknell, J. (2004b) Avian radiography and radiology in practice – Part 2. *Veterinary Times*, 16 February 2004, pp. 6–7. Veterinary Business Development Ltd, Peterborough.

Cracknell, J. (2004c) Macropods: Australia's big-footed beasties. *Veterinary Times*, 2 February 2004, pp. 8–9. Veterinary Business Development Ltd, Peterborough.

Crissey, S.D. (1998) *Handling Fish Fed to Fish Eating Mammals*. United States Department of Agriculture, Washington, DC.

Davies, P.M.C. (1981) Anatomy and physiology. In: *Diseases of the Reptilia* (eds & J.E. Cooper & O.F. Jackson), pp. 9–73. Academic Press, London.

De Herdt, P. & Devriese, L. (2000) Pigeons. In: *Avian Medicine* (eds T.N. Tully, M.P.C. Lawton & G.M. Dorrestein), pp. 312–38. Butterworth Heinemann, Oxford.

Divers, S.J. (1996) Ultraviolet lights for reptiles. *Veterinary Record*, **138**, 627–8.

Dorrestein, G.M. (2000) Nursing the sick bird. In: *Avian Medicine* (eds T.N. Tully, M.P.C. Lawton & G.M. Dorrestein), pp. 75–111. Butterworth Heinemann, Oxford.

Drury, S.E.N., Gough, R.E. & Cunningham, A.A. (1995) Isolation of an iridovirus-like agent from common frogs (*Rana temporaria*). *Veterinary Record*, **137**, 72–3.

Duff, J.P., Scott, A. & Keymer, I.F. (1996) Parapox virus infection of the grey squirrel. *Veterinary Record*, **138**, 527.

Eatwell, K. (2003) Fluid and supportive nutrition of the sick bird. *Veterinary Times*, 28 July 2003, pp. 10–11. Veterinary Business Development Ltd, Peterborough.

Evans, L. (1993) First aid wound and fracture treatment for birds. *Wildlife Rehabilitation Today*, **5**(2), 34–8.

Flecknell, P.A. (1991) Rabbits. In: *Manual of Exotic Pets* (eds P.H. Beynon & J.E. Cooper), pp. 69–81. British Small Animal Veterinary Association, Cheltenham.

Fort, T. (2003) Sorry, steak's off the menu. In: *The Times*, October 25th 2003.

Foster, J. (1997) Salty toads turn red, bump chins. *BBC Wildlife Magazine*, **15**(3), 62.

Frazer, D. (1983) *Reptiles and Amphibians in Britain*. Bloomsbury Books, London.

Frink, L. (1989) The basics of oiled bird rehabilitation. *Wildlife Rehabilitation Today*, **1**(2), 4.

Frink, L. (1993) Anatomy of an oil spill response. *Wildlife Rehabilitation Today*, **5**(2), 27–31.

Froglife (Undated) Unusual frog mortality. *Froglife Advice Sheet 7*. Froglife, Halesworth, Suffolk.

Frost, L.M. (1999) Hand-rearing orphaned or deserted neonate or young hedgehogs. In: *Proceedings of the 3rd International Hedgehog Workshop of the European Hedgehog Research Group* (ed. N. Reeve), p. 18. Roehampton Institute, London.

Frye, F.L. (1991) *Biomedical and Surgical Aspects of Captive Reptile Husbandry*, 2nd edn. Kreiger, Malabar, India.

Gallagher, J. & Nelson, J. (1979) Causes of ill health and natural death in badgers in Gloucestershire. *Veterinary Record*, **105**, 546–51.

Gibbons, P.M. (2000) Reptile and amphibian husbandry considerations for wildlife rehabilitators. In: *Selected Papers Eighteenth Annual Symposium*, March 14–18 (ed. D.R. Ludwig), pp. 3–14. National Wildlife Rehabilitators Association, Milwaukee.

Gorrel, C. (1996) Teeth trimming in rabbits and rodents. *Veterinary Record*, **139**, 528.

Goulden, S. (1995) Botulism in water birds. *Veterinary Record*, **137**, 328.

Goulding, M. (2003) *Wild Boar in Britain*. Whittet Books, Stowmarket.

Gourley, J. (undated) Repair of skin avulsion from the lower jaw of the cat. *Veterinary Times*. Veterinary Business Development Ltd, Peterborough.

Greenwood, A.G. (1979) Poisons. In: *First Aid and Care of Wild Birds* (eds J.E. Cooper & J.T. Eley), pp. 150–73. David & Charles, Newton Abbot, Devon.

Greenwood, A.G. & Barnett, K.C. (1980) The investigation of visual defects in raptors. In: *Recent Advances in the Study of Raptor Diseases* (eds J.E. Cooper & A.G. Greenwood), pp. 131–5. Chiron Publications, Keighley, Yorks.

Gregory, M.W. & Stocker, L.R. (1991) Hedgehogs. In: *Manual of Exotic Pets* (eds P.H. Beynon & J.E. Cooper), pp. 63–8. British Small Animal Veterinary Association, Cheltenham, Glos.

Gregory, R.D., Wilkinson, N.I., Robinson, J.A., et al. (2002) The population status of birds in the United Kingdom, Channel Islands and Isle of Man: an analysis of conservation concern 2002–2007. *British Birds*, **95**, pp. 410–50.

Greig, A., Stevenson, K., Percy V., Pirie, A.A., Grant, J.M. & Sharp, J.M. (1997) Paratuberculosis in wild rabbits. *Veterinary Record*, **140**, 141–3.

Griffiths, R.A. & Langton, T. (1998) Catching and handling of reptiles. In: *Herpetofauna Workers' Manual* (eds J. Gent & S. Gibson), pp. 33–43. Joint Nature Conservation Committee, Peterborough, Cambs.

Hall, E.D. (1992) The neuroprotective pharmacology of methyl prednisolone. *Journal of Neurosurgery* **76**, 13–22.

Harcourt-Brown, F. (1998) Pet rabbits. Part 4. Looking after their teeth. *Veterinary Practice Nurse*, **10**(4), 4–8.

Harcourt-Brown, N.H. (1996) Radiology. In: *Manual of Raptors, Pigeons and Waterfowl* (ed. P.H. Beynon, N.A. Forbes, & N.H. Harcourt-Brown), p. 93. British Small Animal Veterinary Association, Quedgeley, Glos.

Harden, J. (1996) Trichomoniasis in raptors, pigeons and doves. *Journal of Wildlife Rehabilitation*, **19**(1), 8–17.

Harris, S., Jeffries, D. & Cheeseman, C. (1994) *Problems with badgers?*, 3rd edn. RSPCA, Horsham, W. Sussex.

Hayes, G. & Yates, D. (2003) Understanding dog bite wounds. In: *Veterinary Times*, 24th November 2003, p. 16. Veterinary Business Development Ltd, Peterborough.

Helliwell, L. (1993) Nutrition of captive bats. *Bat Care News*, September 2–4.

Huckabee, J.R. (1997) Circulatory Shock and Fluid Therapy. In: *Selected Papers of the Fifteenth N.W.R.A. Symposium*, pp. 53–69. National Wildlife Rehabilitators Association, St Cloud, Minnesota.

James, M. (2004) A new technique for repair of separated mandibular symphyses in the cat. *Veterinary Times*, 23rd August 2004, p. 27. Veterinary Business Development Ltd, Peterborough.

Joseph, V. (1996) Aspergillosis: the silent killer. *Journal of Wildlife Rehabilitation*, **19**(3), 15–18.

Kampe-Persson, G. (2002) Ecology of hedgehogs in a highway environment. In: *Abstract of the 5th International Hedgehog Symposium* (eds D. Scaravelli & N. Reeve), p. 6. Riserva Naturale Orientata di Onferno, Italy.

Kear, J. (1986) Ducks, geese, swans and screamers (*Anseriformes*) feeding and nutrition. In: *Zoo and Wild Animal Medicine* (ed. M.E Fowler) pp. 335–41. W.B. Saunders, Philadelphia.

Kellaher, S. (2003) Rabbit tips. In: *Veterinary Practice Nurse*, Summer 2003, p. 25.

King, A.S. & McLelland, J. (1984) *Birds, Their Structure and Function*. Baillière Tindall, Eastbourne, E. Sussex.

Kirkwood, J.K. (1991) Wild mammals. In: *Manual of Exotic Pets* (eds P.H. Beynon & J.E. Cooper), pp. 122–49. British Small Animal Veterinary Association, Cheltenham, Glos.

Kirkwood, J.K., Holmes, J.P. & Macgregor, S. (1995) Garden bird mortalities. *Veterinary Record*, **136**, 372.

Klem, D. Jnr (1989) Bird – window collisions. *The Wilson Bulletin*, **101**(4), 606–20.

Lambrechts, N. (1995) Wound management and care. In: *Proceedings of the SASOL Symposium on Wildlife Rehabilitation* (ed. B.L. Penzhorn), pp. 130–4. South African Veterinary Association, Onderstepoort, South Africa.

Lane, D.R. & Cooper, B. (1994) *Veterinary Nursing* (formerly *Jones's Animal Nursing*, 5th edn). Elsevier Science, Oxford.

Lawton, M.P.C. (1991) Lizards and snakes. In: *Manual of Exotic Pets* (eds P.H. Beynon & J.E. Cooper), pp. 244–60. British Small Animal Veterinary Association. Cheltenham, Glos.

Lewis, J.C.M. (1992) Resuscitation. *Presented at the Congress of the European Wildlife Rehabilitation Association*, 31 October–1 November, Thame, Oxon. European Wildlife Rehabilitation Association, Haddenham, Bucks.

Lewis, J.C.M. (1998) Badgers for vets. *UK Vet*, **2**(2, 3, 4).

Lierz, M. (2002) Surgical treatment of phallus prolapse in waterfowl. In: *Proceedings of the Autumn Meeting 2002 of the British Veterinary Zoological Society*, p. 63.

Lightfoot, T.L. (2001) Practical Lab Session – Avian Practical Lab. Atlantic Coast Veterinary Conference 2001.

Lollar, A. & Schmidt-French, B. (1998) *Captive Care and Medical Reference for the Rehabilitation of Insectivorous Bats*. Bat World, Mineral Wells, TX.

McKee, W.M. (1993) The spine. In: *Manual of Small Animal Fracture Repair and Management* (eds A. Coughlan & A. Miller), pp. 133–43. British Small Animal Veterinary Association, Quedgeley, Glos.

McLelland, J. (1990) *A Colour Atlas of Avian Anatomy*. Wolfe Publishing, London.

Macwhirter, P. (2000) Basic anatomy, physiology and nutrition. In: *Avian Medicine* (eds T.N. Tully, M.P.C. Lawton & G.M. Dorrestein), pp. 1–25. Butterworth Heinemann, Oxford.

Malley, D. (1996) Teeth trimming in rabbits and rodents. *Veterinary Record*, **139**, 603.

Marshall, A.M. (1932) *The Frog*. Macmillan, London.

Marshall, C. (1993) *Reptiles for Veterinary Nurses*. British Veterinary Nursing Association, London.

Mathews, F. (2003) Rehabilitation of babies. *Bat Care News*, Issue No. Summer 2003(30), pp. 11–14. West Yorkshire Bat Hospital, Otley, West Yorkshire.

Matthews, K.A. (1996) *Veterinary Emergency and Critical Care*. Lifelearn, Guelph, Ontario.

Mead, C.J. (1991) Seabird mortality as seen through ringing. *Ibis*, **113**, 418.

Mean, R.J. (1998) The prevalence and pathology of the helminth parasites of the British hedgehog (*Erinaceous europaeus*). MPhil thesis, School of Biological Sciences, Univeristy of Portsmouth and Wildlife Hospital Trust, Haddenham, Bucks.

Michell, A.R. (1985) What is shock? *Journal of Small Animal Practice*, **26**, 719–38.

Mills, N. (2003) The role of silver in veterinary medicine. *Veterinary Times*, Sept 2003, pp. 6–8. Veterinary Business Development Ltd, Peterborough.

Mitchell-Jones, A.J. & McLeish, A.P. (2004) *Bat Workers' Manual*, 3rd edn. p. 24. Joint Nature Conservation Committee, Peterborough.

Morgan, R.V. (1985) *Manual of Small Animal Emergencies*. Churchill Livingstone, New York, NY.

Morris, P. (1999) Studies of released hedgehogs, what next? In: *Proceedings of the 3rd International Hedgehog Workshop of the European Hedgehog Research Group*, (ed. N. Reeve), p. 13. Roehampton Institute, London.

Munro, R., Wood, A. & Martin, S. (1995) Treponemal infection in wild hares. *Veterinary Record*, **136**, 78–9.

Murray, M.J. (1994) Management of the Avian Trauma. *Care Seminars in Avian & Exotic Pet Medicine* 3, pp. 200–209.

Murray, M.J. (undated) *Fluid Therapy and Administration in Wildlife Care*. Skills Seminar VIII – International Wildlife Rehabilitation Council, Suisun, CA.

Neal, E.G. (1977) *Badgers*. Blandford Press, Poole, Dorset.

Neal, E. (1986) *The Natural History of Badgers*, p. 166. Croom Helm Ltd.

Neff, T. (1997) Emaciation in raptors. In: *Proceedings of the 1997 Conference – From Science to Reality. A Bridge to the 21st Century* (ed. M.D. Reynolds), pp. 197–200. International Wildlife Rehabilitation Council, Concord, CA.

Ness, M. (1997) The art and science of fracture repair. *Veterinary Practice Nurse*, **9**(4), 26–7.

Orendorff, B. (1997) Hand-rearing songbirds. In: *Selected Paper Fifteenth Annual Symposium* (ed. D.R. Ludwig). National Wildlife Rehabilitators Association, St. Cloud, Minnesota.

Orr, H.E. (2002) Rats and mice. In: *Manual of Exotic Pets* (eds A. Meredith & S. Redrobe), 4th edn. British Small Animal Veterinary Association, Quedgeley, Glos.

Otto, C.M., Kaufman, G. & McCrowe, D.T. (1989) Intraosseous infusion of fluids and therapeutics. *The Compendium on Continuing Education for the Practicing Veterinarian*, **11**(4), 421–31.

Oxenham, M. (1991) Ferrets. In: *Manual of Exotic Pets* (eds P.H. Beynon & J.E. Cooper), pp. 97–110. British Small Animal Veterinary Association, Cheltenham, Glos.

Penman, S. & Ciapparelli, L. (1990) Endodontic disease. In: *Manual of Small Animal Dentistry* (eds C.E. Harvey & H. Simon Orr), pp. 73–83. British Small Animal Veterinary Association, Cheltenham, Glos.

Penman, S. & Harvey, C.E. (1990) Periodontal disease. In: *Manual of Small Animal Dentistry* (eds C.E. Harvey & H. Simon Orr), pp. 37–48. British Small Animal Veterinary Association, Cheltenham, Glos.

Pennycott, T.W., (2005) Salmonellosis in wild birds 1995–2002. *British Veterinary Zoological Society, Proceedings of the Autumn Meeting 2003*, p. 80.

Perrins, C. (1987) *New Generation Guide Birds of Britain and Europe*. William Collins Sons & Co Ltd, London.

Plunkett, S.J. (1993) *Emergency Procedures for the Small Animal Veterinarian*. WB Saunders, Philadelphia, PA.

Pukas, A. (1999) Death lurks as the crow flies. *The Express*, 6 February, p. 33.

Racey, P.A. (undated) Keeping, handling and releasing. In: *The Bat Worker's Manual* (ed. A.J. Mitchell-Jones), pp. 36–41. Nature Conservancy Council, Peterborough, Cambs.

Racey, P.A. (2004) Handling, releasing and keeping bats. In: *Bat Workers' Manual* (eds A.J. Mitchell-Jones & A.P. McLeish), 3rd edn. pp. 63–9.

Raftery, A. (2002) Avian Triage. *British Veterinary Zoological Society Proceedings*, Autumn 2002, 16–17.

Redig, P.T. (1979) Infectious diseases. In: *First Aid and Care of Wild Birds* (eds J.E. Cooper & J.T. Eley), pp. 118–39. David & Charles, Newton Abbot, Devon.

Reeve, N. (1994) *Hedgehogs*. T. & A.D. Poyser, London.

Reichenbach-Klinke, H. & Elkan, E. (1965) *The Principal Diseases of Lower Vertebrates. Diseases of Amphibians*. TFH Publications, Hong Kong.

Rendle, M. (2004) *Stress and Capture Myopathy in Hares*. Glenlark Nature Reserve.

Reynolds, M. (undated) *Operation Chough*. Paradise Park, Hayle, Cornwall.

Ritchie, B.W., Otto, C.M., Latimer, K.S. & Crowe, D.T. (1990) A technique of intraosseous cannulation for intravenous therapy in birds. *The Compendium on Continuing Education for the Practicing Veterinarian*, **12**(1), 55–8.

Rosen, M. (1971) Botulism. In: *Infections and Parasitic Diseases of Wild Birds*, pp. 100–17. University Press, Ames, IA.

Routh, A. (1992) The bat – European Microchiroptera. Considerations for their successful rehabilitation. *Presented at the Congress of the European Wildlife Rehabilitation Association*, 31 October–1 November, Thame, Oxon. European Wildlife Rehabilitation Association, Haddenham, Bucks.

Routh, A. (2003) Bats. In: *Manual of Wildlife Casualties* (ed. E. Mullineaux, D. Best & J.E. Cooper), p. 104. British Small Animal Veterinary Association, Quedgeley, Glos.

Routh, A. & Sanderson, S. (2000) Waterfowl In: *Avian Medicine* (ed. T.N. Tully, M.P.C. Lawton & G.M. Dorrestein). Butterworth Heinemann, Oxford.

Routh, A. & Sleeman, J.M. (1995) Greenfinch mortalities (letter). *Veterinary Record*, **136**, 500.

Rudge, A.J.B. (1984) *The Capture and Handling of Deer*. Nature Conservancy Council, Peterborough.

Sainsbury, A.W. (1997) Veterinary care of squirrels. *UK Vet*, **2**(6), 40; **3**(1), 56.

Sainsbury, A.W. & Gurnell, J. (1995) An investigation into the health and welfare of red squirrels (*Sciurus vulgaris*) involved in re-introduction studies. *Veterinary Record*, **137**, 367–70.

Samour, J.H., Bailey, T.A. & Cooper, J.E. (1995) Trichomoniasis in birds of prey (Order Falconiformes) in Bahrain. *Veterinary Record*, **136**, 358–62.

Sandys-Winsch, G. (1984) *Animal Law*, 2nd edn. Shaw & Sons, London.

Sharp, B.E. (1996) Post-release survival of oiled, cleaned seabirds in North America. *Ibis*, **138**, 222–8.

Shaw, E. (1990) Diagnosis and treatment of 'sick gull syndrome'. *Journal of Wildlife Rehabilitation*, **13**(2), 3–5.

Simpson, V. (2003) Bite wounds, bacterial infections and mortality in otters (*Lutra lutra*) in southern and south-west England: a 15-year study. In: *Proceedings of the*

Autumn Meeting 2003 (ed. V. Roberts). British Veterinary Zoological Society.

Simpson, V.R. (1997) Health status of otters (*Lutra lutra*) in southwest England based on post mortem findings. *Veterinary Record*, **141**, 191–7.

Simpson, V.R. & King, M.A. (2003) Otters. In: *Manual of Wildlife Casualtie* (eds E. Mullineaux, D. Best & J.E. Cooper), p. 139. British Small Animal Veterinary Association, Quedgeley, Glos.

Sims, M. (1997) Strictly for the birds. *Veterinary Practice Nurse*, **9**(1), 320–33.

Sims, S. (1983) Use of IV fluids in small wild birds. *Journal of Wildlife Rehabilitation*, **6**(3), 5–6.

Slade, R. & Forbes, M. (2004) The importance of the source of fibre in the diet of the rabbit. In: *U.K. Vet*, **9**(1), 69–70.

Stebbings, R. (1993) *Which Bat Is It?* The Mammal Society, London.

Stocker, L.R. (1987) *The Complete Hedgehog*. Chatto & Windus, London.

Stocker, L.R. (1991a) *Code of Practice for the Rescue, Treatment, Rehabilitation and Release of Sick and Injured Wildlife*. Wildlife Hospital Trust, Aylesbury, Bucks.

Stocker, L.R. (1991b) *The Complete Garden Bird*. Chatto & Windus, London.

Stocker, L.R. (1992) *St Tiggywinkles Wildcare Handbook*. Chatto & Windus, London.

Stocker, L.R. (1994a) Rescue and rehabilitation of badgers in Britain. *Journal of Wildlife Rehabilitation*, **17**(3), 12–16.

Stocker, L.R. (1994b) *The Complete Fox*. Chatto & Windus, London.

Stocker, L.R. (1995) Wild mammals seen in general practice. *Presented at the 1993 meeting of the British Veterinary Zoological Society, London*, 4 December 1993.

Stocker, L.R. (1996) Respite for rehabilitators who handle deer. *Wildlife Rehabilitation Today*, **7**, 4.

Stocker, L.R. (1997) Feedback on euthanasia. *Bat Care News*, June, pp. 11–12.

Stocker, L.R. (1998) *Medication for Use in the Treatment of Hedgehogs* (Erinaceous europaeus). Wildlife Hospital Trust, Aylesbury, Bucks.

Stocker, L.R. (1999) Incidents adversely affecting the hedgehog (*Erinaceous europaeus*): its rescue and rehabilitation in the United Kingdom. In: *Proceedings of the 3rd International Hedgehog Workshop of the European Hedgehog Research Group* (ed. N. Reeve), p. 17. Roehampton Institute, London.

Stocker, L.R. (2003) Injuries caused by the deterioration of legal snares seen by The Wildlife Hospital Trust (pers. comm.).

Stoskopf, M. & Kennedy-Stoskopf, S. (1986) Aquatic Birds. In: *Zoo and Wildlife Medicine* (ed. M. Fowler), 2nd edn. W.B. Saunders and Company, Philadelphia.

Taylor, P.M. (undated) *Fluid Therapy in Animals: A Practical Guide*. Hoechst UK Ltd, Milton Keynes.

Tseng, F.S. (1997) Emergency assessment and triage of aquatic birds. In: *Selected Papers Fifteenth Annual NWRA Symposium* (ed. D.R. Ludwig), p. 49. National Wildlife Rehabilitators Association, St. Cloud, Minnesota.

UFAW/WSPA [World Society for the Protection of Animals] (1989) Euthanasia of amphibians and reptiles. *Report of a Joint UFAW/WSPA Working Party*. Universities Federation for Animal Welfare, Potters Bar, Herts.

Veterinary Laboratories Agency (2003) Wildlife Surveillance Report October 2003–December 2003 Quarterly Report, **5**(3).

Vindevogel, H. & Duchatel, J.P. (1985) *Understanding Pigeon Paramyxovirosis*. Natural Granen NV, Schoten, Belgium.

Wallis, A.S. (1996) Head and neck problems. In: *Manual of Raptors, Pigeons and Waterfowl* (eds P.A. Beynon, N.A. Forbes, & N.H. Harcourt-Brown), pp. 238–9. British Small Animal Veterinary Association, Quedgeley, Glos.

Watts, E. (1987) Guidelines for handrearing small mammals. In: *Proceedings of the British Veterinary Zoological Society* Autumn Meeting, pp. 21–5. London.

Welsh, V. (1981) *Immobilisation of Simple and Compound Fractures in Mammals*. Wildlife Rehabilitation Council, Walnut Creek, CA.

Welsh, V. (1983) *Immobilisation of Simple and Compound Fractures in Songbirds and Raptors*. Wildlife Rehabilitation Council, Walnut Creek, CA.

Whitby, J.E., Johnstone, P., Parsons, G., King, A.A. & Hutson, A.M. (1996) Ten-year survey of British bats for the existence of rabies. *Veterinary Record*, **139**, 491–3.

White, J. (1990) Current treatments for anemia in oil-contaminated birds. In: *The Effects of Oil on Wildlife: Oil Symposium*, October 1990 (eds J. White & L. Frink), pp. 67–72. International Wildlife Rehabilitation Council, Suisun, CA.

Williams, D.L. (1991) Amphibians. In: *Manual of Exotic Pets* (eds P.H. Beynon & J.E. Cooper). British Small Animal Veterinary Association, Cheltenham, Glos.

Wobeser, G.A. (1981) *Diseases of Wild Waterfowl*. Plenum Press, New York, NY.

Wynne, J. (1998) Management of dehydration in nestling birds. *Journal of Wildlife Rehabilitation*, **11**(2), 13–14.

Yalden, D.W. (1991) Marsupials: Order Marsupialia. In: *The Handbook of British Mammals* (eds G.B. Corbet & S. Harris), 3rd edn. pp. 563–7. Blackwell Scientific Publications, Oxford.

日本語索引

あ

アイサ 142, 202
愛鳥家肺炎 9
アイバメクチン 108, 138, 144, 168, 224, 234, 241, 250, 278
アイルランドノウサギ 229
亜鉛欠乏症 217
アオサギ 89, 159, 164
赤足病 331
アカエリカイツブリ 162
アカオタテガモ 142, 149
アカギツネ 238
アカクビワラビー 303
アカゲラ 137
アカシイワシャコ 134
アカシカ 270
アカトビ 96, 100, 174, 179
　フェンスで損傷した— 176
顎骨折 71, 79
　シカの— 280
　ハリネズミの— 221
アザラシ 5, 305
アシナシトカゲ 89
脚の骨折
　シカの— 279
　ハリネズミの— 221
足の粉砕病 223
脚輪 129, 156
アスピリン 178
アスペルギルス症 80, 146
　アビ類の— 166
　海鳥の— 185
　ハトの— 128
　漂泳性の鳥の— 191
　野生鳥類の— 91
アチパメゾール 254
厚地の手袋 167
圧縮包帯 44
圧迫点 24
アデノウイルス1型 128
アトリ 113, 199
アドレナリン 19
アナグマ 5, 39, 77, 102, 103, 105, 107, 247, 321
　親とはぐれた— 253
アナグマノミ 105
アナグマハジラミ 251
「アナグマ保護法1992」 259
ア ビ 166
アヒルの雛 202
アヒルペスト 144
油汚染
　ウミガラスの— 187
　海鳥の— 180
　カワウソの— 346
　—鳥類 182
アブラコウモリ 286
アマガエル 89
アマツバメ 121, 201
網 213
アミノ酸 32
アメリカオシ 142, 149
アモキシシリン 116, 215, 296
アリューシャン病 2
　イタチ科動物の— 267
安全規則 181
アンビュバッグ 18
安楽死 10
　コウモリの— 296
　シカの— 282
　爬虫類の— 329
　ハリネズミの— 222
　両生類の— 333

い

イエガラス 137
家 猫 116
異温性 286
生 餌 118
生きた脊椎動物（餌としての） 179
イソフルレン 117
イタチ類 260, 265, 321
　大型の— 39
位置異常 78
「一眼の風邪」症候群 128
一次癒合 45
逸脱（腸管の—） 61
イトラコナゾール 80, 92, 166, 185, 191
犬ジステンパー 2
イヌ伝染性肝炎 2
　キツネの— 242
犬による咬傷（シカの—） 280
犬の攻撃
　ハリネズミ 219
　ヨーロッパヤマカガシ 328
イヌワシ 174
イノシシ 6, 304

イミダクロプリン 105
イモリ 43
イリドウイルス様病原体 331
医療廃棄物 12
イワシャコ 134, 136
イワツバメ 199
陰茎脱 147

う

ウ 184
ウイスキー 39
ウイルス性出血性疾患 2
　ウサギの− 233
ウイルス性腸炎 144
ウグイス科の鳥 113, 199
烏口骨骨折 79
ウサギコウモリ 286
ウサギノミ 106
ウジ 48
　アナグマの− 251
　餌としての− 119, 297
ウシガエル 330
牛結核 249
ウズラ 134
ウスリホオヒゲコウモリ 286
膿 46
ウミガラス 187
海鳥 180, 202
羽毛
　白い− 139
　−の損傷 177

え

英国健康保護局 336
英国ダイバーズ海洋生物救援 338
栄養流動食 257
エールズベリー 142
液体栄養 32
エコーロケーション 286
エジプトガン 159
エタミフィリンカンシル酸 92, 215
エチルステロール 108
X線撮影（写真） 29, 49, 63, 153, 156

エデト酸ナトリウムカルシウム 97
エニルコナゾール 217
エマー氏のつり包帯 73, 75
エリザベスカラー 39
エリプス期 146
炎症期 46
塩類 190
エンロフロキサシン 116, 153, 215, 235, 245, 334

お

応急処置 17, 20
　骨折性外傷の− 66
応急手当セット 14
黄金期 45, 71
黄疸 242
オウム病 8, 127
オオカミ 77
オオキクガシラコウモリ 286
オオタカ 174
オオハクチョウ 150
オオハシウミガラス 184
オオハム 166
オオバン 159, 161, 202
オカヨシガモ 142
オコジョ 260, 265, 321
オシドリ 11, 19, 142, 149
汚染創 44
オナガガモ 142
オナガキジ 134, 136
オビイモリ 330
親からはぐれた
　アナグマ 253
　カモ類 145
　カラス類 138
　カワウソ 263
　コウモリ 290
　鳥 193, 202
　フクロウ類 169

か

カーニダゾール 100
カープロフェン 102, 221, 255, 280

カイウサギ 103, 105, 229, 317
開口呼吸 99, 127
外固定 72, 76, 81, 82, 221, 295
開嘴虫症 99
海獣 323
外傷
　舌の−（無尾類） 333
　眼の−（両生類） 333
疥癬 8, 241
　アカギツネの− 240, 242
　ハリネズミの− 217
　野生哺乳類の− 108
回虫症 9
カイツブリ 159, 162, 164, 202
外的接骨術 84, 87, 89
回転式電動鋸 77
開放骨折 66, 71, 80
開放創 44
外洋性の鳥 91
カオジロガン 159
化学火傷 51, 53
鉤爪による創傷 50
家禽コレラ 143
家禽ジフテリア 92
顎骨折 71, 79
　シカの− 280
　ハリネズミの− 221
角膜実質の瘢痕 47
カケス 137
カササギ 137
果実用鳥よけネット 116
火傷 50, 52
　乾性の− 53
ガス麻酔 292
架線 155
片目 178
ガチョウの雛 202
カツオドリ 184
カッコウ 113, 199
活性炭 111, 219
カナダガン 79, 159
カモ 11, 142
カラス類 5, 36, 95, 137,

199
カルテ 4, 5
カワアイサ 142
カワウソ 5, 39, 102, 260, 321, 346
　親からはぐれた− 263
カワセミ 95, 123
ガン 11, 36, 93, 159
眼球脱 225
環境・食糧・農村地域省 336
含血羽毛 25
箝口帯 71
カンジダ症 128
感受性試験 71, 80
眼震盪 109
関節炎 278
関節癒着 68, 171
感染性肝脾臓炎 168
感染性創 44
完全流動栄養食 227
カンピロバクター症 9
カンムリカイツブリ 162

き

飢餓 177
キカンカイシチュウ（"開嘴虫症"も参照） 99, 168, 175
気管支拡張剤 92
気管チューブ 17
キクイタダキ 81, 113, 199
「危険野生動物法1976」 330, 302
キジ 95, 134
義嘴 146
気腫 290
キタリス 109
キツツキ類 95, 113, 199
キツネ 5, 7, 39, 77, 102, 107, 320
気道 17
キバノロ 5, 47, 270, 275
ギプス 77, 89, 280
脚の骨折
　シカの− 279
　ハリネズミの− 221

脚輪 129
牛結核 249
救護 212
鳩鴿病 8
給餌台 116
吸虫 216
牛乳 39
吸入性肺炎 314
狂犬病 6, 9
　コウモリの− 288
強制給餌 98, 122, 123
業務規定（St. Tiggywinkles の）1
局所麻酔剤 40
去勢 280
銀 57
キンイロヤマネ 111
キンケイ 134, 136
ギンケイ 134, 136
筋肉内注射 115

く

クイナ 159, 166
空気銃 341
駆血帯 24
クジャク 19
クジラ類 54, 306, 338
果物 284
嘴 135
　−の形 114
　−の骨折 79, 146
駆虫 144, 302
駆虫薬 135
口輪 39
クマリン 111
クラビニック酸とアモキシシリンの合剤 235
クリンダマイシン 303
クレンブテロール 92, 215
クロウタドリ 113, 116, 117
　−のストレス 3
クロールヘキシジングルコン酸 55, 56
クロガモ 142
クロトリマゾール 92

クロラムフェニコール眼軟膏 171

け

経口再水和 30, 35, 38
経口投与 328
経口輸液 147
脛足根骨骨折 87
鶏痘 92, 115, 175
外科用ステイプラー 58
外科用接着剤 36, 40, 295
激痩せ
　ハクチョウ類の− 154
　猛禽類の− 170
ケタミン 254
血液 39
結核 8
血球容積 186
血球容積率 28
結紮創 281, 282
血漿蛋白質量 186
血清バンク 11
ゲップ 314
解毒剤 98
ケナガイタチ 265
ケワタガモ 142
検疫 197, 315
健康と安全 22

こ

ゴイサギ 164
光周性 3
咬傷 49
　アカギツネの− 245
　アナグマの− 255
　犬による−（シカ） 280
　カワウソの− 264
　爬虫類の− 328
高体温 326
交通事故
　アナグマの− 252
　イタチ科動物の− 267
　ウサギの− 230
　カワウソの− 263
　キツネの− 243
　狩猟鳥の− 135

ハトの―　130
　　ハリネズミの―　219
　　フクロウ類の―　169
　　猛禽類の―　176
口蹄疫　108
　　シカの―　277
　　ハリネズミの―　219
公的自然保護機構　336
抗毒素　144
コウモリ　40, 286, 316
　　親からはぐれた―　290, 291
　　―の平均体重　298
コウモリシラミバエ　289
コウモリ保護トラスト　336
絞扼　78
コウライクビワコウモリ　286
コオリガモ　142
小型哺乳類　204
コガモ　142
コキクガシラコウモリ　286
コキジバト　125
呼吸　14, 16, 20
呼吸困難　128
呼吸器症状（人の―）　9
コキンメフクロウ　167, 169
コクガン　159
国際再水和液　31
コクシジウム症
　　ウサギの―　233
　　ヤマネの―　209
　　リスの―　209
コクチョウ　150
コサギ　164
ゴジュウカラ　199
コチョウゲンボウ　174
骨格標本　63, 64
国家所有　158
骨髄炎　68
骨髄腔内カニューレ　39
骨髄内ピン　279
骨折　52, 63, 66
　　アカギツネの―　245
　　脚の―
　　　　シカ　279
　　　　ハリネズミ　221

アナグマの―　254
アマツバメの―　122
顎―
　　シカ　280
　　ハリネズミ　221
　　カワウソの―　264
　　ガン類の―　160
　　嘴の―　146
骨盤―　77, 280
　　アカギツネの―　245
　　シカの―　280
　　サギ類の―　165
脊椎―　280
頭蓋―　280
　　庭の鳥の―　117
　　ハトの―　131
　　ハリネズミの―　221
　　フクロウ類の―　170
　　モンテジアー　279
　　両生類の―　333
骨切除術　160
骨セメント　79
骨盤骨折　77, 280
　　アカギツネの―　245
　　シカの―　280
骨副子　87
コハクチョウ　150
コブハクチョウ　32, 150
コマドリ　117
コミミズク　167
コモチカナヘビ　325
コヨーテ　77
コリンウズラ　136
コルチコステロイド　245
混合型出血　23

さ

サイアベンダゾール　99, 138
細菌培養　54
再上皮化期　46
細胞外液　26
細胞内液　26
魚　163
サギ類　5, 36, 164
座礁（鯨類の―）　338
擦過創　50

殺鼠剤　21
殺蛆薬　59
殺虫剤　105, 289
殺虫粉剤　93
サナダムシ　243
砂　嚢　36, 97, 118, 163
挫　滅　50
サルファジアジン銀　53
サルモネラ感染　89
サルモネラ症　9
　　庭の鳥の―　115
　　ハトの―　129
　　ハリネズミの―　219
サンカノゴイ　159, 164

し

ジアゼパム　39, 110, 134, 178, 230, 245, 267, 274
シアノメチルメタクリレート　79
シ　カ　5, 39, 270, 323
　　―のストレス　2
歯牙疾患　103
弛緩麻痺　135
シ　ギ　87
蚓　血　25
止血帯　23
事　故　155
死後検査　301
趾骨骨折　89
嘴骨折　79
死後剖検　12
歯根膜の病気　102
シジュウガラ　113, 199
歯　髄　249
自切（トカゲの―）　328
刺　創　49
持続性アモキシシリン　224, 236
舌の外傷　333
自動給水器　148
歯内疾患　243
死の徴候　16
シマアジ　142
ジメトリダゾール　100

シャギー 184
シャトルピン固定 82
「獣医師法1966」 31, 133
獣医中毒情報サービス 220
銃創 49, 55
　　ハトの— 130
　　野生鳥類の— 98
重炭酸ナトリウム 111, 219
重油汚染 99, 146
出血 21, 54
腫瘍 216
狩猟鳥 134, 202
循環系 14, 18
準清潔創 44
消化管 36
渉禽類 87
消毒薬 309
静脈出血 23
静脈内輸液 147, 282
照明 3
上腕骨骨折 82
食塩中毒 332
食道梗塞 153
食用ガエル 330
ショック 14, 19, 26, 52
ショットガン 159
初乳 313
所有者（レースバトの—）
　　129
所有者のいる鳥 144
初列風切り羽根縫合法 87
シラコバト 95, 100, 125,
　　128
シラミ
　　アナグマの— 251
　　野生鳥類の— 93
　　野生哺乳類の— 107
シラミバエ 93, 101, 121
趾瘤症
　　ハクチョウ類の— 152
　　フクロウ類の— 171
　　猛禽類の— 178
白い羽毛 139
シロエリオオハム 166
シロフクロウ 167
心血管系 14

人工呼吸 18
人工装具 147
心室細動 15, 19
人獣共通感染症 7, 241,
　　242
腎症 219
心蘇生 19
心停止 15, 18
浸透圧 29, 56
人道的に殺す（"安楽死"も参照）
　　176
心拍数 15, 19
深部体温 15, 20

す

髄腔内シャトルピン 81
衰弱 177
水症 332
推奨最適温度帯 326
水治療 221
　　ハリネズミの— 222
水頭症 243
髄内ピン 295
髄内ピン固定法 83, 85, 87
水分（体の—） 26
頭蓋骨折 71, 79
頭骨骨折 280
スコットランド伝染病と環境衛
　　生センター 336
スコットランドヤマネコ 2,
　　6, 300, 323
スズガモ 142
スズメ 113, 199
ストレス 2, 10, 230
スナカナヘビ 325
スネアー 59
スピラマイシン 102, 217
スベイモリ 330
刷り込み 10
　　親からはぐれた鳥の— 199
　　親からはぐれた哺乳類の—
　　314
　　カラス類の— 139
擦りむき傷 281
スルファジミジン 233
スルファメトキシピリジン

233
スローワーム 43, 325
スワンバッグ 150
スワンフック 150

せ

清潔創 44
成熟期 46
生のバイタルサイン 14
整復 68
声門 16, 35
脊髄骨折 79
セキセイインコ 121
脊椎骨折 70
　　ウサギ類の— 235
　　シカの— 280
　　ハリネズミの— 222
脊椎損傷 135
セキレイ 113, 199
石膏副子 75
接骨法 72
切断 264, 280, 295
切断手術
　　カモ類の— 147
　　両生類の— 333
セトリマイド 55
セファレキシン 256
セレン 236, 277, 282
線維芽細胞 46
洗浄 56
洗浄装置 188
洗浄方法（油汚染の鳥の—）
　　187
全身麻酔薬 221

そ

騒音 3
創傷 44
　　鉤爪による— 50
　　鳥類の— 62
　　—の治療 52
　　—の被覆 56
　　ハエによって起こる— 59
　　皮膚の—（ハリネズミ）
　　223
　　眼の— 61

早成性の鳥 193, 196, 201
副木固定 294
そ嚢 36
そ嚢破裂 130

た

タール 220
体液の補正 29
体温
　好ましい－（爬虫類） 326
体腔内投与 328
代謝性アシドーシス 32, 111, 219
代謝性アルカローシス 32
代謝性骨疾患
　猛禽類の－ 175
　野生鳥類の－ 95
　野生哺乳類の－ 109
　ヤマネの－ 209
　リスの－ 209
体重 28
体重測定 314
体重不足 212
大腿骨骨折 87
代替ミルク 307
太陽灯 131
代理家族 257
タイワンアヒル 142
鷹狩のテクニック 173
脱水 27
タッセル・フット 116
脱皮 327
脱皮不全 327
ダニ
　ハリネズミの－ 218
　野生鳥類の－ 93
他の人が所有 133
卵 130, 142, 202
ダマジカ 59, 270, 273
単純骨折 63

ち

チアミン 124, 164, 166
チアミン欠乏症 99
チアミン錠剤 265
チアミン添加 148

遅延着床 252
乳首 310
チゴハヤブサ 174
チドリ 87
中手骨骨折 86
中毒
　キツネの－ 244
　野生鳥類の－ 96
　野生哺乳類の－ 110
チュウヒ類 174, 175
チューブ給餌 35, 132, 166
治癒機転 44, 45
腸逸脱 61
チョウゲンボウ 78, 174
長骨骨折 81
鳥類の創傷 62
鳥類病 127
治療 4
　外傷の－ 52
　創傷の－ 52
鎮静剤の弾 285
鎮痛 102
鎮痛剤 43, 292
鎮痛処置 280

つ

突き刺し傷 50
ツクシガモ 142
ツグミ 113, 199
ツノメドリ 184
翼
　ねばねばした－ 289
　－の裂傷（コウモリ） 292
ツバメ 113, 199
釣り糸 161, 164
釣り具 153
釣り針 93, 144
つり枠 89

て

帝王切開 324
低体温症 20
　親からはぐれた哺乳類の－ 314
　カワウソの－ 263
　ヘビの－ 326

適応不良症候群 327
デキサメサゾン 130
鉄条網に引っかかる 176
手袋 6
　厚地の－ 167
テラピンガメ 43

と

頭蓋骨折 71, 79
同化ステロイドホルモン剤 108, 122
糖加リンゲル液 32
頭骨骨折 280
凍傷 53
頭部外傷 95
頭部損傷
　カワセミの－ 123
　フクロウ類の－ 170
　野生哺乳類の－ 109
「動物遺棄法 1960」 298
「動物福祉法 1911」 228, 237, 246, 258, 265, 269, 285
動脈鉗子 24
動脈出血 23
冬眠
　コウモリの－ 286
　ハリネズミの－ 212, 220
　両生類の－ 331
ドーベントンコウモリ 286, 336
トカゲの自切 328
トガリネズミ 40, 204, 316
ドキシプラム 18
トノサマガエル 43, 330
ドバト 92, 95, 100, 200
ドブネズミ 7
止り木 171
トラフズク 167
ドラメクチン 108, 138, 241, 250
トリアージ 26, 68, 184, 282, 295
トリカインメシル酸 11, 332
トリクロサン 55, 255, 281
鳥結核菌亜種ヨーネ病菌 234

日本語索引

トリ結核症　219
トリコモナス症　100, 128, 168
トリポネーマ　234
トリメトプリム　128

な

内固定法　72
内出血　7
ナッタージャックヒキガエル　330
鉛中毒　96～98, 153
ナミハリネズミ　212
ナメクジ駆除剤　111, 219
慣れ　3
ナワバリ　4, 119, 157, 174
　カワウソの―　264
　キツネの―　246
ナンドロロン　108, 122, 240

に

肉芽形成　45
肉芽形成期　46
ニシコクマルガラス　137
西ナイルウイルス　9
西ナイル熱　100
二次癒合　45
日光　131
ニテンピラム　225, 251, 256
ニハシガラス　137, 140
ニホンジカ　270
日本の食用ガエル　330
庭の鳥　113
妊娠中絶　77

ね

ネオマイシン　217
猫　206, 290
　―の攻撃
　　イタチ科動物　267
　　爬虫類　327
　　両生類　332
ネコ白血病　2
ネコ白血病ウイルス　302

ネズミノミ　105
ネズミ類　204
熱中症　21
ネット　328
練り餌　200
粘液腫　106, 230～233, 236
粘着罠　206
捻髪音　66
粘膜　15, 16, 20, 22

の

膿　46
ノウサギ　229, 318
脳障害　19
脳震盪　256
膿瘍　61
ノスリ　174
野バト　125
ノハラツグミ　113
ノミ　105
　アナグマの―　250
　スコットランドヤマネコの―　301
　ハリネズミの―　218
　野生鳥類の―　93
　リスの―　210
ノミ取り粉　236
ノレンコウモリ　286
ノロジカ　270, 274

は

歯　102
　―の長さを揃える　103
　―の病気
　　カワウソ　262
　　ハリネズミ　216
ハイイロイワシャコ　136
ハイイロガラス　137
ハイイロガン　159
ハイイロリス　109, 111
肺炎
　カワウソの―　263
　キツネの―　243
　ハリネズミの―　214
敗血症　116

肺水腫　43
排泄　311
ハイタカ　95, 100, 129, 174, 178
バイタルサイン（生の―）　14
肺虫　214
ハイドロコロイド　56
ハイドロゲル　56, 223
ハイドロゲル被覆材　281
ハエ
　―によって起こる創傷　59
　―の攻撃
　　ウサギ　234
　　ハリネズミ　224
　　野生鳥類　93
ハエ創傷症　52
白衣　3
白色ワセリン　309
白癬　217
白癬菌症　8
ハクチョウ　11, 32, 36, 87, 89, 93, 94, 96, 150
　―の雛　202
白斑　139
跛行　66
ハシビロガモ　142
ハシボソガラス　137
破傷風　6
ハジロカイツブリ　162
パスツレラ症　9
ハダニ　138
ハタネズミ　40, 110, 204, 319
8の字包帯法　84
爬虫類　41, 89, 325
発育上の問題　250
発育不良　250
ハッカン　134, 136
バックプレッシャー　21
ハト　88, 91, 125
　野生の―　200
ハト病　127
ハトヘルペスウイルス　129
ハト用副子　88
羽根が折れる　122
羽補綴法　177

母から離れたカモ類 142
ハヤブサ 174
パラポックスウイルス 209
パラミクソウイルス 2
パラミクソウイルス感染症 126
鍼 18
バリア看護 6, 7
バリウム造影 154
バリケン 144
針状羽毛 25
ハリネズミ 39, 102, 105～108, 212, 315
ハリネズミマダニ 106
ハルトマン液 32
パルボウイルス 2
バン 159, 161, 202
パン 39
瘢痕 46
　角膜実質のー 47
瘢痕形成 47
晩成性の鳥 193
反動性出血 22

ひ

ヒアルロニダーゼ 38
皮外固定法 83, 86
皮下気腫 332
皮下輸液 40
　コウモリのー 296
　鳥のー 38
ヒキガエル 43, 89
引きつり 47
非経腸栄養法 33
尾根部臭腺 256
非ステロイド系抗炎症剤 70
ヒタキ類 199
ビタミン 32
ビタミン B_1 148
ビタミン B_{12} 97, 147, 152, 156
ビタミン B 群 32
ビタミン E 236, 277, 282
ビタミン K 21, 111
必須脂肪酸 241, 290
人の呼吸器症状 9

ヒドリガモ 142
被覆（創傷のー） 56
被覆材（ハイドロゲルー） 281
被覆材 IntraSite™ Gel 279
皮膚の創傷 223
皮弁 48
皮弁形成（顎のー） 104
肥満 297
ヒメウミスズメ 184
ヒメウミツバメ 184
ヒメモリバト 125
ヒメヤマコウモリ 286
日焼け 54
ヒヤルロニダーゼ 41
非癒合 68
表在性火創 50
病的骨折 66
ヒラユビイモリ 330
ピレスラム 105, 251
ピレスリン 106

ふ

フィプロニール 105, 138, 236
フィンチ類 81
風船症候群 216
プールガエル 330
プールガエルとワライガエルの交雑種 330
フェレット 260, 265
フェンス 59, 243, 274, 281
フェンス事故
　アカトビのー 176
　フクロウ類のー 169
フェンベンダゾール 131, 138
複雑骨折 66, 71, 80
副子 74, 84, 87
副腎皮質ホルモン 29, 31, 39, 214
フクロウヘルペスウイルス 168
フクロウ類 167
　親を失ったー 169

不潔創 44
腐骨除去 76
不時着 155
不正咬合 103, 234
附蹠骨骨折 88
不適切な餌 176
ブドウムシ 122, 297
ブトルファノール酒石酸 78
不妊手術 77
付表 4
　「野生生物と田園保護法 1981」 119, 141, 179
付表 6
　「野生生物と田園保護法 1981」 207, 211, 228
付表 9
　「野生生物と田園保護法 1981」 119, 136, 161, 166, 174, 211, 269, 285
ブプレノルフィン 206, 221, 255, 280
ブライユの吊り包帯法 85
プラジクアンテル 216, 243
ブランデー 39
フルセミド 42
フルニキシン 42, 59, 221, 225, 245, 255, 280
フルベンダゾール 99, 136
プロバイオティク 235, 283
プロポフォール 154
ブロムヘキシジン 215
粉砕骨折 63
粉砕病（足のー） 223

へ

平均体重（コウモリのー） 298
閉鎖骨折 66, 76
閉鎖創 44
閉塞塊 154
ヘキサミタ症 129
ペグ 82
ペット 10
ペニス吸啜 315
ベニヒワ 81

ベヒシュタインコウモリ 286
ヘビ類 6, 41
ベルポー氏のつり包帯 73, 74
ペルメトリン 217
変 形 78
変形性脊椎症 216
変形治癒 68
ペントバルビツール・ナトリウム 11

ほ

剖 検 12
防護衣 7
膀 胱 66, 70, 255
縫合法 58
ホウ酸グルクロン酸カルシウム 110
ホエジカ 5, 47, 59, 103, 107, 270, 274, 276
ホオジロ 113, 199
ホオジロガモ 142
ホオヒゲコウモリ 286
捕獲後筋疾患
　ウサギの— 236
　シカの— 277
ホクオウクシイモリ 330
ホシハジロ 142
ポップオフ症候群 225
ボツリヌス中毒 98
　カモ類の— 143
　ハクチョウ類の— 152
補てつ術 146
哺乳瓶 309
哺乳瓶授乳 312
哺乳類用流動食 309, 315

ま

マウス 40, 319
マガモ 142
麻 酔 154, 254
麻酔薬 291, 332
麻酔用マスク 117
マスク 117, 221
マダニ 7, 93, 106, 218
マダニ抜き器 8, 107

末梢血管栄養 283
マツテン 260, 265
窓に衝突 123, 176
麻 痺 66, 67, 255
豆園芸用ネット 212
慢性開放骨折 76

み

ミコアイサ 142
ミサゴ 174
水治療 221
　ハリネズミの— 222
水 鳥 91
ミズハタネズミ 205
ミソサザイ 81, 113, 199
身繕い 163
ミミカイツブリ 162
耳ダニ 217
脈 拍 20
脈拍数 15
ミルク 39, 111
ミルワーム 297
ミンク 260, 265

む

ムクドリ 113, 199
ムシクイ類 81

め

メグルミン・フルニキシン 78
メチルプレドニゾロン 31, 70, 215, 245, 282
メデトメジン 254
メトロニダゾール 102, 217, 263
眼の外傷
　昼行性猛禽類の— 178
　フクロウ類の— 171
　両生類の— 333
眼の創傷 61
メベンダゾール 135, 144
メンフクロウ 88, 167, 169, 174

も

猛禽類 5, 87, 91, 92, 95, 100, 167, 200, 201
　大型の— 36
毛細血管再充填時間 15, 20, 22
毛細血管出血 23
モグラ 299, 316
持ち主 129
モリバト 125
モリフクロウ 88, 100, 167, 169
モンテジア骨折 69
　シカの— 279

や

火 傷 50, 52
　乾性の— 53
野生生物事故係 110, 176, 244
「野生生物と田園保護法 1981」 268
　付表 4 141, 149, 179
　付表 6 207, 211, 228
　付表 9 136, 149, 161, 166, 174, 211, 269, 285
野生のハト 200
「野生哺乳動物（保護）法 1996」 228, 237, 246, 259, 265, 269, 285
野生哺乳類 307
ヤブノウサギ 229
ヤマガラス 137
ヤマネ 40, 207, 319
ヤマネコ 39

ゆ

「有害輸入動物法 1932」 211
有刺鉄線 169
ユーラシアコヤマコウモリ 286
輸液ポンプ 37, 40
輸液療法 334
ユキウサギ 229

癒着 78
「輸入動物法1932」 269

よ

ヨーロッパアマガエル 330
ヨーロッパウサギコウモリ 286
ヨーロッパオオライチョウ 136
ヨーロッパクサリヘビ 42, 325
ヨーロッパケナガイタチ 260, 321
ヨーロッパ・コウモリ・リッサウイルス・タイプ2 336
ヨーロッパチチブコウモリ 286
ヨーロッパナメラ 43, 325
ヨーロッパノウサギ症候群 234
ヨーロッパヒキガエル 330
ヨーロッパモリネズミ 111
ヨーロッパヤマウズラ 134
ヨーロッパヤマカガシ 41, 89, 325

良きサマリア人 22
翼膜壊死 289

ら

ライチョウ 134
ライム病 7
　シカの― 278
ラット 111

り

リクガメ 43
リス 6, 103, 105, 111, 207, 318
両生類 43, 89, 330
リング 129
リングパッド 24

る

羸痩
　ハクチョウ類の― 154
　猛禽類の― 170

れ

レバミゾール 215

レプトスピラ 22
レプトスピラ症 7
　キツネの― 242

ろ

ロニダゾール 128
ロバート・ジョーンズ包帯 72

わ

ワイル病 7
　キツネの― 242
若木骨折 66
ワカケホンセイインコ 121
ワキアカツグミ 113
ワクチン 2, 127, 144
ワクチン接種 6
ワシミミズク 167
渡り 123, 161
ワタリガラス 137
渡り鳥 119, 123
罠 59, 243, 244, 253
ワライガエル 330

外国語索引

A

Accipiter gentilis 174
Accipiter nisus 174
Aeromonas hydrophila 331
Aix galericulata 142, 149
Aix sponsa 142, 149
Alca torda 184
Alectoris chukar 134, 136
Alectoris grueca 136
Alectoris rufa 134
Alle alle 184
Alopochen aegyptiacus 159
Anas clypeata 142
Anas acuta 142
Anas crecca 142
Anas penelope 142
Anas platyrhynchos 142
Anas querquedula 142
Anas strepera 142
Aneser anser 159
Anguis fragilis 325
Apodemus sylvaticus 111
Aquila chrysaetos 174
Archaeopsylla erinacei 218
Ardea cinerea 89, 159, 164
Asio flammeus 167
Asio otus 167
Atelerix albiventris 216
Athene noctua 167
Auguis fragilis 43
Aythya ferina 142
Aythya fuligula 142
Aythya marila 142

B

Baytril 116
Borrelia burgdorferi 7
Botaurus stellaris 159, 164
Brachylaemus erinacei 216
Branta bernicla 159
Branta canadensis 79, 159
Branta leucopsis 159
Bubo spp. 167
Bucephala clangula 142
Bufo bufo 43, 330
Bufo calamita 330
Buteo buteo 174

C

Cairina moschata 142, 144
Candida albicans 128
Canis latranus 77
Canis lupus 77
Caparinia tripilis 108, 218
Capillaria aerophila 214
Carduelis sp. 81
Cetenophthalmus nobilis 105
Chlamydophila psittaci 127
Chrysolophus amherstiae 134, 136
Chrysolophus pictus 134, 136
Cimex pipistrelli 289
Circus spp. 174
Claugula hyemalis 142
Clethrionomys glareolus 110
Clostridium botulinum 98
Clostridium botulinum type C 143
Colinus virginianus 136
Colomboclip 88
Colombovae PMV 127
Coronella austriaca 43, 325
Corurnix coturnix 134
Corvus corax 137
Corvus corone 137
Corvus frugilegus 137
Corvus monedula 137
Corvus splendens 137
Crataerina pallida 121
Crenosoma striatum 214
CRT 15, 20, 22
Cuculus canorus 113
Cygnus atratus 150
Cygnus columbianus 150
Cygnus cygnus 150
Cygnus olor 150

D

dabchick 162
DEFRA 336
Delichon urbica 199
Dendrocopos major 137

E

EBLV 2 336
ECF 26
Echinococcus granulosus 243
Egrettra garzetta 164
Emberiza spp. 199
Erinaceus europaeus 102, 202

F

Falco columbarius 174
Falco peregrinus 174
Falco subbuteo 174
Falco tinnunculus 78, 174
FeLV 302
Fratercula arctica 184
Fulica atra 159

G

Gallinula chloropus 159
garden blackbird 3
Garrulus glandarius 137
Gavia arctica 166
Gavia immer 166
Gavia stellata 166
Gutter の副子 74

H

Hirundo rustica 199
Hydrobates pelagicus 184
Hydropotes inermis 47
Hyla arborea 330

I

ICF 26
Imping 177
IRF 31
Ixodes hexagonus 106, 218
Ixodes ricinus 218

L

Lacerta agilis 325
Lacerta vivipara 325
Lagopus lagopus 134
Lepus europaeus 229
Lepus timidus 229
leveret 230
Lophura nycthemera 134, 136
Lutra lutra 102

M

MBD 95
Melanitta nigra 142
Meles meles 102, 247
Mergus albellus 142
Mergus merhanser 142
Milvus milvus 174
Motacilla spp. 199
MS222 332
Muntiacus reevesi 47
Muscardinus avellanarius 111
Muscicapa spp. 199
Mycobacterium avium 8
Mycobacterium bivis 8
Mycobacterium tuberculosis 8

N

Natrix natrix 41, 325
Nosopsxllis fasciarus 105
NSAIDs 70
Nyctea scandiaca 167
Nycticores nycticorax 164

O

one-eye cold 8
Oryctolagus cuniculus 229
Oxyura jamaicensis 142, 149

P

Pandion haliaetus 174
Paraceras melis 105
Parus spp. 199
Passer spp. 199
Pasteurella multocida 116, 206, 281, 296
PBT 326
PCV 28, 186
Perdix perdix 134
Phalacrocorax aristotelis 184
Phalacrocorax carbo 184
Phasianus colcliicus 134
Phthiridium biarticulatum 289
PHV 129
Pica pica 137
PKP 法 146
Podiceps auritus 162
Podiceps cristanus 162
Podiceps grisegena 162
Podiceps nigricollis 162
Podiceps spp. 159
POTZ 326, 334
Preparation H 53, 86, 117, 281
Pyrrhocorax pyrrhocorax 137

R

Rallus aquaticus 159
Rana catesbeiana 330
Rana esculenta 330
Rana lessonae 330
Rana ridibunda 330
Rana temporaria 43, 330
Rattus noriegicus 111
Regulus regulus 81, 199

S

Salmonella thyphimurium 129
Sarcoptes scabiei 8, 108
Sciurus carolinensis 109
Sciurus vulgaris 109
Sitta europaea 199
Skrjabingylus nasicola 267
Somateria mollisima 142
Spilopsyllus cuniculi 106
Stomorgy 102
Strix aluco 167
Sturnus vulgaris 199
Sula bassana 184
Syngamus trachea 99
Syrmaticus reevesii 134, 136

T

Tachybapus ruficollis 162
Tadorna tadorna 142
Taenia pisiformis 243
Taenia serialis 243
Terrao urogallus 136
TPP 186
Trichornonas gallinae 100
Triturus cristatus 330
Triturus helveticus 330
Triturus spp. 43
Triturus vulgaris 330
Troglodytes troglodytes 81,

199
Turdus iliacus　113
Turdus pilaris　113
Tyto alba　167

V

Veterinary Poisons Information
　Service　51，53，96
VHD　233

Vipera berus　42，325
Vulpes vulpes　102

Z

Zimmerの副子　74

野生動物の看護学	定価（本体 9,000 円＋税）
2008 年 6 月 1 日　第 1 刷発行	＜検印省略＞

　著　　者　　中　垣　和　英
　発 行 者　　永　井　富　久
　印　　刷　　㈱　平　河　工　業　社
　製　　本　　田　中　製　本　印　刷　㈱
　発　　行　　文 永 堂 出 版 株 式 会 社
　　　　　　　東京都文京区本郷 2 丁目 27 番 3 号
　　　　　　　　電　話　03(3814)3321（代表）
　　　　　　　　Ｆ Ａ Ｘ　03(3814)9407
　　　　　　　　振　替　00100-8-114601 番

Ⓒ 2008　中垣和英

ISBN　978-4-8300-3217-2 C3061

■文永堂出版　最新図書■

野生動物の医学
Fowller・Miller/Zoo and Wild Animal Medicine 5th ed.

中川志郎 監訳　　成島悦雄，宮下 実，村田浩一 編

定価（本体 29,000 円＋税）

送料 790 円〜（地域によって異なります）

A4 判変形，818 頁，2007 年 9 月発行

『野生動物の獣医学』から 23 年振りに野生動物，展示動物の獣医学を体系的にまとめた待望の書がここに完成しました。魚類（1 章），両生類（2〜4 章），爬虫類（5〜9 章），鳥類（10〜32 章），哺乳類（33〜64 章），多種共通の疾患（65〜80 章）で構成されています。関係者必携の 1 冊です。

野生動物のレスキューマニュアル

森田正治 編
（森田 斌 編集アドバイス）

定価 7140 円（本体 6800 円＋税），送料 400 円

B5 判，267 頁，2006 年 3 月発行

傷病野生動物が持ち込まれて困った際，動物病院でも，職場でも，自宅でも，この本をひも解いていただけば，すぐに役立つ実践書。〔略目次〕看護，小型・中型鳥類，鳥類の油汚染・中毒，猛禽類，哺乳類・両生類，人獣共通感染症，病理，付録

わかりやすい獣医解剖生理学
Aspinal・O'Reilly/Introduction to Veterinary Anatomy and Physiology

浅利昌男 監訳

定価（本体 9,000 円＋税），送料 400 円

A4 判変形・246 頁，2007 年 9 月発行

略目次：SECTION 1（犬および猫）細胞−からだをつくる基本単位，組織と体腔，骨格系，筋系，神経系と特殊感覚，内分泌系，血液脈管系，呼吸器系，消化器系，泌尿器系，生殖器系，外皮／SECTION 2（エキゾチック動物）鳥類，哺乳類，爬虫類と魚類

全体に数多くの美しくわかりやすい模式図が配置されています。"臨床解剖学"的な記述として動物の病気における解剖学的な側面を説明する部分や獣医臨床で普通に使われる看護のためのプロトコール，ある例では，より興味深い動物界のことなど，いろいろ役に立つ情報がちりばめられています。エキゾチック動物の記載も充実しています。

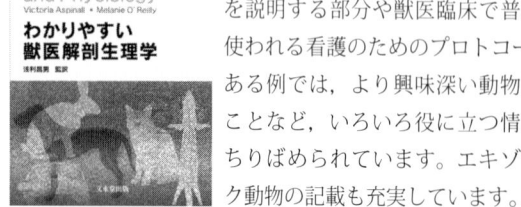

獣医療における動物の保定
Sheldon・Sonsthagen・Topel/Animal Restraint for Veterinary Professionals

武部正美 訳

定価（本体 12,000 円＋税），送料 400 円

A4 判変・約 240 頁，オールカラー，2007 年 9 月発行

略目次：1 章 保定の原則，2 章 結節の結び方，3 章 猫の保定法，4 章 犬の保定法，5 章 牛の保定法，6 章 馬の保定法，7 章 羊の保定法，8 章 山羊の保定法，9 章 豚の保定法，10 章 齧歯類，ウサギおよびフェレットの保定法，11 章 鳥類の保定法

獣医療では，診療に際して動物たちが自発的に協力してくれることはありません。当然なにがしかの保定が必要になります。診断や治療には，それぞれの処置に適した保定が必要となります。動物の保定は獣医療では欠かせない重要な技術と言えます。本書は各種動物の保定について豊富なカラー写真を用いてそのノウハウを解説したものです。

●ご注文は最寄の書店，取り扱い店または直接弊社へ

Bun·eido 文永堂出版

〒 113-0033　東京都文京区本郷 2-27-3
URL http://www.buneido-syuppan.com
TEL 03-3814-3321
FAX 03-3814-9407